ABHANDLUNGEN ZUR
THEORIE DER ORGANISCHEN ENTWICKLUNG
ROUX' VORTRÄGE UND AUFSÄTZE ÜBER ENTWICKLUNGS-
MECHANIK DER ORGANISMEN · NEUE FOLGE

HERAUSGEGEBEN VON

H. SPEMANN
FREIBURG I. B.

W. VOGT
MÜNCHEN

B. ROMEIS
MÜNCHEN

HEFT II

DAS EXPONENTIALGESETZ

ALS GRUNDLAGE
EINER VERGLEICHENDEN BIOLOGIE

VON

Dr. PHIL. ERNST JANISCH

WISSENSCHAFTLICHER HILFSARBEITER AN DER BIOLOGISCHEN
REICHSANSTALT FÜR LAND- UND FORSTWIRTSCHAFT
IN BERLIN-DAHLEM

MIT 400 ABBILDUNGEN

BERLIN
VERLAG VON JULIUS SPRINGER
1927

ISBN-13: 978-3-642-88854-0   e-ISBN-13: 978-3-642-90709-8
DOI: 10.1007/978-3-642-90709-8

Inhaltsverzeichnis

Einleitung   Seite

A. Allgemeiner Teil: Das Exponentialgesetz

I. Das Temperaturproblem   5
   1. Die bisherigen Lösungsversuche   5
      Die Regel von van't Hoff   5
      Die Wärmesummenregel   8
      Die gerade Linie und die Kroghsche Kurve   9
   2. Die Temperaturabhängigkeit der Embryonalentwicklung als
      exponentiale Funktion   12
      Die Embryonalentwicklung der Zecke Margaropus annulatus   12
      Die Embryonalentwicklung der Mehlmotte   21
   3. Die mathematischen Beziehungen der Kettenlinie zu ihren Re-
      ziproken   36
   4. Die Temperaturabhängigkeit biologischer Vorgänge als expo-
      nentiale Funktion   41
      Entwicklungs- und Wachstumsvorgänge   42
      Die Atmung   44
      Die Reizbarkeit   52
      Rhythmische Bewegungen   55
      Die Blutgerinnung   57
      Zellphysiologische Erscheinungen   57
   5. Die biologischen Bezirke der Temperaturskala   59
   6. Der Temperaturkoeffizient   61
II. Die Ableitung und Formulierung des Exponentialgesetzes . . .   64
III. Die Kurvenformen des Exponentialgesetzes   71
   1. Die Exponentiallinie   71
   2. Die zweifachen Kombinationen   76
   3. Die dreifachen Kombinationen   96
   4. Die vierfachen Kombinationen   121
   5. Die logarithmische Funktion   126
IV. Das Wesen des Exponentialgesetzes   128

B. Spezieller Teil

I. Das Exponentialgesetz als allgemein-biologische Gesetzmäßigkeit   139
   1. Der Stoffwechsel   141
      a) Das Wachstum   141
      Das Wachstum als Zeitfunktion   141
      Das Wachstum bei veränderten äußeren Bedingungen .   153
      Eiproduktion und Fruchtbarkeit   166

Seite

b) Der Umsatz 168

     Die Nahrungsaufnahme 168

     Die Kohlensäureassimilation 176

     Die Atmung und die Gärung 177

     Das Blut 183

     Der Energiewechsel 187

     Die Ausscheidungen 193

     Der Hunger 199

2. Die Reizbarkeit 204

a) Allgemeine Reizerscheinungen 208

b) Nerven und Muskeln 214

c) Sinnesphysiologie 234

3. Der Protoplast als kolloides System 242

a) Allgemeines 242

b) Die Fermente 260

c) Die Giftwirkung 273

II. Das Exponentialgesetz in der angewandten Biologie 289

1. Lebensdauer, Altern und Tod 289

2. Der Lebensablauf 308

3. Die Lebensbedingungen 328

4. Heilung und Schädigung 337

Schluß 369

Einleitung.

Unter Biologie verstehen wir die Lehre von den lebenden Organismen, von ihrer Lebenstätigkeit und ihren Existenzbedingungen. Alles lebendige Geschehen spielt sich im Individuum ab und zeigt sich in einem Ablauf von einem Anfang zu einem Ende, dem Tode. Was wir erkennen, sind Symptome dieses lebendigen Ablaufs und Merkmale einer Kette von Lebensvorgängen. Als Lebensäußerungen sehen wir nicht nur die physiologischen Erscheinungen, Entwicklung, Wachstum, überhaupt den Stoffwechsel, und die Reizbarkeit an, sondern auch die Entstehung der organischen Körperformen. Schließlich ist auch der Tod als Ende eines lebendigen Ablaufs ein biologisches Symptom.

Ebensowenig wie jede andere Wissenschaft kann auch die Biologie sich mit der bloßen Anhäufung eines Tatsachenmaterials begnügen, sie muß vielmehr durch die Vergleichung des Beobachteten den inneren Gesetzmäßigkeiten auf die Spur zu kommen suchen, welche die Vielheit der Lebensäußerungen in den verschiedenen Erscheinungsformen lebendigen Geschehens bewirken.

In jeder Weise ist der Organismus mit dem Naturgeschehen verknüpft, sei es, daß der Lebensablauf als Ganzes von den Umweltbedingungen abhängig ist, oder daß seine Zusammensetzung und Struktur chemisch, physikalisch und physikochemisch erfaßt werden kann. Was dem Lebendigen sein eigenes Gepräge gibt, wissen wir nicht. Wir sehen nur seine verschiedenen Erscheinungen, von denen, je nach dem Standpunkt des Beobachters, mehr die einen oder anderen in den Vordergrund treten. Jedoch sind das alles nur verschiedene Seiten eines und desselben Dinges, eben des lebendigen Ablaufs, dessen verschiedenartigsten Symptome wir in dieser oder jener Form erkennen.

Es ist die Aufgabe und das Ziel der vergleichenden Biologie, durch eine planmäßig durchgeführte Analyse das lebendige Geschehen in seine

Bestandteile zu zerlegen und die Bedeutung der Teile für das Ganze festzustellen, um die Ähnlichkeiten und Unterschiede in den verschiedenen Daseinsformen des Lebendigen zu erkennen.

Zur Durchführung des Vergleichs brauchen wir aber eine Methode, die es gestattet, die Einzelerscheinungen in ihrer Wertigkeit nebeneinander zu setzen. Eine solche muß naturgemäß in den Gesetzmäßigkeiten begründet sein, nach denen die Lebensvorgänge ablaufen. Da die kürzeste Form, welche man einer Gesetzmäßigkeit geben kann, eine mathematische Gleichung ist, hat man auch in der Biologie, ebenso wie in anderen naturwissenschaftlichen Disziplinen, nach Formeln für das lebendige Geschehen gesucht und sich dabei in der Hauptsache an die Ausdrücke gehalten, welche in der Physik und Chemie fest fundiert schienen. Jedoch ist man noch weit davon entfernt, das biologische Geschehen unter einen einheitlichen, mathematisch zu fassenden Gesichtspunkt zu stellen, noch viel weiter aber davon, das Naturgeschehen überhaupt unter einem solchen zu betrachten.

Im Zusammenhang mit meinen Untersuchungen über die experimentelle Beeinflussung der Lebensdauer und des Alterns schädlicher Insekten habe ich versucht, die Temperaturabhängigkeit der Entwicklungsdauer der Mehlmotte mathematisch zu formulieren und fand in der Gleichung der Kettenlinie einen Ausdruck, der als funktionale Beziehung zwischen Entwicklungsdauer und Temperatur die experimentell ermittelten Punkte so gut erfaßte, wie man es nur irgend erwarten konnte, und zwar über die ganze Temperaturskala hinweg, innerhalb welcher eine Entwicklung überhaupt stattfindet. Bei der mathematischen und biologischen Analyse dieser Kurvenform ergab sich dann eine Reihe von Gesichtspunkten, welche auch für andere Erscheinungen nutzbar gemacht werden konnten, zunächst für den reziproken Wert der Entwicklungsdauer, die Entwicklungsgeschwindigkeit, dann aber auch bei der Atmungsintensität, dem Atemrhythmus, der Herzschlagfrequenz u. a. Aus der mathematischen Struktur der Kettenlinie, die aus zwei gegeneinander laufenden Exponentiallinien entsteht, ließ sich dann weiter eine Gesetzmäßigkeit ableiten, die ich als Exponentialgesetz bezeichnet habe, und welche die Lebensabläufe in ihrer Gesamtheit zu beherrschen und außerdem das lebendige Geschehen mit dem Naturgeschehen zu verknüpfen scheint.

Ich lege das Exponentialgesetz in diesem Buche einer breiten Öffentlichkeit vor in der Hoffnung, daß es ein Schritt weiter auf dem

Wege ist, das Lebensgeschehen in seinen gesetzmäßigen Zusammenhängen zu begreifen. Seiner Entstehung gemäß werde ich das Exponentialgesetz zunächst an dem Temperaturproblem entwickeln, dann
seine mathematische Struktur erörtern und endlich versuchen, seine
Gültigkeit als allgemein-biologisches Gesetz nachzuweisen. In einem
Sonderabschnitt will ich dann zeigen, wie das Exponentialgesetz für
die angewandte Biologie nutzbar gemacht werden kann.

Ich bin mir voll bewußt, daß das, was ich hier zu geben vermag, nur der erste Anfang größerer Arbeit ist. Es lag mir fern, etwa
eine vergleichende Biologie auf der Grundlage des Exponentialgesetzes
schreiben zu wollen, denn dazu reicht die Kraft eines einzelnen nicht aus.
Ich will nur versuchen, zu zeigen, wie eine solche nach den Gesichtspunkten, welche das Exponentialgesetz vermittelt, möglich erscheint.

Die Beispiele, die ich heranzog, konnten naturgemäß nur aus
dem Tatsachenmaterial ausgewählt werden, das mir bekannt geworden
ist. Spezialforscher der Einzelgebiete werden vielleicht bessere anführen
können. Es mußte mir zunächst mehr darauf ankommen, grundsätzlich die Gültigkeit des Exponentialgesetzes aufzuzeigen, als die
Einzelheiten methodisch durchzuarbeiten.

Es ging mir mehr darum, das große Geschehen, den Ablauf als
Ganzes zu charakterisieren und die großen Linien zu zeigen, nach
denen im Lebensablauf die Ereignisse sich entwickeln, wie eins ins
andere greift, sich beeinflußt, fördert, hemmt, wie die Beurteilung
des Geschehens abhängt von der Fragestellung, von der Technik der
Meßarbeit, kurz vom Experimentator, wie sie ferner abhängt von dem
Symptom, das man herausgreift und dann, wie doch alles nach einem
einzigen höheren Gesetz verläuft, eben dem Exponentialgesetz, dem
Ablaufgesetz biologischen Geschehens, und weiter, wie dieses Geschehen im Zusammenhang steht mit dem Wirken der Umwelt und
deren Bedingungen, wie der Organismus hineingestellt ist in ein
Naturgeschehen größten Ausmaßes und wie das Exponentialgesetz
hier die Verknüpfung mit den Ereignissen nichtbiologischer Art her-
stellt.

Ich habe mich bemüht, das Mathematische in diesem Buche
zurückzustellen, vor allem habe ich die Anwendung höherer Rechnungsarten, z. B. der Differential- und Integralrechnung, absichtlich
ausgeschaltet, trotzdem die vorliegenden Probleme auf Schritt und
Tritt zu einer genaueren mathematischen Durcharbeitung verführen.

Ich halte das jetzt noch nicht für tunlich, denn der Biologe ist im allgemeinen kein Mathematiker. Da wir aber die Mitarbeit aller biologischen Teilgebiete brauchen, um wahrhaft vergleichende Biologie zu treiben, müssen wir zunächst nur mit denjenigen Rechnungsarten auszukommen suchen, welche in der Schule gelehrt werden. Daß wir aber heute in der Biologie ohne mathematische Betrachtungen nicht mehr zurecht zu kommen vermögen, zeigt das Exponentialgesetz mit aller Deutlichkeit.

Den Herren Kollegen von der Biologischen Reichsanstalt bin ich für manche Anregung und für viele Literaturhinweise dankbar, besonders auch für manche Kritik, die ich erfuhr und die mich zu immer erneuter Nachprüfung zwang. Ich habe gesondert zu danken Herrn Geheimrat Prof. Dr. Appel, Herrn Oberregierungsrat Dr. Schwartz und Herrn Regierungsrat Dr. Zacher für die Arbeitsmöglichkeit, die ich in der Biologischen Reichsanstalt fand, und für das Interesse, das sie dem Fortschreiten meiner Arbeit entgegenbrachten, ferner meinem Onkel, Herrn Lehrer W. Sommerfeld-Cöpenick für seine Hilfe bei der Berechnung der Kurvenwerte und nicht zuletzt meiner Helferin, Frl. Erika Wilke für ihre Mitarbeit bei der Literaturdurchsicht und den Kurvenzeichnungen. Besonderen Dank schulde ich auch dem Verlage für sein Entgegenkommen bei der Herausgabe dieses Buches.

A. Allgemeiner Teil: Das Exponentialgesetz.

I. Das Temperaturproblem.

1. Die bisherigen Lösungsversuche.

Daß die Lebensvorgänge ebenso wie chemische Reaktionen durch die Temperatur beeinflußt werden, ist eine lange bekannte Tatsache, jedoch steht die Art dieser Einwirkung noch heute im Mittelpunkt der Diskussion (vgl. Kestner-Plaut). Immer wieder hat man versucht, die Dynamik der Vorgänge auf eine mathematische Form zu bringen, die es gestattet, auf Grund weniger experimentell ermittelter Zahlen die zwischen und außerhalb ihnen liegenden rechnerisch zu finden. In der Formulierung der mathematischen Abhängigkeit biologischer Vorgänge von der Temperatur stehen sich zwei Meinungen scharf gegenüber, die in der van't Hoffschen und der Wärmesummenregel ihren Ausdruck gefunden haben. Eine dritte Ansicht sucht zwischen beiden zu vermitteln, ohne daß es ihr aber gelungen wäre, die Gegensätze völlig auszugleichen.

Die Regel von van't Hoff.

Der eine Lösungsversuch des Temperaturproblems in der Biologie fußt auf den Gesetzmäßigkeiten, welche in der Chemie für die Abhängigkeit der Reaktionsgeschwindigkeiten von der Temperatur gefunden wurden. Berthelot zeigte, daß sich die Änderung der Reaktionsgeschwindigkeit (k) eines chemischen Vorganges mit der Temperatur (t) durch die Exponentialgleichung

$$k = ab^t$$

ausdrücken läßt, wobei a und b Konstanten sind. Van't Hoff stellte dann das Gesetz auf, daß die Reaktionsgeschwindigkeit bei steigender Temperatur von zehn zu zehn Grad sich verdoppelt bis verdreifacht, jedoch fand man dann, daß es eine ganze Anzahl von Ausnahmen von diesem Gesetz gab. Man hat sich gewöhnt, diese nunmehr als van't Hoffsche (R.G.T.) Regel bezeichnete Abhängigkeit in der Form zum Ausdruck zu bringen, daß man sagt, der Quotient aus der Reaktionsgeschwindigkeitskonstanten bei einer um $10°$ höheren Temperatur und der der niedrigen Temperatur

$$\frac{k_{t+10}}{k_t} = Q_{10}$$

liegt zwischen 2 und 3. Man bezeichnet diese Größe Q_{10} dann als den Temperaturkoeffizienten oder -quotienten.

Unter starker Anteilnahme von Kanitz wurde die van't Hoffsche Regel dann in die Biologie eingeführt und in vielen Fällen als gültig befunden. Wenn auch die Q_{10}-Werte nicht immer zwischen 2 und 3 lagen, so glaubte man doch, in dem Temperaturkoeffizienten einen Faktor zu sehen, der als Vergleichszahl das Wesen eines Vorganges charakterisieren sollte. Jedoch wurde auch die Zahl Q_{10} bei einunddemselben Vorgang bei verschiedenen Temperaturen nicht gleichwertig gefunden. Häufig nahm man dann den Mittelwert, aber das Unkorrekte solcher Methode wurde bald erkannt. Es stellte sich dann heraus, daß, wie bei chemischen Reaktionen, auch bei biologischen Vorgängen häufig mit steigender Temperatur der Q_{10}-Wert fiel, wie z. B. aus folgender Tabelle (aus Kanitz 1915) hervorgeht:

Temperaturabhängigkeit der Puppenruhe (Stunden). *Tenebrio molitor* (nach Krogh).

Temp.	Stunden	Q_{10}
32,95	134,25	
32,7	137,9	1,5
27,25	172,5	
23,65	234,1	2,6
20,9	320	
18,8	439,6	4,9
17,0	593	
15,55	742	6,9
13,45	1116	

Q_{10}-Werte bei der Temperaturabhängigkeit des Herzschlages der Katze (nach Snyder).

Temp.	Q_{10}
20°	1,8
22°	1,9
25°	2,4
27°	2,8
30°	2,9
32°	2,9
35°	2,7
37°	2,6
40°	2,3

In anderen Fällen trat die Nichtkonstanz von Q_{10} durch wechselndes Fallen und Steigen in Erscheinung, wie z. B. die Zahlen in der zweiten Tabelle zeigen.

Aus der Berthelotschen Formel $k = a b^t$ kann nun aber leicht abgeleitet werden, daß Q_{10} direkt von der Konstanten b abhängt, denn es ist

$$Q_{10} = \frac{k_{t+10}}{k_t} = \frac{b^{t+10}}{b^t} = b^{10}.$$

Daraus folgt ohne weiteres, daß der Temperaturkoeffizient unbedingt konstant sein muß, wenn die Berthelotsche Formel für die Temperaturabhängigkeit Gültigkeit beansprucht. Da aber die Konstanz von Q_{10}, wie schon Krogh in aller Schärfe zum Ausdruck brachte, eigentlich nie an biologischen Objekten festgestellt worden ist, eine Tatsache, die auch in vielen Fällen für chemische Reaktionen gefunden wurde, so mußte ein anderer Ausweg gesucht werden. In der Chemie glaubte man für solche Fälle in einer neuen im Exponenten stehenden Konstanten A (bzw. μ) einen Vergleichswert gefunden zu haben, die in der sogenannten „Formel von Arrhenius" berechnet wurde, welche lautet:

$$k_2 = k_1 \cdot e^{A \frac{T_2 - T_1}{T_2 \cdot T_1}},$$

wo k wiederum die Reaktionsgeschwindigkeitskonstanten bei verschiedenen (absoluten) Temperaturen T und e die Basis der natürlichen Logarithmen bedeuten. In der Biologie waren die Abweichungen von der Berthelotschen Exponentialgleichung oft sehr beträchtlich, vor allem bei höheren Temperaturen, so daß man (z. B. Krogh) davon sprach, daß eine Gesetzmäßigkeit des Temperatureinflusses nur in der sogenannten „Behaglichkeitsgrenze" gültig sein könnte, d. h. nur innerhalb des Temperaturbereichs, in dem das Tier normalerweise lebt. Andererseits machte man die bei höheren Temperaturen offensichtlich eintretenden Schädigungen für die Abweichungen verantwortlich, jedoch waren das alles mehr gedankliche Konstruktionen, die einer Lösung des Problems nicht näher kamen.

Wichtig ist in diesem Zusammenhang, daß man meist an der Bedeutung des Temperaturkoeffizienten unbedingt festhielt und einen Vorgang durch den Q_{10}-Wert seinem Charakter nach für bestimmt hielt. Verständlich ist diese Tatsache durchaus, da ein anderer zahlenmäßiger Wert, durch den man mehrere Vorgänge quantitativ miteinander vergleichen konnte, vollkommen fehlte. So mußte man notgedrungen die Änderung des Temperaturkoeffizienten bei einem und demselben Vorgang mit in den Kauf nehmen. Wir müssen trotzdem aber feststellen, daß gerade diese Eigenschaft die Zahl Q_{10} als

Vergleichswert unbrauchbar macht. Die in der van't Hoffschen Regel ausgesprochene Forderung, daß sie zwischen 2 und 3 liegen solle, trifft zwar in vielen Fällen zu, aber häufig liegt sie, manchmal sehr weit, außerhalb dieser Grenzen. Selbst wenn man die hohen Q_{10}-Werte als Ausnahmen betrachtet, oder, wie beispielsweise Pütter, sie durch Multiplikation mehrerer oder durch Potenzierung der einfachen Werte entstanden denkt, kann die Festsetzung nicht allgemein genügen, daß der Temperaturkoeffizient lediglich zwischen 2 und 3 liegen müßte, innerhalb dieser Grenzen aber schwanken kann. Trotz des richtigen Grundgedankens (vgl. oben das Exponentialgesetz) führte der Weg, eine Lösung des Temperaturproblems in der Biologie über das Q_{10} zu suchen, in eine Sackgasse und hat die Forschung auf diesem Gebiet nicht wesentlich fördern können. Wir werden später sehen, daß man mehrere ganz verschiedene Kurventypen nicht unterschieden und gleichartig behandelt hat und daß die Unstimmigkeiten der Temperaturkoeffizienten auf eine einfache Weise verständlich werden. Näheres darüber werden wir erst sagen können, wenn wir diese Kurvenformen begründet haben.

Die Wärmesummenregel.

Ein zweiter Versuch, die Temperaturabhängigkeit der Entwicklungsvorgänge formelmäßig zu erfassen, wurde unabhängig von dem eben besprochenen in der Fischereibiologie, dann in der Entomologie in Amerika von Sanderson und besonders von seinem Mitarbeiter Peairs, in Deutschland von Blunck gemacht und fand seinen Ausdruck in der sogenannten Wärmesummenregel, welche nach Blunck lautet: Das Produkt aus der Entwicklungszeit und der Differenz zwischen der Versuchstemperatur und dem kritischen Kältepunkt ist konstant. Als kritischen Kältepunkt bezeichnet Blunck diejenige Temperatur, bei welcher die Entwicklungsdauer unendlich groß wird, die also einen physiologischen Nullpunkt darstellt. Die Kurve, welcher die Temperaturabhängigkeit der Entwicklungsvorgänge folgen soll, ist eine Hyperbel, deren allgemeine Formel $x \cdot y = c$ ist. Entsprechend der Wärmesummenregel schreibt Blunck sie in der Form

$$(v - k)\, t = \text{const.},$$

wenn $v =$ die Temperatur in Celsiusgraden, $t =$ die Entwicklungsdauer in Tagen und k ein mit der Spezies und innerhalb derselben mit dem

Altersstadium wechselndes Stück oberhalb des Nullpunktes unserer Thermometerskala bedeutet. Abb. 1 stellt diese Beziehung nach Blunck graphisch dar. Die auf Grund dieser Auffassung gegebene Einteilung des Temperaturbezirks in tödliche Kältezone (t. K.), kritische Kältezone (k. K.), optimale Zone (o.), kritische Wärmezone (k. W.), tödliche Wärmezone (t. W.) ist aus der Abbildung zu ersehen. Über die durch die graphische Darstellung gefundenen Kurvenformen werden wir später im Zusammenhang noch zu sprechen haben. Hier genügt es, die theoretische Grundlage zu betrachten, auf der die Wärmesummenregel ruht. Sie besagt nach Blunck, „daß die von einem Organismus während seiner Entwicklung verbrauchte Wärmemenge konstant ist". An diesem Satz hat schon Martini Kritik geübt, indem er betont, daß man Wärmemengen in Kalorien mißt und nicht in Celsiusgraden mal Tagen. In diesem Sinne „verbraucht" ein sich entwickelnder Organismus überhaupt keine Wärmemengen, denn er ist nicht imstande, aus einer gleichmäßig warmen Umgebung Wärmemengen aufzunehmen, also gewissermaßen zu speichern. Es fehlt also der Wärmesummenregel die theoretische Voraussetzung, so daß sie schon aus diesem Grunde den Anforderungen nicht genügen kann.

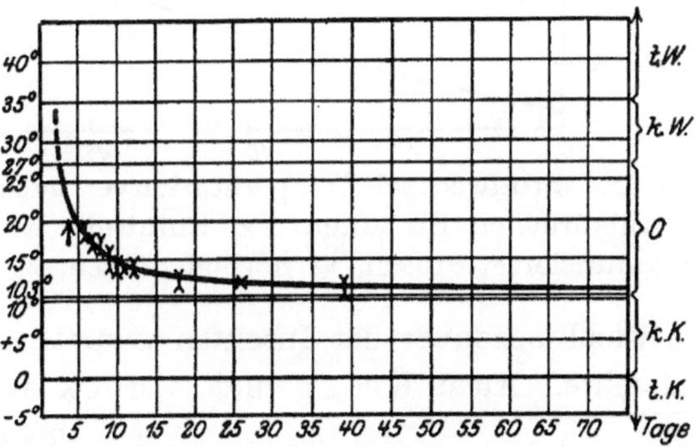

Abb. 1. Die Beziehung zwischen Temperatur und Entwicklungsdauer bei der Junglarve von *Dytiscus marginalis* bei Kaulquappenfutter als Hyperbel.

Die gerade Linie und die Kroghsche Kurve.

Bei anderen Lebensvorgängen, vor allem der Atmungsintensität, ist versucht worden, wenigstens innerhalb der optimalen Grenzen, der sogenannten Behaglichkeitszone, die Temperaturabhängigkeit als gerade Linie darzustellen, jedoch zeigten sich häufig Abweichungen davon, die dazu führten, daß Krogh seine Normalkurve, die ein Mittelding zwischen einer Geraden und einer Exponentiallinie sein sollte, als Norm derartiger Temperaturabhängigkeiten hinstellte. Eine solche Normalkurve gebe ich in Abb. 2 wieder.

Die gerade Linie spielte auch bei der Wärmesummenregel eine Rolle insofern, als Peairs, der den Hyperbelcharakter der Kurve der

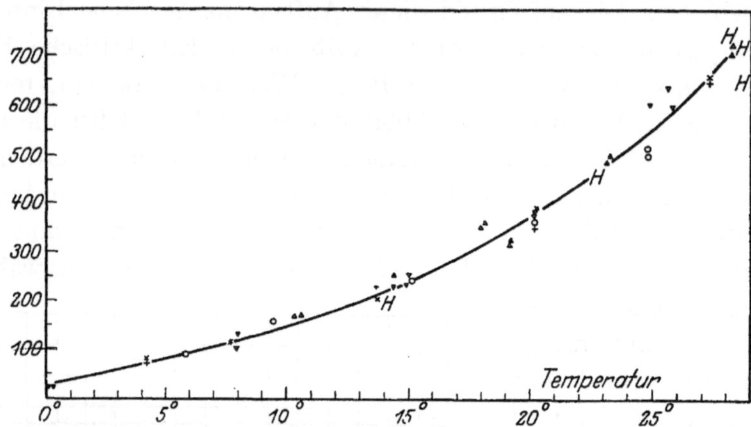

Abb. 2. Stoffwechsel-Temperaturkurve nach Krogh. Stoffwechselwerte in willkürlichen Einheiten. × Enthirnte Kröte, + narkotisierter Frosch. ○ kurarisierter Frosch, ▽ normaler Fisch, △ narkotisierter Fisch, H Hund,

Entwicklungsdauer der Insekten vertritt, die Reziproke der Hyperbel aufstellte. Auch Krogh und Blunck arbeiteten mit derselben Me-

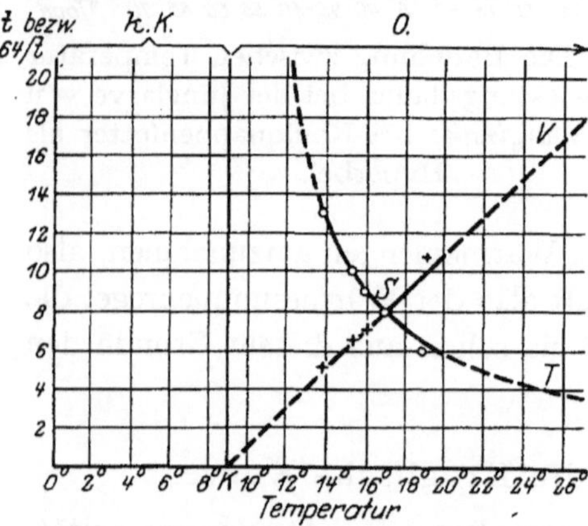

Abb. 3. Die Beziehung zwischen Temperatur und Embryonalentwicklung des Rübenaaskäfers *Blitaphaga opaca*. T Entwicklungsdauer als Hyperbel, V Entwicklungsgeschwindigkeit als Gerade.

thode, Krogh allerdings ohne Kenntnis der Hyperbeltheorie. Stellt nämlich die Linie T in Abb. 3 nach Blunck die Entwicklungsdauer des Keimlings vom Rübenaaskäfer *Blitophaga opaca* dar, so ist die Entwicklungsgeschwindigkeit der reziproke Wert der Entwicklungsdauer gemäß der einfachen Beziehung: Geschwindigkeit = Weg durch Zeit

$$v = \frac{s}{t}.$$

Setzen wir $s = 1$ oder aus zeichnerischen Gründen gleich irgendeiner anderen Zahl, hier gleich 64, so entspricht die Kurve V der

Entwicklungsgeschwindigkeit. Setzen wir in der zugrunde gelegten allgemeinen Gleichung der Hyperbel $x \cdot y = c$ entsprechend dieser Beziehung

$\frac{1}{y}$ statt y ein, so erhalten wir $\frac{x}{y} = c$ oder $x = c \cdot y$. Das ist aber die Gleichung einer geraden Linie. In Abb. 3 sind die Untersuchungen nur in einem geringen Temperaturbereich vorgenommen, so daß diese Umkehrung den tatsächlichen Verhältnissen des Experiments gerecht zu werden scheint. Dehnt man jedoch die Versuche auch auf höhere und niedere Temperaturen aus, wie Krogh das (vgl. Abb. 4) tat, so zeigt sich, daß die Kurve der Entwicklungsgeschwindigkeit an beiden Enden S-förmig von der geraden Linie ab-

weicht. Dieselbe Erscheinung haben wir bei den Kurven der Atmungsintensität (z. B. v. Buddenbrock und v. Rohr). Die Abweichungen des Experiments sind mit den bisher besprochenen Formeln nicht in Einklang zu bringen, so daß auch aus diesem Grunde der Hyperbelcharakter und demzufolge auch die gerade Linie als funktionale Beziehung der Temperaturabhängigkeit abgelehnt werden muß.

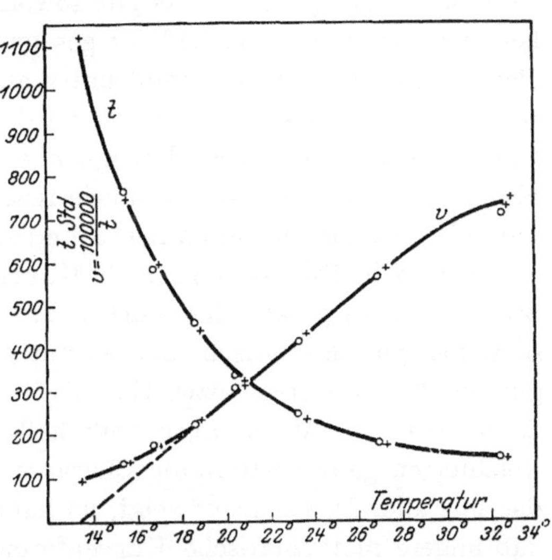

Abb. 4. Die Temperaturabhängigkeit der Entwicklungsdauer (t) und der Entwicklungsgeschwindigkeit (v) der Puppe des Mehlkäfers Tenebrio molitor nach Krogh.

In diesem Zusammenhang nehme ich Gelegenheit, auf einen prinzipiell wichtigen Punkt bei der Darstellung von Lebensvorgängen in Kurvenform hinzuweisen. Eine Kurve muß in allen ihren Punken den tatsächlichen biologischen Wert darstellen. Wenn also z. B. Blunck sagt, die Entwicklungszeit eines Insekts läßt sich unter ein bestimmtes Minimum nicht herunterdrücken, so heißt das doch, daß auch die Kurve ein Minimum haben muß. Die Hyperbeln von Peairs und Blunck und ebenso auch die Exponentiallinie, welche der van't Hoffschen Regel zugrunde liegt, gehen aber über diesen Punkt hinaus. Man drückt also hier graphisch aus, was biologisch überhaupt nicht existiert, nicht existieren kann. Daran ändert auch die Tatsache nichts, daß an dem Minimumpunkt die sogenannte kritische Wärmezone gesetzt wird, in der eine Entwicklung überhaupt nicht mehr stattfindet. Jedoch werden wir noch kennen lernen, daß auch oberhalb des Minimumpunktes, wenn auch nur noch bei geringer Temperaturerhöhung, eine Entwicklung, allerdings eine verzögerte, stattfindet. Auch Bachmetjew u. a. bilden schon Kurven ab, die zeigen, daß oberhalb einer bestimmten Temperatur die Entwicklungsdauer von Insekten sich vergrößert.

Es ist eine meines Erachtens nicht statthafte Einschränkung, wenn die Gesetzmäßigkeit eines Vorganges nur für ein bestimmtes Intervall Gültigkeit beansprucht. Das gilt sowohl für die Temperaturabhängigkeit wie für eine Reihe anderer gesetzmäßiger Formulierungen in der Physiologie. Eine Kurve muß unter allen Umständen tatsächlich das zeigen, was biologisch vorliegt. Und dazu gehören auch die Temperaturen, die außerhalb der „Behaglichkeitszone" liegen, denn der Organismus muß auch auf sie irgendwie reagieren, und wir wollen doch gerade die Gesetzmäßigkeiten herausfinden, nach denen diese Reaktionen erfolgen. Wie Pütter und auch Martini sehr richtig zum Ausdruck bringen, ist oft gerade das Kurvenstück innerhalb der optimalen Zone so wenig charakteristisch, daß es mit genügender Genauigkeit ebenso gut durch eine Gerade bzw. Hyperbel wie durch eine Exponentiallinie darstellbar ist. Wenn aber außerhalb dieser mittleren Strecke Abweichungen ganz bestimmten Charakters auftreten, wie unsere Abb. 4 das mit aller Deutlichkeit zeigt, so kann man nur den Schluß ziehen, daß andere mathematische Kurvenformen vorliegen müssen, will man überhaupt an einem formelhaften, funktionalen Zusammenhang festhalten.

2. Die Temperaturabhängigkeit der Embryonalentwicklung als exponentiale Funktion.

Aus der bisherigen Übersicht sind die heterogenen Gesichtspunkte zu erkennen, mit denen versucht wurde, den Temperatureinfluß auf biologische Vorgänge zu erfassen. Es handelt sich um die Frage, ob überhaupt die Abhängigkeit auf eine mathematisch formulierbare Kurve gebracht werden kann, die alle Abweichungen, die wir von den bisherigen Lösungsversuchen kennen gelernt haben, als übergeordnete Funktion erfaßt.

Die Embryonalentwicklung der Zecke *Margaropus annulatus*.

Um diese Frage zu entscheiden, wähle ich ein Beispiel, zu dem die Daten aus der amerikanischen Literatur von Sanderson zusammengetragen wurden, und dessen experimentell ermittelten Punkte weit genug über einen größeren Temperaturbereich verteilt sind, nämlich die Embryonalentwicklung der Zecke *Margaropus annulatus.* Aus der Lage der in Abb. 5 eingetragenen Punkte ist ersichtlich 1. die Tatsache, daß mit steigender Temperatur die Entwicklungsdauer zunächst eine Verkürzung erfährt, 2. daß bei etwa 28° die Beschleunigung wieder geringer wird, also hier ein Minimum der Entwicklungsdauer liegt, 3. daß noch höhere Temperaturen verlängernd auf die Entwicklungsdauer wirken. Eine Kurve, welche die Temperaturabhängigkeit zeigen soll, muß diesen drei Tatsachen gerecht werden. Die Hyperbel tut das

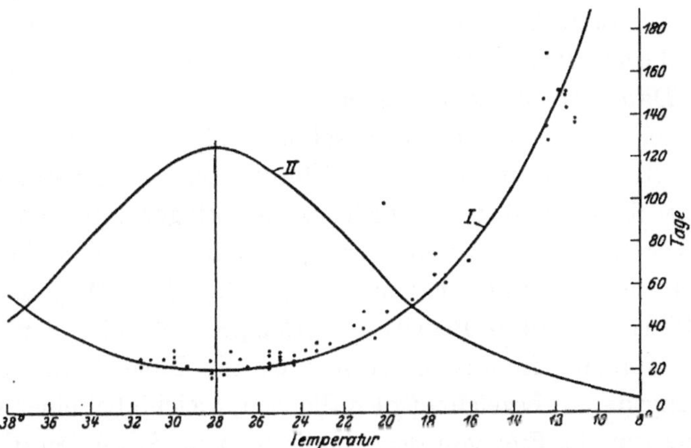

Abb. 5. Die Temperaturabhängigkeit der Embryonalentwicklung der Zecke *Margaropus annulatus, I* Entwicklungsdauer, *II* Entwicklungsgeschwindigkeit.

offenbar nicht, wie wir gesehen haben, die Exponentiallinie auch nicht, wie ohne weiteres aus unserer Abb. 6 hervorgeht. Es kann nur eine Kurve in Betracht kommen, die einen Scheitelpunkt, also ein Minimum hat.

Da die Hyperbeln schon wegen ihrer nicht auf wissenschaftlicher Basis ruhenden theoretischen Voraussetzung gänzlich außer Betracht bleiben müssen, andererseits aber Exponentiallinien oder logarithmische Linien, welche grundsätzlich denselben Verlauf haben wie die Exponentiallinien, an sich theoretisch gut begründet sind und bei der Lösung von vielen physiologischen Problemen gangbare Wege gewiesen haben, liegt der Gedanke nahe, auf dieser Grundlage eine Lösung des Temperaturproblems bei den Entwicklungsvorgängen der Insekten zu versuchen. Eine Kurve, welche den oben geforderten Bedingungen genügt, ist die Kettenlinie, welche aus zwei spiegelbildlich zur y-Achse laufenden Exponentiallinien durch Addition entsteht, also die Resultierende dieser beiden Exponentiallinien ist. Diese haben folgende Gleichungen:

$$y = m\,a^x \text{ und}$$
$$y = m\,a^{-x},$$

in denen m und a Konstanten sind. Durch Addition entsteht die Kettenlinie

$$y = \frac{m}{2}\,(a^x + a^{-x}).$$

Die in Abb. 5 eingetragene Kurve I ist eine solche Kettenlinie, und man sieht, daß sie sich den experimentell ermittelten Punkten gut genug anschmiegt, soweit überhaupt eine Entwicklung stattfindet, und den drei geforderten Bedingungen gerecht wird, die auf Grund der biologischen Daten erfüllt sein müssen.

Zunächst könnte diese Tatsache schon genügen, um die Temperaturabhängigkeit der Embryonalentwicklung von *Margaropus annulatus* durch eine Kettenlinie zum Ausdruck zu bringen. Jedoch läßt sich noch ein weiterer Beweis dafür erbringen, daß tatsächlich eine Kettenlinie die Beziehung mathematisch wiedergibt. Den Weg dazu bietet der von Peairs benutzte Begriff der „Reziproken", über den ich schon kurz S. 10 sprach. In unserer Abb. 5 ist die Linie I die Kurve der Entwicklungsdauer, bezeichnet also die Zeit, welche bei einer bestimmten Temperatur die Eier von der Ablage bis zum Schlüpfen der Larven brauchen. Gemäß der erwähnten Beziehung

$$v = \frac{s}{t}$$

ist dann die Entwicklungsgeschwindigkeit der reziproke Wert der Entwicklungsdauer. Zwischen diesen beiden Begriffen ist scharf zu unterscheiden, weil es sich um ganz verschiedene Dinge handelt. Der Hinweis darauf ist durchaus nicht unberechtigt, denn der Unterschied ist sehr häufig nicht gemacht worden, ja man möchte manchmal geneigt sein, einen großen Teil des Unheils, das durch die R.G.T.-Regel in der Biologie angerichtet wurde, auf den Umstand zurückführen, daß man nicht bedachte, ob ein Vorgang eine Zeit oder eine Geschwindigkeit darstellt. Wir halten also fest, daß wir unter Entwicklungsdauer die Zeit verstehen, in welcher ein Organismus seine Entwicklung oder einen Teil derselben durchmacht, daß dagegen die Entwicklungsgeschwindigkeit ein Ablauf pro Zeiteinheit ist und zur Entwicklungsdauer in einem reziproken Verhältnis steht. Berechnen wir aus der Entwicklungsdauer (t) den Wert der Entwicklungsgeschwindigkeit (v) nach der Beziehung

$$v = \frac{s}{t},$$

indem wir, wie schon S. 10 angeführt, $s = 1$ oder irgendeiner anderen Zahl setzen[1]), so erhalten wir die Geschwindigkeitskurve der Temperaturabhängigkeit in einer Gestalt wie sie beispielsweise die Linie V in Abb. 4 wiedergibt, also mit S-förmiger Abweichung an beiden Enden. Ebenso wie Peairs in der Hyperbelformel $x \cdot y = c$ eine der Variabeln reziprok nahm, also $\frac{1}{y}$ statt y einsetzte und so die Reziproke der Hyperbel, die gerade Linie $x = y \cdot c$ erhielt, genau so müssen wir jetzt, wenn wir die Kettenlinie als richtigere Darstellung der Temperaturabhängigkeit der Entwicklungsvorgänge nehmen, mit der Gleichung der Kettenlinie ebenso verfahren, um die Formel der Entwicklungsgeschwindigkeit zu erhalten, also

$$\frac{1}{y} = \frac{m}{2}\left(a^x + a^{-x}\right)$$

setzen. In Abb. 5 ist die zu der Kettenlinie (I) gehörige reziproke Funktion als II eingetragen. Es wird hierdurch deutlich, daß die in den besprochenen Fällen gefundenen S-förmigen Abweichungen von der geraden Linie (siehe Abb. 4) durch die Kettenliniereziproke richtig erfaßt und wiedergegeben werden, und zwar in allen Fällen über den ganzen untersuchten Temperaturbereich.

Läßt sich also die Abhängigkeit der Entwicklungsdauer von der Temperatur durch eine Kurve von der Form I in Abb. 5 wiedergeben, die der Entwicklungsgeschwindigkeit durch Form II, so sehen wir in der Gleichung der Kettenlinie

$$y = \frac{m}{2}\left(a^x + a^{-x}\right)$$

den Grundtyp der mathematischen Beziehung zwischen Temperatur und Entwicklungsdauer. Die Kettenliniereziproke

$$\frac{1}{y} = \frac{m}{2}\left(a^x + a^{-x}\right)$$

stellt dann die Beziehung der Entwicklungsgeschwindigkeit dar.

Suchen wir also auf Grund der Kurvenform eine mathematische Lösung, so gibt die reziproke Funktion die Möglichkeit, den Charakter

---

[1]) Biologisch bedeutet s hier den Lebensablauf als Ganzes.

eines Vorganges genauer, als das durch die einzelne Kurve möglich ist, festzuhalten. Schon bei diesem ersten Beispiel, den Entwicklungsvorgängen, ist leicht zu sehen, daß die Reziproke, also hier die Geschwindigkeitskurve, eine viel ausgeprägtere Gestalt hat, als die ursprüngliche Form der Kettenlinie. In aller Deutlichkeit tritt das hervor, wenn wir die bisherigen Lösungsversuche des Temperaturproblems von diesem Gesichtspunkt aus betrachten. Würde es sich bei der Temperaturabhängigkeit der Entwicklungsdauer um eine Hyperbel handeln, so müßte die Reziproke, also die Kurve der Entwicklungsgeschwindigkeit eine Gerade sein. Das ist, wie wir sahen, nicht der Fall, wenn sie auch auf dem mittleren Teil, also in der sogenannten Behaglichkeitszone, innerhalb der Fehlergrenzen die Beziehung angenähert zum Ausdruck bringen mag. Soll andererseits die Beziehung Entwicklungs-

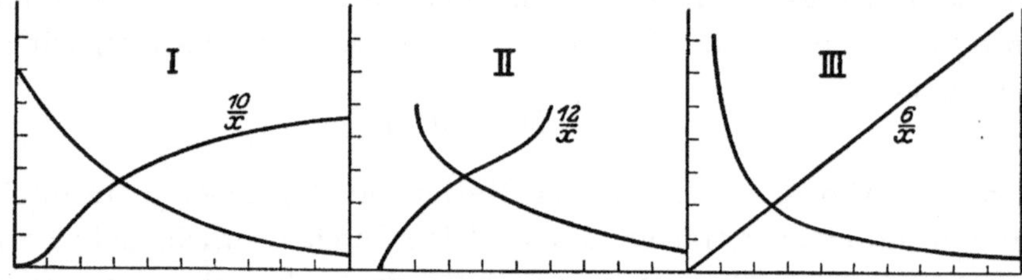

Abb. 6. Exponentiallinie (*I*), Kettenlinie (*II*) und Hyperbel (*III*) und ihre Reziproken.

dauer/Temperatur der van't Hoffschen Regel folgen, also der Temperaturquotient Q_{10} konstant sein, so müßte 1. die Kurve als Exponentiallinie die Achse, auf der die Entwicklungsdauer aufgetragen ist, schneiden, 2. würde ihre Reziproke zwar ebenfalls S-förmig von der geraden Linie abweichen, aber in entgegengesetzter Richtung wie die der Kettenlinie. Folgende Abbildungen (Abb. 6) demonstrieren das. Auf der x-Achse ist hier in allen drei Fällen die Entwicklungsdauer abgetragen zu denken, auf der y-Achse die Temperatur. Aus den Abbildungen geht ohne weiteres hervor, wie durch Einzeichnung der Reziproken sehr einfach festgestellt werden kann, welcher Kurventyp dem Vorgang zugesprochen werden muß.

Noch ein weiterer Punkt, den wir gedanklich schon mehrfach gestreift haben, bedarf der besonderen Betonung. Die Deutung, welche wir durch die Kettenlinie der Temperaturabhängigkeit der Entwicklungsvorgänge gegeben haben, hat mit aller Deutlichkeit gezeigt, daß die „Behaglichkeitsgrenze" nicht genügt, der Beziehung eine einwandfreie, streng gültige mathematische Form zu geben. Schon Pütter setzt in seiner Arbeit über den Temperaturkoeffizienten eingehend auseinander, wie innerhalb bestimmter Grenzen mehrfache Auslegungen möglich sind, und demonstriert diese Tatsache an zwei Exponentiallinien, die ich in Abb. 7 wiedergebe. Pütter sagt dazu S. 615:

„In Fig. 3 (unsere Abb. 7) sind die Verhältnisse in schematischer Übersicht für $Q_{10} = 2{,}0$ und $Q_{10} = 4{,}0$ dargestellt. Die ausgezogenen Linien gehen durch die Punkte, die genau auf einer Exponentiallinie liegen. Jeder dieser Punkte ist von einem Viereck umgeben, das die Größe der möglichen Fehler darstellt. Eine gerade Linie, die in den Raum dieser Fehlerflächen fällt, genügt zur Darstellung der Beobachtungen ebenso gut wie die Exponentialkurve. Wie aus der Figur zu ersehen, kann man bei der angenommenen Größe der Fehler und einem $Q_{10} = 2{,}0$ innerhalb eines Bereiches von 15° die Beobachtungen ebenso gut durch eine gerade Linie (a) wie durch eine Exponentialkurve darstellen. Bei $Q_{10} = 4{,}0$ ist das Temperaturintervall, innerhalb dessen gerade Linie (mit b bezeichnet) und Exponentialkurve als gleichwertig erscheinen, schon auf $7{,}5^{\circ}$ verkleinert, und bei $Q_0 = 8{,}0$ tritt der Unterschied schon bei mehr als $5{,}0^{\circ}$ deutlich hervor, während bei $Q_{10} = 1{,}7$ erst bei einem Temperaturintervall von mehr als 20° die Unterschiede von gerader Linie und Exponentialkurve außerhalb der Fehlergrenzen liegen."

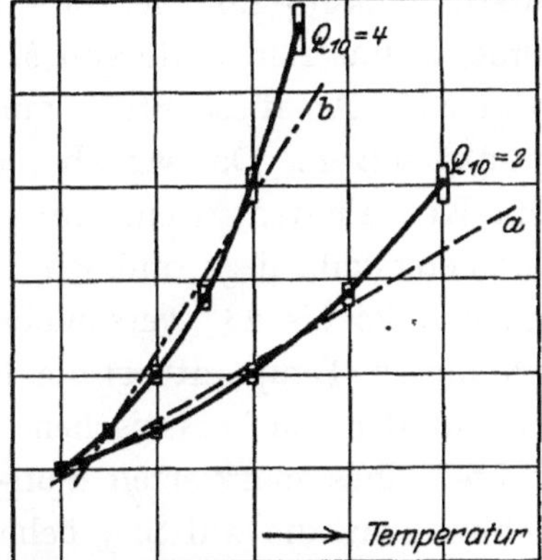

Abb. 7. Die Erfassung empirisch ermittelter Punkte durch Gerade und Exponentiallinien nach Pütter.

Grundsätzlich gilt das Gleiche auch für unseren Fall, d. h. die Endstrecken der ermittelten Kurven sind für die Deutung und die Feststellung ihrer theoretischen Form unerläßlich. Bei der Untersuchung des Temperatureinflusses auf biologische Vorgänge müssen wir also auch die Temperaturen mit berücksichtigen, die ein Organismus normalerweise überhaupt nicht erlebt, selbst wenn dort schon Schädigungen irgendwelcher Art auftreten. Gerade die Reaktion auf diese extremen Temperaturen ist uns wertvoll, den Gesamtverlauf der experimentellen Kurve mathematisch zu formulieren.

Unter Berücksichtigung der besprochenen Gesichtspunkte haben wir erkannt, daß die Temperaturabhängigkeit der Entwicklungsdauer, zunächst rein zeichnerisch, kurvenmäßig sich durch eine Kettenlinie wiedergeben läßt. Selbstverständlich muß dann auch die mathematische Formel einer solchen Kurve einen biologischen Inhalt erhalten, d. h. in unserem Falle, es muß die Entwicklungsdauer eine Funktion der Temperatur werden. Ferner haben wir nach der biologischen Bedeutung der Konstanten zu fragen. Wir müssen ausgehen von der mathematischen Gestalt und wissen auf Grund der Abb. 5, daß die Kettenlinie einen Scheitel hat, von dem rechts und links aufsteigend und mit wachsendem x immer steiler werdend zwei Schenkel bis in die Unendlichkeit laufen, und zwar spiegelbildlich zu der durch den Scheitel gehenden y-Achse des Koordinatensystems. Der mathematische Nullpunkt liegt also senkrecht unter dem Scheitel der Kettenlinie, in unserem Falle von *Margaropus annulatus* bei einer Temperatur von 28°. An diese Stelle müssen wir also den mathematischen Nullpunkt setzen. Da wir aber die experimentell ermittelten Punkte in ein Koordinatensystem eintrugen, dessen Nullpunkt bei 0° der Thermometerskala liegt, müssen wir die y-Achse dieses Systems von rechts nach links bis 28° verschieben, also in die Formel statt x den Wert 28 minus Temperaturgrade eintragen. Der Punkt 28° hat also auf Grund der mathematischen Eigenschaften der Kettenlinie den Charakter eines markierten Punktes von besonderer Bedeutung. In Anlehnung an die auf S. 9 behandelte Bluncksche Einteilung der Temperaturbezirke wollen wir ihn den kritischen Wärmepunkt (w) nennen. Er ist charakterisiert durch die Tatsache, daß senkrecht über ihm der Scheitel der Kettenlinie liegt, d. h. biologisch sich die kürzeste Entwicklungszeit findet, die überhaupt möglich ist. Oberhalb dieses kritischen Wärmepunktes verlängert sich die Entwicklungsdauer wieder.

Der Abstand des Scheitels der Kettenlinie von der x-Achse wird in der Formel durch die Größe m angegeben, so daß also m biologisch die kürzeste überhaupt mögliche Entwicklungszeit ist. Die Konstante a unserer Formel ist mathematisch ein Ausdruck für den Steilheitsgrad der Kurve, hat also den Charakter einer Richtungskonstanten. Ein Bild des verschiedenen Verlaufs von Kettenlinien mit unterschiedlichen a-Werten gibt unsere Abb. 50. Vom biologischen Standpunkt aus heißt das, der Wert a gibt an, mit welcher Geschwindigkeit ein Organismus auf die Temperaturerhöhung reagiert, hat also die Eigenschaft einer Beschleunigungskonstanten bzw., wie es sich besonders im Gebiet oberhalb des kritischen Wärmepunktes bemerkbar macht, einer Hemmungskonstanten.

Die Größe m kann durch Beobachtung direkt gefunden werden. Der Wert für a läßt sich leicht berechnen, wenn man bedenkt, daß in der Gleichung der Kettenlinie

$$y = \frac{m}{2}\,(a^x + a^{-x})$$

die Zahl a^{-x} bei großem x, also bei niedriger Temperatur, sehr klein wird, so daß sie praktisch vernachlässigt werden darf. Die Gleichung geht dann über in

$$y = \frac{m}{2}\,a^x,$$

daraus berechnet sich leicht a durch Logarithmieren, und es ist

$$\log a = \frac{1}{x}\left(\log y - \log \frac{m}{2}\right).$$

Um also die Beziehung zwischen der Entwicklungsdauer bei einem Organismus und der Temperatur mathematisch festzulegen, ist nichts weiter notwendig als festzustellen, auf welchen Mindestwert kann die Entwicklungsdauer heruntergedrückt werden und bei welcher Temperatur liegt dieser Mindestwert. Ferner ist, um die Richtungskonstante a zu bestimmen, nötig zu wissen, wie groß die Entwicklungsdauer bei irgendeiner möglichst niederen Temperatur ist.

Bei der Embryonalentwicklung von *Margaropus annulatus* fanden wir den kritischen Wärmepunkt (w) bei etwa 28°. Beziehen wir also die Temperaturabhängigkeit auf das ursprüngliche Koordinatensystem, das seinen Nullpunkt am Gefrierpunkt hat, so müssen wir in der allgemeinen mathematischen Form der Kettenlinie x durch ($w - x$) ersetzen. Die Beziehung der Embryonalentwicklung (y) der Zecke *Margaropus annulatus* zur Temperatur (x) erhält dann folgende Form

$$y = \frac{m}{2}\,(a^{(w-x)} + a^{-(w-x)}).$$

Die kürzeste Entwicklungszeit (m) ist hier im Durchschnitt gleich 20 Tage. Ferner errechnet sich die Konstante a aus der durchschnittlichen Entwicklungszeit bei der Beobachtungstemperatur zwischen 11° und 12,5° zu rund 1,4. Die mit diesen Zahlen für m und a berechnete und auf den Nullpunkt bei 28° bezogene Kettenlinie

$$y = \frac{m}{2}\,(a^x + a^{-x})$$

ist die in Abb. 5 als *I* eingezeichnete Kurve, die sich den experimentell ermittelten Daten mit ausreichender Genauigkeit einfügt. Die als *II* bezeichnete Kettenliniereziproke in Abb. 5, die Kurve der Entwicklungsgeschwindigkeit,

$$\frac{2500}{y} = \frac{m}{2}\left(a^x + a^{-x}\right)$$

wurde mit denselben Konstanten berechnet und statt der einfachen Form $\frac{1}{y}$ der Wert $\frac{2500}{y}$ lediglich aus zeichnerischen Gründen eingesetzt.

Die bisher gefundenen Beziehungen und Abhängigkeiten sollen im nächsten Abschnitt an einem von mir durchgeführten Großbeispiel, der Embryonalentwicklung der Mehlmotte, nochmals auf experimenteller Grundlage nachgeprüft und die theoretischen Folgerungen daraus gezogen werden. Hier ist noch folgendes zu sagen: Wir haben in der Entwicklungsdauer ein Symptom der beim Wachstum ablaufenden Lebensvorgänge herausgegriffen, das nicht allein von der Temperatur, sondern außerdem von anderen Systembedingungen abhängig ist, z. B. von der Ernährung und dem Feuchtigkeitsgehalt der Luft oder des Substrats. Es handelte sich bei den bisherigen Betrachtungen allein darum, die Abhängigkeit der Entwicklungsdauer von *einer* Bedingung genauer zu untersuchen. Das setzt voraus, daß die übrigen gleichzeitig nicht einwirken dürfen, wenn wir diese eine Bedingung variieren, also einen Organismus verschieden hohen Temperaturen aussetzen. Das heißt aber, daß die übrigen Bedingungen eines Systems während dieser einen Versuchsreihe konstant gestaltet werden müssen. Wir können die komplizierten Abhängigkeiten eines Lebensvorganges von einem in verschiedenen Richtungen veränderlichen zusammengesetzten System, also von einer Summe von Außenbedingungen, analytisch nur erfassen, wenn wir die Abhängigkeit von jeder einzelnen Phase getrennt behandeln, indem wir das Symptom (y) als Funktion *einer* Systembedingung (x) untersuchen und gleichzeitig die anderen in dieser Versuchsreihe so gestalten, daß bei einer Variation dieser einen die übrigen vergleichbar konstant bleiben. Mathematisch ausgedrückt, würde man also schreiben können:

$$y = f\,(x_1),$$
$$y = f\,(x_2),$$
$$y = f\,(x_3) \text{ usw.}$$

Erst dann, wenn man diese einzelnen Abhängigkeiten funktional erfaßt hat, wird man daran gehen können, kombinierte Abhängigkeiten zu untersuchen, was bei Kenntnis der einzelnen Funktionen dann nicht

mehr prinzipiell schwierig sein dürfte. Daß z. B. die Entwicklung von
Insekten nicht allein von der Temperatur, sondern auch noch von
anderen Systembedingungen beeinflußt wird, wissen wir, aber wie sie
im einzelnen abhängt, muß Aufgabe der Untersuchung sein. Aber
eine Klärung dürfen wir nur erwarten, wenn wir in dem angedeuteten
Sinne analytisch vorgehen.

Die Embryonalentwicklung der Mehlmotte.

Die mir bisher bekannt gewordenen Daten über die Abhängigkeit
der Entwicklungsdauer oder der zugehörigen Geschwindigkeit von der
Temperatur ordnen sich durchaus in das von mir bis jetzt aufgestellte
Schema der Kettenlinie und ihrer Reziproken ein. Einige Beispiele
haben wir schon besprochen und gerade aus der Gegensätzlichkeit der
empirischen Daten und der von den Autoren versuchten Lösung des
Temperaturproblems unser Prinzip abgeleitet. Andere sollen später
im Zusammenhang erwähnt werden. In vielen Fällen erstrecken sich
die Untersuchungen nur über einen beschränkten Temperaturbezirk
und bieten für die Klärung eher weniger als mehr als das von uns heran-
gezogene Beispiel der Embryonalentwicklung von *Margaropus annulatus*.

Aus der Erkenntnis heraus, daß die Temperaturabhängigkeit der
Entwicklungsvorgänge sich durch eine Kettenlinie darstellen läßt,
habe ich die Embryonalentwicklung der Mehlmotte (*Ephestia kühniella*)
unter voller Berücksichtigung der bisher gewonnenen Gesichtspunkte
untersucht und besonderen Wert auf die Verhältnisse am kritischen
Wärmepunkt gelegt, weil gerade die höheren Temperaturen, wie ich
schon mehrfach erwähnte, in der Regel vernachlässigt wurden.

Es wurde gerade die Mehlmotte gewählt, einmal weil sie als Großschädling in mein dienstliches Arbeitsgebiet gehört, andermal weil ich
in den Vorratsschädlingen, wie ich in den letzten Jahren schon mehrfach betonte, ausgezeichnete Objekte für allgemein-physiologische
Untersuchungen sehe, nicht nur, was den eigentlichen Lebenszyklus
betrifft, sondern auch in bezug auf die Abhängigkeit von äußeren Bedingungen, auf die Reaktion des Organismus auf Gifte usw. Die Zucht
der Mehlmotte läßt sich vom Ei bis zum Exitus im Zimmer in Glas-
gefäßen durchführen, ohne daß die normalen Lebensbedingungen ab-
geändert werden, wie es bei eingezwingerten Freilandtieren häufig der
Fall ist, denn die Mehlmotte lebt als Großschädling in Dampfmühlen,
Lagerhäusern und Läden meist in ähnlichen Verhältnissen. So ist man

unabhängig von Jahreszeit und Witterung und hat auch im Winter jederzeit die nötigen Tiere zur Verfügung. Die Entwicklung der Mehlmotte vom Ei bis zur Imago dauert bei 18° etwa 3 Monate, so daß man innerhalb eines Jahres vier Generationen, bei höheren Temperaturen im Brutschrank noch mehr aufziehen und durcharbeiten kann. Die Futterbeschaffung ist einfach und billig, da die Zucht ohne Schwierigkeit mit Haferflocken, Mehl, Grütze, Grieß, Nudeln und ähnlichen Lebensmitteln durchzuführen ist. Die Zahl der Versuchstiere ist unbeschränkt, da man Hunderte in einem Einmachglas halten kann, andererseits sind die Tiere groß genug, um auch individuell behandelt zu werden, denn die erwachsenen Raupen, Puppen und Falter sind etwa 1 cm lang. Wichtig ist auch, daß keinerlei Ruhepausen in den Entwicklungsgang eingeschaltet sind, die z. B. bei Freilandtieren häufig vorkommen (Winterruhe bei den Eiern der Nonne, den Raupen des Kiefernspinners, den Puppen der Forleule[1]).

Die Untersuchung über die Temperaturabhängigkeit der Embryonalentwicklung der Mehlmotte war zunächst eine Frage der Beschaffung frisch gelegter Eier. Ich ging dabei folgendermaßen vor. Die verpuppungsreifen Raupen, welche nach Beendigung der Fraßperiode aus den Haferflocken herauskriechen und sich an dem zum Zubinden der Einmachgläser dienenden Papier ansammeln, wurden abgelesen, jede einzeln in eine Reagenzröhre übergeführt und diese dann mit einem Wattepfropf verschlossen. In den auf weißer Unterlage ausgebreiteten Röhren kann das Verpuppen und Ausschlüpfen der Falter leicht beaufsichtigt werden. Die Zucht und Haltung wurde in einem fast dunklen Nordzimmer im Keller mit einer nahezu konstanten Temperatur von 18° vorgenommen. Etwa ein bis zwei Tage nach dem Schlüpfen wurden die isoliert aufgezogenen Falter, die also mit Sicherheit noch nicht kopuliert hatten, in einem kleinen Petrischälchen zusammengesetzt. Da die Falter ohne jede Nahrung und auch, ohne Flüssigkeit aufzunehmen, normal leben können, genügt diese Haltung ohne weiteres. In jedes Schälchen legte ich kleine ziehharmonikaartig eng gefaltete Stücke von schwarzem, rauhen Papier, um den Faltern ihnen zusagende Orte zur Eiablage zu bieten, denn die Mehlmottenweibchen bevorzugen dazu enge Spalten und Ritzen. Sehr gut bewährt hat sich das schwarze Papier, das zum Einwickeln photographischer Platten benutzt wird,

---

[1] Für nähere Mitteilungen hierüber bin ich den Herren Kollegen Dr. Knoche und Dr. Sachtleben zu Dank verpflichtet.

weil es ungeleimt und rauh genug ist, daß die nur sehr lose angeklebten Eier an ihnen haften bleiben. Die Pärchen wurden morgens und abends auf die Eiablage hin kontrolliert und die mit Eiern besetzten Papiere herausgenommen. Die beschriebene Methode hat den Vorteil, daß man mit Sicherheit sagen kann, daß die auf einem Papier vorhandenen Eier von einem Weibchen stammen, und daß sämtliche zur Untersuchung benutzten Eier insofern gleichwertig sind, daß sie von Tieren stammen, die gleichaltrig sind und nur unter Aufsicht kopuliert hatten. Die in den engen Falten der Papiere meist in einer Reihe abgelegten Eier lassen sich leicht und schnell unter dem Binokular zählen. Auch die lose abgelegten Eier wurden unter sorgfältigster Behandlung gesammelt und mit zur Beobachtung herangezogen, soweit sie ohne Schaden transportiert werden konnten.

Die Papiere wurden dann in andere Petrischalen gelegt, deren Boden mit Haferflocken bedeckt war, und so in die zu prüfenden Temperaturen gebracht. Benutzt wurden in benachbarten Kellerräumen desselben Gebäudes stehende Serienbrutschränke und mehrere im Parterre untergebrachte Einzelbrutschränke. Die Versuchsbedingungen waren also angenähert gleichwertig vor allem, was den hauptsächlichsten, die Entwicklungsdauer mit beeinflussenden Faktor, die Luftfeuchtigkeit, betrifft. Versuche bei niederen Temperaturen von $4°$ und $8°$ in Eisschränken konnten wegen der großen Feuchtigkeit in ihrem Innern als gleichwertig nicht betrachtet werden und wurden deshalb ausgeschaltet. Die Versuche wurden außerdem ziemlich gleichzeitig im Spätwinter 1924/25 ausgeführt. Die Kontrolle der Eier und das Ablesen der Temperaturen erfolgte morgens und abends. Die aus den an den Papieren sitzenden Eiern schlüpfenden Raupen wandern sofort in die Haferflocken zum Fraß ab. Die Zahl der schlüpfenden Raupen ließ sich leicht dadurch feststellen, daß die leeren Eischalen gezählt wurden. Während der Embryonalentwicklung werden die Eier gelblich bis gelbbraun. Bei einiger Kenntnis der Farbänderung läßt sich aus ihr schon bei Betrachtung mit bloßem Auge angenähert bestimmen, wann die Raupen schlüpfen werden, ein bei den zahlreichen Versuchen nicht zu unterschätzender Vorteil. Insgesamt wurden rund 5000 Mehlmotteneier zur Beobachtung herangezogen, ein Material, das so zahlreich in seiner Gleichartigkeit und in bezug auf seine Vorgeschichte auch Gleichwertigkeit kaum anderswo auf noch einfachere Art und Weise wie bei der Mehlmotte zu beschaffen sein dürfte, zumal im Verlauf des Versuchs die Eier unter denselben Bedingungen stehen, wie sie auch im natürlichen Leben vorliegen.

Die Untersuchungen hatten folgendes Ergebnis:

1. Temp. max. 14,8°, min. 12,7°, mittel 13,61°: es schlüpften 2 Raupen nach 20 Bebrütungstagen, 2 nach 20,5, 8 nach 21, 4 nach 21,5, 82 nach 22, 20 nach 22,5, 19 nach 23, 8 nach 23,5, 6 nach 24 Tagen.

2. Temp. max. 14,8°, min. 12,7°, mittel 13,77°: es schlüpften 12 Raupen nach 21, 102 nach 21,5, 56 nach 22, 41 nach 22,5, 14 nach 23 Tagen.

3. Temp. regelmäßig um 18° schwankend, so daß eine Mitteltemperatur von 18° bestand: es schlüpften 19 Raupen nach 10,5, 108 nach 10,75, 162 nach 11, 83 nach 11,5 Tagen.

4. Temp. max. 21,6°, min. 18°, mittel 19,69°: es schlüpften 4 Raupen nach 8, 125 nach 9 Tagen.

5. Temp. max. 21,6°, min. 18°, mittel 19,77°: es schlüpften 217 Raupen nach 9, 4 nach etwas mehr als 9 Tagen.

6. Temp. 25°: es schlüpften 39 Raupen nach 4,75, 32 nach 5 Tagen. (Da dieser Schrank mir nicht allein zur Verfügung stand und während der Arbeitsstunden öfter zur Kontrolle anderer Zuchten geöffnet wurde, ist eine Temperatur anzunehmen, die zeitweise unter 25° liegt.)

7. Temp. max. 27,3°, min. 26,2°, mittel 26,95°: es schlüpften 72 Raupen nach 4 Tagen.

8. Temp. max. 28°, min. 26°, mittel 27,11°: es schlüpften 10 Raupen nach 4 Tagen.

9. Temp. max. 27,8°, min. 26,5°, mittel 27,3°: es schlüpften 404 Raupen nach 4 Tagen.

10. Temp. max. 28°, min. 26,8°, mittel 27,34°: es schlüpften 175 Raupen nach 4—5 Tagen.

11. Temp. max. 28°, min. 27°, mittel 27,4°: es schlüpften 26 Raupen nach 4—4,5 Tagen.

12. Temp. max. 28°, min. 27°, mittel 27,63°: es schlüpften 130 Raupen nach 4 Tagen.

13. Temp. max. 28°, min. 27,1°, mittel 27,83°: es schlüpften 43 Raupen nach 4 Tagen.

14. Temp. max. 29,4°, min. 27,3°, mittel 28,5°: es schlüpften 29 Raupen' nach 4 Tagen.

15. Temp. max. 29,4°, min. 27,9°, mittel 28,52°: es schlüpften 12 Raupen nach 4 Tagen, 8 Raupen nach etwas mehr als 4 Tagen.

16. Temp. max. 30,2°, min. 27,3°, mittel 28,55°: es schlüpften 89 Raupen nach 4 Tagen.

17. Temp. max. 29,4°, min. 27,9°, mittel 28,63°: es schlüpften 58 Raupen nach 4 Tagen.

18. Temp. max. 29,4°, min. 27,9°, mittel 28,68°: es schlüpften 48 Raupen nach 4 Tagen.

19. Temp. max. 30,2°, min. 28,4°, mittel 29,05°: es schlüpften 68 Raupen nach etwas weniger als 4 Tagen.

20. Temp. max. 31,4°, min. 28,4°, mittel 29,44°: es schlüpften 42 Raupen nach 4 Tagen.

21. Temp. max. 30,4°, min. 29°, mittel 29,48°: es schlüpften 180 Raupen nach 4 Tagen.

22. Temp. max. 31,9°, min. 25,5°, mittel 29,53°: es schlüpften 11 Raupen nach 4 Tagen.

23. Temp. max. 30,5°, min. 28,7°, mittel 29,57°: es schlüpften 225 Raupen nach 4 Tagen.

24. Temp. max. 30,4°, min. 29°, mittel 29,6°: es schlüpfte 1 Raupe nach 3,75 Tagen (diese Raupe schlüpfte in Versuch 21 als erste aus und konnte, da sie unter meinen Augen gerade am Schlüpfen war, in ihrer Inkubationszeit genau festgelegt werden).

25. Temp. max. 30,2°, min. 29,7°, mittel 30,04°: es schlüpften 362 Raupen nach 4 Tagen.

26. Temp. max. 31,7°, min. 30°, mittel 30,65°: es schlüpften 157 Raupen nach 4 Tagen.

27. Temp. max. 33,3°, min. 25,5°, mittel 30,71°: es schlüpften 84 Raupen nach 4 Tagen, 15 nach 4,33, 8 nach 5 Tagen.

28. Temp. max. 31,9°, min. 31,2°, mittel 31,54°: es schlüpften 104 Raupen nach 4 Tagen, 3 Raupen nach 4,5 Tagen. (Die letzten 3 Raupen schlüpften über Nacht; es bleibt die Möglichkeit, daß sie bei einer Durchschnittstemperatur von 31,62° auch 5 Tage lagen.)

29. Temp. max. 34,4°, min. 27,3°, mittel 31,85°: es schlüpften 14 Raupen nach 4 Tagen, 2 nach 5, 4 nach 5,25 Tagen.

30. Temp. max. 33,15°, min. 32,3°, mittel 32,78°: es schlüpften 4 Raupen nach 4 Tagen, 6 nach etwas mehr als 4, 3 nach 4,25 Tagen.

31. Bei den letzten Temperaturen ging schon ein großer Teil der zur Beobachtung gestellten Eier zugrunde, bei noch höheren Temperaturen schlüpften überhaupt keine Raupen mehr. Es wurden mehrere hundert Eier beobachtet bei durchschnittlich 32,77°, 34,29°, 36°, 36,82°.

In Abb. 8 sind die Ergebnisse eingetragen. Die Gestalt und Größe der Punkte gibt ein ungefähres Bild der Variationsbreite und des Verhältnisses der Anzahl Tiere, welche diese Entwicklungsdauer aufweisen. Die kürzeste Entwicklungszeit konnte in Versuchsprotokoll 24 bei 29,6° zu 3,75 Tagen beobachtet werden. Bei Temperaturen oberhalb dieses kritischen Wärmepunktes macht sich sehr bald eine Schädigung dadurch kenntlich, daß eine Verzögerung der Entwicklungsdauer deutlich wird und außerdem viele Eier nach ihrem Aussehen zwar noch mehr oder weniger weit die Räupchen entwickeln, diese aber nicht schlüpfen, sondern im Ei absterben.

Setzen wir voraus, daß hier ebenso wie bei *Margaropus annulatus* die Embryonalentwicklung sich durch eine Kettenlinie wiedergeben läßt, so müßten wir ihre Konstruktion auf Grund der ermittelten

empirischen Daten durchführen können, wenn wir die allgemeine
Form

$$y = \frac{m}{2}(a^x + a^{-x})$$

zugrunde legen und ihren mathematischen Nullpunkt an die Stelle
setzen, an der sich die kürzeste Entwicklungszeit (m) findet, also an

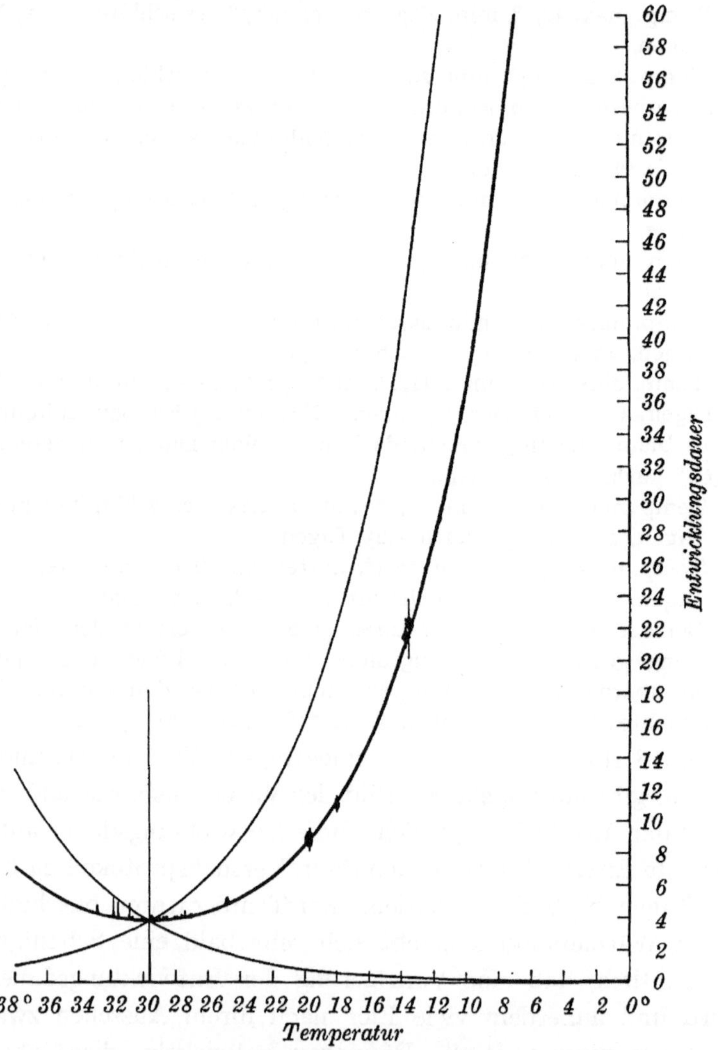

Abb. 8. Die Temperaturabhängigkeit der Embryonalentwicklung der Mehlmotte als Kettenlinie.

den kritischen Wärmepunkt (w) bei 29,6°. Der Wert m obiger Formel
wäre dann gleich 3,75 Tage. Die Richtungskonstante a errechnet sich

aus den Koordinaten Temperatur $= 13,5°$, Entwicklungsdauer $= 21,8$ Tage zu $1,164$. Dabei müssen wir uns natürlich auf den mathematischen Nullpunkt der Kettenlinie beziehen, also auf $w = 29,6°$, so daß die zugehörigen Koordinaten in diesem Bezugssystem sind: Ordinate $= 21,8$ Tage, Abszisse $= 29,6—13,5 = 16,1$ Temperaturgrade. Berechnen wir nunmehr aus der Formel

$$y = \frac{m}{2}\left(a^{(w-x)} + a^{-(w-x)}\right),$$

in der y die Entwicklungsdauer und x die Temperatur gerechnet vom Gefrierpunkt an bedeuten, die Kurvenwerte, so erhalten wir die in Abb. 8 eingezeichnete dicke Linie. Man sieht, daß sie so gut, wie man es nur irgend verlangen kann, die empirisch ermittelten Punkte erfaßt. Damit ist der Beweis erbracht, daß die Kettenlinie auch die Embryonalentwicklung der Mehlmotte als Temperaturabhängigkeit richtig wiedergibt. Und da sich, wie schon gesagt, auch die übrigen mir bekannt gewordenen Daten aus der Literatur durchaus in unser Schema einfügen, können wir die Kettenlinie als die mathematische Form der Temperaturabhängigkeit der Entwicklungsvorgänge betrachten. (Vgl. dazu die auf S. 42 beigebrachten Beispiele.) Wir sind daher berechtigt, die Kettenlinie als Grundlage für unsere weiteren biologischen Betrachtungen zu nehmen und die theoretischen Folgerungen aus unserer Auffassung zu ziehen.

Die mathematischen Eigenschaften der Kettenlinie sind aus der Abb. 8 zu ersehen, und wir haben sie im wesentlichen schon besprochen und auch den Charakter der Konstanten m und a in ihrer Formel

$$y = \frac{m}{2}\left(a^x + a^{-x}\right)$$

klargelegt. Der m-Wert ist also ohne weiteres aus der Kurve abzulesen und durch den Abstand des Scheitels von der x-Achse bestimmt. Wir sahen dann, daß die Größe a die Bedeutung einer Richtungskonstanten hat. Je größer a wird, desto steiler verläuft die Kettenlinie. Da sich zwei Kettenlinien mit verschiedenen a-Werten im Punkte m treffen müssen, mit wachsendem x aber die Kurven jede für sich einer immer größeren Steilheit zustreben, so müssen sie auseinander weichen, also ihr Abstand voneinander wird sich vergrößern. Bei der Abhängigkeit Entwicklungsdauer/Temperatur haben wir, um überhaupt erst einmal zu einer Gesetzmäßigkeit dieser Beziehung zu gelangen, nur die Mittelwerte aus einer großen Zahl von Individuen als Maß genommen. Be-

trachten wir in Abb. 8 die Gesamtheit der während der Embryonalentwicklung der Mehlmotte durchlaufene Zeit, so sehen wir, daß wir
eine gewisse Variationsbreite zugrunde legen müssen. Dabei wollen
wir nur die unterhalb des kritischen Wärmepunktes gelegenen Temperaturen heranziehen, aus Gründen, welche erst später klarer werden
können, da oberhalb dieses Punktes Schädigungen sich bemerkbar
machen, die nicht ohne weiteres mit den Vorgängen unterhalb 29,6°
zu vergleichen sind. An dem rechten Schenkel der Kurve sehen wir,
daß die Variationsbreite in den Versuchen mit sinkender Temperatur
immer größer wird. Da aber, wie gesagt, die in Abb. 8 gezeichnete
Kettenlinie auf den Mittelwerten basiert ist, müssen wir annehmen,
daß die Individualität sich zwischen zwei Grenzwerten der Konstanten
a bewegt. Selbstverständlich spielen auch Beobachtungsfehler mit
hinein, jedoch wird in jedem Einzelfalle durch eine verfeinerte Technik
und zeitlich enger umgrenzte Beobachtung festzustellen sein, ob die
individuellen Schwankungen innerhalb oder außerhalb der Fehlergrenzen liegen. In unserem Falle genügt es für den vorliegenden Zweck
festzustellen, daß die Variationsbreite in unsern Versuchsergebnissen
tatsächlich mit sinkender Temperatur größer wird. Ich lasse es vorläufig dahingestellt, durch welche Faktoren sie im einzelnen bedingt
ist. Wir müssen also zwei Kettenlinien mit verschiedenen a-Werten
annehmen, welche als Grenzlinien die beobachteten Daten einschließen.
In Abb. 50 sind mehrere solche Kettenlinien gezeichnet, und man sieht,
wie das Größerwerden der Variationsbreite durch das Auseinanderweichen zweier Grenzlinien mathematisch durch die Eigenschaften der
Kettenlinienfunktion bedingt ist.

Auch die an die Temperaturskala geknüpften Begriffe wie z. B.
Optimum, physiologischer Nullpunkt haben sich an der mathematischen
Gestalt der Kurve zu orientieren, jedoch sollen diese Dinge Gegenstand
eines besonderen Abschnittes sein, so daß ich hier nur darauf zu verweisen brauche.

Es wurde schon (S. 14) kurz angedeutet, daß die Kettenlinie mathematisch durch Addition zweier zur y-Achse spiegelbildlich laufender
Exponentiallinien

$$y = ma^x \quad \text{und}$$
$$y = ma^{-x}$$

entsteht, also die Resultierende dieser beiden Linien ist. Dementsprechend heißt die Gleichung der Kettenlinie $y = \frac{m}{2}(a^x + a^{-x})$.

In Abb. 8 sind die beiden Exponentiallinien, aus denen die Kettenlinie entsteht, als dünne Linien eingezeichnet. Für unendlich große $\pm x$ wird der y-Wert gleich Null, d. h. die Exponentiallinie nähert sich asymptotisch der x-Achse. In ihrem weiteren Verlauf schneidet sie, wenn $x = 0$ wird, die y-Achse im Punkte m und verläuft weiter mit wachsendem x immer steiler werdend bis ∞. Die beiden Formen

$$y = ma^x \quad \text{und} \quad y = ma^{-x}$$

liegen genau spiegelbildlich zur y-Achse.

Wir können also auf Grund der mathematischen Struktur der Kettenlinie den biologischen Vorgang, welcher sich in Abhängigkeit von der Temperatur in der Änderung des Symptoms der Entwicklungsdauer kund tut, in zwei Einzelvorgänge zerlegen, von denen der eine mit steigender Temperatur größer und größer, der andere aber kleiner und kleiner wird und umgekehrt bei sinkender Temperatur. Beide folgen einer Exponentiallinie, unterscheiden sich aber durch das Vorzeichen der unabhängigen Variabeln, hier der Temperatur, wenn wir dabei immer im Auge behalten, daß wir als Nullpunkt den kritischen Wärmepunkt nehmen. Biologisch bedeutet das, daß zwei Dinge gegeneinander wirken, sich addieren, eine positive Funktion, die Förderung der Entwicklungsvorgänge durch Temperatursteigerung, und eine negative Funktion, die Hemmung der bei der Entwicklung sich abspielenden Prozesse. Beide folgen jede für sich einer Exponentiallinie von dem in Abb. 8 wiedergegebenen Charakter. Bei niederen Temperaturen ist die Hemmung sehr klein, die Förderung dagegen sehr groß. Je mehr sich aber die Temperatur dem kritischen Wärmepunkt nähert, desto mehr gleichen sich die beiden Prinzipien aus, um sich am Nullpunkt genau die Wage zu halten. Oberhalb des kritischen Wärmepunktes überwiegt dann die Hemmung und wird so groß (und die Förderung so klein), daß sehr bald überhaupt keine Entwicklung mehr stattfindet. Mathematisch müssen wir also der Förderung die Formel $y = ma^x$ und der Hemmung die Formel $y = ma^{-x}$ zuerkennen.

Noch deutlicher wird der Einfluß der Schädigung bei höheren Temperaturen, wenn wir nicht das Symptom der Entwicklungszeit, sondern den Prozentsatz der oberhalb des kritischen Wärmepunktes nicht mehr schlüpfenden Raupen heranziehen. Unterhalb 29,6° kommen fast alle Eier zur Entwicklung, vorausgesetzt, daß sie nicht mechanisch geschädigt sind, oberhalb des Nullpunktes wird der Prozentsatz der tatsächlich schlüpfenden Raupen aber immer geringer. So gelangten im Versuch 29 (S. 25) insgesamt 96 Eier zur Beobachtung, in Versuch 30 insgesamt 135 Eier, von denen nur 20,8, bzw. 9,7 vH schlüpften.

Prinzipiell wichtig ist die Erkenntnis, daß jeder Punkt, der auf der Kettenlinie liegt, in seiner Lage durch die beiden Exponentiallinien bestimmt ist, insofern nämlich, als die Strecke auf irgendeiner parallel zur y-Achse verlaufenden Geraden, welche durch die Exponentiallinien abgeschnitten wird, durch die Kettenlinie als der Resultierenden halbiert wird. Biologisch bedeutet das: bei jeder Temperatur, auch innerhalb der sogenannten Behaglichkeitszone, wirken beide Einflüsse, hemmende und fördernde Momente, gleichzeitig im Organismus und bestimmen die Entwicklungs. dauer als Symptom. Wir haben also an keinem Punkte der Temperaturskala einen reinen Einfluß eines der beiden Momente vor uns, wenn auch praktisch die Vorgänge, welche die Hemmung bewirken, bei niederen Temperaturen stark in den Hintergrund treten. Dieses gerade half uns ja dazu, den a-Wert auf eine einfache Art und Weise berechnen zu können (vgl. S. 19). Jedoch möchte ich nicht unerwähnt lassen, daß besonders bei solchen Temperaturkurven, bei denen ein verhältnismäßig kurzer Schenkel experimentell festgelegt

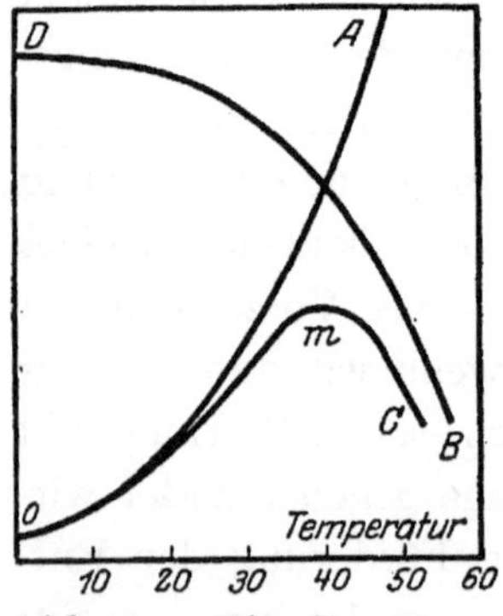

Abb. 9. Die Deutung der Kurve OMC durch 2 Exponentiallinien nach Duclaux.

wurde, wie in vielen Fällen aus der Literatur z. B. auch bei den Atmungsvorgängen, die wir später noch zu besprechen haben, die Vernachlässigung des kleinen Wertes öfter eine, wenn auch meist geringfügige Korrektur der so gefundenen Konstanten a nötig macht, um die berechnete Kurve den experimentellen Daten genauer anzupassen.

Der Gedanke, daß die Temperaturabhängigkeit biologischer Vorgänge keine einheitliche Funktion ist, sondern aus zwei Prinzipien, einem positiven und einem negativen, sich zusammensetzt, ist an sich nicht neu und wurde wohl zuerst von Duclaux 1899 durch eine Abbildung demonstriert, die ich in Abb. 9 wiedergebe. Allerdings handelt es sich nicht um die von uns besprochene Kettenlinie, sondern um die Kurve OMC in Abb. 9, also um eine Form, die wir als die Reziproke einer Kettenlinie erkannten. Jedoch muß ich ausdrücklich betonen, daß eine solche Interpretation dieser Kurvenform bisher meines Wissens von keiner Seite angegeben worden ist. Vielmehr hat man versucht, diese Linie unmittelbar aus dem Zusammenwirken von Exponential-linien zu erklären. Duclaux stellte sich vor, daß ein biologischer Vor-gang, wenn er rein abläuft, der Exponentiallinie OA folgt, daß aber ein anderer Vorgang, der von sich aus durch die Linie DB dargestellt sein mag, dem ersten als negatives Prinzip entgegenwirkt, so daß als Gesamtresultat die Linie OMC entsteht, welche bei M ein Maximum hat. Grundsätzlich in ähnlicher Weise versuchte Pütter diese Kurve in einzelne Exponentiallinien aufzulösen, wie das Schema in Abb. 10 es wiedergibt. Die dicker gezeichnete Linie stellt die zu analysierende Kurve dar, welche in ihrem Verlauf durch ein positives Prinzip als Exponentiallinie mit einem $Q_{10} = 2$ und durch ein irgendwie anders laufendes negatives Prinzip als Exponentiallinie mit einem $Q_{10} = 16$ bestimmt ist. Es handelt sich aber hier im Grunde genommen mehr um gedankliche Konstruktionen als um eine Lösung, die voll be-friedigen könnte. Denn Pütter und Duclaux beziehen die Ex-ponentiallinien nicht auf ein be-stimmtes Koordinatensystem mit

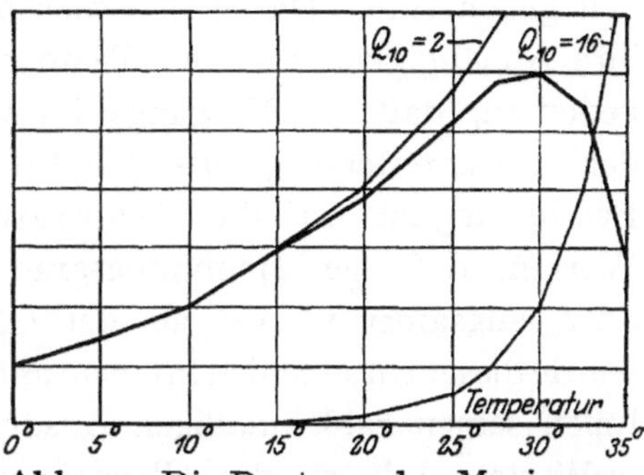

Abb. 10. Die Deutung der Maximum-kurve durch 2 Exponentiallinien nach Pütter.

einem festgelegten Nullpunkt, sondern lassen ihre Exponentiallinien will-kürlich durch das System laufen. Ihre Schemata sind eben nur die gra-phische Darstellung des Gedankens an sich, können aber nicht den An-spruch auf eine mathematisch strenge Formulierung erheben. Immerhin sind sie aber rein als Gedanken wertvoll genug, und wir haben gesehen, daß wir von einer ganz anderen Basis aus auch dahin gelangten. Aller-dings ist die von Duclaux und Pütter behandelte Kurve auf diese Weise einer solchen Analyse nicht zugänglich, wohl aber die von uns bei den Entwicklungsvorgängen aufgefundene Kettenlinie, die, um es noch einmal zu sagen, rein mathematisch durch die Addition zweier Exponen-tiallinien entsteht. Das positive und negative Prinzip drückt sich hier, weil wir sie auf den Nullpunkt eines Koordinatensystems, den kritischen Wärmepunkt der biologischen Funktion, beziehen, durch das um-gekehrte Vorzeichen der Exponenten aus. Erst wenn wir sie als die Reziproke einer Kettenlinie betrachten, gewinnen wir dann ein Ver-

ständnis für die von Duclaux und Pütter interpretierte Kurvenform, die wir bisher als die Kurve der Entwicklungsgeschwindigkeit
kennen gelernt haben.

Bis jetzt haben wir angenommen, daß die beiden Exponentiallinien,
welche die Kettenlinie zusammensetzen, völlig spiegelbildlich gleich
sind, d. h. biologisch, daß der schädigende Einfluß der Temperaturerhöhung der Förderung gleich stark entgegenwirkt. Aus den bis jetzt
besprochenen Fällen ist das aber nicht bewiesen, wenn auch die auf
dieser Gleichheit fußende Kettenlinie bei der Entwicklungsdauer die
beobachteten Zeiten gut wiedergibt. An sich ist durchaus denkbar,
daß die beiden sich summierenden Exponentiallinien nicht spiegelbildlich gleich sind. Da es sich hier bei den Entwicklungsvorgängen um
ihre Abhängigkeit von der Temperatur handelt, würde das biologisch
bedeuten, daß die Vorgänge im Organismus, welche die Hemmung
der fortschreitend geförderten Prozesse bewirken, mit einer anderen
Beschleunigung auf die Temperaturerhöhung reagieren, mit anderen
Worten, daß der Hemmungsgrad als Temperaturfunktion schneller
oder langsamer wächst als der Grad der Förderung. Mathematisch
würde dieser Unterschied in einem anderen a-Wert der beiden Exponentiallinien seinen zahlenmäßigen Ausdruck finden. An der Gleichheit des
m-Wertes, d. h. an der Überschneidung der beiden Exponentiallinien
in einem Punkte, der auf der y-Achse, also in Höhe des kritischen Wärmepunktes, liegt, können wir ohne weiteres festhalten, da theoretisch,
zunächst wenigstens, keine Veranlassung vorliegt, hier einen anderen
Sachverhalt anzunehmen.

Die beiden gegeneinander laufenden Prinzipien müssen dann durch
folgende Formeln ausgedrückt werden:

$$y = m a_1^x \quad \text{und}$$
$$y = m a_2^{-x}.$$

Die aus der Summierung sich ergebende Kettenlinie erhält dann folgende
Form:

$$y = \frac{m}{2} \left(a_1^x + a_2^{-x} \right).$$

Als Kurve hat sie einen Verlauf, wie die Linie I in Abb. 11 es zeigt.
Man sieht, daß in diesem Falle der Scheitel nicht mit dem Punkt m zusammenfällt, daß also die Kettenlinie eine asymmetrische Gestalt erhält. Seine Ursache hat das in der schon besprochenen Tatsache, daß
die Exponentiallinien mit wachsendem a immer steiler verlaufen. Das

macht sich dann in der Kettenlinie, wenn wir Exponentiallinien mit verschiedenen a addieren, in der asymmetrischen Gestalt bemerkbar (steiler in der Abb. 11 rechts für $a_1 = 3$ im Gegensatz zu links für $a_2 = 1{,}3$).

Die Berechnung der a-Werte kann ähnlich wie bei der symmetrischen Kettenlinie erfolgen, nur sind hierzu zwei Punkte mit großem $x \cdot y$, auf jedem Kurvenast einer, notwendig, indem man bei positivem x das a_2^{-x}, bei negativem x das a_1^x vernachlässigt. Die Kurve muß also hier experimentell auf eine größere Strecke festgelegt werden. Nehmen wir an, daß bei der Insektenentwicklung diese asymmetrische Ketten-

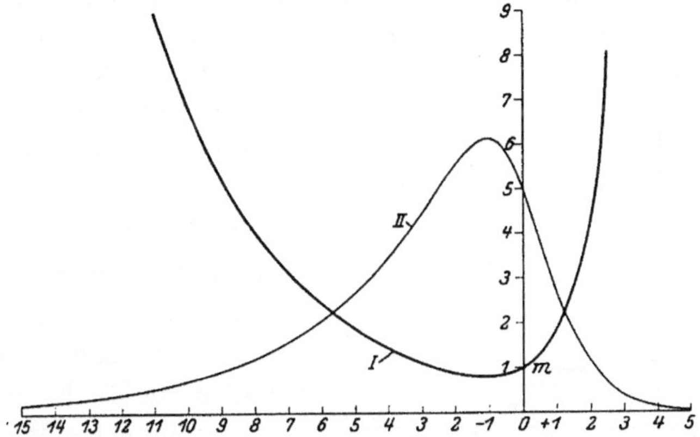

Abb. 11. Die asymmetrische Kettenlinie (I): $y = \dfrac{m}{2}(a_1^x + a_2^{-x})$ für $m = 1$, $a_1 = 3$, $a_2 = 1{,}3$ und ihre Reziproke (II).

linie die mathematische Abhängigkeit richtiger wiedergibt als die symmetrische, so würde sich daraus ergeben, daß die kürzeste Entwicklungszeit nicht gleich m ist.

Rein aus den empirischen Daten der Dauer der Embryonalentwicklung der Mehlmotte, bei der wir uns mit einer symmetrischen Kettenlinie begnügen mußten, läßt sich die asymmetrische Form nicht erweisen, weil sehr bald oberhalb des kritischen Wärmepunktes die Entwicklung überhaupt sistiert, also der andere Ast der Kettenlinie sehr kurz ist. Jedoch zeigt manchmal auch schon dieser kurze Ast eine deutliche Asymmetrie der Kettenlinie an, wie an Beispielen noch gezeigt werden soll. Zu einer genauen Berechnung der Konstanten reicht er allerdings meist noch nicht aus. Wir werden aber bei anderen Symptomen biologischer Vorgänge die Temperaturabhängigkeit auf einen größeren Bezirk festlegen können und im Zusammenhang später noch auf diesen Punkt zurückkommen.

Immerhin ist aber auch bei der Embryonalentwicklung der Mehlmotte wahrscheinlich, daß eine asymmetrische Form vorliegt, wenn man die oberhalb des kritischen Wärmepunktes deutlich erkennbare größere Streuung der empirischen Punkte in dieser Richtung deuten darf. Wir hatten S. 28 versucht, die bei tieferen Temperaturen auftretende größere Streuung der Daten durch zwei Grenzlinien einzuschließen, die als Kettenlinien mit verschiedenen a-Werten die Eigenschaft des Auseinanderweichens haben. Betrachten wir nunmehr auch noch die Variationsbreite, die sich zwischen 30,8° und 32° bemerkbar macht, so erkennen wir aus der Breite der eingetragenen Versuchsergebnisse, daß die Streuung hier eine viel größere ist als auf dem spiegelbildlichen Ast der Kettenlinie in der gleichen Entfernung vom Nullpunkt. Ferner zeigt sich, daß der letzte Punkt, den wir experimentell erfassen konnten, wiederum kleiner ist als die vorigen. Es scheint mir, daß diese Anzeichen einer Asymmetrie deutlich genug sind, um in ähnlicher Weise wie bei den niederen Temperaturen auch hier für die Größe der

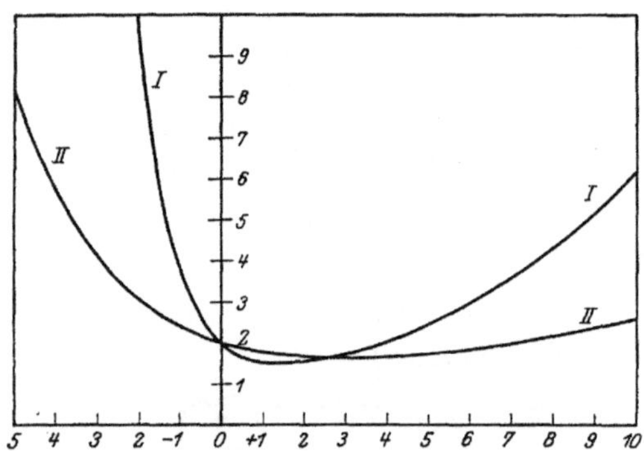

Abb. 12. Asymmetrische Kettenlinien mit verschiedenen Konstanten.

Variation eine Begrenzung durch zwei asymmetrische Kettenlinien zu versuchen. In Abb. 12 sind zwei asymmetrische Kettenlinien eingetragen, die auf denselben m-Wert ($m = 2$) bezogen, aber mit verschiedenen a-Werten berechnet wurden. Die Linie I hat als Konstanten $a_1 = 1,2$ und $a_2 = 3$, die Linie II $a_1 = 1,1$ und $a_2 = 1,5$. Die beiden Kurven schneiden sich zweimal, im Punkte m auf der y-Achse und dann bei einem $+ x$ von etwa 2,6. Sie fassen eine Fläche zwischen sich, die deutlich zeigt, daß die Variationsbreite bei der Embryonalentwicklung der Mehlmotte sich in dieses Schema einfügen läßt, denn sie wird bei sinkender Temperatur ebenso wie bei symmetrischen Kettenlinien immer größer, wird dann bei einem Temperaturwert, der $+ x = 2,6$ entspricht, theoretisch gleich null, dann aber weichen die beiden Grenzlinien wieder auseinander und treffen sich erneut in Höhe des mathematischen Nullpunktes. Weitere Möglichkeiten, die Variationsbreite durch Linien einzugrenzen, ergeben sich, wenn man andere asymmetrische Kettenlinien zugrunde legt, die sich nur einmal oder gar nicht schneiden, ähnlich wie es für die reziproke Form in den Abb. 28 und 29 durchgeführt wird. Ist somit wahrscheinlich gemacht, daß sich bei unserem Objekt die Temperaturabhängigkeit der Entwicklungsdauer durch zwei asymmetrische Kettenlinien mit verschiedenen a-Werten einschließen läßt, so ergibt sich aber aus dieser Voraussetzung eine sehr wichtige Folgerung. Der tiefste Punkt der Kettenlinie, d. h. also die kürzeste Entwicklungsdauer, ist nicht gleich m, sondern dieser Punkt liegt da, wo sich die beiden Linien zum zweitenmal schneiden, d. h. wo die Variationsbreite wieder gleich null wird. In unserem Fall bedeutet das, daß wir den mathematischen Nullpunkt der asymmetrischen Kettenlinie an die Stelle der Temperaturskala zu setzen haben, wo die Entwicklung überhaupt aufhört, wo also kein Leben mehr möglich ist. Diesen Punkt müssen wir dann als kritischen Wärmepunkt bezeichnen, der also jetzt unter Berücksichtigung der nunmehr gewonnenen Gesichtspunkte eine andere, tiefere Bedeutung erhält als ursprünglich, als er bei der symmetrischen Form am Scheitel lag. Wir mußten aber zunächst von dieser Symmetrie ausgehen, um zu unserem Schema zu gelangen und die Abhängigkeiten mathematisch formulieren zu können.

Als Ergebnis dieser Untersuchungen ergibt sich also, daß die Temperaturabhängigkeit der Embryonalentwicklung (y) der Mehlmotte als eine asymmetrische Kettenlinie von der allgemeinen Form.

$$y = \frac{m}{2} \left(a_1^x + a_2^{-x}\right)$$

als Durchschnittslinie angesehen werden kann, die auf dem kritischen Wärmepunkt als mathematischen Nullpunkt bezogen ist. x bedeutet dann die Anzahl Temperaturgrade gerechnet vom kritischen Wärmepunkt aus. Oberhalb dieses Punktes ist kein Leben mehr möglich, die in Abb. 12 auf der negativen Seite des Koordinatensystems gelegenen Kurventeile sind biologisch irreal. Der kritische Wärmepunkt begrenzt also die Lebensmöglichkeit, und die Größe m ist die Entwicklungsdauer bei dieser Temperatur.

Entsprechend der Asymmetrie der Kettenlinie mit verschiedenen a-Werten der Komponenten verläuft auch die Reziproke

hier gezeichnet als
$$\frac{1}{y} = \frac{m}{2} \left(a_1^x + a_2^{-x}\right),$$

$$\frac{5}{y} = \frac{m}{2} \left(a_1^x + a_2^{-x}\right)$$

asymmetrisch (Abb. 11 *II*). Auch hier liegt der Maximumpunkt nicht auf der y-Achse, und die beiden abfallenden Äste nähern sich der x-Achse verschieden schnell.

3. Die mathematischen Beziehungen der Kettenlinie zu ihren Reziproken.

Aus der Untersuchung der Temperaturabhängigkeit der Entwicklungsdauer ergeben sich mehrere Gesichtspunkte, die uns bei der Behandlung weiterer Abhängigkeiten sehr wohl den Weg zu einer Analyse dieser Vorgänge weisen können. Als erstes erkannten wir, daß die Abhängigkeit der Entwicklungsdauer von der Temperatur die Form einer Kettenlinie hat, zweitens, daß die Entwicklungsgeschwindigkeit als reziproker Wert der Zeit einer Kurve folgt, die als die Reziproke der Kettenlinie bezeichnet werden kann. Als drittes benutzten wir die bekannte Tatsache, daß die Kettenlinie durch Addition zweier spiegelbildlich zur y-Achse laufender Exponentiallinien als Resultierende entsteht, zu einer kurvenmäßigen Analyse der Entwicklungsvorgänge in ihrer Abhängigkeit von der Temperatur. Der Begriff der reziproken Funktion war uns ferner methodisch wertvoll, weil sie durch die Art ihres Verlaufs zum Hilfsmittel wurde, den Charakter der ursprünglichen Funktion zu erkennen.

Es scheint darum notwendig, den Begriff der Reziproken, zunächst einmal in bezug auf die Kettenlinie, sich etwas näher anzusehen und in dem gekennzeichneten Sinne anzuwenden. Wenn wir in der Formel der Kettenlinie

$$y = \frac{m}{2}\,(a^x + a^{-x})$$

statt y den Wert $\frac{1}{y}$ einsetzen und so zu der Reziproken gelangen, so ist es natürlich durchaus möglich, nicht nur diese eine Variable der Funktion durch ihren reziproken Wert zu ersetzen, sondern auch in der Kettenlinienformel x gegen den Wert $\frac{1}{x}$ einzutauschen[1]). Wir müssen also eine y-Reziproke, die wir mit Ry bezeichnen wollen, und eine x-Reziproke (Rx) unterscheiden, und weiter hat auch die letzte von sich aus wiederum eine y-Reziproke, so daß wir von der Kettenlinie ausgehend insgesamt vier verschiedene Fälle erhalten:

---

[1]) Ich merke dazu an, daß z. B. $y = a^{\frac{1}{x}} = \sqrt[x]{a}$ ist.

$$1)\ y = \frac{m}{2}\,(a^x + a^{-x})$$

$$2)\ \frac{1}{y} = \frac{m}{2}\,(a^x + a^{-x})$$

$$3)\ y = \frac{m}{2}\left(a^{\frac{1}{x}} + a^{-\frac{1}{x}}\right)$$

$$4)\ \frac{1}{y} = \frac{m}{2}\left(a^{\frac{1}{x}} + a^{-\frac{1}{x}}\right).$$

Gestalt und Verlauf dieser vier Funktionen sind sämtlich unterschiedlich und aus den Abb. 13 bis 16 zu ersehen. Im einzelnen stellen sie sich folgendermaßen dar:

Fall 1 (Abb. 13). Die Kettenlinie $y = \frac{m}{2}\,(a^x + a^{-x})$ hat ihren Scheitel in m und verläuft spiegelbildlich zur y-Achse bis ∞.

Fall 2 (Abb. 14). Die y-Reziproke der Kettenlinie: $\frac{1}{y} = \frac{m}{2}\,(a^x + a^{-x})$ hat ein Maximum im Punkte $\frac{1}{m}$, biegt, spiegelbildlich gleich, S-förmig um und nähert sich für positive und negative x asymptotisch der x-Achse.

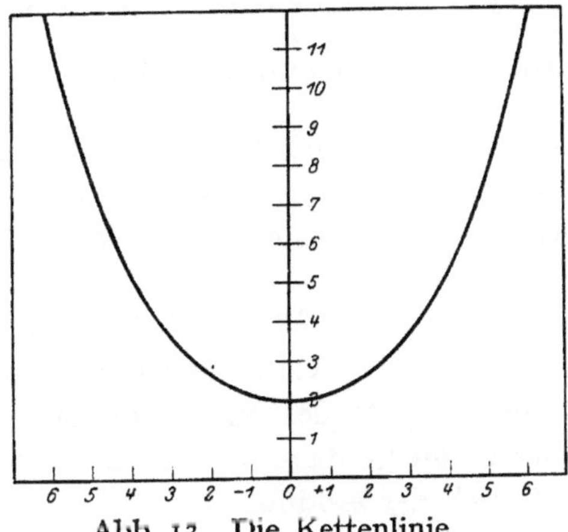

Abb. 13. Die Kettenlinie
$$y = \frac{m}{2}\,(a^x + a^{-x})\ \text{für}\ m = 2,\ a = 1{,}5.$$

Fall 3 (Abb. 15). In der x-Reziproken der Kettenlinie: $y = \frac{m}{2}\left(a^{\frac{1}{x}} + a^{-\frac{1}{x}}\right)$ lernen wir einen neuen Kurventyp kennen. Die Linie liegt für $x = 0$ im Unendlichen, verläuft dann spiegelbildlich für positive und negative x an der y-Achse entlang und nähert sich sehr schnell asymptotisch der durch den Punkt m gehenden Parallelen zur x-Achse. Die Kurve hat auf den ersten Blick einen hyperbelartigen Charakter, wenn man sie als Asymptoten-

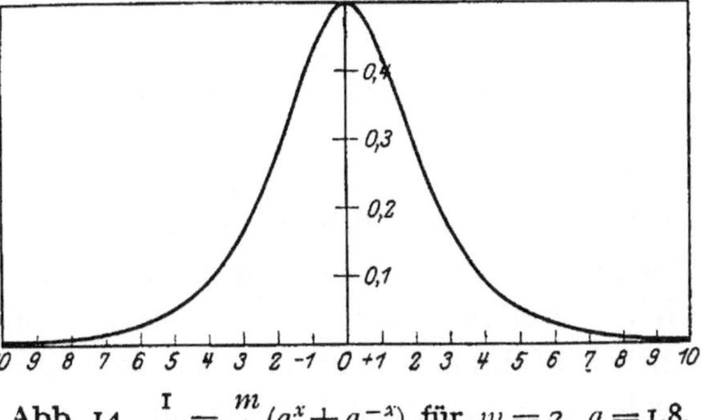

Abb. 14. $\frac{1}{y} = \frac{m}{2}\,(a^x + a^{-x})$ für $m = 2,\ a = 1{,}8.$

gleichung $(x \cdot y = c)$ auf die durch m gehende Parallele zur x-Achse bezieht. Als solche würde sie in unserem Koordinatensystem durch die

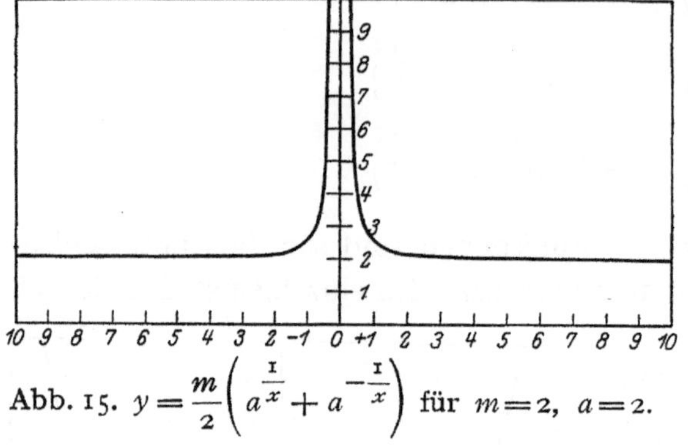

Gleichung $x \cdot (y - m) = c$ darstellbar sein. Jedoch bei näherem Zusehen erkennt man, daß das $x \cdot y$-Produkt, selbst wenn es auf die m-Linie bezogen wird, nicht konstant ist, anders ausgedrückt, bei gleichen x und y (bzw. $y - m$) sind die Abstände der Kurven von den Achsen ungleich, die Kurve „hängt" sozusagen. Trotz ihres hyperbelartigen Verlaufs ist also die Linie, welche durch unsere exponentiale Gleichung dargestellt wird, deutlich als solche gekennzeichnet.

Abb. 15. $y = \dfrac{m}{2}\left(a^{\frac{1}{x}} + a^{-\frac{1}{x}}\right)$ für $m = 2$, $a = 2$.

Fall 4 (Abb. 16). Die Form $\dfrac{1}{y} = \dfrac{m}{2}\left(a^{\frac{1}{x}} + a^{-\frac{1}{x}}\right)$, die wir als $x \cdot y$-Reziproke der Kettenlinie bezeichnen wollen, hat als x-Reziproke des Falles 2 statt des Maximums ein Minimum im Koordinatenanfangspunkt, steigt dann von da aus S-förmig an und nähert sich asymptotisch der m-Linie.

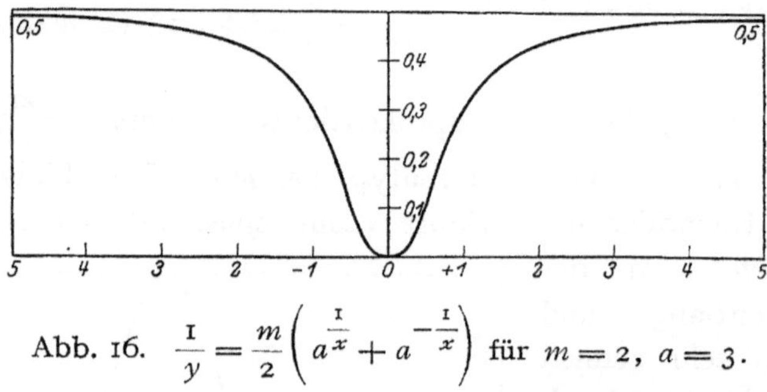

Abb. 16. $\dfrac{1}{y} = \dfrac{m}{2}\left(a^{\frac{1}{x}} + a^{-\frac{1}{x}}\right)$ für $m = 2$, $a = 3$.

Es sind also alle vier Typen deutlich durch ihren Charakter voneinander zu unterscheiden. Als besonders wichtig ist aber die Tatsache festzuhalten, daß sie sich sämtlich aus *einer* Form, nämlich der Kettenlinie, herleiten und diese wiederum auf zwei einfache Exponentiallinien zurückzuführen ist. Es ist also auch ohne weiteres möglich, die verschiedenen Typen direkt miteinander zu vergleichen, da sie sich jederzeit leicht ineinander umformen lassen. Wir werden noch ausführlich darüber zu reden haben, denn hier liegt die Basis, auf der wir das Exponentialgesetz aufbauen werden. In diesem Zusammenhang mag der

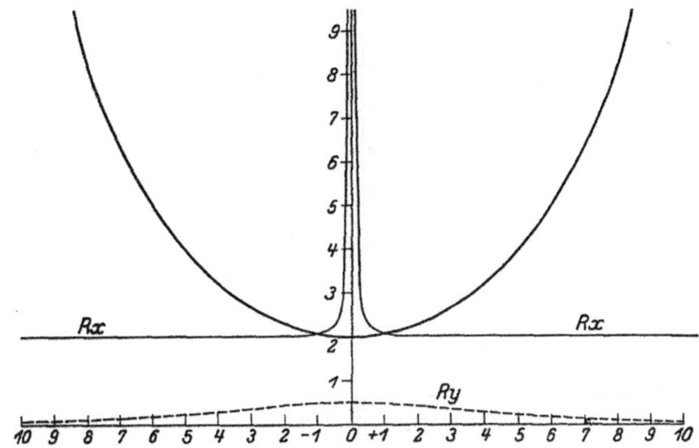

Abb. 17. $y = \dfrac{m}{2}(a^x + a^{-x})$ mit ihren Reziproken Rx und Ry.

Hinweis genügen, daß sich durch den Begriff der reziproken Funktion mehrere ihrem Charakter und Verlauf nach so verschiedene Kurventypen auf eine gemeinschaftliche Grundlage zurückführen lassen. Ob eine

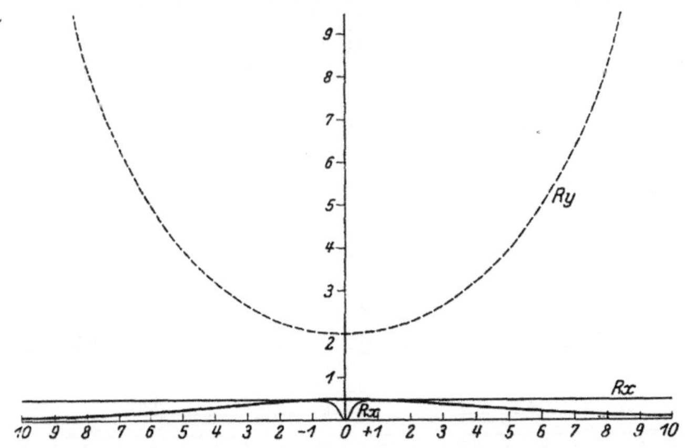

Abb. 18. $\dfrac{\mathrm{I}}{y} = \dfrac{m}{2}(a^x + a^{-x})$ mit ihren Reziproken Rx und Ry.

dieser exponentialen Funktionen vorliegt, läßt sich dementsprechend sehr leicht dadurch beweisen, daß man von der ursprünglichen Kurve ausgehend zu jedem x- und y-Wert je einmal den reziproken Wert errechnet und für die zugehörige Ordinate bzw. Abszisse in das Koordinatensystem einträgt. Durch Vergleich der in den Abb. 13—16 gegebenen Kurven ist ohne weiteres ersichtlich, daß jede Linie in ihrem durch die Formel dargestellten Charakter durch den Verlauf der

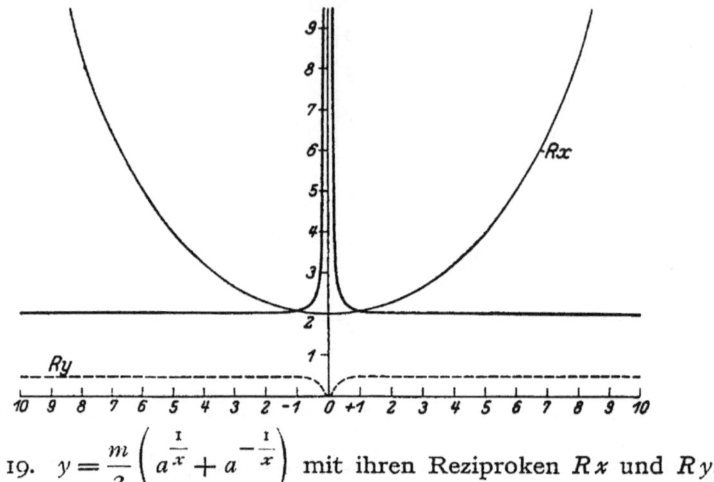

Abb. 19. $y = \dfrac{m}{2}\left(a^{\frac{1}{x}} + a^{-\frac{1}{x}}\right)$ mit ihren Reziproken $R x$ und $R y$.

zugehörigen Reziproken sofort bestimmt werden kann. Haben wir also eine experimentell gegebene Kurve, so kann der Typ, dem sie angehört, dadurch erkannt werden, daß man zu jedem y-Wert den reziproken

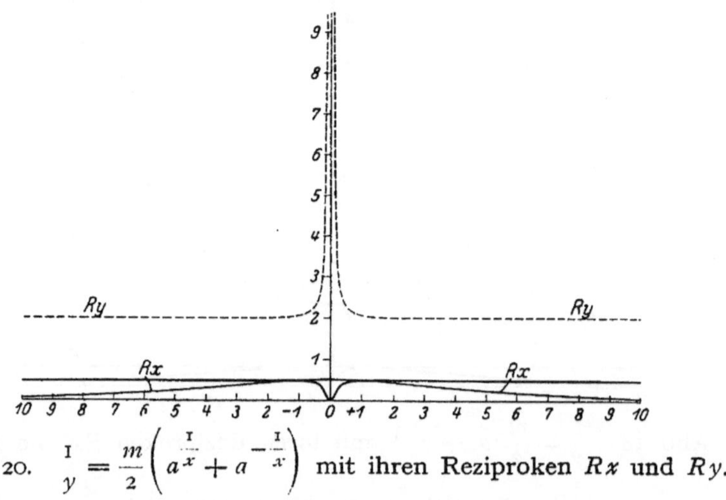

Abb. 20. $\dfrac{1}{y} = \dfrac{m}{2}\left(a^{\frac{1}{x}} + a^{-\frac{1}{x}}\right)$ mit ihren Reziproken $R x$ und $R y$.

x-Wert und umgekehrt einträgt, zunächst einmal ohne jede Rücksicht auf die biologische Bedeutung solcher Umkehrung. Als vierte Kurve kann dann auch noch die xy-Reziproke hinzugenommen werden. Unter

Umständen kann dadurch der Charakter der Ursprungskurve noch sicherer bestimmt werden.

In den Abb. 17—20 sind die Kurven in ihrer rein mathematischen Beziehung zueinander und auf dasselbe Maßsystem bezogen dargestellt, während es in den Abb. 13—16 nur darauf ankam, den typischen Verlauf zur Anschauung zu bringen. Die Funktion $\frac{1}{y} = \frac{m}{2}(a^x + a^{-x})$ hat darum in Abb. 18 eine sehr flache Form, ihr eigentlicher Charakter ist deutlicher in Abb. 14 zu erkennen. Im Gegensatz dazu zeigt die Funktion $\frac{1}{y} = \frac{m}{2}\left(a^{\frac{1}{x}} + a^{-\frac{1}{x}}\right)$ in Abb. 20 einen verhältnismäßig steilen Abfall zum Nullpunkt. Seinen Grund hat das darin, daß diese beiden Kurven sich anders verhalten, wenn wir den a-Wert verändern. Näheres darüber soll im Zusammenhang mit der mathematischen Behandlung des Exponentialgesetzes gesagt werden.

4. Die Temperaturabhängigkeit biologischer Vorgänge als exponentiale Funktionen.

Wenn wir bisher von der Untersuchung der funktionalen Abhängigkeit der Entwicklungsdauer von der Temperatur ausgingen und dadurch, daß wir die Kettenlinie als ihren mathematischen Ausdruck zugrunde legten, zu allgemeineren Schlußfolgerungen kommen konnten, so ergibt sich nunmehr die Notwendigkeit, klarzustellen, welcher Art denn die Symptome sind, die einer Messung zugänglich sind. Bei den Entwicklungsvorgängen haben wir bisher die Zeit gemessen, welche ein Organismus braucht, um von einem bestimmten Punkt seiner Entwicklung bis zu einem anderen zu gelangen. Erst durch Rechnung konnten wir dann die Entwicklungsgeschwindigkeit finden. Es ergab sich, daß die Kurven, welche diese beiden verschiedenen Symptome graphisch darstellen, ebenso wie sie selbst, in einem reziproken Verhältnis zueinander stehen. In anderen Fällen messen wir jedoch nicht eine Zeit, sondern eine Geschwindigkeit, also einen Vorgang pro Zeiteinheit.

Wir werden darum auch eine entsprechende Kurve dieses oder jenes Charakters erhalten, je nachdem, was man bei einem Lebensvorgang messen kann oder messen will.

Die Temperatur ist im lebendigen Ablauf ein so wesentlicher Faktor und spielt so in alle Lebenserscheinungen hinein, daß er überall seine Berücksichtigung finden muß. Es liegt jedoch nicht in meiner Absicht, schon an dieser Stelle alle derartigen Abhängigkeiten zu analysieren. Wir werden im speziellen Teil dieses Buches noch mehrfach Gelegenheit finden darzutun, wie die Temperatur bei den Lebensvorgängen eine Rolle spielt. Es kann sich hier zunächst nur darum handeln, an einigen Beispielen zu zeigen, daß die Gesichtspunkte, die sich durch das Prinzip der reziproken Beziehungen bei exponentialen Funktionen ergeben, auch bei der Abhängigkeit anderer Vorgänge von der Temperatur von Wert sind. Einzelheiten werden im Zusammenhang mit den Erscheinungen als solchen im speziellen Teil dieses Buches zu erörtern sein.

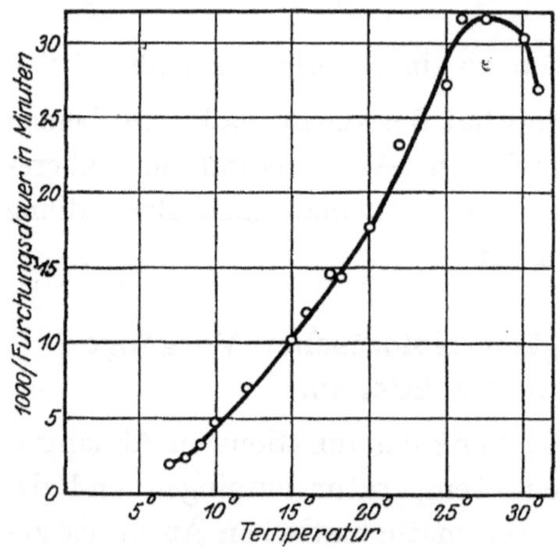

Abb. 21. Die Temperaturabhängigkeit der Furchungsgeschwindigkeit vom Seeigel *Arbacia.*

Entwicklungs- und Wachstumsvorgänge.

Bei den Entwicklungsvorgängen haben wir bisher die Embryonalzeit und die Puppenruhe von Insekten betrachtet. Für die Raupenperiode und die Gesamtentwicklung sind die Daten in der Literatur recht spärlich, immerhin zeigen auch sie, wie z. B. aus den Angaben Bluncks über *Dytiscus* zu entnehmen ist, daß die bisher mit Nutzen verwendete Kettenlinie auch hier die Grundlage für eine mathematische Formulierung der Temperaturabhängigkeit abgeben kann. Das gleiche gilt für die Kurven, welche Voelkel über den Eintritt des Todestages der jungfräulichen und der begatteten Weibchen, über den letzten Tag der Eiablage, der Begattungs- und Befruchtungsfähigkeit für den Khrakäfer gibt. Doch auch bei anderen Gruppen von Organismen lassen sich die Kurven der Entwicklungsvorgänge in unser Schema einordnen, z. B. die der klassischen Untersuchungen von O. Hertwig (nach Kanitz) über die Embryonalentwicklung des Frosches. Sie geben ein typisches Bild der Zeiten, welche der Froschkeim bis zu einem bestimmten Punkt seiner Ausbildung braucht, und es ist leicht zu sehen, daß die Kurven dem Typ der Kettenlinie sich angleichen, also ebenso wie bei der Insektenentwicklung einem Minimum zustreben.

Die Temperaturabhängigkeit der Furchungsgeschwindigkeit von Seeigeln errechnete Kanitz aus den Zeiten der Furchungsdauer nach Loeb und Wasteneys und versuchte sie in seiner Abb. 9 als gerade Linie darzustellen, jedoch ist aus unserer Abb. 21, welche die von Kanitz angegebene Geschwindigkeit von *Arbacia* wiedergibt, mit aller Deutlichkeit zu entnehmen, daß hier eine Abhängigkeit von der Temperatur im Sinne unserer Anschauung vorliegt, nämlich als Reziproke einer Kettenlinie.

Auch die Entwicklungszeiten von Bakterien folgen in ihrer Temperaturabhängigkeit einer Kettenlinienfunktion. Nach den Beobachtungen von Lane-Claypon (Tab. 49 von Kanitz) lassen sich die ermittelten Punkte, vor allem für Bacillus coli und entereditis ohne weiteres als Kettenlinie darstellen, bei B. typhosus reichen die Daten nicht aus, um hier Sicheres sagen zu können, jedoch liegt kein Grund vor, hier eine andere Funktion, etwa eine gerade Linie, anzunehmen.

Bei allen diesen Abhängigkeiten leitet uns die aus den biologischen Beobachtungen entnommene Vorstellung, daß entsprechend dem Verlauf der Kettenlinie die Zeit, die ein Organismus für einen bestimmten Teil des biologischen Ablaufs benötigt, mit sinkender Temperatur immer größer wird, daß aber bei höheren Wärmegraden sich Schädigungen bemerkbar machen, die eine Verzögerung der Entwicklungsvorgänge im Gefolge haben. Die Wirkung solcher Schädigung erkennen wir an dem Vorhandensein eines Minimums, des Scheitels der Kettenlinie, und dann daran, daß die Kurve nach Überschreitung des Minimums wieder ansteigt. Wie weit wir diese Tatsache beobachtend verfolgen können, hängt von dem Objekt ab. Bei der Embryonalentwicklung von *Margaropus* und *Ephestia* haben wir gesehen, daß schon sehr bald die Räupchen absterben. Diese Tatsache ist deswegen von besonderer Bedeutung, weil sich hier dann nicht mit Sicherheit entscheiden ließ, ob Förderung und Hemmung denselben Wirkungswert im Organismus besitzen, mit anderen Worten, ob die Konstante a beider Faktoren denselben oder verschiedenen Zahlenwert hat. Trotz des oft sehr kurzen aufsteigenden Astes in der Wärmezone kann er aber doch in manchen Fällen so steil verlaufen, daß die Asymmetrie der Kettenlinie deutlich zu erkennen ist. Als Beispiel mag Bacillus subtilis dienen, bei dem nach Zahlen von Migula (nach Pütter 1914) die Zeit von der Keimung der Spore bis zur Neubildung der Spore so von der Temperatur abhängig ist, wie Abb. 22 es wiedergibt.

Auch für die Keimung von Pflanzensamen gilt unser Prinzip, dem wir formel- und kurvenmäßig durch das Schema der Kettenlinie eine feste Form gaben, denn die Daten der Keimungszeiten, welche nach den Untersuchungen von De Candolle von Sanderson in seiner Abb. 6 gezeichnet wurden, lassen sich durchaus in unsere Auffassung einfügen.

Diese Beispiele mögen genügen, um klarzulegen, daß die Kettenlinie für die Entwicklungszeiten und ihre Reziproke für die zugehörigen Geschwindigkeiten ihre Bedeutung in den verschiedensten Stämmen des Organismenreiches hat, und daß die weiteren Untersuchungen in dieser Richtung von dieser grundsätzlichen Einstellung zu den Dingen geleitet werden müssen. Das gleiche gilt von Wachstumsvorgängen einzelner Teile. Die Temperaturabhängigkeit der Regenerationsdauer von *Tubularia crocea* (nach A. R. Moore aus Kanitz, Tab. 51) folgt z. B. einer Kurve, die in ihrem Verlauf trotz des nicht sehr weit ausgedehnten Temperaturintervalls soviel Ähnlichkeit mit einer Kettenlinie hat, daß wir die daraus zu folgernden Gesichtspunkte für den zeitlichen Verlauf von Wundheilung und Regeneration bei der weiteren experimentellen Erforschung zugrunde legen können. Denn daß bei höheren Temperaturen eine Verzögerung des Regenerationswachstums eintritt, erscheint nach den Erfahrungen über die Vorgänge bei der normalen Entwicklung durchaus wahrscheinlich.

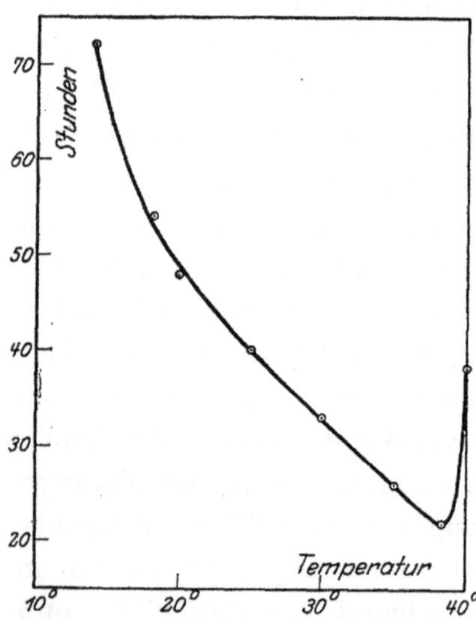

Abb. 22. Die Temperaturabhängigkeit der Zeit von der Keimung der Spore bis zur Neubildung der Spore, *Bacillus subtilis*.

Atmung.

Die Frage, nach welcher Gesetzmäßigkeit der Sauerstoffverbrauch und die Kohlensäureabgabe von der Temperatur abhängig ist, hat die Forscher fast noch mehr beschäftigt als die Entwicklungsvorgänge, ja ich möchte sagen, dieses Teilgebiet der Stoffwechselphysiologie ist das Schlachtfeld des ganzen Kampfes gewesen, bei dem es sich darum handelte, ob diese Abhängigkeit durch eine Exponentiallinie oder eine Gerade darstellbar ist. Immer wieder glaubte man, sich auf die sogenannte Behaglichkeitszone beschränken zu müssen, aber auch hier ließ sich eine Einigung darüber nicht erzielen, ob Exponentiallinie oder Gerade oder die Kroghsche Normalkurve vorliegt. Besonders die Feststellung, daß bei einer bestimmten Temperatur der Gaswechsel ein Maximum hat und danach meist sehr rasch absinkt, führte dazu,

mehrere sich überlagernde Exponentiallinien anzunehmen, die symbolisch Förderungen und Hemmungen darstellen sollten. Die ausführlichen Darlegungen Pütters in dieser Richtung haben wir schon an Hand unserer Abb. 10 besprochen und gesehen, daß auf diesem Wege nicht weiterzukommen war. In Abb. 23 gebe ich zwei typische Gaswechselkurven von Insektenpuppen nach v. Buddenbrock und v. Rohr wieder, und zwar in I von der Fliege *Calliphora vomitoria* mit einem Maximum und in II von dem Ligusterschwärmer *Sphinx ligustri* die so oft diskutierte charakteristische Linie in der Behaglichkeitszone, die man als Kroghsche Normallinie bezeichnet hat und welche für Wirbeltiere in unserer Abb. 2 gezeichnet ist.

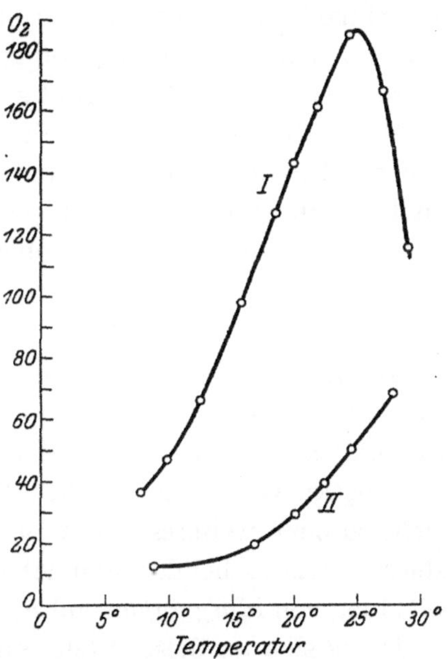

Abb. 23. Stoffwechsel-Temperaturkurven von Insektenpuppen: *I Calliphora vomitoria, II Sphinx ligustri.*

Wenn wir hier die Gesichtspunkte anwenden, die uns bisher schon bei der Analyse derartiger Kurven geleitet haben, so erkennen wir, daß die vorliegende Form mit unserer Kettenliniereziproken identisch ist, denn es liegt bei diesen Stoffwechsel-Temperaturkurven ein Geschwindigkeitsvorgang vor, weil der Sauerstoffverbrauch und auch die Kohlensäureabgabe als Menge pro Zeiteinheit gemessen wurde. Die Kroghsche Linie ist dann nichts weiter als der aufsteigende Ast der Kettenliniereziproken. Ferner ist aus Abb. 23 I leicht zu sehen, daß innerhalb eines bestimmten Temperaturintervalls, in Abb. 23 I z. B. zwischen 10° und 25° die Temperaturabhängigkeit des Gaswechsels auch durch eine gerade Linie ausgedrückt werden kann, wenn wir die von Pütter beigebrachten und auf S. 17 besprochenen Gesichtspunkte mit berücksichtigen. Als Ganzes betrachtet ist aber die Stoffwechsel-Temperaturkurve eine Kettenliniereziproke, also der Gasaustausch ist als Temperaturfunktion durch die allgemeine Gleichung

$$\frac{1}{y} = \frac{m}{2} (a^x + a^{-x})$$

formelmäßig zum Ausdruck zu bringen, welche ebenso wie die Kettenlinie bei den Entwicklungsvorgängen auf den kritischen Wärmepunkt als mathematischen Nullpunkt zu beziehen ist.

Hier tritt nun der Fall ein, den wir auf S. 32 schon besprochen haben, daß nämlich die Kurve asymmetrisch wird, also Förderung und Hemmung in ihrer Formel als Exponentialfunktionen nicht den gleichen a-Wert besitzen, so daß nicht obige Gleichung gilt, sondern

$$\frac{1}{y} = \frac{m}{2} (a_1^x + a_2^{-x}).$$

Vergleichen wir die Linie I in Abb. 23 mit der Kurve II in unserer Abb. 11, welche die rein mathematische Beziehung darstellt, so erkennen wir, daß der mathematische Nullpunkt nicht mit dem Maximum der Atmungskurve zusammenfällt. Der m-Wert der Formel läßt sich also nicht so ohne weiteres durch Beobachtung finden oder aus der Kurve ablesen, wie es bei der symmetrischen Kettenlinie der Embryonalentwicklung von *Margaropus* und *Ephestia* möglich war.

Da es sich an dieser Stelle nur darum handelt, das Prinzip festzulegen, nach welchem derartige Kurven aufgefaßt werden müssen, soll die Feststellung der Tatsache hier genügen.

Ähnlich wie wir bei den Entwicklungsvorgängen aus der Zeit, die wir als Entwicklungsdauer beobachteten, die zugehörige Geschwindigkeit berechnen konnten und so zu der reziproken Kurve gelangten, können wir auch bei der Temperaturabhängigkeit der Atmungsintensität aus der Geschwindigkeit die Zeit berechnen, die der Organismus benötigt, um eine bestimmte Menge Sauerstoff zu veratmen oder Kohlensäure auszuscheiden. Schon Pütter (1914) hat die Notwendigkeit erkannt, die Daten hierfür zu wissen, um zu genaueren Vergleichswerten zu kommen. Er sagt S. 167:

„Wenn wir irgendwelche Lebensprozesse bei verschiedenen Temperaturen vergleichen wollen, so ist es sinngemäß, die Zeiten gleicher physiologischer Vorgänge zu vergleichen und nicht die Vorgänge in gleichen

Zeiten". „Bei den Untersuchungen über die Atmung (und bei den Pflanzen auch über die Kohlensäureassimilation) müßte man dementsprechend die Zeiten bestimmen, innerhalb deren eine gewisse Menge Kohlensäure produziert oder eine gewisse Menge Sauerstoff verbraucht wäre."

Berechnen wir unter Zugrundelegung des Prinzips der reziproken Funktionen aus den Daten der Atmungsintensität die zugehörigen Zeiten, so erhalten wir die Reziproke der Gaswechselkurve in Gestalt einer Kettenlinie, die dann natürlich auch eine asymmetrische ist. Abb. 24 gibt für die Puppe von *Calliphora vomitoria* die Anzahl Stunden an, die 1 kg Körpersubstanz benötigt, um 1 l Sauerstoff zu veratmen. Durch unser Prinzip kommen also die methodischen Schwierigkeiten in Fortfall, von denen Pütter spricht, und wir werden doch seiner Forderung gerecht. Die Art der Berechnung ist sehr einfach, denn wir brauchen nur den reziproken Wert der durch das Experiment ermittelten Menge Sauerstoff pro kg Körpergewicht und Stunde zu nehmen, um zu der

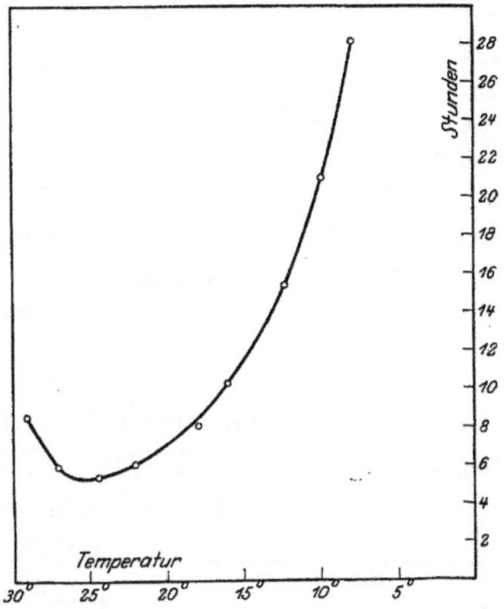

Abb. 24. Die Temperaturabhängigkeit der Zeit, die 1 kg Körpergewicht der Puppe von *Calliphora vomitoria* benötigt, um 1 Liter O₂ zu veratmen.

Zeit in Stunden zu gelangen, die für die Veratmung von 1 ccm O₂ benötigt wird. Für eine größere Menge ist dann mit der Zahl von ccm zu multiplizieren, im Falle unserer Abb. 24 also mit 1000.

Bei den mir aus der Literatur bekannt gewordenen Daten der Atmungsintensität handelt es sich grundsätzlich immer um den gleichen Kurventyp. Daß auch die Pflanzenatmung nach dem gleichen Prinzip verläuft, zeigt z. B. noch unsere Abb. 25, welche die Kohlensäureproduktion von Keimlingen von *Lupinus luteus* nach Amm (aus Detmer) bei normaler und intramolekularer Atmung in ihrer Temperaturabhängigkeit darstellt. Von besonderem Interesse ist der Gaswechsel des Flußkrebses, den Brunow eingehender untersuchte, insofern, als sich hier Beziehungen zu unvollkommenen Abbauprodukten des

Stoffwechsels nachweisen lassen, deren Menge sich durch ihre Eigenschaft, Permanganat zu entfärben, messen läßt. In Abb. 26 (nach Pütter 1911) zeigt die ausgezogene Linie den Sauerstoffverbrauch des Fluß-

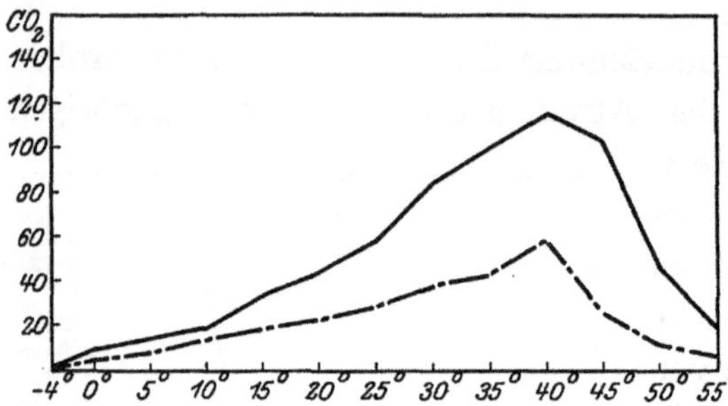

Abb. 25. Die Temperaturabhängigkeit der CO_2-Abgabe der Keimlinge von *Lupinus luteus*: —— normale, —·—·— intramolekulare Atmung.

krebses bei steigender Temperatur, die wir ohne weiteres als den aufsteigenden Ast unserer Kettenliniereziproken deuten können. Entsprechend dem wachsenden O_2-Verbrauch nimmt aber die Menge der unvollständig oxydierten Produkte mit steigender Temperatur in einer Weise ab, wie sie in Abb. 26 durch die gestrichelte Linie wiedergegeben ist, und wir sehen, daß die Kurvenform als Kettenlinie aufgefaßt werden kann. Das bedeutet aber, daß die beiden Vorgänge im Organismus, Sauerstoffverbrauch und Abnahme der Permanganat entfärbenden Stoffe in einem reziproken Verhältnis zueinander stehen.

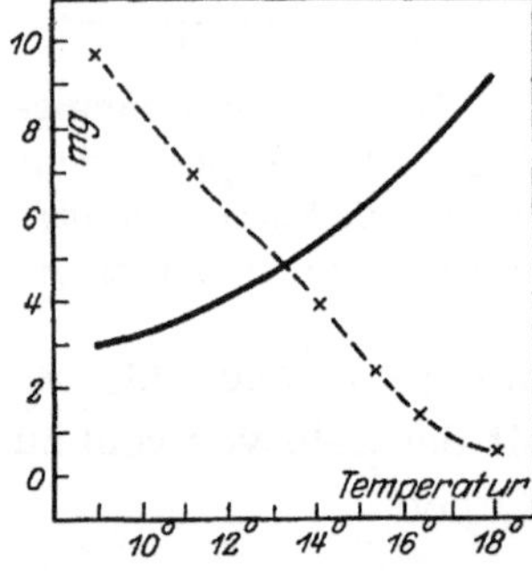

Abb. 26. Die Temperaturabhängigkeit des O_2-Verbrauches (——) und der Bildung Permanganat entfärbender Stoffe (— — —) beim Flußkrebs.

Bei den Säugetieren hat der Gaswechsel in seiner Abhängigkeit von der Temperatur immer besondere Beachtung für das Zustandekommen des Winterschlafs gefunden. Daß auch hier unser Schema Geltung hat, zeigen die Zahlen, welche als Durchschnittswerte von Nagai (nach Kanitz, Tab. 57) beim Murmeltier angegeben wurden. Der Zustand des Tieres ist bei 36,5° wach, bei 24,4° schlaftrunken, bei 13,5° tritt leiser Schlaf und schon bei geringer Temperaturerniedrigung (bei 10°) dann tiefer Schlaf ein.

Einer besonderen Besprechung bedarf bei der Behandlung des Atmungsproblems der respiratorische Quotient R Q, also die Änderung des Verhältnisses $\frac{CO_2}{O_2}$, mit wechselnder Temperatur, die so oft Gegenstand von Überlegungen über den Anteil der verschiedenen Grundstoffe beim Umsatz gewesen ist. Von unserem Standpunkt aus handelt es sich darum festzulegen, wie die Linie verlaufen muß, welche die Änderung des R Q bei Temperatursteigerung wiedergibt. Wir nehmen als Basis die Erkenntnis, daß sowohl der O_2-Verbrauch als auch die CO_2-Abgabe einer Kettenliniereziproken folgt. Wir greifen nun auf die Tatsache zurück, die wir bei der Embryonalentwicklung der Mehlmotte feststellen konnten, daß die Variationsbreite mit sinkender Temperatur immer größer wird, und daß die Vergrößerung sich aus dem Verlauf der mathematischen Funktionen ableiten und begründen läßt. Auch bei der Kohlensäureabgabe und dem Sauerstoffverbrauch haben wir zwei asymmetrische Linien, die wir in Beziehung zueinander setzen und die wir beide als Kettenliniereziproke

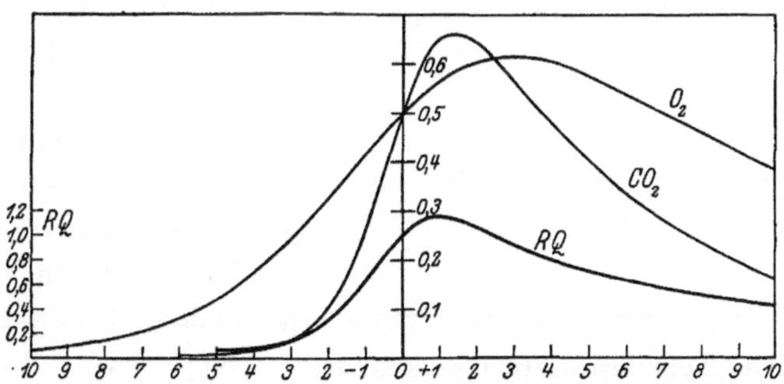

Abb. 27. Die Temperaturabhängigkeit des respiratorischen Quotienten (RQ), Fall 1. O_2: $m = 2$, $a_1 = 1,1$, $a_2 = 1,5$; CO_2: $m = 2$, $a_1 = 1,2$, $a_2 = 3$.

ansprechen wollen. Wir können dabei drei grundsätzlich verschiedene Fälle unterscheiden, deren biologische Realität theoretisch denkbar ist. Als Basis nehmen wir also, wie gesagt, die Formel

$$\frac{1}{y} = \frac{m}{2}\left(a_1^x + a_2^{-x}\right),$$

der sowohl CO_2-Abgabe wie O_2-Verbrauch folgen. Die drei Möglichkeiten sind folgende:

1. Es sind die a-Werte der CO_2-Kurve beide größer als die entsprechenden der O_2-Kurve, dann erhalten wir das Bild der Abb. 27. Die m-Werte sind in dieser Abbildung gleich gewählt. Es überschneidet also die CO_2-Kurve die O_2-Kurve, d. h. der respiratorische Quotient $\frac{CO_2}{O_2}$ hat an zwei Stellen den Wert 1. Würden m_1 und m_2 verschieden sein, so fiele der eine Schnittpunkt nicht in die y-Achse, sondern in das negative Feld unseres Koordinatensystems, wie es z. B. in Abb. 28

der Fall ist. Die Kurve des respiratorischen Quotienten (RQ) hat hier
die Gestalt einer Kettenliniereziproken, steigt also mit der Temperaturerhöhung an, geht über den Wert ɪ hinaus, erreicht ein Maximum,
fällt dann über den Punkt RQ = ɪ hinweggehend schnell zum Nullpunkt ab.

2. Ferner können zwar die a_I-Werte der CO_2- und O_2-Kurve in
einem ähnlichen Verhältnis stehen, aber a_2 (CO_2) ist kleiner als a_2 (O_2).
Das Bild dieser Kurven gibt Abb. 28. Hier schneidet die CO_2-Kurve
die des Sauerstoffverbrauches nur einmal und zwar entsprechend der
Ungleichheit der m-Werte bei etwa $x = -\mathrm{ɪ}$. Die Kurve des respira-
torischen Quotienten hat hier einen ganz anderen Verlauf als im ersten Falle. Sie steigt mit der Temperatur zunächst langsam, erhält aber von der Temperatur an, wo die Maxima der Atmungskurven liegen, einen sehr steilen Charakter. Der RQ wird also immer größer. Der Kurventyp ist der der Exponentiallinie, allerdings nicht der

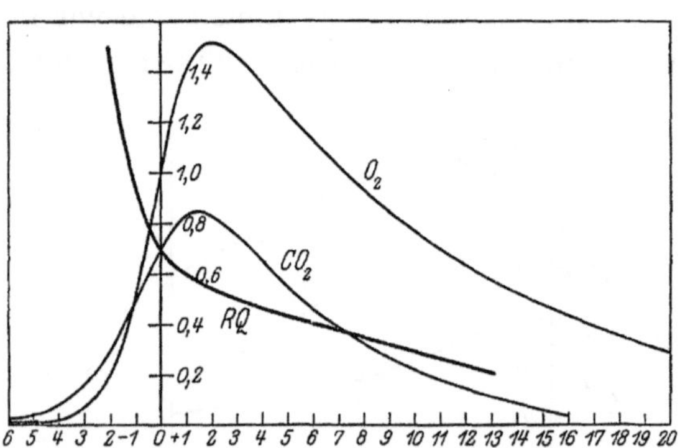

Abb. 28. Die Temperaturabhängigkeit des
respiratorischen Quotienten (RQ), Fall 2.
O_2: $m = \mathrm{ɪ}$, $a_\mathrm{ɪ} = \mathrm{ɪ,ɪ}$, $a_2 = 3$; CO_2: $m = \mathrm{ɪ,43}$,
$a_\mathrm{ɪ} = \mathrm{ɪ,2}$, $a_2 = 2$.

einer einfachen Funktion $y = ma^{-x}$, sondern einer asymmetrischen, weil
der rechte Teil flacher verläuft als der linke. Ihre Formel muß dementsprechend in der allgemeinsten Form sein:

$$y = \frac{\mathrm{ɪ}}{2}\,(m_\mathrm{ɪ}a_\mathrm{ɪ}^{-x} + m_2 a_2^{-x}).$$

Sie besteht aus zwei einfachen gleichsinnig verlaufenden Exponentiallinien mit verschiedenen Konstanten. Der Wert RQ = ɪ wird in diesem
Fall nur einmal erreicht. Auch in dem Fall, wo die CO_2-Kurve die
O_2-Kurve schon auf der rechten Seite des Koordinatensystems schneidet
und von da ab die Kohlensäureproduktion immer größer bleibt als der
Sauerstoffverbrauch, folgt die RQ-Linie dem besprochenen Typ, nur
schneidet er dann die y-Achse in einem Punkt, der größer ist als eins.

3. Die dritte Möglichkeit ist die, daß sich die beiden Atmungskurven
überhaupt nicht schneiden, wie Abb. 29 es wiedergibt. Hier ist $a_\mathrm{ɪ}$ (CO_2)

größer als a_1 (O_2), und ebenso a_2 (CO_2) größer oder, wie in der Zeichnung, gleich a_2 (O_2). Der RQ erreicht hier niemals den Wert 1. Er steigt zwar auch mit der Temperatur und erreicht ein Maximum, fällt dann aber nicht wie im 1. Falle steil zur Null ab, sondern nähert sich ganz allmählich einem konstanten Wert, der kleiner ist als eins.

Aus den mir bekannt gewordenen Untersuchungen läßt sich mit Sicherheit nicht entscheiden, ob alle theoretisch konstruierten Möglichkeiten tatsächlich bei der Atmung der Organismen vorkommen, da auch hier wieder die Tatsache festzustellen ist, daß

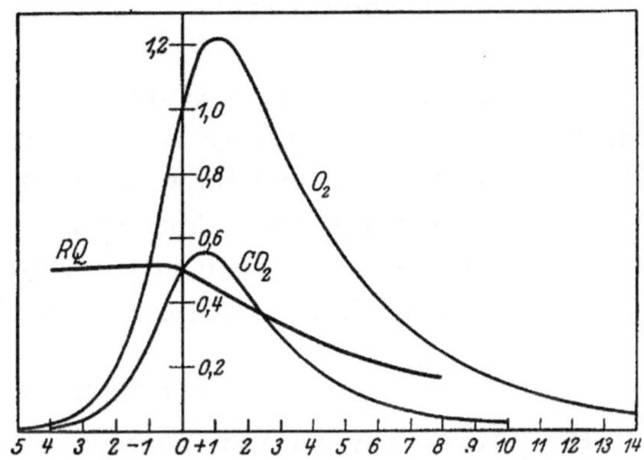

Abb. 29. Die Temperaturabhängigkeit des respiratorischen Quotienten (RQ), Fall 3. O_2: $m = 1$, $a_1 = 1,3$, $a_2 = 3$; CO_2: $m = 2$, $a_1 = 1,5$, $a_2 = 3$.

in den Versuchen meist nicht die höheren Temperaturen genauer untersucht wurden, oder, wo es geschah, die angegebenen Daten so wenig zahlreich sind, daß sich eine Entscheidung nicht treffen läßt. In Abb. 30 sind zwei Beobachtungen eingetragen. Die Linie I gibt den respiratorischen Quotienten der Hefe an nach Zahlen, die von Czapek auf Grund der Untersuchungen von Eréhaut und Quinquaud angenommen werden (nach Pütter S. 182) und folgt offenbar dem Modus des RQ in Abb. 28. Die Linie II stellt den RQ des Regenwurmes bei hohen Temperaturen dar (nach Pütter S. 391), ihr Cha-

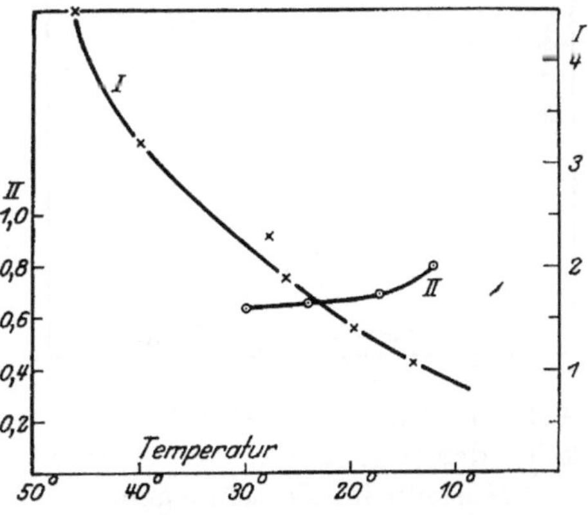

Abb. 30. Die Temperaturabhängigkeit des respiratorischen Quotienten: × Hefe, ○ Regenwurm.

rakter deutet auf ein Verhältnis der Atmungskurven, wie es theoretisch in der Abb. 29 angedeutet ist. Die Kurven für den RQ von der Stabheuschrecke *Dixippus morosus* (nach v. Buddenbrock und

v. Rohr) sind für unsere Zwecke ganz unverwertbar, denn die für die Atmungskurven ermittelten Werte zweier Versuchsreihen liegen für sich schon so weit auseinander und infolgedessen haben die RQ-Linien einen so unterschiedlichen Charakter, daß hier genauere Werte abgewartet werden müssen.

Aus den hier erörterten Gedankengängen heraus läßt sich soviel sagen, daß die kurvenmäßige Behandlung auf der von uns gegebenen Basis der Kettenlinie und ihrer Reziproken die bei der Atmung vorliegenden Verhältnisse einer Analyse zugänglich macht und einer Vertiefung unserer Anschauungen über die Bedeutung des respiratorischen Quotienten in der Stoffwechselphysiologie den Weg bereiten kann.

Reizbarkeit.

Bis jetzt haben wir nur Vorgänge betrachtet, die aus der Stoffwechselphysiologie entnommen sind, und gerade diese Erscheinungen haben bisher in der Behandlung des Temperaturproblems auch in allererster Linie interessiert. Doch auch die verhältnismäßig wenig umfangreichen Untersuchungen auf anderen Gebieten zeigen mit aller Deutlichkeit die Fruchtbarkeit unserer Gedankengänge über die Temperaturabhängigkeit. Die Tatsache, welche wir aus den bisherigen Betrachtungen entnehmen können, daß solche Vorgänge, die als Zeit gemessen werden, sich als Kettenlinien darstellen, diejenigen aber, welche Geschwindigkeiten sind, als die zugehörigen y-Reziproken, finden wir auch bei einer Reihe von Erscheinungen aus anderen Gebieten der Physiologie wieder.

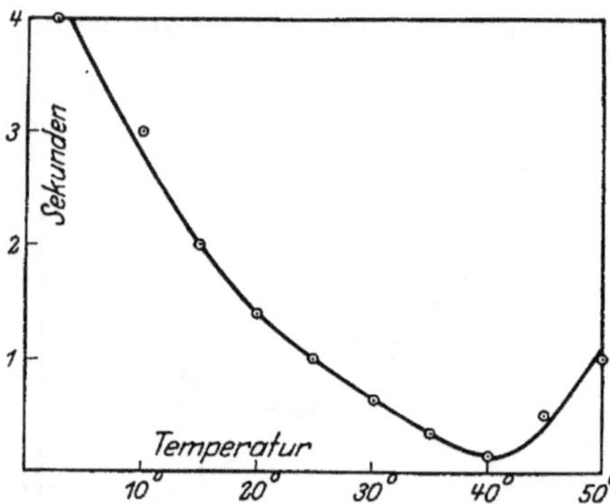

Abb. 31. Die Temperaturabhängigkeit der Latenzzeit der glatten Muskeln im Froschmagen.

Snyder stellte die Temperaturabhängigkeit der Latenzzeiten der Kontraktionen von Streifen aus dem Ventrikel der Schildkröte fest. Die Kurve seiner Zahlen (nach Pütter 1914), folgt offenbar dem Kettenlinientyp, ebenso die Latenzzeiten der glatten Muskeln der Katzenblase (Stewart nach Kanitz, Tab. 28). Mit aller Deutlichkeit tritt die Kurve der Temperaturabhängigkeit der Latenzzeit als asymmetrische Kettenlinie bei den Untersuchungen von Paul Schultz (nach Kanitz) am Froschmagen in Erscheinung (Abb. 31). Ebenfalls ist die Zeit der Verkürzungsphase von Streifen aus der Muskulatur des Ventrikels der Schildkröte (Snyder nach Pütter 1914) als Kettenlinie zu interpretieren.

Die Zahlen, welche nach Pütter von Ganter und von Snyder über die Temperaturabhängigkeit der Nervenleitung im Nervus ischidiacus des Frosches gegeben werden, differieren ziemlich erheblich, immerhin ist aus Abb. 32 zu ersehen, daß in beiden Fällen die Deutung als Geschwindigkeitskurve, also als y-Reziproke einer Kettenlinie zulässig ist, denn allen angezogenen Beispielen müssen wir voraussetzen, daß bei niederen Temperaturen die biologischen Prozesse stark verlangsamt sind, daß aber andererseits bei hohen Temperaturen Schädigungen eintreten, welche ein Minimum der Zeit

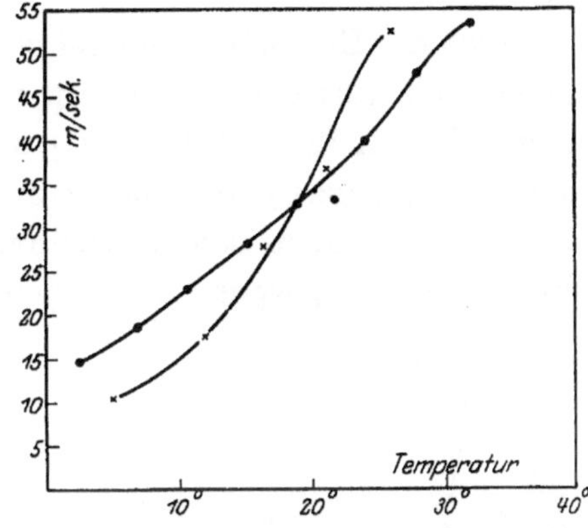

Abb. 32. Die Temperaturabhängigkeit der Geschwindigkeit der Nervenleitung im N. ischiadicus des Frosches: ● nach Ganter, × nach Snyder.

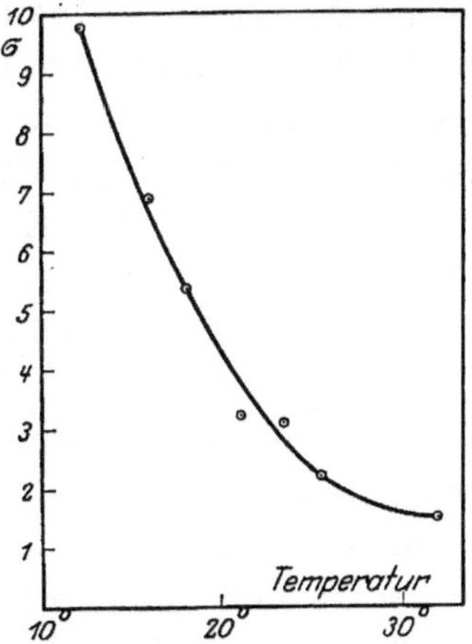

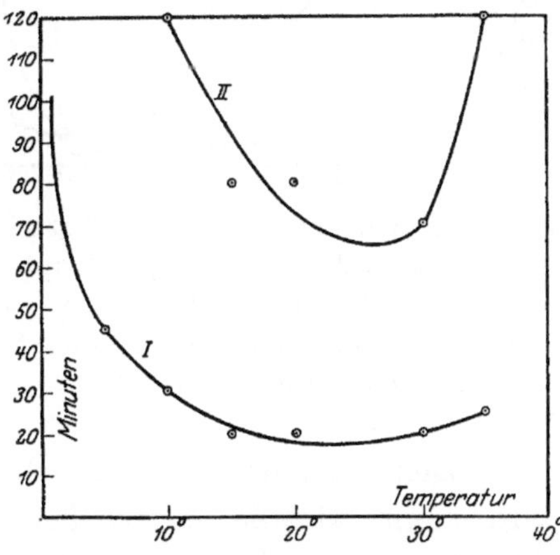

Abb. 33. Die Temperaturabhängigkeit der „Perioden erster Ordnung" des elektrischen Organs des Zitterwelses.

Abb. 34. Die Temperaturabhängigkeit der geotropischen Präsentations- (*I*) und Reaktionszeit (*II*) bei der Keimwurzel von *Lupinus albus*.

und ein Maximum der Geschwindigkeit entstehen lassen. Ein derartiges Minimum hat auch die Dauer einer „Periode erster Ordnung" (Abb. 33) des elektrischen Organs des Zitterwelses (nach Koike aus Kanitz Tab. 26), deren Temperaturabhängigkeit sich als deutliche Kettenlinie darstellt.

Auch die Erscheinungen bei den Reizvorgängen pflanzlicher Objekte lassen sich durch unser Prinzip gut erfassen. So sind die Kurven der geotropischen Präsentations- (I) und Reaktionszeiten (II) der Keimwurzeln von *Lupinus albus* (nach Czapek aus Kanitz Tab. 30) in Abb. 34 deutliche asymmetrische Kettenlinien. Durch den Charakter der Kettenlinie, vor allem, wenn sie am Scheitel sehr flach verläuft, ist bedingt, daß sich innerhalb bestimmter Temperaturen die Zeiten nur sehr wenig ändern, eine Tatsache, die dazu geführt hat, zu sagen, daß in diesem Bezirk die Temperatur den betreffenden Vorgang überhaupt nicht beeinflußt, z. B. bei der Präsentationszeit in Abb. 34 zwischen 15° und 30°. Von besonderem Interesse ist für uns die Erscheinung, die von de Vries (nach Kanitz Tab. 32) näher untersucht wurde, daß nämlich die Reizschwelle für die phototropische Krümmung von Koleoptilen von *Avena sativa* bei höheren Temperaturen sich ändert, wenn man verschieden lange Zeit das Objekt vorwärmt, und zwar in einer Art, die an Hand

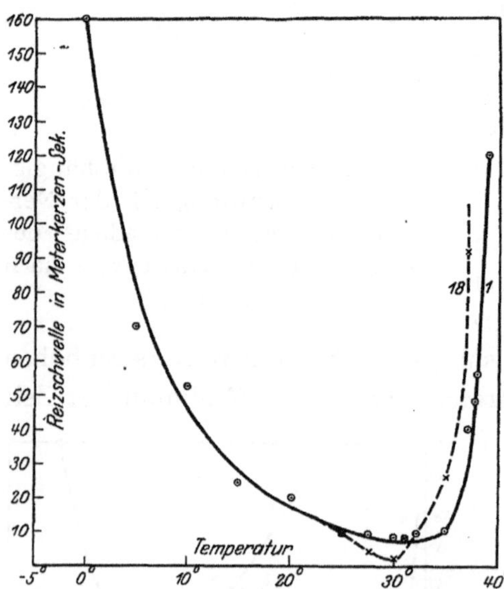

Abb. 35. Die Temperaturabhängigkeit der Reizschwelle für die phototropische Krümmung von Koleoptilen von *Avena sativa* nach verschiedenen Stunden Vorwärmung (1 und 18).

der Eigenschaften asymmetrischer Kettenlinien sofort verständlich wird, wenn wir die entsprechenden Kurven in Abb. 35 betrachten. Die ausgezogene Linie stellt die Reizschwellenwerte nach einem Vorwärmen von einer Stunde dar, die gestrichelte nach einem Vorwärmen von 18 Stunden. Es ändert sich also nach unserer Auffassung der a_2-Wert der Kettenlinienformel, d. h. biologisch der Schädigungsfaktor des ganzen Systems.

Rhythmische Bewegungen.

Die Temperaturabhängigkeit rhythmischer Bewegungen ist öfter untersucht worden und läßt sich mit unseren grundsätzlichen Erwägungen in eine vollkommene Übereinstimmung bringen. Abb. 36 gibt die Herzschlagfrequenz der Katze (nach Snyder) wieder, welche der Kettenlinie-reziproken folgt. Denselben Typ hat die Temperaturabhängigkeit der Frequenz des dorsalen Blutgefäßes des marinen Wurms *Nereis virens* nach Rogers, ebenso die Herzschlagfrequenz des Krebses *Ceriodaphnia* nach Robertson und des Schildkrötenherzens (*Emys europaea*) nach Galeotti und Piccinini, ferner auch die Pulsierungsfrequenz von Medusenglocken

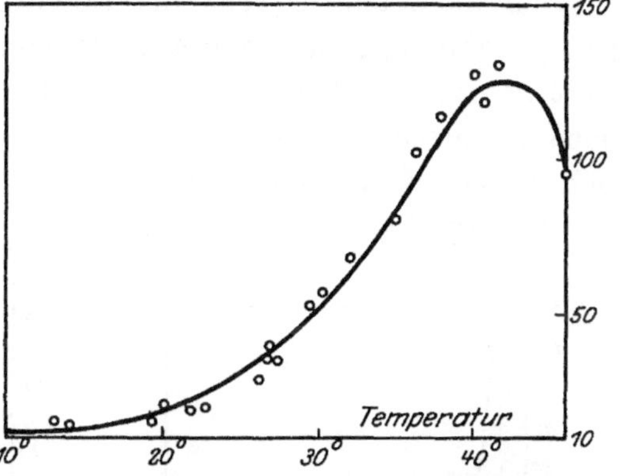

Abb. 36. Die Temperaturabhängigkeit der Herzschlagfrequenz der Katze.

von verschiedenen Arten, z. B. von *Cassiopea* nach E. Newton Harvey und *Rhizostoma* nach Veress (aus Kanitz). Auch bei Wirbeltierorganen mit glatter Muskulatur finden wir denselben Kurventyp, z. B., wie Abb. 37 zeigt, bei der Kontraktionsfrequenz des jungen Hühnerösophagus nach Buglia (nach Kanitz Tab. 20), wenn als Ordinate die Zahl der Kontraktionen in 30 Minuten 3 Stunden nach der Übertragung in Ringerlösung aufgezeichnet wird. Diese Untersuchungen Buglias gewinnen deswegen noch eine besondere Bedeutung, weil er die Kontraktionen in verschiedenen Zeitpunkten nach der Übertragung

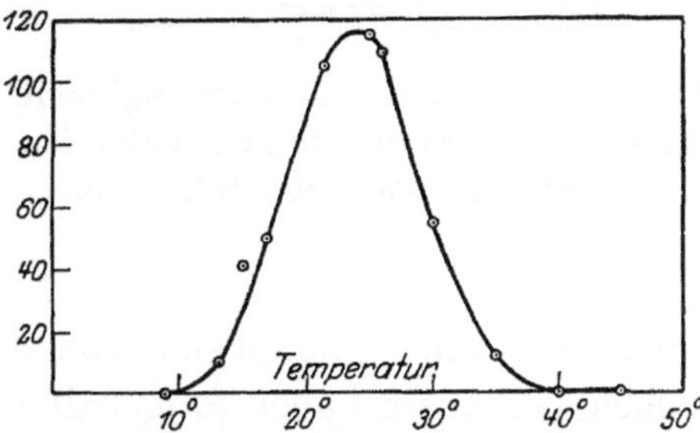

Abb. 37. Die Temperaturabhängigkeit der Kontraktionsfrequenz des jungen Hühnerösophagus.

gezählt hat, so daß aus der Gestaltsänderung der Kurve, die wir in unserer Formel durch andere *m*- und *a*-Werte zahlenmäßig zum Ausdruck bringen, auf die Geschwindigkeit des Absterbens isolierter Organe einige Schlüsse gezogen werden können.

Mißt man bei rhythmischen Bewegungen nicht die Frequenz, also die Zahl der Kontraktionen pro Zeiteinheit als Geschwindigkeit, sondern die Dauer einer Pulsation, wie es z. B. Kanitz (Tab. 25) bei den Vakuolen der Infusorien tat, so haben wir dieselbe Erscheinung, wie bei den Entwicklungsvorgängen, wir erhalten als Kurve eine Kettenlinie (Abb. 38).

Daß die Atemfrequenz als Geschwindigkeitskurve von der Temperatur abhängig ist, zeigt Abb. 39 von der Stabheuschrecke *Dixippus morosus* nach v. Buddenbrock und v. Rohr, ferner ist aber aus ihr noch zu ersehen, daß die Gestalt sich ändert, je nachdem, wie groß der Sauerstoffgehalt der Luft ist.

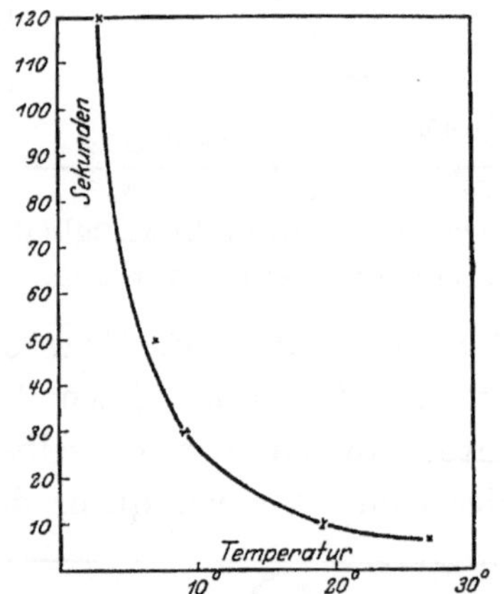

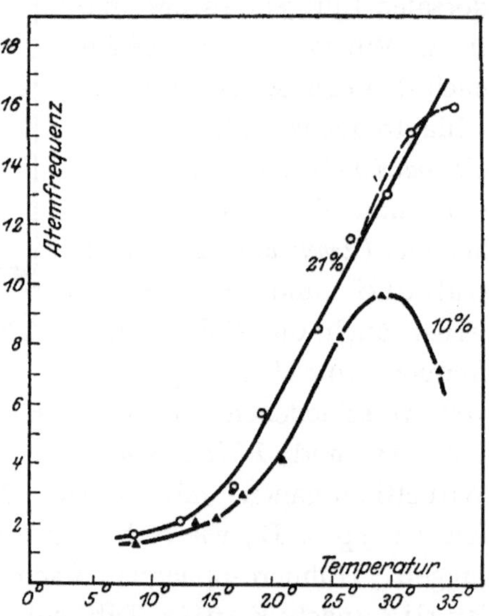

Abb. 38. Die Temperaturabhängigkeit der Dauer einer Pulsation der Vakuolen des Infusors *Glaucoma colpidium*.

Abb. 39. Die Abhängigkeit der Atemfrequenz von der Temperatur bei verschiedenem O_2-Gehalt der Luft bei der Stabheuschrecke.

Die ausgezogenen Linien sind von den Autoren übernommen, es dürfte jedoch bei einem Sauerstoffgehalt von 21 vH die von mir eingezeichnete gestrichelte Linie den tatsächlichen Verhältnissen näher kommen. Es zeigt sich, daß hier eine variable Außenbedingung in den Zahlenwert der Konstanten m und a unserer Formel eingeht, so daß die durch Veränderung des Sauerstoffgehalts der Luft eintretende Änderung der Reaktion eines Organismus vergleichend gemessen werden kann. Dieser Punkt wird bei unseren späteren Betrachtungen noch eine weitere Betonung finden, da wir den Zahlen m und a einen Vergleichswert zusprechen müssen. Hier sei deshalb schon darauf verwiesen.

Blutgerinnung.

Über die Methoden zur Messung der Geschwindigkeit der Blut-
gerinnung in ihrer Abhängigkeit von der Temperatur hat sich Kanitz
S. 156 ausführlich genug ge-
äußert. Für uns genügt es, die
Art der Abhängigkeit zu untersuchen. Die Zahlen von Addis
(nach Kanitz) sind ausreichend
genau, um feststellen zu können, daß auch hier wieder eine
Kettenlinie vorliegt, wie Abb. 40
zeigt, wenn wir als Ordinaten
die Gerinnungszeiten eintragen.
Die Q_{10}-Werte, welche Kanitz
errechnet, liegen zwischen 10°
und 20° bei 4,0 und zwischen
20° und 34° bei 2,65, zeigen
also ein deutliches Absinken an,
ein Zeichen, daß hier die RGT-
Regel nicht gelten kann. Wir
werden zu untersuchen haben,
welche Gründe für das Absinken herangezogen werden müssen, jedoch soll
das Aufgabe eines besonderen Abschnittes sein, auf den ich an dieser
Stelle verweisen kann.

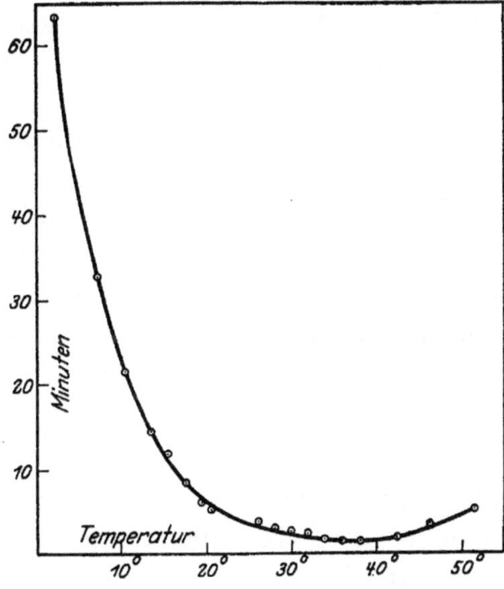

Abb. 40. Die Temperaturabhängigkeit
der Gerinnungszeit des Menschenblutes.

Zellphysiologische Erscheinungen.

Mit den Eigenschaften des Protoplasten als kolloides System werden
wir uns im speziellen Teil dieses
Buches näher befassen. Um aber zu
zeigen, daß auch die Temperaturabhängigkeit zellphysiologischer Er-

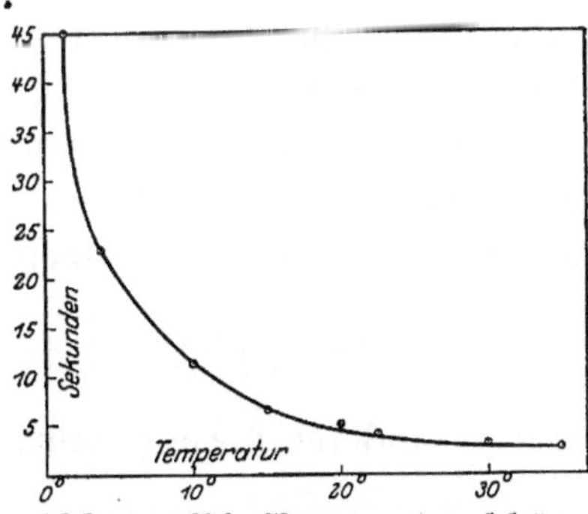

Abb. 41. Die Temperaturabhängigkeit der Protoplasmarotation
in der Stengelparenchymzelle
des Blütenstiels von *Vallisneria
spiralis.*

scheinungen unserem Schema sich einfügt, kann die Kurve der Proto-
plasmapermeabilität der Blattepidermis von *Tradescantia* nach van
Rysselberghe (siehe Kanitz Tab. 34) herangezogen werden. Trägt

man auf der Ordinate die Dauer der Plasmolyse mit 0,2 Mol. KNO_3 in Minuten auf, so sieht man, daß die Temperaturabhängigkeit einer Kettenlinie folgt. In ähnlicher Weise verläuft die Deplasmolyse. Auch die Protoplasmarotation ist als Temperaturfunktion als Kettenlinie aufzufassen. Abb. 41 gibt die Zeitdauer in Sekunden wieder, die ein bestimmtes Zellkörperchen in einer Parenchymzelle des Blütenstiels von *Vallisneria spiralis* braucht, um 0,1 mm zurückzulegen (nach Velten, aus Kanitz Tab. 33). Allerdings wird hier mit einer einfachen Kettenlinie nicht auszukommen sein, da die Kurve wenige Grade über Null viel steiler verläuft als es der sehr flachen Kettenlinie bei höheren Temperaturen entsprechen würde. Wir haben aber bei Besprechung des respiratorischen Quotienten eine Form von Exponentiallinien kennen gelernt, die wir als asymmetrische bezeichnet haben und der wir die allgemeine Formel

$$y = \frac{1}{2}\left(m_1 a_1^x + m_2 a_2^x\right)$$

gaben. Sie zeichnet sich dadurch aus, daß die eine Hälfte flach und die andere sehr viel steiler verläuft (vgl. Abb. 28). Legen wir derartige asymmetrische Exponentiallinien zugrunde, um durch Addition von zwei solchen mit umgekehrten Vorzeichen zu einer Kettenlinie zu gelangen, so erhalten wir eine Form, die bei entsprechender Wahl der Zahlen der Kurve der Protoplasmarotation entspricht. Diese Kettenlinie ist, wenn die beiden Exponentiallinien spiegelbildlich sind, an sich eine symmetrische, trodem sind aber die Komponenten als asymmetrisch zu bezeichnen. Eine solche Kettenlinie würde dann folgende allgemeine Form haben:

$$y = \frac{1}{2}\left[\frac{1}{2}\left(m_1 a_1^x + m_2 a_2^x\right) + \frac{1}{2}\left(m_1 a_1^{-x} + m_2 a_2^{-x}\right)\right]$$

oder in anderer Form geschrieben

$$y = \frac{1}{2}\left[\frac{m_1}{2}\left(a_1^x + a_1^{-x}\right) + \frac{m_2}{2}\left(a_2^x + a_2^{-x}\right)\right]$$

Das bedeutet, daß die hier zur Rede stehende Kurvenform auch als die Resultierende von zwei symmetrischen Kettenlinien aufzufassen ist, deren Konstanten verschiedene Werte haben. Es wird ganz auf die Fragestellung ankommen, ob bei der Analyse von Kurven, wie wir sie bei der Protoplasmarotation kennen gelernt haben, eine Auflösung in zwei Kettenlinien oder in zwei asymmetrische Exponentiallinien vorzuziehen ist. Zu asymmetrischen Kettenlinien würde man gelangen, wenn man die Gleichung

$$y = \frac{1}{2}\left[\frac{1}{2}(m_1 a_1^x + m_2 a_2^x) + \frac{1}{2}(m_3 a_3^{-x} + m_4 a_4^{-x})\right]$$

zugrunde legt. (Vgl. zu dieser Kurvenform aber auch Abb. 83 *I*.)

Der große Anteil, den die Fermente am zellphysiologischen Geschehen haben, ist unbestritten, und wir werden noch Gelegenheit haben, die Reaktion der Fermente in ihrer funktionalen Abhängigkeit von den Systembedingungen zu besprechen. Die Temperaturabhängigkeit solcher Prozesse ist häufig untersucht worden. Ich gebe in Abb. 42 eine Kurve von Duclaux wieder, welche die umgesetzten Mengen bei der Invertierung von Zucker als Temperaturfunktion darstellt. Der Verlauf entspricht der y-Reziproken einer asymmetrischen Kettenlinie.

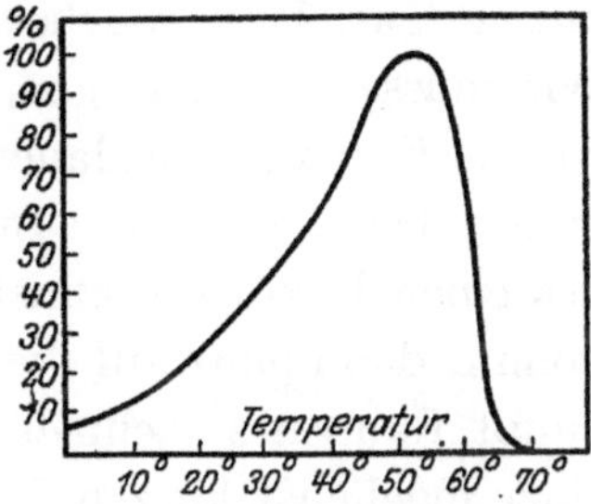

Abb. 42. Die Temperaturabhängigkeit der Invertierung von Zucker.

5. Die biologischen Bezirke der Temperaturskala.

Als Ergebnis der besprochenen Abhängigkeiten biologischer Vorgänge von der Temperatur können wir festhalten, daß sich die mathematische Formulierung dieser funktionalen Beziehungen als Kettenlinie, wenn es sich um eine Zeit, oder als ihre y-Reziproke, wenn es sich um eine Geschwindigkeit handelt, durchaus bewährt. Wesentlich ist dabei, daß diese beiden Kurventypen die Reaktion des Organismus oder seiner Teile auf jede Temperatur, soweit überhaupt Leben möglich ist, wiedergibt, daß wir uns also nicht auf einen bestimmten Teil der Temperaturskala beschränken müssen. Der Nullpunkt der funktionalen Abhängigkeit ist biologisch bestimmt, also nicht von äußeren Momenten wie etwa dem Gefrierpunkt des Wassers abhängig. Wir gehen dabei aus von der mathematischen Funktion, d. h. wir setzen einen mathematisch geforderten Nullpunkt an eine Stelle, der, wie der kritische Wärmepunkt, biologisch markiert ist. Ausgehend von der mathematischen Gestalt der Kurven und ihrem Bezugssystem ist der kritische Wärmepunkt der einzige geforderte und notwendige Punkt. Bei den asymmetrischen Formen liegt unterhalb desselben ein Minimum der Zeit bzw. ein Maximum der Geschwindigkeit. Betrachten wir nur ein Symptom biologischer Vorgänge, etwa die Dauer der Entwicklung oder die Atmungsintensität in ihrer Abhängigkeit von der Temperatur, so ist diese Stelle als Optimum zu bezeichnen, denn hier wird die kleinste Zeitspanne, bzw. die größte Geschwindigkeit erreicht.

Es ist aber nur ein Optimum dieses Symptoms. Ziehen wir aber noch andere mit heran, wie beispielsweise bei der Embryonalentwicklung der Mehlmotte die Anzahl der bei höheren Temperaturen schlüpfenden Raupen (vgl. S. 29), so wird man beide zusammenfügen müssen, um festzustellen, welche Stelle wir als Optimum bezeichnen wollen. Wir müssen dann fragen, bei welcher Temperatur findet sich die geringste Entwicklungsdauer der größtmöglichen Anzahl Raupen. Denkt man dabei z. B. an die Insektenaufzucht, so wird man eine Minderung des einen Faktors zugunsten des andern in Kauf nehmen müssen. Es kommt dann ganz auf die Absichten des Züchters an, ob er etwa überhaupt Raupen so schnell wie möglich haben will oder viel Raupen in einer möglichst kurzen Zeit. Da aber noch andere Außenbedingungen wie Ernährung und Feuchtigkeit von Einfluß auf die Entwicklungsdauer sind und für diese Abhängigkeiten wieder andere Optima gelten, wird sich die Definition des Begriffs auf eine ganze Reihe von verschiedenen Symptomen beziehen müssen.

Auf der Basis der exponentialen Abhängigkeit biologischer Vorgänge von der Temperatur muß die von Blunck auf Grund seiner Hyperbel aufgestellte kritische Kältezone und der kritische Kältepunkt (siehe Abb. 1), das ist der mathematische Nullpunkt der Hyperbel, in Fortfall kommen, denn die Kettenlinie und entsprechend ihre y-Reziproke laufen ohne Rücksicht auf die tiefen Temperaturen, vor allem auch auf den Gefrierpunkt, kontinuierlich weiter. Es gibt also keine niedere Temperatur, bei der die Entwicklung oder die Atmung vollkommen stillsteht, gleich Null wird. Die Bluncksche Hyperbel nähert sich der durch den kritischen Kältepunkt gehenden Geraden asymptotisch, die Kettenlinie wird zwar mit der geringsten Temperaturerniedrigung wegen ihrer immer größer werdenden Steilheit sehr weit hinausgeführt, aber die Entwicklungsdauer bleibt theoretisch immer endlich, denn die Kettenlinie schneidet jede durch einen Punkt tiefer Temperatur gehende Parallele zur Achse der Entwicklungsdauer (vgl. Abb. 8) in einem wenn auch noch so fernen Punkte. Es gibt also keinen physiologischen Nullpunkt, an dem die Lebenstätigkeit vollkommen ruhte, wenn auch, praktisch gesprochen, die Entwicklungsdauer fast unendlich groß oder die Atmungsintensität fast unendlich klein wird.

Es gehört nicht in den Gedankengang dieser Betrachtung, daß tiefe Temperaturen das Leben abtöten, denn hier liegen Verhältnisse vor, die auf einer anderen Beeinflussung des Organismus (Einfrieren der Körperflüssigkeiten und dadurch hervorgerufene Zerreißungen usw.) beruhen. Über die bei tiefen Temperaturen eintretenden Ereignisse gibt die bekannte schematische Abbildung von Bachmetjew für unsere Zwecke ausreichende Aufklärung. Da hier kolloidchemische Zustandsänderungen auftreten, müssen diese Verhältnisse gesondert betrachtet werden.

6. Der Temperaturkoeffizient.

Wegen der großen Bedeutung, welche der Temperaturkoeffizient Q_{10} in der Biologie gespielt hat und noch spielt, haben wir uns mit dem Größenverhältnis dieser Zahl noch besonders zu beschäftigen. Wir sahen, daß die van't Hoffsche (RGT.-) Regel deswegen nicht voll genügen konnte, weil der Q_{10}-Wert bei einem und demselben Vorgang nicht konstant blieb. Auf Grund der Ableitung des Temperaturkoeffizienten wurde entwickelt, daß Q_{10} nur dann konstant sein kann, wenn die zu Grunde gelegte Kurve eine Exponentiallinie nach der Berthelotschen Formel

$$k = a \cdot b^t$$

ist. Rein kurvenmäßig haben wir erkannt, daß sich die Temperaturabhängigkeit biologischer Vorgänge in den besprochenen Fällen durch reine Exponentiallinien nicht erfassen läßt, wohl aber durch eine Kettenlinie oder ihre y-Reziproke. Bei der Anwendung der RGT-Regel in der Biologie ist die grundsätzliche Verschiedenheit des Kurvenverlaufs dieser beiden Typen oft nicht beachtet worden, und man hat infolgedessen die Temperaturkoeffizienten von der Zeitenkurve und ihrer Geschwindigkeitsreziproken unmittelbar vergleichen wollen. Sollen aber unsere exponentialen Gesetzmäßigkeiten zu Recht bestehen, so muß die Veränderung der Größenordnung der Q_{10}-Werte durch unsere Kurven ihre Erklärung finden.

An den auf S. 6 zitierten Beispielen ist zu ersehen, daß z. B. bei der Temperaturabhängigkeit der Puppenruhe von *Tenebrio molitor*, also einem Vorgang, den wir durch eine Kettenlinie kurvenmäßig darstellen, Q_{10} mit steigender Temperatur von 6,9 auf 1,5 sinkt, daß aber die Herzschlagfrequenz der Katze, welche in Abb. 36 gezeichnet ist und als Kettenliniereziproke gedeutet wurde, Q_{10}-Werte aufweist, die von 1,8—2,9 ansteigen, dann aber wieder bis auf 2,3 absinken.

Berechnen wir aus den entsprechenden rein mathematischen Kurven die zugehörigen Temperaturkoeffizienten nach der Gleichung

$$Q_{10} = \frac{k_{t+10}}{k_t},$$

so erhalten wir die in nachfolgender Tabelle niedergelegten Zahlen. Wir legen dabei die in Abb. 13 und 14 gezeichneten Kurven zugrunde, also eine Kettenlinie mit den Konstanten $m = 2$ und $a = 1{,}5$ und eine Kettenliniereziproke mit $m = 2$ und $a = 1{,}8$. Um ihnen die Eigenschaft von Temperaturkurven zu geben, wollen wir annehmen, daß jede dort gewählte Einheit auf der x-Achse einem Temperaturintervall von $5°$ und der Punkt $+x = 6$ einer Temperatur von $10°$ entspricht.

Temperatur	Q_{10} Kettenlinie	Q_{10} Reziproke	Temperatur	Q_{10} Reziproke
0—10	2,24	3,241	20—22	3,101
10—20	2,18	3,214	22—23	3,292
20—30	1,95	2,984	23—24	3,0
30—40	1,345	1,773	24—26	2,95
40—50	0,742	0,846	26—28	2,906
50—60	0,511	0,335	28—30	2,832

Aus den beiden Stäben in der Tabelle links ergibt sich sowohl bei der Kettenlinie wie bei ihrer Reziproken ein Absinken des Temperaturkoeffizienten von 10 zu 10°, so daß wir diese an biologischen Objekten so oft beobachtete Tatsache als typische Eigenschaft unserer Kurven betrachten müssen. Wir dürfen aber eins nicht übersehen. Bei dem gleichmäßigen Verlauf der Kettenlinie genügt zwar die Q_{10}-Berechnung aus den Daten, die 10 Temperaturgrade auseinander liegen, aber die Reziproke hat nicht diesen glatten Verlauf, sondern geht aus einer konvexen in eine konkave Form über, mit anderen Worten, sie hat einen Wendepunkt, und zwar auf jedem Ast zwischen $x = \pm 2$ und $x = \pm 4$, d. h. in unserer angenommenen Temperaturkurve zwischen $20°$ und $30°$. Es ist selbstverständlich, daß der Wendepunkt in diesem Temperaturbezirk nicht ohne Einfluß auf die Q_{10}-Werte sein kann. Da es sich ferner gerade um die Zone handelt, die man z. B. bei vielen Insekten als die optimale bezeichnet und oft untersucht hat, so müssen wir hier kleinere Temperaturintervalle zur Berechnung von Q_{10} heranziehen. Nach der bekannten Formel (vgl. Kanitz S. 10)

$$Q_{10} = 10^{\frac{(10 \log k_2 - \log k_1)}{t_2 - t_1}}$$

wurden für unser Beispiel die in der Tabelle S. 62 rechts eingetragenen Zahlen ermittelt, und man sieht, daß Q_{10} in dieser Zone zunächst ansteigt und dann wieder fällt. Bei noch kleineren Intervallen würden wir ein noch öfteres Steigen und Fallen um den Wendepunkt herum feststellen können.

Ein volles Verständnis für diese Verhältnisse könnten wir durch eine eingehende mathematische Behandlung gewinnen, jedoch würde dabei ohne höhere Rechnungsarten nicht auszukommen sein, so daß wir, dem Charakter dieses Buches entsprechend, hier darauf verzichten müssen. Soviel aber ist auch ohnedem klar, daß die van't Hoffsche Regel trotz der Bemühungen von Kanitz, ihre Gültigkeit aus den Q_{10}-Werten einer großen Anzahl von Lebensprozessen zu beweisen, in der Biologie den Weg zum Verständnis der Lebensvorgänge nicht weisen kann. Hingewiesen sei in diesem Zusammenhang auch auf H. Przibram 1923, der eine große Anzahl von Q_{10}-Werten zusammengestellt hat. Die große Fülle von Material, das Kanitz bearbeitet hat, zeigt durch seine Q_{10}-Zahlen mit aller Deutlichkeit, daß die von uns als Basis für die Temperaturabhängigkeit biologischer Vorgänge genommenen Kurvenformen der Kettenlinie und ihrer Reziproken den tatsächlichen Verhältnissen in einer Weise gerecht werden, die alle bekannt gewordenen Erscheinungen als Gsetzmäßigkeit umfaßt. Auch Kanitz hat in jüngster Zeit (1925) versucht, eine Erklärung für das Absinken der Q_{10}-Werte zu geben, indem er die Konstante b der Berthelotschen Formel in Beziehung zu dem A-Wert der „Formel von Arrhenius" (vgl. S. 7) setzt und ableitet, daß die Zahl b, also auch Q_{10}, fallen muß, wenn A konstant ist. Jedoch ist das ein vollkommener Zirkelschluß, weil ja gerade die Konstante A wegen der Nichtkonstanz von b eingefügt wurde.

Da aber auch die Kettenlinie und damit ihre Reziproke eine exponentiale Funktion ist, so wenden wir uns, wenn wir die van't Hoffsche Regel ablehnen, lediglich gegen ihre Form, nicht gegen ihre Grundlage. V. Buddenbrock und v. Rohr sagen (1923, S. 129): Daß sich die Temperaturwirkung bei chemischen Reaktionen durch eine Exponentialkurve ausdrücken läßt, also die Geschwindigkeitskonstante eine Exponentialfunktion der Temperatur ist, „dies ist ein theoretisch ableitbares Gesetz und keine empirische Regel. Man muß also doch versuchen, diesem Gesetz in irgendeiner Weise gerecht zu werden". Ich möchte hier scharf unterscheiden zwischen einer Exponentialfunktion und den exponentialen Funktionen, wie sie bei der Kettenlinie und ihren Reziproken vorliegen. Auch wir nehmen ja die Exponentialfunktion

$$y = m\,a^x$$

als Basis, fügen aber eine zweite, die gegenläufige

$$y = m\,a^{-x}$$

hinzu und gelangen dadurch zu der Kettenlinie, die dann aber keine einfache Exponentialfunktion mehr ist, sondern eine exponentiale Funktion komplizierteren Charakters.

Es würde zu weit führen, wollten wir die Reaktionsgesetze chemischen Geschehens im einzelnen betrachten und untersuchen, wie weit die von uns auf biologischem Boden gefundenen Gesetzmäßigkeiten dort sich rückwirkend nutzbar machen lassen, wenn wir uns auch darüber klar sein müssen, daß der Organismus die Bühne vielen Naturgeschehens überhaupt ist. Daß auch die Temperaturabhängigkeit rein chemischer Vorgänge häufig nicht durch einfache Exponentiallinien ausgedrückt werden kann, wurde am Anfang dieses Buches mehrfach erwähnt und ist an den von Kanitz behandelten Beispielen deutlich zu erkennen. Näheres darüber zu sagen muß Spezialarbeiten überlassen bleiben, wir wollen uns hier mit der Feststellung begnügen, daß die aus unsern Betrachtungen gewonnenen Gesichtspunkte wertvoll genug zu sein scheinen, auch außerhalb des biologischen Geschehens zur Klärung mancher Frage beitragen zu können.

II. Die Ableitung und Formulierung des Exponentialgesetzes.

Bei der Behandlung des Temperaturproblems hat sich eine Reihe von Tatsachen und Gesichtspunkten ergeben, die grundlegende Bedeutung erlangen. Als erstes halten wir fest, daß sich die Abhängigkeit irgendeines Lebensvorganges von einer Außenbedingung, hier der Temperatur, als Kettenlinie darstellen läßt, wenn das Symptom dieses Vorganges, also z. B. die Entwicklungsdauer eines Organismus, als Zeit gemessen wird. Zweitens wissen wir, daß die Geschwindigkeit der reziproke Wert der Zeit ist. Ist also eine Zeit als Funktion der Temperatur formelmäßig festzulegen, wie wir es in der Gleichung

$$y = \frac{m}{2}\,(a^x + a^{-x})$$

tun konnten, so muß die Formel, wenn sich das Symptom eines Lebensvorganges als Geschwindigkeit darstellt, wie beispielsweise bei der Atmungsintensität oder der Herzschlagfrequenz, auch als Funktion reziprok der Zeitformel sein, also in unserem Falle die Form

$$\frac{1}{y} = \frac{m}{2}\left(a^x + a^{-x}\right)$$

annehmen. Drittens ergibt sich aus der mathematischen Struktur der Kettenlinie, daß sie aus zwei gegenläufigen Exponentiallinien durch Addition entsteht, d. h. die Resultierende dieser beiden Kurven ist. Wir waren auf Grund dieser Tatsache in der Lage einen biologischen Vorgang in zwei Einzelvorgänge zu zerlegen.

Die biologische Realität der Kettenlinienfunktion wurde durch einen Großversuch an Mehlmotteneiern gesichert, so daß sich zwei Prinzipien aus den Untersuchungen über das Temperaturproblem herauslösen lassen, die wir weiter verfolgen wollen, nämlich erstens die Addition von Exponentiallinien und zweitens der Begriff der reziproken Funktion.

Durch unsere Analyse der Kurve der Entwicklungsdauer gelangten wir zu einer letzten Einheit, der Exponentiallinie

$$y = m\,a^x$$

und zu ihrem Spiegelbild

$$y = m\,a^{-x}$$

und sagten, daß sich die Entwicklungsdauer als Symptom der bei der Entwicklung ablaufenden Stoffwechselvorgänge in einen fördernden und hemmenden Teilvorgang auflöst oder umgekehrt ausgedrückt, daß zwei Prozesse sich addieren, von denen der eine ein negatives Vorzeichen hat. Als Funktionen stellten sich die Teilvorgänge dann als Exponentiallinien dar.

Da wir aber andererseits Symptome von Lebensvorgängen kennen lernten, die als reziproke Funktion der Zeitenkurve gekennzeichnet sind, ist der Gedanke naheliegend, daß die Teilprozesse des lebendigen Geschehens durchaus nicht immer sich in Form von Exponentiallinien bemerkbar machen müssen, sondern auch als reziproke Funktionen auftreten können. Rein als Methode zur Erkennung der vorliegenden biologischen Kurve haben wir schon festgestellt, daß nicht nur die y-Reziproke, die wir bisher allein betrachtet haben, einen typischen Verlauf hat, sondern auch die x- und x-y-Reziproke. Da wir auch bei der Kettenlinie von ihrer mathematischen Gestalt ausgingen und gerade dieser Weg sich als außerordentlich vorteilhaft für die Betrachtung der Temperaturabhängigkeit der Lebensvorgänge erwiesen hat, wollen wir auch hier diese Methode benutzen.

Als leitenden Grundgedanken behalten wir im Auge, daß sich das Symptom eines Lebensvorganges als Resultierende von Teilprozessen darstellen muß, daß wir aber nicht wissen, welchen Charakter die Einzelvorgänge im Organismus haben. Daß wir für diese Teilprozesse exponentiale Funktionen einsetzen, ist zunächst eine unbewiesene Voraussetzung, deren Fruchtbarkeit sich aber aus den nachfolgenden Erörterungen ohne weiteres ergeben wird, so daß unsere Annahme zumindest heuristischen Wert hat. Den Beweis für die Richtigkeit oder Unrichtigkeit unserer Voraussetzung muß die zukünftige experimentelle Forschung führen. Wir können uns zunächst nur an die Kenntnisse halten, die wir von dem Ablauf der Lebensprozesse haben und versuchen, diese in ein allgemeines System zu bringen.

Die Teilprozesse eines lebendigen Ablaufs im Lebenszyklus der Mehlmotte konnten also, wie wir besprochen haben, durch die beiden Gleichungen

$$y = m a^x \quad \text{und}$$

$$y = m a^{-x}$$

ausgedrückt werden. Gehen wir jetzt genau so vor, wie wir es bei der Kettenlinie bereits getan haben, und setzen statt y und x ihre zugehörigen reziproken Werte ein, so erhalten wir insgesamt folgende acht Funktionen.

$$y = m a^x \qquad\qquad y = m a^{-x}$$

$$\frac{1}{y} = m a^x \qquad\qquad \frac{1}{y} = m a^{-x}$$

$$y = m a^{\frac{1}{x}} \qquad\qquad y = m a^{-\frac{1}{x}}$$

$$\frac{1}{y} = m a^{\frac{1}{x}} \qquad\qquad \frac{1}{y} = m a^{-\frac{1}{x}}$$

Ebenso wie $y = m a^x$ und $y = m a^{-x}$ spiegelbildlich zur y-Achse verlaufen, sind auch die übrigen, reziproken Funktionen für $\pm x$ spiegelbildlich, so daß wir uns in der Zeichnung und Beschreibung des Kurventyps auf die Gleichungen mit positivem x beschränken können. Der Verlauf der Kurven ist in den Abb. 43—46 gezeichnet. Im einzelnen ergeben sich folgende Typen:

Fall 1. Abb. 43: Die Exponentiallinie $y = m a^x$ schneidet die x-Achse im Punkte m und verläuft für positive x steiler und steiler werdend bis ∞, für negative x nähert sie sich asymptotisch der x-Achse.

Fall 2. Abb. 44: Die Linie $\frac{1}{y} = m a^x$ ist ebenfalls eine Exponentiallinie, deren Charakter sich leicht ergibt, wenn wir ihre Formel in $y = \frac{1}{m a^x} = \frac{1}{m} a^{-x}$ umschreiben. Der Schnittpunkt mit der y-Achse ist also der Punkt $\frac{1}{m}$, im übrigen verläuft sie spiegelbildlich zu Fall 1.

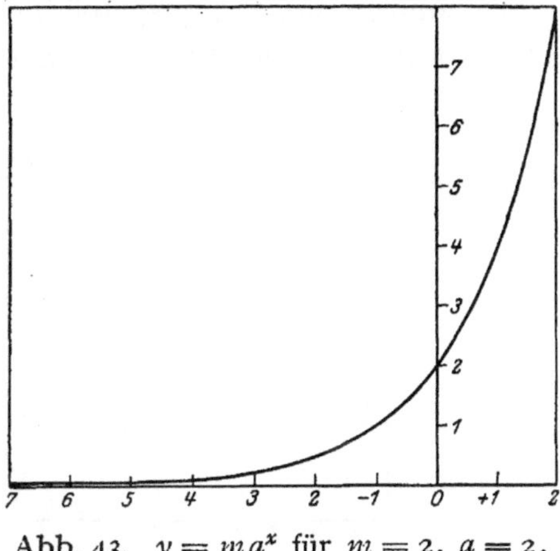

Abb. 43. $y = m a^x$ für $m = 2$, $a = 2$.

Fall 3. Abb. 45: Die Linie $y = m a^{\frac{1}{x}}$ besteht aus zwei Teilen, denn sie nähert sich für negative x asymptotisch der Parallelen zur x-Achse durch den Punkt m, biegt im negativen x-Bereich S-förmig um und schneidet die y-Achse im Nullpunkt des Koordinatensystems. Für $x = 0$ springt sie dann von 0 bis ∞, läuft im positiven x-Bereich an der y-Achse entlang, biegt oberhalb m um und nähert sich sehr schnell der zur x-Achse Parallelen durch m asymptotisch, aber im Gegensatz zu der negativen Seite von oben her.

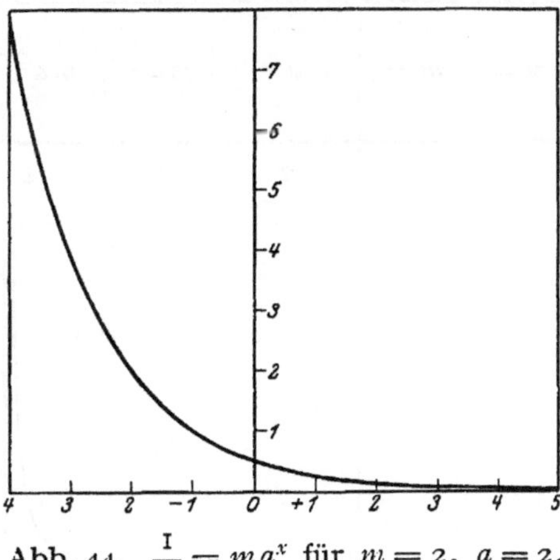

Abb. 44. $\frac{1}{y} = m a^x$ für $m = 2$, $a = 2$.

Fall 4. Abb. 46: Die Funktion $\frac{1}{y} = m a^{\frac{1}{x}}$ läßt sich wieder umformen in $y = \dfrac{1}{m a^{\frac{1}{x}}} = \frac{1}{m} a^{-\frac{1}{x}}$, und man sieht schon hieraus, daß die Linie grundsätzlich ähnlich verlaufen muß wie Fall 3, nur spiegelbildlich, und die beiden Kurventeile nähern sich der durch den Punkt $\dfrac{1}{m}$ gehenden Parallelen zur x-Achse asymptotisch.

Zusammen mit den spiegelbildlich zu diesen vier Fällen verlaufenden Funktionen mit negativen Exponenten haben wir also acht Grund-

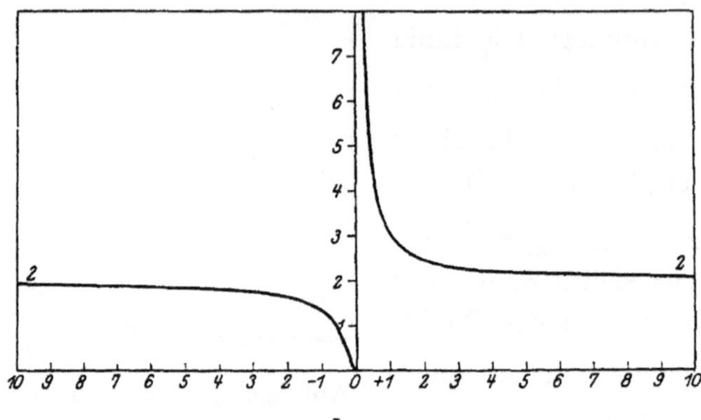

Abb. 45. $y = m\,a^{\frac{1}{x}}$ für $m = 2$, $a = 1{,}5$.

formen exponentialer Gleichungen, die wir in folgender Tabelle zusammenstellen. Es ist

$y =$	$m\,a^x$	$m\,a^{-x}$	$m\,a^{\frac{1}{x}}$	$m\,a^{-\frac{1}{x}}$	$\dfrac{1}{m\,a^x}$	$\dfrac{1}{m\,a^{-x}}$	$\dfrac{1}{m\,a^{\frac{1}{x}}}$	$\dfrac{1}{m\,a^{-\frac{1}{x}}}$
	1	2	3	4	5	6	7	8

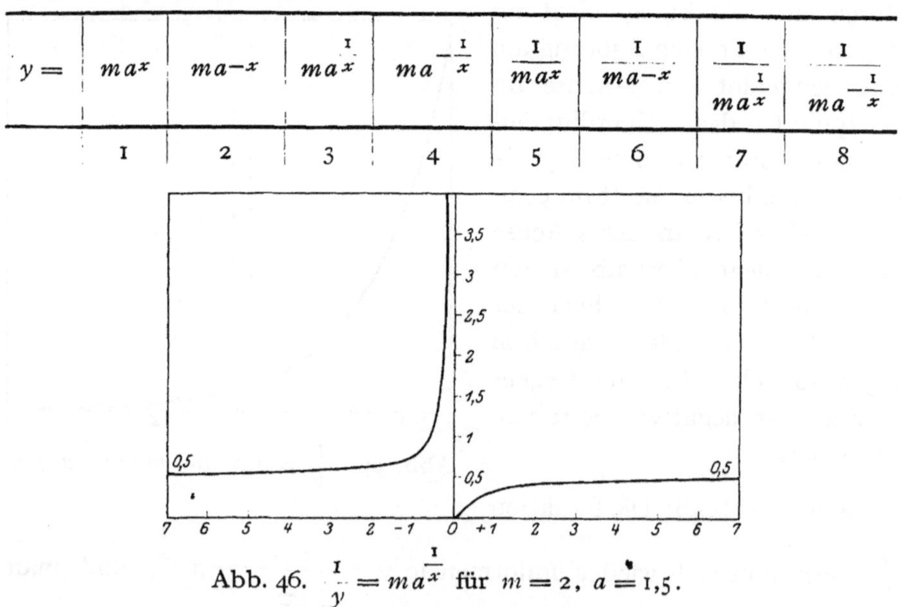

Abb. 46. $\dfrac{1}{y} = m\,a^{\frac{1}{x}}$ für $m = 2$, $a = 1{,}5$.

Um zu der Kettenlinie zu gelangen, mußten wir 1 und 2 addieren. Wir können nun unter Benutzung der Tabelle die Kettenliniengleichung auch abgekürzt schreiben als $(1 + 2)$. Ihre Reziproke nach y würde dann entsprechend $\frac{1}{(1 + 2)}$ lauten, wo allerdings die 1 im Zähler die Zahl 1 bedeutet und nicht das symbolische Zeichen für $y = m a^x$. Die x-Reziproke der Kettenlinie erhält dann das Symbol $(3 + 4)$ und entsprechend die x-y-Reziproke $\frac{1}{(3 + 4)}$. Es gehen also die x- und x-y-Reziproken in das Schema der Tabelle mit neuen Grundgleichungen und also auch mit eigenen symbolischen Zeichen ein, so daß wir in Zukunft lediglich die y-Reziproke zu betrachten haben.

Genau so wie in der Kettenlinie zwei Teilprozesse des lebendigen Geschehens mit den Symbolen 1 und 2 enthalten sind, können auch bei anderen funktionalen Abhängigkeiten mehrere Einzelvorgänge vorhanden sein, denen andere Grundgleichungen zukommen und die wir ebenso addieren können wie 1 und 2 bei der Kettenlinie, etwa $(1 + 3)$, $(1 + 4)$, $(2 + 5)$, $(4 + 6)$, $(5 + 7)$ usw. Zu jeder dieser Funktionen ist dann noch die y-Reziproke zu nehmen, also z. B. $\frac{1}{(3 + 5)}$, $\frac{1}{(2 + 8)}$ usw.

Bei der Kompliziertheit der Lebenserscheinungen ist aber durchaus nicht notwendig, anzunehmen, daß nur zwei Einzelprozesse die Kurve des beobachteten Symptoms bestimmen, sondern es können auch drei, vier oder noch mehr sein, so daß eine biologische Kurve auch z. B. folgendermaßen zusammengesetzt sein kann: $1 + (1 + 2)$, $2 + (3 + 5)$, $3 + (4 + 6)$, $5 + \frac{1}{(1 + 3)}$, $4 + \frac{1}{(2 + 7)}$, $(1 + 2) + (3 + 4)$, $(2 + 5) + \frac{1}{(3 + 8)}$ usw. Auch zu jeder dieser Formen läßt sich noch die Reziproke aufstellen. Auf diese Weise gelangen wir zu einer unendlich großen Schar von Funktionen, die sämtlich auf unsere acht Grundgleichungen zurückgeführt werden können. Zu dieser Konstruktion theoretischer Möglichkeiten gelangt man notwendig, wenn man den aus den biologischen Beobachtungen bei der Temperaturabhängigkeit abgeleiteten Begriff der reziproken Funktion und das Prinzip der Addition bis zum Ende durchdenkt.

Die rechnerische Durchführung derartiger Additionen führt zu einer ganzen Reihe der verschiedensten Kurventypen, die sich nun, und das ist das Fruchtbare an der systematischen Weiterführung der entwickelten Gedankengänge, bei den funktionalen Abhängigkeiten biologischer Vorgänge in den unterschiedlichsten Varianten wiederfinden. Auf den verschiedensten Gebieten der Biologie hat man immer wieder versucht, die Abhängigkeit der Lebenserscheinungen von den sie bewirkenden inneren Ursachen und den auf sie wirkenden äußeren Bedingungen, vom Alter usw. in eine mathematische Form zu kleiden, d. h. ihr funktionalen Charakter zu geben, aber fast ebenso oft hat man sich auf bestimmte Zonen beschränken müssen, wie z. B. auch bei der Temperaturabhängigkeit auf die optimale Zone. Meist waren es die Endstrecken der Kurven, die Abweichungen von den gefundenen Gesetzmäßigkeiten aufwiesen, manchmal aber auch mittlere Teile. Bei der rechnerischen Durcharbeitung unserer Prinzipien zeigte es sich immer deutlicher, daß die durch Addition unserer Grundgleichungen entstehenden Kurventypen in der Biologie sich immer wiederfinden, sobald irgendein Symptom der Lebensvorgänge in Beziehung zu inneren oder äußeren Bedingungen und Ursachen gesetzt wird, d. h. sobald man irgendeinen Vorgang kurvenmäßig darstellt. Ferner aber ergibt sich als ein sehr wesentliches Resultat, daß die Strecken, welche von den bisher gültigen Gesetzmäßigkeiten nicht erfaßt werden konnten, sich mit unseren Additionskurven restlos zur Deckung bringen lassen.

Weil darum nach allem, was ich sehe, eine Abhängigkeit der Lebenserscheinungen von den sie bewirkenden inneren Ursachen, den auf sie wirkenden äußeren Bedingungen, seien sie zeitlich oder kausal miteinander verknüpft oder in einer einfachen Gleichzeitigkeit mit den als Altern bezeichneten Vorgängen begründet, seien sie noch so verschiedenen Charakters, mittelbar oder unmittelbar nach Art exponentialer Funktionen unverkennbar ist, erscheint es nicht unberechtigt, hier eine allgemeine biologische Gesetzmäßigkeit zu vermuten, die ich in Form eines Exponentialgesetzes im November 1924 gelegentlich eines Vortrages in der Biologischen Reichsanstalt, Berlin-Dahlem zum ersten Male formuliert und 1925 durch einen Aufsatz in Pflügers Archiv einer breiteren Öffentlichkeit vorgelegt habe. Die allgemeine Fassung des Exponentialgesetzes lautet folgendermaßen: Beim Ablaufen irgendwelcher Lebensvorgänge stehen die erkennbaren Symptome und die sie bewirkenden Ursachen und die Ablaufszeit in einem exponentialen Verhältnis zueinander. Treten durch innere oder äußere Störungen Verschiebungen des normalen Ablaufs ein, so reagiert die lebendige Substanz auf diese Störung ebenfalls nach dem Exponentialgesetz.

Der Name „Exponentialgesetz" ist nicht neu, jedoch faßte man (vgl. Pütter 1911) nur die Fälle darunter zusammen, die bei der Temperaturwirkung einer reinen Exponentiallinie folgen sollten, also ein konstantes Q_{10} haben. Es ist also nur ein Spezialfall unseres allgemeinen erweiterten Exponentialgesetzes. Dazu ist allerdings zu bemerken, wie im ersten Kapitel dieses Buches gezeigt wurde, daß die Vorgänge, für welche diese alte Gesetzmäßigkeit gelten sollte, in der Regel nicht durch reine Exponentialfunktionen erfaßbar sind, sondern meist in Form von Kettenlinien oder ihrer Reziproken vorliegen. Auch bei vielen anderen Abhängigkeiten hat man exponentiale Gesetzmäßigkeiten aufgestellt, auf die wir im Zusammenhang noch zurückkommen werden, jedoch haben sie durchweg die Tendenz, die Beziehungen auf die einfache Exponentialfunktion bzw. auf die ihr nach Gestalt und Charakter gleichwertige logarithmische Linie zurückzuführen. Unser Exponentialgesetz dagegen ruht auf dem Begriff der reziproken Funktion und dem Prinzip der Addition. Da es infolgedessen in der Lage ist, sich jeder biologischen Variante anzupassen, ist es von großer Plastizität und darum den bisher ausgesprochenen Gesetzmäßigkeiten übergeordnet. Bevor wir näher darauf eingehen, soll im folgenden Abschnitt methodisch unser Prinzip durchgeführt werden.

Ich möchte nicht unterlassen, auch an dieser Stelle ausdrücklich zu betonen, daß es mir lediglich auf die einfache Beschreibung des Kurvenverlaufs der durch Additionen entstehenden Resultierenden ankommt, auf welche die Biologie, zunächst wenigstens, meines Erachtens mehr Wert legen muß als auf eine detaillierte mathematische Behandlung. Daß eine solche später zu erfolgen hat und die mathematischen Rechenmethoden bei der genaueren Durcharbeitung der einzelnen Probleme in den Dienst der vergleichenden Biologie gestellt werden müssen, ist natürlich selbstverständlich.

III. Die Kurvenformen des Exponentialgesetzes.

1. Die Exponentiallinie.

Wir hatten schon mehrfach Gelegenheit, die einfache Exponentiallinie

$$y = m a^x \quad \text{bzw.}$$

$$y = m a^{-x}$$

näher zu betrachten und sahen, daß die Konstante m durch den Schnittpunkt der Kurve mit der y-Achse in ihrer Größe bestimmt ist. Die Konstante a dagegen lernten wir als Richtungskonstante kennen. Abb. 47 zeigt die Änderung des Kurvenverlaufs bei verschiedenen

a-Werten. Die Linien laufen hier gleichmäßig steiler werdend bis ∞, aber wir waren gelegentlich der Besprechung der Temperaturabhängigkeit des respiratorischen Quotienten genötigt, noch eine andere Exponentiallinie anzunehmen, die wir in Analogie zu der Kettenlinie als „asymmetrische" bezeichneten, trotzdem natürlich diese Benennung nicht ganz korrekt ist, denn an sich ist die Exponentiallinie, wenn man die positive und negative Seite vergleicht, von sich aus schon asymmetrisch, aber da ihre Formel

$$y = \frac{1}{2}\left(m_1 a_1^x + m_2 a_2^x\right)$$

aus zwei Komponenten mit verschiedenen m- und a-Werten besteht, mag die Bezeichnung beibehalten werden. Der zuerst flache, dann aber

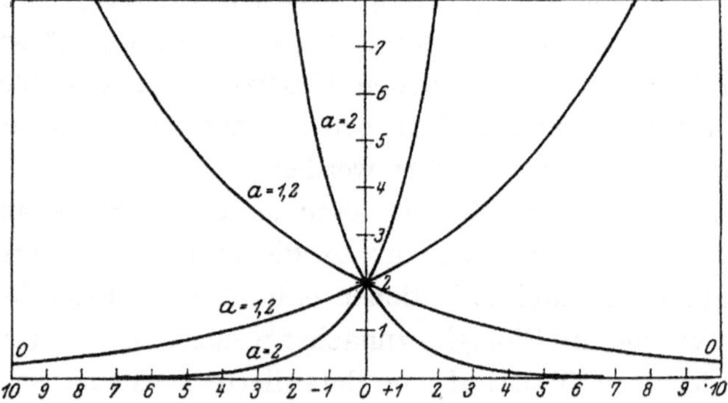

Abb. 47. $y = m a^x$ bzw. $y = m a^{-x}$ für $m = 2$ und verschiedene a-Werte.

unverhältnismäßig sehr viel steilere Verlauf dieser „asymmetrischen" Form ist aus Abb. 28 zu ersehen. Die von uns S. 37 besprochenen Reziproken der „symmetrischen" Exponentiallinie können selbstverständlich auch von der „asymmetrischen" aufgestellt werden, jedoch wollen wir davon absehen, sie im einzelnen zu besprechen, um die Ableitung der aus den einzelnen Grundtypen 1 bis 8 entstehenden Additionsformeln nicht zu komplizieren. Wir wollen aber festhalten, daß wir die Typen 1 bis 8 nur in ihrer reinen Form zugrunde legen, daß wir aber bei biologischen Kurven unter Umständen auf die „asymmetrischen" zurückgreifen müssen, die dann aber von sich aus wieder in die Grundformen aufgelöst werden können. Ihr Symbol wollen wir mit (1 + 1), (2 + 2) usw. bezeichnen.

Die Methode, eine bestimmte biologische Kurve durch den unter Umständen ausgeprägteren Charakter ihrer Reziproken zu erkennen,

gilt selbstverständlich für sämtliche noch zu besprechenden Kurvenformen. Wir wollen sie jedoch hier nur grundsätzlich betrachten, ohne

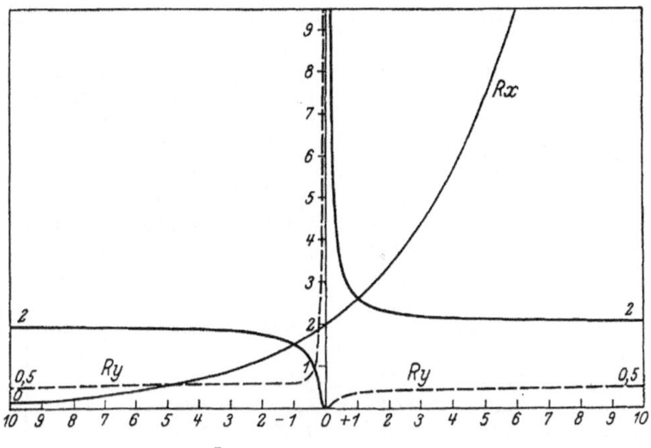

Abb. 48. $y = m a^{\frac{1}{x}}$ mit ihren Reziproken Rx und Ry.

sie im folgenden jedesmal wieder durchzuführen. Nur an einem Beispiel mag noch das Wesen dieser Methode gezeigt werden. Vergleicht
man die linke Seite unserer Abb. 45 mit Abb. 16, so sieht man, daß die Funktion

$$y = m a^{\frac{1}{x}}$$

für negative x in ihrem charakteristischen Verlauf der Funktion

$$\frac{1}{y} = \frac{m}{2}\left(a^{\frac{1}{x}} + a^{-\frac{1}{x}}\right)$$

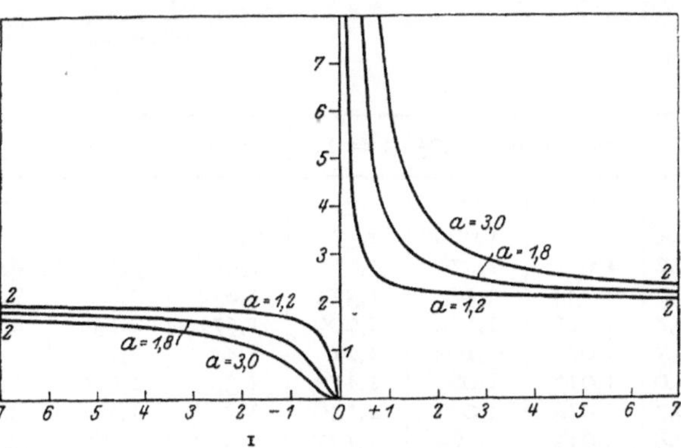

Abb. 49. $y = m a^{\frac{1}{x}}$ für $m = 2$ und verschiedene
a-Werte.

sehr ähnlich ist, daß
aber die zugehörige Formel aus Lage und Eigenart der Reziproken erkannt werden kann, wie ein Blick auf die Abb. 20 und 48 besser als
jede Beschreibung lehrt.

Ebenso wie bei der einfachen Exponentiallinie $y = m a^{x}$, ist auch
bei ihren Reziproken der m-Wert aus der Kurve abzulesen, dagegen
die Konstante a richtunggebend für den Verlauf. Zur Demonstration,

$$a^x = \frac{1}{a^{-x}}$$

x	$a=1{,}01$	$a=1{,}05$	$a=1{,}1$	$a=1{,}2$	$a=1{,}5$	$a=1{,}8$	$a=2$	$a=3$	$a=10$
0	1	1	1	1	1	1	1	1	1
0,1	1,001	1,005	1,01	1,018	1,041	1,061	1,072	1,116	1,259
0,2	1,002	1,01	1,019	1,037	1,085	1,125	1,149	1,246	1,585
0,3	1,003	1,015	1,029	1,056	1,13	1,193	1,231	1,39	1,995
0,4	1,004	1,02	1,039	1,076	1,176	1,265	1,32	1,552	2,512
0,5	1,005	1,025	1,049	1,095	1,225	1,342	1,414	1,732	3,162
0,6	1,006	1,03	1,059	1,116	1,275	1,423	1,516	1,933	3,981
0,7	1,007	1,035	1,069	1,136	1,328	1,502	1,625	2,158	5,012
0,8	1,008	1,04	1,079	1,157	1,383	1,6	1,741	2,408	6,31
0,9	1,009	1,045	1,0895	1,178	1,44	1,697	1,866	2,688	7,943
1	1,01	1,05	1,1	1,2	1,5	1,8	2	3	10
1,5	1,015	1,076	1,1535	1,325	1,837	2,415	2,828	5,196	31,62
2	1,02	1,103	1,21	1,44	2,25	3,24	4	9	100
3	1,03	1,158	1,331	1,73	3,38	5,83	8	27	1000
4	1,041	1,216	1,464	2,07	5,06	10,5	16	81	10 000
5	1,051	1,276	1,61	2,488	7,59	18,9	32	243	100 000
6	1,0615	1,34	1,7715	2,99	11,39	34,01	64	729	(∞)
7	1,072	1,407	1,949	3,58	17,09	61,22	128	2187	(∞)
8	1,083	1,478	2,143	4,3	25,63	110,2	256	6561	(∞)
9	1,094	1,551	2,358	5,16	38,44	198,26	512	19 683	(∞)
10	1,105	1,629	2,594	6,2	57,66	357	1024	59 049	(∞)
∞	∞	∞	∞	∞	∞	∞	∞	∞	∞

$$a^{\frac{1}{x}} = \frac{1}{a^{-\frac{1}{x}}}$$

x	$a=1{,}01$	$a=1{,}05$	$a=1{,}1$	$a=1{,}2$	$a=1{,}5$	$a=1{,}8$	$a=2$	$a=3$	$a=10$
0	∞	∞	∞	∞	∞	∞	∞	∞	∞
0,1	1,105	1,629	2,594	6,2	57,66	357	1024	59 049	(∞)
0,2	1,051	1,276	1,61	2,488	7,59	18,9	32	243	100 000
0,3	1,034	1,177	1,374	1,836	3,863	7,093	10,08	38,94	2154
0,4	1,025	1,129	1,269	1,577	2,756	4,347	5,657	15,59	316,2
0,5	1,02	1,103	1,21	1,44	2,25	3,24	4	9	100
0,6	1,017	1,085	1,172	1,355	1,966	2,664	3,176	6,244	46,42
0,7	1,014	1,072	1,146	1,298	1,785	2,316	2,693	4,804	26,83
0,8	1,013	1,063	1,127	1,256	1,66	2,085	2,278	3,949	17,78
0,9	1,011	1,056	1,112	1,226	1,569	1,921	2,16	3,39	12,92
1	1,01	1,05	1,1	1,2	1,5	1,8	2	3	10
1,5	1,007	1,033	1,066	1,129	1,31	1,48	1,587	2,081	4,641
2	1,005	1,025	1,049	1,095	1,225	1,342	1,414	1,732	3,162
3	1,003	1,016	1,032	1,063	1,141	1,216	1,26	1,442	2,154
4	1,0025	1,012	1,024	1,047	1,107	1,158	1,189	1,316	1,778
5	1,002	1,01	1,019	1,037	1,085	1,125	1,149	1,246	1,585
6	1,002	1,008	1,016	1,031	1,07	1,103	1,122	1,201	1,468
7	1,002	1,007	1,014	1,026	1,06	1,088	1,104	1,17	1,39
8	1,001	1,006	1,012	1,023	1,052	1,076	1,091	1,147	1,334
9	1,001	1,0055	1,011	1,02	1,046	1,068	1,08	1,13	1,292
10	1,001	1,005	1,01	1,018	1,041	1,061	1,072	1,115	1,259
∞	1	1	1	1	1	1	1	1	1

$$a^{-x} = \frac{1}{a^x}$$

x	$a=1,01$	$a=1,05$	$a=1,1$	$a=1,2$	$a=1,5$	$a=1,8$	$a=2$	$a=3$	$a=10$
0	1	1	1	1	1	1	1	1	1
0,1	0,999	0,9951	0,9905	0,982	0,959	0,942	0,933	0,897	0,7943
0,2	0,998	0,9903	0,9811	0,964	0,921	0,888	0,871	0,803	0,631
0,3	0,997	0,9855	0,9718	0,946	0,885	0,837	0,812	0,72	0,5012
0,4	0,996	0,9807	0,9626	0,93	0,85	0,79	0,758	0,644	0,3981
0,5	0,995	0,9759	0,9535	0,913	0,816	0,745	0,707	0,577	0,3162
0,6	0,994	0,9712	0,9444	0,896	0,784	0,701	0,659	0,517	0,2512
0,7	0,9931	0,9664	0,9355	0,88	0,753	0,66	0,615	0,464	0,1995
0,8	0,9921	0,9617	0,9266	0,865	0,722	0,625	0,5745	0,415	0,1585
0,9	0,9911	0,957	0,9178	0,85	0,695	0,59	0,536	0,372	0,1259
1	0,9901	0,9524	0,9091	0,834	0,667	0,556	0,5	0,3333	0,1
1,5	0,9852	0,9511	0,8668	0,761	0,544	0,4141	0,3536	0,1925	0,0316
2	0,9803	0,907	0,8265	0,695	0,445	0,3085	0,25	0,1111	0,01
3	0,9706	0,8638	0,7514	0,578	0,296	0,172	0,125	0,03701	0,001
4	0,961	0,8227	0,683	0,483	0,1975	0,0953	0,0625	0,01235	0,0001
5	0,9515	0,7835	0,6209	0,402	0,132	0,0529	0,03123	0,00411	0,00001
6	0,9421	0,7462	0,5645	0,334	0,0879	0,0294	0,01562	0,001372	(0)
7	0,9327	0,7107	0,5132	0,279	0,0585	0,0167	0,00781	0,000457	(0)
8	0,9235	0,6768	0,4666	0,233	0,039	0,00908	0,00391	0,0001522	(0)
9	0,9144	0,6446	0,4241	0,1935	0,026	0,00505	0,001954	0,0000508	(0)
10	0,9053	0,6139	0,3856	0,1613	0,01734	0,0028	0,000976	0,00001695	(0)
∞	0	0	0	0	0	0	0	0	0

$$a^{-\frac{1}{x}} = \frac{1}{a^{\frac{1}{x}}}$$

x	$a=1,01$	$a=1,05$	$a=1,1$	$a=1,2$	$a=1,5$	$a=1,8$	$a=2$	$a=3$	$a=10$
0	0	0	0	0	0	0	0	0	0
0,1	0,9053	0,6139	0,3856	0,1613	0,0173	0,0028	0,000976	0,00001694	(0)
0,2	0,9515	0,7835	0,6209	0,402	0,132	0,0529	0,03123	0,00411	0,000001
0,3	0,9674	0,8499	0,7278	0,545	0,2585	0,141	0,09921	0,0257	0,000465
0,4	0,9754	0,8855	0,788	0,634	0,363	0,231	0,1768	0,0642	0,00316
0,5	0,9803	0,907	0,8265	0,695	0,445	0,3085	0,25	0,1111	0,01
0,6	0,9836	0,9219	0,8531	0,738	0,508	0,375	0,315	0,16	0,0216
0,7	0,9859	0,9327	0,8727	0,77	0,56	0,432	0,371	0,208	0,0372
0,8	0,9876	0,9408	0,8877	0,796	0,603	0,48	0,421	0,253	0,0563
0,9	0,989	0,9472	0,8995	0,816	0,638	0,52	0,463	0,293	0,0773
1	0,9901	0,9524	0,9091	0,834	0,667	0,556	0,5	0,3333	0,1
1,5	0,9933	0,968	0,9385	0,8857	0,7634	0,6757	0,6301	0,492	0,216
2	0,995	0,9759	0,9535	0,913	0,816	0,745	0,707	0,577	0,316
3	0,9967	0,9839	0,9687	0,941	0,874	0,823	0,794	0,694	0,465
4	0,9975	0,9879	0,9765	0,955	0,904	0,864	0,841	0,76	0,563
5	0,998	0,9903	0,9811	0,9642	0,921	0,888	0,871	0,803	0,631
6	0,9984	0,9919	0,9842	0,97	0,935	0,906	0,89	0,833	0,681
7	0,9986	0,9931	0,9865	0,974	0,944	0,92	0,905	0,855	0,719
8	0,9988	0,9939	0,9882	0,978	0,95	0,93	0,916	0,872	0,75
9	0,9989	0,9946	0,9895	0,98	0,9565	0,9368	0,926	0,885	0,773
10	0,999	0,9951	0,9905	0,982	0,959	0,942	0,933	0,897	0,795
∞	1	1	1	1	1	1	1	1	1

welchen Einfluß die Änderung des a-Wertes auf die Gestalt und Lage dieser Kurven ausübt, bringe ich in Abb. 49 die Funktion

$$y = m\,a^{\tfrac{1}{x}}$$

als Beispiel. Bei beiden Typen, rechts und links, wird die Kurve mit wachsendem a-Wert immer flacher und liegt in größerer Entfernung von der y-Achse und der durch den m-Punkt gehenden Asymptoten.

In den Tabellen S. 74/75 stelle ich die y-Werte unserer Grundformen 1 bis 8 für verschiedene a und für $m = 1$ zusammen, aus denen dann durch Multiplikation mit m bzw. $\dfrac{1}{m}$ die Punkte der zugehörigen Kurven leicht berechnet werden können. Aus ihnen kann man dann durch Addition jede beliebige Funktion bilden.

2. Die zweifachen Kombinationen.

Von Kurven, die durch Addition von zwei Komponenten entstehen, haben wir die Kettenlinie und ihre Reziproken bereits kennen gelernt und auch die „asymmetrische" Exponentiallinie, die ja eigentlich auch hierher gehört, besprochen. Auch bei der Kettenlinie bewirkt die Änderung des a-Wertes einen anderen Verlauf der Kurven, wie aus Abb. 50 und 51 zu ersehen ist. Je größer a ist, desto steiler werden die Kurven. Für die Kettenlinie hatten wir die Eigenart von zwei Kurven mit verschiedenen a-Werten, mit wachsendem x immer mehr auseinanderzuweichen, schon herangezogen, um die Variationsbreite bei der Mehlmottenentwicklung kurvenmäßig zu erfassen, hier sehen wir, daß auch die y-Reziproken derartiger Kettenlinien einen Bereich von ganz bestimmter typischer Gestalt zwischen sich fassen, indem die Kurven von dem gemeinsamen Punkt $\dfrac{1}{m}$ aus allmählich bauchig auseinander weichen, dann aber mit wachsendem x sich einander wieder nähern. Die biologische Realität dieser Tatsache müßte sich auch hier als Variationsbreite etwa bei Untersuchungen über die Atmungsintensität kenntlich machen, jedoch habe ich beweisendes Zahlenmaterial, das ausreichend wäre, bisher nicht finden können, wenn man nicht die aus den Daten der Mehlmottenentwicklung errechneten Entwicklungsgeschwindigkeiten dafür gelten lassen will.

Die im folgenden aufgeführten Additionen habe ich nach der Nummer der Grundgleichungen auf S. 68 geordnet, da wir zum Verständnis der einzelnen Typen oft auf die angeführten Fälle zurückgreifen müssen und so ein leichteres Auffinden möglich ist. Da auch nicht beabsichtigt ist, schon in diesem Buche ein vollständiges Schema etwa in Form eines Kurvenatlas zu geben, werden wir nur die Haupttypen besprechen und

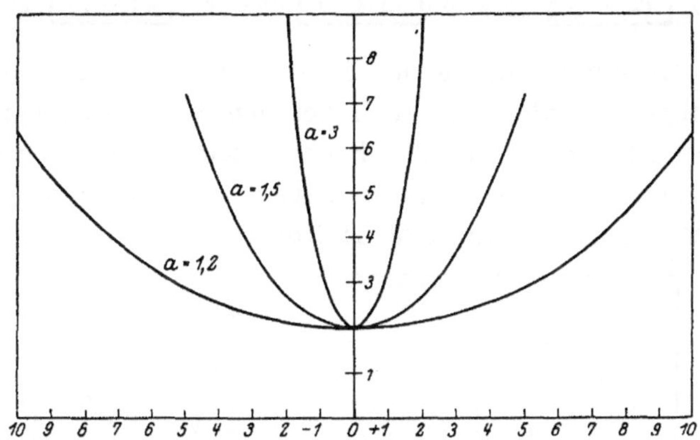

Abb. 50. $(1 + 2): y = \dfrac{m}{2}(a^x + a^{-x})$ für $m = 2$ und   verschiedene a-Werte.

die Wiederholungen im Kurventyp, die auf der Ähnlichkeit im Kurvenverlauf unserer Grundformen beruhen, selbst wenn sie eine etwas andere Lage haben, nur soweit erwähnen, als es für das Verständnis

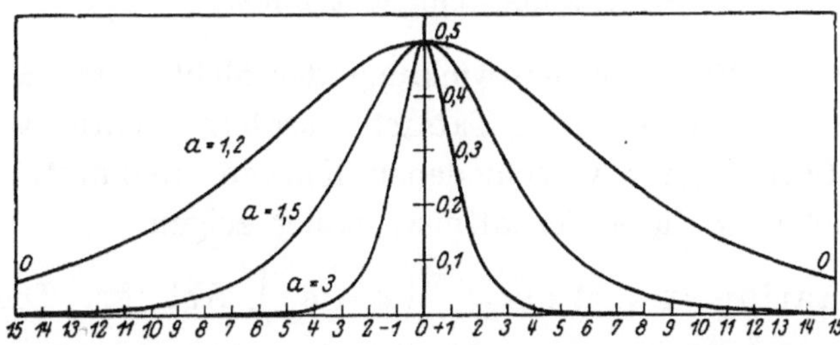

Abb. 51. $\dfrac{1}{(1 + 2)} : \dfrac{1}{y} = \dfrac{m}{2}(a^x + a^{-x})$ für $m = 2$ und   verschiedene a-Werte.

der Methode des Exponentialgesetzes und seiner Eigenheiten notwendig ist. Ebenso werden wir die spiegelbildlichen Kurven weglassen. Folgende Tabelle gibt eine Anschauung von der Kombinationsmöglichkeit zweier Komponenten, in der die stark umrahmten Funktionen spiegelbildlich den links daneben stehenden gleichwertig sind.

(1 + 2)						
(1 + 3)	(2 + 4)					
(1 + 4)	(2 + 3)	(3 + 4)				
(1 + 5)	(2 + 6)	(3 + 5)	(4 + 6)			
(1 + 6)	(2 + 5)	(3 + 6)	(4 + 5)	(5 + 6)		
(1 + 7)	(2 + 8)	(3 + 7)	(4 + 8)	(5 + 7)	(6 + 8)	
(1 + 8)	(2 + 7)	(3 + 8)	(4 + 7)	(5 + 8)	(6 + 7)	(7 + 8)

Bei den Grundformen, die im Nullpunkt zwischen Null und Unendlich springen, werden wir auch bei den Kombinationen ähnliche
Sprünge wiederfinden, d. h. die Kurven zeigen ebenso wie bei den
Ursprungstypen für positive und negative x einen anderen Verlauf. Da
wir biologisch meist nur die eine Hälfte betrachten, weil die andere,

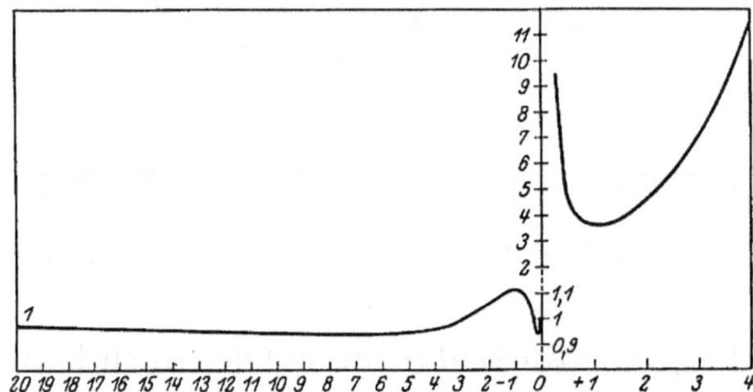

Abb. 52. $\quad (1+3): y = \dfrac{m}{2}\left(a^x + a^{\frac{1}{x}}\right)$, $m = 2$, $a = 1{,}8$; Rx identisch,

Ry überschneidet links.

wie wir bei der Embryonalentwicklung der Mehlmotte (S. 35) sahen,
biologisch irreal wird, ist diese Tatsache insofern wichtig, weil dieselbe
allgemeine Formel ganz verschiedenen Kurven zukommt. Gleich das
erste Beispiel mag diese Verhältnisse näher zeigen.

Kombination $(1+3): y = \dfrac{m}{2}\left(a^x + a^{\frac{1}{x}}\right)$, Abb. 52. Die Linie auf
der positiven Seite hat gewisse Ähnlichkeit mit einer Kettenlinie, aber
der linke Ast geht hier asymptotisch an eine Gerade, die y-Achse,
heran. Der Minimumpunkt, der etwas größer als 3,5 ist, hat hier keine
direkte Beziehung zu der Größe $m = 2$. Der negative Teil der Kurve
liegt sehr viel tiefer. Er geht aus vom Punkt $y = 1$, sinkt im S-förmigen
Verlauf bis etwa 0,94, steigt wiederum S-förmig zu einem zweiten Maximum auf, sinkt nochmals ab, um dann langsam von unten her sich
seiner Asymptote, der Parallelen zur x-Achse durch den Punkt $y = 1$,

zu nähern. Hier wie auch bei den folgenden Kurven gibt die am Ende der gezeichneten Kurve stehende arabische Ziffer den Zahlenwert für den Punkt auf der y-Achse an, durch welchen die Asymptote als Parallele zur x-Achse gezogen werden muß, mit anderen Worten, die Ziffer bedeutet den y-Wert der Kurve für $x = \infty$. Steht keine Ziffer an dem Außenast der Kurve, so verläuft diese bis ∞, und zwar wie die Exponential- oder Kettenlinie mit wachsendem x immer steiler werdend. Es kommt also beiden Kurventeilen dieselbe Formel zu, dem einen mit positivem, dem anderen mit negativen x-Werten. Sind beide Formen biologisch realisiert, so wird man allerdings vorziehen, die Werte nur auf positive x zu beziehen, man würde also in diesem Fall der linken Kurve die Formel der spiegelbildlichen Form $(2+4): y = \dfrac{m}{2}\left(a^{-x} + a^{-\frac{1}{x}}\right)$,

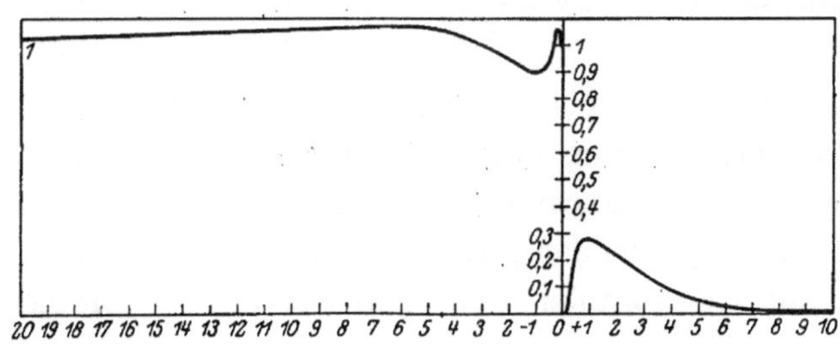

Abb. 53. $\dfrac{1}{(1+3)} : \dfrac{1}{y} = \dfrac{m}{2}\left(a^x + a^{\frac{1}{x}}\right)$, $m = 2$, $a = 1{,}8$; Rx identisch.

geben. Es geht aber aus den besprochenen Beziehungen hervor, daß die beiden Kurventypen mathematisch sehr nahe verwandt sind.

Die Reziproke $\dfrac{1}{(1+3)} : \dfrac{1}{y} = \dfrac{m}{2}\left(a^x + a^{\frac{1}{x}}\right)$, Abb. 53. Es ist bei den reziproken Kurven eine allgemeine Erscheinung, daß die extremen Punkte Null und Unendlich ausgetauscht werden. Lagen also die Endpunkte der Kurve $(1+3)$ rechts beide im Unendlichen, so finden wir sie bei der Reziproken $\dfrac{1}{(1+3)}$ auf der x-Achse, d. h. der y-Wert ist für $x = 0$ und $x = \infty$ gleich Null. Ebenso wird, wie wir bei der Kettenlinie schon bemerkten, aus einem Minimum ein Maximum und umgekehrt. Die rechte Seite der Funktion $\dfrac{1}{(1+3)}$ beginnt also im Koordinatenanfangspunkt, steigt S-förmig bis zum Maximum und fällt langsam in einem geschwungenen Verlauf zur Nullinie ab. Hatte die linke Seite in der Ursprungsgleichung zwei Maxima, so hat die Reziproke an denselben Stellen zwei Minima, so daß die Kurve einen Verlauf hat, wie die Abb. 53 es zeigt. Zu bemerken ist noch, daß die x-Reziproke in diesem Fall mit der Ursprungsform identisch ist.

Kombination: $(\mathrm{I}+4): y = \dfrac{m}{2}\left(a^x + a^{-\frac{\mathrm{I}}{x}}\right)$, Abb. 54. Die rechte Seite dieser Funktion beginnt im Punkte I auf der y-Achse. Wir be-

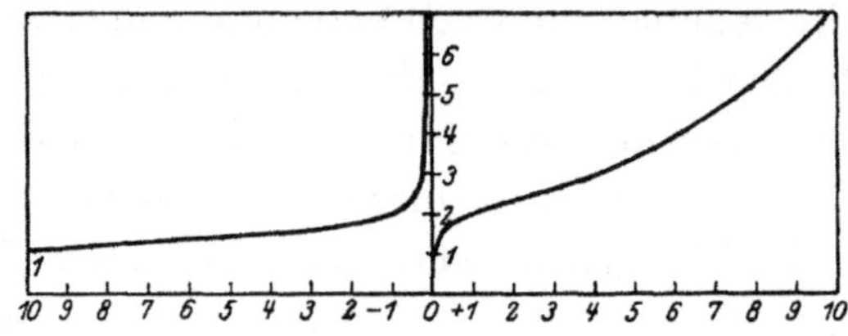

Abb. 54. $(\mathrm{I}+4): y = \dfrac{m}{2}\left(a^x + a^{-\frac{\mathrm{I}}{x}}\right)$, $m = 2$, $a = 1{,}2$.

trachten die Kurve zunächst für kleine a-Werte. In diesem Falle steigt sie relativ schnell S-förmig auf und geht allmählich in eine der Exponentiallinie ähnliche Form über. Links hat sie den Charakter des schon mehrfach besprochenen „hyperbelartigen" Typs, biegt aber nicht so plötzlich zur Horizontalen um, sondern von der Umbiegestelle bei

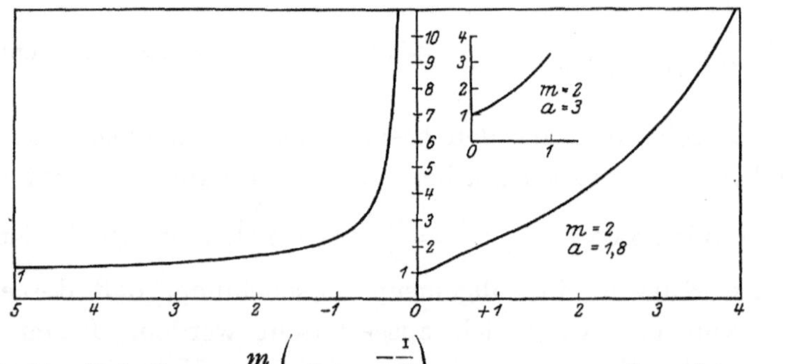

Abb. 55. $(\mathrm{I}+4): y = \dfrac{m}{2}\left(a^x + a^{-\frac{\mathrm{I}}{x}}\right)$, $m = 2$, $a = 1{,}8$ und $a = 3$.

etwa $x = -0{,}5$ zieht sie schräg nach unten und nähert sich der Asymptoten durch I. Je höher wir den a-Wert obiger Formel wählen, desto mehr verschwimmt die ausgeprägte Form der Kurve in Abb. 54, sie ist zwar für $a = 1{,}8$ (Abb. 55) noch zu erkennen, aber für $a = 3$ läuft sie spitz auf die y-Achse zu. Die linke Seite verliert auch mit steigendem a ihre deutliche Abschrägung. Es nähern sich also beide Teile der Funktion immer mehr den Formen der Ausgangstypen an, je größer die Konstante a wird, also die positive Seite der Exponentiallinie, die negative der x-Reziproken $y = m a^{-\frac{1}{x}}$ mit dem Unterschiede, daß hier der Schnittpunkt mit der y-Achse bzw. die Asymptote bei $y = 1$ liegt.

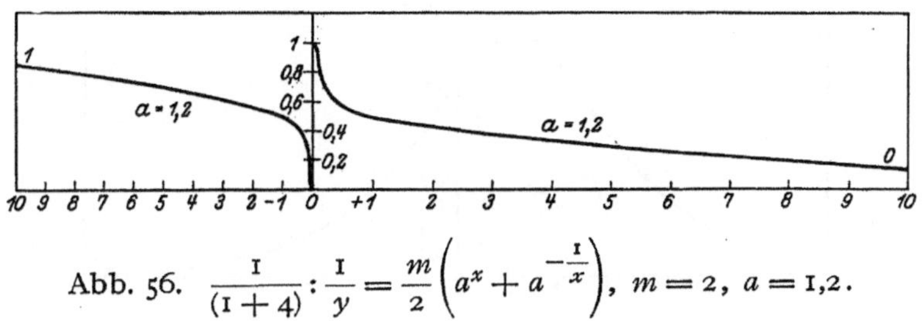

Abb. 56. $\dfrac{1}{(1+4)} : \dfrac{1}{y} = \dfrac{m}{2}\left(a^x + a^{-\frac{1}{x}}\right)$, $m = 2$, $a = 1{,}2$.

Die Reziproke $\dfrac{1}{(1+4)} : \dfrac{1}{y} = \dfrac{m}{2}\left(a^x + a^{-\frac{1}{x}}\right)$, Abb. 56 und 57, zeigt entsprechend ähnliche Verhältnisse. Rechts sinkt sie für kleine a-Werte

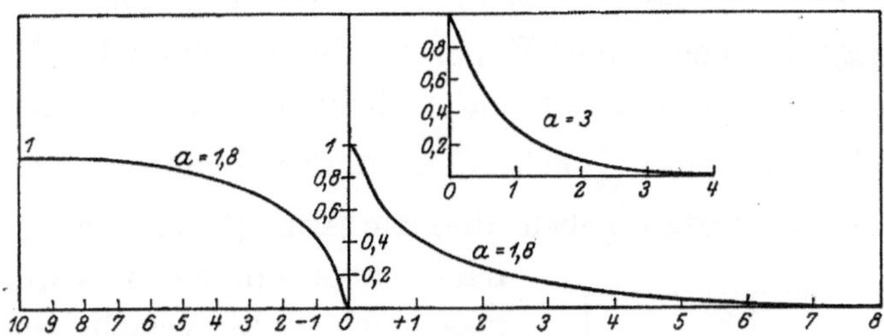

Abb. 57. $\dfrac{1}{(1+4)} : \dfrac{1}{y} = \dfrac{m}{2}\left(a^x + a^{-\frac{1}{x}}\right)$, $m = 2$, $a = 1{,}8$ und $a = 3$.

zuerst sehr schnell, biegt dann aber um und fällt fast geradlinig langsam bis o ab. Je größer a ist, desto langsamer wird das erste Absinken, bis

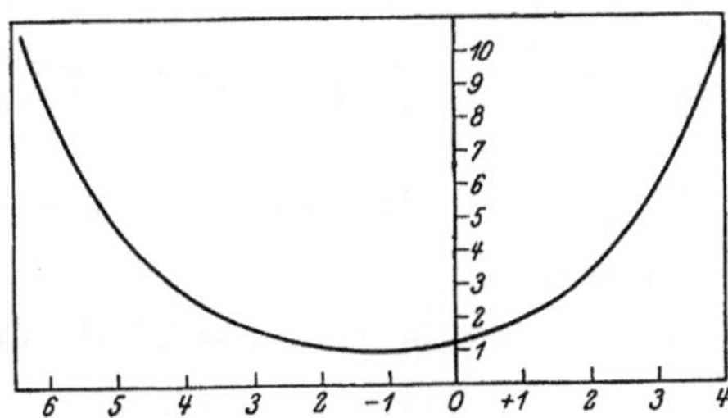

Abb. 58. $(1+5) : y = \dfrac{1}{2}\left(m a^x + \dfrac{1}{m a^x}\right)$, $m = 2$, $a = 1{,}8$; $R y$ berührt.

sie schon bei $a = 3$ der Exponentiallinie $y = m a^{-x}$ für positive x (Abb. 47) sehr ähnelt. Auf der linken Seite geht die Kurve von der zuerst sehr steil von o aufsteigenden und sich dann sehr langsam der Asymptoten durch $y = 1$ nähernden Form der Abb. 56 immer mehr in den Typ $y = m\,a^{\frac{1}{x}}$ (Abb. 45) über, wenn der a-Wert größer wird.

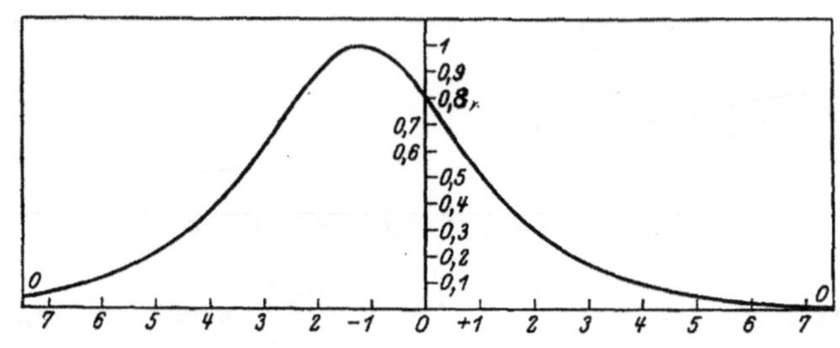

Abb. 59. $\dfrac{1}{(1+5)} : \dfrac{1}{y} = \dfrac{1}{2}\left(m\,a^x + \dfrac{1}{m\,a^x}\right)$, $m = 2$, $a = 1{,}8$.

Die Kombination $(1+5) : y = \dfrac{1}{2}\left(m\,a^x + \dfrac{1}{m\,a^x}\right)$, Abb. 58, besteht aus zwei gegenläufigen reinen Exponentiallinien, die sich lediglich durch die Größe der m-Konstanten unterscheiden, weil in einem Falle die Linie durch den Punkt $\dfrac{1}{m}$ geht. Die Addition muß also eine Kettenlinie als Resultierende ergeben, die, wie Abb. 58 zeigt, an sich symmetrisch, aber um einen bestimmten Betrag nach links verschoben ist. Der Schnittpunkt der Kettenlinie mit der y-Achse liegt bei 1,25.

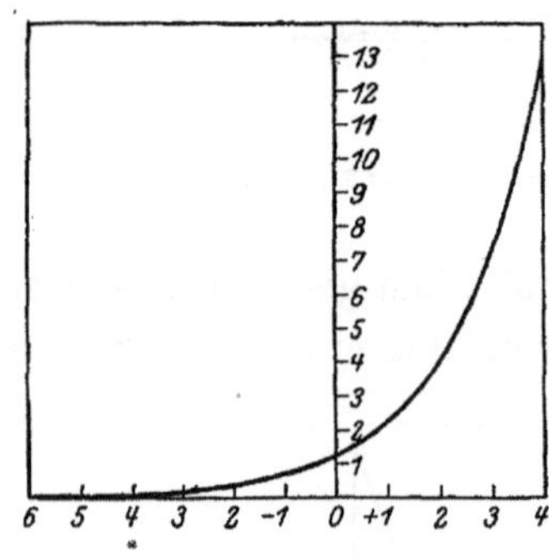

Abb. 60.

$(1+6) : y = \dfrac{1}{2}\left(m\,a^x + \dfrac{1}{m\,a^{-x}}\right)$,

$m = 2$, $a = 1{,}8$.

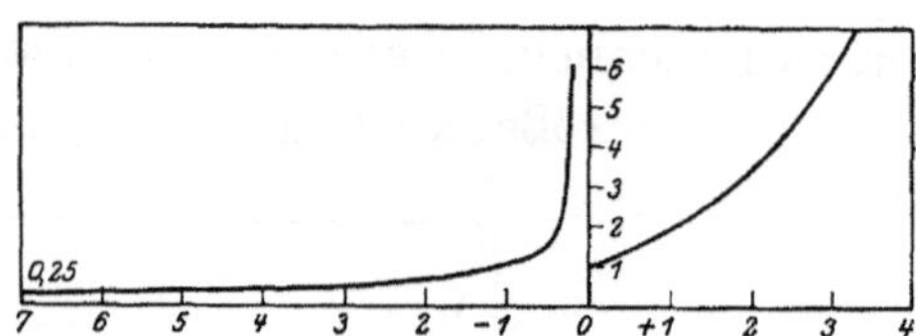

Abb .61　$(1+7)$: $y = \dfrac{1}{2}\left(m\,a^x + \dfrac{1}{m\,a^{\frac{1}{x}}}\right)$,

$m = 2$, $a = 1{,}8$; Ry überschneidet links.

Die Reziproke $\dfrac{1}{(1+5)} : \dfrac{1}{y} = \dfrac{1}{2}\left(m\,a^x + \dfrac{1}{m\,a^x}\right)$, Abb. 59, hat dieselbe Gestalt wie unsere schon besprochene symmetrische Kettenliniereziproke, ist aber auch um einen bestimmten Betrag nach links verschoben und schneidet die y-Achse bei o,8.

Die Kombination $(\mathrm{I} + 6) : y = \frac{\mathrm{I}}{2}\left(m\,a^x + \frac{\mathrm{I}}{m\,a^{-x}}\right)$, Abb. 60, besteht aus zwei gleichsinnig laufenden Exponentiallinien, deren m-Werte wie bei $(\mathrm{I} + 5)$ verschieden sind. Die Resultierende muß also ebenfalls eine reine Exponentiallinie sein, die aber entsprechend den m-Werten ihrer Komponenten die y-Achse bei 1,25 schneidet. Die zugehörige Reziproke bietet gegen die Form $y = m\,a^x$ nichts Besonderes.

Die Kombination $(\mathrm{I} + 7) : y = \frac{\mathrm{I}}{2}\left(m\,a^x + \frac{\mathrm{I}}{m\,a^{\frac{\mathrm{I}}{x}}}\right)$, Abb. 61, hat ähnliche Eigenschaften wie die in Abb. 55 dargestellten Kurven, denn sie besteht aus ähnlichen Komponenten, die sich nur durch die Lage der Asymptoten unterscheiden. Der Typ der beiden Kombinationen $(\mathrm{I} + 7)$

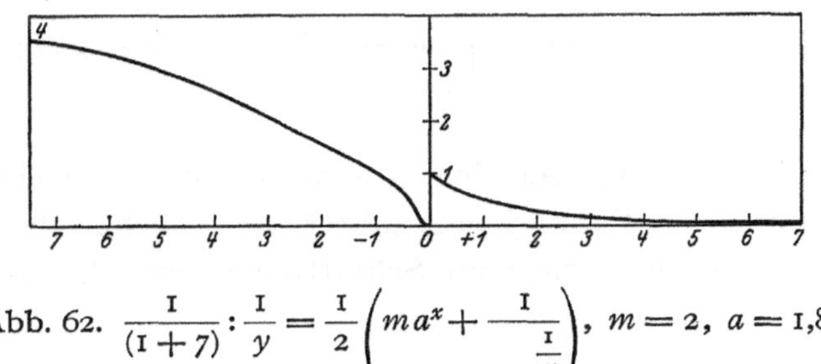

Abb. 62. $\dfrac{\mathrm{I}}{(\mathrm{I} + 7)} : \dfrac{\mathrm{I}}{y} = \dfrac{\mathrm{I}}{2}\left(m\,a^x + \dfrac{\mathrm{I}}{m\,a^{\frac{\mathrm{I}}{x}}}\right)$, $m = 2,\ a = 1{,}8$.

und $(\mathrm{I} + 4)$ ist also der gleiche, es sind nur feinere Lageunterschiede vorhanden.

Ähnliche Verhältnisse finden sich naturgemäß bei ihrer Reziproken. Abb. 62 zeigt für diesen Fall sehr deutlich, wie sich für negative x die Kurve von dem allgemeinen Typ $y = m\,a^{\frac{\mathrm{I}}{x}}$ (Abb. 45) unterscheidet, indem der Verlauf nach dem raschen Aufsteigen zwischen $x = -0{,}5$ und $x = -4$ fast geradlinig wird.

Die Kombination $(\mathrm{I} + 8) : y = \frac{\mathrm{I}}{2}\left(m\,a^x + \frac{\mathrm{I}}{m\,a^{-\frac{1}{x}}}\right)$, Abb. 63, zeigt rechts einen ähnlichen Typus wie Abb. 52, rechts. Die Lageunterschiede sind durch den Charakter der Komponenten (3) und (8) bedingt. Für negative x wird der Kurvenverlauf aber ein anderer. Asymptote ist hier die Linie durch 0,25, der sich die Kurve von unten her nähert. Von einem kaum merkbaren bei etwa $x = -$ 10 liegenden Minimum steigt sie mit kleiner werdenden x-Werten, von $x = -4$ an ziemlich steil verlaufend, an und schneidet die y-Achse in 1.

Die Reziproke $\dfrac{\mathrm{I}}{(\mathrm{I}+8)}:\dfrac{\mathrm{I}}{y}=\dfrac{\mathrm{I}}{2}\left(m\,a^x+\dfrac{\mathrm{I}}{m\,a^{-\frac{\mathrm{I}}{x}}}\right)$, Abb. 64, ähnelt

für positive x wiederum dem Typ $\dfrac{\mathrm{I}}{(\mathrm{I}+3)}$, Abb. 53, rechts, der Verlauf für negative x zeigt aber ein deutliches, wenn auch flaches

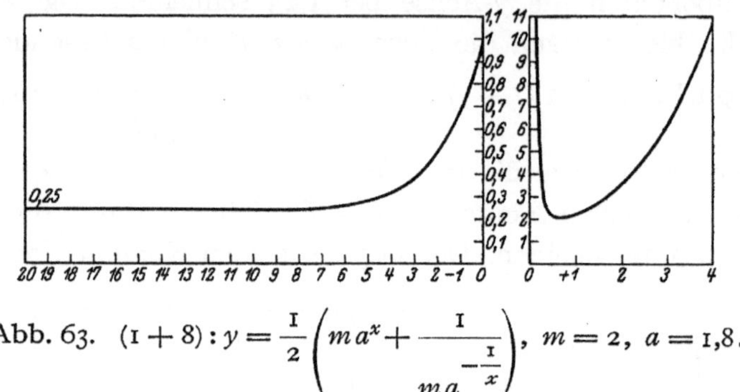

Abb. 63. $(\mathrm{I}+8):y=\dfrac{\mathrm{I}}{2}\left(m\,a^x+\dfrac{\mathrm{I}}{m\,a^{-\frac{\mathrm{I}}{x}}}\right)$, $m=2$, $a=1{,}8$.

Maximum bei $x=-\,\mathrm{10}$, von dem aus die Kurve sich nach links der Asymptote durch den Punkt $y=4$ nähert, nach rechts aber in leicht geschwungenem Verlauf bis zum Schnittpunkt mit der y-Achse bei I abfällt.

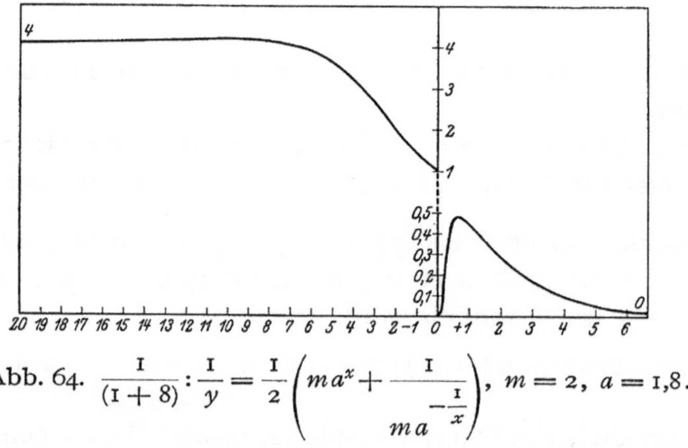

Abb. 64. $\dfrac{\mathrm{I}}{(\mathrm{I}+8)}:\dfrac{\mathrm{I}}{y}=\dfrac{\mathrm{I}}{2}\left(m\,a^x+\dfrac{\mathrm{I}}{m\,a^{-\frac{\mathrm{I}}{x}}}\right)$, $m=2$, $a=1{,}8$.

Wie aus der Tabelle aus S. 78 zu ersehen ist, liegen die Kombinationen (2 + 3), (2 + 4) usw. spiegelbildlich zu den eben besprochenen. Wir brauchen also im einzelnen nicht auf sie einzugehen, wollen aber Gelegenheit nehmen eine Kurvenform näher zu besprechen, nämlich den Typ, der für die Formel $y=m\,a^{\frac{\mathrm{I}}{x}}$ in Abb. 45 links abgebildet ist. Wir haben schon bei den Abb. 56, 57, 62, bemerkt, daß bei den verschiedenen Kombinationen gerade diese Kurve sich als sehr variabel zeigte. Immerhin lagen dort aber auch verschiedene Formeln zugrunde, die zwar nahe verwandt sind, aber doch Unterschiede zeigen. Wir wollen hier aber nur jedesmal eine Formel zugrunde legen und sehen, welche Variabilität sich zeigt, wenn wir den Zahlenwert der Konstanten ändern.

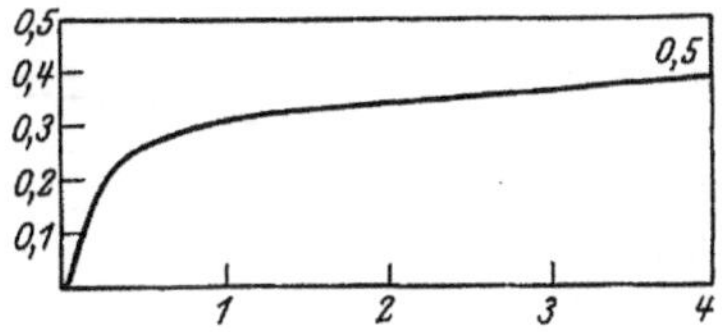

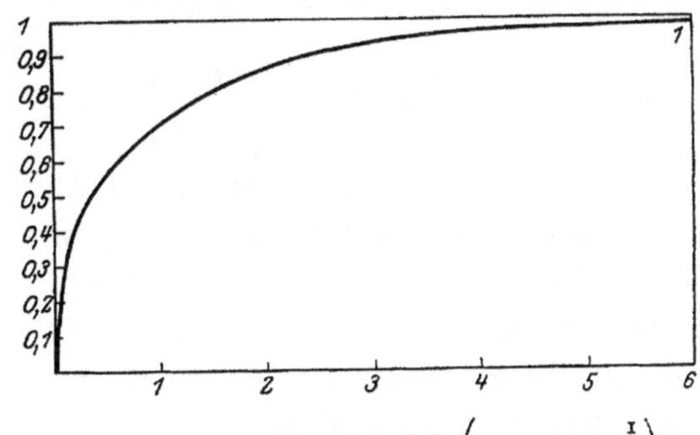

Abb. 65.

$$\frac{1}{(2+3)} : \frac{1}{y} = \frac{1}{2}\left(m_1 a^{-x} + m_2 a^{\frac{1}{x}}\right),$$
$$m_1 = 2, \quad m_2 = 4, \quad a = 1{,}2.$$

Die Reziproke der Kombination $(2+3): \frac{1}{(2+3)} = \frac{1}{y} = \frac{1}{2}\left(m_1 a^{-x} + m_2 a^{\frac{1}{x}}\right)$ ist in Abb. 65 wiedergegeben. Sie hat einen ähnlichen Verlauf wie $\frac{1}{(1+4)}$ für kleine a-Werte, steigt also ziemlich steil S-förmig auf, nähert sich dann aber sehr langsam der Asymptoten durch 0,5. Nehmen wir m der beiden Komponenten gleich, aber verschiedene a, so geht obige Formel in folgende über: $\frac{1}{y} = \frac{m}{2}\left(a_1{}^{-x} + a_2{}^{\frac{1}{x}}\right)$. In den folgenden Abbildungen ist $m = 2$ und a verschiedenfach gewählt. Abb. 66 ist die Kurve für $a_1 = 3$ und $a_2 = 1{,}1$. Der am Koordinatenanfangspunkt bei den bisher besprochenen Kurven vorhandene S-förmige Bogen geht hier völlig verloren, die Linie steigt sofort steil an, verflacht dann und geht asymptotisch an die Parallele zur x-Achse durch den Punkt 1 heran. Wählen wir den a_2-Wert noch kleiner (Abb. 67), so wird die besprochene Form noch ausgeprägter, Abb. 68 stellt zwei extreme Fälle zusammen, aus denen zu erkennen

Abb. 66.
$$\frac{1}{(2+3)} : \frac{1}{y} = \frac{m}{2}\left(a_1{}^{-x} + a_2{}^{\frac{1}{x}}\right),$$
$$m = 2, \quad a_1 = 3, \quad a_2 = 1{,}1.$$

ist, daß mit kleiner werdenden a_2-Werten der erste Teil der Kurven sich immer mehr an die y-Achse anschmiegt, während der übrige Teil ähnlich verläuft. In Abb. 69 ist eine andere Auswahl in der Größenordnung der a-Werte getroffen, in I ist $a_1 = 10$, also sehr groß, und a_2

sehr klein, gleich 1,05, in Linie *II* dagegen $a_1 = 1{,}01$ und $a_2 = 1{,}2$. Hier hat jede Kurve in ihrem ersten Teil einen ähnlichen Verlauf, sie schmiegen sich aber nicht so eng an die y-Achse an wie in den vorher besprochenen Fällen. Sehr bald aber zeigen die beiden Linien einen ganz andern Charakter, *I* bleibt auch weiterhin ziemlich steil, verflacht nur relativ wenig und geht sehr schnell fast an die Asymptote durch 1 heran, *II* dagegen biegt schon bei $x = 0{,}5$ plötzlich fast zur Wagerechten um und zieht nun sehr langsam ansteigend bis zur

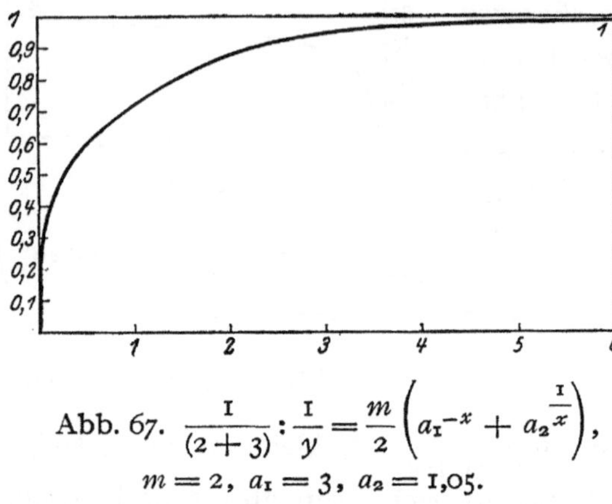

Abb. 67. $\dfrac{1}{(2+3)} : \dfrac{1}{y} = \dfrac{m}{2}\left(a_1^{-x} + a_2^{\frac{1}{x}}\right)$,

$$m = 2,\ a_1 = 3,\ a_2 = 1{,}05.$$

Asymptoten durch 1. Diese in Abb. 69 dargestellten Verhältnisse sind deswegen von besonderem Interesse, weil man auf den ersten Blick meinen könnte, die beiden Kurven müßten sich durch den Wert der Konstanten m unterscheiden. Das ist aber nicht der Fall.

Wenden wir dieselbe Betrachtungsweise auf die Verhältnisse der Kombination $(2+8) : y = \dfrac{1}{2}\left(m\,a_1^{-x} + \dfrac{1}{m\,a_2^{-\frac{1}{x}}}\right)$ und ihre Reziproke

$$\dfrac{1}{(2+8)} : \dfrac{1}{y} = \dfrac{1}{2}\left(m\,a_1^{-x} + \dfrac{1}{m\,a_2^{-\frac{1}{x}}}\right)$$

an, so erhalten wir weitere Variationen des besprochenen Typs. In Abb. 70 zeigt die Linie *I* für positive x den Verlauf der Formel $(2+8)$ mit $a_1 = 10$ und $a_2 = 1{,}1$ und die Linie *II* die zugehörige Reziproke. Wie auch die folgenden Abb. 72 und 73 erkennen lassen, weicht die Kurve $(2+8)$ in ihrem Charakter nur wenig von den Fällen ab, die wir bereits besprochen haben, nur erreicht sie entsprechend der Kleinheit des a_2-Wertes die y-Achse als Asymptote sehr schnell. Dagegen hat die Reziproke einen eigenen Charakter. In Abb. 70 steigt sie vom Koordinatenanfangspunkt sehr rasch, ändert aber schon bei $x = 0{,}05$ die Richtung und zieht geradlinig, aber doch noch ziemlich steil bis $x = 0{,}4$ hoch, wird dann sehr flach bis $x = 2{,}5$ und nähert sich ganz allmählich der Asymptoten durch den Punkt $y = 4$. Für verschiedene a-Werte gibt Abb. 71 das Verhalten der Funktion wieder. Für $a_1 = 10$ und $a_2 = 1{,}05$ hat die Kurve (*I*) einen ähnlichen Verlauf wie in Abb. 70, mit dem Unterschiede, daß sie sich entsprechend dem kleineren Wert von a_2 noch mehr an die y-Achse anschmiegt. Wächst aber der a_2-Wert z. B. auf 1,5, so zeigt die Kurve

(II) in ihrem unteren Teil den von früher her bekannten S-förmigen Verlauf dieses Typs und liegt ziemlich weit von der y-Achse ab. Von $x = 0,25$ ab hat sie dann wieder die Gestalt der Linie I. Diese Tatsache ist für biologische Fälle insofern von Wichtigkeit, als man leicht geneigt sein wird, von dem Punkte $x = 0,25$,

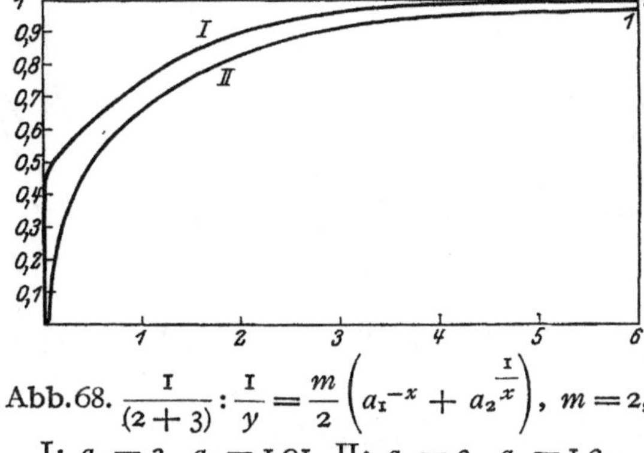

Abb. 68. $\dfrac{1}{(2+3)} : \dfrac{1}{y} = \dfrac{m}{2}\left(a_1^{-x} + a_2^{\frac{1}{x}}\right)$, $m = 2$,

I: $a_1 = 3$, $a_2 = 1,01$, II: $a_1 = 3$, $a_2 = 1,2$.

den man vielleicht gerade als letzten experimentell gefunden hat, die Kurve geradlinig weiter zum Nullpunkt zu ziehen, während sie in Wirklichkeit mit einem leichten Knick nach unten abweicht und S-förmig an den Nullpunkt herankommt.

Noch eine weitere Variation entsteht, wenn wir die Größenordnung von a_1 mehr der von a_2 nähern. In Abb. 72 verläuft die Linie II für $a_1 = 3$ und $a_2 = 1,1$ in ihrem geradlinigen Teil sehr viel flacher, hat aber im übrigen Verlauf denselben Charakter wie die oben besprochenen Fälle. Wird der a_1-Wert noch kleiner, so dehnt sich der geradlinige Teil der Kurve (II in Abb. 73 für $a_1 = 1,5$ und $a_2 = 1,1$) über eine große Strecke aus, aber kurz bevor sie die y-Achse erreicht, fällt sie steil zum Nullpunkt ab. Zur Orientierung sind die Ursprungskurven $(2 + 8)$ in mehreren Abbildungen mit eingetragen,

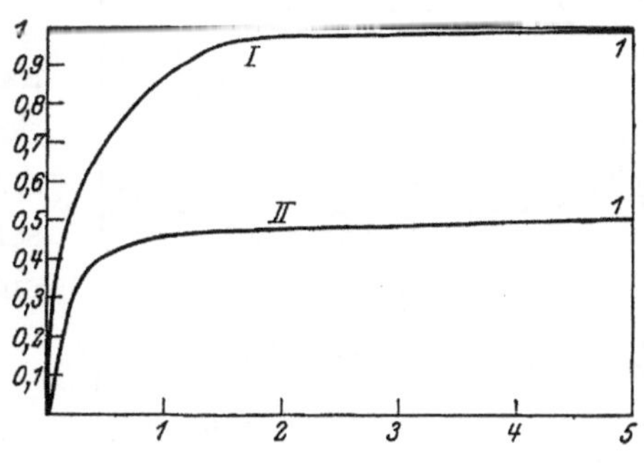

Abb. 69.

$$\dfrac{1}{(2+3)} : \dfrac{1}{y} = \dfrac{m}{2}\left(a_1^{-x} + a_2^{\frac{1}{x}}\right), \ m = 2,$$

I: $a_1 = 10$, $a_2 = 1,05$,

II: $a_1 = 1,01$, $a_2 = 1,2$.

denen man, wie schon mitgeteilt, den eigentümlichen Charakter ihrer Reziproken nicht ohne weiteres ansehen kann.

Ich habe mit Absicht diese Verhältnisse etwas ausführlicher mitgeteilt, da es sich um biologisch sehr wichtige Kurven handelt, die z. B. für die Adsorptionserscheinungen charakteristisch sind und mit

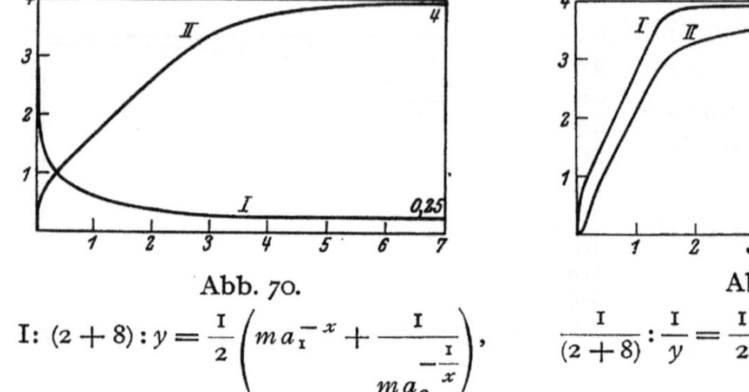

Abb. 70.

$$\text{I: } (2+8): y = \frac{1}{2}\left(m\,a_1^{-x} + \frac{1}{m\,a_2^{-\frac{1}{x}}}\right),$$

$$\text{II: } \frac{1}{(2+8)} : \frac{1}{y} = \frac{1}{2}\left(m\,a_1^{-x} + \frac{1}{m\,a_2^{-\frac{1}{x}}}\right),$$

$$m = 2,\; a_1 = 10,\; a_2 = 1{,}1.$$

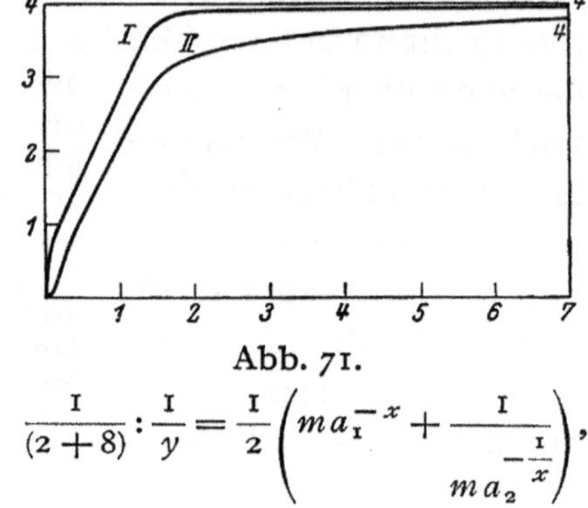

Abb. 71.

$$\frac{1}{(2+8)} : \frac{1}{y} = \frac{1}{2}\left(m\,a_1^{-x} + \frac{1}{m\,a_2^{-\frac{1}{x}}}\right),$$

$$m = 2,$$
$$\text{I: } a_1 = 10,\; a_2 = 1{,}05,$$
$$\text{II: } a_1 = 10,\; a_2 = 1{,}5.$$

deren Hilfe es möglich sein wird, auch die feinen Varianten zellphysiologischer Vorgänge formelmäßig zu erfassen.

Die Kombination

$$(3+4): y = \frac{m}{2}\left(a^{\frac{1}{x}} + a^{-\frac{1}{x}}\right)$$

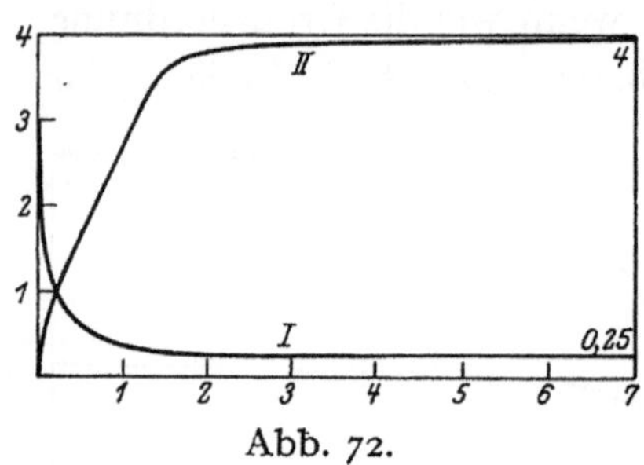

Abb. 72.

$$\text{I: } (2+8): y = \frac{1}{2}\left(m\,a_1^{-x} + \frac{1}{m\,a_2^{-\frac{1}{x}}}\right),$$

$$\text{II: } \frac{1}{(2+8)} : \frac{1}{y} = \frac{1}{2}\left(m\,a_1^{-x} + \frac{1}{m\,a_2^{-\frac{1}{x}}}\right),$$

$$m = 2,\; a_1 = 3,\; a_2 = 1{,}1.$$

haben wir schon als die x-Reziproke der Kettenlinie S. 37 kennen gelernt. Abb. 74 gibt ihren Verlauf für verschiedene a-Werte wieder, Abb. 75 den entsprechenden für ihre Reziproke

$$\frac{1}{(3+4)} : \frac{1}{y} = \frac{m}{2}\left(a^{\frac{1}{x}} + a^{-\frac{1}{x}}\right).$$

Wir hatten schon einmal Gelegenheit (S. 41), auf den Unterschied aufmerksam zu machen der zwischen der y- und x-y-Reziproken der Kettenlinie besteht. Wir sahen in der Abb. 20, daß die x-y-Reziproke für denselben a-Wert beider Komponenten einen sehr viel steileren Verlauf hat als die y-Reziproke. Betrachtet man aber nunmehr den Einfluß, welchen die Größe der Konstanten a auf die Kurven hat, so wird das Verhalten der beiden Funktionen in Abb. 20 verständlich, denn für $\dfrac{1}{(3+4)}$ wird die Kurve mit wachsendem a immer flacher, aus Abb. 51 sahen wir aber,

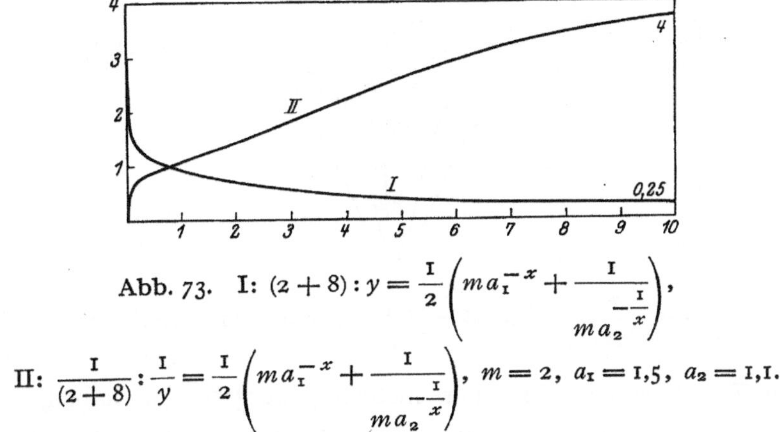

Abb. 73. I: $(2+8): y = \dfrac{1}{2}\left(m\,a_1^{-x} + \dfrac{1}{m\,a_2^{-\frac{1}{x}}}\right)$,

II: $\dfrac{1}{(2+8)}:\dfrac{1}{y} = \dfrac{1}{2}\left(m\,a_1^{-x} + \dfrac{1}{m\,a_2^{-\frac{1}{x}}}\right)$, $m=2$, $a_1=1{,}5$, $a_2=1{,}1$.

daß die Reziproke $\dfrac{1}{(1+2)}$ mit wachsendem a immer steiler wird. Diese Erscheinung ist also mathematisch darin begründet, daß $\dfrac{1}{(3+4)}$ die

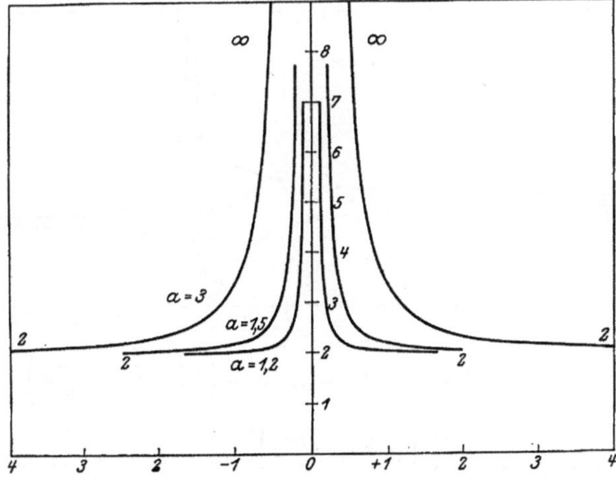

Abb. 74. $(3+4): y = \dfrac{m}{2}\left(a^{\frac{1}{x}} + a^{-\frac{1}{x}}\right)$, für $m=2$ und verschiedene a-Werte.

x-Reziproke von $\dfrac{1}{(1+2)}$ ist. Besser als unsere Symbole zeigen das natürlich die Formeln selbst.

Ebenso wie wir bei der Kettenlinie und ihrer y-Reziproken durch die Wahl verschiedener Werte für die Konstanten a der Komponenten zu den asymmetrischen Formen gelangten, entstehen auch hier bei demselben Vorgehen asymmetrische Kurven. In dem Beispiel der Abb. 76 für $a_1 = 3$ und $a_2 = 1{,}2$ sind dann die positiven Äste von dem-

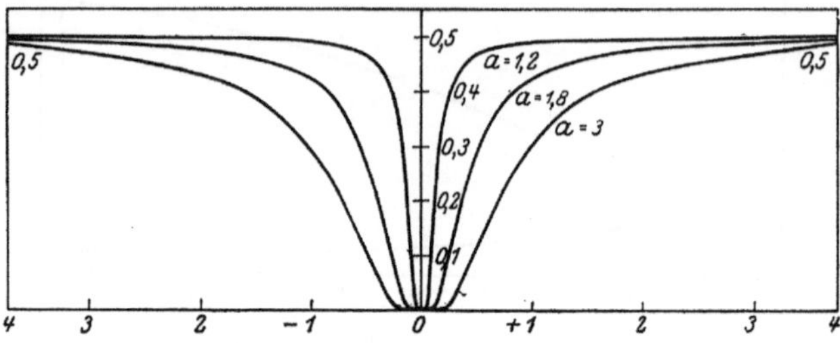

Abb. 75. $\dfrac{1}{(3+4)} : \dfrac{1}{y} = \dfrac{m}{2}\left(a^{\frac{1}{x}} + a^{-\frac{1}{x}}\right)$, für $m = 2$ und verschiedene a-Werte.

selben Typ, wie wir ihn schon mehrfach aufgefunden haben, anders aber für die negative Seite, die für die Funktionen $(1+2)$ und $\dfrac{1}{(1+2)}$ der Seite entsprechen, wo das Minimum bzw. das Maximum dieser Kurven liegt. Der Raumersparnis halber wurden die beiden Äste jeder

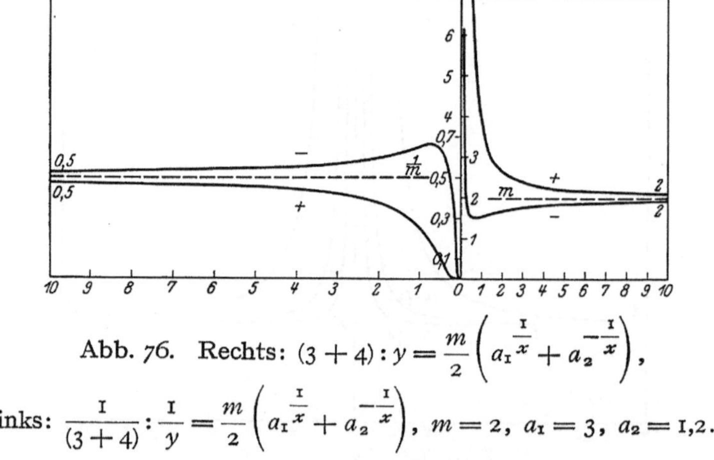

Abb. 76. Rechts: $(3+4) : y = \dfrac{m}{2}\left(a_1^{\frac{1}{x}} + a_2^{-\frac{1}{x}}\right)$,

links: $\dfrac{1}{(3+4)} : \dfrac{1}{y} = \dfrac{m}{2}\left(a_1^{\frac{1}{x}} + a_2^{-\frac{1}{x}}\right)$, $m = 2$, $a_1 = 3$, $a_2 = 1{,}2$.

Kurve auf eine Seite des Koordinatensystems gezeichnet und ihre eigentliche Lage durch ein zugesetztes Plus- und Minuszeichen angedeutet. Der positive Ast der Funktion $y = \dfrac{m}{2}\left(a_1^{\frac{1}{x}} + a_2^{-\frac{1}{x}}\right)$ weicht zwar in seiner Lage, aber wenig in seinem Charakter von der symmetrischen Form ab, der negative Ast dagegen fällt unter die m-Linie (gestrichelt) bis zu einem Minimum, steigt dann allmählich wieder auf und nähert sich asymptotisch von unten her der m-Linie, welche also bei der Art der Zeichnung von den beiden Kurventeilen umsäumt wird. Entsprechend dem reziproken Charakter der Funktion $\dfrac{1}{(3+4)} : \dfrac{1}{y} = \dfrac{m}{2}\left(a_1{}^{\frac{1}{x}} + a_2{}^{-\frac{1}{x}}\right)$ zeigt der positive Ast die oben genauer besprochene S-förmige Kurve, der negative aber steigt steil bis zu einem Maximum auf, das oberhalb der $\dfrac{1}{m}$-Linie liegt, und fällt dann allmählich bis zur Asym-

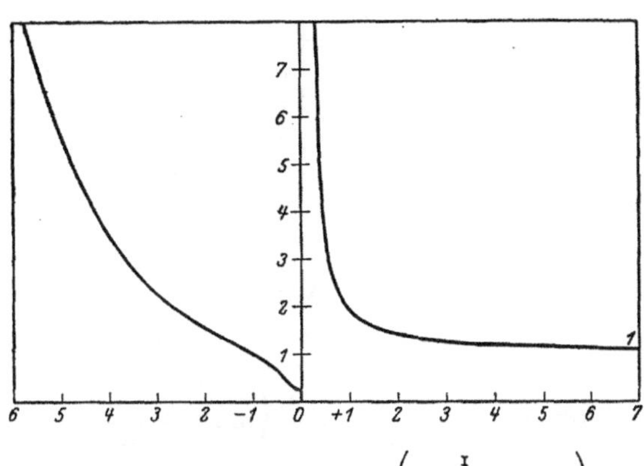

Abb. 77. $(3+5): y = \dfrac{1}{2}\left(m\,a^{\frac{1}{x}} + \dfrac{1}{m\,a^x}\right),$

$m = 2,\ a = 1{,}8,\ Ry$ überschneidet links.

ptoten ab. Auch hier liegt die $\dfrac{1}{m}$-Linie in der Zeichnung zwischen den beiden Ästen dieser Kurvenform.

In der Kombination $(3+5): y = \dfrac{1}{2}\left(m\,a^{\frac{1}{x}} + \dfrac{1}{m\,a^x}\right)$, Abb. 77, finden wir für positive x die „hyperbelartige" Kurve wieder. Da sie sich aber aus Komponenten zusammensetzt, die (vgl. Abb. 45 und 44) sich der Asymptoten durch zwei bzw. der Nullinie nähern, so geht sie hier an die Asymptote durch den Punkt $y = 1$ heran. Entsprechend hat die zugehörige Reziproke $\dfrac{1}{(3+5)} : \dfrac{1}{y} = \dfrac{1}{2}\left(m\,a^{\frac{1}{x}} + \dfrac{1}{m\,a^x}\right)$, Abb. 78, den bekannten S-förmigen Verlauf mit asympto-

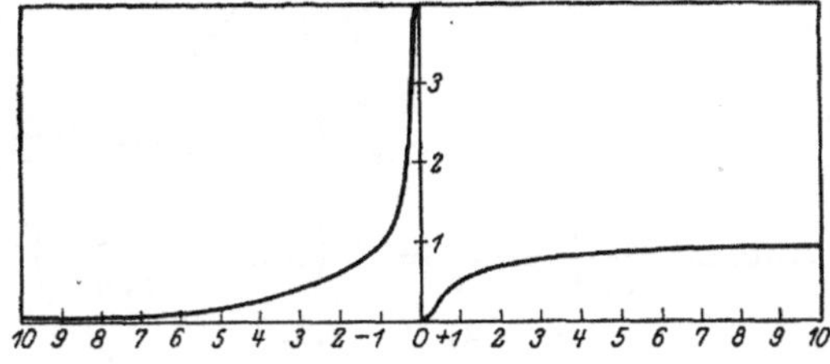

Abb. 78. $\dfrac{1}{(3+5)} : \dfrac{1}{y} = \dfrac{1}{2}\left(m\,a^{\frac{1}{x}} + \dfrac{1}{m\,a^x}\right),$

$m = 2,\ a = 1{,}8.$

tischer Annäherung an die Parallele zur x-Achse durch 1. Die linke Seite in Abb. 77 zeigt von $x = -1$ ab bis $x = -\infty$ den Charakter einer Kettenlinie, zwischen $x = -1$ und $x = 0$ biegt sie aber S-förmig nach unten ab und schneidet die y-Achse im Punkte 0,25. Entsprechend hat auch die zugehörige Reziproke in Abb. 78 von $x = -\infty$ bis $x = -1$ den Charakter einer Kettenliniereziproken, dann aber steigt sie steil auf und schneidet mit S-förmigem Ansatz die y-Achse im Punkte $y = 4$.

Die **K o m b i n a t i o n** $(3 + 6)$:

$$y = \frac{1}{2}\left(m\,a^{\frac{1}{x}} + \frac{1}{m\,a^{-x}}\right),$$

Abb. 79, weist im positiven Teil eine ähnliche, aber breiter verlaufende Kurve auf, wie $(1 + 3)$, Abb. 52, deren Minimum bei wenig über $y = 2$ liegt. Für negative x zeigt sie einen bisher noch nicht

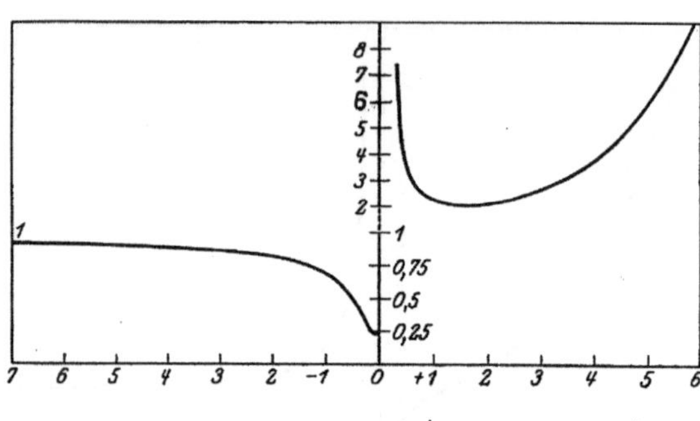

Abb. 79. $(3 + 6): y = \dfrac{1}{2}\left(m\,a^{\frac{1}{x}} + \dfrac{1}{m\,a^{-x}}\right)$,

$m = 2,\ a = 1{,}8.$

behandelten Typus. Sie trifft die y-Achse im Punkte $y = 0{,}25$, fällt dann ein wenig bis zu einem Minimum bei etwa $x = 0{,}1$, steigt dann erst nach Art der bekannten S-förmigen Kurve hoch und geht lang sam an die Asymptote durch 1 heran.

Entsprechend finden wir bei der **R e z i p r o k e n**

$$\frac{1}{(3 + 6)}:$$

$$\frac{1}{y} = \frac{1}{2}\left(m\,a^{\frac{1}{x}} + \frac{1}{m\,a^{-x}}\right),$$

Abb. 80 rechts, dieselbe reziproke Form wie in Abb. 53 bei dem Fall $\dfrac{1}{(1+3)}$, links dagegen ähnelt die

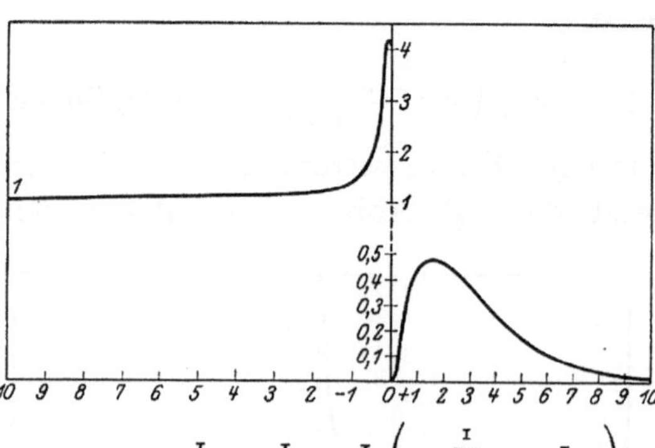

Abb. 80. $\dfrac{1}{(3 + 6)} : \dfrac{1}{y} = \dfrac{1}{2}\left(m\,a^{\frac{1}{x}} + \dfrac{1}{m\,a^{-x}}\right)$,

$m = 2,\ a = 1{,}8.$

Reziproke zwischen $x = -\infty$ und $x = -1$ der „hyperbelartigen" Kurve, aber sie erreicht dann plötzlich ein Maximum und erreicht abfallend die y-Achse in 4.

Die **K o m b i n a t i o n** $(3 + 7) : y = \dfrac{1}{2}\left(m\,a^{\frac{1}{x}} + \dfrac{1}{m\,a^{\frac{1}{x}}}\right)$, Abb. 81, läßt

sich umformen in $y = \dfrac{1}{2}\left(m\,a^{\frac{1}{x}} + \dfrac{1}{m}\,a^{-\frac{1}{x}}\right)$, sie stellt also die x-Reziproke einer Kettenlinie mit verschiedenen m-Werten dar, welche wir für den Fall $(1+5)$ in Abb. 58 kennen lernten. Wir sagten, daß sich diese Kettenlinie wegen der Gleichheit der a-Werte als symmetrische auf-

fassen läßt, wenn wir die y-Achse bis zum Scheitel verschieben. Trotzdem liegt sie in dem vorhandenen Koordinatensystem aber nicht spiegelbildlich. Das macht sich in der x-Reziproken durch eine deutliche Asymmetrie der beiden Äste bemerkbar, die damit eine gewisse

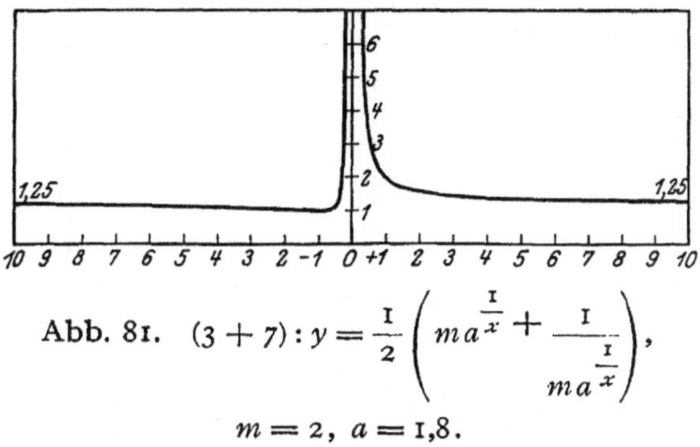

Abb. 81. $(3+7): y = \dfrac{1}{2}\left(m\,a^{\frac{1}{x}} + \dfrac{1}{m\,a^{\frac{1}{x}}}\right),$

$m = 2,\ a = 1{,}8.$

Ähnlichkeit mit der asymmetrischen Form $(3+4)$, Abb. 76 rechts, erlangt. Die Asymptote geht hier durch den Punkt $y = 1{,}25$.

Noch deutlicher wird die Übereinstimmung des Typs bei der Reziproken $\dfrac{1}{(3+7)} : \dfrac{1}{y} = \dfrac{1}{2}\left(m\,a^{\frac{1}{x}} + \dfrac{1}{m\,a^{\frac{1}{x}}}\right)$, deren Verlauf aus Abb. 82 hervorgeht.

Die Glieder der Kombination $(3+8): y = \dfrac{1}{2}\left(m\,a^{\frac{1}{x}} + \dfrac{1}{m\,a^{-\frac{1}{x}}}\right)$

haben beide den Charakter der Funktion $y = m\,a^{\frac{1}{x}}$, denn es ist

$y = \dfrac{1}{m\,a^{-\frac{1}{x}}} = \dfrac{1}{m}\,a^{\frac{1}{x}}$, sie unterscheiden sich also lediglich durch die

Lage der Asymptoten. Die Kombination $(3+8)$ ist dann die Resultierende aus diesen beiden gleichsinnigen Kurven. Ihr Verlauf gleicht also grundsätzlich der Abb. 45 mit dem Unterschiede, daß die asymptotische Annäherung der beiden Zweige an die Parallele zur x-Achse durch den Punkt $y = 1{,}25$ erfolgt. Entsprechend gleicht die Reziproke $\dfrac{1}{(3+8)}$ dem Typus des Spiegelbildes $y = m\,a^{-\frac{1}{x}}$, mit einer Asymptote durch $0{,}8$. Entsprechend ihrer Lage müssen sich hier die Kurven der beiden Funktionen $(3+8)$ und $\dfrac{1}{(3+8)}$ überschneiden.

Die Kombination $(5+6): y = \dfrac{1}{2}\left(\dfrac{1}{m\,a^{x}} + \dfrac{1}{m\,a^{-x}}\right)$, Abb. 83 I, ist eine echte symmetrische Kettenlinie, deren Formel auch in folgender

Form geschrieben werden kann: $y = \dfrac{1}{2m}(a^x + a^{-x})$. Die zusammensetzenden Exponentiallinien unterscheiden sich von der Normalform durch den Schnittpunkt mit der y-Achse, der hier bei $\dfrac{1}{m}$ liegt. Die allgemeine Form dieser Kettenlinie hat dadurch einen etwas anderen Charakter als die in Abb. 50, weil sie am Scheitel sehr viel flacher verläuft und trotzdem dann sehr steil ansteigt (vgl. Abb. 41). Der Unterschied ist besonders deutlich an der Kettenlinie $a = 1{,}2$ in Abb. 50

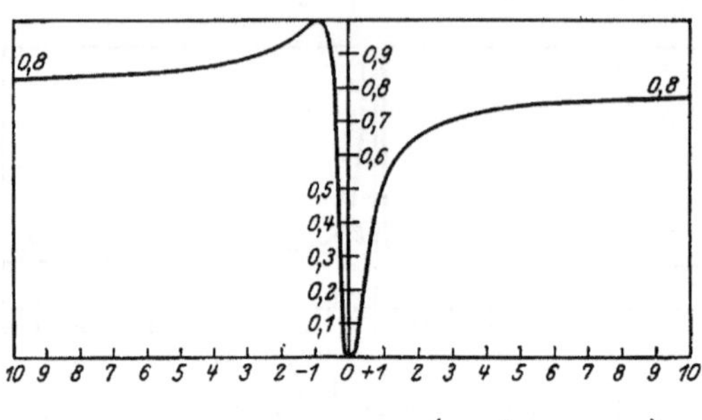

Abb. 82. $\dfrac{1}{(3+7)} : \dfrac{1}{y} = \dfrac{1}{2}\left(m\,a^{\frac{1}{x}} + \dfrac{1}{m\,a^{\frac{1}{x}}}\right)$,

$m = 2,\ a = 1{,}8$.

zu erkennen. Die Reziproke $\dfrac{1}{(5+6)}$ (II) hat dementsprechend die gleiche Form wie die Kurven in Abb. 51, aber in diesem Falle überschneidet sie die Kettenlinie und hat ihr Maximum im Punkte $m = 2$, außerdem ist aber ein Unterschied zu den Formen in Abb. 51 noch dadurch gegeben, daß die Kurve am Maximum relativ flach verläuft, trotzdem aber in einem ausgeprägten S-förmigen Bogen verhältnismäßig schneller zur x-Achse abfällt als die Linie für $a = 1{,}2$ in Abb. 51. Es sind also die beiden Arten von Kettenlinien besonders durch die Lage ihrer y-Reziproken und entsprechend auch

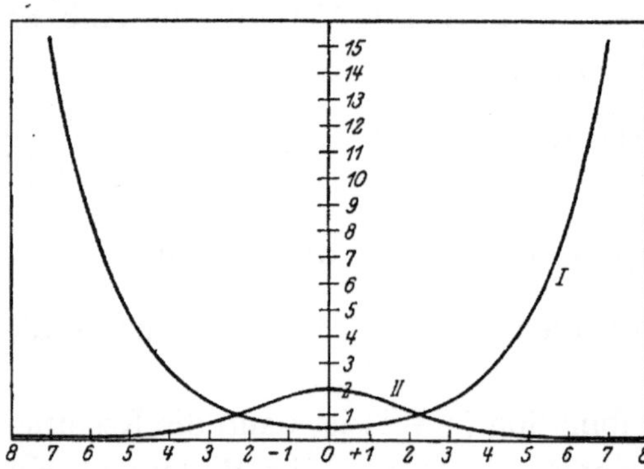

Abb. 83. I: $(5+6) : y = \dfrac{1}{2}\left(\dfrac{1}{m\,a^x} + \dfrac{1}{m\,a^{-x}}\right)$,

II: $\dfrac{1}{(5+6)} : \dfrac{1}{y} = \dfrac{1}{2}\left(\dfrac{1}{m\,a^x} + \dfrac{1}{m\,a^{-x}}\right)$,

$m = 2,\ a = 1{,}8,\ Ry$ überschneidet.

der x- und x-y-Reziproken deutlich gekennzeichnet, denn auch die erste, $(7+8)$, hat eine Asymptote bei $\dfrac{1}{m}$ und jene, $\dfrac{1}{(7+8)}$, eine bei m im Gegensatz zu der Normalform $(1+2)$, wo die entsprechenden Asymptoten umgekehrt bei m bzw. $\dfrac{1}{m}$ liegen.

Die Kombination $(5+7): y = \dfrac{1}{2}\left(\dfrac{1}{m\,a^x} + \dfrac{1}{m\,a^{\frac{1}{x}}}\right)$, Abb. 84, weist denselben Typ von Kurvenformen auf, wie $(1+3)$, Abb. 52; diese liegen aber spiegelbildlich. Ihre sonstigen Unterschiede sind aus den

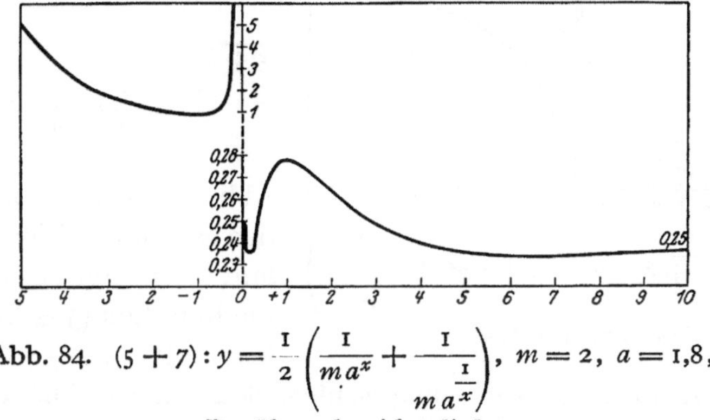

Abb. 84. $(5+7): y = \dfrac{1}{2}\left(\dfrac{1}{m\,a^x} + \dfrac{1}{m\,a^{\frac{1}{x}}}\right)$, $m = 2$, $a = 1{,}8$,

Ry überschneidet links.

Abbildungen zu ersehen und sind in der Eigenart der Komponenten begründet. Der Verlauf der reziproken Funktion ist, der Abb. 53 entsprechend, spiegelbildlich mit anderen Kurvenwerten.

Die Kombination $(5+8): y = \dfrac{1}{2}\left(\dfrac{1}{m\,a^x} + \dfrac{1}{m\,a^{-\frac{1}{x}}}\right)$, Abb. 85, zeigt für positive x den bekannten hyperbelartigen Typ mit einer Asymptote durch 0,25. Während aber bei den bisher besprochenen Formen dieses Typs der wagerechte Ast einen sehr deutlich größeren Abstand von der x-Achse hatte (vgl. z. B. Abb. 15), ist hier der Kurvenverlauf auf den ersten Blick fast ganz der einer Hyperbel, so daß man im Falle einer biologisch so gefundenen Kurve sehr leicht auf eine Hyperbelgesetzmäßigkeit schließen könnte. Sieht man aber genauer zu, so bemerkt man auch hier, daß die Linie „hängt“, d. h. es ist z. B. der Abstand der Kurve vom Punkte $x = 1$ größer als vom Punkte $y = 1$. Auf dieser Basis werden die biologischen

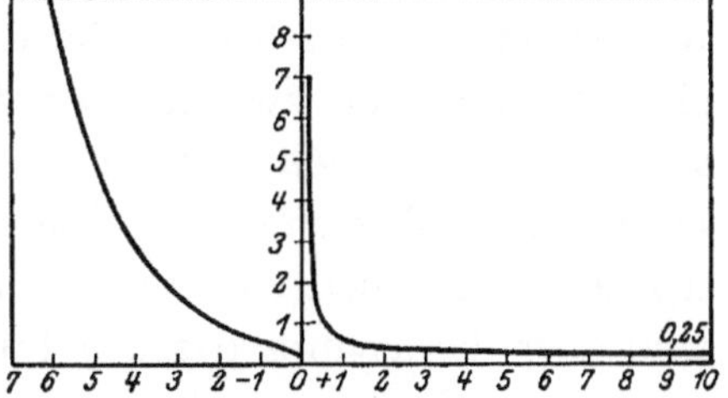

Abb. 85.

$(5+8): y = \dfrac{1}{2}\left(\dfrac{1}{m\,a^x} + \dfrac{1}{m\,a^{-\frac{1}{x}}}\right)$,

$m = 2$, $a = 1{,}8$,

Ry überschneidet links und rechts.

Abhängigkeiten, die man bisher als Hyperbelgesetze nach dem Schema der Formel $x \cdot y = c$ formuliert hat, ihre Unterordnung unter das Exponentialgesetz finden. Sehr deutlich tritt der exponentiale Charakter dieser Kurve in ihrer **Reziproken**

$$\frac{1}{(5+8)}:$$
$$\frac{1}{y} = \frac{1}{2}\left(\frac{1}{m\,a^x} + \frac{1}{m\,a^{-\frac{1}{x}}}\right),$$

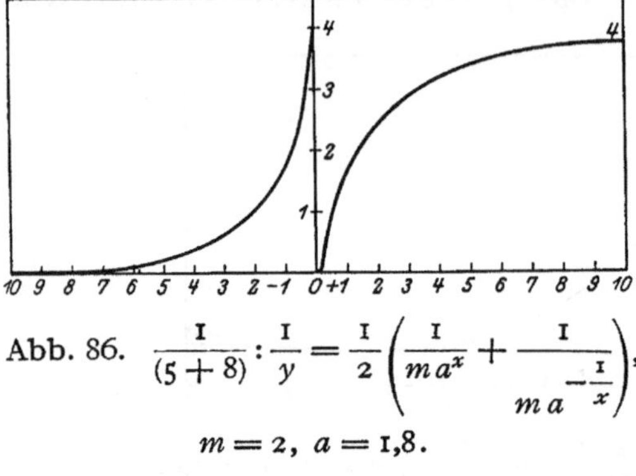

Abb. 86. $\dfrac{1}{(5+8)}:\dfrac{1}{y} = \dfrac{1}{2}\left(\dfrac{1}{m\,a^x} + \dfrac{1}{m\,a^{-\frac{1}{x}}}\right)$,

$m = 2,\; a = 1{,}8.$

Abb. 86 rechts, hervor, die den bekannten S-förmigen Verlauf zeigt. Für negative x hat die Funktion $(5+8)$ Ähnlichkeit mit $(3+5)$, Abb. 77, links, wenn auch die Abbiegung weniger deutlich ist. Die zugehörige Reziproke läuft darum auch spitzer ohne merkbare Krümmung auf den Schnittpunkt mit der y-Achse bei $y = 4$ zu.

Die Kombination $(7+8)$ und ihre Reziproke $\dfrac{1}{(7+8)}$ wurden schon auf S. 94 abgehandelt.

3. Die dreifachen Kombinationen.

Schon bei den zweifachen Kombinationen haben wir gesehen, daß sich auf Grund des Charakters unserer acht Grundformen bestimmte Kurventypen wiederholen. Bei der Kombination einer Grundform mit einer Summe von zweien wird das natürlich noch häufiger der Fall sein, und es können dann noch feinere Varianten entwickelt werden. Da wir hier aber nur eine Übersicht geben wollen, müssen wir unter den 224 möglichen Additionen eine Auswahl treffen. Bei dieser Zahl sind aber die asymmetrischen Funktionen, die bei Wahl verschiedener a-Werte entstehen, noch nicht mitgerechnet. Nehmen wir noch die Reziproken hinzu, so würde sich obige Zahl noch verdoppeln. Wir wollen also im folgenden in der Hauptsache nur neue Varianten und bisher noch nicht besprochene Kurvenformen entwickeln. Wie bei den zweifachen Kombinationen wollen wir die Formeln auch hier einfach als Additionsformeln schreiben, ohne Umformungen, Ausklammerungen usw. vorzunehmen, um möglichst den Charakter der Grundform in den Komponenten zu erhalten.

Die Kombination $1 + (1 + 2): y = \frac{1}{2}\left[m\,a^x + \frac{m}{2}(a^x + a^{-x})\right]$ ließe sich z. B. einfacher schreiben: $y = \frac{m}{4}(3\,a^x + a^{-x})$. Ihre Kurve

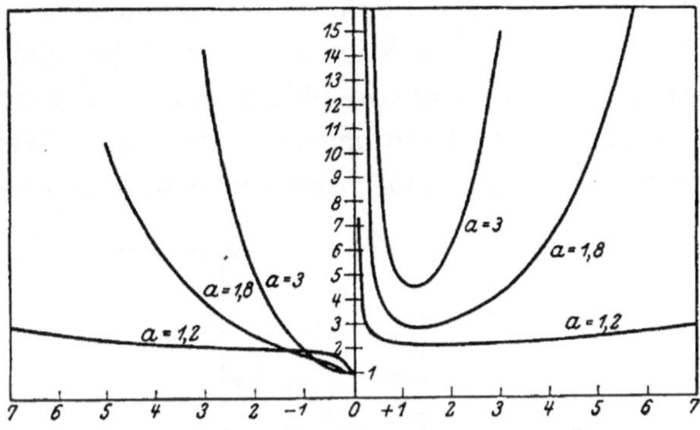

Abb. 87. $3 + (1 + 2): y = \frac{1}{2}\left[m\,a^{\frac{1}{x}} + \frac{m}{2}(a^x + a^{-x})\right]$, $m = 2$, $a = 1{,}8$.

ist ähnlich der in Abb. 58, die ihrer Reziproken der in Abb. 59. Der Schnittpunkt mit der y-Achse liegt bei $1 + (1 + 2)$ bei m, der für $\frac{1}{1 + (1 + 2)}$ bei $\frac{1}{m}$.

Die Kombination $3 + (1 + 2): y = \frac{1}{2}\left[m\,a^{\frac{1}{x}} + \frac{m}{2}(a^x + a^{-x})\right]$, Abb. 87, zeigt auch bereits bekannte Typen, nämlich links z. B. Abb. 77,

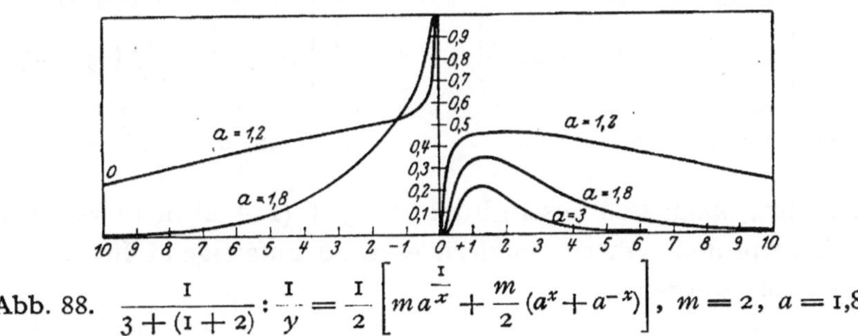

Abb. 88. $\frac{1}{3 + (1 + 2)} : \frac{1}{y} = \frac{1}{2}\left[m\,a^{\frac{1}{x}} + \frac{m}{2}(a^x + a^{-x})\right]$, $m = 2$, $a = 1{,}8$.

rechts Abb. 52. Ich nehme sie aber als Beispiel, um die Abhängigkeit des Kurvenverlaufs für mehrere a-Werte klar zu legen. Die entsprechenden Kurven der Reziproken zeigt dann Abb. 88. Während für negative x die Linien eine eigenartige Überkreuzung aufweisen, ist für positive x zu bemerken, daß die Lage des Minimums bzw. Maximums der Reziproken unabhängig von m ist und allein durch Änderung des a-Wertes sich ergibt.

Die Kombination $3 + (1 + 2) : y = \dfrac{1}{2}\left[m_1\, a_1^{\frac{1}{x}} + \dfrac{m_2}{2}\,(a_2^x + a_3^{-x})\right]$
ist in Abb. 89 auch für verschiedene m- und a-Werte gezeichnet. Die
Kurve ähnelt für negative x in ihrem Anfangsteil der Kombination
$(3 + 6)$, Abb. 79. Da die Funktionen (6) und (1) gleichsinnig verlaufen, müssen $(3 + 6)$ und die in obiger Formel enthaltene Kombination $(3 + 1)$ denselben Additionstyp aufweisen. Weil aber nun
durch die Funktion $(2) : y = m a^{-x}$ noch eine weitere Exponentiallinie

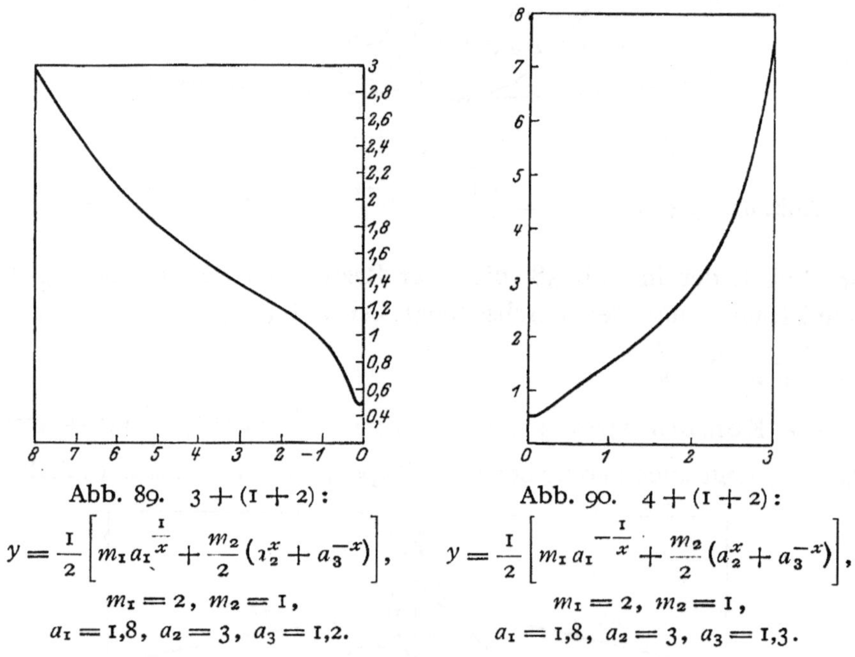

Abb. 89. $3 + (1 + 2):$

$$y = \frac{1}{2}\left[m_1 a_1^{\frac{1}{x}} + \frac{m_2}{2}\,(a_2^x + a_3^{-x})\right],$$

$$m_1 = 2,\; m_2 = 1,$$

$$a_1 = 1{,}8,\; a_2 = 3,\; a_3 = 1{,}2.$$

Abb. 90. $4 + (1 + 2):$

$$y = \frac{1}{2}\left[m_1 a_1^{-\frac{1}{x}} + \frac{m_2}{2}\,(a_2^x + a_3^{-x})\right],$$

$$m_1 = 2,\; m_2 = 1,$$

$$a_1 = 1{,}8,\; a_2 = 3,\; a_3 = 1{,}3.$$

hinzukommt, kann sich unsere Funktion $3 + (1 + 2)$ nicht wie Abb. 79
einer Asymptoten nähern, sondern es muß aufsteigend für $x = -\infty$
auch $y = \infty$ werden.

Die Kombination $4 + (1 + 2) : y = \dfrac{1}{2}\left[m_1\, a_1^{-\frac{1}{x}} + \dfrac{m_2}{2}\,(a_2^x + a_3^{-x})\right]$
in Abb. 90 bedeutet die Addition einer Exponential- zu einer Kettenlinie
und zeigt für verschiedene m- und a-Werte grundsätzlich die gleiche
Erscheinung, wie wir sie an Hand der Abb. 70—73 bei einem andern
Typ näher besprochen haben, nämlich eine Abflachung, die darin zum
Ausdruck kommt, daß die Kurve zum Teil fast geradlinig wird. In
Abb. 90 ist das von $x = 0{,}25$ bis $x = 2$ der Fall.

Von der Kombination $5 + (\mathrm{I} + 2) : y = \dfrac{\mathrm{I}}{2}\left[\dfrac{\mathrm{I}}{m\,a^x} + \dfrac{m}{2}(a^x + a^{-x})\right]$ ist in Abb. 91 die Reziproke gezeichnet, welche an sich die y-Rezi-

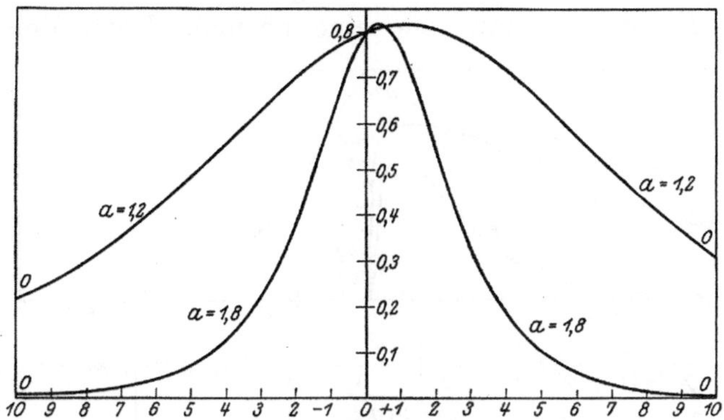

Abb. 91. $\quad\dfrac{\mathrm{I}}{5+(\mathrm{I}+2)} : \dfrac{\mathrm{I}}{y} = \dfrac{\mathrm{I}}{2}\left[\dfrac{\mathrm{I}}{m\,a^x} + \dfrac{m}{2}(a^x + a^{-x})\right]$, $m = 2$, $a = 1{,}8$.

proke einer symmetrischen Kettenlinie ist, aber in dem Koordinatensystem asymmetrisch liegt. Die Figur soll das Verhalten dieser Funktion bei Änderung der Konstanten a, vor allem die Verschiebung des Maximums zeigen.

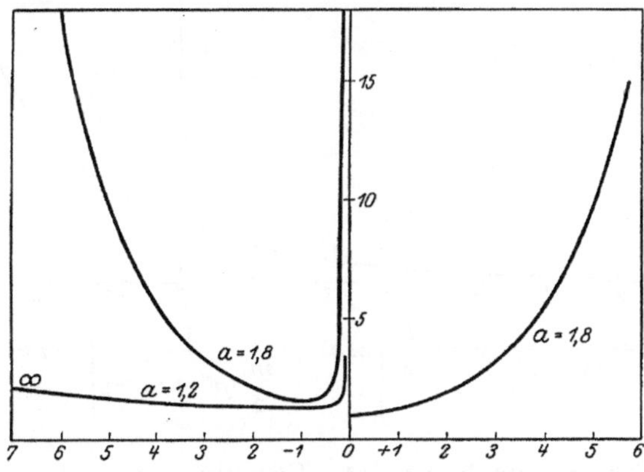

Abb. 92. $\quad 7 + (\mathrm{I} + 2) : y = \dfrac{\mathrm{I}}{2}\left[\dfrac{\mathrm{I}}{m\,a^{\frac{\mathrm{I}}{x}}} + \dfrac{m}{2}(a^x + a^{-x})\right]$, $m = 2$, $a = 1{,}8$.

Daß auch die Kettenlinie nur zur Hälfte in Erscheinung treten kann, erhellt aus der Kombination $7 + (\mathrm{I} + 2) : y = \dfrac{\mathrm{I}}{2}\left[\dfrac{\mathrm{I}}{m\,a^{\frac{\mathrm{I}}{x}}} + \dfrac{m}{2}(a^x + a^{-x})\right]$, Abb. 92 rechts. Die linke Seite weist dagegen den Typus unserer

Abb. 87 rechts auf. Wenn in dieser Funktion sämtliche m- und a-Werte unterschiedlich gewählt werden, ändert sich der Typus (Abb. 92 links), abgesehen von Lageveränderungen nicht. Trotzdem für positive x die Kurve durchaus wie eine normale Kettenlinie aussieht,

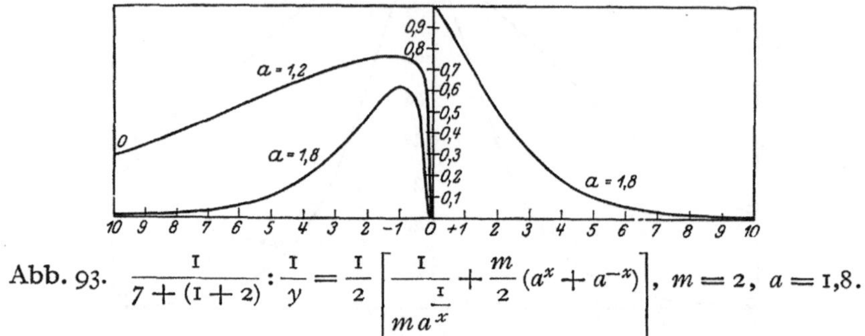

Abb. 93. $\dfrac{1}{7+(1+2)} : \dfrac{1}{y} = \dfrac{1}{2}\left[\dfrac{1}{m\,a^x} + \dfrac{m}{2}(a^x + a^{-x})\right]$, $m = 2$, $a = 1,8$.

also ebensogut vielleicht durch eine einfachere Formel ausgedrückt werden könnte, hat sie doch nicht ganz den typischen Verlauf einer solchen, wie deutlich aus ihrer Reziproken in Abb. 93 rechts hervorgeht. Der Charakter dieser Linie, vor allem in ihrem mittleren Teil, ist ein ganz anderer, mehr geradliniger als z. B. ihn Abb. 51 von der

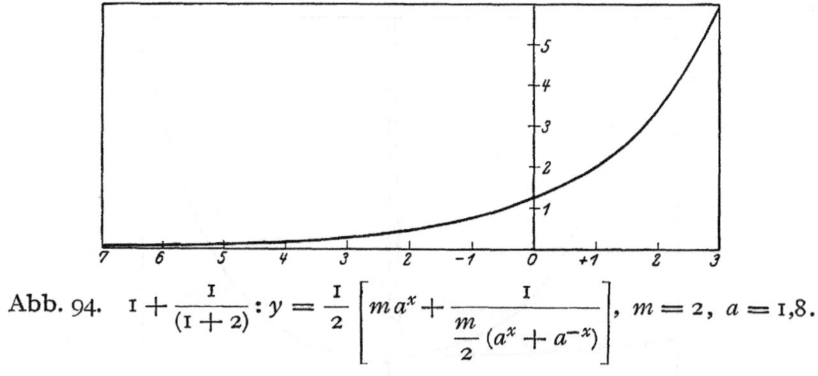

Abb. 94. $1 + \dfrac{1}{(1+2)} : y = \dfrac{1}{2}\left[m\,a^x + \dfrac{1}{\dfrac{m}{2}(a^x + a^{-x})}\right]$, $m = 2$, $a = 1,8$.

echten Kettenliniereziproken zeigt. Für negative x dagegen zeigt auch die Reziproke den reinen Verlauf ihres Typs.

Schon bei der Funktion $(1 + 6)$, Abb. 60, haben wir gesehen, daß die Exponentiallinie auch bei unseren Additionsformeln wieder entsteht. Auch bei der dreifachen Kombination

$$1 + \frac{1}{(1+2)} : y = \frac{1}{2}\left[m\,a^x + \frac{1}{\dfrac{m}{2}(a^x + a^{-x})}\right]$$

ist das der Fall, wie aus Abb. 94 zu ersehen ist. Der Schnittpunkt mit der y-Achse liegt hier bei 1,25.

Auch bei andern bekannten Typen finden wir dieselbe Tatsache, wie Abb. 95 für die **Kombination**

$$3 + \frac{1}{(1+2)} : y = \frac{1}{2}\left[m\,a_1^{\frac{1}{x}} + \frac{1}{\frac{m}{2}(a_2^x + a_2^{-x})} \right]$$

zeigt, welche zwei Kurven für verschiedene a-Werte wiedergibt. Dieser Fall soll als Beispiel dafür dienen, wie sich die Lage und der Krümmungsgrad der Kurven ändern, wenn die Zahlenwerte für a_1 und a_2 ausgetauscht werden. Für negative x, Abb. 96, zeigt diese Kombination für gleiche m- und a-Werte in ihrem größten Teil ebenfalls einen schon bekannten Typus, sie geht aber nicht bis zum Koordinatenanfangspunkt, sondern biegt schon in Höhe von $y = 0,25$ zur y-Achse ab und schneidet sie in diesem Punkte.

Noch eine weitere feine Variante der Kettenlinie zeigt die Kombination

$$5 + \frac{1}{(1+2)} :$$

$$y = \frac{1}{2}\left[\frac{1}{m_1\,a_1^x} + \frac{1}{\frac{m_2}{2}(a_2^x + a_3^{-x})} \right]$$

in Abb. 97, deren Kurve zwischen $x = 0$ und $x = -2$ eine leichte Hochbiegung zeigt und dadurch das bekannte Bild der Kettenlinie abändert. Gerade solche an sich geringfügige Abweichungen von typischen Formen geben bei biologischen Verhältnissen oft einen Hinweis auf die funktionale Abhängigkeit der Einzelvorgänge, und wir werden bei der Analyse der Lebenserscheinungen derartige Änderungen der Kurvengestalt besonders berücksichtigen müssen.

Durch ihren eigenartigen Verlauf ist die **Kombination**

$$6 + \frac{1}{(1+2)} : y = \frac{1}{2}\left[\frac{1}{m_1\,a_1^{-x}} + \frac{1}{\frac{m_2}{2}(a_2^x + a_3^{-x})} \right]$$ Abb. 98, ausgezeichnet.

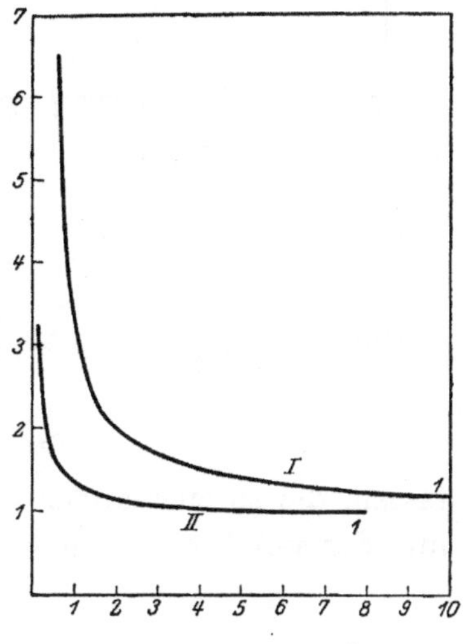

Abb. 95. $\quad 3 + \dfrac{1}{(1+2)} :$

$$y = \frac{1}{2}\left[m\,a_1^{\frac{1}{x}} + \frac{1}{\frac{m}{2}(a_2^x + a_2^{-x})} \right],$$

$$m = 2,$$

I: $a_1 = 3,\ a_2 = 1,2,$
II: $a_1 = 1,2,\ a_2 = 3.$

Man kann den positiven Teil als eine asymmetrische Kettenlinie und den negativen als eine y-Reziproke derselben mit andern Werten auf-

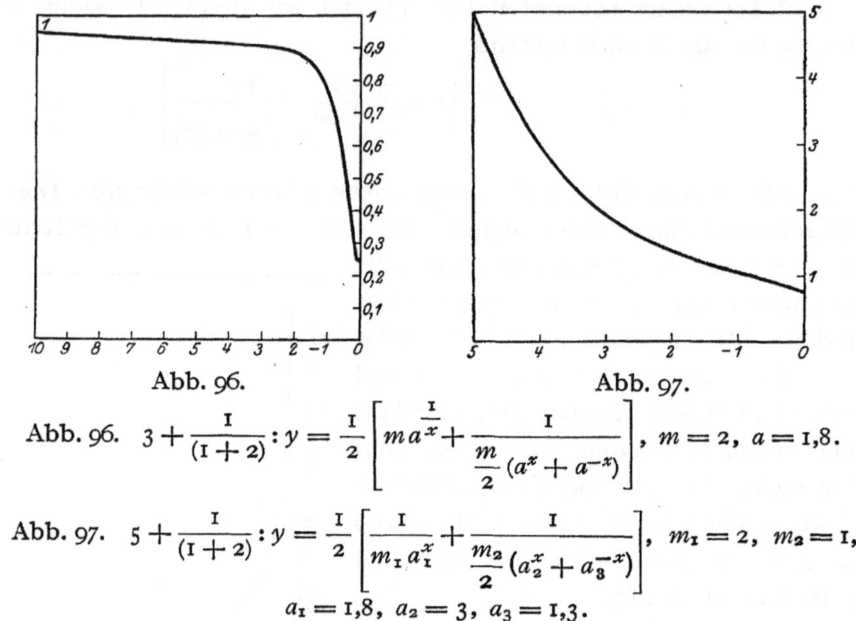

Abb. 96.   Abb. 97.

Abb. 96. $3 + \dfrac{\mathrm{I}}{(\mathrm{I}+2)} : y = \dfrac{\mathrm{I}}{2}\left[ma^{\frac{\mathrm{I}}{x}} + \dfrac{\mathrm{I}}{\dfrac{m}{2}(a^x + a^{-x})}\right]$, $m = 2$, $a = 1,8$.

Abb. 97. $5 + \dfrac{\mathrm{I}}{(\mathrm{I}+2)} : y = \dfrac{\mathrm{I}}{2}\left[\dfrac{\mathrm{I}}{m_{\mathrm{I}} a_{\mathrm{I}}^x} + \dfrac{\mathrm{I}}{\dfrac{m_2}{2}(a_2^x + a_3^{-x})}\right]$, $m_{\mathrm{I}} = 2$, $m_2 = \mathrm{I}$,

$a_{\mathrm{I}} = 1,8$, $a_2 = 3$, $a_3 = 1,3$.

fassen, die so zueinander in Beziehung stehen, daß ihre Schnittpunkte mit der y-Achse in demselben Punkte zusammenfallen. In ihrer Ge-

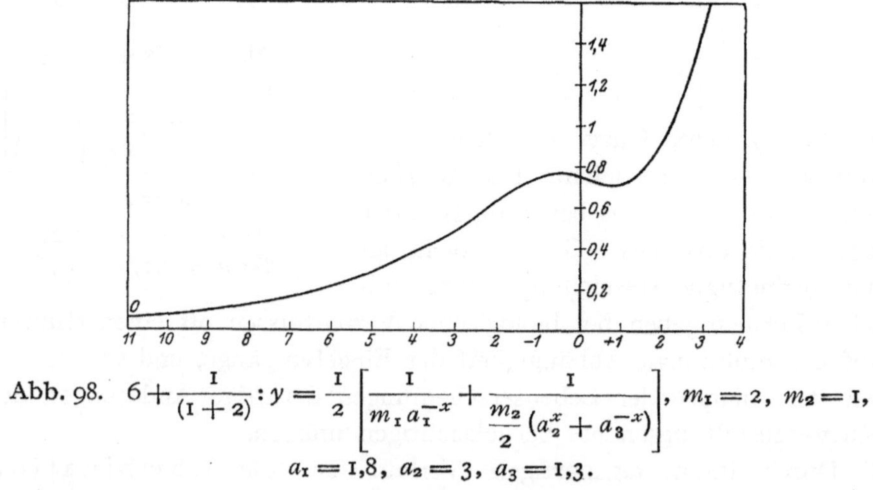

Abb. 98. $6 + \dfrac{\mathrm{I}}{(\mathrm{I}+2)} : y = \dfrac{\mathrm{I}}{2}\left[\dfrac{\mathrm{I}}{m_{\mathrm{I}} a_{\mathrm{I}}^{-x}} + \dfrac{\mathrm{I}}{\dfrac{m_2}{2}(a_2^x + a_3^{-x})}\right]$, $m_{\mathrm{I}} = 2$, $m_2 = \mathrm{I}$,

$a_{\mathrm{I}} = 1,8$, $a_2 = 3$, $a_3 = 1,3$.

samtheit zeigt die Kurve dann im schnellen Wechsel ein Maximum und ein Minimum rechts und links von der y-Achse.

Sehr charakteristisch ist auch der Verlauf der Kombination $7 + \frac{1}{(1+2)} : y = \frac{1}{2}\left[\frac{1}{m_1 a_1^{\frac{1}{x}}} + \frac{1}{\frac{m_2}{2}(a_2^x + a_3^{-x})}\right]$, Abb. 99, welche bei $y = 4{,}7$ eine ausgeprägte Stufe aufweist. Sie sinkt dann von da aus bis zu einem Minimum und steigt langsam wieder zu ihrer Asymptoten bei $y = 0{,}25$ auf. Diese besondere Gestalt hat die Funktion aber nur, wenn die m- und a-Werte unterschiedlich sind. Setzen wir aber die Komponenten mit gleichen Konstanten an, so nimmt die Kurve einen viel einfacheren Verlauf, der aus Abb. 100 hervorgeht.

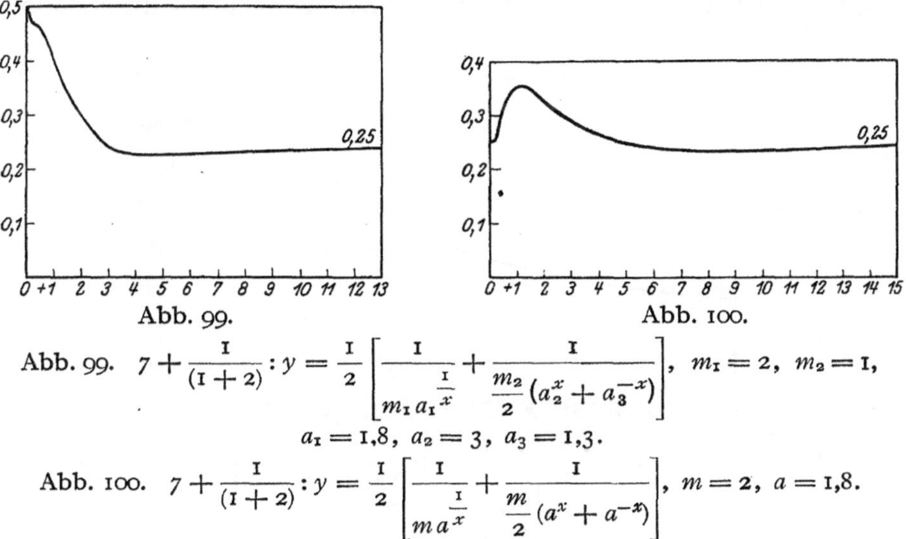

Abb. 99. Abb. 100.

Abb. 99. $7 + \frac{1}{(1+2)} : y = \frac{1}{2}\left[\frac{1}{m_1 a_1^{\frac{1}{x}}} + \frac{1}{\frac{m_2}{2}(a_2^x + a_3^{-x})}\right]$, $m_1 = 2$, $m_2 = 1$,

$a_1 = 1{,}8$, $a_2 = 3$, $a_3 = 1{,}3$.

Abb. 100. $7 + \frac{1}{(1+2)} : y = \frac{1}{2}\left[\frac{1}{m\, a^{\frac{1}{x}}} + \frac{1}{\frac{m}{2}(a^x + a^{-x})}\right]$, $m = 2$, $a = 1{,}8$.

Sie hat hier ein Minimum auf der y-Achse, ein ausgeprägtes Maximum bei $x = 1{,}2$ und ein flaches Minimum bei etwa $x = 9$. Es zeigt sich also, daß die Funktion sich zwischen zwei Extremen bewegt, je nach der Größenordnung der Konstanten in ihren Komponenten. Es ist für eine vergleichende Biologie der Lebensvorgänge von ungemeiner Wichtigkeit, zu wissen, daß unter Umständen die Symptome von Lebensprozessen eine so unterschiedliche kurvenmäßige Abhängigkeit zeigen können, wie es in den Abb. 99 und 100 zum Ausdruck kommt, daß aber trotzdem beiden dieselbe allgemeine funktionale Beziehung zugrunde liegt, in der nur die Zahlenwerte der Konstanten verschieden sind.

Eine Variante der vorigen Kurve stellt die Kombination $8 + \frac{1}{(1+2)} : y = \frac{1}{2}\left[\frac{1}{m_1 a_1^{-\frac{1}{x}}} + \frac{1}{\frac{m_2}{2}(a_2^x + a_3^{-x})}\right]$, Abb. 101, dar. Sie erreicht die y-Achse bei 0,5 nicht in so ausgeprägter S-förmiger Linie, sondern spitzer in einem leicht geschwungenen Bogen. Von ihrem Maximum bei $x = -1,4$ läuft sie dann ohne ein Minimum zu haben, in Form der früher (S. 9) besprochenen Kroghschen Linie asymptotisch an die Parallele zur x-Achse durch den Punkt $y = 0,25$ heran.

Einen ganz ähnlichen Charakter hat die **Kombination**

$$7 + \frac{1}{(2+6)} : y = \frac{1}{2}\left[\frac{1}{m\,a^{\frac{1}{x}}} + \frac{1}{\frac{1}{2}\left(m\,a^{-x} + \frac{1}{m\,a^{-x}}\right)}\right], \quad \text{Abb. 102, die ein}$$

Mittelding zwischen den Abb. 100 und 101 darstellt. In ihrem Anfangsteil gleicht sie Abb. 101, dann aber hat sie auch ein flaches Minimum wie Abb. 100.

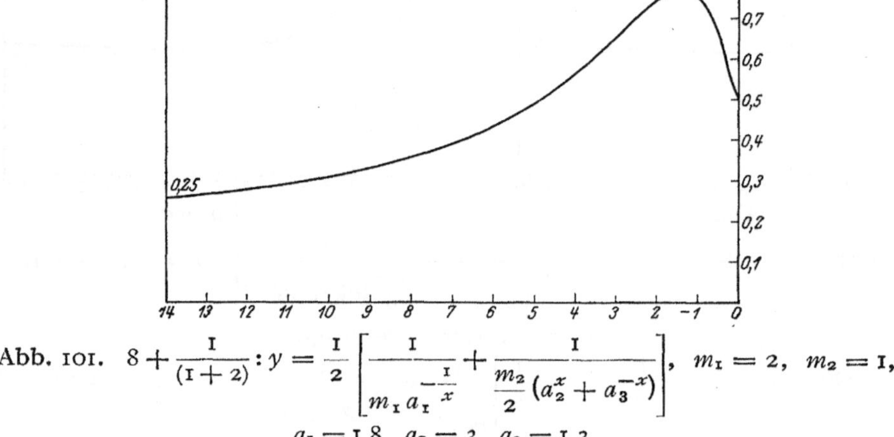

Abb. 101. $\quad 8 + \dfrac{1}{(1+2)} : y = \dfrac{1}{2}\left[\dfrac{1}{m_1\,a_1^{-\frac{1}{x}}} + \dfrac{1}{\dfrac{m_2}{2}(a_2^x + a_3^{-x})}\right], \quad m_1 = 2, \ m_2 = 1,$

$$a_1 = 1,8, \ a_2 = 3, \ a_3 = 1,3.$$

Ohne diese Tatsache durch eine Abbildung zu belegen, sei erwähnt, daß auch die **Kombination** $2 + (1+3) : y = \dfrac{1}{2}\left[m\,a^{-x} + \dfrac{m}{2}\left(a^x + a^{\frac{1}{x}}\right)\right]$ für negative x und mit gleichen m- und a-Werten eine ähnliche Variante der Kettenlinie ist, wie die Abb. 90 sie aufweist. Es ist das deswegen praktisch nicht ohne Bedeutung, weil eine Gleichung mit denselben Zahlenwerten der Konstanten der Rechnung leichter zugänglich ist.

Die **Kombination** $3 + (1+3) : y = \dfrac{1}{2}\left[m\,a^{\frac{1}{x}} + \dfrac{m}{2}\left(a^x + a^{\frac{1}{x}}\right)\right]$, Abb. 103, läßt sich, um wieder ein Beispiel für eine einfachere Schreibweise derartiger Gleichungen zu geben, auch in folgender Form schreiben:

$$y = \frac{m}{4}\left(3\,a^{\frac{1}{x}} + a^x\right). \quad \text{Der Verlauf dieser Funktion ist zum größten Teil}$$

ganz ähnlich dem von $3 + \dfrac{1}{(1+2)}$ in Abb. 96, aber kurz, bevor sie die y Achse erreicht, steigt sie nochmals auf und erreicht erst dann S-förmig die y-Achse bei 0,5, wo sie ein Maximum hat, nachdem kurz vorher sehr rasch ein Minimum durchlaufen wurde. Auch aus diesem Beispiel sieht man deutlich, daß die Kurve bis zum Nullpunkt glatt durchgezogen werden könnte, wenn beispielsweise das Experiment als letzten Punkt den Wert bei etwa $x = -0{,}1$ festgestellt hätte. Es geht daraus hervor, daß eine derartige Extrapolation sehr leicht zu Irrtümern führen kann, wenn nicht mit aller Sicherheit feststeht, daß der Nullpunkt auch erreicht werden muß.

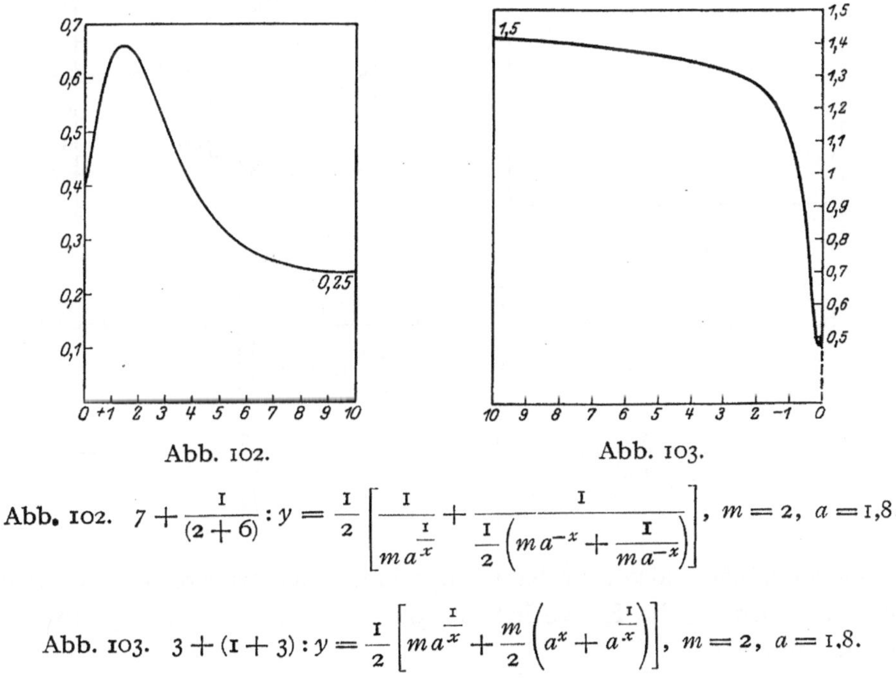

Abb. 102.   Abb. 103.

Abb. 102. $\quad 7 + \dfrac{1}{(2+6)} : y = \dfrac{1}{2}\left[\dfrac{1}{m\,a^{\frac{1}{x}}} + \dfrac{1}{\dfrac{1}{2}\left(m\,a^{-x} + \dfrac{1}{m\,a^{-x}}\right)}\right],\ m = 2,\ a = 1{,}8.$

Abb. 103. $\quad 3 + (1+3) : y = \dfrac{1}{2}\left[m\,a^{\frac{1}{x}} + \dfrac{m}{2}\left(a^{x} + a^{\frac{1}{x}}\right)\right],\ m = 2,\ a = 1{,}8.$

Des öfteren haben wir schon bemerkt, daß die Art, wie eine Kurve an die y-Achse herankommt, unterschiedlich sein kann, meist in Form einer ausgeprägten S-förmigen Krümmung, manchmal aber auch mehr oder weniger spitz. Dazu weist auch der entsprechende letzte Teil der Kurve im ganzen eine ausgebildete S-form auf oder zeigt nur einen mäßig geschwungenen Bogen oder aber verläuft fast geradlinig. Bei der S-förmigen Kurve, welche die y-Achse im Nullpunkt erreicht (z. B. Abb. 45, 75) haben wir diese Verhältnisse schon ausführlich beschrieben.

Dieselbe Erscheinung haben wir auch bei der Form, welche wie $3 + \dfrac{1}{(1+2)}$ in Abb. 96, die y-Achse in irgendeinem anderen Punkte schneidet, wie die Kombination $3 + \dfrac{1}{(1+3)} : y = \dfrac{1}{2}\left[m\,a^{\frac{1}{x}} + \dfrac{1}{\dfrac{m}{2}\left(a^x + a^{\frac{1}{x}}\right)}\right]$,

Abb. 104, demonstriert. Außerdem unterscheidet sie sich aber von der Abb. 96 noch dadurch, daß sie sich ihrer Asymptote in 1,5 sehr viel

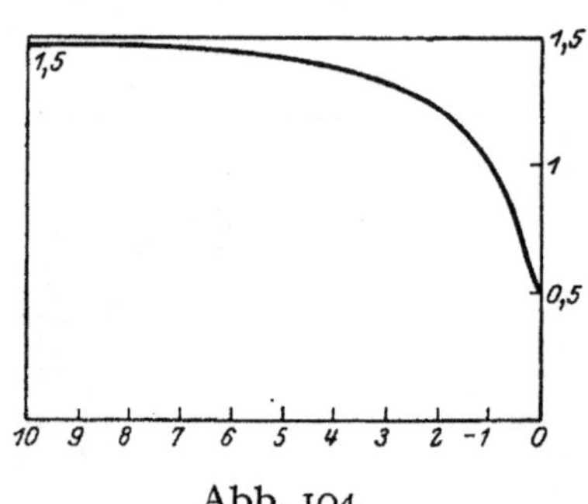

Abb. 104. 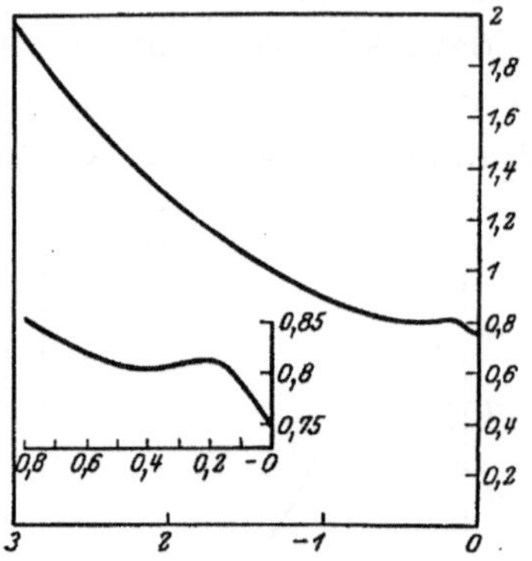   Abb. 105.

Abb. 104. $\quad 3 + \dfrac{1}{(1+3)} : y = \dfrac{1}{2}\left[m\,a^{\frac{1}{x}} + \dfrac{1}{\dfrac{m}{2}\left(a^x + a^{\frac{1}{x}}\right)}\right]$, $\quad m = 2,\ a = 1,8.$

Abb. 105. $\quad 5 + \dfrac{1}{(1+3)} : y = \dfrac{1}{2}\left[\dfrac{1}{m\,a^x} + \dfrac{1}{\dfrac{m}{2}\left(a^x + a^{\frac{1}{x}}\right)}\right]$, $\quad m = 2,\ a = 1,8.$

schneller nähert, also sehr bald schon einen fast wagerechten Verlauf nimmt, während die Kurve in Abb. 96 sehr langsam zur Asymptoten bei 1 aufsteigt.

Die Kombination $5 + \dfrac{1}{(1+3)} : y = \dfrac{1}{2}\left[\dfrac{1}{m\,a^x} + \dfrac{1}{\dfrac{m}{2}\left(a^x + a^{\frac{1}{x}}\right)}\right]$,

Abb. 105, hat von $x = -0,5$ bis $x = -\infty$ den typischen Verlauf einer Exponential- oder Kettenlinie, aber schon bei $x = -0,4$ erreicht sie ein Minimum, bei $x = -0,2$ dann ein Maximum, und nun erst fällt sie schräg ab und schneidet die y-Achse in 0,75. Die Beifigur in Abb. 105 zeigt dieses eigentümliche Verhalten der Funktion deutlicher, als es in der Hauptkurve zum Ausdruck gebracht werden konnte.

Den Verlauf der Kombination

$$6 + \frac{1}{(1+3)} : y = \frac{1}{2}\left[\frac{1}{m\,a^{-x}} + \frac{1}{\frac{m}{2}\left(a^x + a^{\frac{1}{x}}\right)}\right],$$

Abb. 106, haben wir als Reziproke schon in der Funktion $\frac{1}{(3+6)}$, Abb. 80 links, kennen gelernt. Hier tritt die Kurve in ähnlicher Gestalt bei einer Hauptfunktion auf. Unterschieden sind die beiden, abgesehen von den Zahlenwerten, durch den viel steileren Aufstieg von $x = -1$ an in Abb. 80 und dann noch dadurch, daß sich in Abb. 106 der wagerechte Teil etwas langsamer der Asymptoten nähert.

Der positive Ast der Kombination

$$6 + \frac{1}{(1+4)} :$$

$$y = \frac{1}{2}\left[\frac{1}{m\,a_1^{-x}} + \frac{1}{\frac{m}{2}\left(a_2^x + a_2^{-\frac{1}{x}}\right)}\right],$$

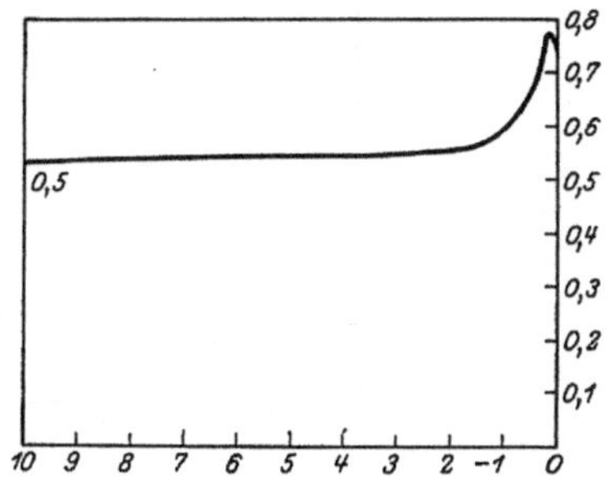

Abb. 106. $6 + \dfrac{1}{(1+3)}:$

$$y = \frac{1}{2}\left[\frac{1}{m\,a^{-x}} + \frac{1}{\frac{m}{2}\left(a^x + a^{\frac{1}{x}}\right)}\right],$$

$$m = 2,\ a = 1{,}8.$$

Abb. 107, hat ganz den Charakter einer asymmetrischen Kettenlinie, wie wir sie bei der Temperaturabhängigkeit der Lebensvorgänge abgeleitet haben (vgl. Abb. 11 für negative x). Ob wir durch ausgedehntere und verfeinerte Untersuchungen bei biologischen Vorgängen gezwungen werden, auf diese kompliziertere Formel zurückzugreifen, läßt sich noch nicht übersehen. Für negative x hat die Funktion $6 + \frac{1}{(1+4)}$ bei $x = -3$ ein Minimum, von dem aus die Kurve, nach links einen Wendepunkt durchlaufend, asymptotisch an die Linie durch $y = 0{,}5$ heranzieht, nach rechts aber bis zu einem Maximum ansteigt, um von da steil abzufallen und im spitzen Winkel die y-Achse bei $0{,}25$ zu erreichen.

Die Kombination $7 + \dfrac{1}{(1+4)} : y = \dfrac{1}{2}\left[\dfrac{1}{m\,a^{\frac{1}{x}}} + \dfrac{1}{\frac{m}{2}\left(a^x + a^{-\frac{1}{x}}\right)}\right],$

Abb. 108, ist in ihrem Anfangsteil für positive x wiederum sehr charakteristisch. Von einem Maximum auf der y-Achse bei $0{,}5$ fällt die Kurve steil ab, erreicht bei etwa $x = 0{,}25$ ein Minimum und bei $x = 0{,}8$ ein Maximum, zieht von da aus in ganz schwachem Bogen, beinahe geradlinig, schräg nach unten und nähert sich dann ihrer Asymptoten durch den Punkt $y = 0{,}25$.

Die Kombination $8 + \dfrac{1}{(1+4)} : y = \dfrac{1}{2}\left[\dfrac{1}{ma^{-\frac{1}{x}}} + \dfrac{1}{\dfrac{m}{2}\left(a^x + a^{-\frac{1}{x}}\right)}\right]$

folgt hier als Hauptfunktion demselben Kurventyp wie die reziproke

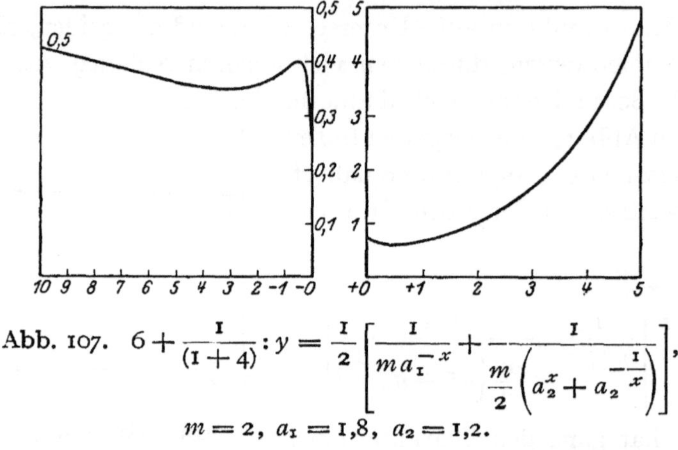

Abb. 107. $6 + \dfrac{1}{(1+4)} : y = \dfrac{1}{2}\left[\dfrac{1}{ma_1^{-x}} + \dfrac{1}{\dfrac{m}{2}\left(a_2^x + a_2^{-\frac{1}{x}}\right)}\right]$,

$m = 2$, $a_1 = 1{,}8$, $a_2 = 1{,}2$.

Funktion $\dfrac{1}{(1+4)}$ in Abb. 56, nähert sich aber der Asymptoten durch 0,75, denn es addieren sich lediglich zwei gleichartige Typen. Es geht

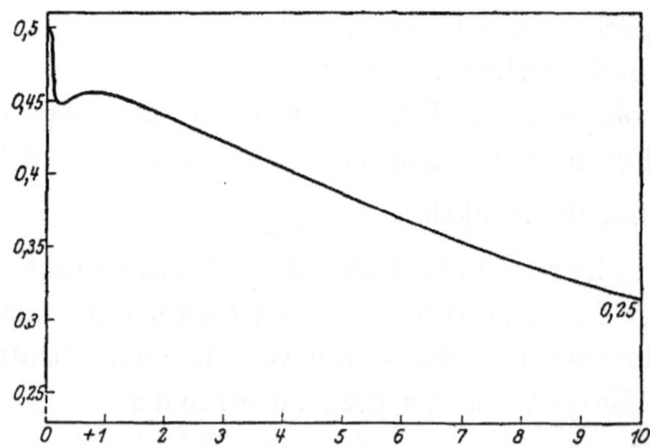

Abb. 108. $7 + \dfrac{1}{(1+4)} : y = \dfrac{1}{2}\left[\dfrac{1}{ma^{\frac{1}{x}}} + \dfrac{1}{\dfrac{m}{2}\left(a^x + a^{-\frac{1}{x}}\right)}\right]$, $m = 2$, $a = 1{,}2$.

daraus hervor, daß man derselben Kurvenform die einfache Form (8) oder die zweifache $\dfrac{1}{(1+4)}$ oder auch die dreifache $8 + \dfrac{1}{(1+4)}$ geben kann, je nachdem es die biologischen Verhältnisse notwendig oder vorteilhaft erscheinen lassen.

Die Kombination $3 + (1 + 8)$: $y = \dfrac{1}{2}\left[m\,a^{\frac{1}{x}} + \dfrac{1}{2}\left(m\,a^x + \dfrac{1}{m\,a^{-\frac{1}{x}}} \right) \right]$,

Abb. 109, hat in ihrer Struktur sehr viel Ähnlichkeit mit Abb. 103, wie ohne weiteres verständlich wird, wenn man sich die Kurven der einzelnen Komponenten ansieht. Da sie in zwei Gliedern, (3) und (1), übereinstimmen und die Kurve der Grundform (3) sich von der von (8) nur

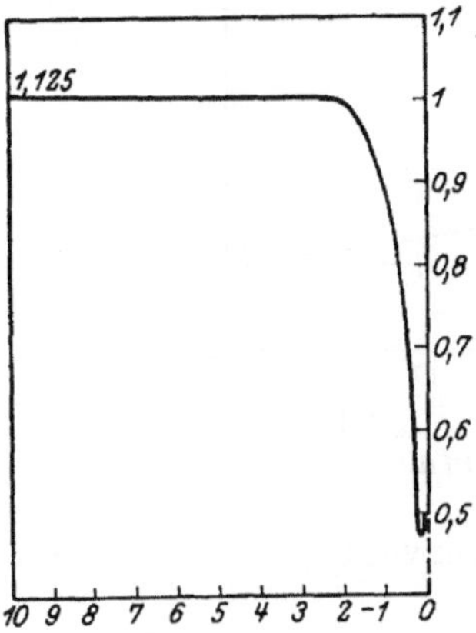

Abb. 109. 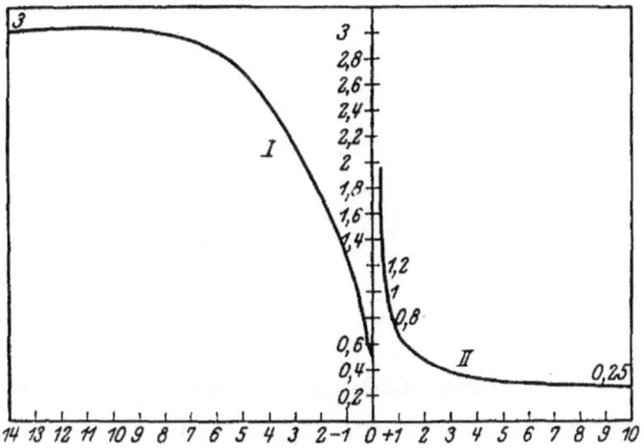   Abb. 110.

Abb. 109. $3 + (1 + 8)$: $y = \dfrac{1}{2}\left[m\,a^{\frac{1}{x}} + \dfrac{1}{2}\left(m\,a^x + \dfrac{1}{m\,a^{-\frac{1}{x}}} \right) \right]$, $m = 2$, $a = 1{,}8$.

Abb. 110. I: $3 + \dfrac{1}{(1+8)}$: $y = \dfrac{1}{2}\left[m\,a^{\frac{1}{x}} + \dfrac{1}{\dfrac{1}{2}\left(m\,a^x + \dfrac{1}{m\,a^{-\frac{1}{x}}} \right)} \right]$,

II: $8 + \dfrac{1}{(1+8)}$: $y = \dfrac{1}{2}\left[\dfrac{1}{m\,a^{-\frac{1}{x}}} + \dfrac{1}{\dfrac{1}{2}\left(m\,a^x + \dfrac{1}{m\,a^{-\frac{1}{x}}} \right)} \right]$, $m = 2$, $a = 1{,}8$.

durch ihre Lage, nicht aber durch ihren Typus unterscheidet, müssen auch die Kombinationen ähnlich sein. Trotzdem bewirkt aber die unterschiedliche Lage der Asymptoten, deren Abstände von der x-Achse sich wie m zu $\dfrac{1}{m}$ verhalten, eine charakteristische Änderung des Verlaufs an der Umbiegungsstelle der beiden Linien bei $x = -2$.

Während die Kurve in Abb. 103 ganz allmählich in schräger Richtung zur Asymptoten bei 1,5 hochzieht, erreicht sie in Abb. 109 die Wagerechte durch 1,125 schon fast bei $x = -2$. Da die Zahlenwerte der Konstanten in beiden Fällen gleich gewählt sind, ist ein direkter Vergleich möglich. Noch deutlicher würde der Unterschied in Erscheinung treten, wenn die Maßeinheiten auf der y-Achse gleich sein würden.

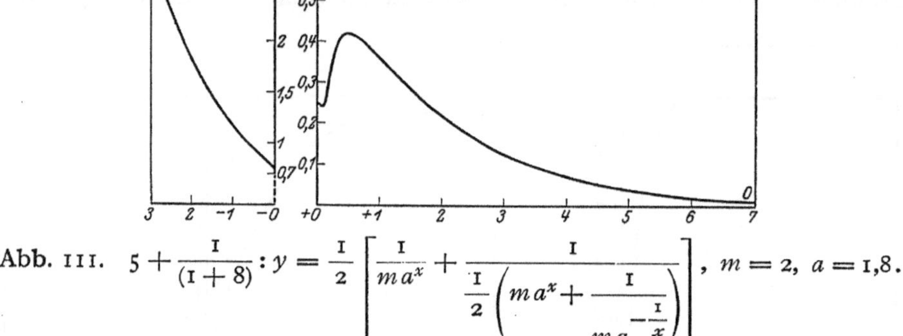

Abb. 111. $5 + \dfrac{1}{(1 + 8)} : y = \dfrac{1}{2}\left[\dfrac{1}{m a^x} + \dfrac{1}{\dfrac{1}{2}\left(m a^x + \dfrac{1}{m a^{-\frac{1}{x}}}\right)}\right]$, $m = 2$, $a = 1,8$.

Die Abb. 110 gibt zwei Varianten von Kurventypen wieder, die wir schon kennen. Die Linie I,

$$3 + \frac{1}{(1 + 8)} : y = \frac{1}{2}\left[m a^{\frac{1}{x}} + \frac{1}{\frac{1}{2}\left(m a^x + \frac{1}{m a^{-\frac{1}{x}}}\right)}\right],$$

zeigt eine Abflachung des Kurventeils zwischen $x = -0,8$ und $x = -6$, die wir in gleicher Weise von andern Typen schon besprochen haben, für die Form der Abb. 96 und 104, außerdem überschneidet sie im Gegensatz zu diesen ihre Asymptote durch den Punkt 3, hat dann ein Maximum und nähert sich von oben her dem Wert 3. Die Linie II gilt für die ihrem Wesen nach der vorigen ähnliche Kombination

$$8 + \frac{1}{(1 + 8)} : y = \frac{1}{2}\left[\frac{1}{m a^{-\frac{1}{x}}} + \frac{1}{\frac{1}{2}\left(m a^x + \frac{1}{m a^{-\frac{1}{x}}}\right)}\right]$$

und stellt insofern eine Variation des bekannten „hyperbelartigen" Typus dar, als hier das „Hängen" der Kurve mit aller Deutlichkeit dadurch in Erscheinung tritt, daß sich auch bei diesem Typ eine Abflachung zwischen $x = 1$ und $x = 5$ bemerkbar macht.

Die Kombination 5 $+\dfrac{1}{(1+8)}$: $y=\dfrac{1}{2}\left[\dfrac{1}{m\,a^{x}}+\dfrac{1}{\dfrac{1}{2}\left(m\,a^{x}+\dfrac{1}{m\,a^{-\frac{1}{x}}}\right)}\right]$,

Abb. 111, unterscheidet sich für positive x sehr wesentlich von dem Verlauf der Kurve (1 + 3) in Abb. 52 links, die in dem Bereich zwischen $x = 0$ und $x = 1$ eine gewisse Ähnlichkeit haben, wenn auch der Charakter des Minimums nahe der y-Achse ein etwas anderer ist. Vom Maximum bei $x = 0{,}5$ fällt die Kurve in Abb. 111 dann in bekannter Art bis zur x-Achse ab, während die Funktion (1 + 3) ein Minimum durchläuft und an eine Asymptote durch den Punkt $y = 1$ heranzieht. Für negative x ist unsere Kombination größtenteils einer Exponentiallinie ähnlich, aber zwischen $x = 0$ und $x = -0{,}5$ zeigt sie eine leichte Hochbiegung, die ein mehr spitzes Heranlaufen in leichtem Bogen an die y-Achse bedingt.

Die Kombination 6 $+\dfrac{1}{(1+8)}$: $y=\dfrac{1}{2}\left[\dfrac{1}{m\,a^{-x}}+\dfrac{1}{\dfrac{1}{2}\left(m\,a^{x}+\dfrac{1}{m\,a^{-\frac{1}{x}}}\right)}\right]$,

Abb. 112, stellt in ihrem positiven Bereich in noch ausgeprägterer Form Verhältnisse dar, die wir bei der Funktion (3 + 5), Abb. 77, für negative x schon besprochen haben. Der negative Ast der Kurve zeigt zwischen $x = -\infty$ und $x = -1$ ein Verhalten, das auch der Reziproken $\dfrac{1}{(1+8)}$,

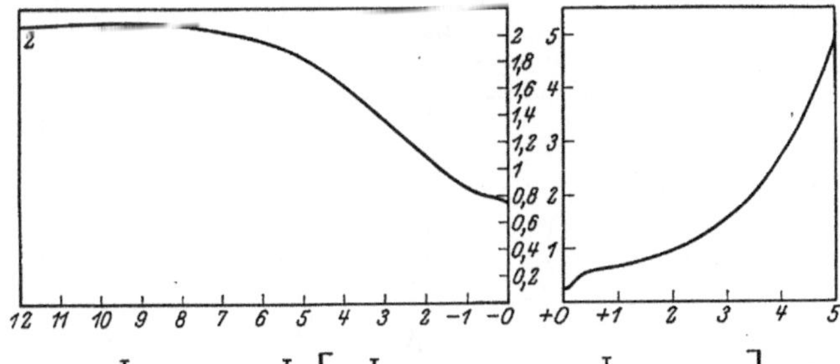

Abb. 112. $6+\dfrac{1}{(1+8)}$: $y=\dfrac{1}{2}\left[\dfrac{1}{m\,a^{-x}}+\dfrac{1}{\dfrac{1}{2}\left(m\,a^{x}+\dfrac{1}{m\,a^{-\frac{1}{x}}}\right)}\right]$, $m=2$, $a=1{,}8$.

Abb. 64 links, zukommt, aber die Art des weiteren Verlaufs bis zum Schnittpunkt mit der y-Achse hat zwar dieselbe Tendenz, hochzubiegen, ist aber viel ausgeprägter S-förmig. Wenn man den Charakter der positiven und negativen Äste derartiger Funktionen vom rein mathematischen Standpunkt aus betrachtet, so ist bemerkenswert, daß zwar einer dieser Äste die gleiche oder eine ähnliche Kurvenform aufweist wie eine andere Funktion, daß aber der andere Ast mit umgekehrtem Vorzeichen der x-Werte eine völlig andere Gestalt hat. Der unterschied-

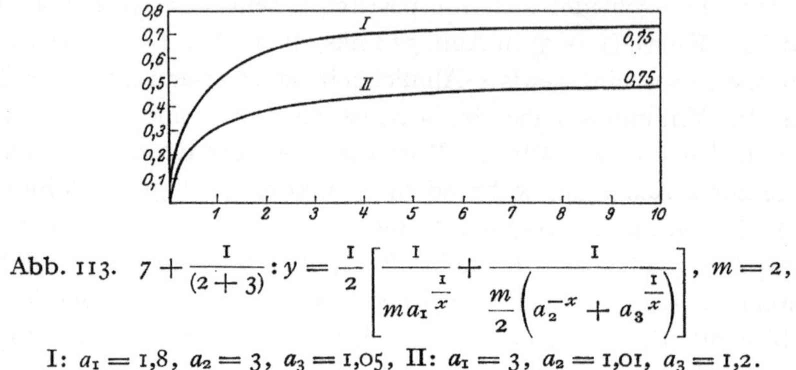

Abb. 113. $7 + \dfrac{1}{(2+3)} : y = \dfrac{1}{2}\left[\dfrac{1}{m\,a_1^{\frac{1}{x}}} + \dfrac{1}{\dfrac{m}{2}\left(a_2^{-x} + a_3^{\frac{1}{x}}\right)}\right]$, $m = 2$,

I: $a_1 = 1{,}8$, $a_2 = 3$, $a_3 = 1{,}05$, II: $a_1 = 3$, $a_2 = 1{,}01$, $a_3 = 1{,}2$.

liche Gesamtcharakter der Funktion ist klar zu erkennen, wenn man beispielsweise unsere Kombination in Abb. 112 mit den Abb. 64 und 77 vergleicht.

Als Beispiel dafür, wie auch bei dreifachen Kombinationen Kurvenformen erhalten werden können, welche die Eigenschaften der Typen in den Abb. 65 bis 73 aufweisen, sei in Abb. 113 die Kombination

$$7 + \frac{1}{(2+3)} : y = \frac{1}{2}\left[\frac{1}{m\,a_1^{\frac{1}{x}}} + \frac{1}{\frac{m}{2}\left(a_2^{-x} + a_3^{\frac{1}{x}}\right)}\right]$$

Abb. 114. $1 + (3+4) : y = \dfrac{1}{2}\left[m\,a^x + \dfrac{m}{2}\left(a^{\frac{1}{x}} + a^{-\frac{1}{x}}\right)\right]$, $m = 2$, $a = 1{,}8$.

wiedergegeben, welche einen ähnlichen, wenn auch in Einzelheiten etwas abweichenden Verlauf zeigt wie Abb. 69.

Die Kombination $1 + (3 + 4) : y = \dfrac{1}{2}\left[ma^x + \dfrac{m}{2}\left(a^{\frac{1}{x}} + a^{-\frac{1}{x}}\right)\right]$,
Abb. 114, unterscheidet sich auf der positiven Seite nur durch den etwas steileren Aufstieg der rechten Zweige und den etwas anderen Verlauf der das Minimum bildenden Kurventeile von der Abb. 87. Für negative x nimmt die Funktion „hyperbelartige" Form an. Während aber z. B. in Abb. 74 die Kurven mit wechselnden a-Werten getrennt voneinander verlaufen, überschneiden sie sich hier. Bei der Kombination $(3 + 4)$ nähern sich beide Zweige mit kleiner werdenden a immer mehr der y-Achse bzw. der Asymptoten, bei $1 + (3 + 4)$

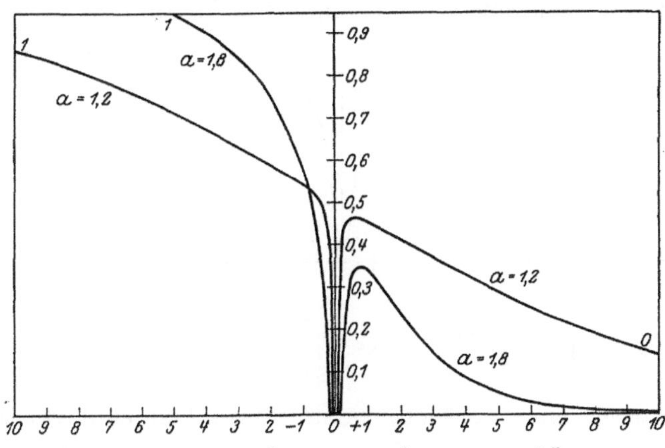

Abb. 115. $\quad \dfrac{1}{1+(3+4)} : \dfrac{1}{y} = \dfrac{1}{2}\left[ma^x + \dfrac{m}{2}\left(a^{\frac{1}{x}} + a^{-\frac{1}{x}}\right)\right]$, $m = 2$, $a = 1{,}8$.

hat nur der senkrechte Zweig diese Eigenschaft, der wagerechte aber entfernt sich immer mehr von der Asymptoten, je kleiner a ist.

Wenn man bei der Reziproken:

$$\frac{1}{1+(3+4)} : \frac{1}{y} = \frac{1}{2}\left[ma^x + \frac{m}{2}\left(a^{\frac{1}{x}} + a^{-\frac{1}{x}}\right)\right],$$

Abb. 115, die positiven und negativen Äste für sich betrachtet, so haben wir bekannte Typen vor uns (rechts z. B. aus Abb. 88). Für negative x ist der Typ jeder einzelnen Kurve an sich z. B. in Abb. 75 schon behandelt worden. Charakteristisch ist bei unserer Reziproken die Abflachung der Linie für $a = 1{,}2$ zwischen $x = -0{,}5$ und $x = -9$, besonders aber die Überkreuzung bei wechselnden a-Werten, die naturgemäß hier ebenso auftreten muß, wie bei der Hauptfunktion. Es ist dieser Unterschied zu dem Typus der Abb. 75

so auffällig, daß er besonders betont zu werden verdient, wenn man an die Vergleichsmöglichkeit biologischer Vorgänge denkt, welche einen derartigen Typus aufweisen. Ausdrücklich möchte ich auf den Gesamtcharakter dieser Funktion hinweisen, der in Abb. 115 besonders auffällig für $a = 1{,}2$ in Erscheinung tritt. Nehmen wir einmal an, es wären experimentell zwischen $x = -0{,}7$ und $x = +0{,}6$ keine Daten ermittelt worden, so würde man nicht anstehen, die Kurve direkt durchzuziehen und so eine durchaus kontinuierliche, glatte Linie erhalten. Selbst, wenn etwa bei $x = 1$ der Versuch noch einen Wert von $y = 2$ ergeben hätte, würde man vielleicht geneigt sein, diese Zahl für einen Versuchsfehler zu halten. Auf Grund des Charakters unserer Kurve

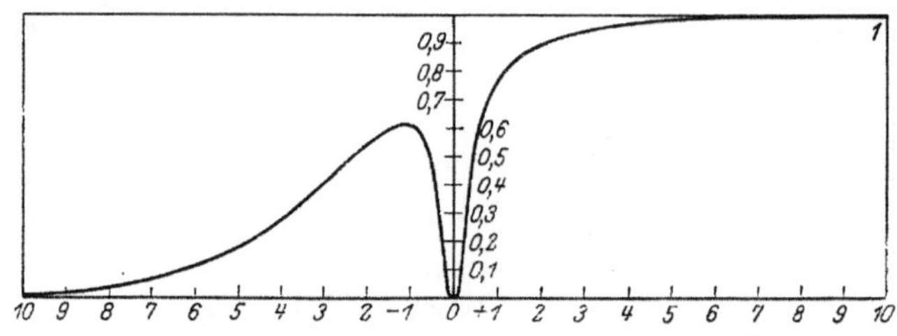

Abb. 116. $\quad \dfrac{1}{5+(3+4)} : \dfrac{1}{y} = \dfrac{1}{2}\left[\dfrac{1}{m\,a^x} + \dfrac{m}{2}\left(a^{\frac{1}{x}} + a^{-\frac{1}{x}}\right)\right]$, $m = 2$, $a = 1{,}8$.

weist aber dieser eine Versuch, wenn tatsächlich kein Beobachtungsfehler vorliegt, auf das Vorhandensein eines in steilem Abfall erreichten Minimums hin, das gerade, biologisch gesprochen, einen markierten Punkt darstellt, der als mathematischer Nullpunkt gewählt werden muß.

Die Kombination $3 + (3 + 4) : y = \dfrac{1}{2}\left[m\,a^{\frac{1}{x}} + \dfrac{m}{2}\left(a^{\frac{1}{x}} + a^{-\frac{1}{x}}\right)\right]$ enthält zwei gleiche Komponenten und läßt sich umformen in $y = \dfrac{m}{4}\left(3\,a^{\frac{1}{x}} + a^{-\frac{1}{x}}\right)$. Sie hat also den Charakter der Kombination $(3 + 4)$, in welcher der erste a-Wert ein Vielfaches des zweiten ist. Zeichnet man ihre Kurve, so erhält sie den Charakter der Abb. 81, die Asymptote geht aber für beide Zweige durch den Punkt $y = m$. Die Reziproke verläuft dann entsprechend der Abb. 82 mit einer Asymptoten durch $y = \dfrac{1}{m}$.

Spiegelbildlich zum Kurvenbild der Abb. 115 ist die Reziproke der Kombination $5 + (3 + 4) : \dfrac{1}{y} = \dfrac{1}{2}\left[\dfrac{1}{m\,a^x} + \dfrac{m}{2}\left(a^{\frac{1}{x}} + a^{-\frac{1}{x}}\right)\right]$, die ich in Abb. 116 abbilde, um den Gesamtcharakter solcher Funktionen deutlicher im Bild vorzuführen, als er aus Abb. 115 hervorgeht.

Die Kombination $7 + (3 + 4) : y = \dfrac{1}{2}\left[\dfrac{1}{m\,a^{-x}} + \dfrac{m}{2}\left(a^{\frac{1}{x}} + a^{-\frac{1}{x}}\right)\right]$ bietet zwar an sich keine neue Kurvenform, denn sie folgt dem in Abb. 76 rechts wiedergegebenen Typus. Während aber dort diese Formen als asymmetrische bei verschiedenen a-Werten der Kombination $(3 + 4)$ auftreten, sind in unserer Formel die Konstanten a der Komponenten sämtlich gleich. In Abb. 117 ist der positive Zweig von $7 + (3 + 4)$ gezeichnet, er entspricht, wie man sieht, seinem Charakter nach dem

negativen Zweig in Abb. 76. Diejenigen mit umgekehrten Vorzeichen weisen keine wesentlichen Unterschiede auf, in Abb. 117 ist aber der Typus noch ausgeprägter als in Abb. 76, weil der vom Minimum mit wachsenden x-Werten aufsteigende Teil der Kurve steiler verläuft. Jedenfalls muß auf Grund dieser Verhältnisse festgestellt werden, daß sich unser Kurventyp sowohl durch die asymmetrische Formel der Abb. 76 wie auch durch die Formel $7 + (3 + 4)$ mit denselben Zahlenwerten der Konstanten darstellen läßt.

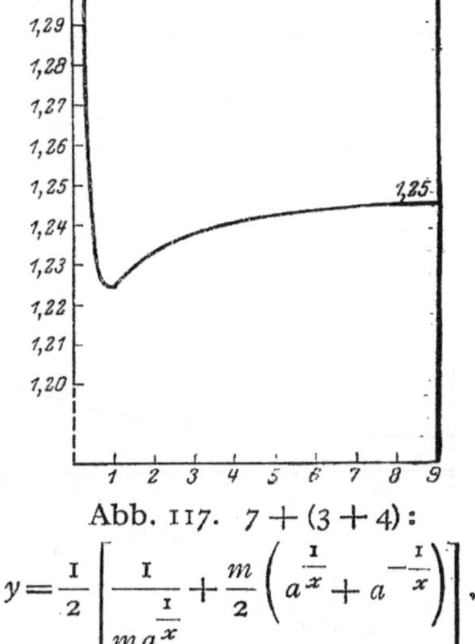

Abb. 117. $7 + (3 + 4)$:

$$y = \frac{1}{2}\left[\frac{1}{m\,a^{\frac{1}{x}}} + \frac{m}{2}\left(a^{\frac{1}{x}} + a^{-\frac{1}{x}}\right)\right],$$

$$m = 2, \quad a = 1{,}2.$$

Wenn zwei Kurven in einem reziproken Verhältnis zueinander stehen, macht sich auch, wie aus früher besprochenen Formen hervorgeht, oft deutlich die Eigenart bemerkbar, daß bei der Reziproken ausgeprägte Bogen verflachen und umgekehrt leicht geschwungene Linien stärker gekrümmt werden. Diese Eigentümlichkeit finden wir auch in auffälliger Weise bei den eben besprochenen Kurven. In Abb. 76 liegt das Maximum der Reziproken des negativen Zweiges relativ viel weiter oberhalb der $\dfrac{1}{m}$-Linie als das Maximum der Hauptfunktion unter der m-Linie. Umgekehrte Verhältnisse liegen bei der Reziproken $\dfrac{1}{7 + (3 + 4)}$ vor. Da das Minimum der Abb. 117 relativ viel tiefer unter der Asymptoten liegt als in Abb. 76, und auch die das Minimum bildenden Teile der Kurve steiler verlaufen, geht die Reziproke nur wenig über die Asymptote bei 0,8 hinaus, und der äußere Ast nähert sich ihr sehr flach und langsam.

Die Kombination $1 + \dfrac{1}{(3+4)} : y = \dfrac{1}{2}\left[m\,a^x + \dfrac{1}{\dfrac{m}{2}\left(a^{\frac{1}{x}} + a^{-\frac{1}{x}}\right)}\right]$,

Abb. 118, ist ein Beispiel dafür, wie eine einfache Abhängigkeit, die sich durch eine reine Exponentiallinie darstellen lassen würde, durch das Hinzutreten eines weiteren Vorganges, welcher der Funktion $\dfrac{1}{(3+4)}$, Abb. 16, folgt, zu einer sehr unregelmäßigen Linie umgewandelt wird, trotzdem beide Komponenten für sich einen regelmäßigen Verlauf haben.

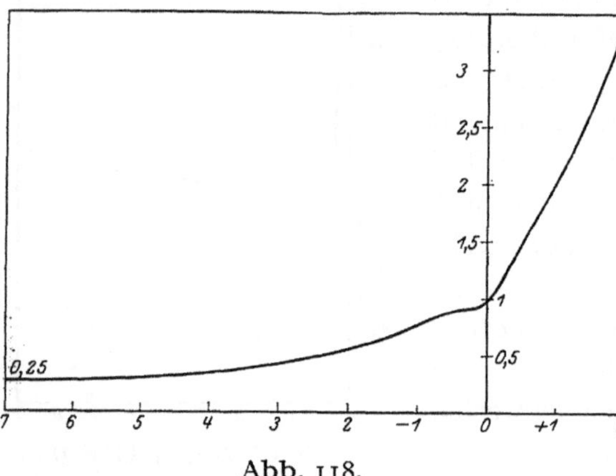

Abb. 118.

$$1 + \frac{1}{(3+4)} : y = \frac{1}{2}\left[m\,a^x + \frac{1}{\frac{m}{2}\left(a^{\frac{1}{x}} + a^{-\frac{1}{x}}\right)}\right],$$

$$m = 2,\ a = 1{,}8.$$

Die Asymptote des negativen Zweiges geht durch den Punkt 0,25. Bis etwa $x = 0{,}5$ hat die Kurve noch einen glatten, kontinuierlichen Charakter, aber links und rechts von der y-Achse, die im Punkte $y = 1$ geschnitten wird, zeigt die Abb. 118 unregelmäßige Schwankungen, die bis $x = +1$ andauern. Erst dann nimmt die Funktion wieder einen Verlauf nach Art einer Exponentiallinie. Es geht aus diesem rein mathematischen Beispiel hervor, daß derartige Abweichungen bei biologischen Kurven auch funktional begründet sein können, daß man also durchaus nicht immer mit Beobachtungsfehlern rechnen muß. Häufig versucht man, Schwankungen der Kurve dann damit zu erklären, daß die Versuchsbedingungen nicht eingehalten wurden, aber das Exponentialgesetz sagt aus, daß der Organismus auf diese Störungen eines vom Experimentator gewollten Ablaufs ebenfalls nach Art exponentialer Funktionen reagiert, daß also eine neue Reaktion eintritt, welche die ursprüngliche Kurve zu Abweichungen von ihrem Verlauf zwingt.

Die Kombination $5 + \dfrac{1}{(3+4)} : y = \dfrac{1}{2}\left[\dfrac{1}{ma^x} + \dfrac{1}{\dfrac{m}{2}\left(a^{\frac{1}{x}} + a^{-\frac{1}{x}}\right)}\right]$,

Abb. 119, stellt eine weitere Variante des in den Abb. 52, 84 und 111 behandelten Kurventyps dar. Genau wie dort hat die Funktion auf der y-Achse bei 0,25 ein Maximum, durchläuft dann schnell hintereinander erst ein Minimum und dann wieder ein Maximum, fällt danach aber ohne ein weiteres Minimum bis zu ihrer Asymptoten durch 0,25 ab. Sie liegt also ihrem Charakter nach zwischen dem Typus der Abb. 52 und 84 einerseits und dem der Abb. 111 andererseits.

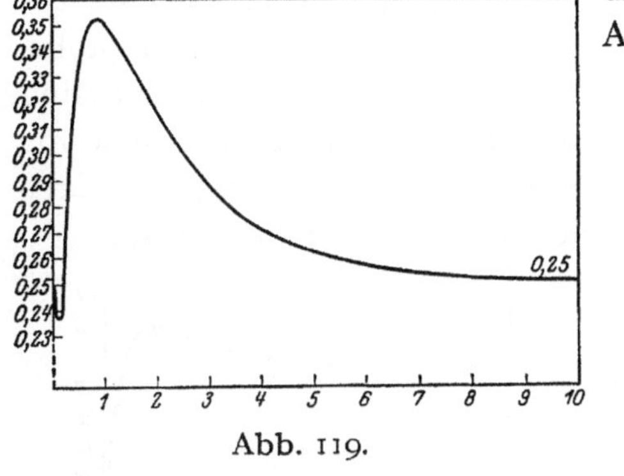

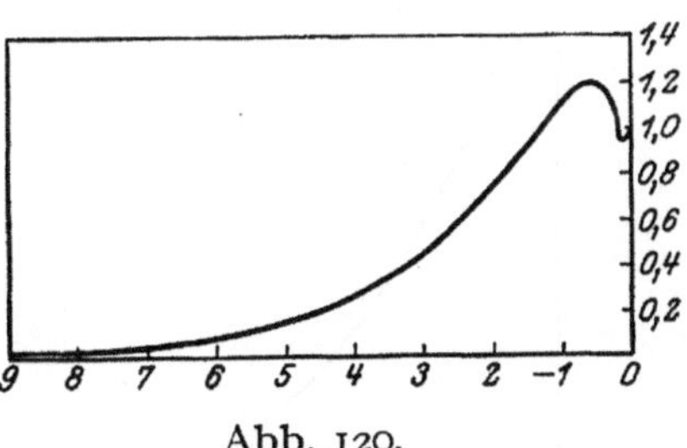

Abb. 119. Abb. 120.

Abb. 119. $5 + \dfrac{1}{(3+4)} : y = \dfrac{1}{2}\left[\dfrac{1}{ma^x} + \dfrac{1}{\dfrac{m}{2}\left(a^{\frac{1}{x}} + a^{-\frac{1}{x}}\right)}\right]$, $m = 2$, $a = 1,8$.

Abb. 120. $1 + \dfrac{1}{(5+7)} : y = \dfrac{1}{2}\left[ma^x + \dfrac{1}{\dfrac{1}{2}\left(\dfrac{1}{ma^x} + \dfrac{1}{ma^x}\right)}\right]$, $m = 2$, $a = 1,8$.

Eine Form ähnlich Abb. 111 stellt die Kombination

$$1 + \dfrac{1}{(5+7)} : y = \dfrac{1}{2}\left[ma^x + \dfrac{1}{\dfrac{1}{2}\left(\dfrac{1}{ma^x} + \dfrac{1}{ma^x}\right)}\right],$$

Abb. 120, für negative x dar. Sie hat entsprechend ihrer Zusammensetzung von $x = -\infty$ bis $x = -0,2$ eine Form, welche der Reziproken $\dfrac{1}{(5+7)}$ ähnlich ist, die der Abb. 53 analog verläuft. Sie fällt dann aber nicht bis zum Nullpunkt, sondern erreicht schon bei etwa $y = 0,94$ ein Minimum und schneidet die y-Achse in 1. Sehr charakteristisch ist auch die Reziproke $\dfrac{1}{1+\dfrac{1}{(5+7)}}$, welche in Abb. 121 wieder-

gegeben ist.

Die Kombination $3 + \dfrac{1}{(5+7)} : y = \dfrac{1}{2}\left[m\,a^{\frac{1}{x}} + \dfrac{1}{\dfrac{1}{2}\left(\dfrac{1}{m\,a^x} + \dfrac{1}{m\,a^{\frac{1}{x}}}\right)} \right]$,

Abb. 122, ist für negative x eine Variante des in den Abb. 76 und 82 behandelten Typs insofern, als der nach dem Maximum bei $x = -1{,}7$

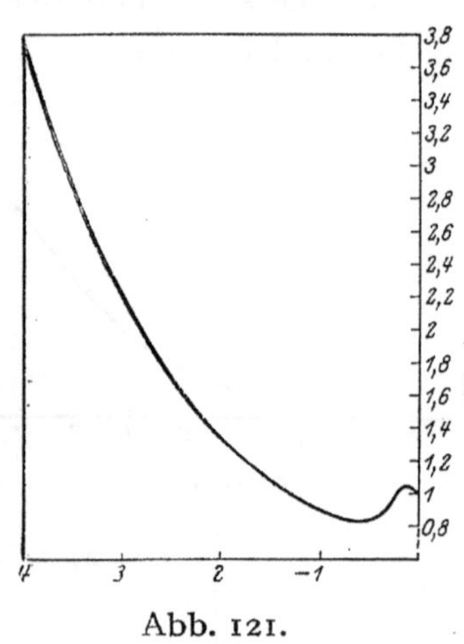

abfallende Ast nicht wie dort unmittelbar sich der Asymptoten
nähert, sondern zunächst ein Minimum durchläuft und dann erst von
unten her an die Asymptote durch
den Punkt $y = 1$ herangeht.

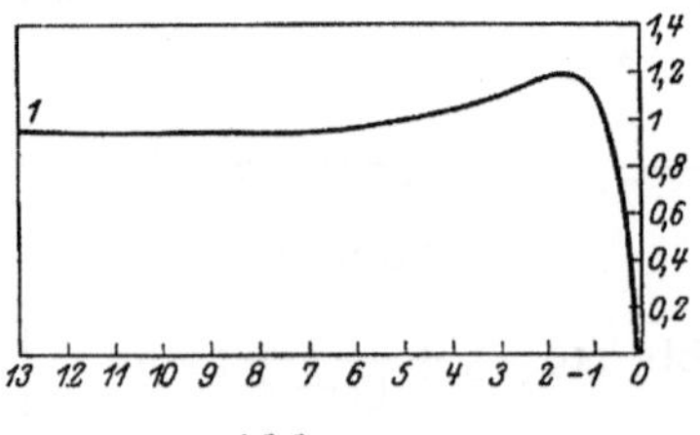

Abb. 121.

Abb. 122.

Abb. 121. $\dfrac{\dfrac{1}{1+\dfrac{1}{(5+7)}} : \dfrac{1}{y}}{} = \dfrac{1}{2}\left[m\,a^x + \dfrac{1}{\dfrac{1}{2}\left(\dfrac{1}{m\,a^x} + \dfrac{1}{m\,a^{\frac{1}{x}}}\right)} \right]$, $m = 2$, $a = 1{,}8$.

Abb. 122. $3 + \dfrac{1}{(5+7)} : y = \dfrac{1}{2}\left[m\,a^{\frac{1}{x}} + \dfrac{1}{\dfrac{1}{2}\left(\dfrac{1}{m\,a^x} + \dfrac{1}{m\,a^{\frac{1}{x}}}\right)} \right]$, $m = 2$, $a = 1{,}8$.

Die schon öfter behandelte Abflachung exponentialer Kurven kommt bei dem „hyperbelähnlichen" Typus in der Kombination

$$7 + \dfrac{1}{(5+7)} : y = \dfrac{1}{2}\left[\dfrac{1}{m\,a^{\frac{1}{x}}} + \dfrac{1}{\dfrac{1}{2}\left(\dfrac{1}{m\,a^x} + \dfrac{1}{m\,a^{\frac{1}{x}}}\right)} \right],$$

Abb. 123 I, sehr deutlich zum Ausdruck. Die Abweichung von der

Normalform (7): $y = \dfrac{1}{m\,a^{\frac{1}{x}}}$, Abb. 46, kommt dadurch zustande, daß eine Funktion vom Charakter der Abb. 53 den mittleren Teil der Kurve nach oben zwingt. Für die biologische Realität dieser Form

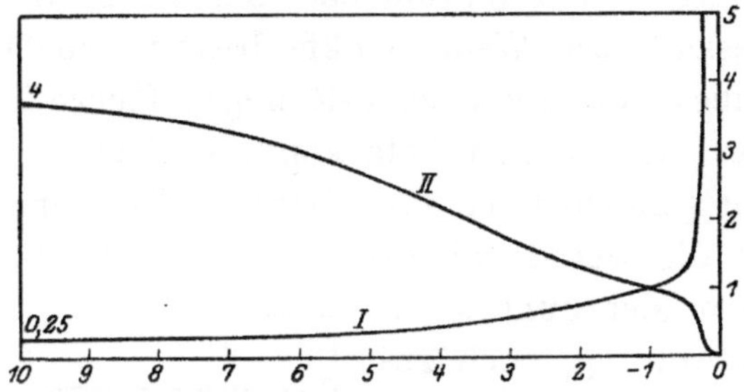

$$\text{Abb. 123.}\quad \text{I: } 7 + \frac{1}{(5+7)} : y = \frac{1}{2}\left[\frac{1}{m\,a^{\frac{1}{x}}} + \frac{1}{\frac{1}{2}\left(\frac{1}{m\,a^{x}} + \frac{1}{m\,a^{\frac{1}{x}}}\right)}\right],$$

$$\text{II: } \frac{1}{7 + \frac{1}{(5+7)}} : \frac{1}{y} = \frac{1}{2}\left[\frac{1}{m\,a^{\frac{1}{x}}} + \frac{1}{\frac{1}{2}\left(\frac{1}{m\,a^{x}} + \frac{1}{m\,a^{\frac{1}{x}}}\right)}\right],\quad m = 2,\ a = 1{,}8.$$

gilt dasselbe, was auf S. 116 für die Abb. 118 ausgeführt wurde. Für verschiedene m- und a-Werte geht die Kombination $7 + \dfrac{1}{(5+7)}$ im negativen Bereich der Funktion in eine Form über, welche in Abb. 124

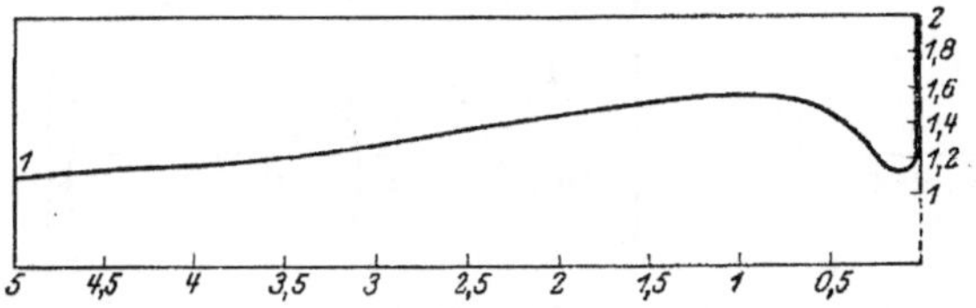

$$\text{Abb. 124.}\quad 7 + \frac{1}{(5+7)} : y = \frac{1}{2}\left[\frac{1}{m_1\,a_1^{\,x}} + \frac{1}{\frac{1}{2}\left(\frac{1}{m_2\,a_2^{\,x}} + \frac{1}{m_2\,a_2^{\,x}}\right)}\right],$$

$$m_1 = 0{,}5,\quad m_2 = 2,\quad a_1 = 1{,}01,\quad a_2 = 1{,}8.$$

wiedergegeben ist. Sie läuft fast parallel an der y-Achse als Asymptote entlang, biegt plötzlich ab und erreicht ein Minimum bei $x = -0{,}1$. Von da aus steigt die Kurve schräg zu einem Maximum bei etwa $x = -1$ auf und fällt dann wieder langsam zu der durch den Punkt $y = 1$ gehenden Asymptoten ab.

Die Reziproke $\dfrac{1}{7+\dfrac{1}{(5+7)}}$, Abb. 123 II, ist, wie in anderen Fällen auch, noch charakteristischer, sie zeigt in dem Bereich, in dem die Hauptfunktion die Abflachung aufweist, eine Einbuchtung nach unten, so daß als Ganzes die eigentümliche Gestalt in Abb. 123 II entsteht, die insgesamt drei Wendepunkte besitzt. So läßt sich kontinuierlich auch diese Variation der S-förmigen Kurve in Abb. 75 verfolgen. Der dort stark ausgeprägte konvexe Bogen wird in Abb. 62 links fast bis zur geraden Linie abgeplattet und erfährt in Abb. 123 II noch eine über die Gerade hinausgehende Einbuchtung. Auf diese Eigenart exponentialer Funktionen werden wir bei Abb. 143 noch zurückkommen.

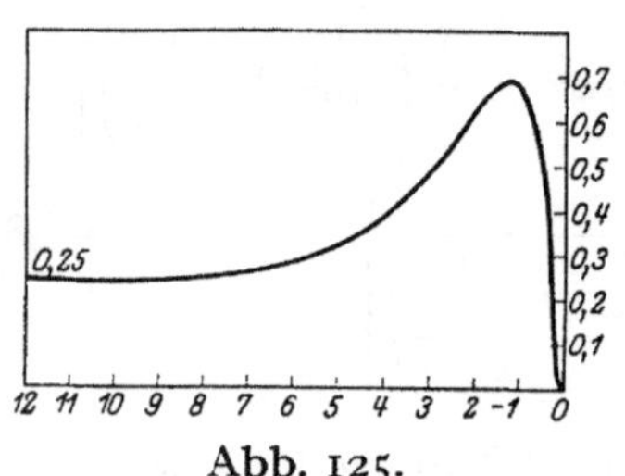

Abb. 125.

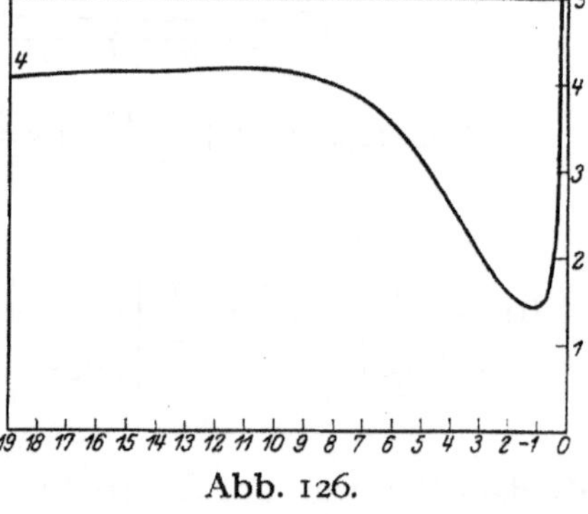

Abb. 126.

Abb. 125. $8+\dfrac{1}{(5+7)}:y=\dfrac{1}{2}\left[\dfrac{1}{ma^{-\frac{1}{x}}}+\dfrac{1}{\dfrac{1}{2}\left(ma^{x}+\dfrac{1}{ma^{\frac{1}{x}}}\right)}\right]$, $m=2$, $a=1,8$.

Abb. 126. $\dfrac{1}{8+\dfrac{1}{(5+7)}}:\dfrac{1}{y}+\dfrac{1}{2}\left[\dfrac{1}{ma^{-\frac{1}{x}}}+\dfrac{1}{\dfrac{1}{2}\left(ma^{x}+\dfrac{1}{ma^{\frac{1}{x}}}\right)}\right]$, $m=2$, $a=1,8$.

Wie aus den Kurven unserer Grundgleichungen hervorgeht, unterscheidet sich die Formel (8) von (3) hauptsächlich durch die Lage der Asymptoten. Die Kombination

$$8+\dfrac{1}{(5+7)}:y=\dfrac{1}{2}\left[\dfrac{1}{ma^{-\frac{1}{x}}}+\dfrac{1}{\dfrac{1}{2}\left(ma^{x}+\dfrac{1}{ma^{\frac{1}{x}}}\right)}\right],$$

Abb. 125, wird sich also an sich nicht viel von der Abb. 122 unterscheiden. Zwar grundsätzlich haben beide den gleichen Charakter, aber die Gegenüberstellung ergibt, daß das Bild der Funktion

$8 + \dfrac{1}{(5+7)}$ am Maximum und in der Art des Abfalls viel ausgeprägter ist, weil sie relativ viel weiter absinkt als Abb. 122, daß aber andererseits das Minimum in Abb. 125 viel schwächer ausgebildet und viel flacher ist. Derartige Varianten zweier an sich ähnlicher Kurvenformen werden in der Biologie nicht ohne Bedeutung sein, wenn es sich darum handelt, mehrere Vorgänge miteinander zu vergleichen und festzustellen, ob diese unmittelbar oder erst nach ihrer Analyse vergleichbar werden.

Eine ähnliche Variation wie die Hauptfunktion zeigt die Reziproke $\dfrac{1}{8 + \dfrac{1}{(5+7)}}$, Abb. 126, im Vergleich zu Abb. 124. Hier ist das Minimum viel stärker betont, und das Maximum hat nur einen geringen Einfluß auf den Gesamtcharakter des Kurvenverlaufs.

Wie an Hand der Abb. 123 II ein Fortschreiten der Variation der S-förmigen Kurve in Abb. 75 durch Abplattung und Einbuchtung festgestellt werden konnte, läßt sich auch bei der Kettenlinie dieselbe Tendenz verfolgen. Abb. 90 zeigte die Verflachung des normalen Bogens

$$\text{Abb. 127.} \quad 1 + \frac{1}{(6+8)} : y = \frac{1}{2}\left[ma^x + \frac{1}{\frac{1}{2}\left(\frac{1}{ma^{-x}} + \frac{1}{ma^{-\frac{1}{x}}}\right)}\right], \; m = 2, \, a = 1{,}8.$$

der Kettenlinie, der zwischen $x = 0{,}25$ und $x = 2$ fast geradlinig wird.

$$\text{Die Kombination} \quad 1 + \frac{1}{(6+8)} : y = \frac{1}{2}\left[ma^x + \frac{1}{\frac{1}{2}\left(\frac{1}{ma^{-x}} + \frac{1}{ma^{-\frac{1}{x}}}\right)}\right],$$

Abb. 127, läßt wie Abb. 123 deutlich die Einbuchtung der Kurve erkennen. Mathematisch bedeutet die Einbuchtung, daß die Kurve zwei Wendepunkte erhält. Wenn man in diesen Zusammenhang auch noch die asymmetrische Kettenlinie einbezieht, so muß man die in Abb. 89 dargestellte Funktion in die gleiche Richtung verweisen.

4. Die vierfachen Kombinationen.

Je mehr Komponenten wir addieren, desto größer ist die Zahl der Kombinationsmöglichkeiten, und was wir bei den dreifachen Kombinationen feststellen konnten, trifft hier in erhöhtem Maße zu. Wir haben in den bisher besprochenen Funktionen schon eine solche Fülle von Kurventypen und Variationen kennengelernt, daß wir uns mit dieser Grundlage im allgemeinen schon begnügen können, da sie ausreichen, das Wesen des Exponentialgesetzes aufzuzeigen. Nur an wenigen Beispielen von vierfachen Kombinationen sei mir der Hinweis auf einige Besonderheiten gestattet.

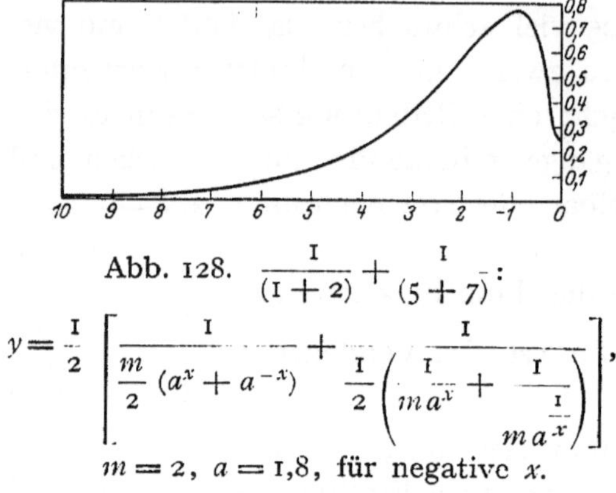

Abb. 128. $\dfrac{1}{(1+2)} + \dfrac{1}{(5+7)}$:

$$y = \frac{1}{2}\left[\frac{1}{\frac{m}{2}(a^x + a^{-x})} + \frac{1}{\frac{1}{2}\left(\frac{1}{ma^x} + \frac{1}{\frac{1}{ma^x}}\right)}\right],$$

$m = 2$, $a = 1{,}8$, für negative x.

Als Beispiel dafür, wie es möglich ist, bestimmte Punkte einer Kurve, die durch ihren Charakter an sich festgelegt sind, zu verändern, sei die Kombination

$$\frac{1}{(1+2)} + \frac{1}{(5+7)}: y = \frac{1}{2}\left[\frac{1}{\frac{m}{2}(a^x + a^{-x})} + \frac{1}{\frac{1}{2}\left(\frac{1}{ma^x} + \frac{1}{\frac{1}{ma^x}}\right)}\right]$$

angeführt. Bei der Funktion $\dfrac{1}{(5+7)}$, welche dem Kurventyp in Abb. 53 rechts entspricht, liegt das Minimum auf der y-Achse im Koordinatenanfangspunkt, durch das Hinzutreten der Kettenlinie-

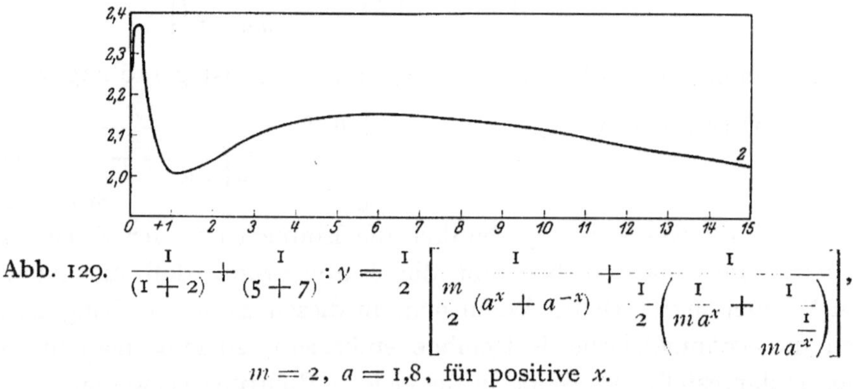

Abb. 129. $\dfrac{1}{(1+2)} + \dfrac{1}{(5+7)}: y = \frac{1}{2}\left[\frac{1}{\frac{m}{2}(a^x + a^{-x})} + \frac{1}{\frac{1}{2}\left(\frac{1}{ma^x} + \frac{1}{\frac{1}{ma^x}}\right)}\right]$,

$m = 2$, $a = 1{,}8$, für positive x.

reziproken wird es bis zum Punkt $y = 0{,}25$ gehoben. Die Kurve bekommt dadurch den Charakter, welchen Abb. 128 wiedergibt. Für positive x liegt das erste Minimum der Funktion $\dfrac{1}{(5+7)}$, welche dem Typus in Abb. 53 links ähnlich ist (vgl. dazu die Hauptfunktion in Abb. 84), bei demselben y-Wert, den auch die Asymptote der Endstrecke hat, denn die Kurve schneidet die y-Achse in 4 und nähert sich mit wachsendem x der Asymptote durch $y = 4$. Auch hier tritt wieder die y-Reziproke einer Kettenlinie hinzu, so daß das Minimum auf der y-Achse bei 2,25 liegt, während die Asymptote durch den Punkt $y = 2$ geht, wie durch Abb. 129 belegt ist.

Eine Erscheinung, welche bei den bisher besprochenen Formen nur gelegentlich auftrat, finden wir bei den vierfachen Kombinationen häufig, nämlich die Verdoppelung eines Kurventyps, d. h. eine Funktion weist für positive und negative x denselben Kurventyp auf. Bei den

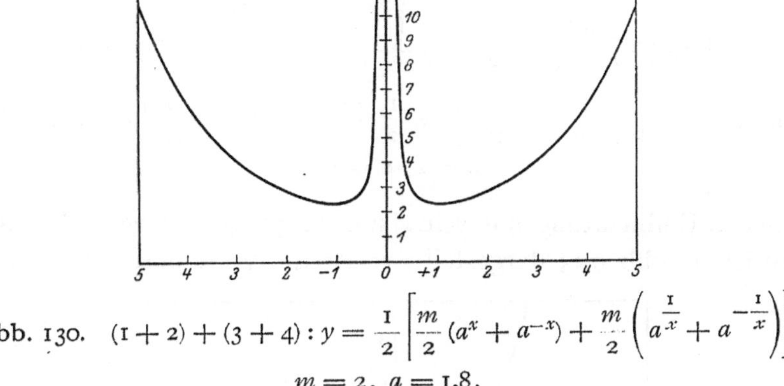

Abb. 130. $(1 + 2) + (3 + 4) : y = \dfrac{1}{2}\left[\dfrac{m}{2}(a^x + a^{-x}) + \dfrac{m}{2}\left(a^{\frac{1}{x}} + a^{-\frac{1}{x}}\right)\right],$

$$m = 2, \quad a = 1,8.$$

bisherigen Kombinationen haben wir solche Verdoppelung bei der symmetrischen Kettenlinie und ihren drei Reziproken angetroffen (Abb. 13 bis 16). Von diesen vier Funktionen ausgehend, müssen wir naturgemäß auch bei ihren Kombinationen solche Doppeltypen finden.

Die Kombination

$$(1 + 2) + (3 + 4) : y = \frac{1}{2}\left[\frac{m}{2}(a^x + a^{-x}) + \frac{m}{2}\left(a^{\frac{1}{x}} + a^{-\frac{1}{x}}\right)\right],$$

Abb. 130, zeigt den Typ der Abb. 52 rechts als Doppelform, ihre Reziproke $\dfrac{1}{(1 + 2) + (3 + 4)}$, Abb. 131, stellt dann die Verdoppelung des Typus Abb. 53 rechts dar. Im ganzen ist das eine Kurve, welche der Kettenliniereziproken in den Abb. 14 und 51 entspricht, aber am Maximum einen tiefen Sattel hat. Würde man die Linie in Abb. 128 verdoppeln, so erhielte man ein ähnliches Bild, aber der Sattel würde nicht bis zum Koordinatenanfangspunkt herunterreichen, sondern das Minimum des Sattels läge irgendwo auf der y-Achse.

Die Kombination

$$(\mathrm{I} + 2) + \frac{\mathrm{I}}{(3+4)} : y = \frac{\mathrm{I}}{2}\left[\frac{m}{2}(a^x + a^{-x}) + \frac{\mathrm{I}}{\frac{m}{2}\left(a^{\frac{\mathrm{I}}{x}} + a^{-\frac{\mathrm{I}}{x}}\right)}\right],$$

Abb. 132, ist die Doppelform des Typs in den Abb. 54 und 55 rechts, 77 links. Die Kurven sind Kettenlinien, welche die schon mehrfach be-

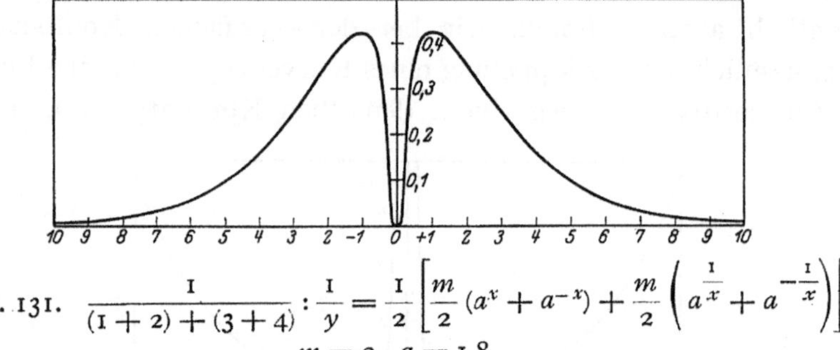

Abb. 131. $\dfrac{\mathrm{I}}{(\mathrm{I} + 2) + (3+4)} : \dfrac{\mathrm{I}}{y} = \dfrac{\mathrm{I}}{2}\left[\dfrac{m}{2}(a^x + a^{-x}) + \dfrac{m}{2}\left(a^{\frac{\mathrm{I}}{x}} + a^{-\frac{\mathrm{I}}{x}}\right)\right],$
$$m = 2,\ a = 1{,}8.$$

sprochenen Einbuchtungen in schärfster Ausprägung zeigen. Die Reziproke ist in Abb. 133 dargestellt, es ist die Verdoppelung der Linien

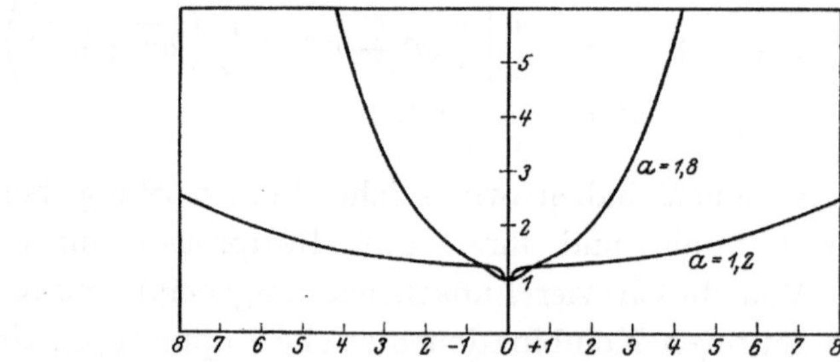

Abb. 132. $(\mathrm{I} + 2) + \dfrac{\mathrm{I}}{(3+4)} : y = \dfrac{\mathrm{I}}{2}\left[\dfrac{m}{2}(a^x + a^{-x}) + \dfrac{\mathrm{I}}{\dfrac{m}{2}\left(a^{\frac{\mathrm{I}}{x}} + a^{-\frac{\mathrm{I}}{x}}\right)}\right],$
$$m = 2,\ a = 1{,}8.$$

in den Abb. 56 rechts, 88 links, 93 rechts und weist ebenfalls entsprechende Einbuchtungen auf.

Der Verlauf der Kombination

$$\frac{\mathrm{I}}{(\mathrm{I} + 2)} + \frac{\mathrm{I}}{(3+4)} : y = \frac{\mathrm{I}}{2}\left[\frac{\mathrm{I}}{\frac{m}{2}(a^x + a^{-x})} + \frac{\mathrm{I}}{\frac{m}{2}\left(a^{\frac{\mathrm{I}}{x}} + a^{-\frac{\mathrm{I}}{x}}\right)}\right]$$

ist aus Abb. 134 I zu ersehen, sie entspricht dem Typ der Abb. 131, aber Minimum und Asymptote liegen nicht in der x-Achse, sondern hier bei einem Wert von $y = 0{,}25$. Die Reziproke ist in Abb. 134 II dargestellt. Sie hat ein Maximum auf der y-Achse bei 4, beiderseits

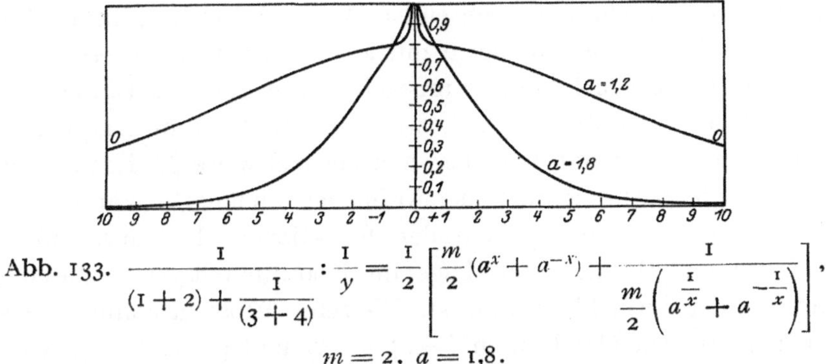

Abb. 133. $\dfrac{1}{(1+2) + \dfrac{1}{(3+4)}} : \dfrac{1}{y} = \dfrac{1}{2}\left[\dfrac{m}{2}(a^x + a^{-x}) + \dfrac{1}{\dfrac{m}{2}\left(a^{\frac{1}{x}} + a^{-\frac{1}{x}}\right)}\right],$

$m = 2,\ a = 1{,}8.$

ein Minimum, und beide Zweige steigen dann S-förmig zu der Asymptoten durch den Punkt $y = 4$ auf.

Durch eine ausgedehntere Betrachtung der vier- und mehrfachen Kombinationen ließe sich noch manche neue Kurvenform und Variante

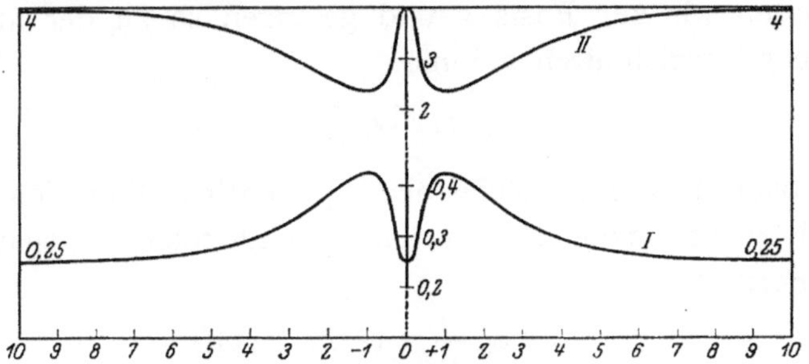

Abb. 134. I: $\dfrac{1}{(1+2)} + \dfrac{1}{(3+4)} : y = \dfrac{1}{2}\left[\dfrac{1}{\dfrac{m}{2} \cdot (a^x + a^{-x})} + \dfrac{1}{\dfrac{m}{2}\left(a^{\frac{1}{x}} + a^{-\frac{1}{x}}\right)}\right],$

II: $\dfrac{1}{\dfrac{1}{(1+2)} + \dfrac{1}{(3+4)}} : \dfrac{1}{y} = \dfrac{1}{2}\left[\dfrac{1}{\dfrac{m}{2}(a^x + a^{-x})} + \dfrac{1}{\dfrac{m}{2}\left(a^{\frac{1}{x}} + a^{-\frac{1}{x}}\right)}\right],$

$m = 2,\ a = 1{,}8.$

finden, jedoch wollen wir in diesem Zusammenhang von der weiteren rechnerischen Durchführung unserer Grundprinzipien absehen und versuchen, die allgemeinen Erscheinungen der besprochenen Kurvenformen für eine vergleichende Biologie nutzbar zu machen.

5. Die logarithmische Funktion.

Vorher jedoch muß noch kurz auf eine Lagevariation eingegangen werden, welche für die Art, in welcher unsere Formeln geschrieben werden müssen, nicht zu entbehren ist. Wir sind gewohnt, die abhängige Variable mit y, die unabhängige mit x zu bezeichnen. Dieses Prinzip ist in der Biologie nicht immer innegehalten worden, z. B. auch nicht bei der Temperaturabhängigkeit, wo man oft die Temperatur auf der y-Achse aufgetragen hat, trotzdem hier beispielsweise die Entwicklungszeit oder die verbrauchte Sauerstoffmenge abhängige Variable sind. Bisher haben wir die exponentialen Funktionen als Kurven in einer Form kennen gelernt, deren Lage im Koordinatensystem durch den Charakter der Formel bestimmt ist. Die reine Exponentiallinie $y = m a^x$ liegt z. B. in den Quadranten $(-x)$ $(+y)$ und $(+x)$ $(+y)$. Grundsätzlich denselben Verlauf, aber eine andere Lage hat die zu dieser inverse Form, welche als logarithmische Linie bezeichnet wird und in Abb. 135 I wiedergegeben ist. Würden wir sie als Exponentiallinie betrachten, so müßte ihre Formel lauten: $x = m a^y$, d. h. es sind y- und x-Achse miteinander vertauscht. Um die Gleichung nach y aufzulösen, logarithmieren wir zur Basis a und gelangen so zu der allgemeinen Formel einer logarithmischen Linie

$$y = {}^a\!\log \frac{x}{m}\,.$$

Die reziproken Kurven, welche als exponentiale Funktionen in den Abb. 44 bis 46 gezeichnet sind, erhalten dann folgende logarithmische (inverse) Formen:

$$y = {}^a\!\log \frac{1}{m\,x} \quad \text{(Abb. 135 II)}$$

$$\frac{1}{y} = {}^a\!\log \frac{x}{m} \quad \text{(Abb. 135 III)}$$

$$\frac{1}{y} = {}^a\!\log \frac{1}{m\,x} \quad \text{(Abb. 135 IV).}$$

Sie liegen sämtlich in den Quadranten $(+x)$ $(+y)$ und $(+x)$ $(-y)$. Ebenso wie zu der Exponentiallinie $y = m a^x$ eine spiegelbildliche Form $y = m a^{-x}$ gehört, können wir auch hier vier weitere spiegelbildliche Kurven hinzufügen, welche den Quadranten $(-x)$ $(+y)$ und $(-x)$ $(-y)$ angehören würden.

Wir gelangen damit zu weiteren acht Grundformen, die zwar nicht nach ihrer Struktur, wohl aber nach ihrer Lage im Koordinatensystem eine Erweiterung zu dem bisher Gesagten darstellen. Wir können mit ihnen genau so operieren wie mit den exponentialen Gleichungen, es entstehen bei der Addition die gleichen Kurventypen, wie wir sie kennen gelernt haben, so daß wir bei der kurvenmäßigen Darstellung biologischer Abhängigkeiten tatsächlich immer die abhängige Größe auf der y-Achse auftragen können und dann entscheiden müssen, ob die exponentiale oder logarithmische Form der Gleichung gewählt werden muß.

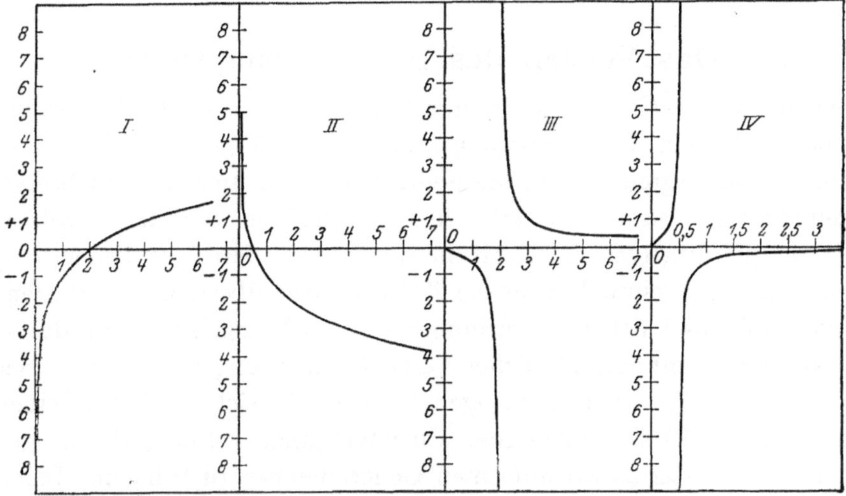

Abb. 135. Die logarithmische Linie und ihre Reziproken.

$$\text{I: } y = {}^a\log\frac{x}{m} \quad \text{II: } y = {}^a\log\frac{1}{mx} \quad \text{III: } \frac{1}{y} = {}^a\log\frac{x}{m} \quad \text{IV: } \frac{1}{y} = {}^a\log\frac{1}{mx}.$$

Es kommt dann aber noch eine theoretische Möglichkeit hinzu. Bei der Kompliziertheit der Lebenserscheinungen steht gedanklich nichts im Wege, anzuerkennen, daß der eine Teilvorgang lebendigen Geschehens einer exponentialen, der andere einer logarithmischen Funktion folgt, d. h. wir können auch unser Additionsprinzip dahin erweitern, daß das Symptom eines Ablaufs als Reziproke von verschieden zu formulierenden Einzelvorgängen erkennbar wird, wie z. B. folgende Gleichungen demonstrieren mögen:

$$y = \frac{1}{2}\left(m\,a^x + {}^a\log\frac{x}{m}\right)$$

$$y = \frac{1}{2}\left(\frac{1}{m\,a^x} + \frac{1}{{}^a\log\frac{1}{mx}}\right).$$

Auf dieser Grundlage könnte ein ebenso weitreichendes und variationsfähiges System von Kurvenformen aufgebaut werden, wie bei den

exponentialen und logarithmischen Funktionen allein. Ich sehe davon
ab, die hier entstehenden Kurventypen zu entwickeln, da die bisher ge-
wonnene Grundlage ausreichend erscheint, die biologischen Abhängigkeiten zu erfassen. Wahrscheinlich wird man aber in der Zukunft auch
an diese Möglichkeit denken müssen, wenn die experimentelle Forschung
mit einer spezielleren Fragestellung arbeitet, die auf dem Exponentialgesetz fußt.

IV. Das Wesen des Exponentialgesetzes.

Wir hatten als Grundlage unserer Betrachtungen den Gedanken genommen, daß ein Lebensvorgang, für dessen Ablauf wir irgendein
Symptom herausgreifen und messend verfolgen, sich aus mehreren
Einzelprozessen zusammensetzt, deren Charakter wir im einzelnen
weder in quantitativer, noch oft in qualitativer Hinsicht kennen, ja
wir wissen nicht einmal, wieviele Teilvorgänge überhaupt vorliegen.
Die naturwissenschaftliche Forschung läßt es sich angelegen sein, durch
das Experiment mit veränderlichen Versuchsbedingungen in das Vielerlei
der Geschehnisse Klarheit zu bringen. Hier macht sich das Fehlen einer
Vergleichsmöglichkeit biologischer Einzelvorgänge geltend, die es gestattet, sie gewissermaßen auf einen Generalnenner zu bringen. Jeder
Prozeß im Lebensgeschehen bedeutet eine Änderung von Dingen, seine
Beschreibung gelingt am einfachsten durch eine Formel, welche die
geordnete Änderung erkennen läßt. Da wir gewohnt sind, biologische
Abhängigkeiten in Form von Tabellen oder Kurven wiederzugeben,
da ferner immer wieder versucht wurde, einen funktionalen Zusammenhang aufzufinden, muß sich eine Methode, die dem Mangel abhelfen
soll, kurvenmäßig geben und imstande sein, sich jeder Variante im
Lebensgeschehen anzuschmiegen, denn wir können ja nie wissen, ob
wir einen letzten, nicht mehr aufzulösenden Teilvorgang vor uns haben
oder einen Komplex von Erscheinungen. Wir werden aber, je nach dem
Stande unserer Kenntnisse, diesen Komplex als Ganzes fassen und in
der Lage sein müssen, ihn als Einheit zu behandeln. Gelingt es durch
irgendeinen neuen Versuch, ihn aufzulösen, so darf dieses neue Wissen
die alten Vorstellungen nicht völlig umwerfen, sondern muß sich einer
allgemeingültigen Gesetzmäßigkeit einfügen, indem es die Vorstellungen
erweitert. Das Exponentialgesetz soll diese Forderungen erfüllen. An
einem Beispiel mag gezeigt werden, wie das gemeint ist.

Greifen wir auf die Deutung zurück, die wir der Embryonalentwicklung der Mehlmotte als Temperaturfunktion gaben, indem wir die Kurve dieser Abhängigkeit als Kettenlinie auffaßten. Wir sagten, daß zwei Teilprozesse, ein hemmender und ein fördernder, in der Kettenlinie enthalten sind, die, jeder für sich, durch eine Exponentiallinie sich darstellen. Wir faßten dabei die Hemmung oder, was hier dasselbe besagt, die Verlangsamung als Beschleunigung mit negativem Vorzeichen auf. Nun sind sicherlich in jedem Einzelvorgang eine Anzahl anderer Prozesse enthalten, die wir im einzelnen nicht kennen. Trotzdem wir das vermuten dürfen, nehmen wir einfache Exponentiallinien an. Aus der Betrachtung der Kurvenformen wissen wir aber, daß zwar eine solche Exponentialfunktion die letzte Einheit ist, auf welche wir sämtliche exponentiale Funktionen zurückführen können, daß aber auch z. B. die Kombinationen $(1 + 6)$ und $1 + \dfrac{1}{(1 + 2)}$ den Charakter der Funktion $y = m\,a^x$ haben. Das heißt in unserem Falle, daß beide Prozesse auch komplizierteren Charakters sein können. Würden wir also etwa die Zerstörung von Fermenten zum Teil für die Hemmung verantwortlich machen und messend verfolgen können, so würde diese neue Erkenntnis vom Wesen des Hemmungsvorgangs eine zusammengesetzte Formel, vielleicht $(1 + 6)$, unbedingt fordern. Solange wir hier noch kein zahlenmäßiges Material besitzen, vermuten wir zwar mit größter Wahrscheinlichkeit, daß diese Dinge bei der Hemmung eine Rolle spielen, können aber trotzdem dem Komplex der Hemmungsvorgänge die Formel $y = m\,a^{-x}$ geben. Andererseits werden wir aber manchmal durch die Art des Kurvenverlaufs doch gezwungen sein, komplizierte Formeln heranziehen zu müssen, trotzdem wir über das Wesen der Einzelvorgänge noch keine Vorstellungen besitzen. Es muß dann Aufgabe der Forschung sein, einer solchen Gleichung einen biologischen Inhalt zu geben.

Die bei der Besprechung der Kurvenformen mehrfach hervorgehobene Tatsache, daß sich die Typen bei zwei-, drei- und mehrfacher Kombination unserer Grundgleichungen wiederholen und unter verschiedenen Formelbildern wiederkehren, hat also für die Betrachtung biologischer Abhängigkeiten grundlegende Bedeutung, denn diese Eigenschaft unserer Additionsgleichungen gestattet es, einen Lebensvorgang geschlossen zu behandeln oder in seine Teile aufzulösen, je nachdem es die augenblicklichen Bedürfnisse fordern, oder der Stand unserer Kenntnisse es zuläßt. Hinzu kommt noch, daß z. B. die Exponentiallinie ja auch aus mehreren

gleichsinnigen Funktionen desselben Charakters bestehen kann, z. B.
$(1 + 1 + 1 + 1 \ldots)$ In Wirklichkeit trifft das ja für die Kombination
$(1 + 6)$ zu, denn die Funktion (6) hat, wie Abb. 44 spiegelbildlich zeigt,
den Charakter einer Exponentiallinie. Aber aus der Funktion $1 + \dfrac{1}{(1 + 2)}$
geht hervor, daß auch eine Teilfunktion, $\dfrac{1}{(1 + 2)}$, von ganz anderem
Charakter in der Summenformel enthalten sein kann, ohne daß sie
sich durch Abweichungen von der Grundform, wie z. B. in Abb. 98
oder 118, auffällig bemerkbar macht. Es hängt das ganz von der gegen-
seitigen Lage der Funktionen ab. Da wir auch bei den übrigen Kurvenformen die Wiederkehr der Typen finden, wie die Besprechung in
Kap. A III erwiesen hat, und die Zahl der möglichen Kombinationen
unendlich groß ist, so kennt das Exponentialgesetz keine Grenze der
Auflösung und ist nach jeder Richtung erweiterungsfähig.

Trotzdem aber sind wir in der Lage, jeder Kurve eine Mindestformel
zuzusprechen, denn wir wissen, daß jeder Form eine Gleichung zukommt,
die je nach dem Charakter der Kurve eine bestimmte Anzahl Komponenten enthalten muß. So gibt es nur drei Typen, denen wir eine der
Grundgleichungen 1 bis 8 zuweisen können, die Kettenlinie besteht
aus mindestens zwei Komponenten usw. Wir werden geneigt sein, zunächst immer die einfachsten Formen heranzuziehen, erst wenn die
biologischen Beobachtungen uns dazu zwingen, müssen wir dann auf
kompliziertere Gleichungen weitergreifen. Wie das im einzelnen zu
geschehen hat, ergibt sich aus der Natur des Exponentialgesetzes von
selbst und geht aus der Art, wie die Typen sich wiederholen, hervor.

Einen wesentlichen Vorteil für die vergleichende Betrachtung biologischen Geschehens bietet das Exponentialgesetz durch das Prinzip
der reziproken Beziehungen. Aus den Betrachtungen über das Temperaturproblem ging das schon mit aller Deutlichkeit hervor, denn z. B.
sowohl in der Entwicklungsdauer eines Organismus wie auch in der
Atmungsintensität haben wir Symptome von Stoffwechselprozessen
vor uns, die wegen ihrer ganz verschiedenen Kurvenform bis jetzt nicht
vergleichbar schienen. Durch das Exponentialgesetz macht die Um-
formung einer Zeitenkurve in die einer Geschwindigkeit und umgekehrt
keinerlei Schwierigkeiten, wie wir an diesem Beispiel schon ausführlich
besprochen haben. Dann können aber diese beiden Stoffwechselprozesse
ihrem Charakter nach in Beziehung zueinander gesetzt und verglichen
werden. Die gleichen Verhältnisse finden wir bei einer ganzen Reihe

von Lebenserscheinungen wieder, so daß das Exponentialgesetz die Basis ist, auf welcher eine vergleichende Biologie auch in quantitativer Hinsicht aufgebaut werden kann, indem es die Feststellung von Ähnlichkeiten zwischen bisher unähnlichen Dingen und die Zurückführung von formelmäßig ausdrückbaren Beziehungen auf die gemeinsamen Grundformen ermöglicht. Das ganze System von Kurvenformen, welches wir entwickelt haben, beruht auf diesem Prinzip und auf der Kombination unserer Grundformen, die wir als reziproke Funktionen gebildet haben. So muß es möglich sein, die unendliche Fülle von Symptomen lebendigen Geschehens letzten Endes auf die Urform $y = m a^x$ zurückzuführen, mögen die Kurven dieser Symptome auch noch so verschiedenen Charakters sein.

Es bleibt dabei die Frage zu erörtern, welche biologische Bedeutung es denn hat, wenn wir sagen, daß der eine Teilvorgang der Urform, der andere ihrer Reziproken folgt. Schließlich ist es doch in der rein menschlichen Methodik und Erkenntnis begründet, ob wir einen Prozeß etwa als Zeit oder als Geschwindigkeit messen. Damit ist gesagt, daß das Exponentialgesetz einen gekünstelten Charakter haben würde, der sein inneres, naturgesetzlich bestimmtes Wesen unnatürlich schematisiert. Bei Berechnungen, die ich gemeinsam mit Fräulein Erika Wilke durchführe, um den Einfluß der Größenordnung der Konstanten m und a auf den Kurvenverlauf der einzelnen Funktionen festzustellen, gehen wir so vor, daß wir die Grenzkurven festlegen, denen sich eine Funktion bei extremen Werten der Konstanten nähert. Die diesbezüglichen Untersuchungen sind noch nicht so weit gefördert, daß sie schon in diesem Buche weitgehend berücksichtigt werden können. Es sei darum nur an wenigen, einfachen Beispielen ausgeführt, wie dadurch dem inneren Wesen des Exponentialgesetzes näher zu kommen ist.

Abb. 50 zeigt, wie mit wachsenden a-Werten in der Formel der symmetrischen Kettenlinie die Kurven immer steiler verlaufen. Die Grenzlinie für $a = \infty$ ist dann die y-Achse von m bis ∞. In der y-Reziproken (Abb. 51) fällt entsprechend die Kurve für $a = \infty$ mit der y-Achse von o bis m zusammen. Mit fallenden a-Werten werden dagegen beide Funktionen flacher und flacher, bis sie eine Parallele zur x-Achse bilden, wenn $a = 1$ wird. Diese geht für die Kettenlinie entsprechend ihrer Formel

$$y = \frac{m}{2}(1^x + 1^{-x}) = m$$

durch den Punkt m, für die y-Reziproke nach der Formel

$$y = \frac{1}{\frac{m}{2}(1^x + 1^{-x})} = \frac{1}{m}$$

durch den Punkt $\frac{1}{m}$. Diese Parallele zur x-Achse stellt also für beide Funktionen eine Grenze dar, die für $a = 1$ erreicht wird. Wenden wir dieselbe Methode auf unsere Grundformel an, so wird die Exponentiallinie

$$y = m a^x,$$

wenn wir die Tatsachen der Abb. 47 zugrunde legen, mit fallenden a-Werten immer flacher und fällt für $a = 1$ mit der m-Linie zusammen. Wächst der a-Wert, so läuft die Exponentiallinie für $a = \infty$ von $x = +\infty$ bis $x = 0$ mit der x-Achse zusammen und geht dann in die y-Achse über. Die Kurve wird also von den Achsen des Koordinatensystems gebildet. Weiter geht aus Abb. 49 hervor, daß der „hyperbelartige" Zweig der Funktion

$$y = m a^{\frac{1}{x}}$$

mit fallenden a-Werten sich immer mehr der y-Achse bzw. der m-Linie nähert. Für $a = 1$ wird dann $y = m$, d. h. auch dieser Typ bildet in diesem Falle einen rechten Winkel bestehend aus der y-Achse von m bis ∞ und der m-Linie. Ähnlich nähert sich der Kurvenast für negative x mit fallenden a-Werten immer mehr dem rechten Winkel, dessen Schenkel aus der y-Achse von 0 bis m und der m-Linie gebildet werden.

Die besprochenen exponentialen Funktionen streben also einer Geraden als Grenzlinie für $a = 1$ zu. Läßt man nun den a-Wert derartiger Funktionen über 1 hinweg weiter fallen, wie Frl. Wilke das in einem anderen Zusammenhang bei asymmetrischen Kombinationen getan hat, so erhält z. B. die Funktion $y = a^{\frac{1}{x}}$ einen ganz anderen Charakter, sie fällt in genau der gleichen Weise ab, wie es Abb. 49, links für negative x, also spiegelbildlich, zeigt. Es ist also z. B. für $a = 0,5$

$$y = \left(\frac{1}{2}\right)^{\frac{1}{x}} = \frac{1}{2^{\frac{1}{x}}}.$$

Das heißt, es ist

$$y = 0{,}5^{\frac{1}{x}} \text{ identisch mit } \frac{1}{y} = 2^{\frac{1}{x}} \text{ oder allgemein}$$

$$\frac{1}{y} = a^{\frac{1}{x}} \quad \text{identisch mit } y = \left(\frac{1}{a}\right)^{\frac{1}{x}}.$$

Wird also in der Funktion $y = a^{\frac{1}{x}}$ der a-Wert kleiner und kleiner, so ändert sich der Verlauf der Kurve so, wie es Abb. 49 rechts zeigt. Für $a = 1$ geht sie dann in die Parallele zur x-Achse durch den Punkt $y = 1$ über und verläuft mit weiter (unter 1) fallenden a-Werten so wie die y-Reziproke, und zwar entsprechend dem reziproken Verhältnis von a zu $\frac{1}{a}$ in obigen Formeln bei kleineren a-Werten immer mehr verflachend. Es verhält sich also die Funktion $y = a^{\frac{1}{x}}$ für $a < 1$ umgekehrt wie die Funktion $\frac{1}{y} = a^{\frac{1}{x}}$ für $a > 1$. Mit anderen Worten, es geht die Grundform (3), wenn der a-Wert kleiner als 1 wird, in die Grundform (4) über. Für die übrigen Grundformen lassen sich ganz ähnliche Überlegungen anstellen, so daß sich folgendes Schema ergibt:

	$a > 1$	$a < 1$
$m > 1$	(1) (3)	(2) (4)
$m < 1$	(6) (8)	(5) (7)

Aus diesen Beziehungen geht klar hervor, daß auch die nach y reziproken Funktionen von sich aus biologisch realisiert sind, also nicht allein von der Meßarbeit des Experimentators abhängen. Der verschiedene Kurvenverlauf der y-Reziproken unserer Grundformen erklärt sich vielmehr zwanglos aus der Größenordnung der Konstanten a. Wenn wir darum S. 65 sagten, daß die Teilprozesse des lebendigen Geschehens durchaus nicht immer sich in Form von Exponentiallinien bemerkbar machen müssen, sondern auch als reziproke Funktionen auftreten können, so wird jetzt klar, welcher innere Zusammenhang hier besteht. Bei der weiteren Durcharbeitung der Kurvenformen des Exponentialgesetzes, die ich in die Wege geleitet habe, sollen diese Gesichtspunkte weitgehend Berücksichtigung finden in der Erwartung, daß die Struktur des Exponentialgesetzes lediglich durch die Grundform

$$y = m a^x$$

und ihre beiden Inversen

$$y = m a^{\frac{1}{x}} = m \sqrt[x]{a}$$

$$y = {}^a\!\log \frac{x}{m}$$

erfaßt werden kann.

Da die Lage der Kurven im Koordinatensystem durch den Zahlenwert der Konstanten m und a bestimmt ist, so erhalten diese den Charakter von Vergleichszahlen, die aber dann erst absolut genannt werden können, wenn es gelingt, einen Lebensvorgang in seine letzten Bestandteile aufzulösen. Da wir aber bei irgendeinem bestimmten Prozeß das niemals mit Sicherheit sagen können, wahrscheinlich auch überhaupt nie wissen werden, wird die Größenordnung der Konstanten immer relativ sein. Finden wir also einen Vorgang, z. B. die Förderung der Stoffwechselprozesse, die eine Verkürzung der Entwicklungsdauer im Gefolge hat, als Exponentiallinie, so nehmen wir an, daß der Schnittpunkt mit der y-Achse der m-Wert sei. Bei der Embryonalentwicklung der Mehlmotte sind wir so vorgegangen. Wir drücken also die Beziehung durch die Formel $y = m a^x$ aus. Aber es könnte dieser Schnittpunkt genau so gut keine direkten Beziehungen zu der Größe m haben, denn z. B. in Abb. 60 liegt er bei $y = 1{,}25$, während der m-Wert beider Komponenten gleich 2 gesetzt ist, d. h. es ist der Schnittpunkt der Mittelwert aus $m = 2$ und $\frac{1}{m} = 0{,}5$. Ebenso kann die Konstante a zusammengesetzt gedacht werden, wie beispielsweise folgende Gleichung demonstriert:

$$y = \frac{m}{n}(a_1^x + a_2^x + a_3^x + \cdots\cdots + a_n^x).$$

Trotzdem können wir aber den Konstanten m und a den Charakter von Vergleichszahlen zusprechen, wenn wir uns auf bestimmte Vorgänge beschränken. Wir wissen, daß die Embryonalentwicklung der Mehlmotte — für andere Vorgänge gilt das Gleiche — in ihrer Temperaturabhängigkeit einen feststehenden m-Wert hat, der hier eine Entwicklungszeit bei einer bestimmten Temperatur ausdrückt, und daß andererseits die Beschleunigung bzw. Verzögerung, mit welcher die Eier auf die Temperaturerhöhung reagieren, durch einen konstanten Wert von a sich wiedergeben läßt. Wollen wir also die Embryonalentwicklung anderer Organismen mit der der Mehlmotte vergleichen, so werden die Unterschiede der Arten durch die Größen m und a zahlenmäßig zum Ausdruck gebracht. Ähnliches gilt für die Beziehung der einzelnen Entwicklungsstadien zueinander, bei denen allerdings zu vermuten ist, daß der a-Wert bei einem und demselben Organismus sich nicht oder nur sehr wenig ändert. Jedoch liegen beweisende Untersuchungen in dieser Richtung noch nicht vor. Wieweit sich Lebensvorgänge verschiedenen Charakters, z. B. Entwicklungs- und Atmungsvorgänge, also Prozesse des Bau- und Betriebsstoffwechsels, zahlenmäßig durch die Größe der Konstanten vergleichen lassen, läßt sich noch nicht, auch nicht angenähert, übersehen. Hier muß das Experiment einsetzen, das mit einer Fragestellung arbeitet, welche im Wesen des Exponentialgesetzes liegt.

Bei einer vergleichenden Biologie müssen zwei Richtungen Berücksichtigung finden, erstens die Untersuchung der gleichen Lebensvorgänge bei verschiedenen Organismen, zweitens die verschiedenen biologischen Prozesse bei einer Organismenart. Die Vergleichsmöglichkeit durch Zahlen gleichwertigen, bestimmten Charakters ist durch unsere Konstanten m und a gegeben, die mathematisch immer dieselbe Stellung in den Formeln einnehmen und ständig wiederkehren, so daß wir rechnerisch ähnlich operieren können. Auf ihre Bedeutung als Vergleichswerte werden wir im speziellen Teil dieses Buches des öfteren noch zu sprechen kommen.

Wie wir schon in Kap. A II und III an den betreffenden Stellen gesagt haben, zeichnet sich das Exponentialgesetz durch eine große Plastizität aus, d. h. es erlaubt, jede Variante biologischer Kurven durch eine Änderung seiner Gleichungen formelmäßig festzulegen. Man hat bisher eigentlich immer versucht, von der biologisch festgelegten Kurve auszugehen und dieser dann eine mathematische Form zu geben. Wir sind bei unserm Exponentialgesetz einen anderen Weg gegangen, indem wir mehrere Voraussetzungen machten, zu denen wir uns durch die Beobachtungen bei der Temperaturabhängigkeit biologischer Vorgänge berechtigt glaubten. Wir gelangten dazu, als wir den Begriff der reziproken Funktion und das Prinzip der Addition exponentialer Funktionen bei der Temperaturabhängigkeit mit Nutzen verwenden konnten. Bei vielen biologischen Kurven, auch bei solchen, die nicht ohne weiteres durch die im ersten Abschnitt dieses Buches behandelten Typen erfaßbar waren, mußte es auffallen, daß doch immerhin bestimmte Strecken einen Verlauf aufwiesen, der für die exponentialen Funktionen, welche wir bei Untersuchung der Temperaturabhängigkeit kennen gelernt hatten, so charakteristisch ist, daß der Gedanke nahe lag, hier systematisch die Eigenschaften von Additionsformeln reziproker Kurven festzustellen. Unsere Voraussetzung, für die Teilprozesse biologischen Geschehens Beziehungen mit exponentialem Charakter anzunehmen, hat sich als berechtigt erwiesen, denn die Eigenschaften der so erhaltenen Kurventypen decken sich mit denen, welche die biologischen Abhängigkeiten ebenfalls aufweisen. Wir haben im vorigen Kapitel die feinen Varianten besprochen, welche bei den Haupttypen bei geeigneter Wahl der Komponenten oder der Größenordnung der Konstanten auftreten können. Übertragen wir die dort gewonnenen Erkenntnisse auf biologische Verhältnisse und halten uns die Fassung des Exponentialgesetzes (s. S. 70) vor Augen, so ist unverkennbar, daß das Exponentialgesetz mit seinen Kurvenformen dem biologischen Tatbestand so weitgehend angepaßt ist, daß wir es als eine allgemein-biologische Gesetzmäßigkeit ansehen müssen.

Als solches muß es aber imstande sein, die bisher aufgestellten Gesetze als übergeordnete Gesetzmäßigkeit in sich aufzunehmen, entweder, daß diese nur Spezialfälle unseres allgemeinen Exponentialgesetzes sind, oder daß die Interpretation, welche wir an Hand unserer Kurven den Dingen geben, den tatsächlichen Beobachtungen besser gerecht wird. Vielfach, wenn man Gesetzmäßigkeiten suchte, wurden Hyperbeln oder einfache Exponentiallinien (logarithmische Linien) zugrunde gelegt. Man fand aber Abweichungen davon, die man nun auf die verschiedenste Art zu erklären suchte, durch Versuchsbedingungen oder auch durch innere Gründe oder durch Schädigungen. Im wesentlichen aber hielt man an der mathematischen Kurve als Basis fest, auch wenn sie nur einen begrenzten Gültigkeitsbereich hatte. Es wurde schon auf S. 12 auseinandergesetzt, daß in solchen Fällen dann die mathematische Kurve eben nicht den biologischen Vorgang wiedergeben kann, sondern andere Beziehungen vorliegen müssen. Das Exponentialgesetz schafft die vielen Schwierigkeiten aus dem Wege, indem es erklärt, daß jede biologische Kurve die Resultierende exponentialer Funktionen ist. Jeder „Versuchsfehler", jede andere Regung des Organismus auf irgendeine Einwirkung beeinflußt die biologische Kurve in dem Sinne, daß die lebendige Substanz auf diese Einwirkung eben wiederum nach dem Exponentialgesetz reagiert. Wie sie reagiert, ist dann Sache der Einzeluntersuchung, wir halten fest, daß sie in Form irgendeiner exponentialen Funktion antwortet und daß diese die ursprüngliche Kurve so ablenkt, wie es in Kap. A III durch die verschiedenen Additionen angedeutet ist.

Es kommt aber noch etwas Weiteres hinzu. Wir hatten schon einmal Gelegenheit (S. 64), auf den Zusammenhang der Temperaturabhängigkeit biologischer Vorgänge mit rein chemischen Prozessen hinzuweisen. Es ist selbstverständlich, daß die Naturgesetze, welche die

leblose Materie beherrschen, z. B. das Massenwirkungsgesetz, auch im
Organismus ihre Gültigkeit behalten müssen, wenn auch die Vielheit
der Geschehnisse während eines lebendigen Ablaufs die Verhältnisse
fast unentwirrbar gestaltet. Die biologische Forschung hat vielfach
den Weg eingeschlagen, Gesetzmäßigkeiten, welche außerhalb des
lebenden Organismus erkannt wurden, auf das Lebendige zu übertragen, besonders gilt das für die physikalische Chemie, beispielsweise
für die Fermentforschung. Für viele Vorgänge sind wir gerade erst
durch diese Methode zu einem Verständnis biologischer Geschehnisse
gelangt. Wir sind überhaupt nicht in der Lage, irgendeinen biologischen
Vorgang rein als solchen zu isolieren und von den gleichzeitig vorhandenen chemischen oder physikochemischen Prozessen zu trennen, meist
ist er durch solche allein oder zum Teil mit bedingt. Wenn wir von
einem biologischen Ereignis sprechen, so heißt das im Grunde genommen
doch nur, daß es bei einem lebenden Organismus beobachtet wurde.
Wir brauchen uns damit durchaus nicht auf den Boden der These zu
stellen, daß sämtliche biologischen Vorgänge restlos durch physikalische
oder physikochemische und chemische Prozesse erklärbar seien, denn
vorläufg gibt es noch sehr viele Dinge, die wir bisher nur im Organismus
realisiert sehen. Vieles, was wir außerhalb des lebendigen Geschehens
beobachten und messend verfolgen können, geschieht aber auch im
Organismus. Daß diese Dinge meist unter sehr viel verwickelteren
Reaktionsbedingungen stehen, ist kein grundsätzlicher Unterschied.
Wir betrachten also die biologischen Abläufe als Ganzes, ohne Erwägungen darüber anzustellen, wieweit wir sie als nur lebendig ansehen
wollen. Es läßt sich unter keinen Umständen ableugnen, daß die Systembedingungen z. B. oft kolloidchemischer, also nicht lebendiger Natur
sind und daß die Art des Ablaufs von ihnen abhängt. Die gewollte
Änderung des kolloiden Zustandes, die z. B. durch Giftzufuhr oder
durch starke Temperaturerhöhung (Gerinnung) hervorgerufen wird,
gibt uns gerade Mittel und Wege in die Hand, den lebendigen Ablauf
abzulenken und plötzlich zu beendigen, eine Tatsache, die z. B. bei
der Bekämpfung schädlicher Organismen eine sehr große Rolle spielt.

Da das Exponentialgesetz den Anspruch erhebt, die Gesamtheit des
biologischen Geschehens einer Analyse zugänglich zu machen, so muß
es als Gesetzmäßigkeit auch die Verbindung mit nicht biologischen
Vorgängen herzustellen in der Lage sein, d. h. mit anderen Worten,
es muß auch außerhalb des Lebendigen einen gewissen Geltungsbereich

haben, einfach aus dem Grunde, weil der Organismus die Bühne vielen Naturgeschehens überhaupt ist. Wie weit dieser Geltungsbereich sich erstreckt, darüber steht dem Biologen allein ein Urteil nicht zu. Wohl aber muß es ihm erlaubt sein, die Dinge in seinen Gesichtskreis zu ziehen, die ihm wegen ihrer Parallelität zu biologischen Dingen und ihrer Einwirkung auf Zustände im Organismus zum Verständnis notwendig sind, oder die es gestatten, eine gewollte Änderung biologischer Abläufe zu bewirken. In Wirklichkeit hat man ja derartige Vergleiche biologischer mit nicht biologischen Vorgängen schon oft durchgeführt, z. B. wenn man auf Grund der Kurvenform schließen zu dürfen glaubte, daß die beobachteten biologischen Tatsachen sich wie monomolekulare oder autokatalytische oder Adsorptionsvorgänge verhielten. Im speziellen Teil dieses Buches werden wir Gelegenheit haben, Beispiele dafür anzuführen. Wenn wir solche Ähnlichkeiten feststellen, so müssen wir rückwirkend aus der biologischen Betrachtung heraus folgern, daß unser Exponentialgesetz die physikochemischen Prozesse, welche wir zum Vergleich heranziehen, ebenfalls beherrscht. Dieser Schluß ist um so mehr gerechtfertigt, als ja die logarithmische Linie in der physikalischen Chemie mehr oder weniger modifiziert eine große Rolle spielt, da sie aus dem Massenwirkungsgesetz folgt. Dabei kommt es zunächst einmal gar nicht darauf an, ob die Formeln des Exponentialgesetzes ebenso einfach oder kompliziert sind als die bisher formulierten Gesetzmäßigkeiten. Wichtiger ist, daß die betreffenden Kurven die beobachteten Tatsachen ebenso oder richtiger wiedergeben. Eine der häufigsten Kurven, welche wir bei einer quantitativen Betrachtung von Naturvorgängen finden, ist die S-förmige Linie, welche wir z. B. in Abb. 16 gezeichnet haben. In Kap. A III wurde ausführlich auseinandergesetzt, welche Modifikationen gerade mit dieser Form auf Grund des Exponentialgesetzes möglich sind, so daß jede Variante bei den experimentellen Beobachtungen formelmäßig erfaßt werden kann.

Der Vorteil, welcher für unsere Erkenntnis der Naturvorgänge damit verbunden ist, Abhängigkeiten und Beziehungen dem Exponentialgesetz unterzuordnen, liegt im Wesen dieses Gesetzes begründet, das in folgenden Thesen, um noch einmal zusammenzufassen, seinen Ausdruck findet:

1. Durch die Möglichkeit, eine unendliche Zahl von Kurvenformen verschiedenen Charakters auf eine einzige Grundform, die Exponentiallinie, zurückzuführen, ist der Generalnenner gegeben, welcher einen

Vergleich der verschiedensten Symptome von Naturvorgängen gestattet, sowohl der biologischen unter sich, wie auch von diesen mit solchen der unbelebten Materie.

2. Durch das Prinzip der reziproken Beziehungen und der Addition exponentialer Funktionen und durch die Auffassung, daß jede Kurvenform als Resultierende von Teilvorgängen aufgefaßt werden kann, ist das Exponentialgesetz von einer Anpassungsfähigkeit an die experimentell gefundenen Tatsachen, daß auch die feinste Variante biologischen Geschehens formelmäßig zum Ausdruck gebracht werden kann.

B. Spezieller Teil.

I. Das Exponentialgesetz als allgemein-biologische Gesetzmäßigkeit.

Wenn wir in den folgenden Abschnitten versuchen wollen, den Beweis für die Allgemeingültigkeit des Exponentialgesetzes in der Biologie zu führen, so müssen wir uns von vornherein darüber klar sein, daß ein solcher vorläufig nur auf Grund von Daten erbracht werden kann, die durch die Literatur bekannt geworden sind. Bei Betrachtung der Temperaturabhängigkeit biologischer Vorgänge haben wir gesehen, daß eine Einheitlichkeit in der Auffassung der Kurvenformen, die zur Deutung herangezogen wurden, durchaus nicht vorlag. Genau wie dort handelt es sich bei den meisten übrigen biologischen Abhängigkeiten ebenso um Probleme, die erst einer Lösung zugeführt werden müssen, und diese wurde in vielen Fällen auch noch nicht angenähert erreicht.

Bei dem Temperaturproblem konnten wir zu einer einheitlichen Interpretierung der beobachteten Tatsachen erst dann gelangen, als wir experimentell zeigen konnten, daß die Kettenlinie die abhängigen Entwicklungszeiten ausreichend darstellt. Ausschlaggebend für diese Art der Deutung war die Untersuchung bei extrem hohen Temperaturen.

Der Beweis für die Gültigkeit des Exponentialgesetzes würde erst dann als streng zu bezeichnen sein, wenn auch die übrigen Beziehungen und Abhängigkeiten in der Biologie experimentell nach Gesichtspunkten genau untersucht würden, die im Wesen des Exponentialgesetzes liegen. Die Kraft eines einzelnen reicht dazu bei weitem nicht aus, so daß wir uns an das halten müssen, was bekannt geworden ist. In vielen Fällen werden wir uns auf Vermutungen beschränken müssen, bei denen wir die Gültigkeit des Exponentialgesetzes wohl ahnen können, wo aber die Kurvenform im einzelnen durch weitere Versuche noch festgestellt werden muß, das gilt besonders für solche Fälle, wo die Veränderung der Versuchsbedingungen nur innerhalb eines begrenzten Bereiches durchgeführt worden ist.

Aber auch da, wo die Gestalt der Kurve im großen und ganzen festgestellt werden kann, wird die Bestätigung des Exponentialgesetzes durch das Experiment zu erbringen sein, vor allem, wenn es sich um die Bestimmung der Konstanten handelt. Bei der Embryonalentwicklung der Mehlmotte (S. 27) haben wir gesehen, daß die Durchführung dieser Bestimmung die Kenntnis ganz bestimmter Kurvenpunkte voraussetzt, und zwar handelt es sich in den meisten Fällen um solche, welche weit außerhalb des mittleren Untersuchungsbereiches liegen, also da, wo die vorliegenden Daten häufig versagen. An welchen Stellen neue Experimente einsetzen müssen, hängt ganz von der Kurvenform ab, welche im einzelnen Falle vorliegt. An Hand der Formeln wird dann zu entscheiden sein, für welche x-Werte bestimmte Glieder fortgelassen oder vereinfacht werden können. Bei der Kettenlinie, welche die Insektenentwicklung in ihrer Temperaturabhängigkeit wiedergibt, wurde in der Formel $y = \dfrac{m}{2}(a^x + a^{-x})$ das Glied a^{-x} dann angenähert gleich Null, wenn x sehr groß gewählt, d. h. wenn die Entwicklungsdauer bei einer möglichst niedrigen Temperatur festgestellt wurde. In anderen Gleichungen wird z. B. $a^{\frac{1}{x}} = 1$ bei großem x, $a^x = 1$ bei kleinem x. Zur Vereinfachung werden häufig die Reziproken dienen können, wenn sie eine ausgeprägtere Gestalt haben als die ursprüngliche Kurve.

Eine generelle Durchführung der Konstantenberechnung bei den verschiedensten Kurvenformen ließe sich nur durch eine eingehende mathematische Behandlung der besprochenen Funktionen bewerkstelligen, und wir werden dabei ohne höhere Rechnungsarten nicht auskommen können. In diesem Buche ist das nicht beabsichtigt, da die Darstellung lediglich eine Betrachtung und einen Vergleich der biologischen Probleme auf Grund der Kurvenform bezweckt. Es muß Sache von Sonderuntersuchungen sein, an Hand von diesbezüglichen Experimenten Einzelheiten klarzulegen und mit ihnen die Rechnung durchzuführen, soweit das im Rahmen einer biologischen Arbeit möglich ist. Die Eigenschaften der exponentialen Funktionen festzustellen und Methoden auszuarbeiten, die dem Biologen eine einfache Berechnung der Kon-

stanten und der Grenzwerte gestatten, ist eine rein mathematische
Angelegenheit, und es wäre außerordentlich begrüßenswert, wenn die
Mathematik sich dieser Dinge näher annehmen würde.

Im Rahmen dieses Buches werden wir uns also auf die kurvenmäßige Behandlung beschränken. Für das Verständnis der biologischen
Beziehungen ist von außerordentlicher Bedeutung, an welchen Punkt
des biologischen Geschehens wir den mathematischen Nullpunkt legen
müssen, weil von diesem aus sich ein lebendiger Ablauf zu orientieren
hat. Biologisch gesprochen, werden wir immer nach solchen besonders
markierten Punkten des Lebensgeschehens suchen müssen. Bei der
Temperaturabhängigkeit der Embryonalentwicklung der Mehlmotte
haben wir ursprünglich, um überhaupt erst einmal zu einer Formulierung der vorhandenen Beziehung zu gelangen, eine symmetrische
Kettenlinie angenommen, deren Nullpunkt unterhalb ihres Scheitels
liegt (vgl. Abb. 8). Wir bezeichneten ihn biologisch als den kritischen
Wärmepunkt, d. h. als den Punkt, an dem sich die kürzeste Entwicklungszeit findet. Durch die Feststellung der Variationsbreite der Beobachtungen wurde aber dann wahrscheinlich gemacht, daß die asymmetrische Kettenlinie den tatsächlichen Sachverhalt genauer wiedergibt. Der mathematische Nullpunkt verschiebt sich dabei bis zu einer
Temperatur, die dem Organismus eine Entwicklung nicht mehr ermöglicht. Er stellt also einen Todespunkt dar. Damit liegt — und das
ist das Wesentliche in diesem Zusammenhang — die gesamte Entwicklungsmöglichkeit in einem Quadranten des Koordinatensystems, und
die Abhängigkeit orientiert sich von einer Temperatur aus, die den
Tod des Organismus herbeiführt, dem kritischen Wärmepunkt, dem
Nullpunkt der Entwicklungsmöglichkeit. Bei vielen anderen Beziehungen werden wir ähnliche Feststellungen machen können, und es
werden sich eine Reihe von Problemen von einer Seite betrachten lassen,
die den Dingen ein tieferes Verständnis abgewinnt. Hingewiesen sei
beispielsweise auf die Bedeutung des Todes, welche wir in einem besonderen Kapitel betrachten wollen.

1. Der Stoffwechsel.

a) Das Wachstum.

Das Wachstum als Zeitfunktion.

Die Symptome, welche die fortschreitende Entwicklung eines Organismus kennzeichnen, sind durch das Wachstum gegeben. Die Kurve,

welche das Wachstum, gemessen an irgendeinem dieser Symptome, als Funktion der Zeit darstellt, ist oft diskutiert worden. Ihre Gestalt ist die S-förmige Kurve der Abb. 136, welche die Anzahl Hefezellen angibt, die nach einer bestimmten Zeit gewachsen sind (nach Priestley und Pearsall). Der Anfangsteil der Kurve *a* entspricht nach den Autoren einem exponentialen Anstieg, d. h. stellt eine Exponentiallinie dar, dann aber wird die Abhängigkeit im Teil *b* nahezu geradlinig und im Gebiet *c* findet sich ein schneller Abfall der Wachstumsrate. Man sah sich also genötigt, die Kurve in mehrere Teile zu zerlegen, um eine Analyse durchführen zu können.

Greift man andere Symptome, z. B. Länge und Gewicht des wachsenden Organismus, heraus, so erhält man ähnlich gestaltete Kurven wie

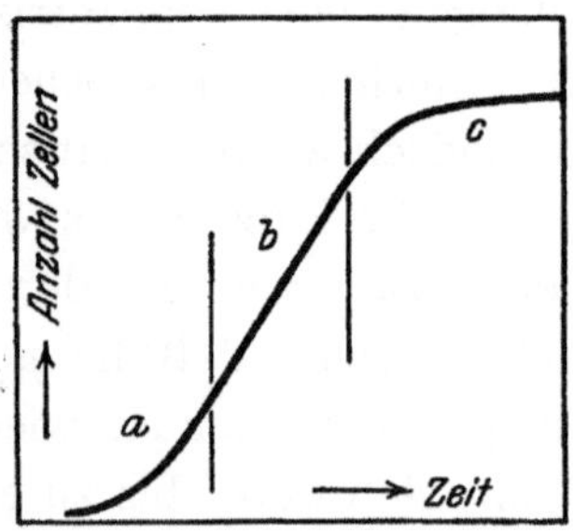

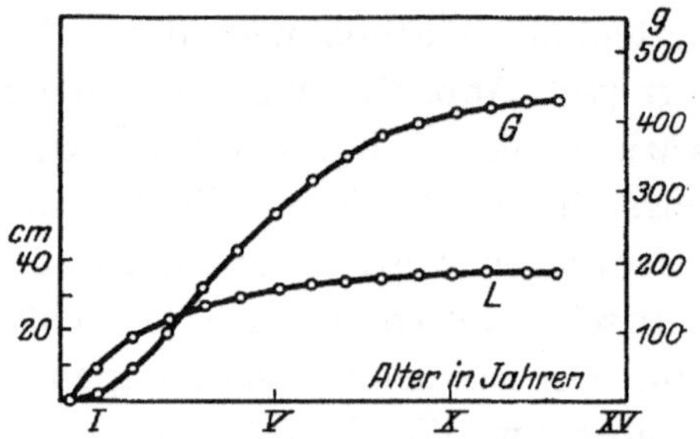

Abb. 136. Die Wachstumskurve der Hefe und ihre Einteilung nach Priestley und Pearsall.

Abb. 137. Die Wachstumskurve des Herings. L = Länge in cm, G = Gewicht in g, *Absz.* = Alter in Jahren.

in Abb. 137 für den Hering (nach Pütter 1920). Die S-förmige Gestalt haben beide Linien, nur ihre Lage zu den Achsen ist eine andere. L bedeutet die Länge in Zentimetern, G das Gewicht in Gramm. Auf der Abszisse ist das Alter in Jahren aufgetragen. Auch das embryonale Wachstum von Säugetieren folgt demselben Typ, wie die Abb. 138 vom Menschen zeigt (kombiniert nach Angaben von Wolff und Zuntz und von Lipschütz). Nicht nur, daß der Embryo selbst in dieser Form sein Gewicht als Zeitfunktion ändert, sondern auch Plazenta und Fruchtwasser folgen, wenn auch nicht so ausgeprägt, der S-förmigen Gestalt. Trägt man aber nicht die Anzahl Gramm, sondern die prozentuale Gewichtszunahme von Monat zu Monat ein, so entsteht die Prozentkurve in Abb. 138, und wir sehen schon, daß wir hier nach dem Exponentialgesetz eine reziproke Kurve vor uns haben. Die von Lipschütz in einer Reihe von Beispielen (Hühnchen, Meerschweinchen, Mensch usw.) gegebenen Wachstumskurven stellen ebenfalls solche Prozentkurven dar. Auch die höheren Pflanzen zeigen bei ihrem Wachstum Verhältnisse, wie wir sie eben besprochen haben, in ihren

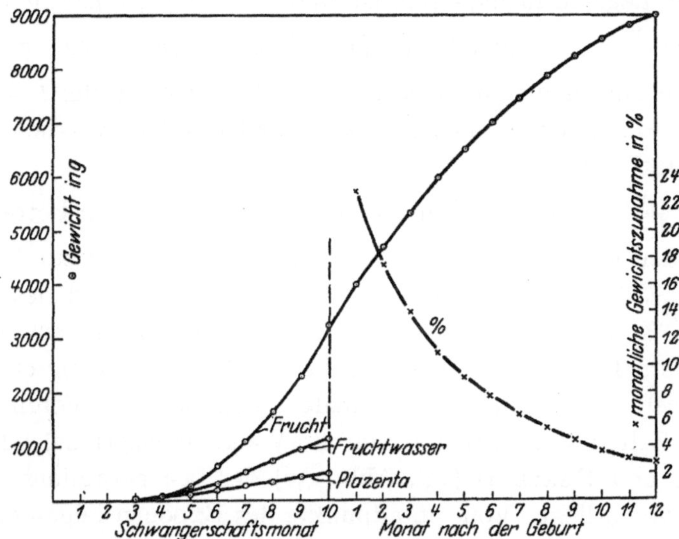

Abb. 138. Die Gewichtszunahme des Embryos und während des ersten Lebensjahres beim Menschen und Gewicht von Fruchtwasser und Plazenta.

einzelnen Teilen jedoch ist die S-förmige Gestalt nicht immer deutlich, wie Abb. 139 zeigt, welche das Wachstum der Kambiumzellen angibt, und zwar *A* für Koniferen, *B* für niedere, *C* und *D* für höhere Dikotyledonen.

Als Haupttyp der Wachstumskurve müssen wir ganz allgemein die S-förmige Linie ansehen. Sie wird zwar nicht immer in ihrer Vollständigkeit dargestellt, auch zum Nullpunkt hin nicht, weil man häufig erst von der Geburt zu messen anfängt. Dann beginnt das Wachstum natürlich schon mit einem bestimmten y-Wert, wie in Abb. 138 die gestrichelte Linie verdeutlicht. Die vollständige Kurve wird man natürlich erst dann

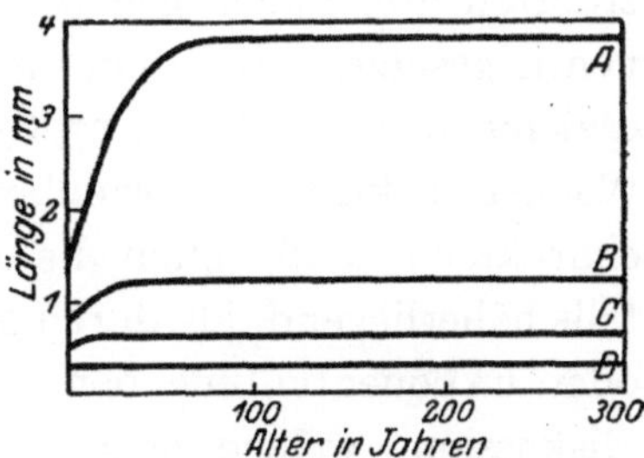

Abb. 139. Das Wachstum des Kambiums verschiedener Bäume.

erhalten, wenn das Wachstum bis zur Eizelle, genau genommen sogar bis zur Eibildung im Ovarium, zurückverfolgt wird, denn auch hier muß eine Zeitfunktion vorliegen. Die formelmäßige Darstellung der

Wachstumskurve ist mehrfach versucht worden, und zwar z. B. in folgenden Gleichungen, bei denen ich nur den Grundtyp anführe.

1. $y = K (1 - e^{-cx})$ nach Pütter 1920, in welcher e die Basis des natürlichen Logarithmensystems ist und K und c Konstanten sind.

2. $K_h = \frac{1}{t} \log \frac{a_t}{a_0}$ nach Kuhn (Tab. biol. II), in welcher bedeuten: K = Vermehrungskonstante der Zellvermehrung bei Hefe, t = Zeit in Stunden, a = Zellenzahl zur Zeit t, a_0 = Zellenzahl zu Versuchsbeginn, die „Aussaat".

3. $\log \frac{x}{A-x} = K (t - t_1)$ nach Robertson, wo x den Betrag (nach Gewicht oder Volumen) des Wachstums bezeichnet, der zur Zeit t erreicht ist, A den Gesamtbetrag des Wachstums während des Zyklus, wo K eine Konstante ist, und t die Zeit, zu der das Wachstum halb vollendet ist. Diese Halbzeit hat in diesem Zusammenhang eine große Rolle gespielt, weil dann die maximale Zunahme nach Volumen oder Masse pro Zeiteinheit stattfindet (große Wachstumsperiode) oder nach Priestley und Pearsall (vgl. Abb. 136) der fast geradlinige Teil (b) in der Kurve vorliegt. Vom Standpunkte des Exponentialgesetzes wäre es an sich nicht notwendig, sich mit den erwähnten Formeln näher zu befassen, denn es sind modifizierte Gleichungen der einfachen Exponentialfunktion bzw. der logarithmischen Linie. Sie könnten also ohne weiteres als Spezialfälle unseres Gesetzes gelten, aber die hier vorliegende Kurvenform ist auf Grund der besprochenen exponentialen Funktionen durch eine größere Anzahl von Formeln darstellbar, als sie in den zitierten drei Fällen gegeben sind. An Hand der Methoden des Exponentialgesetzes wird man eher geneigt sein, andere Gleichungen, z. B. diejenigen der Abb. 49, 57, 65, 75 und ähnliche, heranzuziehen, um die Wachstumskurve zu formulieren, weil diese von sich aus, ihrem Grundcharakter gemäß, schon die S-förmige Gestalt haben. Es ist das jedenfalls näherliegend, als durch Modifikation der einfachen logarithmischen oder Exponentiallinie den Tatbestand auszudrücken. Hier die ganze Diskussion, welche sich um die mathematische Interpretation der Wachstumskurve entwickelt hat, heranzuziehen und alles Für und Wider auseinanderzuschälen, erscheint nach der ganzen Sachlage überflüssig, denn durch die allgemeine Fassung des Exponentialgesetzes, vor allem durch die Vielseitigkeit seiner Kurven, erhält das Problem eine ganz andere Richtung, weil die mathematische Grundlage eine viel breitere geworden ist (vgl. dazu auch Rippel 1925).

Es gilt das ganz allgemein für alle solche Fälle, bei denen man glaubte, mit der einfachen Exponentiallinie auskommen zu können, die als solche oder häufiger noch in ihrer logarithmischen Form zur Deutung biologischer Abhängigkeiten herangezogen wurde. Besonders deutlich wird die Verschiebung der Grundlage für die Wachstumskurve, wenn man die verschiedene Darstellungsform der beobachteten Daten betrachtet. Es blieb ganz dem Autor überlassen, welche Art der Wiedergabe er wählte, und diese war häufig von der Gewohnheit und dem Geschmack der Schule oder Disziplin abhängig. In Abb. 138 kommt das deutlich zum Ausdruck. Trägt man auf der Ordinate das absolute Gewicht jedes Alters auf, so erhält man die ansteigende g-Kurve, zeichnet man dagegen die monatliche Gewichtszunahme in Prozenten, so fällt die Kurve mit zunehmendem Alter ab. Auf Grund der in Kap. A III besprochenen Beziehungen ist ohne weiteres erkennbar, daß es sich hier um reziproke Kurven handeln muß. Die monatliche Gewichtszunahme in Prozenten steht zu dem absoluten Gewicht in Gramm in demselben reziproken Verhältnis, wie, um das früher besprochene Beispiel heranzuziehen, die Entwicklungsdauer zur -geschwindigkeit. Ebenso wie dort mußte auch hier die Deutung der Kurvenformen in Schwierigkeiten geraten, wenn man diese Beziehung unberücksichtigt ließ. Auch Kurvenformen wie die des Wachstums der Kambiumzellen in Abb. 139 stehen innerhalb des Exponentialgesetzes nicht mehr außerhalb der normalen Wachstumskurve, denn es braucht nur, wie wir an Hand der Abb. 65 bis 69 besprochen haben, der eine a-Wert unserer Formeln sehr klein zu werden, um solche Abhängigkeiten zu erhalten, wie sie beim Kambium beobachtet wurden.

Greifen wir noch einmal auf Abb. 137 zurück, so haben wir gesehen, daß sowohl Gewicht wie Länge Funktionen des Älterwerdens sind. Beide sind in einer S-förmigen Kurve von der Zeit abhängig, so daß jedes Symptom des Wachstums für sich wiederum ein Ausdruck für den Alterszustand ist, d. h. wenn wir wissen, daß z. B. eine bestimmte Länge das Alter des Tieres charakterisiert, so folgt daraus, daß auch das Gewicht dann eine Funktion der Länge ist und umgekehrt. Tragen wir also statt der Zeit auf der Abszisse die Länge des Tieres auf, wie das in Abb. 140 nach Angaben von Heincke für die Scholle (nach Pütter 1920) geschehen ist, so erhalten wir die Kurve dieser funktionalen Beziehung. In der Fischereibiologie wird für diese Abhängigkeit die Formel

$$G = k L^3$$

benutzt, welche kurvenmäßig eine kubische Parabel darstellt, die mit der Abb. 140 zwar sehr große Ähnlichkeit hat, aber sich doch sehr wesentlich unterscheidet. Vom Standpunkt des Exponentialgesetzes aus handelt es sich um die logarithmische Form der Kurve, welche wir in Abb. 66 besprochen haben. Die Auffassung als Parabel setzt voraus, daß Länge sowohl wie Gewicht immer größer werden, denn die mathematische Parabel läuft bis in die Unendlichkeit in der Art weiter, wie sie in Abb. 140 beginnt, während sich die Kurve der Abb. 66 asymptotisch einer Parallelen zur x-Achse nähert, also einem Höchstwert zustrebt. Ähnliches müssen wir auch für das Wachstum der Scholle annehmen, die in ihrer Längenzunahme beschränkt ist, während eine Vergrößerung des Gewichtes noch durchaus möglich ist.

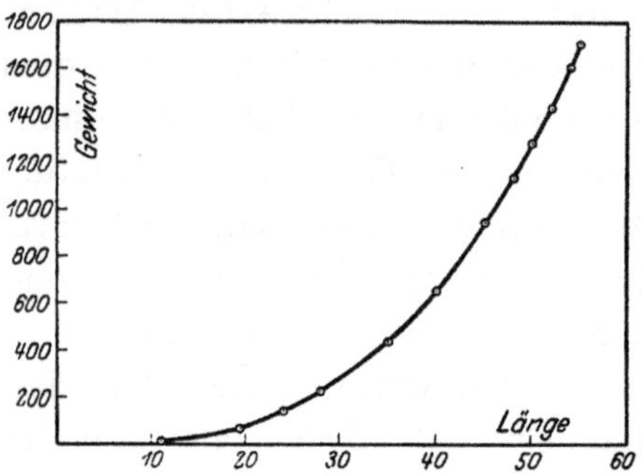

Abb. 140. Die Beziehung zwischen Gewicht und Länge beim Wachstum der Scholle.

Nicht immer liegen verhältnismäßig so einfache Beziehungen vor, wie wir sie bis jetzt besprochen haben, wo es sich um eine glatte S-Kurve handelt. Bei Insekten ist es z. B. eine häufige Erscheinung, daß die Fraßperiode in der Hauptsache oder ganz in die Larvenzeit fällt, daß aber die Imagines entweder gar nicht oder nur sehr wenig Nahrung zu sich nehmen. Für die Schmetterlinge ist das ganz bekannt, aber auch Käfer, z. B. Brotkäfer, *Sitodrepa panicea* (nach E. Janisch) und Khaprakäfer, *Trogoderma granarium* (nach Voelkel) nehmen als Imagines keine Nahrung mehr auf und verlieren dann im Laufe der Zeit immer mehr an Gewicht, indem der Fettkörper, der zuerst das Abdomen prall anfüllt, immer mehr reduziert wird. Anfangs ragt das Abdomen weit unter den Flügeldecken hervor, wird dann aber mehr und mehr von ihnen gedeckt. Ich habe für den Brotkäfer 1923 eine Tabelle gegeben, die eine Bestimmung des Alters der betreffenden Individuen gestattet (Zimmertemperatur):

Tergite noch sichtbar . . . . etwa 14 Tage
Seitenteil noch sichtbar . . . . ,, 16 ,,
Seitenteil wenig gedeckt . . . . ,, 18 ,,
Seitenteil $^1/_3$ gedeckt . . . . ,, 20 ,,

Seitenteil $^1\!/_2$ gedeckt . . . . etwa 22 Tage
Seitenteil $^2\!/_3$ gedeckt . . . . „ 25 „
schmaler Streif des Seitenteils sichtbar . „ 28 „
Seitenteil ganz gedeckt vom . . . . „ 30. „ ab.

Ein Jungkäfer wiegt im Mittel 3,05 mg, ein Altkäfer 1,455 mg. Aus den zugehörigen Trockengewichten 1,13 bzw. 0,68 errechnet sich der Säftekoeffizient K, wenn M das Gewicht in gewöhnlichem Zustand, P das Trockengewicht und $S = M - P$ den Saft bezeichnet, zu:

$$\text{Jungkäfer:}\quad K = \frac{S}{M} = 0{,}6295\,,$$

$$\text{Altkäfer:}\quad K = \frac{S}{M} = 0{,}5326.$$

Vom Jungkäfer mit dem Gewicht $M_1 = 3{,}05$ mg zum Altkäfer ($M_2 = 1{,}455$ mg) tritt also ein Gewichtsverlust von $M_1 - M_2$ ein. Fügen wir noch das Saftgewicht des Altkäfers ($S_2 = 0{,}775$ mg) hinzu, so erhalten wir den Koeffizienten für den Gesamtsubstanzverlust einschließlich des verbleibenden Restsaftes:

$$K = \frac{M_1 - M_2 + S_2}{M_1}$$
$$= 0{,}7771,$$

eine Zahl, die sich noch mehr der 1 nähert als die angegebenen Säftekoeffizienten der Käfer, d. h. von dem ursprünglichen Jungkäfergewicht bleibt am Ende seines Lebens weniger als ein Viertel Trockensubstanz über.

Aber auch bei Insekten, welche als Imagines noch

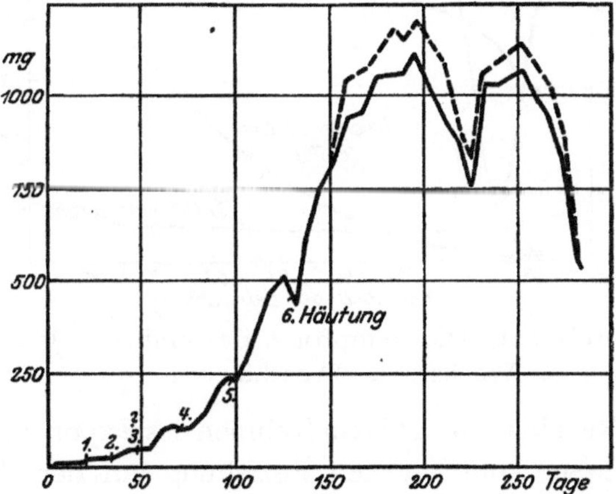

Abb. 141. Die Gewichtskurve der Stabheuschrecke. In der gestrichelten Kurve wurde das Eigewicht dem Körpergewicht zugezählt.

fressen, finden wir zu bestimmten Zeiten eine Gewichtsabnahme, wie Abb. 141 nach Titschack von der Stabheuschrecke *Dixippus* (*Carausius*) *morosus* zeigt. Die gestrichelte Linie gibt das Gewicht an, wenn dem Körpergewicht jedesmal das vorhandene Eigewicht zugefügt wird. Es liegt hier eine Kurve vor, die einmal bei jeder Häutung einen Gewichtsabfall zeigt, aber für die Gesamtgestalt ist diese Tatsache nicht so sonderlich wichtig, denn wir wissen, daß während dieser Zeit die Tiere keine Nahrung aufnehmen (vgl. Abb. 146 und S. 151). H. Przibram sagt dazu: „Es geht jedoch nicht an, über diesen kleinen Schwankungen den Verlauf der Wachstumskurve im ganzen zu vernachlässigen." Er hat schon 1912 darauf hingewiesen, „daß Wachstumsstillstände während der Häutung nicht auf einer Abnahme der Geschwindigkeit innerer chemischer Vorgänge, sondern auf die Einstellung der Nahrungszufuhr zurückgeführt werden können. Außerdem wird durch Entleerung aller Fäzes und den Abwurf der alten Haut eine Abnahme des Gewichtes bewirkt, die nicht auf eine chemische Geschwindigkeit Bezug hat". Will man diese Verhältnisse kurvenmäßig erfassen, so müssen sie aus dem Gesamtverlauf der Gewichtskurve herausgenommen und gesondert behandelt werden. Weit bedeutungsvoller ist der tiefe Sattel am Gipfel der Kurve, für den wir biologisch noch keine Erklärung haben.

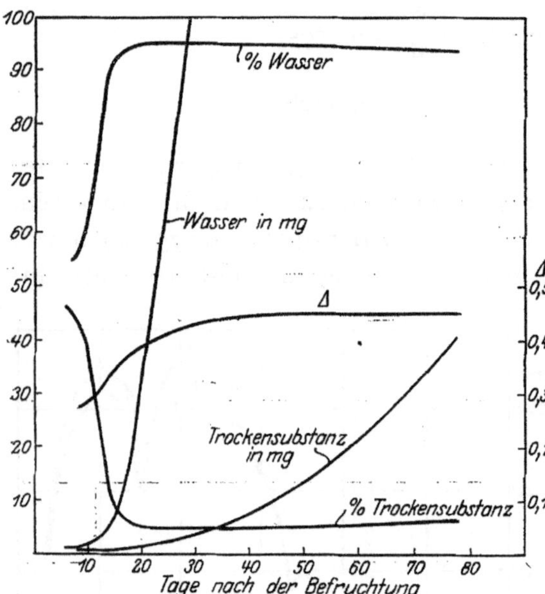

Abb. 142. Die Symptome des embryonalen Wachstums, Froschlarven.

Rein kurvenmäßig im Rahmen des Exponentialgesetzes könnte die Lösung dieser komplizierten Beziehung auf der Grundlage der Abb. 128 versucht werden, die ebenfalls, wenn man ihre Verdoppelung betrachtet, einen solchen Sattel aufweist. Wahrscheinlicher scheint mir eine andere Deutung zu sein, die wir jedoch erst besprechen können, wenn wir noch andere Fragen des Stoffwechsels betrachtet haben. Ich muß deshalb hier darauf verweisen (vgl. Abb. 158 bis 161).

Die Abb. 142, welche mehrere Symptome des embryonalen Wachstums von Froschlarven (nach Höber) als Zeitfunktion darstellt, zeigt mit aller Deutlichkeit, daß mit einer einzigen Formel nicht auszukommen ist, wenn es sich darum handelt, die beobachteten Erscheinungen zahlenmäßig und kurvenmäßig zu erfassen. Je nachdem man die Menge Wasser oder Trockensubstanz als absolute Gewichte oder in Prozentzahlen gibt, entsprechend wird man andere Kurvenformen erhalten. Alle aber, auch die Linie, welche als Ausdruck des osmotischen Drucks die Gefrierpunktserniedrigung $\varDelta$ bei verschieden alten Larven wiedergibt, sind durch das Exponentialgesetz ohne weiteres unter diesem einheitlichen Gesichtspunkt zu vereinigen. Wir haben schon davon gesprochen, wie Körpergewicht und -länge zueinander in Beziehung stehen und je nach der Art, wie man die Zeit durch ein Symptom,

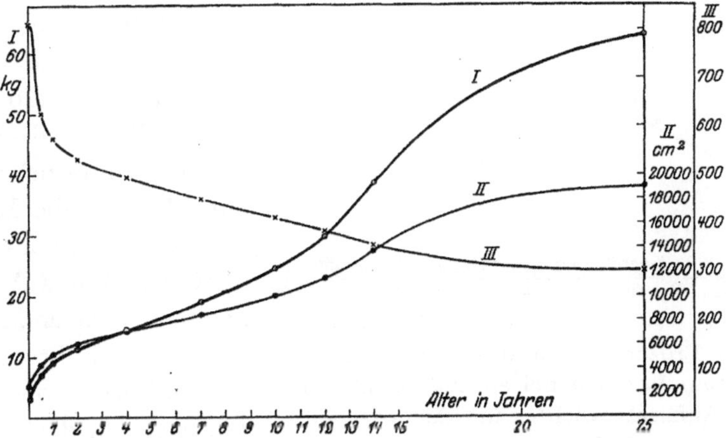

Abb. 143. Das Verhältnis der Körperoberfläche (Flächenausdehnung der Haut) zum Körpergewicht des Menschen in verschiedenen Lebensaltern. *I* Gewicht in kg, *II* Körperoberfläche in cm², *III* Oberfläche pro 1 kg Gewicht in cm².

das selbst wieder eine Funktion des Älterwerdens ist, ersetzt, verschiedene Kurvenformen entstehen.

Ähnlichen Verhältnissen begegnen wir, wenn wir die Oberfläche in die Betrachtung hineinziehen. Hier treffen wir auf eine Gesetzmäßigkeit, die als Rubnersches Oberflächengesetz in der Physiologie eine große Rolle spielt, das aber nach Kestner und Plaut seinem inneren Wesen nach auch heute noch als nicht aufgeklärt gelten muß. Zeichnen wir nach den von Muchow (Tab. biol. II, S. 469) wiedergegebenen Zahlen die Körperoberfläche (Flächenausdehnung der Haut) und das Körpergewicht des Menschen kurvenmäßig in Abhängigkeit vom Alter auf, so gibt die Linie *I* in Abb. 143 die Gewichtskurve, *II* die der Oberfläche und *III* die Oberfläche pro 1 kg Gewicht in Zentimetern wieder.

Der Grundtyp von *I* und *II* ist durch Kurvenformen gegeben, wie wir sie in den Abb. 65 bis 73 besprochen haben, und es tritt dann das Phänomen der Einbuchtung hinzu, das wir in Abb. 123 *II* an demselben Grundtyp kennen gelernt und als eine Tendenz aufgefaßt haben, dessen erster Schritt die Abflachung ist. In allerschärfster Form kommt diese Einbuchtung in den Abb. 132 und 133 zum Ausdruck.

Von dieser Basis aus ordnen sich die Linien *I* und *II*, Abb. 143, ohne weiteres in das Prinzip des Exponentialgesetzes ein, die Kurve *III* dagegen ist leicht als ähnlich der Abb. 56 zu erkennen, mit dem Unterschied, daß sie sich nicht der x-Achse selbst, sondern einer Parallelen asymptotisch nähert. Setzt man nun ebenso, wie wir das in Abb. 140 getan haben, die Oberfläche zum Gewicht in Beziehung, so entsteht dieselbe Kurvenform wie dort, nur daß hier das Gewicht als x-Achse genommen wird und infolgedessen nicht die logarithmische Formel wie in Abb. 140, sondern die exponentiale Gleichung zur Wiedergabe der Abhängigkeit gewählt werden muß. Die Interpretation dieser Kurvenform ist ganz ähnlich erfolgt wie in der Fischereibiologie, wo

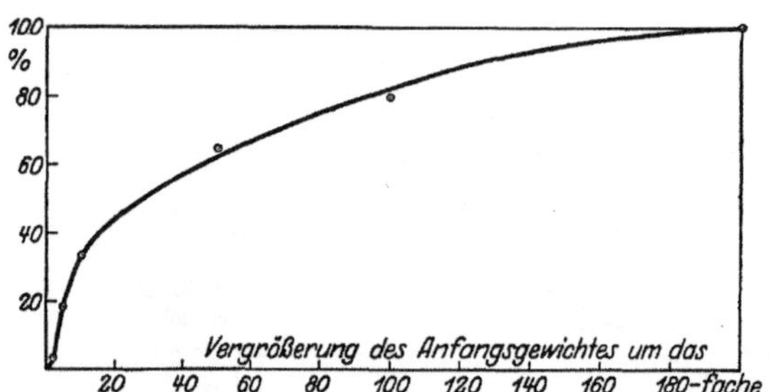

Abb. 144. Die Dauer der Vervielfachungszeit in Prozenten auf das ganze Larvenwachstum bezogen bei einer Vergrößerung des Anfangsgewichtes um das x-fache. Stabheuschrecke.

$$G = k L^3$$

gesetzt wurde. Für den erwachsenen Menschen gilt bisher die Vierordt-Meehsche Formel $12{,}312 \sqrt[3/2]{G}$.

Innerhalb des Exponentialgesetzes erhält das Rubnersche Oberflächengesetz ein ganz anderes Gesicht. Mögen die in Betracht kommenden Formeln auch komplizierter sein, so kann die bisherige Wurzelgleichung doch nur dann angenähert die Verhältnisse zum Ausdruck bringen, wenn Oberfläche und Gewicht als Variable gewählt werden. Die Beziehungen zum Älterwerden, welche in den Kurven der Abb. 143 gegeben sind und welche doch im Grunde genommen das eigentliche Problem erst darstellen, werden so nicht erfaßt, während das Exponentialgesetz viel tiefer in die Einzelfragen einzudringen vermag und eine auf mathematischer Basis ruhende Analyse ermöglicht. In diesem Zusammenhang findet auch die Kurve, welche nach den Untersuchungen Titschacks über das Wachstum, den Nahrungsverbrauch und die Eierzeugung der Stabheuschrecke *Carausius* die Dauer der betreffenden Vervielfachungszeit in Prozenten auf das ganze Larvenwachstum bezogen in Abhängigkeit von der Vergrößerung des Anfangsgewichtes um das x-fache darstellt, ihre Einordnung in das Kurvensystem, welches dem Wachstum überhaupt zugrunde liegt, denn die Abb. 144 ähnelt weitgehend der Abb. 68 II, die von sich aus wieder den Anschluß an die S-förmige Gestalt vermittelt.

Greift man aus dem Wachstumsprozeß einzelne Geschehnisse heraus, so fügen sich diese als solche ebenfalls in das Exponentialgesetz ein.

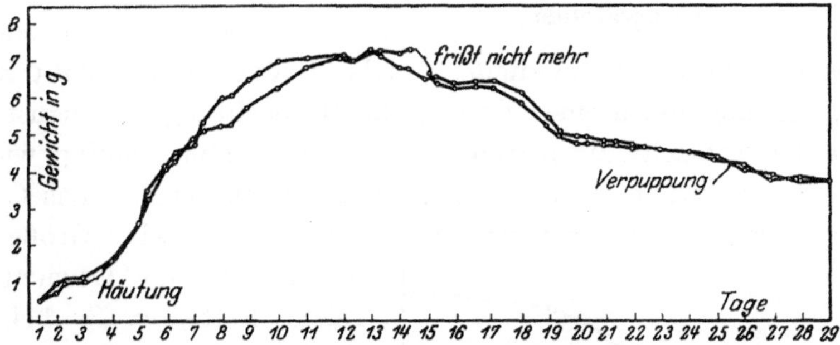

Abb. 145. Die Wachstumskurven zweier Wolfsmilchschwärmerraupen.

Selbstverständlich muß dabei Berücksichtigung finden, daß es sich um Teilvorgänge zeitlichen Geschehens handelt, die in einen großen Ablauf eingefügt sind, wie wir schon andeutungsweise S. 148 für die Häutungen erwähnt haben. Betrachtet man z. B. die Gewichte von Schmetterlingsraupen (Wolfsmilchschwärmer) vor der Verpuppung, so folgen sie nach Abderhalden einer Kurve, die in Abb. 145 wiedergegeben ist. Das Gewicht steigt in S-förmiger Linie bis zu einem Maximum, dann aber frißt die Raupe nicht mehr und das Gewicht sinkt ab, bis die Verpuppung eintritt. Der Gesamtverlauf der Kurve hat einen Charakter, wie wir ihn in den Abb. 76 links, negativ, 122 und 125 kennen gelernt haben. Daß die Gewichtskurve langsamer ansteigt, ist kein wesentlicher Unterschied und durch andere Werte der Konstanten zu erklären. Daß man derartige Sonderverhältnisse für sich betrachten muß, geht aus Abb. 146 hervor, welche die Gewichtsabnahme selbst vor der Verpuppung darstellt. Diese muß natürlich, nachdem sie erst in bekannter Form einen S-förmigen Anstieg hat, dann ein Maximum erreichen, wenn die Kurve der Abb. 145 sich der zugehörigen Asymptoten nähert.

Auch das Aufblühen von höheren Pflanzen folgt nach Prescott dem einfachen S-förmigen Typus, wie Abb. 147 für die Baumwolle

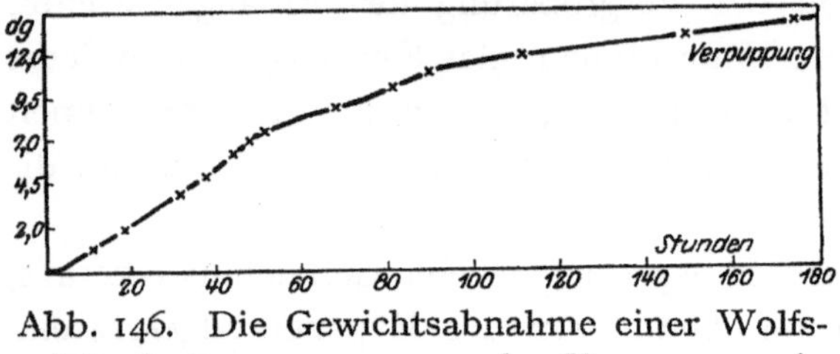

Abb. 146. Die Gewichtsabnahme einer Wolfsmilchschwärmerraupe vor der Verpuppung in Dezigrammen.

zeigt. Die von dem Autor eingezeichnete Linie schneidet die y-Achse oberhalb des Nullpunktes, während nach Lage der Beobachtungspunkte eine Kurve zum Nullpunkt zu ziehen wäre, die unserer Abb. 49 oder 75

entsprechen würde. Die Gründe, welche Prescott veranlaßt haben mögen, hier zugunsten einer Theorie die Beobachtung hintanzustellen, sind in der Tatsache zu suchen, daß das Wachstum häufig, wie ich bereits S. 143 erwähnte, angefangen wurde zu messen, als das Objekt

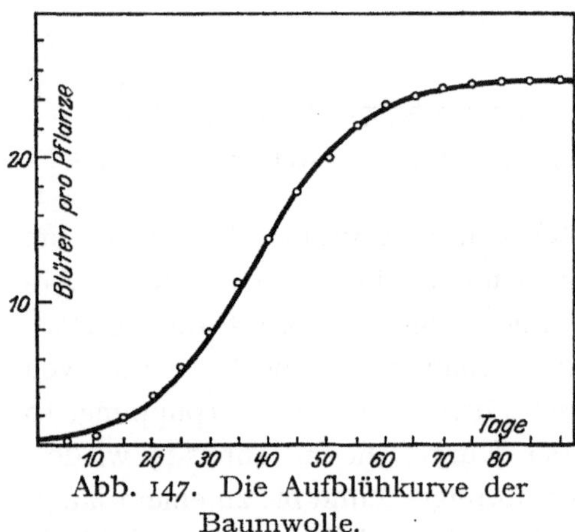

Abb. 147. Die Aufblühkurve der Baumwolle.

schon eine gewisse Größe oder ein bestimmtes Gewicht erreicht hatte, z. B. bei den Tieren bei der Geburt. Die Formeln

$$\log \frac{x}{a - x} = K (t - t_1) \quad \text{und}$$

$$\log \frac{ax}{a - x} = k a t,$$

welche Prescott für die Aufblühkurve zugrunde legt (vgl. S. 144 dieses Buches), sind auf diesen Umstand zurückzuführen. Robertson, welcher den Fragenkomplex, der mit der Wachstumskurve in Verbindung steht, eingehend bearbeitet hat, suchte nach einem Vergleich mit der Kurve einer monomolekular-autokatalytischen Reaktion und gibt für diese eine Kurve, welche der in Abb. 147 gezeichneten Linie entspricht. Wir wollen uns hier einfach an das halten, was tatsächlich beobachtet wurde, und da kann das Aufblühen der Baumwolle durch das Exponentialgesetz am einfachsten durch Vergleich mit

Abb. 49 formuliert werden. Man kann selbstverständlich nicht leugnen, daß physikochemische Vorgänge im Protoplasten auch hier nicht ohne Einfluß sind, jedoch können wir nach dem Stande unserer Kenntnisse meines Erachtens heute noch nicht versuchen, die Art dieser Beziehungen irgendwie zum Ausdruck zu bringen. In den Fällen jedoch, wo man notwendigerweise die S-förmige Kurve bei einem bestimmten y-Wert beginnen lassen muß, bietet das Exponentialgesetz durch Abb. 96 auch hier die Möglichkeit, den Vorgang formelmäßig zu fassen.

Ähnliche Abknickungen in der Kurve, wie wir sie bei den Häutungen und der Verpuppung von Insekten besprochen haben, finden wir auch bei den Pflanzen. Abb. 148 gibt das Gewicht von Stecklingswurzeln nach Priestley und Pearsall an. Es treten die Stufen dann in Erscheinung, wenn die sekundären (2) und die tertiären (3) Würzelchen hervorkommen. Vom biologischen Standpunkt aus sind wir natürlich in der Lage, die Wurzelbildung aus dem Gesamtverlauf herauszunehmen, ähnlich wie wir das bei der Gewichtsabnahme vor der Verpuppung der Wolfsmilchschwärmerraupe getan haben. Es darf jedoch auch nicht als unmöglich angesehen werden, derartige Sondererscheinungen biologischen Geschehens in den Gesamtzyklus einzureihen. Ein anzustrebendes Ziel der vergleichenden Biologie wäre es jedenfalls. Das Exponen-

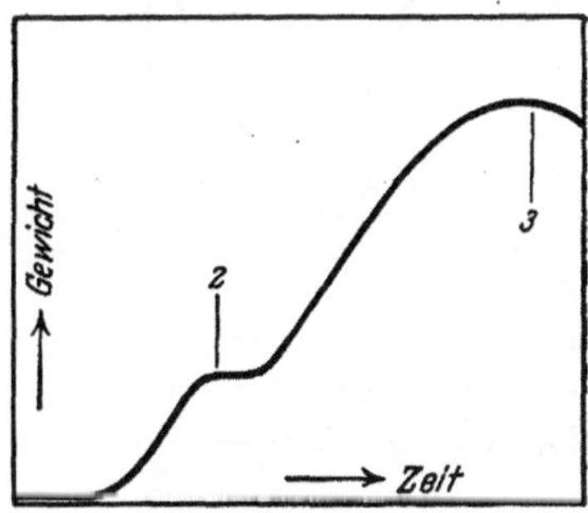

Abb. 148. Die Gewichtszunahme von Stecklingswurzeln. Bei *2* erscheinen die sekundären, bei *3* die tertiären Wurzeln.

tialgesetz läßt in dieser Richtung durchaus eine Lösung dieser verwickelten Beziehungen erhoffen, denn z. B. die Kurven der Abb. 98 und 99 weisen im Prinzip ähnliche Stufenbildungen auf, wenn es sich auch um andere Kurventypen handelt.

Das Wachstum bei veränderten äußeren Bedingungen.

Über den Einfluß der Umweltbedingungen auf die Stoffwechselvorgänge haben wir am Anfang dieses Buches schon gesprochen und gerade die Temperaturabhängigkeit biologischer Vorgänge zum Ausgangspunkt unserer Überlegungen gemacht. Als Maßstab für die vor sich gehenden Stoffwechselprozesse hatten wir die Zeit genommen, welche ein Organismus braucht, um von einem bestimmten Punkte seines Lebens bis zu einem anderen die Entwicklung zu durchlaufen. Als Kurvenform dieser Abhängigkeit fanden wir die Kettenlinie. In Abb. 149 ist die Keimungskurve der Zysten von *Ceratium hirundinella* abgebildet, welche von Huber und Nipkow für eine Parabel angesehen wurde, aber nach unserer Auffassung eine Kettenlinie darstellt (vgl. Abb. 8). Für *Bacillus ramosus* gibt Duclaux die Kurve der Abb. 150 an, in der auf der Ordi-

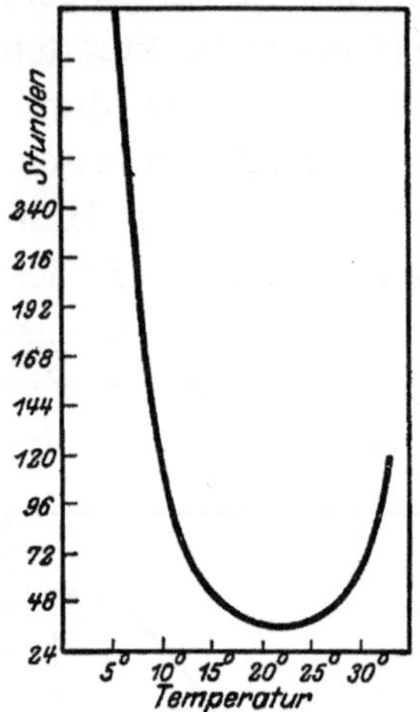

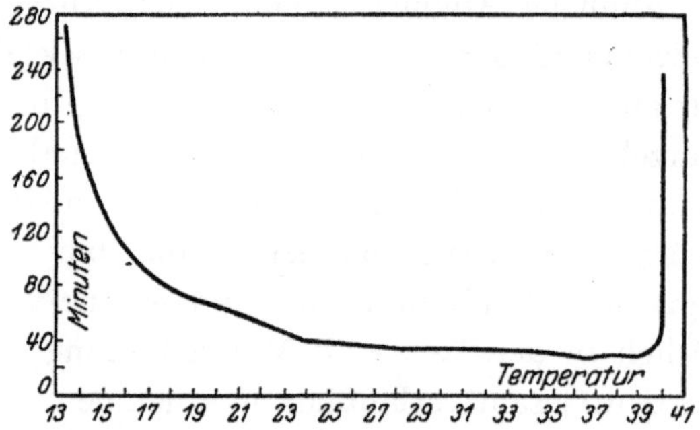

Abb. 149. Die Keimung der Zysten von *Ceratium hirundinella* in Abhängigkeit von der Temperatur.

Abb. 150. Die Zeit, welche *Bacillus ramosus* benötigt, um seine Länge bei verschiedenen Temperaturen zu verdoppeln.

nate die Anzahl Minuten aufgetragen wurden, welche zur Verdoppelung der Länge nötig sind. Die Kettenlinie der Abb. 149 scheint entsprechend unserer Abb. 8 durchaus symmetrisch zu sein, aber durch Abb. 12 hatten wir wahrscheinlich gemacht, daß doch eine asymmetrische Form vorliegen wird.

Nun ist aber aus Abb. 12 zu entnehmen, daß am kritischen Wärmepunkt die Variationsbreite der Versuche gleich Null sein muß, so daß die Frage entsteht, an welche Stelle der Temperaturskala wir in Abb. 8 den Nullpunkt setzen müssen. Theoretisch muß er offenbar dort liegen, wo eine Entwicklung nicht mehr vor sich geht. Wir hatten S. 29 gesagt, daß bei diesen hohen Temperaturen vielfach sich die Räupchen der Mehlmotte zwar im Ei mehr oder weniger weit entwickeln, aber nicht mehr schlüpfen. Da ich bei diesen Untersuchungen ein anderes Kriterium für das Lebendigsein als das Ausschlüpfen nicht herangezogen habe, kann nicht angenommen werden, daß dort, wo das Schlüpfen der Raupen zuletzt beobachtet wurde (vgl. S. 25, Vers. 30

und 31) auch der Nullpunkt liegt, auch die Größe der Variationsbreite an diesem Punkt in Abb. 8 spricht nicht dafür. Wenn wir aber den kritischen Wärmepunkt noch über 32,78° hinaus verlegen müssen, bleibt die Frage offen, wie bis dahin die Kurve laufen wird. Zwar hat die Deutung, wie wir sie in Abb. 12 versucht haben, nach der ganzen Sachlage sehr viel für sich, aber die Kurve von Duclaux (Abb. 150) zeigt einen anderen Weg, der für eine große Anzahl von biologischen Abhängigkeiten sehr gangbar erscheint, so daß diese Möglichkeit auch für unseren Fall ernstlich erwogen werden muß. Im Gegensatz zu Abb. 12 schneidet diese Kurve die y-Achse, welche wir durch den kritischen Wärmepunkt legen, nicht, sondern steigt steil an, so daß sie einen Charakter annimmt, wie wir ihn bei den Abb. 52 rechts, 63 rechts, 79 rechts, 84 links kennen gelernt haben, d. h. dieser Teil der Kurve nähert sich asymptotisch der y-Achse. Mit der Feststellung dieser Tatsache gewinnt der kritische Wärmepunkt eine ganz andere Bedeutung, denn es ist nicht mehr wie in Abb. 12 am Nullpunkt eine bestimmte endliche und meßbare Entwicklungsdauer vorhanden, sondern diese kann, wenn auch tatsächlich nur sehr wenige Exemplare sich überhaupt entwickeln, sehr groß werden. Bei weiteren Versuchen in dieser Richtung würde festzustellen sein, ob ein bestimmter Höchstwert, wie ihn Abb. 12 fordern würde, vorliegt, oder ob, wie z. B. in Abb. 84 links, bei wenig höheren Temperaturen eine ungleich stärkere Verzögerung in der Entwicklung erreicht werden kann. Die Kurve von Duclaux spricht mit aller Entschiedenheit für die letzte Auffassung, gegen die auch von der Basis der übrigen besprochenen Experimente nichts eingewendet werden kann. Besonders unsere Abb. 22 weist durchaus in diese Richtung.

Ziehen wir das Längenwachstum noch in die Art dieser Betrachtung mit hinein, so wird die Bedeutung dieser Auffassung noch klarer.

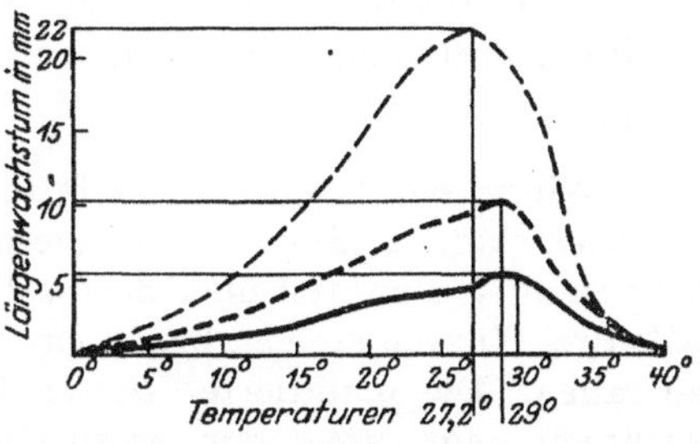

Abb. 151. Der Zuwachs der Wurzeln von *Lepidium sativum* bei verschiedenen Temperaturen, —— in 3¹/₂, - - - in 7, ... in 14 Stunden.

Abb. 151 gibt den Längenzuwachs der Wurzeln von *Lepidium sativum* (nach Talma aus Sierp) pro Zeiteinheit an, und zwar die ausgezogene Linie in 3¹/₂ Stunden, die gestrichelte in 7, die punktierte in 14 Stunden. Wenn nun die auf Grund der Kurve von Duclaux entwickelte Ansicht über die Kurvenform zutrifft, so muß auch für das Längenwachstum dieselbe Auffassung möglich sein. Da aber hier eine Messung pro Zeiteinheit vorliegt, so muß die Kurve die Reziproke des Typs Abb. 52 rechts, 63 rechts usw. sein, und Abb. 151 rechtfertigt das durchaus, wenn man sie mit Abb. 64 rechts oder 88 rechts vergleicht. Für diese reziproke Kurve liegt der kritische Wärmepunkt dann da, wo die Kurven die x-Achse erreichen, d. h. auch hier bleibt die biologische Kurve innerhalb ihres Quadranten.

Für die biologische Deutung derartiger Abhängigkeiten ist es ungemein wichtig zu wissen, daß diejenige Temperatur, bei welcher ein Wachstum überhaupt nicht mehr stattfindet, als Todespunkt ein mathematischer Nullpunkt ist, an dem sich der ganze Kurvenverlauf orientiert. Wir werden später im Zusammenhang mit anderen Stoffwechselerscheinungen (vgl. S. 164), im besonderen aber bei der Besprechung der Bedeutung des Todes, auf diese Kurvenformen besonderen Wert legen müssen.

Um Mißverständnissen vorzubeugen, sei schon an dieser Stelle ausdrücklich festgestellt, daß wir nunmehr auch die Fälle, welche wir bei der einleitenden Besprechung über die Temperaturabhängigkeit herangezogen haben und als Kettenlinien bzw. als zugehörige Reziproken deuteten, in dieses Schema einordnen, also allgemein den Zeit- und Geschwindigkeitskurven in Kap. A I 4 den Charakter der Funktionen in Abb. 52 rechts, 63 rechts, 79 rechts, 84 links bzw. ihrer Reziproken zubilligc nmüssen. Über die Auffassung der Kurven in Abb. 151 sagt Sierp:

„Wir sehen, daß die Wurzeln in allen Temperaturen um so stärker gewachsen sind, je länger sie in diesen sich befanden, die punktierte Linie liegt in allen Punkten über der gestrichelten, diese über der ausgezogenen. Alle drei Kurven steigen bis zu einer bestimmten Temperatur an, um dann zu fallen. Die punktierte Kurve, die den Zuwachs bei der längsten Versuchszeit zeigt, steigt nur bis zu einer Temperatur von 27,2° an, während bei der gestrichelten Kurve, deren Pflanzen nur halb so lange in der betreffenden Temperatur blieben, dieses Ansteigen bis 29° andauert und schließlich das der ausgezogenen Kurve, der eine nur 3½ stündige Wirkungszeit zukam, bis 30° fortgesetzt wurde, um dann erst abzufallen. Das Wachstumsoptimum liegt also bei keiner bestimmt festliegenden Temperatur, es ist ein Punkt, der sich mit der Länge der Versuchszeit ändert. Solche Kurven müssen aus zwei Komponenten zusammengesetzt gedacht werden; sie bestehen aus einer anscheinend gleichmäßig wirkenden Förderung und einer gleichzeitig und zunächst langsam, dann aber immer stärker einsetzenden Hemmung. Die hemmende Komponente macht sich um so mehr bemerkbar, je höher die zur Anwendung kommende Temperatur ist, und wird hier um so stärker ins Gewicht fallen, je länger die Einwirkungszeit der betreffenden Temperatur ist. Dies muß dann ein früheres Umbiegen bei der höheren Temperatur und allgemein das Abfallen der Kurve bewirken."

Auf Grund der reziproken Kurve, welche wir hier zugrunde gelegt haben, erscheint das Wachstum bei verschiedenen Temperaturen, um kurz zusammenzufassen, folgendermaßen: Für jeden Organismus gibt es eine Höchsttemperatur, den kritischen Wärmepunkt, bei welcher das Wachstum gleich Null ist. Unterhalb dieses Punktes wächst der Organismus (vgl. z. B. Abb. 88 rechts) je nach seiner Reaktionsfähigkeit (verschiedene a-Werte) über einen mehr oder weniger großen Bereich der Temperaturskala fast nicht oder sehr wenig, bei weiterer sehr kleiner Temperaturerniedrigung aber erreicht die Wachstumsgeschwindigkeit sehr schnell ein Optimum und sinkt dann wieder mit fallender Temperatur mehr oder weniger langsam ab. Die Art des Abfalls, wie überhaupt des ganzen Reaktionsverlaufs ist von den inneren Eigenschaften des Organismus abhängig, die wir durch den a-Wert unserer Formeln zahlenmäßig zum Ausdruck bringen können. In anschaulichster Weise demonstriert die Abb. 88 dieses Verhalten verschiedener Organismen und kann dementsprechend als Basis vergleichender Betrachtungen dienen. Ich will hier gleich hinzufügen, daß nicht nur innere Bedingungen den Kurvenverlauf in dieser Richtung beeinflussen, sondern daß die Einfügung einer zweiten veränderlichen Außenbedingung wie Feuchtigkeit, Nahrung ähnliche Erscheinungen im Gefolge hat. An anderen Beispielen soll das später ausführlich besprochen werden.

Es bleibt aber noch die Frage offen, ob denn der Organismus bei den hohen Temperaturen, welche schon starke Schädigung bewirken, lediglich durch die Abnahme seiner Reaktionsgeschwindigkeit reagiert. Wenn man die Summe bzw. den Durchschnittswert des Wachstums betrachtet, ist das sicherlich der Fall, so daß wir die oben besprochene Kurve als zu Recht bestehend ansehen können. Anders allerdings liegen die Verhältnisse, wenn wir den zeitlichen Verlauf des Wachstums bei solchen extrem hohen Temperaturen betrachten. Abb. 152 gibt die Wachstumsrate von Erbsenwurzeln bei 35° nach Priestley und Pearsall wieder. Die Kurve zeigt in den ersten $^3/_4$ Stunden einen steilen Abfall, dann aber einen fast ebenso schnellen Anstieg. Nach etwa 1,5 Stunden fällt sie dann allmählicher ab und nähert sich irgendeinem konstanten Wert. Mathematisch muß der Verlauf nach den Abb. 52 links, 84 rechts, 111 rechts, 119 oder 120 orientiert werden, die

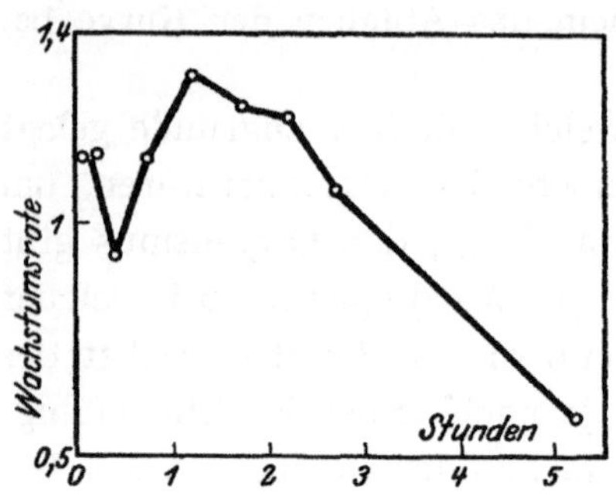

Abb. 152. Das Wurzelwachstum von *Pisum sativum* bei 35°.

einen im Prinzip ähnlichen Typus aufweisen. Die Wachstumsgeschwindigkeit bei hohen, dem Organismus schon schädlichen, wenn auch vielleicht nicht tödlichen Temperaturen, ist bei den Erbsenwurzeln innerhalb der ersten zwei Stunden einem schnellen Wechsel unterworfen, der sich in mehrfachem Steigen und Fallen der Wachstumsrate äußert; dann erst sinkt diese allmählich und stetig ab.

Ähnlich wie von der Temperatur ist der Organismus in seiner Entwicklung auch von anderen Umweltbedingungen abhängig, wie wir an mehreren Stellen z. B. S. 20 schon angedeutet haben. Der Einfluß der Ernährung soll in einem besonderen Kapitel behandelt werden, so daß wir uns hier mit einem Hinweis darauf begnügen können. Von größtem Einfluß auf den Entwicklungsgang der Organismen neben der Temperatur ist der Feuchtigkeitsgehalt der Luft und des Substrates. Daß hier so sehr viel weniger Untersuchungen vorliegen, mag an der ungleich schwierigeren Methode liegen, derartige Experimente exakt durchzuführen. Daß aber auch hier die Abhängigkeit sich durch das Exponentialgesetz erfassen läßt, mögen die Messungen über die Keimung der Sporen von *Lenzites saepiaria* zeigen, welche Zeller an Spänen des Saftholzes von *Pinus echinata* bei 25° und verschiedener Luftfeuchtigkeit wachsen ließ. Es ist dabei notwendig zu wissen, in welcher Beziehung der Feuchtigkeitsgehalt der Holzspäne zu derjenigen der Luft steht, denn für die Keimung der Sporen ist lediglich jene maßgebend. Die in Abb. 153 eingetragenen Daten zeigen durch ihre Lage an, daß diese rein physikalische Abhängigkeit sich ebenfalls dem Exponentialgesetz einordnen läßt, und zwar gehört sie dem Grundtyp Abb. 45 oder 46, bzw. den entsprechenden abgeleiteten Typen der Abb. 75, 78, 82 usw. an. Die verschiedenen Kreise geben das verschiedene spezifische Gewicht an, und zwar bedeutet der ausgefüllte Kreis 0,69, der geteilte 0,41 und der einfache 0,61.

Wenn nun die Prozentzahl der gekeimten Sporen direkt zur Luftfeuchtigkeit in Beziehung gesetzt wird, so ist zu beachten, daß bei 96 vH das Holz schon gesättigt ist („Fiber saturation point" in Abb. 154). Die Kurve in Abb. 154 zeigt, daß unterhalb dieses Punktes, bei dem etwa 48 vH Sporen zur Keimung gelangen, die Prozentzahl zunächst stark fällt, dann aber von 90 vH Luftfeuchtigkeit an zur Horizontalen

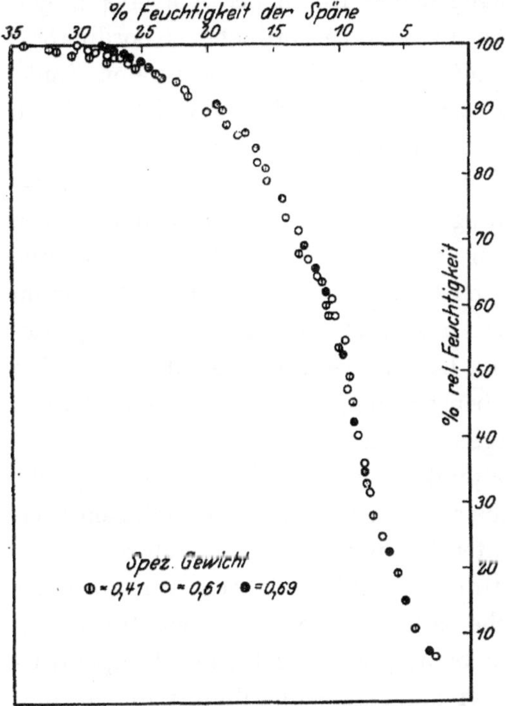

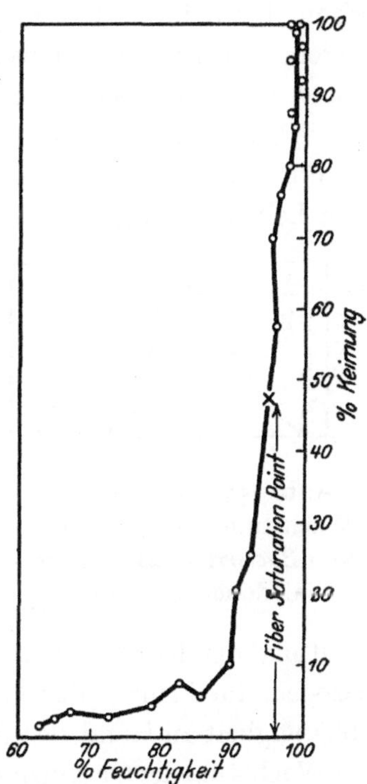

Abb. 153. Der Feuchtigkeitsgehalt des Splintholzes von *Pinus echinata* bei verschiedener Luftfeuchtigkeit bei 25°.

Abb. 154. Die Keimung der Sporen von *Lenzites saepiaria* auf Spänen von *Pinus echinata* bei verschiedener Luftfeuchtigkeit bei 25°.

umschwenkt, oberhalb derselben aber noch weiter steil ansteigt, um bei etwa 98 vH relativer Luftfeuchtigkeit 100 vH der Keimung zu erreichen. Wenn man sich genauer ansieht, wie der Sättigungspunkt des Holzes in Abb. 153 erreicht wird, so wird etwa hier die Tropfenbildung erfolgen, d. h. hier müßten die Untersuchungen in der Richtung weitergeführt werden, daß man den Einfluß des Wassers selbst auf die Sporenbildung verfolgt. Die vorliegenden Beobachtungen Zellers sind nicht soweit ausgedehnt worden, aber wir wissen, daß bei überoptimaler Feuchtigkeit genau wie bei höheren Temperaturen Schädigungen, also Abnahme der Prozentzahlen bei der Keimung, stattfinden, so daß hier ähnliche Verhältnisse vorliegen müssen, wie bei dem Längenwachstum der Wurzeln von *Lepidium sativum* (Abb. 151). Bei entsprechender Wahl des Bezugssystems wird man also auch hier den Typ der Abb. 53 rechts erhalten. Aber auch die wiedergegebenen Daten der Abb. 154 zeigen schon durch ihren Lagecharakter in dem zugeordneten Koordinatensystem eine Art des Kurvenverlaufs, der wir bei exponentialen Funktionen so häufig begegnen, daß es mir außer jedem Zweifel zu liegen scheint, daß das Exponentialgesetz auch hier gültig ist.

Für manche Lebewesen, z. B. die Bakterien, gehört zu den wichtigsten Lebensbedingungen der Säuregrad des Mediums, in dem sie leben.

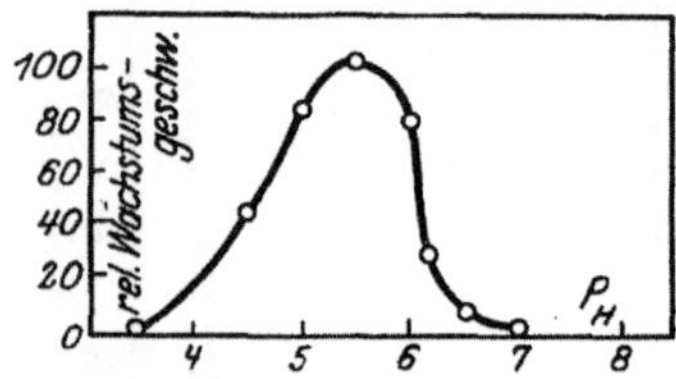

Abb. 155. Die relative Wachstumsgeschwindigkeit von *Bacterium casei* bei verschiedenen p_H-Werten.

Abb. 155 gibt nach Svanberg die relative Wachstumsgeschwindigkeit des Bacterium casei aus Milch bei verschiedenen p_H wieder. Die Kurve zeigt, daß die optimalen Lebensbedingungen im sauren Bereich liegen, so daß wir in der Nähe des Neutralpunktes ($p_H = 7{,}07$) einen Todespunkt suchen müssen, der einen ähnlichen Charakter hat wie der bei tödlichen Temperaturen. Damit gelangen wir zu einer Deutung der Kurvenform, welche, auf eine andere Umweltbedingung bezogen, im Prinzip das Gleiche besagt, was wir bei der Temperaturabhängigkeit an Hand der Abb. 151 aussprechen mußten, nämlich, daß das Wachstum der Organismen von den Außenbedingungen in einer Weise abhängig ist, die das Exponentialgesetz durch Funktionen vom Typ der Abb. 93 zum Ausdruck bringt. Die Reaktionsfähigkeit des Lebewesens gegenüber der Umwelt orientiert sich also von einem Punkte her, welcher das Wachstum stillstehen läßt und mathematisch als Nullpunkt der Funktion zu betrachten ist. Von den hier entwickelten Gedankengängen aus müssen wir diesem Punkte eine mindestens ebenso so große Bedeutung zusprechen wie dem Optimum, für das Verständnis des Wesens der Lebensvorgänge scheint sie mir noch weit erheblicher zu sein als die jenes, sicherlich dann, wenn wir in der Biologie funktionale Beziehungen zwischen den Lebenserscheinungen und den sie bedingenden Vorgängen aufsuchen wollen.

Als weiteres Beispiel veränderter Umweltbedingungen wollen wir das Wachstum von Pflanzenteilen betrachten, das in Zuckerlösungen mit verschiedener relativer Dampfspannung vor sich geht, und welches von H. Walter bei seinen Untersuchungen über Plasmaquellung und Wachstum bearbeitet worden ist. Die Kurve mit dem Maximum in Abb. 156 zeigt den Zuwachs der Wurzeln am 2. und 3. Tag, die abfallende Linie die entsprechenden Zuwachse der Sprosse am 6. und 7. Tag. Diese ist in der Zeichnung um das Doppelte überhöht. Die Wurzelkurve wird man vom Standpunkt des Exponentialgesetzes als eine Kurve von dem Typ der Abb. 64 rechts auffassen können, bei der durch den einen a-Wert wie in den Abb. 66—73 eine starke Näherung an die y-Achse erreicht wird. Für die Sprosse hat die Abhängigkeit jedoch einen ganz anderen Charakter, der durch eine einfache oder kompliziertere Exponentiallinie nach Abb. 43, 60 oder 94, besser wahrscheinlich aber durch Funktionen nach Art der Abb. 57 rechts, 62 rechts oder 86 links zur Darstellung gebracht werden kann. Es ist jedoch so ohne weiteres nicht einzusehen, warum die Sprosse grundsätzlich anders reagieren sollten als die Wurzeln. Fanden wir bei dem Kurventyp, welchen wir der Wurzelkurve gaben, schon ein dichtes Anschmiegen des

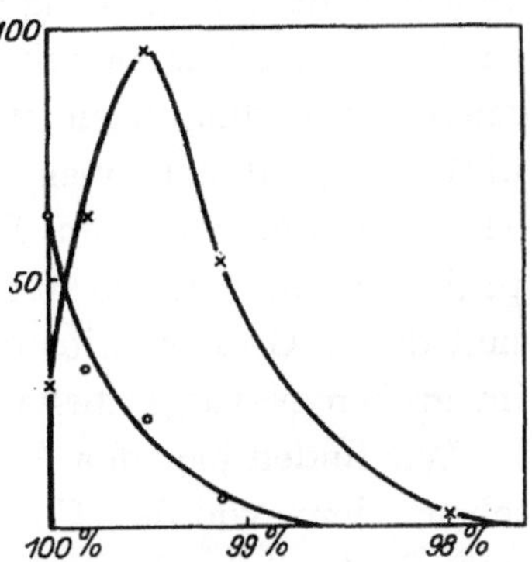

Abb. 156. Der Zuwachs der Wurzeln am 2. und 3. Tag (×) und der Sprosse am 6. und 7. Tag (○) in Zuckerlösungen verschiedener Dampfspannung.

aufsteigenden Astes an die y-Achse durch einen entsprechenden a-Wert, der in dieser Reaktion stecken muß, so könnte man vielleicht auch die Kurve der Sprosse so deuten, daß Anstieg und Maximum so dicht an der y-Achse liegen, d. h. erst bei sehr hohen Dampfspannungen sich zeigen, daß sie bei der Größenordnung, nach welcher die x-Achse eingeteilt wurde, zeichnerisch verschwinden. Genaueste Untersuchungen über die Wirkung kleinster Spannungsunterschiede nahe an 100 vH müßten die Entscheidung darüber herbeiführen, ob ein und derselbe Organismus in seinen verschiedenen Teilen auf eine veränderte Umweltbedingung derart unterschiedlich reagiert oder ob die Reaktionsfähigkeit im Prinzip gleichartig ist und die einzelnen Organe der Pflanze nur andere Konstanten haben.

Bis jetzt haben wir die Reaktionsfähigkeit des Organismus auf die Veränderung einzelner Umweltbedingungen behandelt und dabei vorausgesetzt, daß die übrigen, welche für sich ebenfalls die Symptome der Entwicklung und des Wachstums beeinflussen, während dieses einen Versuchs konstant gehalten wurden. Sehr viel kompliziertere Verhältnisse treten auf, wenn mehrere Faktoren gleichzeitig sich ändern. Wir werden noch mehrfach Gelegenheit finden, derartige Beziehungen kurvenmäßig zu analysieren, so daß wir uns hier kurz fassen können. In bezug auf die Umweltbedingungen sollen diese Abhängigkeiten bei dem Einfluß der Nahrung auf das Wachstum näher besprochen werden. In Wirklichkeit haben wir bei der Entwicklung der Organismen äußerst selten die Bedingungen, wie wir sie im Laboratoriumsexperiment willkürlich gestalten können. In der freien Natur ist jede Pflanze, jedes Tier vollkommen allen Einflüssen ausgesetzt, wir finden hier also praktisch die Summe aller Umweltbedingungen gleichzeitig wirksam, und dieses Großexperiment, wenn man so sagen darf, wiederholt sich im großen Naturgeschehen alljährlich.

Wir finden hier den Anschluß an große Fragen unseres Wirtschaftslebens, denn von den Umweltbedingungen, von Klima und Witterung, vom Zustand des Bodens, von der Düngung hängt das Wachstum der Kulturpflanzen ab, von ihnen ist bedingt, ob Krankheiten oder Schädlinge den Ernteertrag vermindern. Die Land- und Forstwirtschaft hat ein ungemeines Interesse daran zu wissen, wie die Organismen, gleichgültig ob es sich um die Kulturpflanzen selbst oder um Schad- oder Nutzformen handelt, die zu ihnen in irgendeiner Beziehung stehen, auf die Umweltbedingungen reagieren. Seit Liebigs Zeiten ist man nicht müde geworden, diese Dinge zu untersuchen und nach Gesetzmäßigkeiten zu forschen, mit denen man zu einem Verständnis der Vorgänge gelangen kann, und die es dann auch gestatten, in den Lauf der Dinge so einzugreifen, wie es im eigenen und im Interesse des Wirtschaftslebens notwendig ist. Um zu zeigen, daß das Exponentialgesetz in diesem Sinne auch praktischen Nutzen bringen kann, habe ich diesen Fragen einen besonderen Abschnitt dieses Buches gewidmet.

In diesem Zusammenhang aber bleibt zu erörtern, wie die Gesamtheit der Umweltbedingungen auf den Organismus einwirken kann. Als wir einzelne herausgriffen, waren wir in der Lage, die unabhängige Variable selbst auf der x-Achse einzutragen. Wenn wir mehrere gleichzeitig betrachten, wie es in der freien Natur vorliegt, geht das nicht an, zumal wir ihre willkürliche Änderung nicht mehr in der Hand haben wie im Laboratoriumsexperiment. Es bleibt nichts übrig, als das zeit-

liche Geschehen heranzuziehen, wie es uns durch den Wechsel der Jahreszeiten gegeben ist.

Wir haben schon die Beobachtungen von Prescott an Baumwollpflanzen erwähnt und in Abb. 147 gesehen, daß die Anzahl Blüten, welche an einer Pflanze erscheinen, als Zeitfunktion der bekannten S-förmigen Kurve folgt, also einem Maximum zustrebt, wie es ja selbstverständlich ist. Wirtschaftlich spielt bei der Baumwolle gerade die Blütenzahl naturgemäß eine große Rolle. Abb. 157 gibt die Menge der Blüten pro Pflanze und Tag an, die

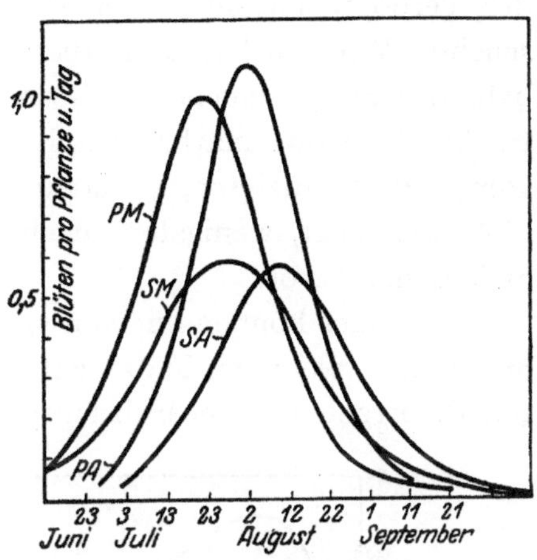

Abb. 157. Aufblühkurven verschiedener Baumwollsorten nach Prescott.

eingezeichneten Linien haben also den Wert von Aufblühkurven. *P* bedeutet die Sorte *Pilion*, *S Sakellaridis*. Ein Teil der Pflanzen wurde im März (*M*), ein anderer im April (*A*) gesät. Man sieht, daß die Sorte *Sakellaridis* zwar weniger Blüten pro Pflanze und Tag bildet, dafür aber

die Kurve am Maximum breiter, d. h. zeitlich ausgedehnter ist. Die Lage der Kurven ist durch zwei Umstände bedingt, erstens durch innere, welche eine biologische Eigenschaft der Sorte darstellen, und zweitens durch den Zeitpunkt der Aussaat. Zu einer wesentlich komplizierteren Kurvenform kommt durch seine

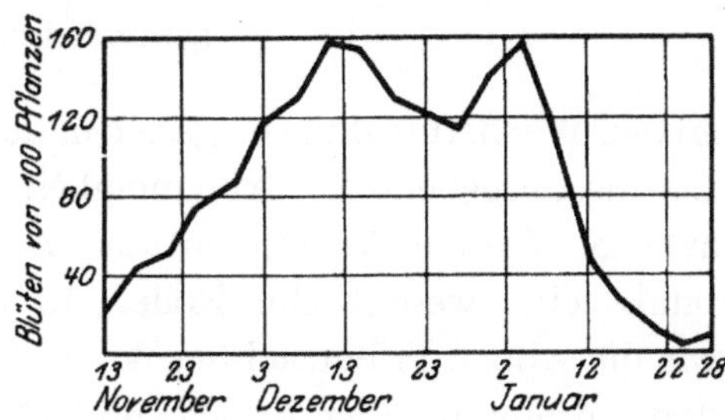

Abb. 158. Die Aufblühkurve der Baumwolle nach Mason.

Beobachtungen Mason (Abb. 158) für die „Sea Island Cotton", die nach meiner Meinung den tatsächlichen Verlauf des Aufblühens richtiger wiedergibt als die Kurve von Prescott, denn die Einzelbeobachtungen, welche dieser angibt (z. B. seine Abb. 4), weisen an entsprechender Stelle einen ebensolchen Sattel wie Abb. 158 auf. Eine ähnliche Erscheinung hatten wir schon in Abb. 141 vorliegen, in der

wir das Körpergewicht von Stabheuschrecken als Zeitfunktion dar-
stellten. Wir sagten schon S. 148, daß ihre Interpretation an Hand
der Verdoppelungsform der Kurve in Abb. 128 an sich möglich erscheint. Wir würden dann aber den mathematischen Nullpunkt innerhalb des Sattels suchen müssen. Da wir aber grundsätzlich danach
trachten, diesen mathematischen durch einen biologisch markierten
Punkt zu verifizieren, so kommen wir hier in Schwierigkeiten, denn
biologisch liegt, wenigstens nach unseren bisherigen Kenntnissen, derartiges nicht vor.

Wohl aber können wir von einer anderen Seite an das Problem her-
ankommen, wenn wir in das zeitliche Geschehen, das wir ja hier betrachten, die Ergebnisse der bisherigen Untersuchung einbeziehen. Wir haben

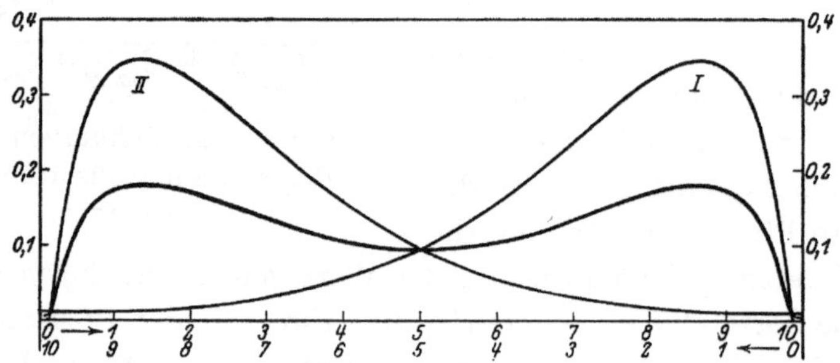

Abb. 159. Die Resultierende gegenläufiger Funktionen vom Typus $\dfrac{I}{(I + 3)}$, symmetrische Form.

an den Wachstumskurven gesehen, daß wir vom Beginn des individuellen
Lebens ausgehend zu Abhängigkeiten gelangten, die ihren Nullpunkt
auch an diesem Anfang hatten. Andererseits spielte gerade der Todpunkt eine wesentliche Rolle. In dem Zusammenhang, in welchem
wir die Abb. 158 betrachten, kommt mit aller Klarheit zum Vorschein,
daß die Summe aller Außen- und Innenbedingungen, von der irgendein
willkürlich herausgegriffenes Symptom in seiner Größe abhängig ist,
im zeitlichen Geschehen enthalten sein muß, d. h. die Wechselbeziehung
der Kurven der Einzelvorgänge findet darin seinen Ausdruck, daß die
Zeitfunktion die Resultierende mannigfach verlaufender Sonderfunk-
tionen ist, die durchaus nicht gleichsinnig gerichtet zu sein brauchen,
sondern auch gegenläufig sein können.

Nehmen wir z. B. in Abb. 159 den Ablauf irgendeines biologischen
Geschehnisses in Abhängigkeit von einer Umweltbedingung an, die sich

zeitlich ändert, wie wir es bei den Jahreszeiten ja tatsächlich vor uns
haben, so können wir den Vorgang durch eine Kurve darstellen, welche
durch die dünne Linie I in Abb. 159 wiedergegeben ist. An Beispielen
haben wir derartige Kurven ja schon mehrfach erörtert. Der Nullpunkt
liegt hier also am Ende eines Geschehens. Gegenläufig ist ein anderer
Vorgang, dessen Nullpunkt am Anfang des biologischen Ablaufs zu
setzen ist (Linie II). Die Resultierende beider funktionalen Beziehungen,
welcher wir den Charakter eines zeitlichen Geschehens zusprechen, ist

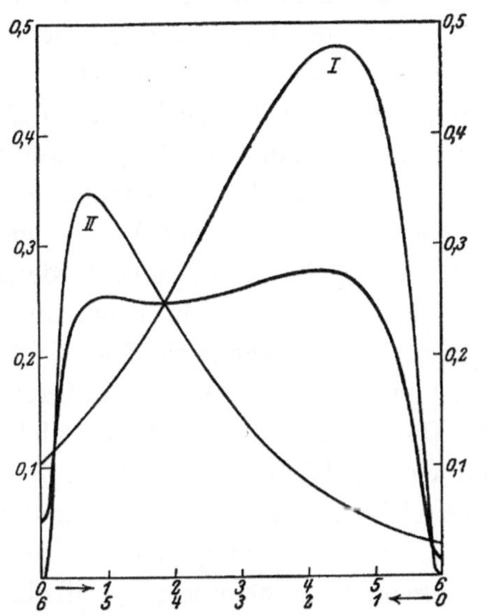

Abb. 160. Die Resultierende gegenläufiger Funktionen vom Typus $\dfrac{1}{(1 + 3)}$,
asymmetrische Form.

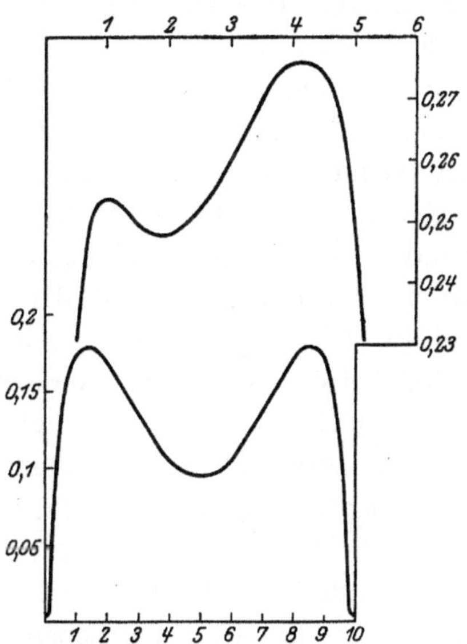

Abb. 161. Sattelkurven nach
Abb. 159 und 160.

die dick eingezeichnete Linie, die zwei Maxima und zwischen ihnen einen
Sattel zeigt. Da wir die beiden Ursprungskurven symmetrisch wählen,
muß auch die Resultierende symmetrisch sein. Es steht jedoch nichts
im Wege, auch asymmetrische Formen zugrunde zu legen, wie das in
Abb. 160 geschehen ist. Die Gestalt der Resultierenden hat hier zwei
ungleiche Maxima und zwischen ihnen ebenfalls einen Sattel. Die Breite
des Sattels ist natürlich ganz von der Wahl der Einzelkurven, von ihrer
Lage zueinander und vom Bezugssystem abhängig. Abb. 161 gibt die
symmetrische und asymmetrische Form bei anderer Einteilung der
Koordinaten wieder. Der Typus ist hier noch deutlicher zu erkennen

und nähert sich den biologischen Kurven der Abb. 141 und 158 an. Die Gewichtskurve der Stabheuschrecke zeigt spiegelbildlich den asymmetrischen Typ, die Aufblühkurve der Baumwolle scheint zwar symmetrisch zu sein, folgt aber doch wohl ebenfalls der asymmetrischen Form, besonders wird man das annehmen müssen, wenn man die größere Steilheit des im Januar abfallenden Kurvenastes betrachtet.

Es ist für die Analyse der Lebensvorgänge von grundsätzlicher Bedeutung, daß es auf diese Weise gelingt, mit den Methoden des Exponentialgesetzes derartige Sattelkurven in mehrere Bestandteile zu zerlegen, und daß diese Einzelvorgänge wiederum Kurventypen zeigen, welche biologisch durch experimentell ermittelte Daten realisiert sind. Jedenfalls zeigt die Art, wie wir derartige Kurven deuten können, daß der Sattel, welcher zunächst so eigenartig erscheint, die Folge zweier gegeneinander laufender Prinzipien ist, und daß es durchaus nicht notwendig ist, hier einen biologisch markierten Punkt anzunehmen, wie ihn die Verdoppelungskurve der Abb. 128 durch ihren Nullpunkt fordern müßte. Die Gegenläufigkeit zweier Funktionen haben wir früher auch schon bei der Kettenlinie kennen gelernt, jedoch waren sie dort beide auf einen Nullpunkt bezogen. Hier wird der Gedanke erweitert dadurch, daß wir zwei Nullpunkte annehmen. Das Bezugssystem ist hier nicht mehr mathematisch einheitlich, jedoch wird die Einheitlichkeit biologisch durch die Einfügung in einen Lebensablauf gewährleistet. Begründet ist das durch die Kompliziertheit der Lebenserscheinungen überhaupt, welche eine Labilität den Lebensbedingungen gegenüber zeigen, daß eine mathematische Durchdringung des Komplexes nur dann möglich erscheint, wenn wir die Einzelvorgänge so orientieren, wie das Leben selber es tut, den einen nach einem Plus, den anderen nach einem Minus. Ihr Zusammenspiel macht dann das aus, was wir Leben nennen. Unsere Aufgabe ist die Analyse, deren Ziel es ist, die Einzelerscheinungen zu untersuchen, um aus den Gesetzmäßigkeiten, die sich hier ergeben, ein allgemeines Gesetz der Lebenserscheinungen zu formulieren.

Eiproduktion und Fruchtbarkeit.

Als einen Sonderabschnitt der Entwicklungs- und Wachstumsvorgänge müssen wir die Eiproduktion und Fruchtbarkeit betrachten. In Abb. 141 haben wir gesehen, daß die Gewichtskurve der Stabheuschrecke ihre grundsätzliche Gestalt nicht verändert, wenn dem Körpergewicht das entsprechende Eigewicht zugezählt wird (die gestrichelte

Linie). Damit hat Titschack außer jeden Zweifel gestellt, daß die Eiproduktion dem individuellen Wachstum zugerechnet werden muß. Es wäre also falsch, wenn man die Verhältnisse des Stoff- und Energie-

wechsels allein auf den Organismus bezöge, denn die Eiproduktion ist ebenso als Stoffansatz zu werten. Das Eigewicht ist unbedingt mit einzubeziehen, wenn es sich z. B. darum handelt, das Gewicht und den Nahrungsverbrauch zu vergleichen oder den Gewichtsverlust im Hunger zu untersuchen. Wir müssen also die hier vorliegenden Verhältnisse nach denselben Gesichtspunkten betrachten wie bei den Wachstums- und Entwicklungsvorgängen.

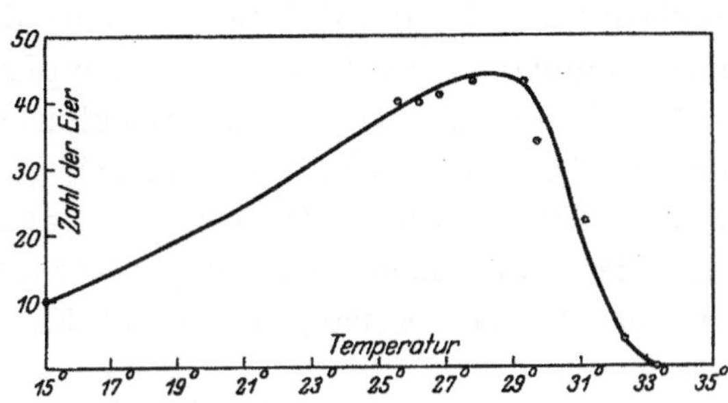

Abb. 162. Die Temperaturabhängigkeit der Eizahl der Schlupfwespe *Trichogramma evanescens*.

Abb. 162 zeigt die Anzahl Eier der kleinen Schlupfwespe *Trichogramma evanescens* Westw. nach Beobachtungen von Hanna Schulze. Wir sehen, daß die Kurvenform vorliegt, welche wir den Abb. 159 und 160 zugrunde gelegt haben. Den Nullpunkt, welcher den Todpunkt darstellt, müssen wir bei etwa 34° setzen, und wir sehen, daß schon kurz vorher bei 33,3° keine Eiablage mehr beobachtet wurde. Für die Festlegung des Nullpunktes ist zu beachten, daß auch die reine mathematische Kurve

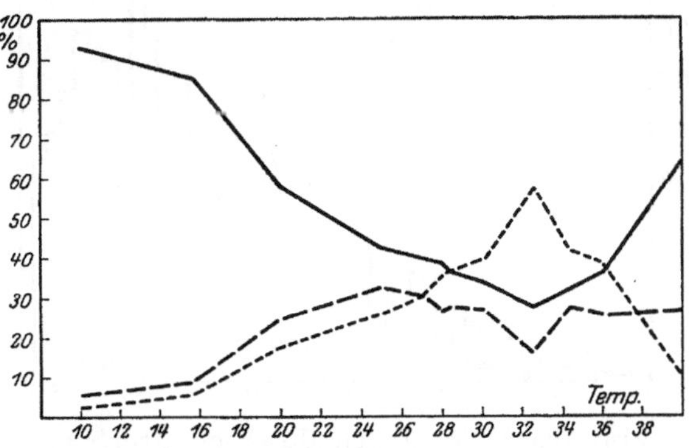

Abb. 163. Der Einfluß der Temperatur auf die Fruchtbarkeit des Khrapkäfers, —— % taube Eier, - - - % Eier sterben nachträglich, ... % schlüpfende Larven.

schon vor dem Nullpunkt die *x*-Achse fast erreicht, wie Abb. 88 für $a = 3$ deutlich zeigt. Das Maximum der Eizahl (das Optimum) wird dann bei sinkender Temperatur sehr rasch erreicht, und bei weiterer Temperaturerniedrigung fällt dann die Kurve langsam und allmählich ab.

Die Fruchtbarkeit des Khaprakäfers wurde von H. Voelkel eingehend untersucht. Abb. 163 gibt die vorliegenden Beobachtungen wieder und zwar bedeutet die ausgezogene Linie die Prozentzahl der tauben Eier, die gestrichelte diejenige der Eier, welche nachträglich sterben und die punktierte die der schlüpfenden Larven. Da der Khaprakäfer sehr hohe Temperaturen verträgt, ist aus den Kurven der Charakter der Abhängigkeit nicht mit Sicherheit zu ermitteln, jedoch deutet die Art des Kurvenverlaufs (z. B. das Vorhandensein des Sattels) daraufhin, daß hier funktionelle Beziehungen vorliegen, welche in ähnlicher Art, wie das bisher geschah, durch das Exponentialgesetz erfaßbar sind.

b) Der Umsatz.

Die Nahrungsaufnahme.

Wir haben in Abb. 141 die Gewichtszunahme der Stabheuschrecke in Form einer Sattelkurve kennengelernt, die das Körpergewicht an jedem Lebenstage angibt. Ihre Gestalt wurde durch das Zusammenwirken zweier einfacherer Kurvenformen zu erklären versucht. Welcher Art diese beiden Prinzipien sind, läßt sich generell nicht sagen, jedoch erscheint es sicher, daß die Nahrungsaufnahme hierbei eine große Rolle spielt. In Zusammenhang mit seinen Untersuchungen hat Titschack auch hierüber genaue Messungen und Wägungen durchgeführt, die uns gestatten, das Wesen der Beziehung zwischen Fraß und Körpergewicht zu erkennen. Abb. 164 gibt die von einem Tier im Laufe seines Lebens täglich gefressene Nahrungsmenge (Efeublätter) an.

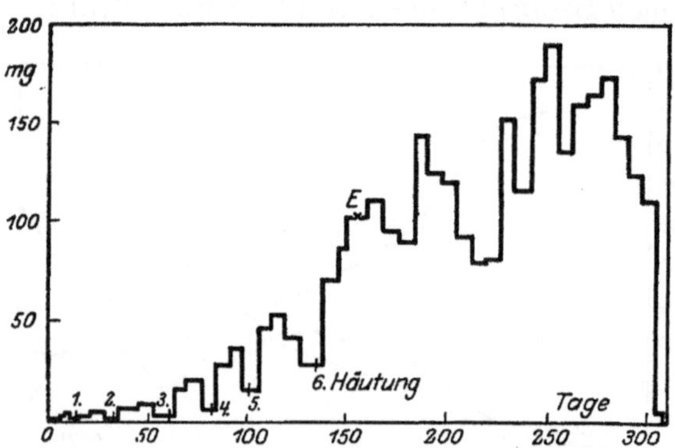

Abb. 164. Die täglich durchschnittlich gefressene Nahrungsmenge der Stabheuschrecke.

Lebens täglich gefressene Nahrungsmenge (Efeublätter) an. Trotz der Unregelmäßigkeiten, welche durch Häutungen (1—6), durch den Einfluß, welchen die Eiablage auf die Tiere ausübt (E = Beginn des Eierlegens), und schließlich auch die Zeitspannen, welche naturgemäß zwischen den einzelnen Wägungen liegen, ist die Gesamtgestalt der Abhängigkeit nach ihrem Typ deutlich erkennbar. Es ist die Kurve, welche wir als Basis für die Sattelkurve in den Abb. 159—161 genommen haben.

Wir haben hier ein Beispiel vor uns, das uns das Wesen dieser Sattelkurve noch deutlicher macht als bisher, denn es liegen bei diesen Untersuchungen nicht so wechselnde Außenbedingungen vor wie bei der Aufblühkurve der Baumwolle (Abb. 158), da die Stabheuschrecken im Zimmer gehalten wurden. Dort haben wir nur das Prinzip erörtern wollen, nach welchem derartige Sattelkurven einer Analyse zugänglich gemacht werden können. Die Abb. 164 zeigt nun mit aller Deutlichkeit, daß auch der tatsächliche Tod, wie er im zeitlichen Geschehen als Ende eines Ablaufs auftritt, die Bedeutung eines mathematischen Nullpunktes hat. Das bedeutet, daß die Kurve, welche die täglich gefressene Nahrungsmenge angibt, von hinten nach vorn, d. h. vom Tode aus, orientiert werden muß. Sie entspricht also vollkommen der in Abb. 159 von rechts nach links laufenden Kurve I. Die gegenläufige Funktion II liegt also mathematisch gesprochen in einem anderen Quadranten $(+x \cdot +y)$ als I $(-x \cdot +y)$. In der Additionsformel müssen wir also spiegelbildliche Funktion nehmen z. B. nach Abb. 53 rechts

$$\frac{1}{y} = \frac{m}{2}\left(a^x + a^{\frac{1}{x}}\right) \text{ und}$$

$$\frac{1}{y} = \frac{m}{2}\left(a^{-x} + a^{-\frac{1}{x}}\right),$$

welche dazu noch auf einen anderen Nullpunkt bezogen werden müssen. Weitere Besonderheiten treten hinzu, wenn asymmetrische Typen wie in Abb. 160 vorhanden sind, welche den biologischen Verhältnissen, wie Abb. 141 zeigt, besser entsprechen. Als Ergebnis wollen wir festhalten, daß wir es bei der Gewichtskurve der Abb. 141 auf Grund der Auffassung, welche wir aus der Abb. 164 gewinnen konnten, mit einer reinen Zeitkurve zu tun haben.

Bei *Carausius morosus* haben wir nur ein Tier und dessen individuelles Verhalten betrachtet. Gebling gibt nun den täglichen Futterbedarf der Seidenraupe für etwa 25—30 000 Tiere in einer Kurve wieder, welche in Abb. 165 gezeichnet ist. Wir erkennen auch hier wieder die Schwankungen, die bei den durch Sterne bezeichneten Häutungen eintreten und welche den Gesamtverlauf stören. Sehen wir aber von ihnen ab, so erhalten wir wiederum eine Kurve, die den Verhältnissen bei der Stabheuschrecke ähnlich ist, aber mit dem Unterschiede, daß am Ende der Fraßperiode noch eine bestimmte Menge Nahrung verbraucht wird. Mathematisch müssen wir auch hier an diesen Tag den Nullpunkt setzen. Die Kurve erreicht ihn jedoch nicht, im Gegensatz zu Abb. 164, sondern schneidet die y-Achse oberhalb des Nullpunktes, den wir auf Grund der biologischen Tatsachen mathematisch als Koordinatenanfangspunkt wählen müssen. Wenn auch die Möglichkeit nicht außer acht gelassen werden darf, daß bei der großen Zahl der Versuchstiere eine Anzahl Raupen noch nicht den Verpuppungstag erreicht haben und noch fressen, während der größte Teil die Fraßperiode schon beendigte, so besteht doch für das Exponentialgesetz in dieser Richtung keine Schwierigkeit, ja es nimmt diese als Beobachtungsfehler zu kennzeichnende Tatsache in sich auf, indem als Basis der mathematischen Formulierung des Gesamtresultates eine erweiterte Funktion z. B. Abb. 128 gewählt werden kann. Aber auch hier muß die Orientierung von einem Punkte aus erfolgen, der biologisch das Ende eines zeitlichen Geschehens darstellt.

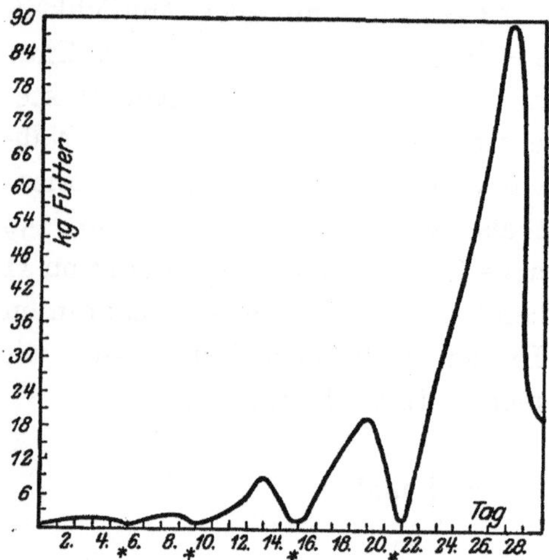

Abb. 165. Die Schwankungen des täglichen Futterbedarfs des Seidenspinners.
* = Häutungstage.

Eine ganz andere Gestalt erhält die Nahrungskurve der Stabheuschrecke, wenn die Summe des Gefressenen graphisch dargestellt wird, wie das in Abb. 166 I geschehen ist. Linie II stellt das jedesmalige Gewicht, vermehrt um die gesamten vorher abgelegten Eier, dar. Das Auseinanderweichen beider Kurven bedeutet nach Titschack das Verhältnis zwischen Stoffansatz und Nahrungsverbrauch, denn es ist ja die Eiproduktion, wie wir schon sagten, ebenfalls eine Vermehrung der lebenden Substanz durch die Nahrungsaufnahme. In Abb. 166 habe ich nach einer Tabelle von Titschack dieses Verhältnis als gestrichelte Linie gezeichnet, und wir sehen, daß uns hier ebenfalls wieder eine Sattelkurve begegnet. Interessant und für die weitere Analyse derartiger Beziehungen nicht unwesentlich scheint die Tatsache, daß der Sattel zu einem Zeitpunkte auftritt, wo die Eiablage beginnt (vgl. E in Abb. 164).

Für die Pflanzen ist, wie schon erwähnt, der Einfluß der vorhandenen Nährstoffe auf das Wachstum und damit auch auf die Ernte von großer wirtschaftlicher Bedeutung, denn unsere gesamte Düngelehre fußt auf dieser Beziehung. Was wir auf S. 144 allgemein von den Wachstumsverhältnissen und ihrer formelmäßigen Erfassung gesagt haben, trifft auf dieses Gebiet voll und ganz zu. In der Hauptsache ist es Mitscherlich gewesen, der versucht hat, hier zu Wachstumsformeln zu gelangen (vgl. dazu z. B. Przibram, Pfeiffer, Rippel). Die Grundlage stellt die Gleichung 1 S. 144 dar, die auch von anderen Autoren mehr oder weniger modifiziert immer wieder angewendet wurde. Wir haben früher schon ausgesprochen, daß eine solche einfache logarithmische oder Exponentiallinie nur in seltenen Fällen eine biologische Kurve erfaßt, sondern daß vielmehr meist kompliziertere Beziehungen vorliegen. Auch das Einfügen neuer Konstanten und andere Modifikationen haben die Diskussion nicht zum Schweigen bringen können.

Von der Grundlage aus, welche das Exponentialgesetz bietet, erscheint es nicht schwer, das Problem des Wachstums von einer ganz anderen Seite aus anzufassen und aus der Sackgasse herauszuführen,

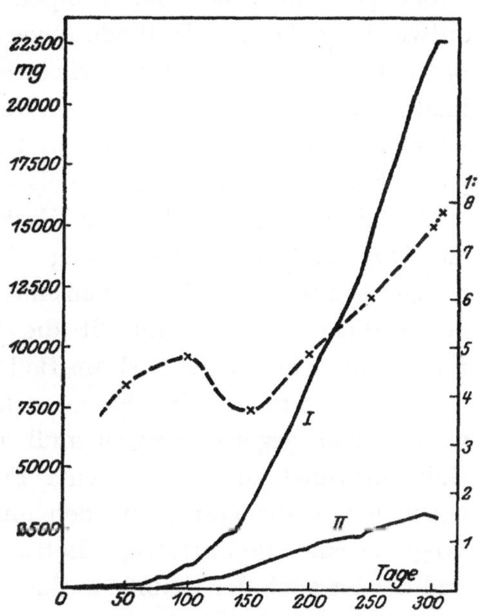

Abb. 166. Stabheuschrecke, *I* Summe des Gefressenen, *II* Gewicht + abgelegte Eier, - - - Verhältnis Lebendgewicht : Nahrungsmenge.

in welche der oft erbitterte Streit um die Formeln von Mitscherlich, Robertson u. a. geführt hat. Da es sich auch hier besonders um die S-förmige Kurve handelt, welche wir bei den Wachstumsvorgängen als Zeitfunktion besprochen haben, geben die in Kap. A. III besprochenen Methoden des Exponentialgesetzes genug Anhaltspunkte für die Deutung und Formulierung der Wachstums- und Ernteertragskurven. Die Grundlage für die hier zur Rede stehenden Beziehungen ist das Liebigsche Gesetz vom Minimum, das nach Pfeiffer folgendes besagt: Der Pflanzenertrag wird in letzter Linie durch denjenigen Vegetationsfaktor bestimmt, der allen anderen gegenüber sich im relativen Minimum befindet. Mitscherlich hat an dessen Stelle von einem Gesetz der physiologischen Beziehungen gesprochen. Es ist diese Gesetzmäßigkeit, auf einen speziellen Fall bezogen, im Grunde genommen nichts weiter, als was die experimentelle Forschung immer durchführt, wenn es sich darum handelt, die Abhängigkeit irgendeines Lebensvorganges von den äußeren Bedingungen zu untersuchen, und wir haben ja bei unserem Großexperiment über die Temperaturabhängigkeit der Mehlmottenentwicklung dieselbe Methode eingeschlagen, indem wir eine Umweltbedingung, die Temperatur, variierten, die übrigen aber optimal konstant hielten. Zu einem Verständnis der Reaktionsfähigkeit eines Organismus können wir, wie gesagt, nur dadurch gelangen, daß wir den Einfluß eines jeden Faktors getrennt untersuchen.

Die Ernährung hat für das Wachstum ebenso wie andere Faktoren eine ungemein große Bedeutung. Nicht nur tatsächlicher Nahrungsmangel, sondern auch das Fehlen einzelner für die Entwicklung unbedingt notwendiger Stoffe beeinflußt die Wachstumsvorgänge. In solchem Falle muß dem Mangel z. B. im Boden durch Zufuhr von Düngemitteln abgeholfen werden. Eine Frage, welche die Praxis dann stellt, ist die, wieviel denn gegeben werden muß, um den Ernteertrag bei geringster Gabe maximal zu steigern, eine Frage, welche um der Rentabilität willen notwendig gestellt werden muß. Damit sind wir aber auf dem Wege zu einer quantitativen Betrachtung des vorliegenden Problems, und das ist auch der Grund, weshalb eine mathematische Formulierung dieser Abhängigkeiten immer wieder versucht worden ist und weiter versucht werden muß.

An einigen Beispielen soll gezeigt werden, wie das Exponentialgesetz auch hier den Weg zu neuen Methoden der Untersuchung weisen kann. In Abb. 167 ist nach Veszi auf der Abszisse die Konzentration der Nährstoffe, auf der Ordinate die relative Stickstoffmenge aufgetragen, welche bei den verschiedenen Konzentrationen in den Leibern von Proteusbakterien festgestellt wurde. Es handelt sich, wie man sieht, hier wieder um die S-förmige Kurve, welche für viele Wachstumsvorgänge so charakteristisch ist und die wir als Zeit-Wachstumskurve früher schon besprochen haben. Hier ist als Symptom die Stickstoffernte gewählt worden. Mißt man jedoch die Wachstumsrate in Quadratzentimetern, wie Thornton bei *Bacillus dendroides*, so haben die Kurven als Zeitfunktion dieselbe Gestalt, wie Abb. 168 zeigt. Die gestrichelte Kurve gilt für Bakterien, welche in einem Medium mit 0,2 vH Kaliumnitrat gewachsen sind, die ausgezogene für solche bei 0,05 vH KNO_3. Wie wir des öfteren in Kap. A III betont haben, ist die Lage der Kurven im Koordinatensystem von der Größe der Konstanten m und a abhängig.

Diese Tatsache hatte uns früher schon dazu geführt, mehrere Organismen in ihrer Reaktionsfähigkeit auf Grund der Zahlenwerte der Konstanten zu vergleichen. Hier tritt mit aller Deutlichkeit in Erscheinung, was das Gesetz vom Minimum im Rahmen des Exponentialgesetzes bedeutet. Die Kurven in Abb. 168 geben das Wachstum als Zeitfunktion an. Die Konzentration der Nährstoffe, von welcher nach

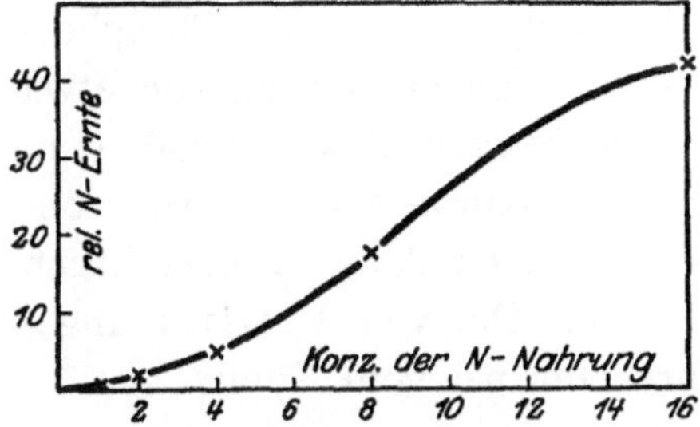

<table>
<tr><td>Abb. 167. Die relative Stickstofferrnte bei Bakterien in Abhängigkeit von der Konzentration der Nährstoffe.</td><td>Abb. 168. Der Einfluß der Nitratkonzentration des Mediums auf das Wachstum von Bacillus dendroides.</td></tr>
</table>

Abb. 167 als unabhängige Variable das Wachstum funktional abhängig ist, macht sich in Abb. 168 dadurch bemerkbar, daß die Konstanten sich ändern. Auf Grund der Abb. 167 wird klar, daß die Art dieser Änderung wiederum eine exponentiale Funktion ist. Es kommt also ganz darauf an, welche Dinge man bei biologischen Abhängigkeiten in Beziehung zueinander setzt. Das Wachstum als Zeitfunktion hat nur dann einen ganz bestimmten durch die Größe seiner Konstanten zahlenmäßig ausdrückbaren Charakter, wenn die Bedingungen zum Wachstum optimal sind. Ist irgendeine Lebensbedingung, in unserem Falle ein Nährstoff (KNO_3), im Minimum vorhanden, so beeinflußt dieser Faktor von sich aus das Wachstum derart, daß die Kurven flacher und niedriger werden, je größer der Mangel ist. Ausdrückbar ist die Lageveränderung der Kurven durch den Zahlenwert der Konstanten m und a unserer Formeln. Mit welcher Geschwindigkeit jene aber vor sich geht, d. h. wie der Organismus auf den veränderten Nährstoffmangel reagiert, ist von sich aus dann wiederum eine exponentiale Funktion.

An den folgenden Beispielen soll gezeigt werden, wie das Exponential-gesetz durch die Plastizität seiner Kurvenformen auch Wachstums-verhältnisse erfaßt, welche sich nicht so ohne weiteres in das bisher an-

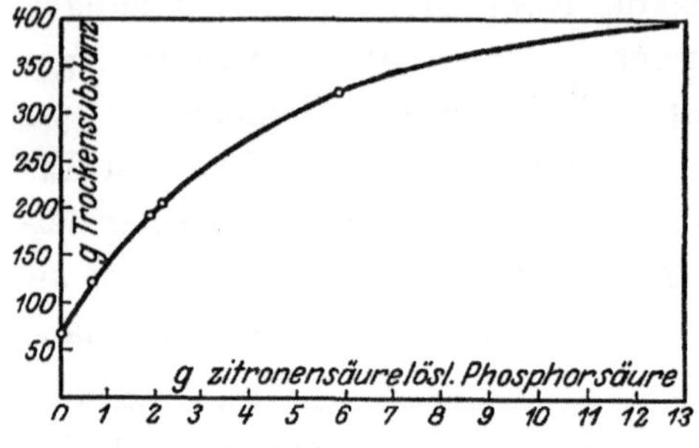

Abb. 169. Die Abhängigkeit des Ernte-ertrages der Gerste von der Düngung.

gewandte Schema hineinfügen. Abb. 169 gibt nach Pfeiffer als Symptom des Wachstums der Gerste die Trockensubstanz in Gramm an, welche in Abhängig-keit von der gegebenen Menge zitronensäurelöslicher Phosphor-säure steht. Es zeigte sich, daß bei völligem Fehlen der Phosphor-säure sich ein Ertrag von etwa 53 g Trockensubstanz ergab, d. h. hier liegt nicht mehr die einfache S-form der Kurve Abb. 167 vor, son-dern eine Modifikation derselben, die wir nach Abb. 67 ausführlich in ihrer Entstehungsart besprochen haben. Die von Pfeiffer ange-führte Formel vom Typus

$$\log (A - y) = k - cx$$

dürfte zur Klärung derartiger Ab-hängigkeiten meines Erachtens nicht ausreichen, auch wenn sie für diesen einen Fall bei geeigneter Wahl der Konstanten leidlich brauchbare Re-sultate liefert, denn es fehlt ihr die Anpassungsfähigkeit an die verschie-denen Formen der Wachstumskur-ven. Wieviel mehr die Additions-formeln zu bieten haben, ist aus Abb. 170 zu ersehen, welche nach Thornton den Einfluß der Stick-

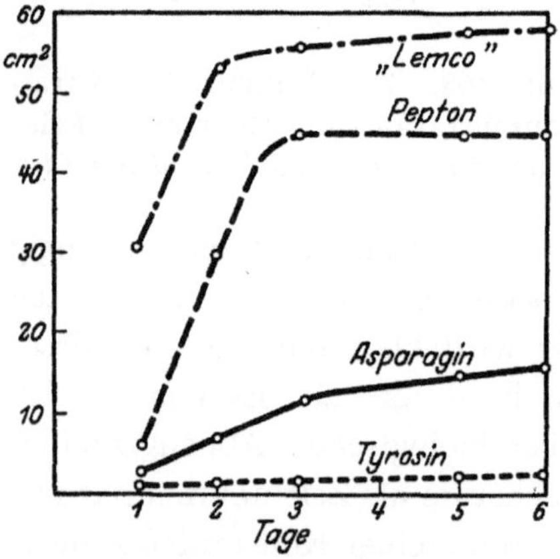

Abb. 170. Der Einfluß der Stick-stoffquelle auf das Wachstum von *Bacillus dendroides*.

stoffquelle auf die Wachstumsrate von *Bacillus dendroides* wiedergibt. Die Kurven, welche hier als Zeitfunktionen gezeichnet sind, haben den Charakter der Abb. 71, deren Beziehung zu dem gewöhnlichen S-för-migen Typus wir dort behandelt haben.

Das Gesetz vom Minimum gilt nur „unter Ausschaltung derjenigen Fälle, in denen ein Faktor durch Überschreiten gewisser Grenzen pflanzenschädigend zu wirken beginnt" (Pfeiffer S. 260). Wie sich in solchen Fällen die Wachstumskurven ändern, zeigen die Untersuchungen von Raulin (nach Pütter 1911) über die Abhängigkeit der Ausnutzung

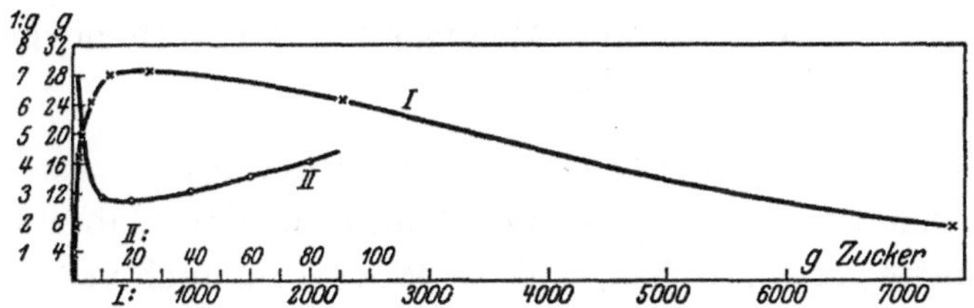

Abb. 171. *Aspergillus niger*. Die Abhängigkeit der Ausnutzung der Nährstoffe von der Konzentration. *I* Trockensubstanz der Pilzernte in g, *II* das Verhältnis Ernte zu Zucker 1:g.

der Nährstoffe von der Konzentration bei *Aspergillus niger*. Die Kurve I in Abb. 171 gibt die Trockensubstanz der Pilzernte bei verschiedenem Zuckergehalt des Nährsubstrates wieder, welche einem Typus folgt, dem wir schon öfter begegnet sind und welcher in seiner mathematischen Form in den Abb. 53 rechts, 64 rechts, 80 rechts u. a. dargestellt ist. Das Wachstum erreicht nach einem sehr schnellen Aufstieg bei etwa 500 g Zucker seinen Maximalwert und sinkt dann sehr langsam mit steigender Zuckermenge ab. Trägt man nicht die g Trockensubstanz, sondern das Verhältnis Ernte zu Zucker auf der Ordinate ab (Linie II), so muß entsprechend dem reziproken Verhältnis der beiden Werte auch die Kurve die Reziproke der Linie I sein, und man sieht, daß das tatsächlich der Fall ist, wenn man z. B. die Abb. 52 und 53 mit der Abb. 171 vergleicht.

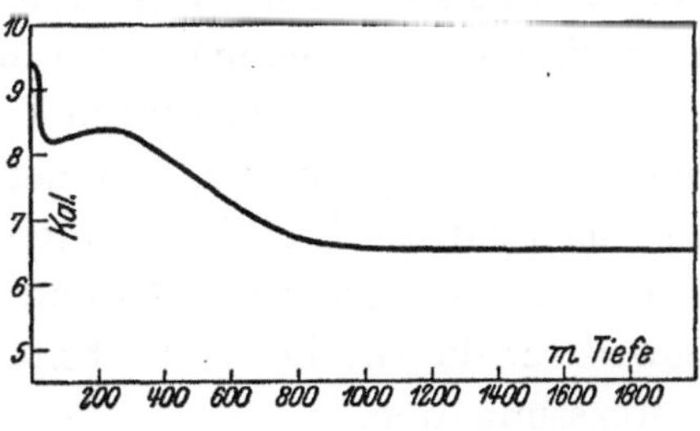

Abb. 172. Der Brennwert der gelösten organischen Stoffe im Mittelmeer in verschiedenen Metern Tiefe.

Im Zusammenhang mit der Ernährungsphysiologie möchte ich noch eine Tatsache erwähnen, welche in einem gewissen Zusammenhang mit der Nahrungsaufnahme steht. Abb. 172 gibt nach Zahlen aus Pütter (1911) den Brennwert der gelösten organischen Stoffe im Mittelmeer in verschiedenen Metern Tiefe an, der für die Ernährungsbedingungen der organischen Welt eine nicht unwesentliche Rolle spielt, denn von ihm ist zum Teil die

Lebensmöglichkeit abhängig. Es zeigt sich, daß das Exponentialgesetz auch hier Gültigkeit hat, denn die Form der Kurve ähnelt so außerordentlich unserer Abb. 108, daß man die Kombination $7 + \dfrac{1}{(1+4)}$ unmittelbar als Grundlage für die Abhängigkeit der vorhandenen Stoffe von der Meerestiefe nehmen kann.

Die Kohlensäureassimilation.

Die Kohlensäure gehört für die Pflanze zu den Nährstoffen. Es ist darum nicht verwunderlich, daß das Wachstum auch von der Menge der vorhandenen Kohlensäure abhängig ist. Die Kurvenform, welche diese Beziehung wiedergibt, ist von demselben Typus, wie wir ihn beim Wachstum in der Zeit und bei verschiedener Konzentration der Nährstoffe gefunden haben. Bei der so ungemein weitreichenden und teilweise recht unerfreulichen Diskussion über das Problem der Kohlensäuredüngung hat die mathematische Formulierung eine ebenso große Rolle gespielt wie bei der Düngung überhaupt. Wie weit die experimentell gefundenen und die errechneten Werte übereinstimmen, ist aus der Arbeit von Reinau zu entnehmen.

Das Problem unterscheidet sich in nichts von dem des Wachstums, so daß alle Gesichtspunkte, welche wir, auf der Basis des Exponentialgesetzes stehend, dort geltend machen mußten, auch hier berücksichtigt werden müssen. Eine sehr wesentliche Rolle bei der Kohlensäureassimiliation spielt einmal die Temperatur, dann aber auch die Lichtintensität. Abb. 173 gibt (nach Zahlen aus Pütter 1911) die Zahl der Gasblasen in $^1/_4$ Minuten von der Wasserpest *Elodea* in Abhängigkeit von der relativen Lichtintensität wieder. Die Kurve gleicht dem Typ, den wir in den Abb. 82 links und 122 dargestellt haben, und ist so ein Beweis für die Gültigkeit des Exponentialgesetzes auch bei der Kohlensäureassimilation.

Wenn wir außerdem noch die Temperatur verändern, wie das Lundegardh bei Blättern von *Solanum tuberosum* und *lycopersicum* und *Cucumis sativus* durchgeführt hat, so erhalten wir Kurven von der Art, wie Abb. 174 für die Kartoffel darstellt. Hier ist die Menge Kohlensäure in Milligramm, welche assimiliert wird, in Abhängigkeit von der Temperatur gesetzt und außerdem die Lichtintensität geändert worden. Wenn wir die früher gewonnenen Erkenntnisse verwenden, so müssen wir hier wieder die Kurvenform der Abb. 53 rechts heranziehen, welche wir auch bei der Abb. 151 zugrunde gelegt haben, d. h. auch hier ist eine bestimmte zwischen 45° und 50° gelegene Temperatur als Nullpunkt zu betrachten. Der Kohlensäuregehalt beträgt konstant 1,22 vH CO_2. Wird dagegen die Lichtintensität auf $^1/_1$ konstant gehalten und als zweiter Faktor der Kohlensäuregehalt geändert, so erhalten wir denselben Kurventyp, wie Abb. 6 bei Lundegardh zeigt. Es liegen hier ähnliche Beziehungen vor, wie wir S. 173 für die Abb. 167 und 168 besprochen haben. Damit, daß wir die Vorgänge bei der Kohlensäureassimiliation in das Exponentialgesetz einordnen, wird auch das Problem der Kohlensäuredüngung in andere Bahnen geleitet, welche geeignet erscheinen, die so stark divergierenden Meinungen durch scharfe Formulierung

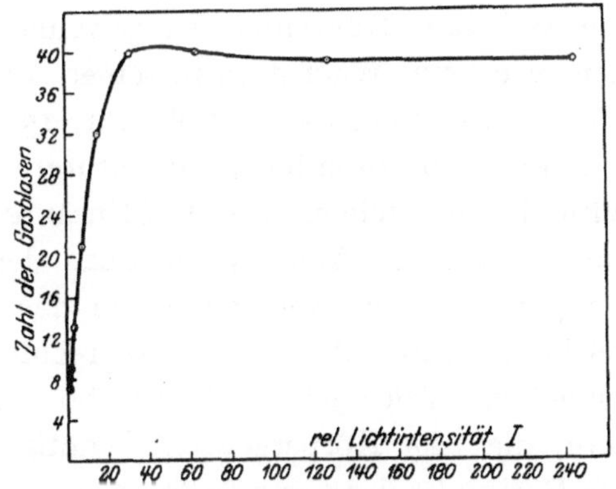

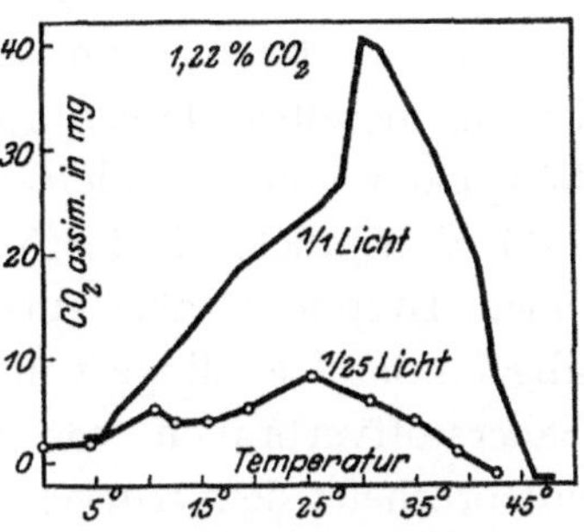

Abb. 174. Die Temperaturabhängigkeit der Kohlensäureassimilation bei hohem CO_2-Gehalt der Luft und verschiedener Lichtintensität, *Solanum tuberosum*.

Abb. 173. Die Abhängigkeit der Intensität der Kohlensäureassimilation von der Lichtintensität bei der Wasserpest *Elodea*.

der Einzelbeziehungen auf einer gemeinsamen Basis auszugleichen. Auf die zellphysiologischen Erscheinungen bei der Assimilation werden wir bei der Betrachtung der Protoplasten als kolloides System zurückkommen.

Die Atmung und die Gärung.

In Kap. A I 4 dieses Buches haben wir die Temperaturabhängigkeit der Atmung schon besprochen und die vorliegenden Kurven als Reziproke von Kettenlinien zu deuten versucht. Bei der wenig umfangreichen Basis, welche dort noch vorlag, war das nicht anders möglich, und ich habe die Verhältnisse so dargestellt, wie es notwendig war, um die Bedeutung der reziproken Funktion für die Ableitung des Exponentialgesetzes klarzulegen. Ebenso wie wir schrittweise von der symmetrischen Kettenlinie, welche wir für die Entwicklungsdauer als Temperaturfunktion konstatierten, abrücken mußten, dann ihre asymmetrische Form wahrscheinlich machten und endlich auch diese verließen, um uns auf den Boden der Abb. 52 rechts u. a. zu stellen, müssen wir auch jetzt, nachdem wir das Exponentialgesetz in seiner ganzen Breite entwickelt haben, die bei der Besprechung der Temperaturabhängigkeit angeführten Beispiele einer erneuten Durchprüfung unterziehen.

Das gilt nicht nur für die Atmung, sondern auch für die übrigen dort besprochenen biologischen Beziehungen. Für die Atmung müssen wir, denselben Gedankengängen folgend wie in Kap. B I ı a, nach den neuen Ansichten, die wir nunmehr für die Entwicklungsvorgänge auf Grund der in Kap. A III entwickelten Kurvenformen gewonnen haben, dieselben Typen annehmen, wie beim Wachstum in seiner Abhängigkeit von veränderten äußeren Bedingungen (vgl. Abb. 151, 155, 156), d. h. auch für die Atmung muß ein bestimmter Temperaturgrad einen Todpunkt, also einen Nullpunkt, darstellen. Die Kohlensäureabgabe der Keimlinge von *Lupinus luteus* nach Abb. 25 wie auch der Sauerstoffverbrauch von Insektenpuppen nach Abb. 23 folgen dementsprechend dem Kurventyp, welchem wir in Abb. 53 rechts, 64 rechts, 80 rechts usw. aufgestellt haben. Folglich würde auch die Kurve Abb. 24, welche die Anzahl Stunden angibt, die 1 kg Körpergewicht benötigt, um 1 l Sauerstoff zu veratmen, die Reziproke dazu sein (Abb. 52 rechts, 63 rechts usw.). Auch die über den respiratorischen Quotienten entwickelten Gedankengänge sind in dieser Richtung auf ein Nachbargleis zu schieben.

Damit haben wir durch das Exponentialgesetz eine Grundlage gewonnen, Kohlensäureabgabe und Sauerstoffverbrauch der Organismen in ihrer Temperaturabhängigkeit vergleichend zu untersuchen. Daß auch die Wasserausscheidung durch denselben Kurventyp zu erfassen sein wird, macht die Abb. 175 nach Kestner-Plaut von der Küchenschabe wahrscheinlich. Eine Erscheinung, der ich bei Durchsicht der Literatur sonst nicht begegnet bin, ist das Auftreten eines Sattels in der Atmungskurve der Abb. 176, welche den stündlichen Sauerstoffverbrauch von 100 g *Rana*-Larven (26 Tage alt) nach Joel darstellt. Die Gründe, welche wir für die Baumwollblüten in Abb. 159—161 und dann auch S. 164 für die Gewichtskurve der Stabheuschrecke (Abb. 141) geltend gemacht haben, müssen wir auch für den Sattel in der Atmungskurve der Froschlarven heranziehen, es ist sogar die Feststellung eines Sattels bei derartigen Beziehungen ein Zeichen mehr dafür, daß tatsächlich solche oder ähnliche Kurvenformen vorliegen, wie wir oben angenommen haben.

Von diesem allgemeinen Typus weichen in manchen Fällen die experimentell ermittelten Kurven recht erheblich ab. So scheint z. B. die Kohlensäureabgabe pro Quadratzentimeter und Stunde von der Opossumratte *Bettongia* in Kestner-Plauts Abb. 40 auf den ersten Blick in dem untersuchten Temperaturbereich einer Kettenlinie zu folgen. Jedoch tritt bei fallender Temperatur Muskelzittern ein, das einen erhöhten Stoffumsatz bedingt. Die Reaktion überlagert nun die eigentliche Stoffwechselkurve derart, daß der Kurvenzweig, welcher

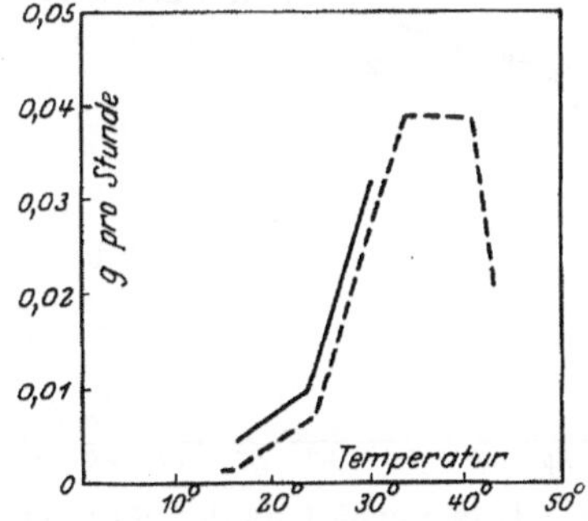

Abb. 175. Die Wasserausscheidung der Küchenschabe bei verschiedener Temperatur.

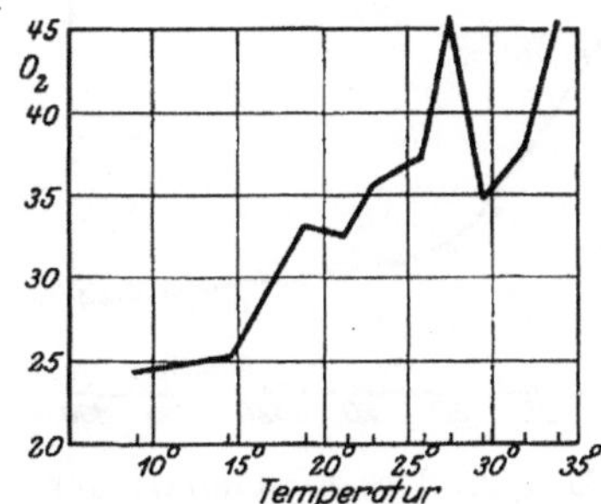

Abb. 176. Der stündliche O_2-Verbrauch von 100 g 26 Tage alterFroschlarven bei verschiedener Temperatur.

wie in Abb. 93 bei Temperaturerniedrigung langsam fallen müßte, wieder ansteigt. Wir müssen also das Absinken der Kurve von 40° bis 30° als von einer normalen Atmungskurve bestimmt betrachten, das dann folgende Steigen aber als Ausdruck eines neuen Geschehnisses, nämlich des Muskelzitterns, ansehen. Dadurch, daß sich bei Tieren mit einer Wärmeregulation in solcher Weise zwei Reaktionen überlagern, werden die Verhältnisse hier ungleich viel schwieriger.

In sehr charakteristischer Weise ist die Atmungsintensität von der Menge des zur Verfügung stehenden Sauerstoffs abhängig. Praktisch kommt das bei solchen Tieren vor, welche, wie zum Teil luftatmende Wasserschnecken, eine bestimmte Menge Luft in ihrer Atemhöhle mitnehmen. Abb. 177 gibt nach Kestner-Plaut den O_2-Gehalt der Lungenluft von *Limnaeus stagnalis* bei Aufenthalt unter Wasser an, welcher in den ersten 60 Minuten ziemlich schnell, dann sehr allmählich absinkt. Die Kurve ähnelt den in Abb. 56 und 57 dargestellten Verhältnissen. Wenn man nunmehr unter Berücksichtigung des zur Verfügung stehenden Sauerstoffes den Sauerstoffverbrauch bestimmt, so erkennt man ganz bestimmte Abhängigkeiten, welche sich ebenfalls durch das Exponentialgesetz erfassen lassen. Abb. 178 zeigt nach Kestner-Plaut für *Limax und Tenebrio* bei geringem Sauerstoffdruck ein schnelles Steigen des Verbrauchs. Bei höherem Prozentgehalt O_2 nähern sich die Kurven einem Maximalverbrauch an. Der Kurventyp entspricht unseren Abb. 66, 67, 69 und 113. Auch der respiratorische Quotient weist eine Abhängigkeit von dem Sauerstoffgehalt auf, welche in Abb. 179 nach Pütter für *Sipunculus nudus* wiedergegeben ist.

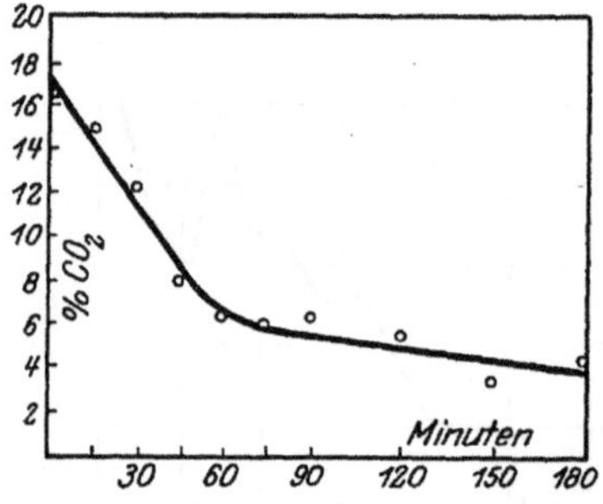

Abb. 177. Der O_2-Gehalt der Lungenluft von *Limnaeus stagnalis* bei Aufenthalt unter Wasser.

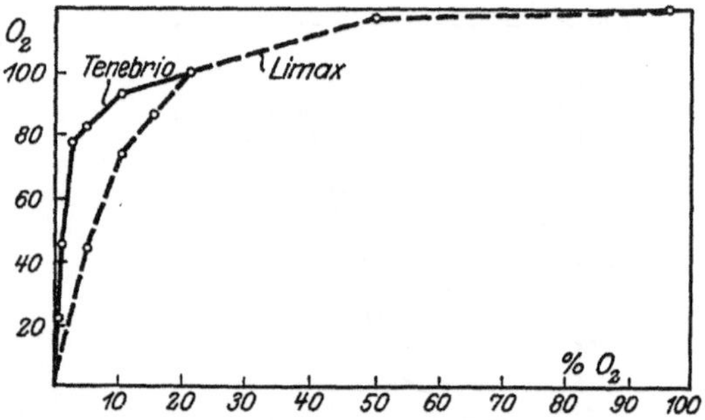

Abb. 178. Das Verhältnis des Sauerstoffverbrauchs zum Sauerstoffdruck.

Auf der Abszisse ist der O_2-Gehalt des Seewassers pro l in ccm aufgetragen. Diese Beziehung folgt einer Kurvenform, welche durch Abb. 56 rechts und 88 links repräsentiert ist.

Die Änderung der Atmungsintensität mit der Zeit ist wiederholt Gegenstand der Untersuchungen gewesen. So wächst z. B. der Anstieg der Atmungsgröße im Laufe der Stunden nach der Befruchtung von Echinodermeneiern nach Lipschitz und Rosenthal nach Art der Kurven unserer Abb. 68 I, 72 II und 73 II im Anfang ungemein rasch, später bedeutend langsamer. Die Menge der ausgeatmeten Kohlensäure pro Kilogramm und Stunde von Mehlkäferpuppen während der Entwicklung gibt Abb. 180 nach Krogh wieder. Die Kurven fallen zunächst ab, erreichen ein breites Minimum und steigen dann wieder hoch. Der Kurventyp ist in Kap. A III nicht gezeichnet worden, entspricht aber der Reziproken von Abb. 101. Beachtenswert ist die Tatsache, daß die Temperatur die Kurven so weit auseinanderzieht. Es macht sich auch hier wieder der Einfluß auf die Entwicklungsgeschwindigkeit bemerkbar. Man könnte, wie wir das an anderen Beispielen früher besprochen haben, bei Versuchen mit einem ausgedehnteren Temperaturbereich die Größe der Kurvenverlagerung darstellen, indem man für die verschiedenen Stunden die Kohlensäuremenge auf der Ordinate und die Temperatur auf der Abszisse aufträgt. Durch Vergleich der Kurvenform und ihre mathematische Formulierung werden sich dann für das Verständnis der Zusammenhänge zwischen Atmungsgröße, Entwicklungsdauer und Temperatur sehr wertvolle Beziehungen feststellen lassen, die zur Klärung des Verhältnisses vom Bau- und Betriebsstoffwechsel dienen

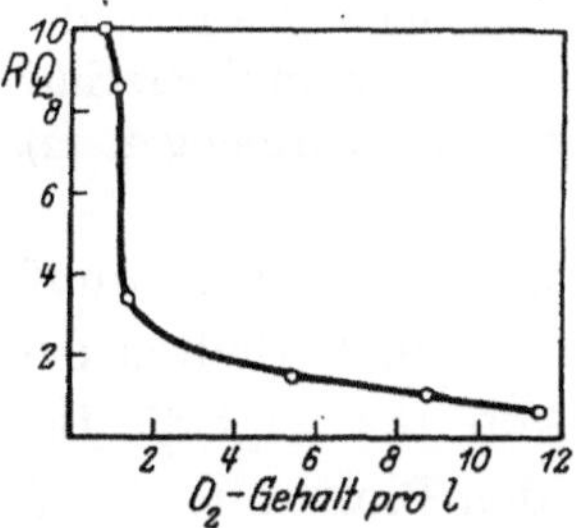

Abb. 179. Der respiratorische Quotient von *Sipunculus nudus* bei verschiedenem Sauerstoffgehalt des Seewassers.

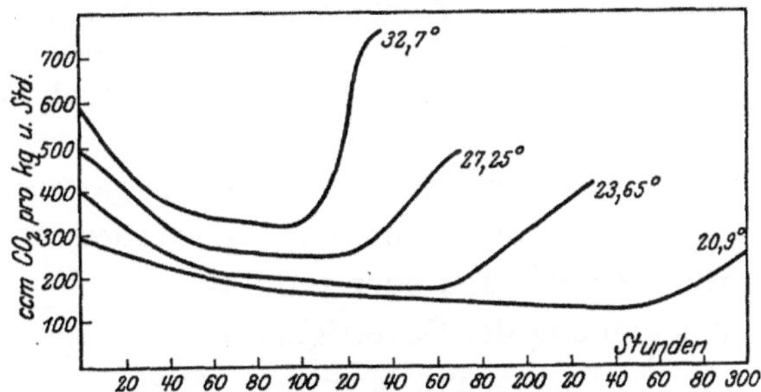

Abb. 180. Die CO_2-Produktion der Mehlkäferpuppe während der Entwicklung bei verschiedenen Temperaturen.

können. Zieht man noch das Wachstum bei derartigen Untersuchungen hinzu, so eröffnen sich hier weite Ausblicke.

Greifen wir von den Symptomen der Gärung die Menge der ausgeschiedenen Kohlensäure heraus, so erkennen wir, daß diese ebenfalls nach Art exponentialer Funktionen von den Umweltbedingungen abhängig ist; Abb. 181 (nach v. Euler und Myrbäck) zeigt den Einfluß der Nahrungsmenge auf die Gärung der Hefe, in welcher auf der Abszisse die Anzahl der zur Verfügung stehenden Gramm Glukose aufgetragen ist. Die Kurvenform entspricht der Linie I in Abb. 71. Beobachtet man dagegen den zeitlichen Verlauf der Zymasegärung, wie sie nach Boysen Jensen in Abb. 182 dargestellt ist, so macht sich die verschiedene Zuckerkonzentration in einer Lageveränderung der Kurve bemerkbar. Die Linie 1 gibt die Kohlensäureproduktion bei Zucker im Überschuß, die Linie 2 bei kleiner Zuckermenge wieder. Wir haben also hier dieselbe Erscheinung bei der Kurvenlagerung, welche wir schon mehrfach besprochen haben. Die Abhängigkeit der Gärung von der Menge Coenzym zeigt nach Boysen Jensen Abb. 183, in welcher 1 die CO_2-Ausscheidung bei 0,25 g, 2 die bei 0,5 g Zymase bedeutet. Da auch bei

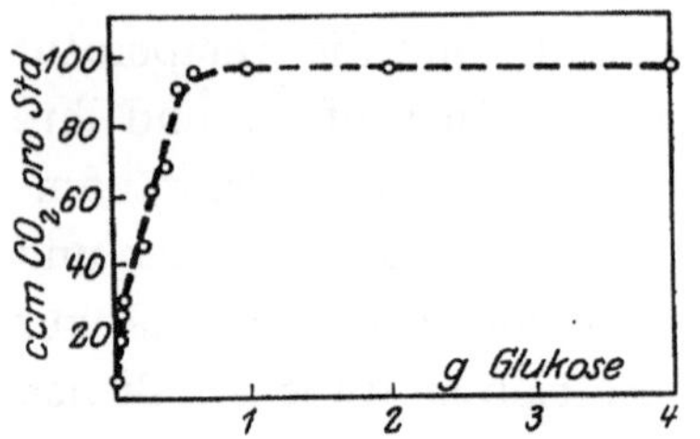

Abb. 181. Die Abhängigkeit der Hefegärung von der Zucker-menge.

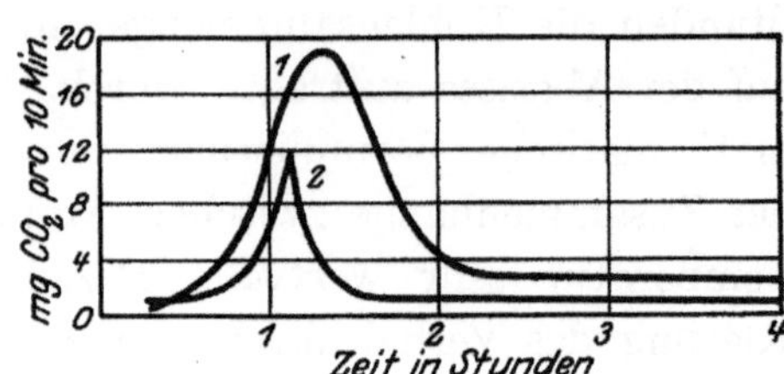

Abb. 182. Der zeitliche Verlauf der Zymasegärung bei Zucker im Überschuß (*1*) und bei kleinen Zuckermengen (*2*).

völligem Fehlen des Coenzyms eine gewisse Gärung vor sich geht, muß hier die Kurve zugrunde gelegt werden, welche auf dem Verhalten der Abb. 64 links, 104 oder 110 links aufgebaut ist. Abb. 184 zeigt die Beschleunigung der Gärtätigkeit frischer Hefe durch den Biokatalysator Z nach v. Euler und Myrbäk. Hier würde man aber auf eine Abhängig-

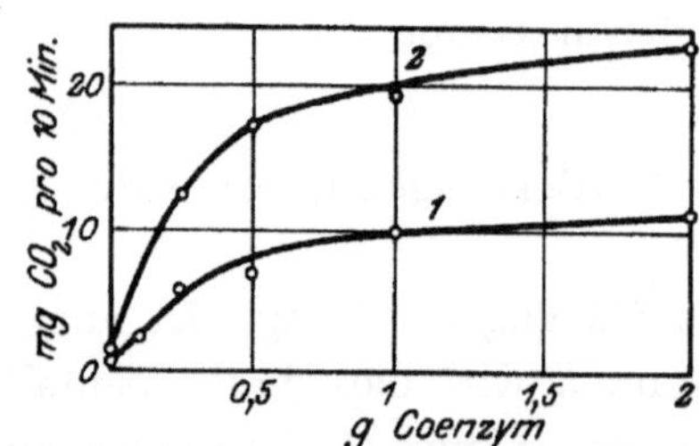

Abb. 183. Die Abhängigkeit der Gärung von der Menge Coenzym, *1* bei 0,25 g, *2* bei 0,5 g Zymase.

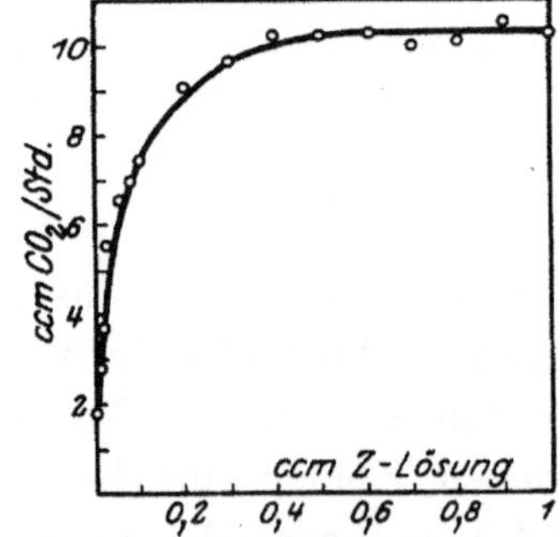

Abb. 184. Die Beschleunigung der Gärtätigkeit frischer Hefe durch den Biokatalysator Z.

keit nach Art der Kurve Abb. 67 schließen, so daß auch für den Einfluß des Coenzyms in Abb. 183 vielleicht ähnliche Verhältnisse vorliegen. Bei den Untersuchungen derselben Autoren über die Trockenhefe wurde das Maximum der Gärkraft der Aktivatoren bestimmt, das bei 8 g Trockenhefe festgestellt wurde, wie die gestrichelte Linie in Abb. 185 angibt. Die Gesamtgestalt der Kurve muß auf Grund der Kurve Abb. 88 rechts ermittelt werden, bei deren Besprechung wir auf die Abhängigkeit des Maximums von dem Zahlenwert der Konstanten eingegangen sind.

Es ließen sich noch eine große Zahl von Beispielen dafür beibringen, welche zeigen, daß die experimentell ermittelten Kurven durch die Funktionen des Exponentialgesetzes formelmäßig dargestellt werden können. Auf spezielle Einzelheiten, welche mit den Fermentwirkungen in direktem Zusammenhang stehen, werden wir später noch zurückkommen, wenn wir die Fermente im Zusammenhang mit dem Protoplasten als kolloides System betrachten. Hier mag das Angeführte genügen, um zu zeigen, daß die Bedingungen der Atmung und Gärung nach dem Exponentialgesetz wirksam sind und daß mit Hilfe der herangezogenen Kurvenformen eine vergleichende Physiologie dieses Teilgebietes des Stoffwechsels ihr mathematisches Fundament erhält.

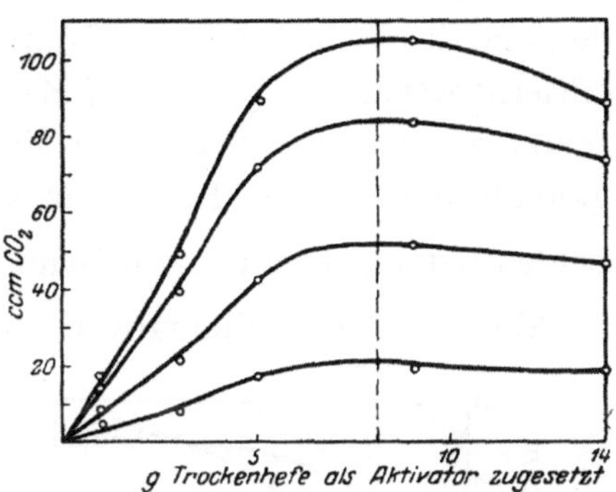

Abb. 185. Die Gärkraft der Aktivatoren der Trockenhefe nach der Zerstörung der Zymase.

Das Blut.

Im Zusammenhang mit den Stoffwechselerscheinungen mögen die Verhältnisse des Blutes gesondert besprochen werden, denn sie sind für die Art des Stofftransportes innerhalb des Organismus, insbesondere der höheren Tiere, von außerordentlicher Bedeutung. Da ist zunächst die selbstregulatorische Fähigkeit des Blutes wichtig. Nach Höber stellt sich das Gleichgewicht zwischen Hämoglobin und Sauerstoff einerseits und Oxyhämoglobin andererseits als Folge der Reversibilität der Reaktion ein, wobei nach Hüfner gilt:

$$\text{1 Hämoglobin} + \text{1 O}_2 \rightleftarrows \text{1 Oxyhämoglobin.}$$

Wenn y die relative Sättigung oder den Sättigungsgrad des Blutfarbstoffes mit Sauerstoff, x die zugehörige Sauerstoffspannung bedeutet, so kann man schreiben:

$$\frac{y}{1-y} = kx.$$

In Abb. 186 gibt Linie I die Abhängigkeit der prozentischen Sättigung mit O_2 von der Sauerstoffspannung in Millimetern wieder, welche durch obige Gleichung formelmäßig dargestellt werden kann. Untersucht man aber nicht die reinen Hämoglobinlösungen, sondern das Blut selbst, so kommt man zu der S-förmigen Kurve II in Abb. 186, welche dann nicht mehr durch die zitierte Hyperbelformel sich erfassen läßt. Der Grund für diese Abweichung soll nach Barcroft in dem Vorhandensein der Salze und der Kohlensäure im Blut liegen. Wenn diese entfernt werden, so geht die S-Kurve in die Hyperbel über. Vom Standpunkt des Exponentialgesetzes sind die Beziehungen der reinen Häemoglobinlösungen zum Blut sehr viel einfacher zu verstehen, weil die beiden Kurven I und II auf Grund der Variationen der Funktion $\dfrac{1}{(2+3)}$ in Abb. 65—69 mathematisch gleichwertig aufzufassen sind und sich lediglich durch die Größe ihrer Konstanten unterscheiden. Daß hier

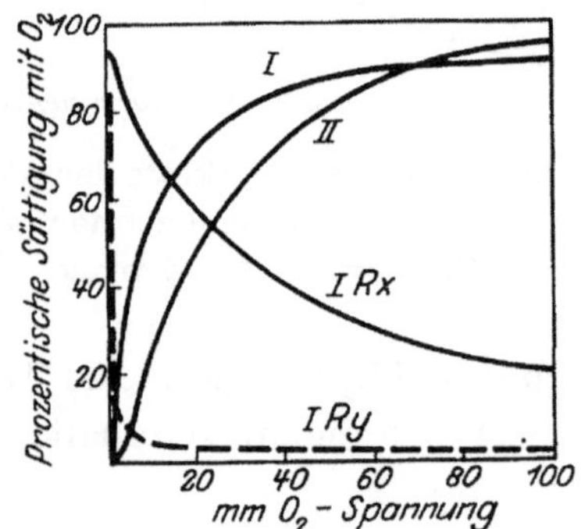

Abb. 186. Das Gleichgewicht Hämoglobin, O₂, Oxyhämoglobin, *I* reine Hämoglobinlösung, *II* Blut.

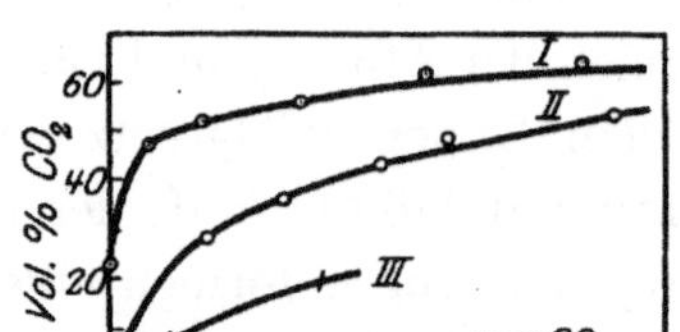

Abb. 187. Kohlensäurebindungskurven bei 18°, *I* von Serum, *II* von Blut, *III* von Blutkörperchen in Kochsalzlösung.

tatsächlich exponentiale Beziehungen vorliegen, wird in Abb. 186 noch dadurch zum Ausdruck gebracht, daß die Reziproken nach x und y der Linie I eingezeichnet sind. Würde es sich tatsächlich um eine Hyperbel der oben beschriebenen Art handeln, so könnten derartige reziproke Kurven nicht entstehen. Wir kommen mit unseren exponentialen Gleichungen hier dem Tatbestand viel näher als die Hüfnersche Auffassung, weil wir ihn innerlich durch die Konstanten zahlenmäßig erfassen können, ohne einen Wechsel der Kurvenform an sich vornehmen zu müssen. Einem ähnlichen Kurventyp folgen die Kohlensäurebindungskurven nach Höber, welche in Abb. 187 dargestellt sind. Sie gibt die Abhängigkeit der Volumprozente CO_2 von der CO_2-Spannung bei 18° wieder, und zwar I von Serum, II von Blut, III von Blutkörperchen in Kochsalzlösung.

Wiederum denselben Kurventyp erhält man, wenn man den Ammoniakgehalt des Blutes untersucht. Parnas und Heller stellten diesen z. B. für verschiedene p_H-Werte fest und trugen auf der Ordinate die

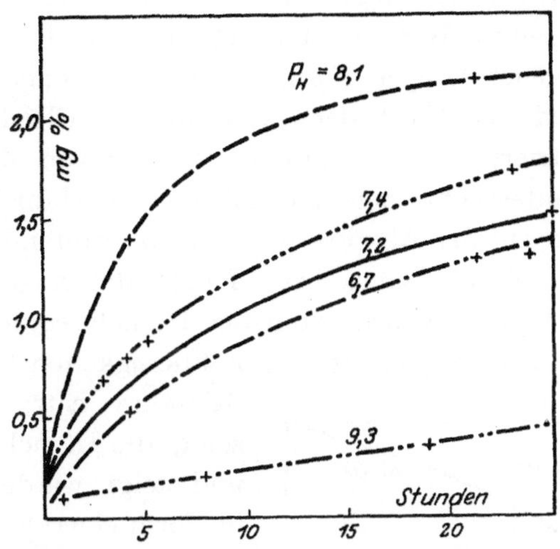

Abb. 188. Der Ammoniakgehalt im Blut.

mg vH, auf der Abszisse die Zeit auf, wie das Abb. 188 zeigt. Ähnlich verlaufende Kurven ergeben die Untersuchungen derselben Autoren

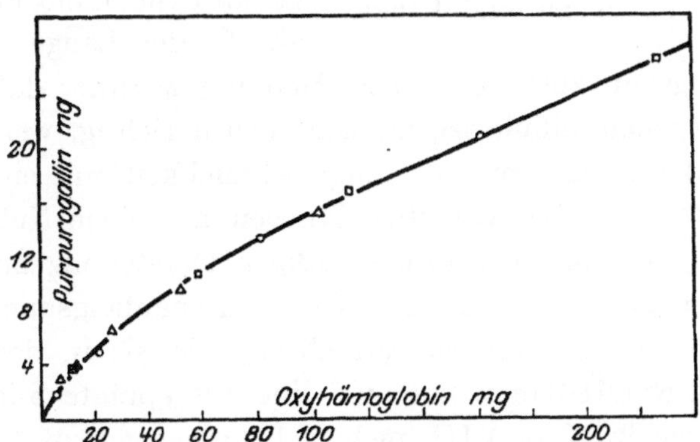

Abb. 189. Der peroxydatische Wert von HbO_2 bei wechselnder Konzentration derselben und konstantem H_2O_2, $\bigcirc$ 1mal, $\triangle$ 2mal, $\square$ 4mal kristallisiertes Pferde-HbO_2.

über den Ammoniakgehalt der getrennten Blutkörperchen, der mit dem Plasma gelassenen Blutkörperchen, des getrennten Plasmas und des mit den Blutkörperchen gelassenen Plasmas. Willstätter und Pollinger untersuchten den peroxydatischen Wert von HbO_2 beim Pferd, einmal bei wechselnder Konzentration derselben und konstanten H_2O_2 (Abb. 189), andermal bei wechselnden Konzentrationen von Hydroperoxyd. In beiden Fällen liegen Kurvenformen vor, die sich durch das Exponentialgesetz z. B. nach Abb. 113 darstellen lassen, so daß wir auch hier zu vergleichsfähigen Formeln gelangen können.

Sehr klar wird der Wert der exponentialen Gleichungen durch Abb. 190 demonstriert, die den Hämolysestudien von Mond entnommen ist. Mond untersuchte den Mechanismus der Hämolyse durch H· und OH′ und trug auf der Abszisse die Zeit ab, während der die Blutkörperchensuspension mit Säure bzw. Lauge stehen gelassen wurde. Nach dem Zentrifugieren wurde dann der Hämolysegrad und die H·-Konzentration in den darüber stehenden Flüssigkeiten bestimmt. Bei Salzsäure tritt, wie Abb. 190 zeigt, die Hämolyse sofort auf und steigt, wie der Autor meint, in Form einer Exponentiallinie hoch. Da die Salzsäure an das Hämoglobin gebunden wird, sinkt die H-Konzentration in der Außenflüssigkeit entsprechend dem Hämoglobinaustritt ab. In der Lauge kommt die

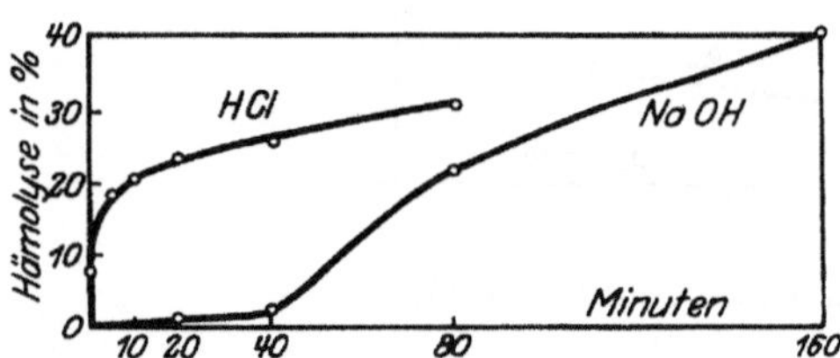

Abb. 190. Die Geschwindigkeit der Hämolyse beim Stehen einer Blutkörperchensuspension mit Säure und Lauge.

Hämolyse langsam zustande. Die Meinung Monds, daß die HCl-Kurve eine Exponentiallinie sei, ist sicherlich unrichtig, wenn sie auch bei Drehung der Figur um 90° einige Ähnlichkeit mit einer solchen haben mag. Da wir aber derartige Kurven auf einen Nullpunkt beziehen müssen, um zu einer formelmäßigen Darstellung zu kommen, und ein solcher uns hier durch den Koordinatenanfangspunkt gegeben ist, müssen wir die Kurven so betrachten, wie sie in der Abb. 190 vorliegen. Die NaOH-Kurve hat nun eine ausgeprägte S-förmige Gestalt, wie wir sie in Kap. A III mehrfach kennengelernt haben. Wir entwickelten dann an Hand der Kurven in den Abb. 65—68, daß durch entsprechende Wahl der Konstanten die S-Form, wie sie die Laugenkurve zeigt, in diejenige der Säurekurve übergehen kann. Die Feststellung der Tatsache, daß diesen Abhängigkeiten der Hämolyse dieselbe mathematische Beziehung zugrunde liegt, welche je nach der Größenordnung der Konstanten diese oder jene Form annimmt, ist beweisend für den Vorteil, den das Exponentialgesetz für vergleichende Untersuchungen dieser Art bietet.

Auch die elektrische Leitfähigkeit der roten Blutkörperchen ist, wie Abb. 191 nach Höber zeigt, einer ähnlichen Gesetzmäßigkeit unterworfen. Auf der Ordinate sind die Prozente Blutkörperchen, auf der Abszisse die Leitfähigkeit $\frac{\lambda\,\text{Serum}}{\lambda\,\text{Blut}}$ abgetragen. Als letztes Beispiel sei die bekannte Dissoziationskurve des Hämoglobins erwähnt, welche entsteht, wenn man auf der x-Achse den Partialdruck des Sauerstoffs in Millimetern Quecksilber aufzeichnet und auf der y-Achse die nicht dissoziierten Prozente Oxyhämoglobin. Sie hat eine ganz ähnliche Gestalt wie Abb. 191. So ergibt sich als Resultat dieser Besprechung, daß die quantitativen Beziehungen, welche im Blut vorliegen, durch das Exponentialgesetz einer vergleichenden Betrachtung zugänglich gemacht werden können. Im Rahmen dieses Buches ist es naturgemäß unmöglich, auf die allgemeinen Beziehungen der verschiedenen Erscheinungsformen zueinander einzugehen, es kann aber, wenn man die zusammenfassende Darstellung bei Höber nachliest, keinem Zweifel unterliegen, daß an Hand der durch das Exponentialgesetz gegebenen Kurvenformen ein weiteres Eindringen in den mannigfachen Fragenkomplex, den die Verhältnisse des Blutes darstellen, möglich ist.

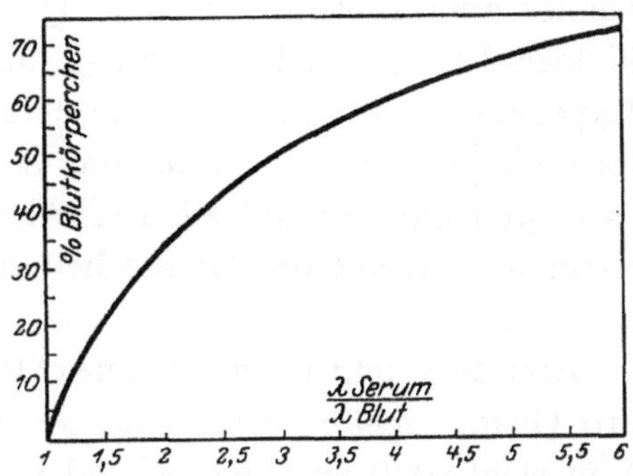

Abb. 191. Die elektrische Leitfähigkeit (λ) der roten Blutkörperchen.

Der Energiewechsel.

Die Fragen, welche mit dem Energiewechsel im Organismus im Zusammenhang stehen, gehören zu den wichtigsten Fragen der Stoffwechselphysiologie überhaupt. Besonders hier spielen die quantitativen Verhältnisse eine große Rolle. Nach Pütter 1911, S. 154 verstehen wir unter Intensität des Stoffwechsels die Reaktionsgeschwindigkeit, mit der im lebendigen System die Umwandlung des Reaktionsmaterials erfolgt, bzw., was dasselbe bedeutet, die Geschwindigkeit, mit der die Reaktionsprodukte gebildet werden. Hier greift die ganze Stoffwechselchemie ein, und es ist klar, daß eine Gesetzmäßigkeit, welche die quantitativen Beziehungen des physiologisch-chemischen Geschehens mit der Reaktionsfähigkeit des Organismus überhaupt verknüpft, gerade auf dem Gebiete des Energiewechsels, von großer Bedeutung sein muß. Hier muß das Exponentialgesetz seinen heuristischen Wert beweisen, wenn es zu Recht bestehen soll. Wir haben schon gesehen, daß es sehr wohl in der Lage ist, die Verhältnisse der Nahrungsaufnahme, des Wachstums, der Atmung usw. quantitativ durch die Eigenart seines Wesens in vergleichsfähigen Formeln auszudrücken. Durch seine Methode der Kurvenanalyse, welche durch die Additionsgleichungen und die reziproken Funktionen ermöglicht ist, erweist es sich als fähig, in die inneren Zusammenhänge biologischer Vorgänge hineinzuleuchten und komplizierte Abhängigkeiten in einfachere aufzulösen und so einen Generalnenner aufzustellen, der einen Querschnitt durch die Gesamtheit des biologischen Geschehens legt. Einige Beispiele sollen zeigen, wie das Exponentialgesetz durch seine Kurvenformen den Energiewechsel zu formulieren vermag. Wenn das erst einmal gelungen ist, dann kann es nicht mehr grundsätzlich schwierig sein, die Einzelereignisse untereinander und mit der Gesamtheit des lebendigen Ablaufs in Vergleich zu setzen.

Abb. 192 stellt nach Kestner-Plaut den Grundumsatz in Kalorien pro Quadratmeter Oberfläche bei Mädchen verschiedenen Alters dar. Man sieht, daß er entsprechend unserer mathematischen Funktion in Abb. 76 links negativ, 82 links, 122, 125 oder auch nach Art der Reziproken von Abb. 117 in den ersten

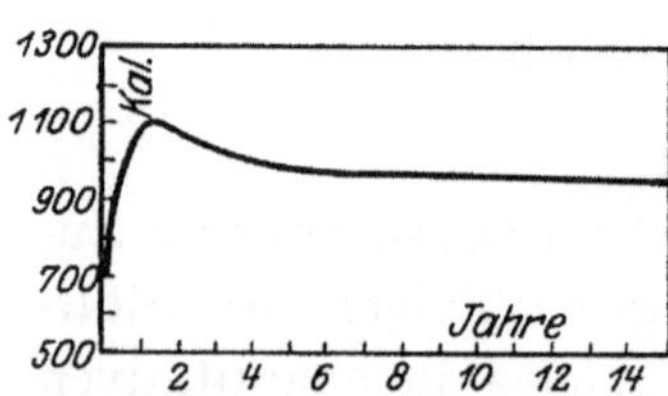

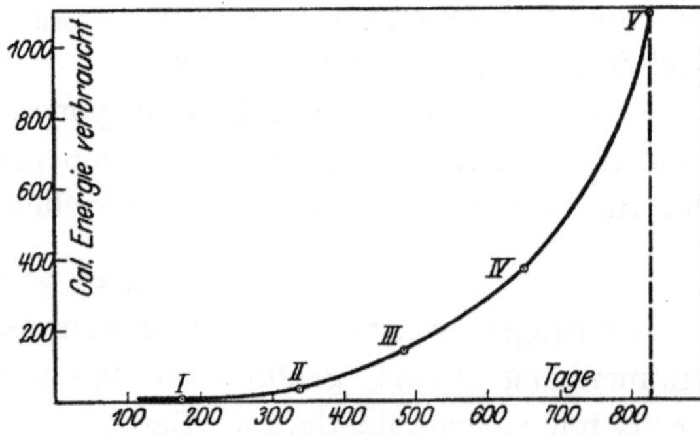

<table>
<tr><td>

Abb. 192. Der Grundumsatz bei Mädchen verschiedenen Alters.

</td><td>

Abb. 193. Der Energieverbrauch beim Wachstum der Seidenraupe.

</td></tr>
</table>

$1^{1}/_{2}$ Jahren sehr steil bis zu einem Maximum ansteigt und dann allmählich bis zu einem konstanten Wert absinkt. In Abb. 193 ist nach Tangl der Energieverbrauch beim Raupenwachstum des Seidenspinners bei 24° (auf 1000 Raupen berechnet) wiedergegeben, indem der Energieverbrauch jedes Abschnittes an das Ende der Periode gesetzt wurde. Das Alter der durch römische Zahlen gekennzeichneten Abschnitte ist I 175 Tage, II 334, III 484, IV 649, V 826 Tage. An der gestrichelten Linie beginnt die Metamorphose. Die Kurvengestalt ist entweder durch die Exponentiallinie, wahrscheinlich aber besser durch kompliziertere Formeln wie Abb. 57 rechts, 62 rechts oder 86 links zu erfassen. Die Beziehung zur Nahrungsmenge selbst ist durch die früher besprochene Abb. 165 gegeben. Entsprechend der kurvenmäßigen Deutung haben wir auch bei der Kurve des Energieverbrauches den mathema-

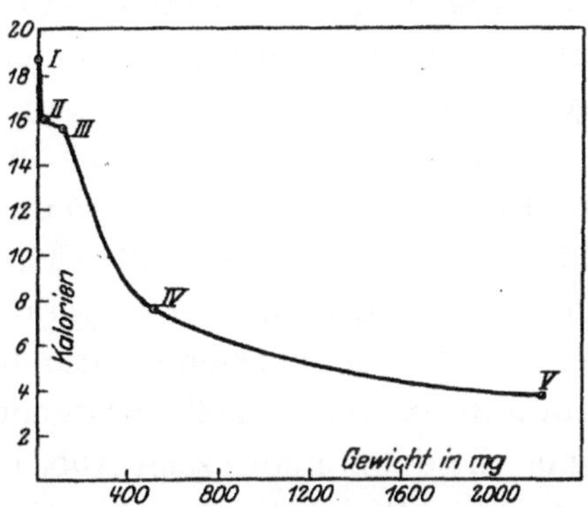

Abb. 194. Der Energieumsatz der Seidenraupe in den verschiedenen Perioden des Wachstums.

tischen Nullpunkt an das Ende eines Ablaufs zu setzen, nämlich an den Beginn der Metamorphose, so daß wir auch hier, wie früher eingehend besprochen wurde, eine rückläufige Kurve vor uns haben. Pütter 1911 hat für die Seidenraupe auch noch den Energieumsatz pro Kiligramm Lebendgewicht und Stunde in den einzelnen Entwicklungsstadien (I—V) bezogen auf das Gewicht angegeben, der in Abb. 194 reproduziert ist. Auch hier liegt, wenn wir die Daten so nehmen, wie sie gegeben sind, eine exponentiale Abhängigkeit, und zwar ähnlich Abb. 99 vor.

Schon Pütter stellte an diesem Beispiel fest, daß das Rubnersche Gesetz des konstanten Energieaufwandes $e \cdot Z = $ const. nicht gelten kann, da die Produkte nicht konstant sind, wenn e den Kalorienverbrauch pro Gewichtseinheit des wachsenden Organismus pro Tag und Z die Wachstumszeit in Tagen bedeutet. Daß eine solche Hyperbel, selbst wenn man die Kurve zwischen II und III hindurchzieht, hier die Abhängigkeit nicht wiedergeben kann, ist durch das Exponentialgesetz ohne weiteres verständlich. So ergibt sich in jedem Falle eine Anwendungsmöglichkeit dieses Gesetzes. Der Energieumsatz steht demnach einmal zum Älterwerden in der Zeit, andermal zum Körpergewicht nach Art exponentialer Funktionen in Beziehung. Wenn wir nun noch die Ergebnisse der Abb. 143 hinzunehmen, lassen sich mit Hilfe des Exponentialgesetzes die wechselseitigen Abhängigkeiten zwischen Energiewechsel, Gewicht, Oberfläche und Alter in ein System bringen, das das Rubnersche Oberflächengesetz, wie schon S. 150 gesagt, in eine ganz andere Beleuchtung rückt. Es muß speziellen Untersuchungen überlassen bleiben, diese grundlegenden Fragen des Stoffumsatzes an Hand des gesamten vorliegenden Materials auf die durch das Exponentialgesetz beigebrachten neuen Gesichtspunkte hin zu untersuchen.

Über die Abhängigkeit der Stoffwechselerscheinungen von den Umweltbedingungen haben wir schon mehrfach gesprochen. Dabei ist z. B. für den Temperatureinfluß wichtig zu wissen, wie die Körpertemperatur von der Umgebungstemperatur beeinflußt ist. Wie schnell ein Organismus diese annimmt, zeigt Abb. 195 von der Weinbergschnecke *Helix pomatia* nach van Dillewijn und Jakob. In diesem Falle wurde die

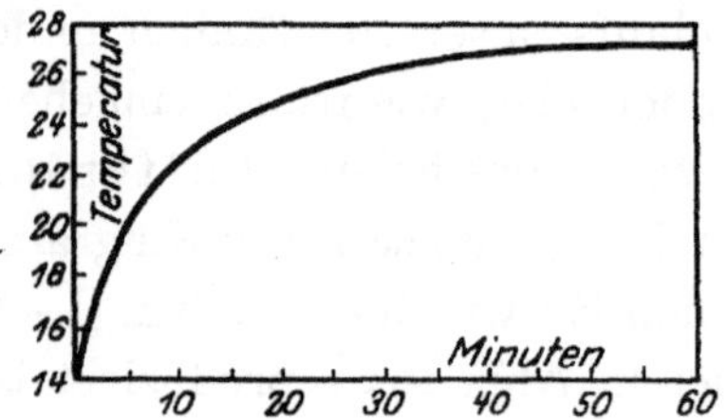

Abb. 195. Die Temperaturerhöhung einer Schnecke im Wasserbad von 28°.

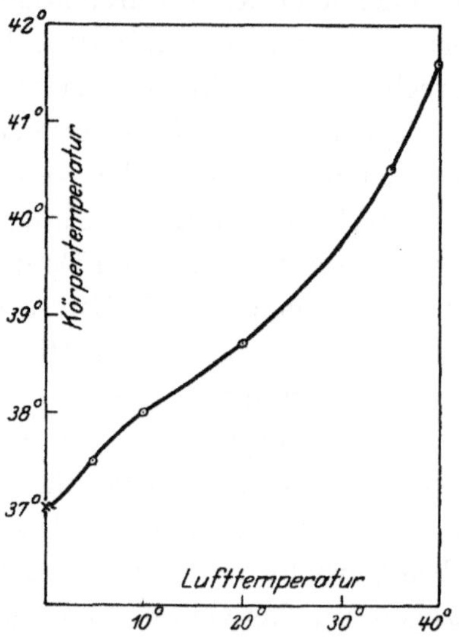

Abb. 196. Die Körpertemperatur des Kaninchens bei verschiedener Lufttemperatur.

Temperatur des Wasserbades von 14° auf 28° erhöht. Die Kurve zeigt in den ersten 10 Minuten ein rasches Ansteigen, die Temperatur des Objektes beträgt nach 15 Minuten 24°, nach 30 Minuten 26° und nach 45 Minuten 27°. Die Temperatur des Wasserbades wird überhaupt nicht oder erst nach sehr langer Zeit erreicht. Für Warmblüter, in unserem Falle für das Kaninchen, wird nach Kanitz (Tab. biol. I) die Abhängigkeit der Körpertemperatur von der Lufttemperatur durch die Kurve in Abb. 196 veranschaulicht, welche dann genau dem Typ der Abb. 127 entspricht, wenn auf der y-Achse noch eine für das Kaninchen sehr niedrige Körpertemperatur von 37° (Pembrey nach Kanitz) eingetragen wird. Auch wechselwarme Tiere wie die Küchenschabe *Peri-*

planeta besitzen nach Necheles eine gewisse Wärmeregulation, denn nach Abb. 197 liegt die Körpertemperatur immer etwas höher als die der Luft. Bei sehr niedriger Temperatur ist bei dem kältestarren Tier, das weder Bewegung noch Verdauung zeigt, ein relativ stärkeres Abweichen von dem Temperaturabfall der Luft, welcher in Abb. 197 durch die gerade Linie angedeutet ist, zu konstatieren. Eine an getöteten Tieren vorgenommene Kontrolle zeigte dieses Verhalten nicht.

Diese Abhängigkeiten der Körpertemperatur von der der Luft sind bei allen Untersuchungen über den Stoffumsatz mit in Rücksicht zu ziehen, und es geht aus unseren Beispielen hervor, daß das Exponentialgesetz auch hier die notwendige Verknüpfung mit den Umweltbedin-

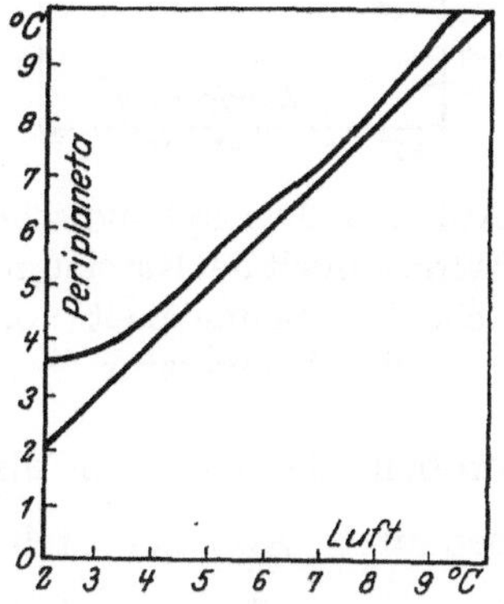

Abb. 197. Die Körpertemperatur der Küchenschabe bei niederer Lufttemperatur.

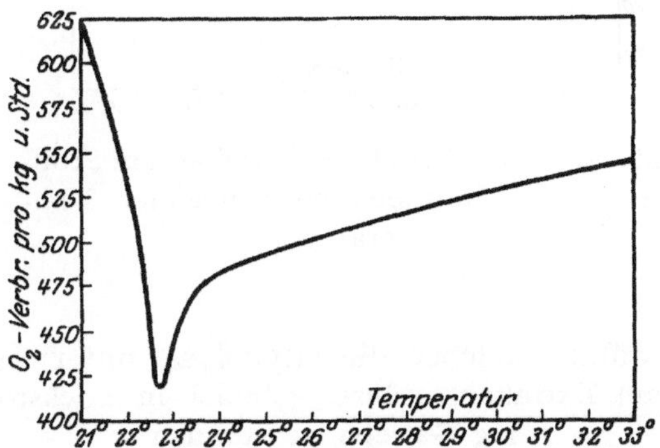

Abb. 198. Die Abhängigkeit des O₂-Verbrauchs beim hungernden und ruhenden Huhn von der Temperatur der Umgebung.

gungen und ihren Wirkungen auf den Organismus herstellen kann. Als Beispiel seien für die Abhängigkeit des Sauerstoffverbrauchs beim hungernden und ruhenden Huhn von der Umgebungstemperatur die Versuche von Gerhartz (nach Kestner-Plaut) angeführt, welche in Abb. 198 wiedergegeben ist. Kurvenmäßig ist diese Beziehung als die Reziproke zu Abb. 101 und 102 aufzufassen, so daß sich diese zunächst so eigenartig gestaltete Abhängigkeit ebenfalls in das Exponentialgesetz einreihen läßt. Abb. 199 stellt den Anteil des Eiweißes am Stoffwechsel des Karpfens nach Kestner-Plaut bei steigender Temperatur dar, in welcher als Ordinate die Kalorien aus Eiweiß in Prozenten des Gesamtverbrauches genommen worden sind. Die Kurve läßt sich als die bekannte S-Form auffassen, welche wir früher schon mehrfach für Temperaturabhängigkeiten kennengelernt haben.

Wie eng die Gesetzmäßigkeiten des Umsatzes mit den Krankheitserscheinungen verbunden sind, zeigen beispielsweise die Untersuchungen von Warburg, Posener und Negelein über den Stoffwechsel der Karzinomzellen. Als Symptom wurde der Quotient $Q_{CO_2}^N$

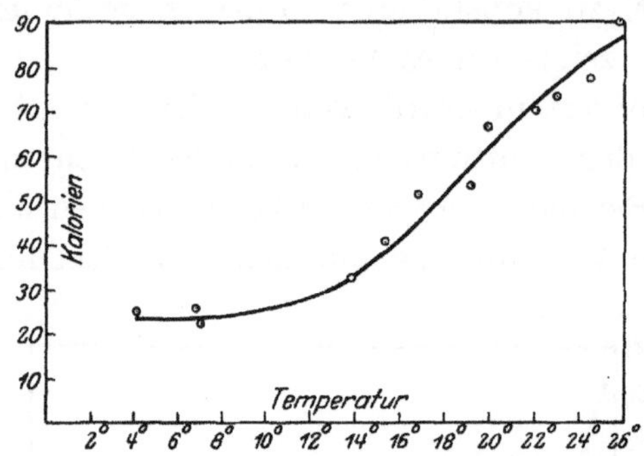

Abb. 199. Der Anteil des Eiweißes am Stoffwechsel des Karpfens bei steigender Temperatur.

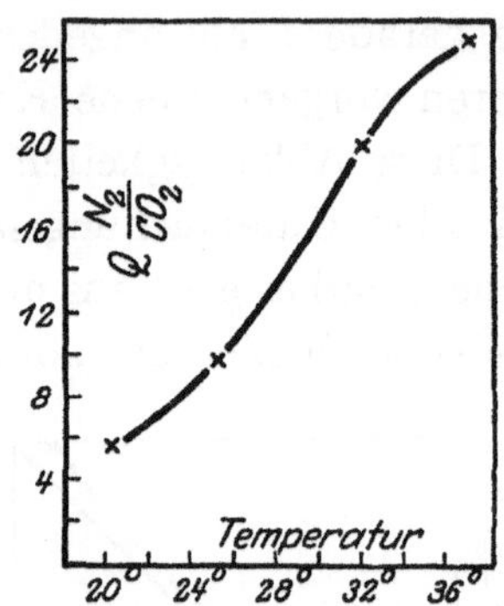

Abb. 200. Die glykolytische Wirksamkeit der Karcinomzelle in Abhängigkeit von der Temperatur.

gewählt, welcher die Glykolyse unter anaeroben Bedingungen als

$$\frac{\text{cmm Extrakohlensäure, gebildet in Stickstoff}}{\text{mg Gewebe} \times \text{Stunden}}$$

bedeutet. Abb. 200 stellt die Abhängigkeit von der Temperatur und Abb. 201 vom Prozentgehalt

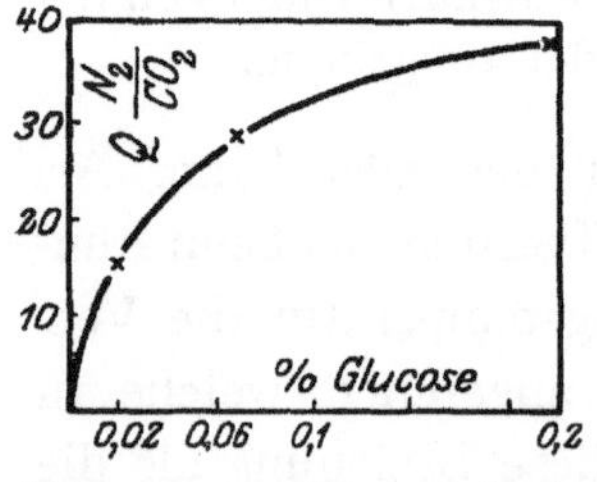

Abb. 201. Die glykolytische Wirksamkeit der Karcinomzelle in Abhängigkeit von dem Prozentgehalt an Glukose.

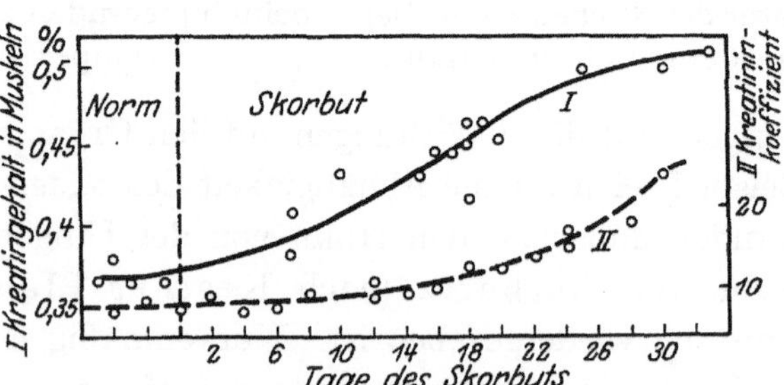

Abb. 202. Der Kreatinstoffwechsel beim Meerschweinchen im normalen und skorbutischen Zustand.

an Glukose dar. Auf Einzelheiten hier einzugehen, würde den Rahmen dieses Buches weit überschreiten, da unsere Aufgabe lediglich die sein soll, festzustellen, ob und wieweit das Exponentialgesetz in den verschiedenen Teilgebieten der Biologie gültig und nutzbringend zu verwerten ist. Daß das der Fall ist, zeigt auch Abb. 202, welche nach Palladin in I den Kreatingehalt der Muskeln und in II den Kreatininkoeffzienten in Abhängigkeit von dem zeitlichen Fortschreiten des Skorbuts wiedergibt. Die Messungen wurden an Meerschweinchen durchgeführt.

Als letztes Beispiel seien nach Tab. biol. II, S. 324 durch Abb. 203 die Beziehungen zwischen Arbeitsleistung und Wärmeproduktion am Muskel erwähnt, in welcher als Ordinate der Quotient aus Wärme und Arbeit, als Abszisse die Belastung in Gramm gezeichnet ist. Die Kurven

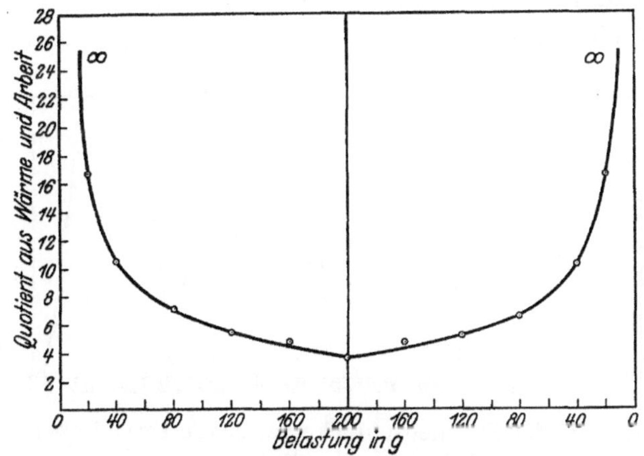

Abb. 203. Die Beziehungen zwischen Arbeitsleistung und Wärmeproduktion am Muskel bei Belastung und Entlastung.

für Belastung (links) und Entlastung (rechts) entsprechen einander. Wenn sie auch nicht genau spiegelbildlich sind, so deutet doch die Ähnlichkeit des Kurvenverlaufs, welche formelmäßig nach Abb. 55 rechts, 58 rechts, 60 rechts, 61 rechts oder ähnliche erfaßt werden kann, auf eine gleichartige Gesetzmäßigkeit hin, die dem Exponentialgesetz unterworfen ist.

Die Ausscheidungen.

Ähnlich, wie die Nahrungsaufnahme, welche wir für die Stabheuschrecke bei Abb. 164 besprochen haben, müssen wir auch die Kotabgabe interpretieren, denn es ist an sich wahrscheinlich, daß hier ähnliche Gesetzmäßigkeiten vorliegen werden. Wenn man die in Abb. 204 wiedergegebenen Daten von Titschack betrachtet, so scheint zunächst die unregelmäßig verlaufende zackige Linie einer mathematischen For-

mulierung kaum zugänglich zu sein. Da es sich hier aber nicht darum
handelt, jeden experimentell ermittelten Punkt durch Berechnung zu
erfassen, sondern die Gesetzmäßigkeit eines Ablaufs als Ganzes zu erkennen, so kann die eingezeichnete dicke Kurve sehr wohl zur Orientierung dienen, wie die Kotabgabe, für die als Symptom die Menge des
abgegebenen Kotes in Milligramm zu gelten hat, gesetzlich als Funktion
eines zeitlichen Geschehens zu bewerten ist. Es ist dieselbe Kurve,
welche wir auch der Abb. 164 bei der Nahrungsaufnahme zugrunde
legten, deren Nullpunkt auch hier am Todestage liegt. Es ist die Abb. 204
gerade ein Beispiel dafür, daß irgendwelche Ereignisse im biologischen
Geschehen sicherlich gesetzmäßig ablaufen, daß wir aber die Abhängigkeit genau zahlenmäßig nicht ohne weiteres festlegen können. Die ge-

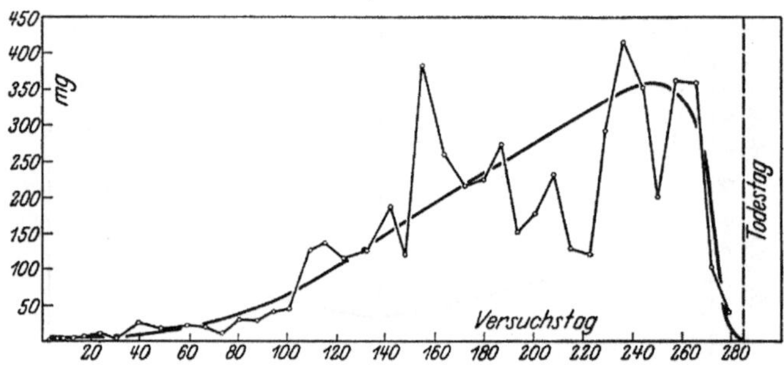

Abb. 204. Die von der Stabheuschrecke im Laufe ihres Lebens abgegebene
Kotmenge in Milligramm.

wogenen Kotmengen scheinen an sich so verschieden zu sein, daß man
zunächst gar nicht daran denken würde, hier eine Gesetzmäßigkeit zu
suchen. Trotz der Vielzackigkeit ordnet sich aber die Kotabgabe doch
einer funktionalen Abhängigkeit unter, die letzten Endes die Kotmenge,
wenn auch nur ihrer Größenordnung nach, bestimmt. Welche Ursachen
im einzelnen für die Abweichungen von der Grundkurve verantwortlich
zu machen sind, muß gesondert untersucht werden. Wir halten fest,
daß der grundsätzliche Verlauf im großen nach Art einer exponentialen
Funktion vor sich geht.

Es ist eine bekannte Erscheinung, daß die abgegebenen Stoffwechselprodukte das Wachstum wie überhaupt die Stoffwechselprozesse der
Organismen schädlich beeinflussen, welche gezwungen sind, in dem
Medium zu leben, indem sich allmählich die ausgeschiedenen Stoffe
anreichern. So zeigt z. B. Abb. 205 *I* nach Pütter 1911 die Abhängig-

keit des Tiervolums des Karpfens, *II* die der Schalenlänge einer Schnecke vom Wasservolumen. Je größer letztes ist, desto verdünnter sind die Stoffwechselprodukte, desto besser geht das Wachstum vor sich. Daß hier wiederum exponentiale Abhängigkeiten vorhanden sind, unterliegt nach der Art des Kurvenverlaufs keinem Zweifel. Bei der Hefe gehört zu den stärkst wirksamen Stoffwechselprodukten der Alkohol. In Abb. 206 ist an zwei Versuchen die Wärmebildung als Indikator der Gärkraft nach R u b n e r (aus L i p s c h ü t z) für mehrere Tage dargestellt. Die steil ansteigenden Kurven stammen von einer Hefeprobe von 10 g in einer Nährlösung von 1 vH Pepton und 10 vH Traubenzucker, die weniger hohen, langsam ansteigenden von einer

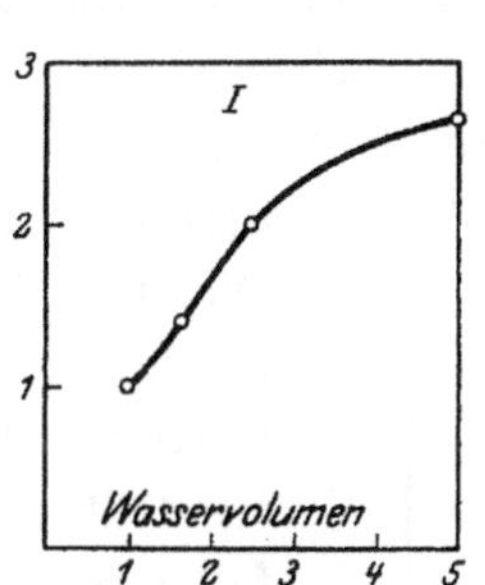
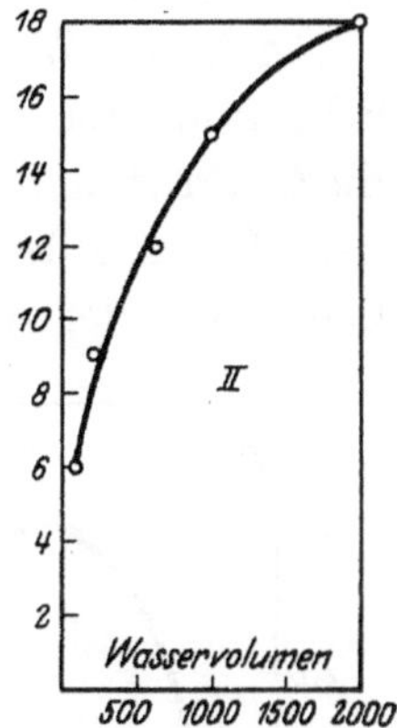

Abb. 205. Die Abhängigkeit der Tiergröße vom Wasservolumen.
I Tiervolumen des Karpfens,
II Schalenlänge einer Schnecke.

anderen Probe mit der gleichen Hefemenge in einer Nährlösung von nur 10 vH Traubenzucker. Die Wärmebildung wurde in kleinen Kalorimetern verfolgt, die Hefe täglich zentrifugiert und die Nährlösung erneuert. Als Ordinaten sind direkt die abgelesenen Temperaturen der kleinen Kalorimeter aufgetragen.

„Jede steiler ansteigende Kurve bedeutet also eine erhebliche Vermehrung der Gärwirkung, der dann selbstverständlich ein rasches Sinken nach Erreichung des Maximums folgen muß, weil, je stärker die Gärkraft, um so früher sich auch der Einfluß des Alkohols bemerkbar macht,“ der die Gärkraft lähmt.

Die Zugabe von Pepton bewirkt eine erhebliche Steigerung der

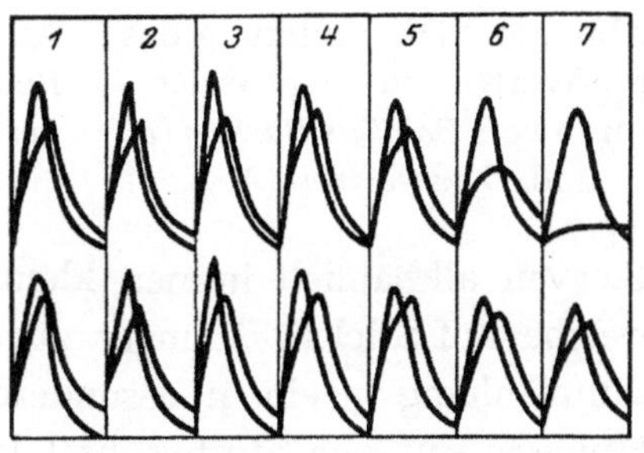

Abb. 206. Die Wärmebildung gleicher Hefemengen in Zuckerlösung und in Zuckerlösung + Pepton, 2 Versuche.

Wärmebildung dadurch, daß auch Stickstoff als Nahrung geboten wurde, obwohl in Mengen, die für eine Vermehrung der Hefezellen ungenügend waren. Die Wärmebildung ist in den ersten vier Tagen unverändert, dann aber zeigt sich ein allmähliches Niedrigerwerden der Kurven, das eine deutliche Abnahme der Gärkraft anzeigt, d. h. obwohl N vorhanden ist, hat es doch nicht den inneren Verfall infolge Stickstoffhungers aufhalten können.

In diesem Zusammenhang ist wichtig, daß an jedem Tage die allmähliche Zunahme des durch die Stoffwechselprozesse gebildeten Alkohols die Gärkraft lähmt und daß durch die tägliche Erneuerung des umgebenden Mediums der Stoffwechsel wieder ansteigt. Die Einzelkurven unterliegen, wie der Augenschein lehrt, dem Exponentialgesetz, es muß aber besonders betont werden, daß durch den Wechsel der Nährflüssigkeit jeden Tag die Hefezellen neuen Bedingungen ausgesetzt werden. Das bedeutet, daß als Gesamtresultat eine rhythmisch ansteigende und fallende Kurve entsteht. Daß die Höhe der

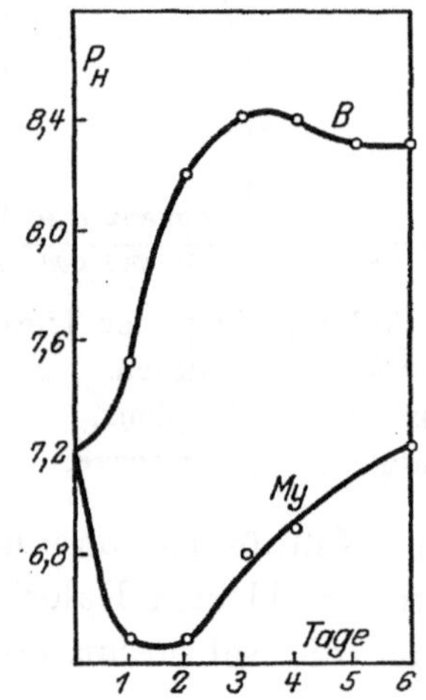

Abb. 207. Die Änderung des p_H-Wertes in Pepton-Kulturen von *Bacillus Barkeri* (B) und *B. mycoides* (My).

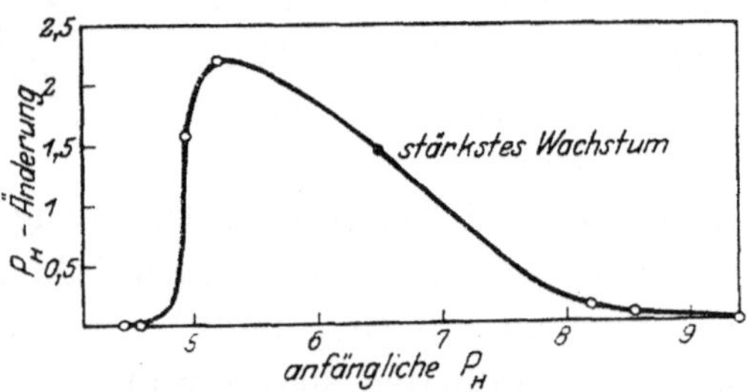

Abb. 208. Die Alkaliproduktion von *Bacillus fluorescens nonliquefaciens* in Peptonbrühe verschiedener p_H nach einem Wachstum von 48 Stunden.

Kurven allmählich immer kleiner wird, ist eine Sondererscheinung, welche auf Stickstoffhunger zurückzuführen ist. Wir werden den Zusammenhang in einem besonderen Abschnitt, welcher den Einfluß des Hungers auf den Stoffwechsel behandeln soll, wieder aufnehmen.

Auch beim Wachstum der Bakterien treten Stoffwechselprodukte in das umgehende Medium über, welche eine Veränderung der Wasserstoffionenkonzentration bewirken. Die Größe dieser Änderung ist für *Bacillus Barkeri* (B) und *B. mycoides* (My) in Abb. 207 nach Berridge als Zeitfunktion dargestellt, indem als Ordinate der täglich gemessene p_H-Wert aufgetragen wurde. Die beiden Kurven zeigen das verschiedene Verhalten der Bakterienarten. Die Kurvenformen sprechen nach allem, was wir über die exponentialen Funktionen wissen, deutlich für eine Gültigkeit des Exponentialgesetzes. Abb. 208 zeigt nach Berridge für *Bacillus fluorescens nonliquefaciens* die Alkaliproduktion in Peptonbrühe mit verschiedenen p_H nach einem Wachstum von 48 Stunden, indem auf der Ordinate die p_H-Änderung, auf der Abszisse der ursprüngliche p_H-Wert aufgetragen wurde. Die funktionale Beziehung ist auch hier eine exponentiale, und zwar auf der Basis des oft erwähnten Typs der Abb. 53 rechts zu erfassen.

Auch an einzelnen sekretorischen Erscheinungen im Organismus erkennen wir die Gültigkeit des Exponentialgesetzes. So ergeben die Messungen über die Menge Magensaft und das sezernierte Pepsin im Magen des Hundes (Tab. biol. II, S. 84) nach Pawlow Kurvenformen, welche nach Art unserer Abb. 125 formuliert werden können, die auch

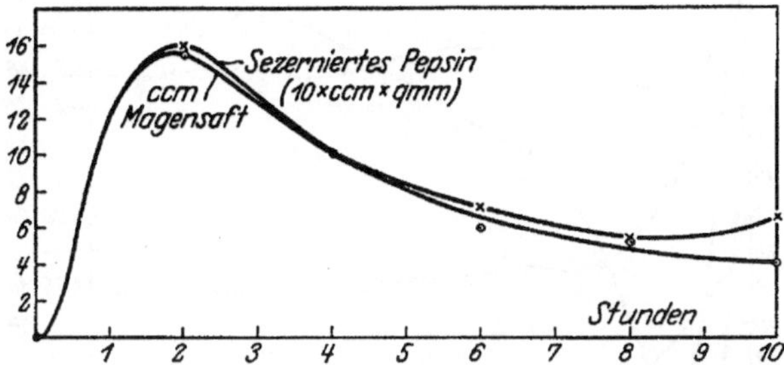

Abb. 209. Die Geschwindigkeit der Pepsin-Sekretion im Magen des Hundes.

die Asymptote bei 0,25 überschneidet und sich ihr dann von unten her nähert, eine Erscheinung, welche bei der Pepsinkurve deutlicher noch als bei der dargestellten mathematischen Form zu erkennen ist. Die Sekretionsgeschwindigkeit wurde bisher durch die Formel

$$k = \frac{1}{t}\ln\frac{a}{a-x}$$

ausgedrückt, die wiederum eine modifizierte Form der logarithmischen Linie ist. Trotzdem sie als solche ein Spezialfall des allgemeinen Exponentialgesetzes ist, glaube ich doch, daß bei solchen komplizierten Kurvenformen, wie sie in Abb. 209 vorhanden sind, die Additionsformeln eher den tatsächlichen Verhältnissen gerecht werden. Auch die Azidi-tätskurven im normalen menschlichen Magen und bei Hypersekretion, wie man sie nach Scheunert nach einem Ewaldschen Probefrühstück erhält, weisen einen ähnlichen Typus auf. Wie sehr das Exponential-gesetz in der Lage ist, die physiologisch-chemischen Einzelerscheinungen eines biologischen Geschehens kurvenmäßig zu interpretieren, zeigt Abb. 210, die die Änderung der chemischen Zusammensetzung der Schafmilch (Tab. biol. II, S. 543) in den Tagen nach der Geburt demonstriert, welche durch den Übergang des Kolostrums in die Milch verursacht ist.

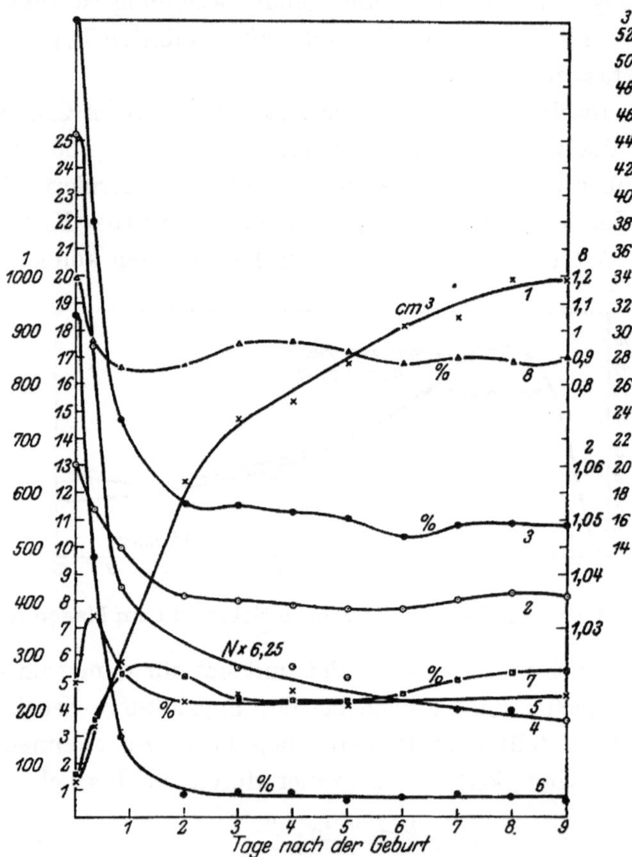

Abb. 210. Der Übergang des Kolostrums in die Milch beim Schaf.

Die Kurvenformen haben sämtlich den Charakter von Typen, wie wir sie in Kap. A III besprochen haben. In den unteren Kurven sind die Linien so gezeichnet, wie sie der mathematischen Form entsprechen würden, in den oberen folgen sie genau den ermittelten Punkten, so daß leichte Wellen entstehen. Ob es sich hier um Messungsfehler handelt oder ob Sondereinflüsse die Abweichungen verursachen, läßt sich ohne weiteres nicht sagen. Der Charakter im ganzen wird hauptsächlich durch das Verhalten der Kurven in den ersten $1\,{}^{1}/_{2}$ Tagen bestimmt, die durch den Übergang des Kolostrums ausgezeichnet sind. Es bedeutet die Linie 1 die Milchmenge, 2 das spezifische Gewicht, 3 die Trockensubstanz in Prozenten, 4 die Gesamtstickstoffsubstanz (N × 6,25), 5 das Kasein in Prozenten, 6 Albumin + Globulin in Prozenten, 7 Milchzucker in Prozenten und 8 Asche in Prozenten. Der Prozentgehalt an Fett verhält sich ganz ähnlich wie 4. Daß hier tatsächlich exponentiale Beziehungen vorliegen, geht aus dem Vergleich mit unseren mathematischen Funktionen in Abb. 56 rechts, 57 rechts, 72 II, 78 links, 88 links, 100 u. a. hervor.

Der Hunger.

Die stärkste biologische Reaktion auf Nahrungsmangel ist der Tod, jedoch ist das Absterben nicht allein von dem Grade und der Dauer des Hungerns abhängig, sondern auch von den Umweltbedingungen, z. B. der Temperatur. Da die Stoffwechselintensität bei höheren Temperaturen

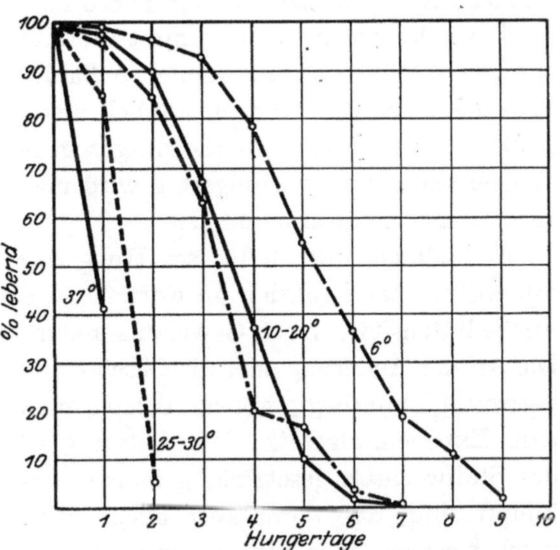

Abb. 211. Das Absterben der Kleiderläuse im Hunger bei verschiedenen Temperaturen.

größer ist als bei niederen, führt völliges Hungern dort schneller zum Tode als hier. Das zeigen z. B. die Kurven, welche Hase für Kleiderläuse veröffentlicht hat (Abb. 211). Auf der Abszisse sind die Hungertage, auf der Ordinate die Prozente der an den betreffenden Tagen noch lebenden Läuse abgetragen. Die Kurven entsprechen den in Abb. 51 rechts wiedergegebenen Funktionen, welche als y-Reziproke der Kettenlinie sich für verschiedene a-Werte ergeben. Je höher nun die Temperaturen sind, desto schneller sterben die Tiere ab, oder, mathematisch ausgedrückt, desto steiler verlaufen die Kurven, d. h. desto größer ist der a-Wert. Für die Untersuchungsmethodik läßt sich aus den Kurven noch ein sehr wesentliches Ergebnis entnehmen, das sicher nicht selten Knicke und Abweichungen in experimentellen Kurven zu erklären vermag. Für 10—20° (= Zimmertemperatur) werden zwei Beobachtungsreihen dargestellt, für die ausgezogene Linie wurde das tägliche Absterben notiert, bei der durch Kreuzchen wiedergegebenen Linie handelt es sich um Massenkulturen, die nach Hase

„nicht täglich, sondern erst am Ende des betreffenden Bestimmungstages gezählt wurden. Es wurde so verfahren: Eine Menge (600—800) Läuse wurde vom Verlausten abgelesen und in die Kulturschale verbracht. Nach 2, 3, 5 usw. Tagen wurde gezählt, wieviel Überlebende im Verhältnis zur Gesamtzahl noch vorhanden waren und dann das Prozentverhältnis berechnet. Auf diese Art sind fast 14 000 Läuse durchgezählt worden".

Trotz der großen Zahl stimmt die Kurve nicht genau mit der ausgezogenen Kurve für die täglichen Zählungen überein, wenn auch die Ergebnisse im wesentlichen ähnlich sind. Der mathematischen Form paßt sich auf jeden Fall die ausgezogene Kurve am besten an, den Winkel am 4. und 5. Hungertag wird man also als Ausdruck von Versuchsfehlern auffassen müssen.

Auf völliges oder teilweises Hungern wird der Organismus immer mit irgendeiner Reaktion antworten, sei es durch Änderung der Stoffwechselintensität, durch Gewichtsabnahme oder andere Erscheinungen. Die Art der Änderung oder die Geschwindigkeit, mit der ein Organismus antwortet, unterliegt, wie an Beispielen weiterhin gezeigt werden soll, dem Exponentialgesetz. Wir haben gesehen, wie die Einzelvorgänge des Stoffwechsels gesetzmäßig ineinanderspielen und miteinander verknüpft sind, daß dann aber auch die Gesamtheit des Stoffwechselgeschehens an irgendeinem gemeinsamen Symptom oder rein zeitlich gemessen derselben allgemeinen Gesetzmäßigkeit unterliegt. Die Vielheit und Vielgestaltigkeit unserer exponentialen Funktionen gestattet es, jedem Teilprozeß eine funktionale Beziehung zuzusprechen. Welcher Art diese ist, ist an sich gleichgültig. Es hängt ganz von der Möglichkeit des Experiments oder von der Darstellung ab, welche Kurvenformen man erhält. Da es aber mit Hilfe des Exponentialgesetzes gelingt, die Funktionen umzuformen oder aufzulösen und so gleichwertig und vergleichsfähig zu gestalten, so ergeben sich für eine vergleichende Biologie des Stoffwechsels keinerlei Schwierigkeiten grundsätzlicher Art mehr.

Die letzten Endes allen Erscheinungen zugrunde liegende Exponentiallinie ist das gemeinsame, verbindende Glied selbst der kompliziertesten Abhängigkeiten. Im Hunger tritt die Reaktionsfähigkeit des Organismus in ihrer exponentialen Gesetzmäßigkeit bei den Stoffwechselsymptomen nochmals in aller Deutlichkeit in Erscheinung, denn es kann nicht verwunderlich erscheinen, daß das biologische Geschehen sich im Hunger nicht anders verhalten wird als bei der Verarbeitung der Nah-

rung. Von dem Einfluß der Unterernährung haben wir schon an mehreren Stellen gesprochen, einmal im Zusammenhang mit dem Liebigschen Gesetz vom Minimum, dann bei dem Absinken der Wärmebildung im Stickstoffhunger der Hefe (vgl. Abb. 206).

Abb. 212 gibt für den Ringelspinner nach Stscherbinovsky an, wieviel Prozent Eier im Vergleich zur Kontrolle weniger abgelegt werden, wenn 1, 2, 3 und 4 Hungertage in den Entwicklungsgang eingeschaltet wurden. Man sieht, daß die Tiere immer weniger Eier legen, je mehr sie in ihrer Jugend hungern mußten, und zwar steigt die Prozent-

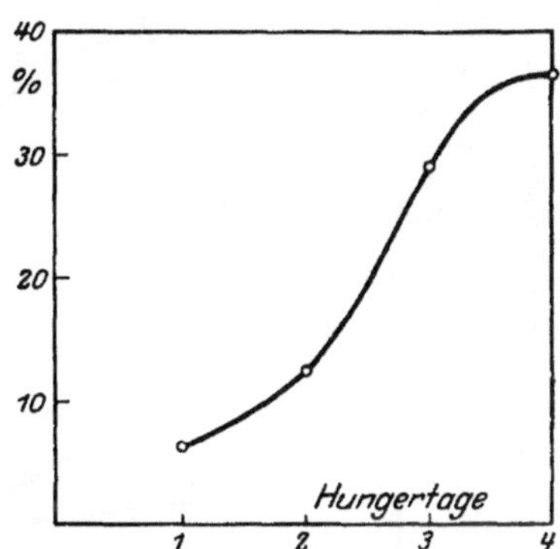

Abb. 212. Die Zunahme der Prozente weniger abgelegter Eier bei verschiedener Anzahl von Hungertagen im Raupenstadium des Ringelspinners.

zahl der Differenz in der Form der bekannten S-förmigen Kurve an. Auch der relative Stoffbestand (*I*) und die Kohlensäureproduktion (*II*) sinken nach Pütter 1911 für den Schimmelpilz *Penicillium* mit den

Hungerstunden S-förmig ab (Abb. 213). Über das Verhalten von Regenwürmern im Hunger berichten Kestner und Plaut. In Abb. 214 sind die Durchschnittswerte von 15 Regenwürmern wiedergegeben, und zwar liegen für den Gewichtsabfall und den Stickstoffverlust deutlich exponentiale Abhängigkeiten vor. Da aber Messungen innerhalb des 1. Hungertages nicht vorliegen, ist der genaue

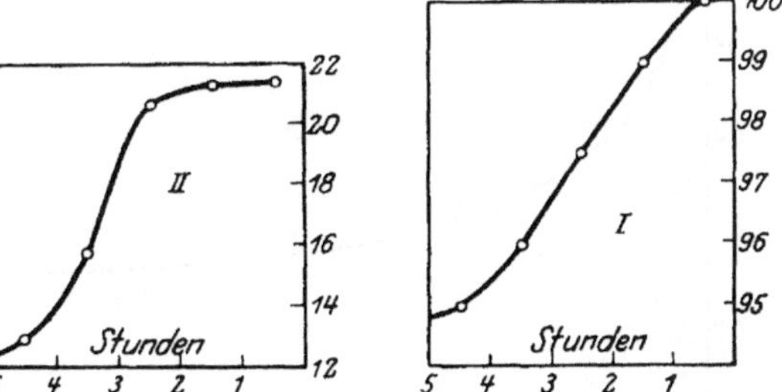

Abb. 213. Das Verhalten von Schimmelpilzen im Hunger,
I relativer Stoffbestand, *II* CO$_2$-Produktion.

Charakter nicht feststellbar. Noch unsicherer ist die Bewertung der an sich ungenau scheinenden Zahlen für den Sauerstoffverbrauch und die CO$_2$-Produktion, jedoch ist der Charakter des Kurvenverlaufs auch hier so, wie er für exponentiale Funktionen eigentümlich ist. Besser zu erfassen ist die Wärmebildung nach Nahrungsaufnahme im Laufe eines 4wöchigen Hungers bei Fröschen, die von Hill bei 16° im Halbdunkel gehalten wurden (Abb. 215 nach Kestner-Plaut). Die Kalorien pro Kubikzentimeter und Stunde hängen hier von der Anzahl Hungertage entweder nach Art der Funktion in Abb. 56 rechts, 88 links oder der Reziproken von Abb. 110 links ab, wenn die Kurve die x-Achse überhaupt nicht erreicht und sich einer Asymptoten nähert, wie es aus der Abb. 215 den Anschein hat. Da es jedoch nicht ausgeschlossen erscheint, daß die Wärmebildung nach Analogie der Gewichtskurve in Abb. 214 im 1. Hungertage noch etwas ansteigt, so käme vielleicht auch Abb. 106 für die Deutung in Betracht. Genaueres wird sich erst sagen lassen, wenn weitere Daten, besonders für den 1. Hungertag und für noch länger ausgedehntes Hungern, vorliegen.

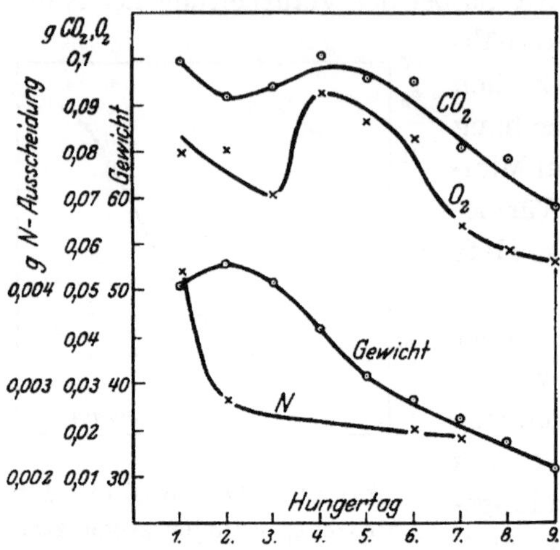

Abb. 214. Das Verhalten von Regenwürmern im Hunger.

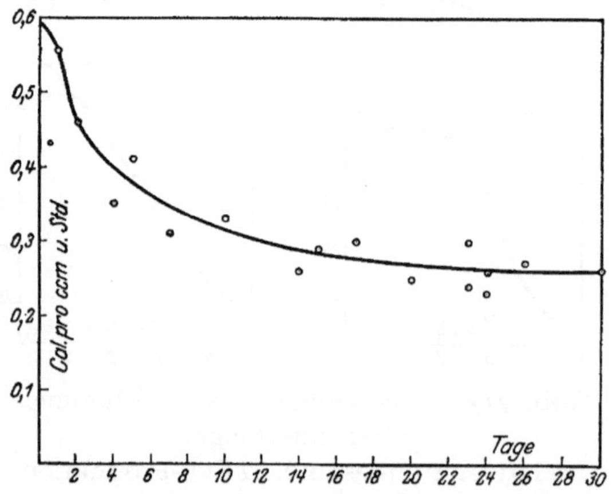

Abb. 215. Die Wärmebildung beim Frosch im Laufe eines 4wöchigen Hungers.

In Abb. 206 hatten wir bei Hefezellen den Einfluß des Stickstoffmangels daran erkannt, daß die Kurven für die Wärmebildung mit der Zeit immer niedriger werden. Die Art des Absinkens ist in Abb. 216 durch die gestrichelte Linie angegeben, welche die Wärmebildung in Gramm/Kalorien an den verschiedenen Hungertagen in N-freier Rohr zuckerlösung (nach **Rubner** aus **Lipschütz**) darstellt. Ebenso nimmt der Stickstoffgehalt ab, wie wir das schon in Abb. 214 ggsehen haben. Der Kurventyp ist hier ähnlich wie dort, die beiden Kurven unterscheiden sich, ebenso wie in Abb. 56 und 57 rechts die Funktion $\dfrac{1}{(1+4)}$, durch die a-Werte. Es ist das ein Beispiel dafür, wie zwei so verschiedene Organismen, wie Regenwurm und Hefe, bei demselben biologischen Geschehen, nämlich N-Verlust im Hunger, nach derselben exponentialen Funktion reagieren, wo lediglich die Größe der Konstanten unterschied-

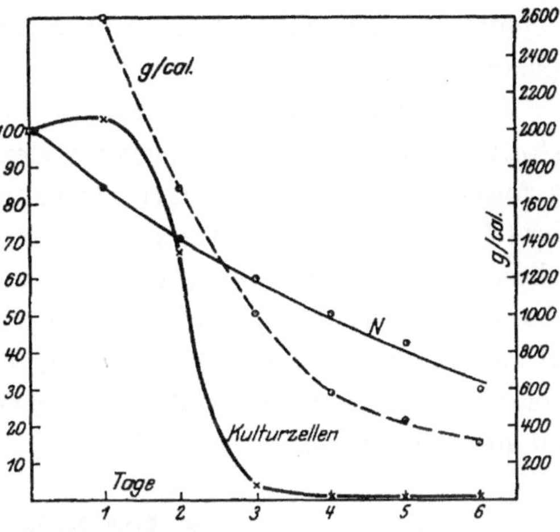

Abb. 216. Das Verhalten von Hefezellen in N-freier Rohrzuckerlösung.

lich ist. Ähnliches gilt für die Kurve, welche in Abb. 216 die Zahl der Kulturzellen darstellt. Absolut genommen nimmt die Zahl der Hefezellen nicht ab, d. h. es tritt in den ersten 6 Tagen kein Massensterben auf, aber die Folge des N-Hungers macht sich biologisch da-

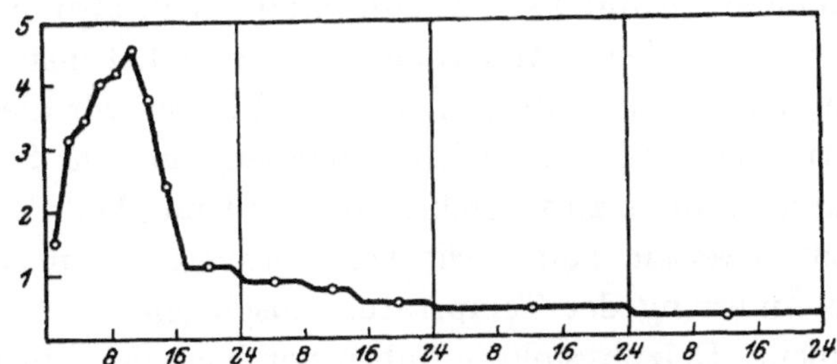

Abb. 217. Die N-Ausscheidung einer Hündin in den Tagesperioden des 2. Fütterungstages und der drei folgenden Hungertage.

durch bemerkbar, daß die Zahl der Zellen, die sich auf Bierwürzeagar kultivieren lassen, ganz enorm abnimmt. Am 3. und 4. Tage ist das kaum noch mit $1/100$, am 5. und 6. Tage nur noch mit $3/10000$ der Fall. Diese Kurve hat denselben Typ wie die Gewichtskurve der Würmer in

Abb. 214, wieder sind nur die Konstanten verschieden, welche die größere oder geringere Steilheit und die Lage der Funktion im Koordinatensystem bedingen. Die Kurvenform entspricht der y-Reziproken der asymmetrischen Kettenlinie in Abb. 11, und zwar dem Teil im linken Quadranten.

Dem Typus unserer Abb. 100 folgt nach Abb. 217 die tägliche Stickstoffausscheidung in den Tagesperioden des 2. Fütterungstages und der 3 folgenden Hungertage nach Gruber (aus Caspari und Schilling) bei einer hungernden Hündin, der an 2 Tagen je 1000 g Fleisch verabreicht wurden und welche dann wieder hungern mußte. Hier ist in der Kurve das Verhalten am 2. Fütterungstage und in den folgenden Hungertagen miteinander verknüpft, und wir sehen, daß auch in einem solchen Falle die funktionale Abhängigkeit nach dem Exponentialgesetz zu formulieren ist.

2. Die Reizbarkeit.

Nach Veszi ist das Geschehen in jedem lebendigen System gegeben durch die äußeren und inneren Lebensbedingungen.

„Jede Änderung der Lebensbedingungen hat eine Änderung des Geschehens in der lebendigen Substanz, eine Änderung der Lebensvorgänge zur Folge."

Die Änderung der inneren Lebensbedingungen nennen wir Entwicklung, den Komplex dieser Erscheinungen haben wir beim Stoffwechsel behandelt. In diesem Kapitel soll uns die Reizbarkeit, also die Änderung der Lebensvorgänge auf eine Änderung der äußeren Lebensbedingungen, die wir Reize nennen, beschäftigen. Zum Teil haben wir diese im vorigen Abschnitt schon mit heranziehen müssen, um die Stoffwechselerscheinungen als Ganzes zu verstehen und die Gültigkeit des Exponentialgesetzes zu erweisen, zumal wir von vornherein von einem Reizvorgang, der Änderung der Temperatur, ausgingen.

Die allgemeine Reizphysiologie haben wir hier nicht zu behandeln. Außerdem ist das schon so oft geschehen, daß wir die allgemeinen Grundlagen als bekannt voraussetzen müssen. Uns soll hier nur interessieren, wie wir mit Hilfe des Exponentialgesetzes tiefer in den Komplex der Erscheinungen eindringen können. Matthaei sagt: „Die naturwissenschaftliche Analyse schreitet indessen von der zunächst nur qualitativen Beschreibung zu der quantitativen Untersuchung der Tatbestände fort", d. h. wenn z. B. die Erregbarkeit als allgemeine Eigenschaft der lebendigen Substanz erkannt ist, dann erwächst der Physiologie die Aufgabe, den Erregbarkeitsgrad verschiedener lebendiger Systeme oder des gleichen Systems unter verschiedenen Bedingungen nunmehr quantitativ zu beurteilen. Über die Theorie der Reizvorgänge hat sich Pütter 1918—1920 eingehend geäußert und ungefähr folgendes dargelegt: Die beiden großen Teilgebiete der Physiologie, der Stoffwechsel und die Reizerscheinungen, stehen zur Zeit noch in keinem inneren Zusammenhang, trotzdem es eine Grundvorstellung ganz allgemeiner Natur ist, daß jeder Reizvorgang mit stofflichen Veränderungen im lebendigen System verbunden ist.

Pütter sagt dann weiter:

„Die Reizvorgänge sollen aus den Vorstellungen heraus verstanden werden, die wir auf Grund der Erforschung des Stoffumsatzes und Stoffaustausches über die Vorgänge in den lebenden Systemen gewonnen haben. Gelingt das, dann erscheint die Theorie der Reizvorgänge nur als spezieller Teil der allgemeinen Theorie der Lebensvorgänge und die beiden großen Gebiete der Stoffwechselphysiologie und der Reizphysiologie sind auf eine gemeinsame Basis gestellt. Als ‚verstanden‘ sollen im folgenden die Vorgänge gelten, die in ihren zahlenmäßig erfaßbaren Eigenschaften (Richtung, Größe und zeitlicher Verlauf der Veränderungen) durch mathematisch formulierte Gesetze darstellbar sind, in denen bestimmte physikalisch-chemische oder physiologische Anschauungen zum Ausdruck kommen. Die Art, wie im folgenden die physiologischen Aufgaben mathematisch behandelt werden sollen, unterscheidet sich erheblich von der üblichen Art theoretischer Betrachtungen der Lebensvorgänge. Ich verspreche mir daher keinen Nutzen von einer historisch-kritischen Auseinandersetzung mit den bisherigen Anschauungen über das Verhältnis der physikalischen oder chemischen Vorgänge in den lebenden Systemen zu Reizvorgängen und wähle eine rein systematische Form der Darstellung. Der Wert dessen, was die Theorie leistet, läßt sich nicht danach beurteilen, wieweit sie von verbreiteten Anschauungen abweicht oder mit ihnen übereinstimmt, sondern nur danach, inwieweit sie imstande ist, die Beobachtungen über Reizvorgänge zahlenmäßig richtig darzustellen, inwieweit sie es ermöglicht, aus einfachen, mathematisch faßbaren Vorstellungen heraus Vorgänge zu begreifen und als notwendige Folgen des Stoffumsatzes und Stoffaustausches abzuleiten, die bisher nur als gegebene Beobachtungen mehr oder minder unvermittelt nebeneinander standen.“

Diesen Darlegungen Pütters brauchen wir nichts hinzuzufügen. Sie gelten für unser Exponentialgesetz ebenso, wie für die Basis, welche Pütter zugrunde legte, der in der einfachen Exponentiallinie schlechthin den Weg sieht, biologische Gesetzmäßigkeiten zu formulieren. Wir haben aber schon S. 144 gesagt, daß eine solche Interpretation des Tatbestandes als Spezialfall unseres Exponentialgesetzes angesehen werden kann. So ersetzt Pütter z. B. die Formulierung der Weber-Fechnerschen psychophysischen Maßformel

$$E = \log R$$

durch die Beziehung der Empfindungsstärke E und Reizstärke R

$$E = H\left(1 - e^{-\frac{R}{H}}\right),$$

wenn H die Empfindungshöhe bedeutet. Beide Formeln unterstehen jedoch dem Exponentialgesetz, es kommt nur darauf an, für welche Beobachtung sie gelten. In anderen Fällen gelten nach Pütter ähnliche, teilweise durch Modifikation der Grundgleichung sehr komplizierte Formeln, z. B.: „Die Zustandsänderungen, die die reizbaren Systeme unter der Einwirkung von Reizen erfahren, müssen Exponentialfunktionen der Reizintensität und der Zeit sein." „Die Reizintensität, die notwendig und hinreichend ist, um eine Schwellenreizung des menschlichen Auges zu bewirken, ist eine Exponentialfunktion der Zeit, während der der Reiz einwirkt." „Die Unterschiedsschwelle ist eine Exponentialfunktion der Reizintensität" usw. Da Pütter nur die einfache Exponentialfunktion $y = e^x$ bzw. eine einfache Modifikation derselben $y = 1 - e^x$ zur Deutung heranzieht, wird auf dieser im Gegensatz zu unserem Exponentialgesetz sehr schmalen Basis eine einigermaßen sichere Formulierung nur mit Hilfe von Riesenformeln möglich, von denen ich ein Beispiel anführen möchte, nur um zu zeigen, wohin derartiges führt. Ich gehe infolgedessen auf die Bedeutung der Buchstaben nicht ein:

$$y = \frac{q}{r(1-q)}\left(100 + \frac{c \cdot r \cdot e^{-(1+q)t}}{r-1-q} + d \cdot e^{-rt}\right),$$

wenn wir setzen:

$$q = q_0\left(1 + \frac{y_0}{y}J\right),$$

$$r = r_0\left[1 + k'(y_\infty - y_0) \cdot J(1 - e^{-\varphi t})\right],$$

$$\varphi = \frac{k''}{\sqrt{J(y_\infty - y_0)}}.$$

Das Exponentialgesetz hat eine viel breitere Basis und ist infolgedessen durch seine in Kap. A III auseinandergesetzten Grundprinzipien viel leichter in der Lage, sich den gegebenen biologischen Tatsachen anzuschmiegen, so daß man wohl sagen kann: Der Püttersche Versuch zu einer Theorie der Reizvorgänge geht durchaus in die auch von uns eingeschlagene Richtung, allerdings reichte das mathematische Handwerkszeug nicht aus, um wirklich fruchtbringende Ergebnisse zu erzielen. Der Grund, auf dem Pütter nicht nur bei der Reizbarkeit, sondern auch, wie wir früher gesehen haben, bei der Tempeiaturabhängigkeit biologischer Vorgänge und beim Wachstum zu bauen versuchte, war nicht groß genug, das Gebäude zu tragen. Ich bin der Meinung, daß wir noch nicht in der Lage sind, Stockwerk auf Stockwerk zu errichten, sondern daß zunächst einmal die Basis untersucht werden muß, welche ich allerdings nunmehr durch das Exponentialgesetz als gegeben betrachte.

In der Reizphysiologie sind es in der Hauptsache zwei Funktionen gewesen, die immer wieder herangezogen wurden, die experimentellen Daten funktional zu erfassen, nämlich die logaiithmische bzw. Exponentiallinie, wie in den eben besprochenen Versuchen Pütters oder im Weber-Fechnerschen Gesetz, dann aber auch die Hyperbel im Fröschelschen Hyperbelgesetz und in modifizierter Form in dem Reizintensitätsgesetz von Nernst. Auf Grund seiner Interpretation kam Pütter zu einer Ablehnung des „Hyperbelgesetzes", von dem er sagt, daß es kein Gesetz sei, sondern eine Näherungsformel für den Grenzfall, in dem z. B. die Intensität umgekehrt proportional der Reizzeit ist. „Je größer die Beobachtungsfehler sind, um so weiter reicht die Gültigkeit der Näherungsformel."

Im einzelnen werden wir an Hand von Beispielen auf diese Verhältnisse noch zu sprechen kommen und festzustellen haben, wie sich die bisherigen Deutungen auf Grund der vorliegenden Kurvenformen in unser Exponentialgesetz einfügen. Grundsätzlich möchte ich mich auch hier wieder auf den Standpunkt stellen, daß es zwecklos ist, alle Einzelheiten zu diskutieren. Das muß Sache von Einzeluntersuchungen sein, die mit einem Tatsachenmaterial arbeiten, das von der Fragestellung des Exponentialgesetzes aus gewonnen ist. Es kommt mir in der Hauptsache darauf an, zu zeigen, daß die Gesamtheit der Erscheinungen einem einheitlich gebauten Gesetz unterliegen, nicht darauf, ob sich einzelne Vorgänge, denn um solche handelt es sich durchweg bei den Gesetzen von Weber-Fechner, Pütter, Fröschel, Nernst, durch diese oder jene Formel einigermaßen richtig wiedergeben lassen. Wir werden infolgedessen sehr viel mehr in die Breite gehen, als das bei den bisherigen Lösungsversuchen geschehen konnte.

a) Allgemeine Reizerscheinungen.

Bevor wir die Reizbarkeit einzelner Organe betrachten, sei es gestattet, an einigen Beispielen die Bedeutung des Exponentialgesetzes für die Reizphysiologie im allgemeinen klarzulegen. Loeb und Moore behandelten bei Versuchen über die künstliche Parthenogenese Echinodermeneier verschiedene Zeiten mit $^3/_{5000}$ N-Buttersäure. Tragen wir auf der Abszisse in Abb. 218 die Zeitdauer auf, während der die Eier in der Säure blieben, und auf der Ordinate den Prozentsatz der Eier, welche Membranen nach der Einwirkung der Säure bildeten, so erhalten wir die bekannte S-förmige Kurve, deren Deutung nach dem Exponentialgesetz keinerlei Schwierigkeiten macht. Hier handelte es

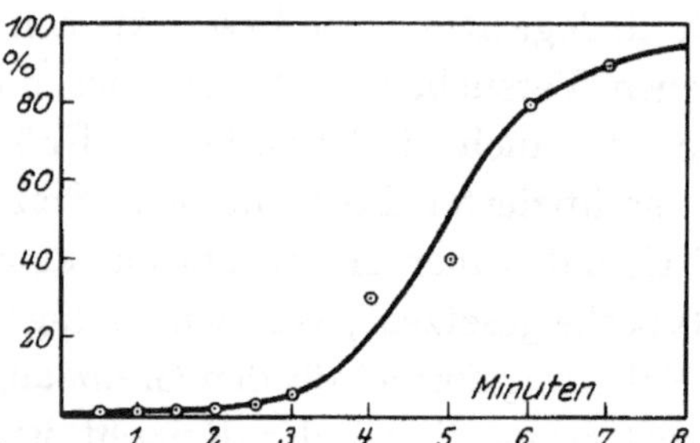

Abb. 218. Die künstliche Parthenogenese von Echinodermeneiern. Der Prozentsatz der Eier, welche nach verschieden langer Einwirkungszeit von Buttersäure Membranen bilden.

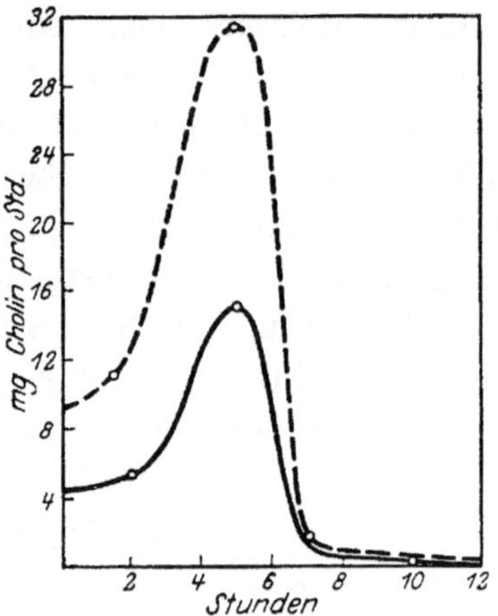

Abb. 219. Die Cholinabgabe des Dünndarms der Katze.

sich um die Auslösung einer biologischen Reaktion durch einen chemischen Reiz, der von außen an den Organismus herangebracht wurde. Wir wissen aber, wie gerade im Körperinnern z. B. die Abscheidungen von Drüsen auf den Gesamtverlauf der Lebenserscheinungen einwirken. Das ganze Problem der inneren Sekretion hängt damit zusammen. Wenn es gelingt, die bisher vorzugsweise qualitative Betrachtungsweise in eine quantitative zu verwandeln, so wird man auch hier nach Gesetzmäßigkeiten, d. h. nach funktionalen Beziehungen suchen müssen. Cholin ist z. B. ein Inkretstoff (Hormon) der Darmbewegung und wird vom Dünndarm, besonders von der Submukosa und Mukosa abgegeben. Abderhalden und Paffrath untersuchten den überlebenden Dünndarm der Katze und stellten die Milligramm Cholin fest, welche pro

Stunde in verschiedenen Zeiträumen abgeschieden wurden. Abb. 219 gibt zwei Versuche mit 35 g (ausgezogene Linie) und 45 g (gestrichelt) Submukosa + Mukosa wieder. Man sieht, daß exponentiale Funktionen vorliegen, welche nach dem Typ der Abb. 128 gebaut sind.

Als zweites sei die Reizbarkeit durch Licht betrachtet, die sich an sehr verschiedenen Symptomen bemerkbar macht. Unter dem Einfluß des Lichtes ändert sich z. B. die Permeabilität der Plasmahaut. Grafe (Tab. biol. I. S. 469) untersuchte die Änderung der Permeabilität nach Verdunkelung an den Palisadenzellen des Blattes von *Acer platanoides*, dessen eine Längshälfte er sofort verarbeitete, die zweite 6 Minuten später. Diese wurde während dieser Zeit durch Stanniol verdunkelt

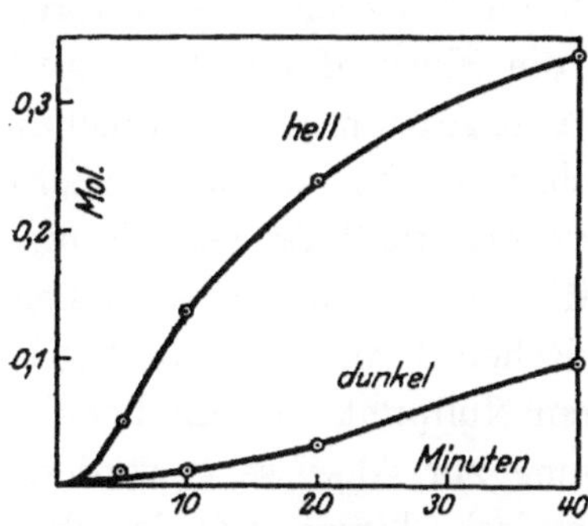

Abb. 220. Der Einfluß des Lichtes auf die Permeabilität der Plasmahaut. Palisadenzellen des Blattes von *Acer platanoides*.

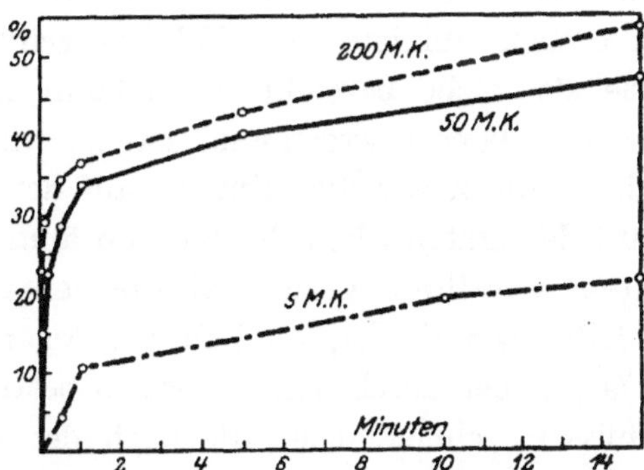

Abb. 221. Die bei 30° erzielten Keimprozente von *Lythrum*-Samen bei verschiedener Belichtungsdauer.

und an beiden Hälften die plasmolytische Grenzkonzentration für Kochsalz bestimmt. Die Kurven in Abb. 220 geben die Konzentrationsdifferenz an, welche in der betreffenden Zeitdifferenz vom Protoplasma aufgenommen worden ist und zeigen wiederum den S-förmigen Typus. Hell und dunkel unterscheiden sich durch den Wert der Konstanten, sind aber durch diese Zahlen direkt miteinander vergleichbar.

Nach den Untersuchungen von Lehmann und Lakshmana kann die Keimung der im Dunkeln sonst nicht keimfähigen Samen von *Lythrum salicaria* durch Belichtung von außerordentlich geringer Dauer ausgelöst werden. Betrachtet man die Abb. 221, in welcher als x-Achse die Dauer der Belichtung und als y-Achse die bei 30° erzielten Keimprozente von *Lythrum*-Samen gewählt wurden, so ergeben sich für

die verschiedenen Belichtungsintensitäten (M.K.) Kurvenformen, welche
von den Autoren als logarithmische Linien aufgefaßt wurden.

Ich nehme Gelegenheit, hier noch einmal auf die Methode hinzuweisen, nach welcher eine biologische Kurve mathematisch verstanden
werden kann. Legen wir die Auffassung von Lehmann und Lakshmana zugrunde, daß die Kurven in Abb. 221 logarithmische Linien
seien! Diese haben aber nach Abb. 135 I und II einen ganz anderen
Verlauf innerhalb des Koordinatensystems. Biologisch ist der Nullpunkt, d. h. der Koordinatenanfangspunkt, in Abb. 221 festgelegt. Es
ist der Punkt, wo bei der Belichtungszeit Null keine Keimung erfolgt.
Die Kurven sind also auf keinen Fall logarithmische Linien, wenn man
sie auf diesen biologisch gegebenen Nullpunkt bezieht, aber auch keine
Exponentiallinien, wie Abb. 47 zeigt. Wenn trotzdem die Autoren
sie als solche bezeichnen, so kann allein die Kurvenform dafür ausschlaggebend gewesen sein. Drehen wir die Abb. 221 um 90° nach rechts,
d. h. tragen wir die Minuten auf der y-Achse auf, so mögen vielleicht
auf den ersten Blick die Kurven ähnlich Exponentiallinien sein, wenigstens was ihren Verlauf als solchen betrifft oder, wenn sie so stehen
bleibt, wie sie ist, ähnlich der logarithmischen Linie in Abb. 135 I.
Da sie aber durch den biologisch bestimmten Nullpunkt hindurchgehen
müssen, schneiden sie die nach der Drehung zur Abszisse gewordene
$0/0$-Achse. Exponentiallinien, bzw. logarithmische Linien, tun das aber
niemals. Außerdem ist es in der Mathematik üblich und also auch in
der Biologie streng durchzuführen, abhängig Veränderliche mit y zu
bezeichnen, d. h. in unserem Falle die Keimprozente, denn willkürlich
wird die Belichtungszeit geändert. Wollen wir zu einer mathematischen
Interpretation biologischer Kurven kommen, so dürfen diese Gesichtspunkte nicht außer Acht gelassen werden.

Man ist also nicht im Recht, wenn man, wie das häufig geschieht,
allein auf Grund einer gewissen Ähnlichkeit im Kurvenverlauf biologische Kurven, wie z. B. in Abb. 221, für logarithmische Linien erklärt. Auf Grund des Tatbestandes können sie das unter keinen Umständen sein. Wenn wir uns streng an das halten, was wirklich vorliegt,
so müssen wir die Abb. 221 so orientieren, wie es tatsächlich geschehen
ist, d. h. die Keimungskurven steigen, von dem biologisch festgelegten
Nullpunkt ausgehend, sehr steil hoch, biegen zur Wagerechten um und
nähern sich allmählich einer Asymptoten. Die mathematische Deutung
macht auf der Grundlage des Exponentialgesetzes keine Schwierig-

keiten, wenn wir die Abb. 65 bis 69 zum Vergleich heranziehen. Nach allem, was ich gesehen habe, scheinen mir in sehr vielen Fällen, wo leichthin von logarithmischen oder Exponentiallinien die Rede ist, ähnliche Verhältnisse vorzuliegen, wie z. B. in Abb. 190, die wir auf S. 186 besprochen haben.

Wenn also gesagt wird, daß die einfache logarithmische Funktion eine allgemein-biologische Gesetzmäßigkeit begründe, wie Mitscherlich das zu zeigen versuchte und wie auch bei Pütter die Tendenz dahin zu spüren ist, so ist das nur sehr bedingt richtig. So einfach, wie es den An-schein erwecken will, liegen die Verhältnisse, wenigstens in der Biologie, nicht. Zwar ist für uns ebenfalls die loga-rithmische bzw. Exponen-tiallinie die Basis, auf der das Exponentialgesetz auf-ruht, aber in einem ganz an-deren Sinne. Im allgemeinen kann man sagen, daß die einfache Exponentialfunk-tion nur in den allerselten-sten Fällen für die Formu-lierung einer biologischen Kurve ausreichen wird, in der Regel werden wir un-sere Additionsgleichungen heranziehen müssen.

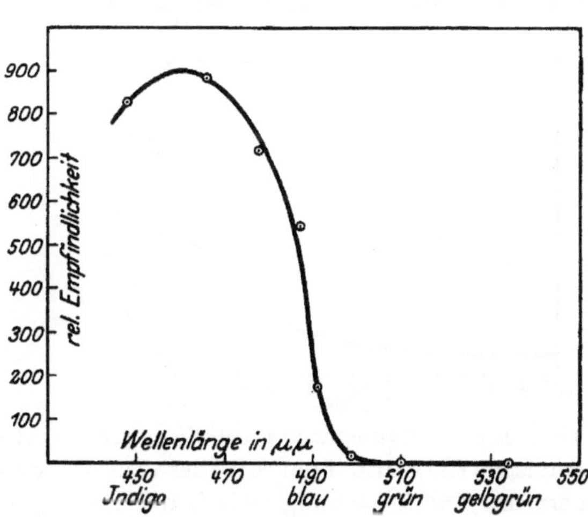

Abb. 222. Die Reizwirkung des Lichtes ver-schiedener Wellenlänge auf die phototro-pische Krümmung etiolierter Keimpflanzen des Hafers.

Die Reizwirkung des Lichtes ist je nach der Wellenlänge verschieden. Nimmt man als Indikator der Wirkung den eben merklichen Eintritt der phototropischen Krümmung etiolierter Keimpflanzen des Hafers, so ist nach Blaauw (aus Pütter 1911) die relative Empfindlichkeit von der Wellenlänge in einer Form abhängig, wie sie Abb. 222 zeigt. Die genaue Kurvenform müßte durch Erweiterung der Untersuchungen auf Wellenlängen, die kleiner sind als 450 $\mu\mu$, gesichert werden, jedoch ist kein Zweifel, daß eine exponentiale Funktion hier vorliegt.

Von größter Bedeutung für die Reizphysiologie ist die Beziehung zwischen der Dauer des Reizes und der Reizintensität, welche immer wieder Anlaß zu theoretischen Erörterungen und zu Versuchen gewesen ist, diese Abhängigkeit mathematisch zu formulieren. Genaueres werden wir bei der Muskelreizung darüber sagen. In diesem Zusammenhang seien die Untersuchungen von Schaefer über den Geotropismus von *Paramaecium aurelia* angeführt. Wird die Temperatur erniedrigt, so sammeln sich in wenigen Minuten die Tiere am Boden des Röhrchens an, wo sie bleiben, bis sie wieder in Zimmertemperatur gebracht werden. Abb. 223 gibt die Temperatur an, die nötig ist, um eben noch eine Ansammlung am Boden bei verschieden langer Dauer der Temperatureinwirkung hervorzurufen. Die Temperatur wirkt hier als Reiz für den Umschlag vom negativen zum positiven Geotropismus, also für das Auf-

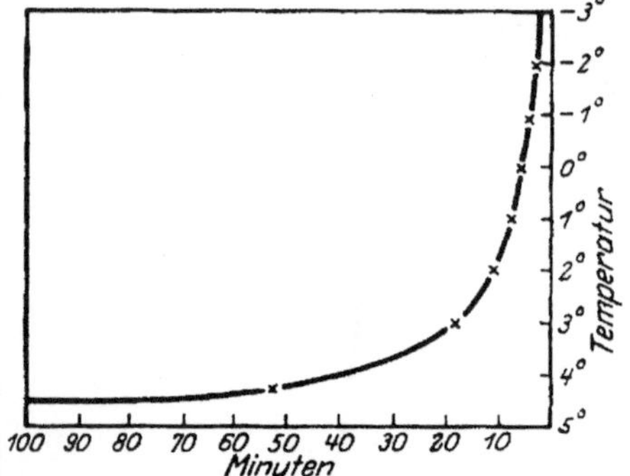

Abb. 223. *Paramaecium aurelia,* 'geotropische Reizbarkeit durch niedere Temperatur. Die Beziehung zwischen Reizintensität und -dauer.

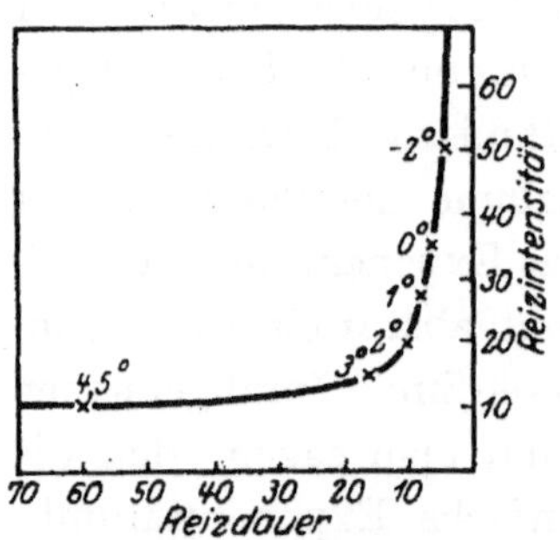

Abb. 224. Die Schwellenwerte für den Eintritt des positiven Geotropismus bei *Paramaecium aurelia.*

treten des positiven Geotropismus. Abb. 224 gibt die Schwellenwerte für den Eintritt des positiven Geotropismus durch niedere Temperaturen an.

Die Kurvenform, welche hier vorliegt, ist die Basis für die aufgestellten Hyperbelgesetze (Fröschel, Nernst) gewesen, und sie hat in der Tat große Ähnlichkeit mit einer Hyperbel. Jedoch verfügt auch das Exponentialgesetz durch Abb. 45 rechts, 46 links, 54 links, 55 links, 61 links, 74 und noch manche andere über derartige Kurvenformen in allen nur möglichen Varianten, und wir haben in Kap. A III schon eingehend über diese Funktionen gesprochen. Das wesentliche Charakteristikum ist, wie wir feststellten, das sogenannte „Hängen" der Kurven, das sich besonders an der Krümmungsstelle bemerkbar macht. Auch die Abb. 223 und 224 zeigen nun diese Eigenschaft in aller Deutlichkeit, so daß wir derartige exponentiale Funktionen für diese in der Reizphysiologie so wichtige Beziehung zugrunde legen müssen.

Die ganze Diskussion über diese Frage kommt damit in ein neues Stadium, ebenso wie bei der so oft besprochenen S-förmigen Kurve, welche ja die Reziproke dieser hyperbelartigen exponentialen Funktion ist. Schaefer ist in seiner Diskussion über den Geotropismus von *Paramaecium* ganz unklar, denn er spricht einmal von einer logarithmischen Linie, ein andermal sagt er, daß das Produkt aus Intensität und Dauer (also entsprechend der Hyperbelformel $x \cdot y = c$) konstant sein müsse. Erwähnt werden muß, daß die Figuren Schaefers in unseren Abbildungen gedreht worden sind, aus Gründen, welche wir vorher besprochen haben. Auch die Reaktionszeit für das *Buxus*-Blatt ist nach den Zahlen Tröndles von der Lichtintensität nach dem besprochenen Typus abhängig, wie Abb. 225 zeigt. Auch hier ist das „Hängen" deutlich zu erkennen, welches bewirkt, daß bei Zugrundelegung einer Hyperbelformel das Produkt eben nicht konstant ist. Ein weiterer Punkt, welcher bei Aufstellung von Produktgleichungen oft nicht berücksichtigt wurde, ist die Tatsache, daß der wagerechte Ast der Kurve nicht an die x-Achse, sondern an eine Parallele zu ihr als Asymptote

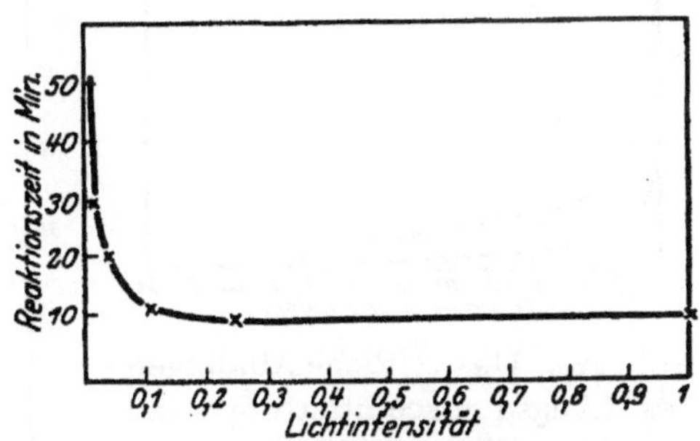

Abb. 225. Die Beziehung zwischen Reaktionszeit und Lichtintensität beim Buxusblatt.

herangeht. Korrekt mußte man dann so verfahren, daß man eine Verschiebung der x-Achse vornahm, so daß nicht

$$x \cdot y = \text{const.,}$$

sondern

$$x (y - k) = \text{const.}$$

wurde. Tröndle gibt z. B. für die Beziehung der Reaktionszeit (t) zur Lichtintensität (i) die Formel

$$t' = \frac{it + (i' - i)\, k}{i'}$$

an, welche aber auch nur Annäherungswerte gibt und speziell die Punkte 10 und 12 Minuten nicht erfaßt (Differenz + 1,6 bzw. + 1,63 Minuten). Die exponentialen Gleichungen bedürfen solcher Transformation des Koordinatensystems nicht und sind damit biologisch richtiger, denn sie drücken dadurch, daß sie auf das biologisch gegebene Koordinatensystem bezogen werden, einen in diesem Abstand von der x-Achse zum Ausdruck kommenden biologischen Tatbestand aus, der z. B. für den Begriff der unterschwelligen Reize von Bedeutung ist. Wir werden beim Muskel noch darüber zu sprechen haben.

b) Nerven und Muskeln.

Für die Technik der Untersuchungen an Nerven und Muskeln ist wichtig, wie lange herausgeschnittene Teile ihre Reizbarkeit behalten. Daß z. B. das zeitliche Abklingen des Längsquerschnittstromes an einem

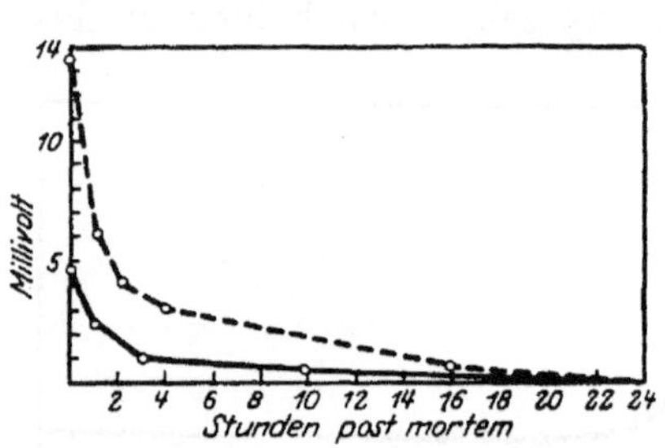

Abb. 226. Das zeitliche Abklingen des Längsquerschnittstromes an einem möglichst bald nach dem Tode herausgeschnittenen Ischiadikus vom Hunde (- - -) und vom Menschen (——).

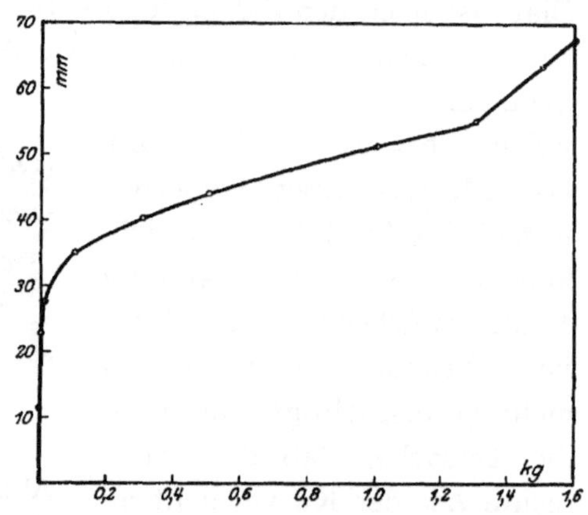

Abb. 227. Die Dehnbarkeit des untätigen menschlichen Muskels durch Belastung.

möglichst bald nach dem Tode herausgeschnittenen Ischiadikus vom Hunde (gestrichelt) und vom Menschen (ausgezogen) nach Art unserer exponentialen Funktionen in Abb. 56 und 57 rechts erfolgt, zeigt Abb. 226 nach Koch.

Ferner ist von Bedeutung zu wissen in welcher Weise überhaupt ein Muskel auf Belastung reagiert. Abb. 227 stellt die Dehnbarkeit eines untätigen menschlichen Muskels nach Triepel (aus Tab. biol. I. S. 35) dar, in der auf der Ordinate die Längenzunahme in Millimetern und auf der Abszisse das Gewicht in Kilogramm aufgetragen ist. Die Analyse der Kurvenform durch das Exponentialgesetz wird zunächst auf der Funktion $\frac{1}{(2+3)}$ nach Abb. 67 und 68 I fußen müssen. Es macht sich hier schon eine Abflachung der Kurve deutlich bemerkbar, die dann in den Abb. 70 bis 73 sehr scharf zum Ausdruck kommt. Wir haben dann in Kap. A III feststellen können, daß diese Abflachung durch weitere Änderung der Konstanten in eine Einbuchtung übergeben kann, wie das für andere Kurvenformen sehr schön Abb. 127 und im Extrem Abb. 132 und 133 zeigen. Bei dem Verhältnis der Flächenausdehnung der Haut und des Körpergewichtes zum Lebensalter des Menschen liegt nach Abb. 143 etwas ganz Ähnliches vor, so daß wir wegen der weiteren Analyse auf die dort geschilderten Beziehungen verweisen können. Jedenfalls kann auch hier das Exponentialgesetz als gültig angesehen werden.

Es ist für eine vergleichende Betrachtung der Lebenserscheinungen ein Ergebnis von ungemeiner Bedeutung, daß sich bei der Untersuchung bestimmter Phänomene, wie wir das schon mehrfach feststellen konnten, immer wieder Beziehungen der Einzelvorgänge zu andern Erscheinungen, die für die Methodik und Systematik von grundlegender Wichtigkeit sind, feststellen lassen, die einem einheitlichen Gesetz unterliegen, das gestattet, eine Beobachtung mit der andern in funktionale Abhängigkeit zu bringen. In Kap. A IV habe ich angedeutet, daß das Exponentialgesetz über Kurvenformen verfügt, die auch in andern naturwissenschaftlichen Disziplinen eine große Rolle spielen. Gerade die Reizphysiologie, welche viel mit elektrischen Strömen arbeitet, verleitet dazu, einen Blick in die reine Physik zu tun, um die Grundeigenschaften ihrer Hilfsmittel kennen zu lernen. Es würde jedoch weit über ihre Kompetenz hinausgehen, wollte sie versuchen, innere Beziehungen zwischen dem Ergebnis eines biologischen Experiments und eben diesen Grundeigenschaften, z. B. der elektrischen Hilfsmittel, herzustellen, trotzdem ich der Meinung bin, daß sich manche auffällige Erscheinung dadurch zwanglos aufklären ließe. Hier kann nur engste Zusammenarbeit weiter helfen. Wir wollen uns hier auf die rein biologischen Verhältnisse beschränken und zu zeigen versuchen, wie das Exponentialgesetz durch seine Methode der Kurvenanalyse tiefere Einblicke in den Ablauf der Geschehnisse vermittelt.

Setzt man die Hubhöhe H, die Spannung Sp und die Arbeit A des Gastrocnemius in Beziehung zur Reizdauer, so erhalten wir nach Meyerhof Kurven (Abb. 228), die durch das Exponentialgesetz leicht zu verstehen sind. Die Galvanometerkurven der Abb. 229, in welchen auf der Ordinate die prozentische Ablenkung, auf der Abszisse die Zeit in Sekunden abgetragen ist, folgen dem Typ unserer Abb. 88, und zwar gilt die ausgezogene Kurve für eine Kontrollheizung von 0,1 Sekunde, die gestrichelte für einen Tetanus von 0,1 Sekunde und die strichpunktierte für einen Tetanus von 0,5 Sekunde. Die Konstanten unserer Formeln lassen hier wie in allen derartigen Fällen einen zahlenmäßigen Vergleich zu. Näheres über diese und die folgende Kurve hat Meyerhof

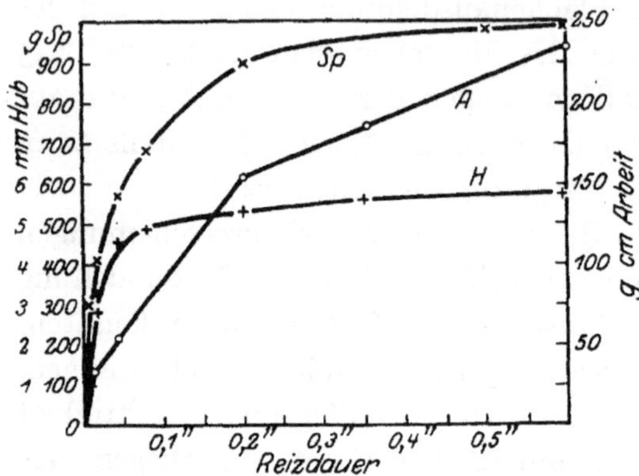

Abb. 228. Die Hubhöhe H, die Spannung Sp und die Arbeit A des Gastrocnemius bei wachsender Reizdauer.

mitgeteilt, so daß ich hier auf ihn verweisen kann. Abb. 230 zeigt den Verlauf der anaeroben verzögerten Wärmebildung bei 12° und einem Tetanus von 0,4 Sekunde. Die Ordinate gibt die initiale Wärmeproduktion pro Sekunde an, die erst mehrere Sekunden nach der Kontraktion beginnt und etwa 2—3 Minuten nach derselben ein Maximum hat. Die von Hartree und Hill versuchte Kurvenanalyse ist durch die gestrichelten Linien angedeutet.

Das Exponentialgesetz zeigt eine Deutung der Kurve durch Abb. 124 an. Wir stellen uns damit zu der Analyse dieser Form auf eine andere

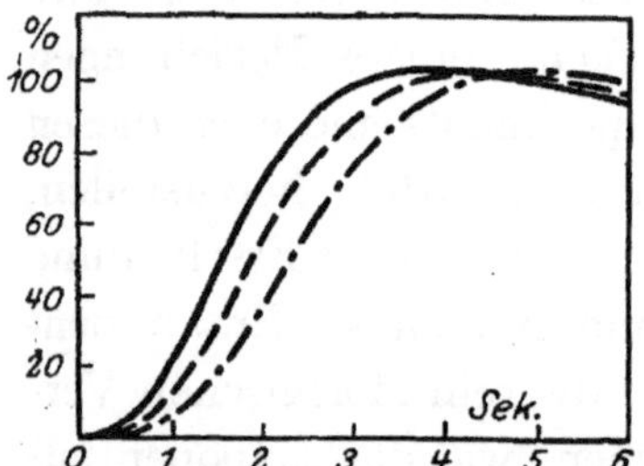

Abb. 229. Die initiale Wärmebildung bei der Muskelkontraktion. Galvanometerkurve. ——— Kontrollheizung von 0,1 Sekunde, - - - Tetanus von 0,1 Sekunde, - - - - - - Tetanus von 1,2 Sekunde. Ordinate: prozentische Ablenkung.

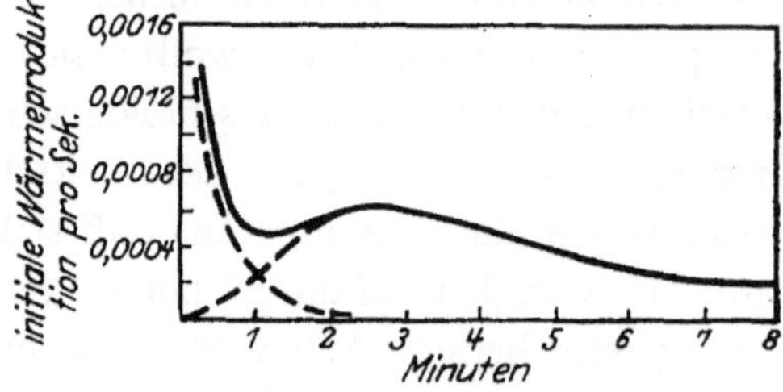

Abb. 230. Der Verlauf der anaeroben verzögerten Wärmebildung bei 12° bei einem Tetanus von 0,4 Sekunden mit dem Deutungsversuch von Hartree und Hill.

Basis, als es in Abb. 230 geschehen ist, denn wir betrachten sie als die Resultierende von Teilfunktionen, während der Lösungsversuch von Hartree und Hill als einfache Addition der Ordinaten zu werten ist. Die Gesamtwärme, welche durch einen Tetanus von der Dauer t freigemacht wird, ist von Hill in seiner Abb. 5 dargestellt worden. Die Kurvenform entspricht einer Modifikation des bekannten S-förmigen Typus ähnlich unserer Abb. 189. Noch deutlicher kommt der Zusammenhang der Reizerscheinungen mit Stoffwechselprozessen in Abb. 231 nach Frey zum Ausdruck, welche den Zuckungsverlauf bei sofort einsetzendem Wiederaufbau der Milchsäure zu ihrer Muttersubstanz und (oben) bei fehlendem Verbrauch der Milchsäure angibt. Die Milchsäuremenge zur Zeit t würde nach Frey einmal Le^{-ct} sein, andermal gleich $-\dfrac{KL}{K-c}(e^{-ct}-e^{-Kt})$. In beiden Fällen handelt es sich um exponentiale Funktionen, jedoch würden wir geneigt sein, eher andere

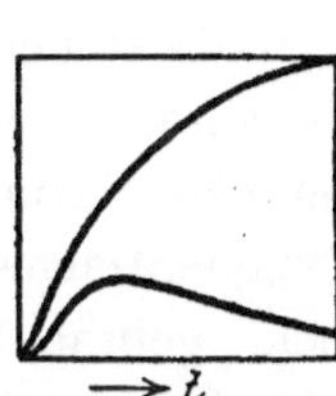

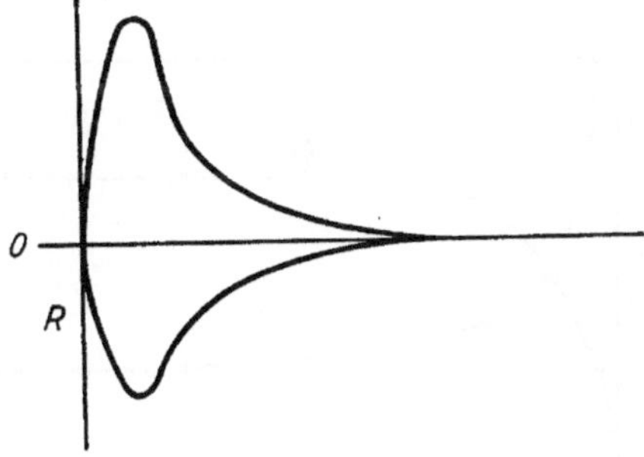

Abb. 231. Der Zuckungsverlauf bei sofort einsetzendem Wiederaufbau der Milchsäure zu ihrer Muttersubstanz (unten) und bei fehlendem Verbrauch der Milchsäure (oben).

Abb. 232. Das Schema von Verworn für den Ablauf eines Erregungsvorgangs.

für die Zwecke der Kurvenanalyse besser geeignet scheinende Formeln für diese Kurven zugrunde zu legen, wie sie durch das Exponentialgesetz durch mehrere Formeln gegeben sind.

Gehen wir nunmehr zu den Erregungen selbst über, so paßt das von Verworn gegebene Schema des Ablaufs eines Erregungsvorganges in den Rahmen des Exponentialgesetzes sehr gut hinein. Die Linie O in Abb. 232 bezeichnet die Abszisse des Stoffwechselgleichgewichtes. Die Ordinate R gibt die Reizintensität an. Die oberhalb der Abszisse gelegene Kurve bedeutet den Intensitätsverlauf des mit Energieproduktion verbundenen Erregungsprozesses der lebendigen Substanz, die unterhalb der Abszisse gelegene Kurve den Verlauf der Erregbarkeitsänderung während des Erregungsvorganges. Für das Verständnis ist bedeutungsvoll, daß nach Pütter die Erregbarkeit (E) der reziproke Wert der Reizstärke ist, die den Schwellenwert bildet (Rs), so daß

$$E = \frac{1}{Rs}$$

ist. Auf dieser Basis lassen sich die vorliegenden Verhältnisse von einem Gesichtspunkte aus behandeln, der für die innere Struktur des Erregungsvorganges Aufklärung bringen kann, denn gerade solche reziproken Beziehungen sind für die Anwendung des Exponentialgesetzes von außerordentlichem Wert.

Ich möchte hier insbesondere die schon mehrfach behandelte hyperbelartige Kurve besprechen, welche wir durch eine ganze Anzahl verschiedener Formeln des Exponentialgesetzes zur Darstellung bringen können. Eine große Zahl von Modifikationen dieser Kurvenform ist durch die Figuren in Kap. A III zeichnerisch dargestellt. Wenn man aber bedenkt, daß die S-Kurven der Abb. 65 bis 73 und viele andere ihrer Modifikationen die Reziproken des zur Rede stehenden Kurventyps sind, so wird klar, daß hier jede Variante durch das Exponentialgesetz zum Ausdruck gebracht werden kann. In Abb. 233 ist nach Versuchen von Keith Lucas nach Höber am Sartorius der Kröte die Beziehung zwischen der Stromstärke i und der Zeit t wiedergegeben, und zwar soll bei den Stromstößen

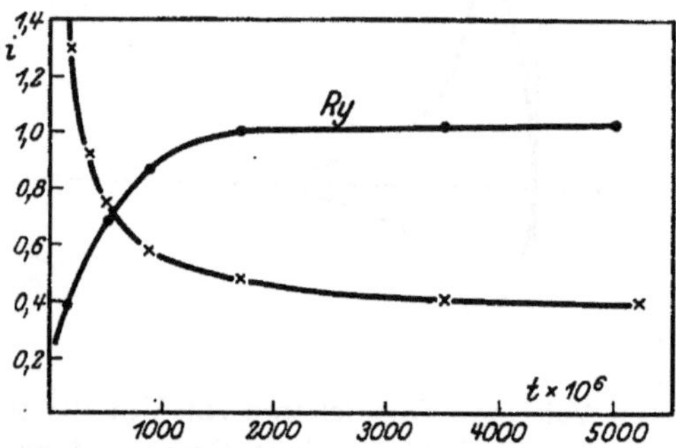

Abb. 233. Die Erregung des Sartorius der Kröte. Die Beziehung zwischen Reizintensität und -dauer.

nach der bei Höber eingehend behandelten und im engsten Zusammenhang mit den Arbeiten von Nernst stehenden Theorie die jeweilig zur Erregung nötige Stromstärke eines konstanten Stromes umgekehrt proportional der Wurzel aus der Stromdauer sein. Es wäre dann

$$i \sqrt{t} = \text{const.}$$

Es liegt hier im Grunde genommen genau wie beim Fröschelschen Gesetz eine Hyperbelformel vor, die nach Höber zwar bei der Reizung mit kurzen Stromstößen sich bestätigt, aber bei länger dauernden Stromstößen versagt.

Vom Standpunkt des Exponentialgesetzes aus ist bei derartigen Kurven auf zwei Dinge besonders zu achten, einmal auf die Eigenschaft des „Hängens", das die exponentialen Funktionen dieser Art aufweisen, ferner auf die Tatsache, daß unsere Kurven sich deutlich einer Asymptoten nähern, die eine Parallele zu einer der Achsen ist. Es ist dabei durchaus nicht notwendig, daß die Kurven so ausgeprägt diese Erscheinung aufweisen, wie z. B. Abb. 74, denn die Abb. 55 links und mehr noch Abb. 61 links nähern sich in dieser Hinsicht durchaus einer auf die Achsen bezogenen Hyperbel, wenn auch das charakteristische Hängen sie deutlich von einer solchen unterscheidet. Jedoch tritt diese Eigenschaft bei anderen Formen auch nicht immer auffällig hervor, wie z. B. in Abb. 45. Da ist es dann wieder der Abstand von der x-Achse, der die Kurve deutlich als exponentiale Funktion kennzeichnet. Daß in Abb. 233 tatsächlich keine Hyperbel vorliegt, ist an der eingezeichneten y-Reziproken (Ry) zu erkennen.

Alles in allem genommen sehen wir, daß das Exponentialgesetz gerade die Abweichungen von den Hyperbelgesetzen erfaßt, welche auch Nernst von vornherein als Einschränkung für seine Formeln erörtert hat. Wir stellen uns damit mit Pütter auf den Standpunkt, daß die Hyperbel nur Näherungsformeln geben kann, gehen dann aber in bezug auf das positive Ergebnis unserer Betrachtungen noch weit über Pütter hinaus, indem wir uns auf die sehr viel breitere Basis

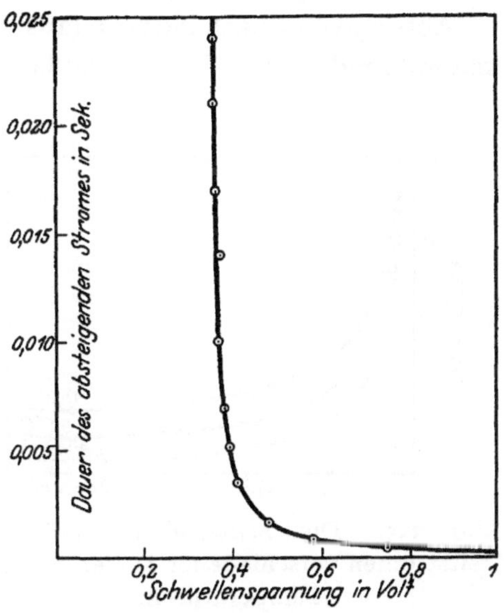

Abb. 234. Die Beziehung von Mindestreizdauer und Schwellenspannung. Sartorius der Kröte, Nerveneintrittsstelle.

unseres allgemeinen Exponentialgesetzes stellen, wie wir das früher schon ausführlich besprochen haben. Ohne auf Einzelheiten näher einzugehen, seien im folgenden noch einige Beispiele angeführt, die erkennen lassen, daß unsere Ansicht über derartige funktionale Abhängigkeiten zu Recht bestehen.

Abb. 234 stellt die Beziehung der Dauer des absteigenden Stromes in Sekunden zur Schwellenspannung (Quantität, Energie) für die Nerveneintrittsstelle am Sartorius der Kröte bei 10,2° dar (Tab. biol. II, S. 379). In dieser Form der Darstellung erhalten wir die Kurve in ihrer logarithmischen Gestalt, wie sie durch Abb. 135 III oben gegeben ist. Eine ganz ähnliche Kurve entsteht, wenn für den Ischiadicus von *Rana esculenta* die Stromdauer und die Schwellenintensität zueinander in Beziehung gesetzt werden (Tab. biol. II, S. 374 nach Cardot und Laugier) und ebenso bei indirekter Muskelreizung (ebenda S. 376). In Abb. 235 sind nach Bethe, v. Bergmann usw. (Bd. VIII, 1, S. 170) die Schwellenintensitäten von Reizströmen verschiedener Dauer bei zwei Temperaturen und dazu noch eine Hyperbel zum Vergleich ein- gezeichnet, welche vortrefflich das demonstriert, was wir über die Unter- schiede der exponentialen Funktionen von der Hyperbel gesagt haben.

Abb. 236 gibt nach Adrian (aus Veszi) die Restitution der Erregbar- keit während des relativen Refraktärstadiums an, der ein logarithmischer

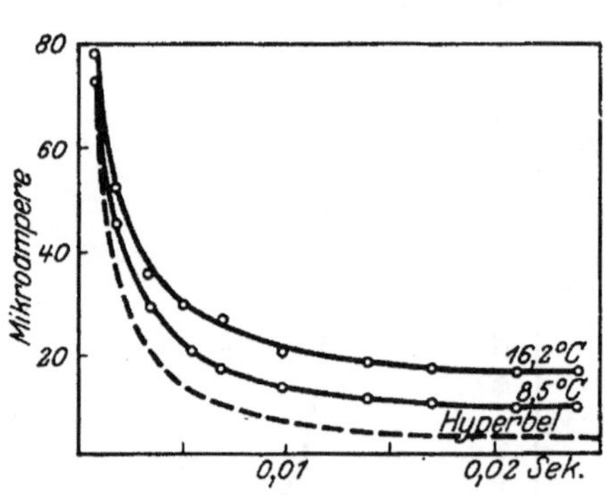

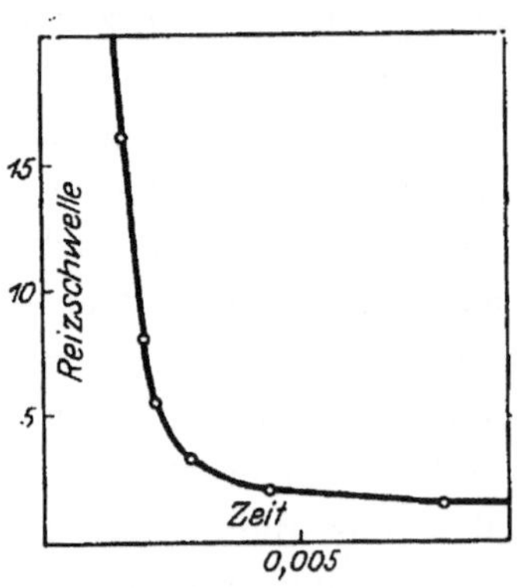

Abb. 235. Die Schwellenintensität von Reizströmen verschiedener Dauer bei zwei Temperaturen.

Abb. 236. Die Restitution der Erregbarkeit während des rela- tiven Refraktärstadiums.

Verlauf zugesprochen wurde. Jedoch ist hier wieder zu ersehen, mit welcher Willkür Kurven, die nur einige Ähnlichkeit mit logarithmischen Linien haben, dieser Charakter zugewiesen wurde. Daß hier etwas ganz anderes vorliegt, als eine einfache logarithmische Funktion, dürfte nach dem Gesagten klar sein. Auf der Abszisse ist die Zeit, auf der Ordinate sind die Reizschwellen aufgetragen. Als Einheit wurde die ursprüngliche Reizschwelle gewählt.

In Abb. 237 sind die Latenzzeitkurven vom Froschsartorius (*esculenta*) nach Steinhausen dargestellt. Die Abszisse bedeutet die Reiz- stromstärke bei Reizung mit konstantem Strom, die Ordinate den zugehörigen Latenzzeitwert in $^1/_{1000}$ Sekunde (σ). Bei der α-Kurve lag die Kathode am tibialen Ende des Muskels, bei β ist die umgekehrte Stromrichtung gewählt. Aus der verschiedenen Lage der beiden Linien ist erkennbar, daß hier wiederum die Konstanten unserer Formeln einen zahlenmäßigen Vergleich der Wirkung verschiedener Stromrichtung gestatten. Wie ein derartiger Vorgang durch das Exponentialgesetz verständlich werden kann zeigt Abb. 95, welche die Funktion

$$y = \frac{1}{2}\left(m\,a_1^{\frac{1}{x}} + \frac{1}{\frac{m}{2}(a_2^x + a_2^{-x})}\right)$$

darstellt.

Setzt man einmal $a_1 = 3$ und $a_2 = 1, 2$, andermal umgekehrt $a_1 = 1, 2$ und $a_2 = 3$, so hat die Kurve im ersten Falle den Verlauf der Linie I, im zweiten Falle aber den Verlauf der Linie II, genau so wie die Latenzzeitkurven bei verschiedener Stromrichtung. Bei wachsender Stromstärke wird die Latenzzeit immer kürzer, konvergiert aber nach Steinhausen nicht gegen Null, sondern gegen einen positiven Wert, ganz wie das Exponentialgesetz es fordert. Würde man Hyperbeln zugrunde legen, so wäre eine mehrfache Verschiebung notwendig. Steinhausen sagt, daß die Nernstschen Vorstellungen und Formeln zur Erklärung der gefundenen Latenzzeitkurven nicht ausreichen. Als Ergebnis der

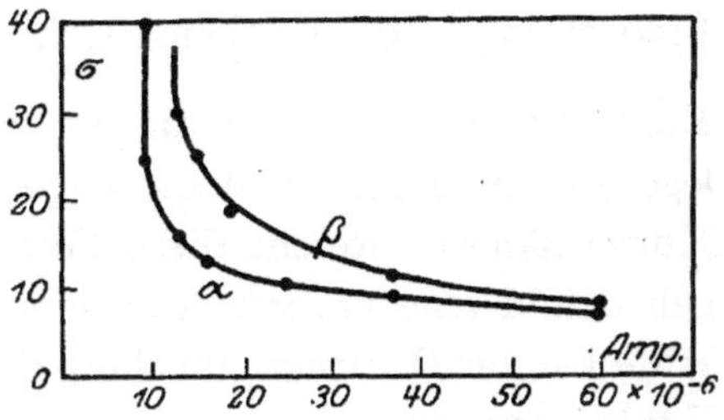

Abb. 237. Die Latenzzeitwerte des Sartorius in Abhängigkeit von der Stromstärke bei Reizung mit konstantem Strom. α: Kathode am tibialen Ende des Muskels, β: bei umgekehrter Stromrichtung.

bisherigen Betrachtung müssen wir festhalten, daß auf Grund der neuen Gesichtspunkte, welche wir nunmehr gewonnen haben, eine Revision der bisherigen Ansichten durchaus am Platze scheint, daß vor allem das Produktgesetz Intensität × Zeit = konst. nicht den tatsächlich vorliegenden Verhältnissen entspricht.

Aus diesen Hyperbelgesetzen, welche nach Fröschel z. B. besagen, daß gleiche Energiemengen gleiche Erregungen hervorrufen, sind so viele Folgerungen allgemeiner Art gezogen worden, daß der Inhalt dieser Gesetze gedanklich so fest verankert scheint, daß er als sicheres Rüstzeug der Reizphysiologie betrachtet wird. Ähnlich ist es aber auch der logarithmischen Linie ergangen, wie wir mehrfach schon zu erwähnen Gelegenheit hatten. Wenn wir überhaupt dahin kommen wollen, biologische Gesetzmäßigkeiten zu fassen, so geht es nun nicht mehr an, daß auf Grund von sehr äußerlichen Ähnlichkeiten der biologischen Funktion eine mathematische Form gegeben wird, die weder Bezug nimmt auf einen biologisch zu definierenden Nullpunkt, noch auf ein Koordinatensystem, das auch biologisch einen Inhalt hat und biologisch etwas bedeutet. Die mathematische Formulierung soll die innere Gesetzmäßigkeit biologischer Verhältnisse zum Ausdruck bringen und darf darum nicht nur Näherungswerte für bestimmte Abschnitte der Kurve geben, sondern muß die ganze Reaktion umfassen. Tut sie das nicht, so ist sie eben unrichtig und gibt die innere Gesetzmäßigkeit, auf die es, wie gesagt, allein ankommt, tatsächlich nicht wieder. Dann müssen andere Wege gesucht werden. Durch die erörterten exponentialen Funktionen finden z. B. die unterschwelligen Reize ihre Einordnung in die mathematische Formel, z. B. in Abb. 233 durch die Konstante m, wenn wir die Formel $y = ma^{\frac{1}{x}}$ nach Abb. 45 zugrundelegen, denn durch m ist die Lage der Asymptote gegeben, der sich die Kurve nähert. Reicht diese Formel nicht aus, so müssen wir weitergehen und eine unserer Additionsformeln heranziehen. Eine wertvolle Hilfe bei der Deutung gibt dann der Verlauf der zugehörigen reziproken Funktionen ab.

Um zu zeigen, daß das Exponentialgesetz nicht nur für einzelne Erscheinungen der Reizphysiologie den Tatbestand umfassender und auch richtiger wiedergibt als die bisherigen Lösungsversuche, sondern auch die großen Zusammenhänge zwischen den verschiedensten Symptomen der Reaktionsfähigkeit lebendiger Systeme aufzudecken vermag, seien noch einige andere Beispiele angeführt. Um diese innere Verknüpfung der Einzelvorgänge untereinander zu verstehen, müssen wir uns an die Methode erinnern, welche wir benutzten, um überhaupt erst einmal zu den verschiedenen Kurventypen zu gelangen. Wir wissen, daß unsere Additionskurven sämtlich auf unsere acht Grundtypen zurückgeführt werden können, d. h. in jedem Vorgang steckt eine Anzahl von Teilprozessen darin.

Wir müssen nun auf Grund der unterschiedlichen Typen, welche bei der Messung verschiedener Symptome zum Vorschein kommen, annehmen, daß aus der Summe der unendlichen Einzelvorgänge innerhalb des lebendigen Systems, welche die Gesamtheit des Lebensablaufs ausmachen, sich besondere Gruppen zusammenfinden, durch welche der Charakter der Grundkurve bestimmt ist. Dabei werden einzelne

Teile dieser Gruppen auch in andern Prozessen vorhanden sein können. An einem Schema mag das gezeigt werden. Nehmen wir an, ein Lebensvorgang besteht aus vier Gliedern, und jedes verläuft nach einer unserer acht Grundformen oder ist vielleicht auch komplizierter gebaut, nämlich $ABCD$. Dann kann ein anderer Lebensvorgang aus $EFGH$ bestehen. Sind aber die Vorgänge innerlich untereinander verknüpft, so ist es wahrscheinlich, daß in den beiden Vorgängen die gleichen Glieder zum Teil vorhanden sein werden, also etwa $ABCD$ und $ABGH$. Bei der Messung können, wenn man die Ergebnisse des Kap. A III betrachtet, dabei ganz verschiedene Kurvenformen zum Vorschein kommen, trotzdem zwei gleiche Glieder in ihnen enthalten sind. Durch die Methode unserer Kurvenanalyse muß es möglich sein, die Verknüpfung durch die Kurventypen sicherzustellen. So ist es durchaus wahrscheinlich, daß in der hyperbelartigen Kurve, wie wir sie eben besprochen haben, mehrere Kombinationen in die Erscheinung treten, etwa $(1 + 4)$ links, $(1 + 7)$ links, $(3 + 4)$, $3 + \dfrac{1}{(1 + 2)}$ usw. An diesen Beispielen sehen wir schon, daß in den ersten beiden Gruppen der Grundtyp 1, in den beiden letzten der Grundtyp 3 gemeinsam ist.

Dasselbe gilt, wenn wir verschiedene Kurven nehmen, z. B. $(1 + 2)$, $(1 + 3)$, $(1 + 4)$ usw., in denen das Glied 1 allen gemeinsam ist. Hinzu kommt noch, daß die Kurvenformen oft einen ganz anderen (reziproken) Charakter bekommen, je nachdem, was gemessen wird bzw. gemessen werden kann, wie wir das früher schon ausführlich besprochen haben. Wenn wir diese Gesichtspunkte, die im Wesen des Exponentialgesetzes liegen, immer vor Augen behalten, dann wird verständlich, was es bedeutet, wenn wir sagen, daß dieser und jener Vorgang nach dem Exponentialgesetz abläuft. Es heißt das nichts Anderes, als daß jeder Vorgang Teilprozeß eines großen Geschehens und gesetzmäßig mit diesem innerlich verbunden ist.

Die elektrischen Erscheinungen (Nachströme), welche bei einem Muskel auftreten, nachdem ein galvanischer Strom ihn durchflossen hat, sind recht komplizierter Natur. Nach Galeotti nimmt der Nachstrom nach Öffnung des primären Kreises allmählich nach einer Kurve ab, welche in Abb. 238 dargestellt ist. Die Ordinate gibt die Intensität des Sekundärstromes in Galvanometergraden, die Abszisse die Zeit an. Nach Galeotti nähert sich die Kurve dem Typus der Exponentiallinie, jedoch scheint mir, daß sie eher durch unsere Abb. 56 und 57 rechts erfaßt werden kann, jedenfalls spricht der zunächst sehr steile, dann aber sehr flache Abfall mit der Zeit dafür, ein Charakter, den unsere Abb. 56 in prägnanter Weise zeigt.

Abb. 239 ist nach M a t t h a e i die graphische Darstellung des Einflusses einer Zirkulationsstörung auf die Schwellenzahl. Die für den gleichseitigen M. semimembranosus und den gekreuzten Gastrocnemius bei der Frequenz 33 untersuchten Reizzahlen wurden als Ordinate auf die Zeit als Abszisse eingetragen.

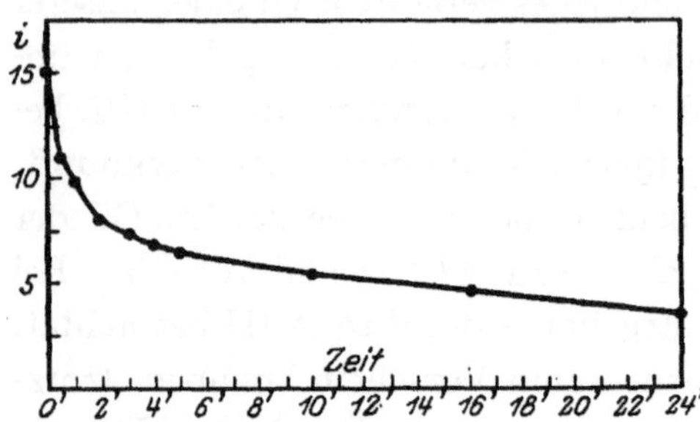

Abb. 238. Die Abnahme des Nachstromes nach Öffnung des primären Kreises.

Die Kreise bedeuten, daß die Reizzahl keinen Reflex auslöste, die Kreuze, daß eine Reflexzuckung auftrat, die ausgefüllten Kreise einen eben sichtbaren Erfolg. In der Nebenzeichnung sind die Werte für den Gastrocnemius angegeben.

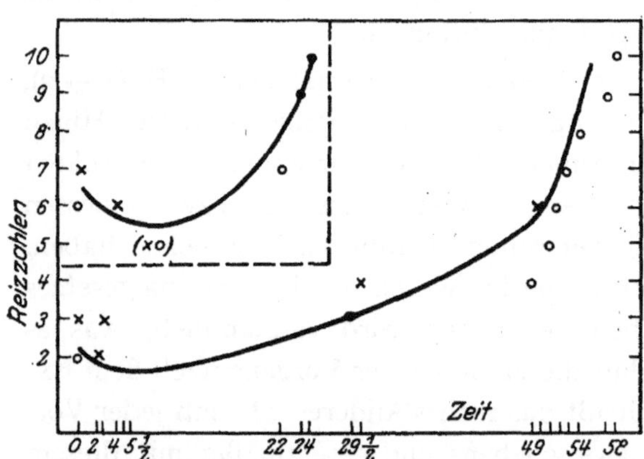

Abb. 239. Der Einfluß einer Zirkulationsstörung auf die Schwellenzahl; unten: M. semimembranosus, oben: M. gastrocnemius.

Außer den bei der Frequenz 33 gemachten Beobachtungen wurden die bei der Frequenz 15 in den Kurven mit berücksichtigt. Es wurden zunächst die Schwellenzahlen für die angegebenen gleichseitigen Muskeln $Z_{33} = Z_{15} = 3$ festgestellt, für den gekreuzten Gastrocnemius sind beide Schwellenzahlen gleich 7. Dann ist das Herz zwischen Kammer und Vorhöfen durch eine Schlinge abgebunden worden, um die Zirkulationsstörung zu bewirken. Die Kurven haben den Charakter von asymmetrischen Kettenlinien, bei der Linie für den Semimembranosus tritt dann aber das Phänomen der Abflachung hinzu, das wir an mehreren Beispielen in Kap. A III in seiner mathematischen Begründung besprochen haben.

Die durch Strychnin bedingte Veränderung der Schwellenzahl ist nach Matthaei in Abb. 240 wiedergegeben. Sie ist zu lesen wie Abb. 239, die senkrechten Pfeilchen sollen andeuten, daß eine sehr starke Reflexzuckung beobachtet wurde. Vor der Strychningabe konnte die Schwellenzahl $Z_{33} = 6$ bestimmt werden. Dann wurden 0,5 ccm einer 0,01 vH Strychn. nitric. enthaltenden Ringerlösung in die Bauchhöhle injiziert. Die Kurve der Änderung der Schwellenzahl unter dem Einfluß des Giftes entspricht unserer exponentialen Funktion in Abb. 56. Es ist also tatsächlich so, wie der zweite Teil unseres Gesetzes aussagt: „Treten durch äußere oder innere Störungen Verschiebungen des normalen Ablaufs ein, so reagiert die lebendige Substanz auf diese Störung ebenfalls nach dem Exponentialgesetz.‟

Die Restitution der Erregbarkeit während des relativen Refraktärstadiums haben wir in Abb. 236 schon besprochen und gesehen, daß die Restitutionskurve durch eine exponentiale bzw. logarithmische Funktion zu

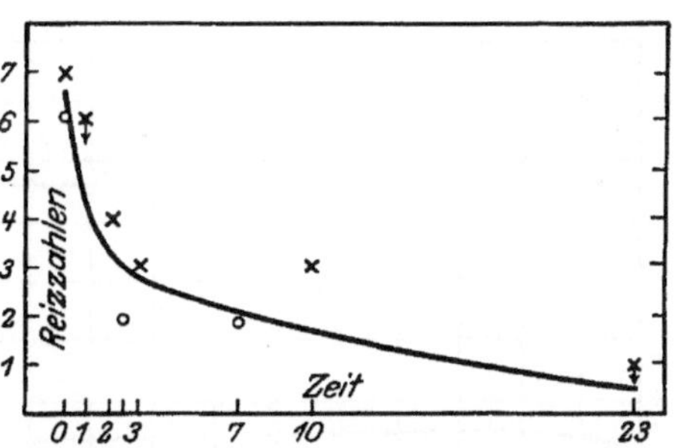

Abb. 240. Die durch Strychnin bewirkten Veränderungen der Schwellenzahl.

erfassen ist. Während im Refraktärstadium ein neuer Reiz keine neue Zuckung auslöst, tritt diese auf, wenn nach dieser Zeit gereizt wird, und zwar entsteht eine Summationskurve. Am nicht ermüdeten Reflexbogen ist ein Refraktärstadium nicht nachweisbar, wohl ist es aber am ermüdeten vorhanden. Der Erfolg des zweiten Reizes wird mit der Annäherung an das absolute Refraktärstadium vermindert.

Auf dieser Grundlage suchte Eichholtz nach anderen Symptomen für die Entwicklung eines Refraktärstadiums nach einem Einzelreiz und stellte die Größe der summierten Kontraktion für verschiedene Intervalle der beiden Reize fest, um zu sehen, wie der zweite Impuls des afferenten Nerven in dem zentralen des Reflexbogens beantwortet wird und inwieweit die Erregbarkeit des Reflexbogens durch den ersten Reiz verändert erscheint. Auch diese Frage steht wieder im engsten Zusammenhang mit dem eben erwähnten zweiten Satz des Exponentialgesetzes, und wir wollen sehen, wie es sich hier bewährt.

Bei Verlängerung des Intervalls von der kürzesten Summationszeit bis 0,1 Sekunden nimmt die Summationsgröße zunächst zu, sinkt dann

in auffallender Weise, steigt zum zweitenmal, um abermals vermindert
zu werden. Abb. 241 ist nach Eichholtz eine Kombination von einer
Reihe von Messungen, die Zahlen sind nicht absolut. Auf der Ordinate
wurde das Verhältnis der summierten Zuckung zur Höhe der Einzelzuckung, auf der Abszisse das zeitliche Intervall der beiden Reize aufgetragen. Die obere Kurve stellt die Verhältnisse am Reflexbogen von
Rana temporaria dar, die untere zum Vergleich am Nerv-Muskelpräparat,
welche das Absinken nicht zeigt. Es läßt sich also auch am unermüdeten
Reflexbogen auf Einzelreiz ein Stadium herabgesetzter Summationsfähigkeit nachweisen, dem ein Stadium erhöhter Summationsfähigkeit

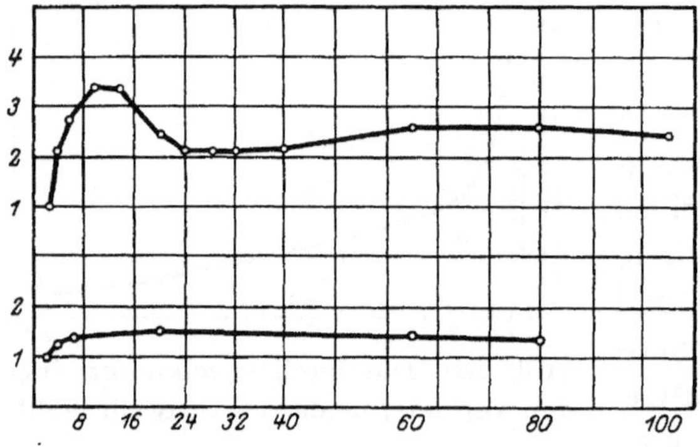

Abb. 241. Das Verhältnis der summierten Zuckung
zur Höhe der Einzelzuckung in Abhängigkeit von
dem zeitlichen Intervall der beiden Reize. *Rana
temporaria*, oben: Reflexbogen, unten: Nerv-
muskelpräparat.

vorausgeht. Der Ver-
gleich der beiden Kur-
ven ergibt, daß der erste
Anstieg der Kurven auf
eine Eigenschaft des
afferenten Nerven zu-
rückzuführen ist. Der
Abfall und das zweite
Aufsteigen ist in zen-
tralen Vorgängen (im
Rückenmark) begrün-
det. Zuletzt fallen beide
Kurven langsam ab.

Wenn man sich den
Charakter der Kurven
vom Standpunkt des
Exponentialgesetzes aus ansieht, so erscheint die untere viel einfacher
gebaut als die obere und läßt sich durch eine unserer S-Kurven erfassen,
denn sie muß an der 1-Linie entlang zur y-Achse laufen. Die obere
dagegen ist sehr viel komplizierter. Wenn man aber den Charakter
der in Kap. A III besprochenen Funktionen sich im einzelnen näher
ansieht, so ist das Auftreten mehrfacher Maxima und Minima bei exponentialen Funktionen eine durchaus häufige Erscheinung. Auch
die Tatsache ist hinzuzuziehen, daß manche Kurven glatt aufsteigend
an ihre Asymptote heranlaufen, andere aber die Asymptote erst überschneiden und erst dann, sich zurückwendend, an sie herangehen,
alles Erscheinungen, welche die obere Kurve in Abb. 241 ebenfalls
aufweist. Als Basis für ihre Erfassung durch eine exponentiale Funk-

tion scheint mir aus Kap. *A* III die Abb. 107 links geeignet zu sein, wenn man die Konstanten, welche dort gewählt wurden, so abändert, daß die Kurve die *y*-Achse nicht spitz, sondern in dem bekannten S-förmigen Bogen erreicht (vgl. z. B. Abb. 54 und 55 rechts für $a = 1{,}2$ $a = 2$ und $a = 3$ oder 65, 66 und 67). In dem Falle der Abb. 107 links nähert sich allerdings die Kurve der Asymptote durch 0,5 von unten her, jedoch ist es nach allem, was wir über die Kurvenformen des Exponentialgesetzes wissen, keine grundsätzliche Schwierigkeit, die Funktion die Asymptote überscheiden und sich ihr von oben her nähern zu lassen, wie Abb. 241 das tut. So spricht alles dafür, daß wir die besprochenen Verhältnisse im Reflexbogen durch das Exponentialgesetz einer näheren Analyse zuführen können.

Reizt man den Nerven mit Öffnungsinduktionsströmen, so hängt die Höhe der dabei ausgelösten Muskelzuckungen beim Froschgastrocnemius nach Pütter 1911 von der Stärke des Reizes nach einer Gesetzmäßigkeit ab, welche durch die Kurve in Abb. 242 dargestellt ist. Es liegt hier offenbar eine Beziehung nach Art der exponentialen Funktion in Abb. 64 links vor. Es ist das ein Reizerfolg, der im Zusammenhang mit dem Alles-oder-Nichts-Gesetz eingehend diskutiert worden ist. Da es uns hier nicht darauf ankommt, allgemeine Reizphysiologie

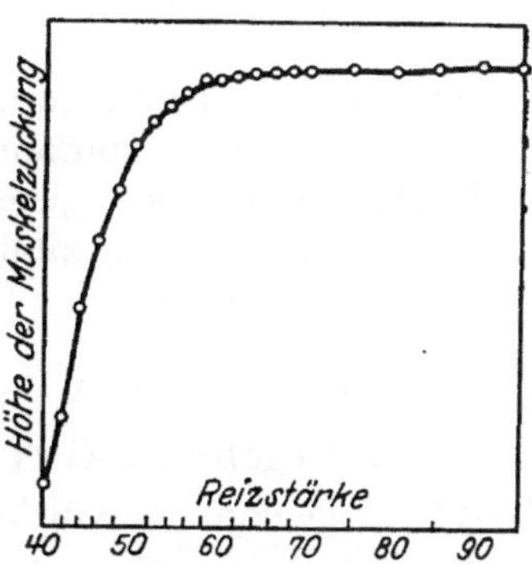

Abb. 242. Die Muskelzuckung des Froschgastrocnemius nach der Reizung des Nerven mit Öffnungsinduktionsströmen.

zu geben, sondern lediglich, die Gültigkeit und Anwendungsmöglichkeit des Exponentialgesetzes festzustellen, so können wir nicht auf Einzelheiten eingehen. Wenn man aber zugrunde legt, daß für die Einzelfaser des Muskels das Alles-oder-Nichts-Gesetz gilt und daß das allmählichere Ansteigen der Kurve des ganzen Muskels in Abb. 242 von der Zahl der Elemente bedingt ist, so müssen wir aus der Tatsache, daß diese Kurve eine exponentiale Funktion vom Typus unserer Abb. 64 ist, schließen, daß innere Zusammenhänge zwischen Struktur und Funktion des Muskels vorhanden sind, welche dem Exponentialgesetz unterliegen.

Koch untersuchte den Einfluß der Reizstärke und des Reizortes auf die Kurvenform der Extrasystole des Froschherzens. Wenn unter bestimmten Voraussetzungen, die von Koch näher besprochen werden, der die Extrasystole auslösende Reiz so stark ist, daß alle Fasern sich gleichzeitig kontrahieren, so hat die Kurve des Kontraktionsverlaufs in Abhängigkeit von der Fortpflanzungsgeschwindigkeit der Erregung eine Gestalt, wie sie in Abb. 243 wiedergegeben ist. R ist der Augenblick des Reizes. Ist aber die Reizstärke so gering, daß nur eine bestimmte, geringere Anzahl Fasern unmittelbar erregt wird, so verändert sich die Kurvenform, wie es Abb. 244 zeigt, bei welcher die Erregung bei der Extrasystole von der gleichen Stelle ausgeht wie bei der Hauptsystole. Liegt der Reizort auf der entgegengesetzten Stelle,

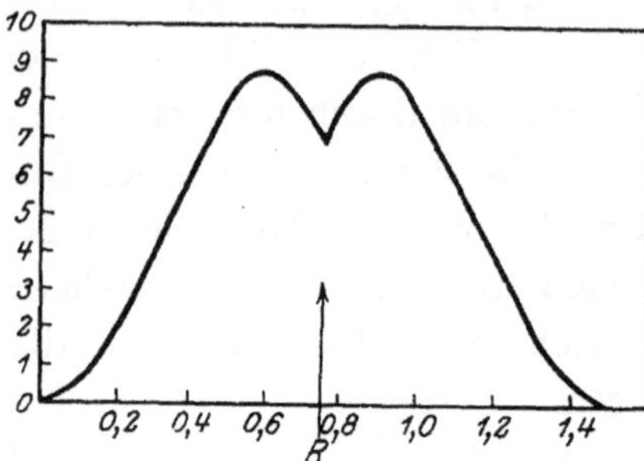

Abb. 243. Die Kurvenform der Extrasystole bei so starkem Reiz, daß alle Fasern sich gleichzeitig kontrahieren. $R =$ Augenblick des Reizes.

so wird die Kurve noch asymmetrischer. Es ist aber zu beachten, daß die wiedergegebenen Größen der Fortpflanzungsgeschwindigkeit nach Koch so gewonnen wurden, daß die Veränderung der Fortpflanzungsgeschwindigkeit während der Diastole in Form einer logarithmischen Kurve dargestellt wurde, aus der sich der für jeden beliebigen Augenblick geltende Wert ergab.

Wahrscheinlich wird sich hier bei näherer Durcharbeitung der Verhältnisse am Herzen eine andere Basis ergeben, da nach allem, was wir gesehen haben, die logarithmische Linie für die Darstellung der wirklichen Beziehungen nur selten ausreicht. Wenn man die Linie in Abb. 244 betrachtet, könnte man leicht dazu neigen, hier eine ähnliche Sattelkurve zu vermuten, wie wir sie in unseren Abb. 161 betrachtet haben. Da wir jedoch in R einen biologisch gegebenen Nullpunkt wählen können, besteht hier die Möglichkeit, eine Analyse nach der anderen, schon auf S. 148 angedeuteten Methode zu versuchen. Es wäre

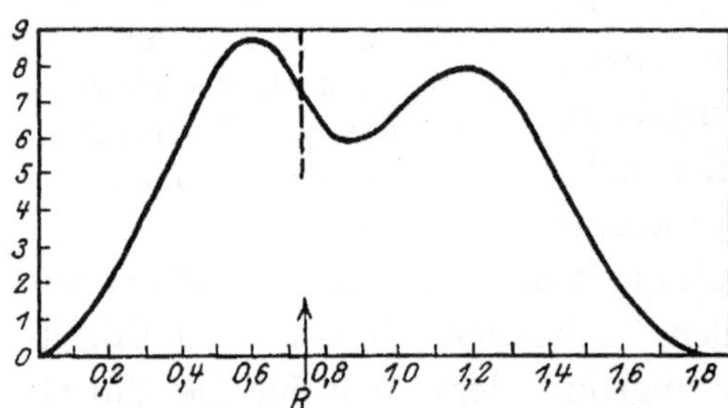

Abb. 244. Die Kurvenform der Extrasystole bei schwächerem Reiz als in Abb. 243.

dann etwa Abb. 243 die Verdoppelung der Kurve in Abb. 59 links, deren
y-Achse durch den Pfeil bei R seiner Lage nach bestimmt ist (gestrichelt
von mir in die Kurven eingezeichnet). Abb. 244 gibt aber durch seine
asymmetrische Form klarer den Weg an, um zu einer Analyse zu gelangen. Da durch den Reiz in R eine Störung des Ablaufs eintritt und
nach dem Exponentialgesetz die lebende Substanz auf diese Störung
nach Art exponentialer Funktionen reagieren muß, so ergibt sich, rein
kurvenmäßig betrachtet, folgendes:

Der Kontraktionsverlauf ist von Null bis R eine exponentiale Funktion nach Abb. 59 links oder vielleicht auch eine asymmetrische Form
nach Abb. 11 links. Von R ab aber tritt, durch den Reiz verursacht,
eine Änderung im lebendigen System des Herzens ein. Dadurch wird
der Ablauf in eine andere Abhängigkeit gedrängt, was darin sich kundtut,

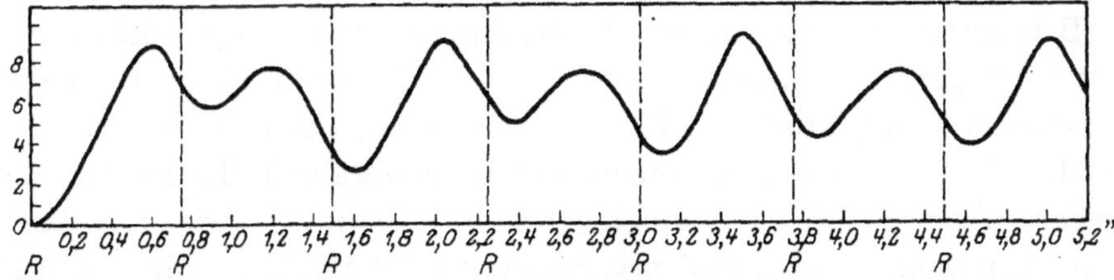

Abb. 245. Der Herzalternans bei dem plötzlichem Übergang zur schnelleren
Schlagfolge.

daß nunmehr die Kurve nach Art einer Funktion der Abb. 111 rechts
oder 120 weiterläuft. Betrachtet man nun die ganze Schlagfolge, so
erhält man einen Linienverlauf, wie es Abb. 245 angibt. Hier tritt in
dem Ablauf der Kontraktion, wie er in Abb. 244 dargestellt ist, bei 1,5
ein neuer Reiz hinzu und so fort an den Stellen, welche mit R bezeichnet
sind. Es überdecken sich also bei rhythmischer Reizung die Einzelkurven zu einer kontinuierlichen Linie. Wir wollen hier davon absehen, daß die einzelnen Sättel sich allmählich ausgleichen trotzdem
bei näherer Prüfung zu erwarten ist, daß dieser Ausgleich wiederum
nach irgendeiner exponentialen Funktion erfolgen wird. Hier soll uns
in der Hauptsache die Tatsache interessieren, daß bei rhythmischer
Reizung die Alternanskurven ein Kontinuum darstellen.

Da wir bei der Einzelkurve eine durch den Reiz bewirkte Änderung
im Zustand des lebendigen Systems annehmen mußten, wie es ja im
Grunde genommen selbstverständlich ist, gelangten wir dahin, bei R
den durch diese Änderung biologisch definierten, mathematischen

Nullpunkt zu setzen. Die Einzelkontraktion konnten wir dann in exponentiale Funktionen auflösen. Bei immer erneuter Reizung in zeitlich meßbaren Abständen muß sich die Zustandsänderung rhythmisch wiederholen, d. h. wir müssen bei jedem Reiz erneut einen mathematischen Nullpunkt annehmen. Die Einzelkurven überdecken sich dann

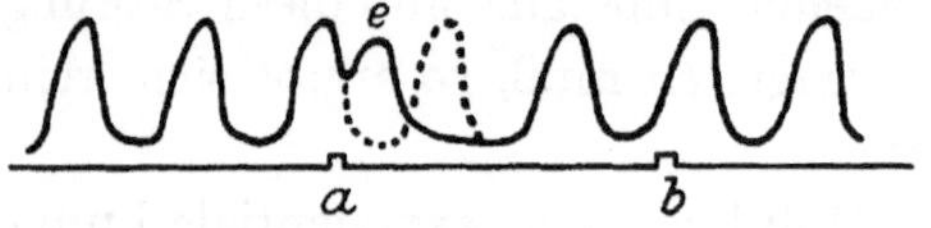

Abb. 246. Extrasystole und kompensatorische Pause.

und ergeben als Ganzes den kontinuierlichen rhythmischen Verlauf der Abb. 245. Die Kurvenanalyse wird so vorgehen müssen, daß sie zunächst die Nullpunkte bestimmt, dann jede Einzelkontraktion auf die Zugehörigkeit zu dem Kurvensystem des Exponentialgesetzes prüft und zuletzt nach dem Additionsprinzip den resultierenden kontinuierlichen Verlauf zu erfassen sucht.

Betrachten wir von diesem Gesichtspunkt aus den zeitlichen Ablauf eines ganzen Herzschlages, so ergibt sich die Möglichkeit, diesen in einzelne exponentiale Funktionen aufzulösen, denn die Erregungen, welche dem Herzen von seinen automatiebegabten Teilen her zufließen, haben selbstverständlich denselben Charakter wie die künstlichen Erregungen. Einen solchen Ablauf des Herzschlages gibt Abb. 246 nach Höber (1920) wieder. In die durch rhythmisch-automatische Nervenerregung bewirkte Folge von Systole—Diastole wird bei *a* ein Extrareiz in der Diastole eingeschaltet, dem eine Extrakontraktion (*e*)

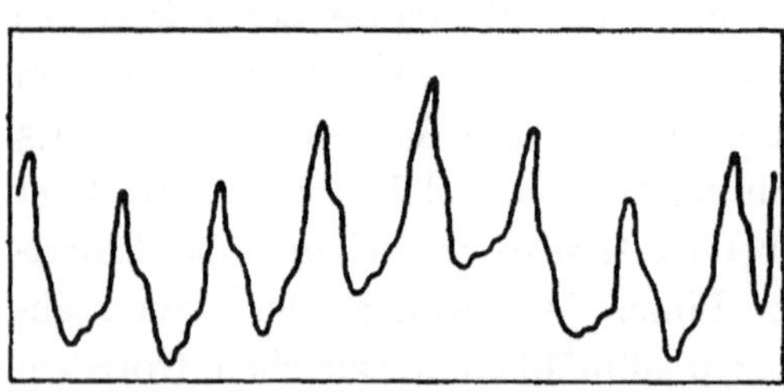

Abb. 247. Herzstoßkurve.

folgt, wie wir es vorhin ausführlich besprochen haben. Dann tritt eine kompensatorische Pause ein. Liegt der Extrareiz (*b*) zu Beginn der Systole, also im Refraktärstadium, so ist keine Änderung der Schlagfolge zu spüren. Auch der Spitzenstoß

läßt sich nach denselben Prinzipien durchdenken, denn er unterliegt ja denselben Gesichtspunkten. Wie das Kardiogramm in Abb. 247 nach Zuntz und Loewy zeigt, ist hier ebenfalls ein Rhythmus vorhanden, außerdem zeigen die Maxima und Minima verschiedene Höhe. Verbindet man diese Punkte, so entstehen wiederum Kurven, die nach ihrem Verlauf exponentialen Charakter zu haben scheinen.

Auch andere rhythmisch-automatische Organe zeigen einen Kurvenverlauf, der einer ähnlichen Betrachtung zugänglich ist. Erwähnt sei
der Atemrhythmus des Gelbrandkäfers *Dytiscus marginalis* in der Luft
nach Babak in Abb. 248 gleich nach der mechanischen Reizung. Abgesehen von den ersten unregelmäßigen Kontraktionen zeigen die
Einzelkurven deutlich den Typus unserer Abb. 53 rechts, 64 rechts
usw., welche durch die rhythmische automatische Reizung in einen
kontinuierlichen Verlauf übergehen.

Ich muß es mir versagen, auf die unendliche Fülle von Varianten
solcher durch rhythmische Reizung bewirkter Kurven einzugehen, die
ein Spezialgebiet der normalen und pathologischen Physiologie sind,
da ich lediglich zeigen wollte, daß auch diese Dinge sich dem Exponentialgesetz einordnen lassen, denn auch die Reaktionen der lebendigen
Substanz, welche in den Herzschlägen und im Atemrhythmus zutage
treten, müssen sich naturgemäß einer Gesetzmäßigkeit fügen, welche

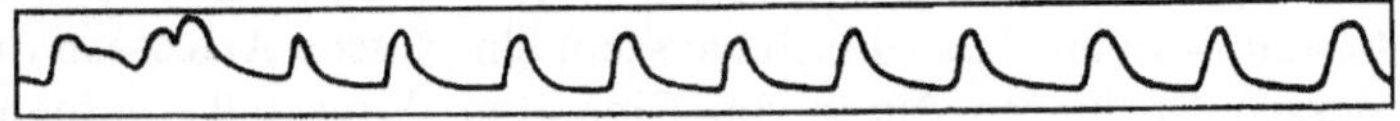

Abb. 248. Der Atemrhythmus des Gelbrandkäfers in der Luft gleich nach
der mechanischen Reizung.

ein allgemein biologisches Ablaufgesetz sein will. Mögen die Kurven
im einzelnen auch noch so kompliziert sein, so deutet doch ihr Verlauf darauf hin, daß tatsächlich Beziehungen zu unseren exponentialen
Kurven vorhanden sind, d. h. daß die lebendige Substanz auch hier
nach dem Exponentialgesetz reagiert.

Als letztes Beispiel dieses Kapitels wollen wir das Dekrement der
Erregungsleitung im Nerven behandeln. Für die einzelne Faser gilt
nach Pütter das Alles-oder-Nichts-Gesetz. Das Dekrement bedeutet
nur, daß die Zahl der leitenden Elemente mit der Länge der beeinflußten
Strecke immer geringer wird. Normalerweise erleidet die Erregung im
peripheren Nerven kein Dekrement. Dieser Zustand ist nach Pütter
aber nur ein Grenzfall, denn sobald irgendein Moment auf den Nerven
eingewirkt hat, das von Einfluß auf die Geschwindigkeit der Prozesse
in ihm ist, kann ein Dekrement beobachtet werden. In Abb. 244 haben
wir schon gesehen, wie ein Reiz auf die in einem lebendigen System
ablaufenden Vorgänge einwirkt und eine Änderung des Kurvenverlaufs
verursacht. Das Dekrement im peripheren Nerven ist meßbar durch

die Größe der negativen Schwankung, die man an zwei Punkten α und β erhält, wenn die Reize verschiedene Intensitäten haben (Pütter S. 521). Sowohl für die Stellen α und β, wie auch für den Quotienten $\frac{\alpha}{\beta}$ erhalten wir S-förmige Kurven, die sich nach den schon mehrfach besprochenen Prinzipien leicht in das Exponentialgesetz einordnen lassen.

Genauere Messungen über das Dekrement der Erregungswelle in dem erstickenden Nerven hat Rehorn ausgeführt. Es interessiert dabei nur ein geringer Zeitabschnitt, in dem das Dekrement zustande kommt. Er untersuchte fünf verschiedene Punkte, welche mit römischen Ziffern (I—V) von dem zentralen nach dem peripheren Ende der Nervenstrecke zu bezeichnet sind. Rehorn sagt nun folgendes:

„Bei genügend tiefer Erstickung (Stickstoff) tritt an jedem der fünf Punkte ein Stadium ein, in dem die Reize zunächst langsam, dann immer schneller an Intensität zunehmen müssen, wenn sie ihre Wirkung beibehalten sollen. Die Erregbarkeit des Nerven nimmt am Anfang langsam, dann immer rapider ab. Trägt man nun die Schwellenwerte — gemessen in Kroneckerschen Einheiten — in ein Koordinatensystem ein, dessen Abszissen durch die Zeit und dessen Ordinaten durch die Einheiten dargestellt werden, so erhält man eine logarithmische Linie.“

In Abb. 249 sind die Kurven der Reizintensität für die Punkte I—V gezeichnet, allerdings habe ich sie anders orientiert als Rehorn, da die Reizgröße hier eine unabhängige Variable ist, also als x-Achse genommen werden muß.

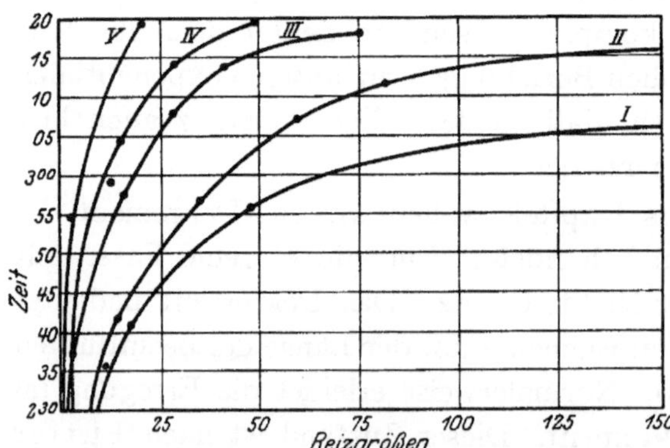

Abb. 249. Die Kurven der Reizintensitäten nach Rehorn, I—V Numerierung von dem zentralen nach dem peripheren Ende der Nervenstrecke.

Die Deutung der Kurven als logarithmische Linien besteht dann nach unserer Auffassung nicht mehr zu Recht. Es liegt hier wiederum ein Fall vor, wo einfache logarithmische oder Exponentiallinien einen biologischen Tatbestand nur sehr angenähert und unvollkommen zum Ausdruck bringen. Wir werden viel eher geneigt sein, die experimentell ermittelten Punkte durch Kurven zu erfassen, welche nach

Art der Funktionen in Abb. 65 bis 69 gebaut sind, denn sie scheinen viel eher solchen Kurven zuzugehören als denen, welche Rehorn in Abb. 249 gezeichnet hat.

Die für die Punkte I—V festgestellten Linien unterscheiden sich in ihrem Verlauf. Je weiter zentralwärts ein Punkt liegt, desto früher sinkt die Linie ab, d. h. die Reize müssen anwachsen, sobald im erstickenden Nerven die Strecke größer wird, die der Erregungsvorgang zu durchmessen hat. Betrachten wir jetzt die Reizintensitäten, die an einem bestimmten Zeitpunkt an den verschiedenen Prüfungspunkten der erstickenden Nervenstrecke als Schwellenreize eine Muskelzuckung auslösen! Legen wir in Abb. 249 einen Zeitquerschnitt, wie er etwa durch die Wagerechte durch 3,05 Uhr gegeben ist, so bedeuten die Schnittpunkte mit den fünf Linien die Reizstärken, die für diesen Zeitpunkt an den betreffenden Stellen des Nerven gerade Schwellenreize darstellen.

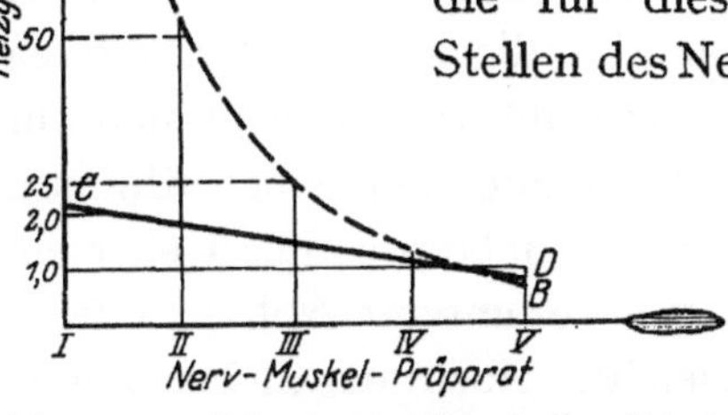

Abb. 250. Die logarithmische Linie der Reizgrößen (AB) und die gerade Linie der Erregungsgrößen (CD) nach Rehorn. Zeit: 3⁰⁵ Uhr.

Diese fünf Werte wurden von Rehorn in ein neues Koordinatensystem eingetragen, dessen Abszisse gleich der erstickenden Nervenstrecke ist, auf der die Prüfungspunkte in den gleichen Abständen in vergrößertem Maßstab markiert sind, wie sie der erstickenden Nervenstrecke anlagen, und dessen Ordinaten die Reizstärken darstellen. Er erhielt dann die in Abb. 250 wiedergegebene punktierte Kurve (AB), die er als logarithmische Linie auffaßt. Als Basis sieht er an, daß sie bei logarithmischer Einteilung der Ordinate zur geraden Linie (CD) wird.

Diese gerade Linie hat noch eine weitere Bedeutung. Der erstickende Nerv folgt nicht mehr dem Alles-oder-Nichts-Gesetz, sondern wird zum heterobolischen System. Es läßt sich dann auf Grund des Weber-Fechnerschen Gesetzes eine Beziehung herstellen zwischen der Größe des Reizes und der Größe der Erregung, die durch den Reiz hervorgerufen wird.

„Die genauere Beziehung zwischen der Reizintensität und der Größe der gesetzten Erregung ist so, daß die Erregungsgrößen zunehmen wie die Logarithmen der Reizintensitäten. Aus diesem Grunde sagt die aus den

Logarithmen der Reizintensitäten an den verschiedenen Punkten der erstickenden Nervenstrecke gefundene gerade Linie nichts anderes aus, als daß die Erregungen, die an den einzelnen Punkten der Nervenstrecke erforderlich sind, um eben eine Muskelzuckung auszulösen, in ihrer Größe proportional zu der Strecke, die sie durchlaufen, anwachsen müssen. Mit anderen Worten: Das Dekrement der Erregungsleitung in der Strecke wird bei dem erstickenden Nerven durch eine gerade Linie dargestellt."

Nun ist, wie schon mehrfach betont, nach allem, was uns das Exponentialgesetz zu sagen hat, in allen Fällen eine gewisse Skepsis am Platze, wo in der Physiologie versucht wurde, biologische Abhängigkeiten durch einfache logarithmische oder Exponentiallinien darzustellen, also auch beim Weber-Fechnerschen Gesetz ($E = \log R$).

Die durch den Zeitquerschnitt bei 3,05 Uhr gefundenen Reizgrößen sind bei Rehorn zum Teil unrichtig in Abb. 250 eingetragen, richtig liegen sie so, wie die von mir konstruierte Abb. 251 es auf Grund der Daten angibt, die ich aus der Abb. 249 von Rehorn ablese. Da zeigt sich nun, daß wir tatsächlich keine logarithmische Linie vor uns haben, sondern eher eine Kurve, welche unserer Abb. 51 oder 88 links gleicht. Noch deutlicher kommt die S-Form zum Vorschein, wenn wir den Querschnitt an einen anderen Zeitpunkt, etwa bei 3,00 Uhr, legen. Demzufolge entsprechen auch die von Rehorn gemachten Schlußfolgerungen nicht dem Tatsachenbestand, denn die Linie CD ist in Wirklichkeit keine Gerade, also auch nicht das Dekrement der Erregungsleitung.

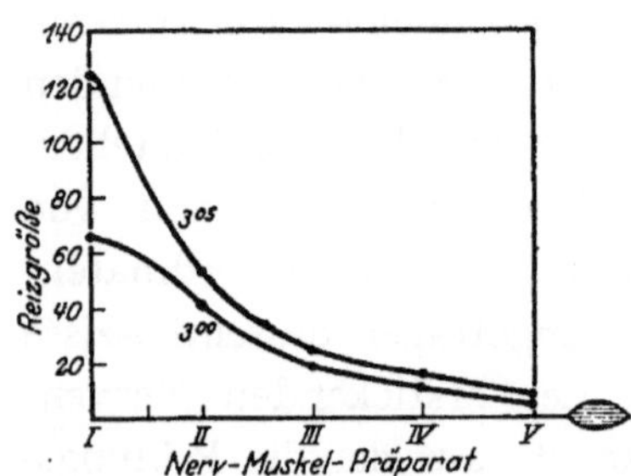

Abb. 251. Die Reizgrößen zu verschiedenen Zeiten als exponentiale Funktionen.

Das Weber-Fechnersche Gesetz erweist sich also ebensowenig wie andere Gesetze, welche die einfache logarithmische Linie als Basis nehmen, als ausreichend, den biologischen Erscheinungskomplex zu fassen. In Wirklichkeit liegen die Verhältnisse komplizierter, lassen sich aber — und das ist das Wesentliche, welches wir feststellen wollten — durch das Exponentialgesetz einer Analyse zuführen.

c) Sinnesphysiologie.

In der Sinnesphysiologie, die große Auswirkungen in der Psychologie gezeitigt hat, hat das Webersche Gesetz bis heute eine große

Rolle gespielt. Immer wieder ist versucht worden, diese auf der Basis einer einfachen logarithmischen Linie oder von einfachen Modifikationen derselben ruhende Formulierung als gültig zu erweisen, wenigstens in bestimmten Bereichen, und Abweichungen auf Sonderverhältnisse zurückzuführen. Erwähnt seien die ausführlichen experimentellen und theoretischen Untersuchungen zum Weber-Fechnerschen Gesetz von Pauli und Wenzl.

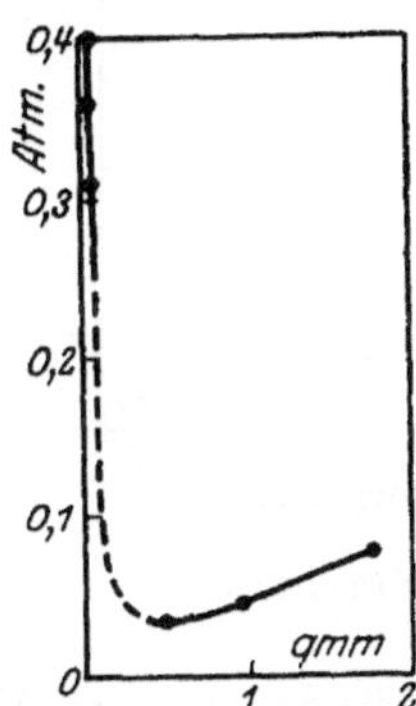

Abb. 252. Die Abhängigkeit des Schwellendrucks von der Größe der gedrückten Fläche.

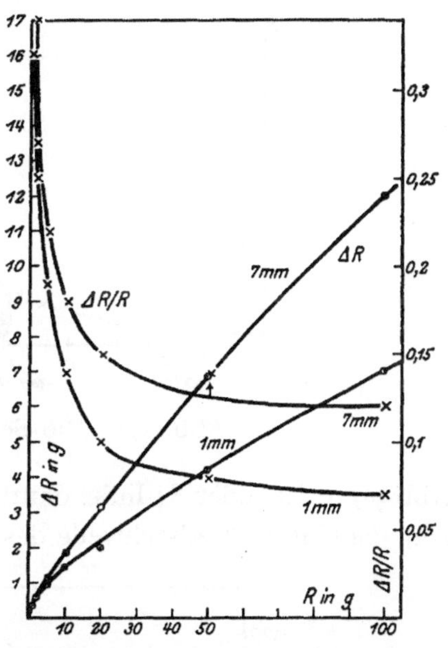

Abb. 253. Die Abhängigkeit der Unterschiedsschwelle des Drucksinnes vom Grundgewicht. R = Grundreiz, $\varDelta R$ = Reizzuwachs = Unterschiedsschwelle, $\varDelta R/R$ = relative Unterschiedsschwelle.

Auf der Grundlage, welche wir durch das Exponentialgesetz gewonnen haben, erübrigt es sich, auf die große Zahl der Einzeluntersuchungen einzugehen und auch hier alles Für und Wider zu diskutieren. Das Exponentialgesetz ist dem Weber-Fechnerschen Gesetz übergeordnet, d. h. in den Fällen, wo es sich über einen größeren Bereich als gültig erwiesen hat, kann es als Spezialfall unseres Gesetzes gelten, andererseits werden gerade die so häufig beobachteten Abweichungen durch die Kurvenformen des Exponentialgesetzes erklärt. Die Basis, auf welcher beide Gesetze aufruhen, ist ja die logarithmische bzw. die Exponentiallinie, so daß selbstverständlich beide sehr innige Beziehungen zueinander haben müssen.

An einigen Beispielen über den Drucksinn der Haut sei klargelegt, wie die gesetzmäßigen Beziehungen beschaffen sind. In Abb. 252 ist die Abhängigkeit des Schwellendruckes von der Größe der Fläche nach Basler wiedergegeben, welche als eine Funktion nach Art unserer

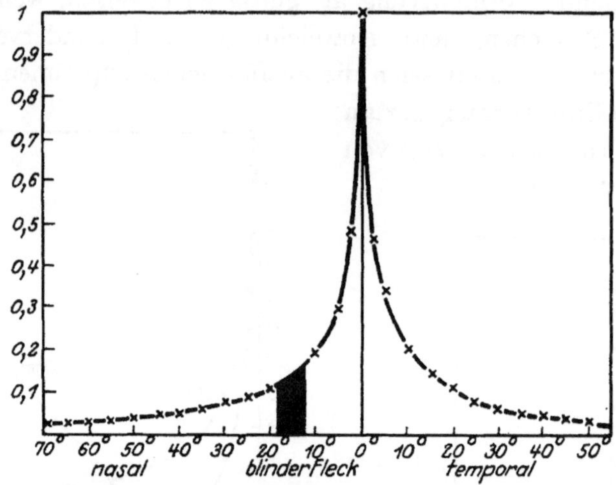

Abb. 254. Die Sehschärfe der Netzhaut.

Abb. 79 rechts oder 84 links deutlich gekennzeichnet ist. Die Abhängigkeit der Unterschiedsschwelle des Drucksinnes vom Grundgewicht stellt

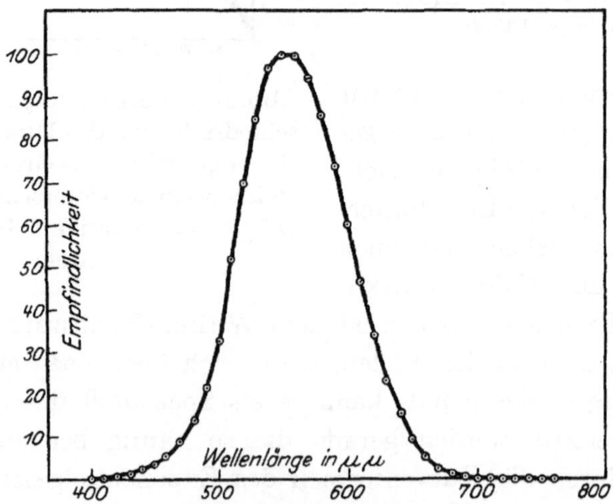

Abb. 255. Die spektrale Empfindlichkeitsverteilung des Auges bei Tagessehen. (Purkinjesches Phänomen.)

Abb. 253 dar. Mit dem Grundreiz R wächst auch der eben merkliche Reizzuwachs ΔR oder die Unterschiedsschwelle. Das Verhältnis $\Delta R/R$

heißt die relative Unterschiedsschwelle. Lips (Tab. biol. II, S. 274) untersuchte den Zeigefinger für Flächen von 1 mm und 7 mm Durchmesser. Da die ΔR-Kurven nach dem Exponentialgesetz den Charakter unserer Abb. 72 II, die $\Delta R/R$-Kurven den von ihrer Reziproken (I) haben, ist ersichtlich, daß das Exponentialgesetz hier mehr zu leisten imstande ist als das Webersche Gesetz, welches hier nicht voll bestätigt werden konnte. Auch die Untersuchungen von Schriever, der das Webersche Gesetz für den einzelnen Druckpunkt als gültig ansieht, führen zu ganz ähnlichen Kurven wie die in Abb. 253.

Für die Lichtempfindlichkeit des Auges ist die Schärfe an den verschiedenen Stellen der Netzhaut von Bedeutung. Abb. 254 gibt als Abszisse einen Horizontalschnitt der Netzhaut, als Ordinate die Sehschärfe in Snellenschen Einheiten (Tab. biol. I, S. 276). Die Kurven zeigen eine Abnahme der Sehschärfe nach der Peripherie zu, welche wie die Funktion in Abb. 78 links verläuft. Die spektrale Empfindlichkeitsverteilung des normalen Auges bei Tagessehen ist in Abb. 255 (Tab. biol. I, S. 303) dargestellt,

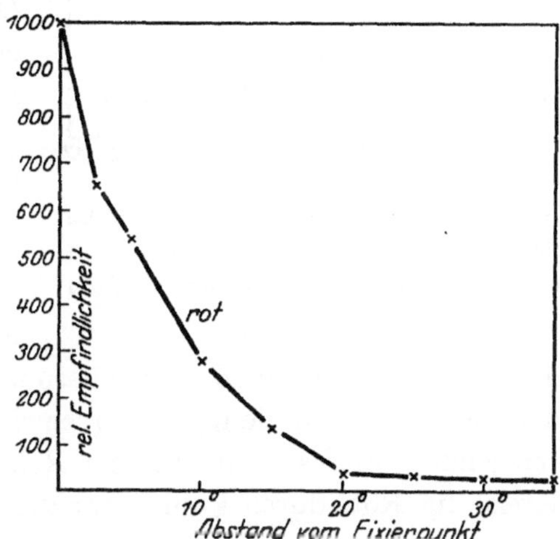

Abb. 256. Die örtliche Empfindlichkeitsverteilung auf der helladaptierten Netzhaut.

in welcher als x-Achse die Wellenlängen in $\mu\mu$ aufgetragen sind. Abb. 51 ist die Basis, nach welcher dieser als Purkinjesches Phänomen bezeichnete Tatsachenkomplex durch das Exponentialgesetz formuliert werden kann. Dagegen wird die örtliche Empfindlichkeitsverteilung (Tab. biol. I, S. 326), wenn in Abb. 256 die relativen Empfindlichkeitswerte nach Boltunow für Rot in Abhängigkeit zum Abstand vom Fixierpunkt gesetzt werden, durch die Kurve der Funktion in Abb. 57 rechts oder 63 links dargestellt. Für Grün und Blau ergeben sich ganz ähnliche Abhängigkeiten. Ebenfalls der Funktion in Abb. 57 rechts gleicht der zeitliche Verlauf der Sehpurpurbleichung durch Licht (Tab. biol. I, S. 289).

Die Formulierung, welche hier versucht worden ist, ist nach folgendem Typus gebaut:

$$k = \frac{1}{t} \log \frac{a}{a-x},$$

stellt also wieder einen Spezialfall des Exponentialgesetzes dar, jedoch scheint auf Grund der leichten S-förmigen Krümmung der hier vor-liegenden Kurve die Formel $\frac{1}{(1+4)}$ für $a = 1{,}8$ dem Tatbestand näher zu kommen. Auch die Kurven des Abklingens der Nachbilder von verschiedenen Lichtreizen (Abb. 257) wurden durch modifizierte Formeln von Exponential-linien zu erfassen versucht. Krav-kow gibt dafür die Lasareffsche Gleichung:

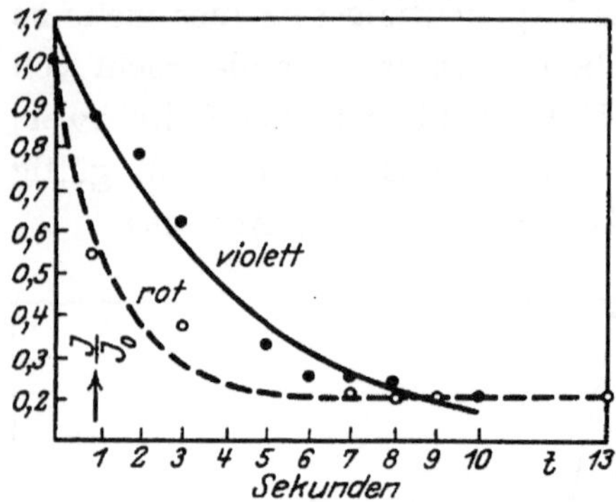

Abb. 257. Die Kurven des Abklingens der Nachbilder von verschiedenen Lichtreizen nach der Lasareffschen Formel.

$$J = A + Be^{-\alpha_3 t},$$

nach der die Kurven in Abb. 257 gezogen sind. J ist die Helligkeit des Nachbildes, A und B sind experimentell ermittelte Konstanten, α_3 ist der Reaktionskoeffizient des Verschwindens des durch Licht zersetzten, erregenden Stoffes, t die seit der Reizung verflossene Zeit. Die durch Kreise für Rot, durch Punkte für Violett angegebenen Daten erfordern aber, besonders für Violett, eine S-förmige Krümmung, welche wir durch das Ex-ponentialgesetz leicht for-melmäßig darstellen kön-nen, so daß auch die Lasareffsche Gleichung nur Näherungswerte ver-mitteln kann. Auch hier gibt die Funktion in Abb.

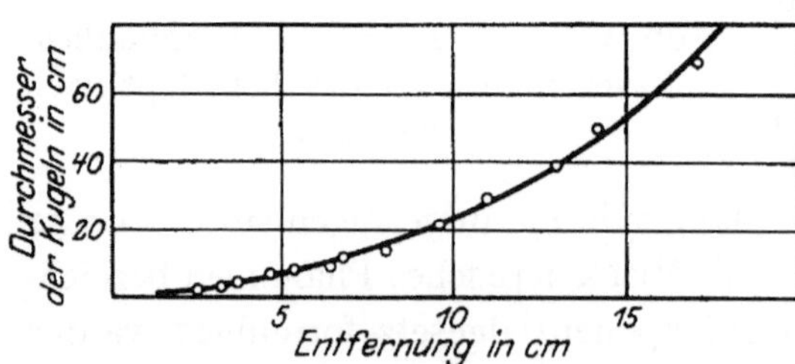

Abb. 258. Das Sehvermögen der roten Wald-ameise, *Formica rufa*.

56 und 57 rechts den Weg zu einer Deutung an. Daß exponentiale Funktionen auch bei den Insektenaugen herangezogen werden müssen, zeigen die Untersuchungen Homanns über die Ozellenfunktion. Abb. 258 stellt das Sehvermögen der Ameise *Formica rufa* dar, welche große Ähnlichkeit mit der im Anfang dieses Buches besprochenen Krogh-schen Linie hat.

Ferner seien einige biologische Abhängigkeiten demonstriert, die zu dem Gehörs- und Gleichgewichtssinn in Beziehung stehen. Abb. 259 gibt nach Einthoven und Hoogerwerf die relative Empfindlichkeit normaler Ohren für Töne verschiedener Tonhöhe an, wenn als Abszisse die Schwingungszahlen der Töne gewählt werden. Die Punkte sind nach verschiedenen Methoden bestimmt worden und lassen sich durch eine Kurve erfassen, die durchaus in unser Schema hineinpaßt. Die Strömungsgeschwindigkeit der Endolymphe im Bogengangsapparat des Ohrlabyrinths bei kalorischer Spülung (Abb. 260) folgt als Zeitfunktion unserm Typ in Abb. 80. Maier und Lion bezeichnen mit *I* die Zone der Latenzzeit (0—20''), mit *II* die Zone der unregelmäßigen Zuckungen (20—23''), mit *III* die Zone der langsamen Komponente

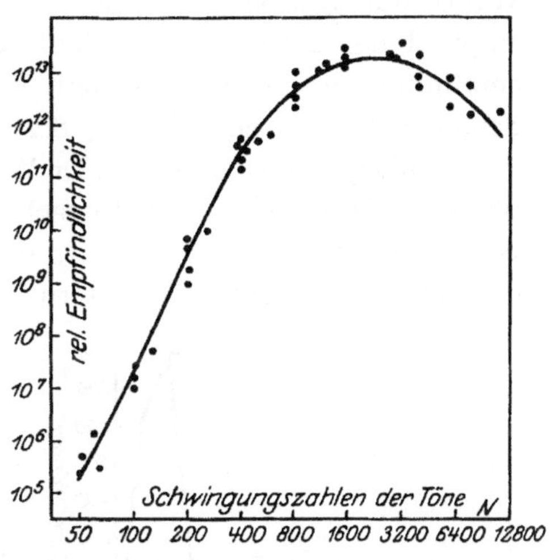

Abb. 259. Die relative Empfindlichkeit normaler Ohren für Töne verschiedener Tonhöhe.

(23—24''), mit *IV* die Zone der regelmäßigen rhythmischen Zuckungen (24—70'') und mit *V* die Zone des Nystagmusabklingens (70—160''). Die Endolymphe setzt sich, wie Abb. 260 zeigt, langsam in Bewegung, steigt bis zu einem Maximum, um dann sehr langsam abzuklingen.

Die Schallempfindung wurde von Kohlschütter (nach Zuntz und Loewy)

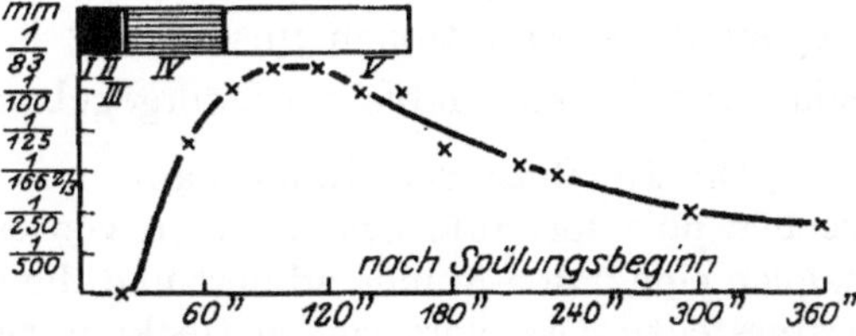

Abb. 260. Die Strömungsgeschwindigkeit der Endolymphe bei kalorischer Spülung.

auch als Symptom für Vorgänge im Zentralnervensystem herangezogen. Abb. 261 stellt die Kurve der Tiefe des Schlafes dar, für die als Maß die Stärke jenes Schallreizes verwendet wurde, die eben ausreichte, um den Schlafenden so weit zu erwecken, daß er eine einfache Frage beantworten konnte. Der Verlauf eines achtstündigen Schlafes ist nach dem Exponentialgesetz durch eine Kurve vom Typus der Abb. 64 rechts zu erfassen. Der Schlaf vertieft sich innerhalb der ersten Stunde rasch und verflacht dann wieder.

Von R. Pauli werden weitere Beispiele aus der Sinnesphysiologie erwähnt, welche im engsten Zusammenhang mit der Empfindungs- und Wahrnehmungspsychologie stehen, z. B. das Abklingen der Druckempfindung, der zeitliche Verlauf der lokalen Umstimmung bei Lichtempfindungen, die Abhängigkeit der absoluten Schwelle von der Ausdehnung des optischen Reizes, der Anstieg der Dunkeladaptation, das Verhältnis gegenfarbig wirkender Wellenlängen des Spektrums. Weiter führt Pauli eine Reihe von Tatsachen aus dem Bereiche der Gedächtnis- und Vorstellungspsychologie an, die ebenso wie die Abhängigkeiten in der Sinnesphysiologie Kurvenformen aufweisen, welche zeigen, daß das Exponentialgesetz auch hier gültig ist, z. B. die Zahl der Wiederholungen als Faktor bei dem Wiedererkennen, der Reproduktion und der Übung, der Einfluß der Auffassungszeit und der Reihenlänge, der Verlauf des Vergessens, Geläufigkeit und Assoziation. Zwar sind in den meisten Fällen die Untersuchungen noch nicht so weit fortgeführt, daß die Kurvenform eindeutig bestimmt

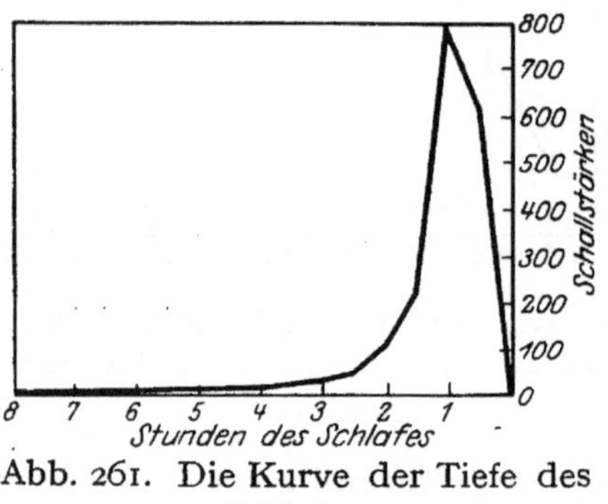

Abb. 261. Die Kurve der Tiefe des Schlafes.

werden könnte, jedoch unterliegt es keinem Zweifel, daß es sich um exponentiale Funktionen unserer Art handelt. In Abb. 262 ist ein Beispiel aus diesem Gebiete wiedergegeben. Pauli sagt dazu:

„Die Zunahme der Übung kann man verfolgen bei ausgedehnten Versuchen über fortlaufendes Addieren von einstelligen Zahlen. Dabei wurde täglich eine halbe Stunde addiert und die Gesamtzahl der addierten Zahlen festgestellt. Die Versuche erstreckten sich auf zwei Monate, allerdings mit Unterbrechungen, drei im ganzen; abgesehen wird von einer, die ohne Einfluß geblieben ist. Da sonst jede Unterbrechung mit einem Rückgang der Übung verbunden ist, konnten nicht alle Werte für die graphische Darstellung verwandt werden, die das Wachstum der Übung darstellt. Diejenigen schieden aus, die infolge der Unterbrechung unter den letzterhaltenen Wert heruntergingen. Es ist klar, daß die Kurve etwas anders ausgefallen wäre, wenn sämtliche 32 Versuchstage unmittelbar aufeinander gefolgt wären. Deshalb ist die Zusammensetzung aus vier zusammengehörigen Stücken durch trennende Ordinaten kenntlich gemacht, außerdem für die Abszisse das Datum des Versuchstages angegeben. Der größte Übungsgewinn ist in den ersten sechs Tagen erzielt worden; auch der steilere Anstieg, den die Kurve an einer Stelle in der Mitte zeigt, ist damit nicht zu vergleichen. Im übrigen ist das Nachlassen der Steigerung am Ende deutlich zu erkennen."

Die logarithmische Linie des Weberschen Gesetzes kann nur mit sehr großer Einschränkung den Tatsachenbestand wiedergeben. Es gilt das Gleiche, was wir mehrfach sagen mußten, wenn es sich um die logarithmische bzw. Exponentiallinie handelte, nämlich, daß man jede gekrümmte Linie, welche nur einigermaßen Ähnlichkeit mit ihr hatte, für eine logarithmische Funktion in ihrer einfachsten Form ansah,

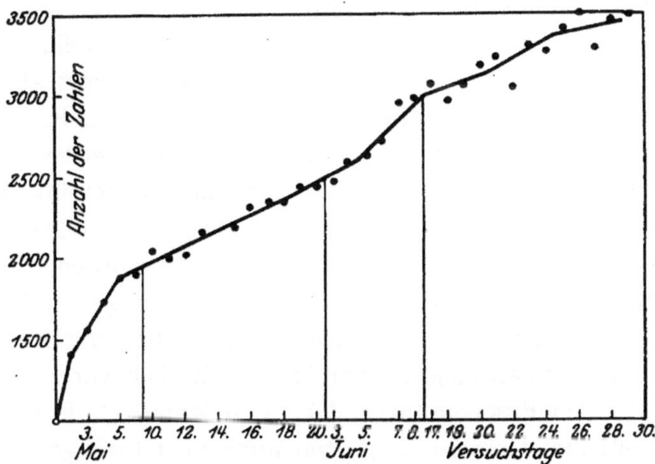

Abb. 262. Die Anzahl der in einer halben Stunde fortlaufend addierten Zahlen in Abhängigkeit von der Zahl der Versuchstage nach dem Datum geordnet.

ohne Rücksicht darauf, ob sie tatsächlich restlos die Eigenschaften einer solchen aufwies. Als Beispiel sei der Abfall der Schlaftiefe in Abb. 261 angeführt. Pauli sagt dazu:

„Betrachtet man eine typische Kurve dieser Art, so lassen sich dabei zwei verschiedene Stadien unterscheiden: der Anstieg der Schlaftiefe, der anscheinend in relativer Form erfolgt, und das Absinken, das den wesentlichen Teil des Kurvenverlaufs ausmacht. Bei ihm tritt die fragliche Gesetzmäßigkeit (das ist das Webersche Gesetz) mit aller Deutlichkeit zutage."

Daß hier etwas ganz anderes vorliegt als eine einfache logarithmische Linie, ist oben zum Ausdruck gebracht worden. Das Exponentialgesetz umfaßt die Reaktionen des Organismus in ihrer Ganzheit und muß darum den Gesetzmäßigkeiten, welche man für Teilerscheinungen und

innerhalb bestimmter Grenzen feststellen zu können glaubte, übergeordnet sein. Aus dem vorliegenden Tatsachenmaterial ergibt sich,
daß das Exponentialgesetz auch das seelische Geschehen beherrscht.

3. Der Protoplast als kolloides System.

a) Allgemeines.

Wohl kaum ein Teilgebiet der naturwissenschaftlichen Forschung
hat einen derartigen Einfluß auf unsere Anschauungen über das Wesen
der Lebenserscheinungen gehabt wie die physikalische Chemie, insbesondere die Kolloidchemie. Es braucht nicht darüber gesprochen zu
werden, daß das lebendige Geschehen sich in einem kolloiden System
abspielt. Um so mehr interessiert es uns, wie es sich dort abspielt, wie
die Gesetzmäßigkeiten beschaffen sind, nach denen die Reaktionen im
lebendigen System vor sich gehen und wie sie miteinander verknüpft sind.

Es ist selbstverständlich, daß die Forschung in der überwiegenden
Mehrzahl der Fälle von den Erfahrungen ausgehen mußte, welche in
der Physikochemie an toten Systemen gemacht wurden. Erst durch
die Übertragung dieses Wissens auf die Verhältnisse im Organismus
konnte man dann zu einem Verständnis der Lebenserscheinungen gelangen, soweit das eben möglich war. Dadurch aber wurde das Lebensgeschehen mit den Erscheinungen der toten Materie aufs innigste verknüpft, indem ihre Gesetzmäßigkeiten auch im lebendigen System als
gültig angesehen wurden. Es steht außer jedem Zweifel, daß dem tatsächlich so ist. Gehen wir nun, von der Biologie herkommend, mit
denselben Gesichtspunkten, welche bei den bisher betrachteten Lebenserscheinungen die irgendwie beliebig herausgegriffenen Symptome in
ihrem Zusammenhang und in ihren Beziehungen zu äußeren und inneren
Systembedingungen klarzustellen vermochten, auch an die Erscheinungen heran, welche durch den kolloiden Zustand des lebendigen
Systems bedingt sind, so muß, wenn wir dieselbe Gesetzmäßigkeit auch
hier finden, diese weit in die physikalische Chemie und damit in das
Naturgeschehen überhaupt hineinspielen.

Da der Organismus nun einmal ein Glied des Kosmos ist und also
in seiner Ganzheit wie in seinen Teilen und Teilerscheinungen mit dem
Naturgeschehen verbunden ist, so werden gerade die Gesetzmäßigkeiten,
welche wir in der Reaktionsfähigkeit und tatsächlichen Reaktion des
Organismus erkennen, Grund und Ursache für die kosmische Ver-

knüpfung sein, d. h. wir müssen vermuten, daß in dem Exponentialgesetz ein Naturgesetz sich kundtut, das sowohl im anorganischen wie
auch im organischen Geschehen sich auswirkt. Den Geltungsbereich
eines solchen Gesetzes festzulegen, kann, wie ich bereits in Kap. A IV
ausführte, nicht Aufgabe des Biologen allein sein, sondern ist eine
Angelegenheit der gesamten Naturwissenschaft.

Von den physikochemischen Erscheinungen wollen wir nur einige
herausgreifen, um an ihnen zu zeigen, daß das Exponentialgesetz auch
hier gültig ist. Es würde weit über das gesteckte Ziel hinausgehen,
Einzelheiten zu erörtern und weitreichende theoretische Erwägungen
darüber anzustellen, wie weit das Exponentialgesetz rückwirkend die
Physikochemie zu beeinflussen ver-
mag. Wir wollen uns damit begnügen,
festzustellen, daß die Kurvenformen

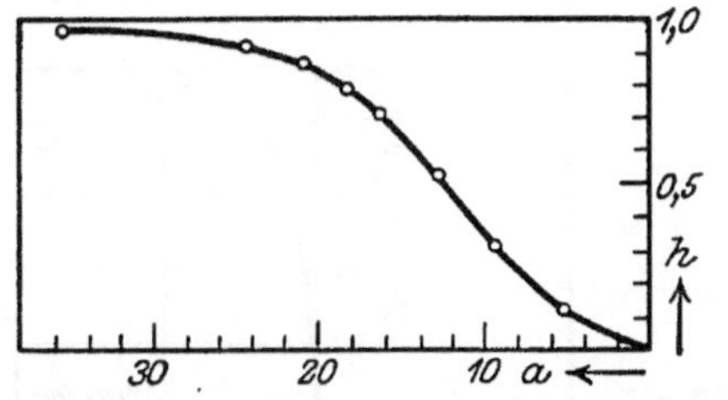

Abb. 263. Die Dampfdruckisotherme
des Gelatinegels. h = rel. Dampf-
druck, a = die pro Gramm trockene
Gelatine aufgenommene Wassermenge.

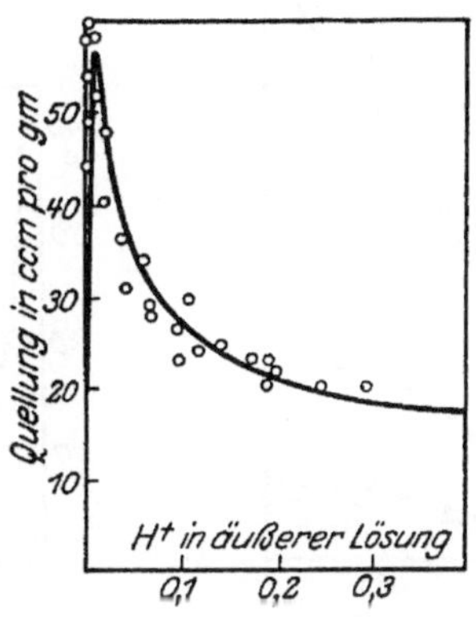

Abb. 264. Der Quellungsgrad der Gelatine als Funktion der Konzentration
an Salzsäure.

des Exponentialgesetzes die experimentell ermittelten Abhängigkeiten
zu erfassen vermögen. Ebenso werden wir die Bedeutung der Erscheinungen für das Geschehen im lebenden Organismus nur andeutungsweise behandeln, da in zusammenfassenden Werken (z. B. Höber,
Freundlich, Eichwald-Fodor, Schade, Bechhold) ausführlich
davon die Rede ist.

Betrachten wir zuerst die Quellungserscheinungen, so hat nach
Freundlich die Dampfdruckisotherme des Gelatinegels die S-förmige
Gestalt wie Abb. 263, in welcher die Ordinate h den relativen Dampf-
druck und die Abszisse a die pro Gramm trockene Gelatine aufgenommene
Wassermenge bedeutet. Wir haben diese Kurvenform schon so oft be-
sprochen, daß wir hier nicht näher darauf einzugehen brauchen. Kom-

plizierter wird die Kurvenform, wenn der Quellungsgrad der Gelatine als eine Funktion der Konzentration an Salzsäure dargestellt wird (Abb. 264). Hitchcock gibt für die eingezeichnete Linie nach Wilson folgende Gleichung an:

$$E = \frac{RT}{2F} \ln \left(1 + \frac{z}{y}\right),$$

also auch eine logarithmische Funktion. Wir würden auf Grund unserer exponentialen Kurven dieser Abhängigkeit den Charakter von Abb. 125 oder 102 zusprechen.

Den zeitlichen Verlauf der Quellung eines Gelatinegels unter Berücksichtigung der Abhängigkeiten vom Gelatinegehalt gibt Abb. 265 nach Freundlich wieder, welche den Kurventypen unserer Abb. 66 bis 69 entspricht, aus denen der Einfluß der

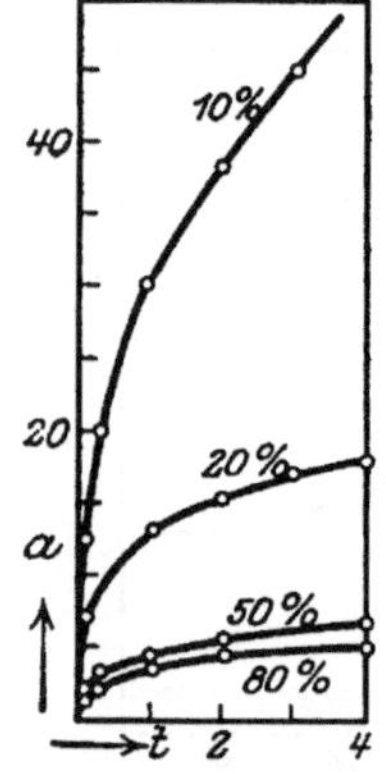

Abb. 265. Die Abhängigkeit der Quellung eines Gelatinegels vom Gelatinegehalt, a = aufgenommene Wassermenge, t = Zeit.

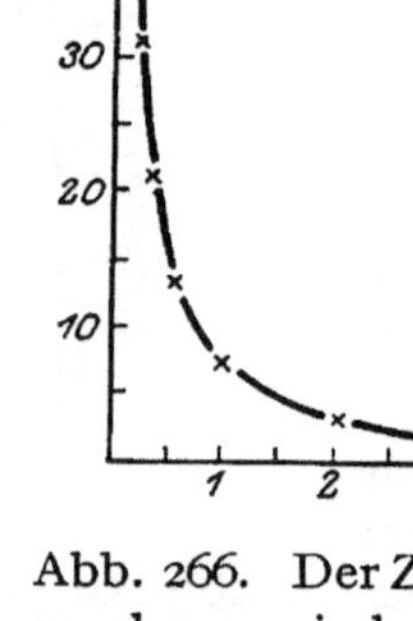

Abb. 266. Der Zusammenhang zwischen dem Wassergehalt W und dem von der quellenden Laminaria entwickelten Druck P.

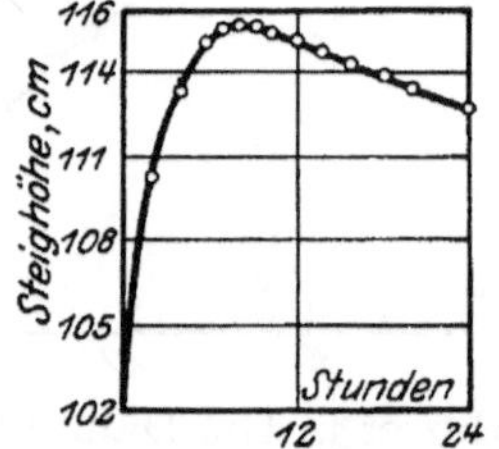

Abb. 267. Die Änderung des osmotischen Drucks des Di-Natrium-guanylats mit der Zeit bei Gegenwart von Neutralsalzen.

Größenordnung der Konstanten m und a, d. h. in unserm Falle der Gelatinemenge auf den Linienverlauf, hervorgeht. Unserem hyperbelartigen Typ folgt die Kurve der Abb. 266 nach Höber, welche den Zusammenhang zwischen dem Wassergehalt W (ccm Wasser/ccm lufttrockene Substanz) und dem von der quellenden Laminaria entwickelten Druck P angibt.

Weiterhin sehr wichtig für das Lebensgeschehen der Zellen und der Gewebe ist die Osmose und die damit in Zusammenhang stehenden Erscheinungen. Abb. 267 zeigt nach H. Hammarsten die Änderung des osmotischen Druckes des Dinatriumguanylats mit der Zeit bei

Gegenwart von Neutralsalzen. Die Kurve hat den Verlauf von Funktionen, wie sie in Abb. 53 rechts, 64 rechts und anderen behandelt worden sind, mit dem Unterschiede, daß der aufsteigende Ast sehr dicht an der y-Achse hochzieht, eine Eigenschaft der Funktion, welche durch entsprechende Wahl der Konstanten ähnlich wie in Abb. 66 ff. erzielt werden kann. Als Beweis für die Gültigkeit der Valenzregel bei dem Einfluß von Säuren auf den osmotischen Druck der Gelatinelösungen sieht Hitchcock Abb. 268 an, welche demselben Kurventyp folgt wie die vorige Abbildung mit einem Nullpunkt bei einem höheren p_H-Wert. Der Einfluß von einbasischen Säuren ist derselbe und un-

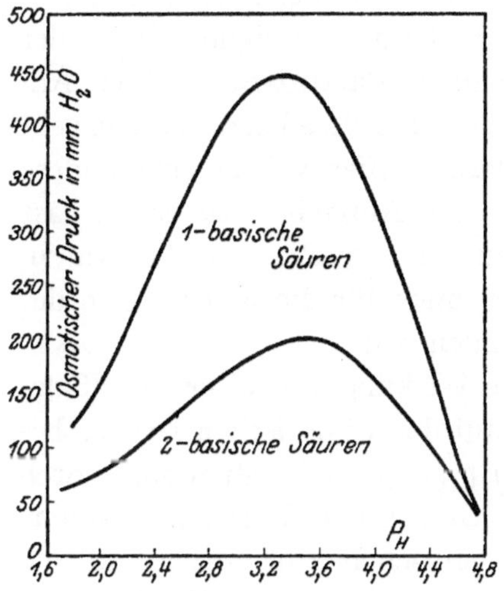

Abb. 268. Der Einfluß von Säuren auf den osmotischen Druck der Gelatinelösungen.

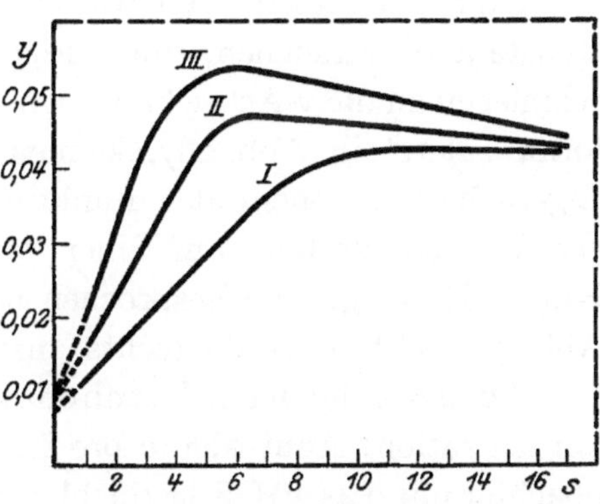

Abb. 269. Die Abhängigkeit des Faktors y von der Ammoniumsulfatkonzentration (S) bei verschiedener H-Ionen-Konzentration $(I—III)$. Osmotischer Druck der Eieralbuminlösungen.

gefähr doppelt so groß wie der zweibasischen Säuren und läßt sich nach unserem Prinzip wiederum durch den Zahlenwert der Konstanten festlegen.

Auch Abb. 269, welche nach Sörensen die Abhängigkeit des Faktors y bei Eieralbuminlösungen von der Ammoniumsulfatkonzentration (S) bei verschiedener H˙-Ionenkonzentration (I bis III) wiedergibt, folgt demselben Typ, wenn wir die Linien II und III ansehen. y ist der Faktor, welcher durch Multiplizieren des Proteinstickstoffes das Gewicht des in das Eihydrat eingetretenen Ammoniumsulfats gibt. Der Wert von y steigt zuerst mit wachsender Ammoniumsulfatkonzentration stark an, bis der Maximalwert erreicht ist. Sörensen sagt dann weiter, daß er sich danach konstant erhält.

„Es ist möglich, daß das unbedeutende Sinken des Wertes von y, welches die Kurven bei starken Ammoniumsulfatkonzentrationen zeigen, nur den Versuchsfehlern zu verdanken ist, es ist aber auch möglich, daß wir es hier mit einem Verhältnis zu tun haben, welches mit der Kondensation zum Eieralbuminsulfat und der darauf folgenden Auskristallisation in Verbindung steht."

Würde das Absinken der Kurven nicht der eigentlichen Reaktion entsprechen, so würden wir ihnen vom Standpunkt des Exponentialgesetzes den Charakter unserer Abb. 71 I zusprechen, im andern Falle müssen wir eine Form wie Abb. 53 rechts oder ähnliche zugrunde legen und dann auf dieselbe Art wie in Abb. 71 I durch geeignete Wahl der Konstanten versuchen, ihre Eigenschaften darzustellen. Das Anschmiegen an die y-Achse haben wir schon einige Male bei dieser Kurvenform, zuletzt in Abb. 267, kennen gelernt. Hier würde eine andere Eigenschaft exponentialer Funktionen, das Abflachen zu einem fast geradlinigen Verlauf auf einer bestimmten Strecke, welche wir in Kap. A III eingehend besprochen haben, auch für die Kurvenform der Abb. 53 rechts oder 88 rechts anzuwenden sein.

Abb. 270 zeigt nach Hitchcock die Wirkung von Chloriden (Salzkonzentration: Äquivalente pro Liter) auf den osmotischen Druck, beobachtet mit 0,45 vH Edestinchlorid bei $p_H = 3$, und ordnet sich durch Abb. 57 dem Exponentialgesetz unter. Stiles und Jorgensen untersuchten den Einfluß verschiedener organischer Substanzen auf die Permeabilität der Pflanzenzelle und brachten 2,5 g *Oxalis*-Blätter in 50 ccm der Lösungen. Gemessen wurde dann die Leitfähigkeit der äußeren Lösung, welche eine schnelle Exosmosis der Elektrolyten aus der Zelle bewirkt hatte. Die Kurven in Abb. 271 zeigen die Änderung der Leitfähigkeit der äußeren Lösung als Zeitfunktion an, und zwar A in 0,2 m Isoamylalkohol, B in 0,5 m Isobutylalkohol und P in Pyridin. Ähnliche Kurven wurden für Kartoffelblätter in Chloroform, Chloralhydrat, Äther, Urethan, Azeton, Anilin und Pyridin erhalten, die sämtlich den S-förmigen Charakter unsrer Abb. 75 haben. In dieser Abbildung haben wir dargestellt, wie mit wachsendem a-Wert die Kurven immer mehr verflachen, so daß in unserem Beispiel die unterschiedliche Wirkung verschiedener organischer Substanzen auf den Grad der Exosmose durch den a-Wert unserer Formel zahlenmäßig vergleichbar wird, denn die Zahl a ist für $A < P < B$. Denselben unterschiedlichen Verlauf zeigen die Exosmosekurven z. B. für Kartoffelblätter in Anilin, wenn verschiedene Konzentrationen gewählt werden. Sie laufen so, wie Abb. 75 es darstellt, und zwar ist der a-Wert für 0,2 m $<$ 0,1 m $<$ 0,075 m $<$ 0,05 $<$ 0,025 $<$ 0,01 m Anilin, d. h. je stärker die Konzentration ist, desto kleiner ist der a-Wert.

Ein viel bearbeitetes Teilgebiet der physikalischen Chemie ist die innere Reibung. Die Viskosität kolloider Lösungen spielt naturgemäß in der Zellphysiologie eine sehr große Rolle, und wir werden z. B. bei

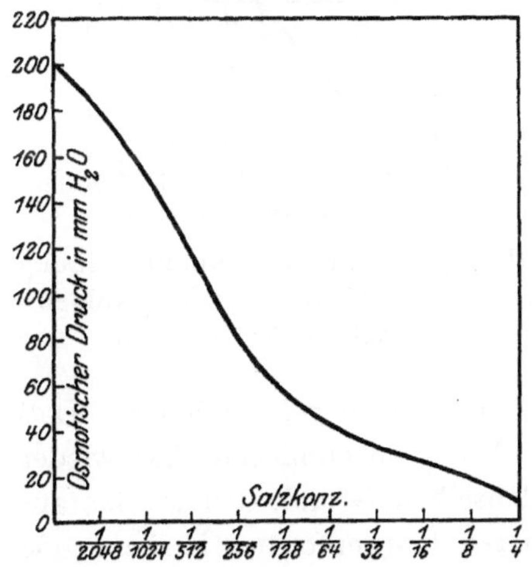

Abb. 270. Die Wirkung von Chloriden auf den osmotischen Druck, 0,45 vH Edestinchlorid bei $p_H = 3$.

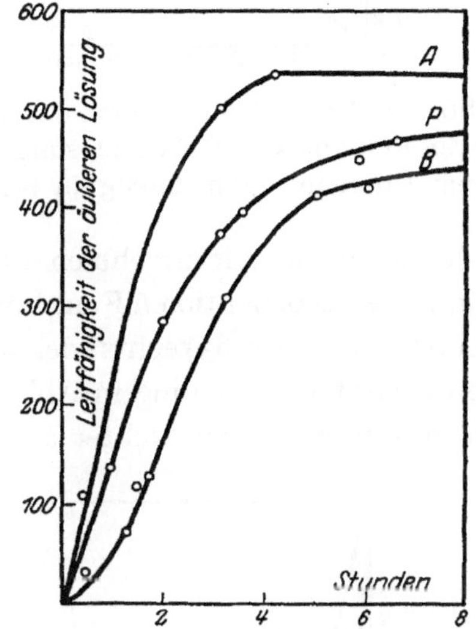

Abb. 271. Die Exosmose von Elektrolyten aus den Blättern von *Oxalis acetosella*, *A* in 0,2 m Isoamylalkohol, *B* in 0,5 m Isobutylalkohol, *P* in m Pyridin.

den Alterungserscheinungen noch näher darauf eingehen müssen. In diesem Zusammenhang können wir uns damit begnügen, festzustellen, daß die Messungen über die innere Reibung durchweg zu Kurven geführt haben, denen wir einen exponentialen Charakter gemäß dem Exponentialgesetz zuschreiben müssen. Wegen der Einzelheiten sei auf die zusammenfassenden Darstellungen (z. B. W. Ostwald, Freundlich, Oppenheimer, Höber) verwiesen, in denen auch viele weitere Beispiele angeführt sind. Einige wenige seien hier besprochen. Nach Reiger hat die Kurve der inneren Reibung von Gelatinelösungen beim Übergang von flüssig in fest als Zeitfunktion in Abb. 272 die bekannte S-förmige Gestalt. Nach Ostwalds Abb. 24 ändert sich die innere Reibung von Serumalbumin mit Alkoholzusatz unter dem

Einfluß des Alterns nach Kurven, welche denselben Charakter haben wie unsere Abb. 143 I und II. Abb. 273 stellt nach E. Hammarsten die relative innere Reibung von einem Histonnatriumnukleinsäuresalz in NaCl-Lösung dar. Man sieht, daß für verschiedene Zeiten die Kurven

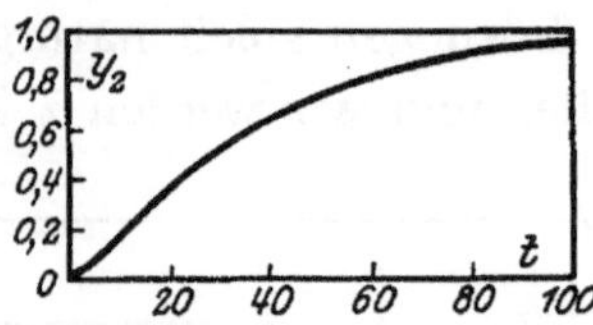

Abb. 272. Die S-förmige Kurve der inneren Reibung von Gelatinelösungen beim Übergang von flüssig in fest.

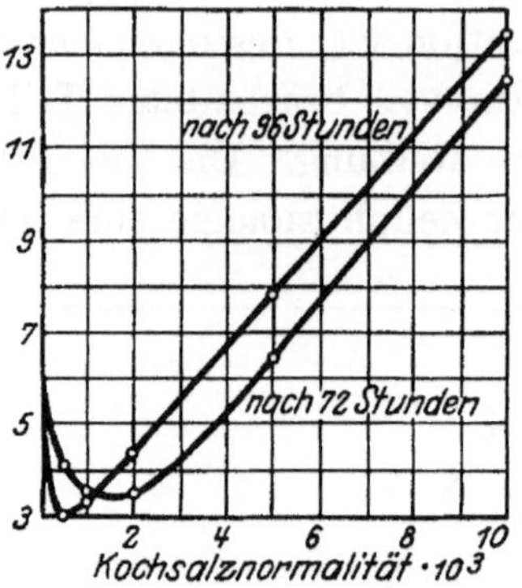

Abb. 273. Die relative innere Reibung von einem Histon-Natrium-Nukleinsäuresalz in NaCl-Lösung.

jedesmal die Gestalt annehmen, die wir in der exponentialen Funktion der Abb. 52 rechts, 63 rechts oder als komplizertere Gleichung in Abb. 87 rechts kennen gelernt haben. Daß die linken Äste sich dichter an die y-Achse anschmiegen, hat wieder denselben Grund, den wir bei anderen Kurvenformen in der Größe

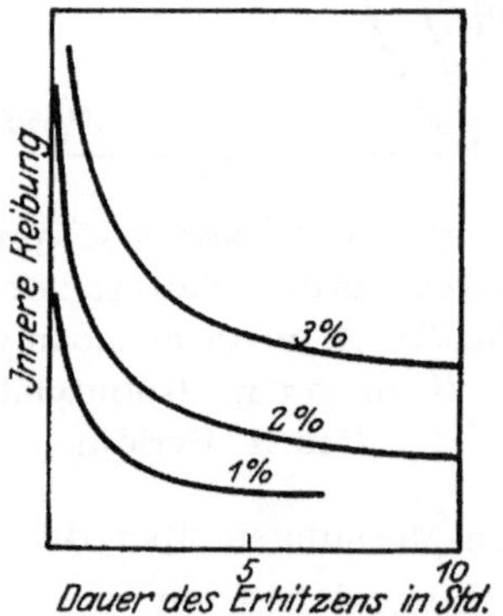

Abb. 274. Die Änderung der inneren Reibung von Gelatinelösungen durch thermische Vorbehandlung.

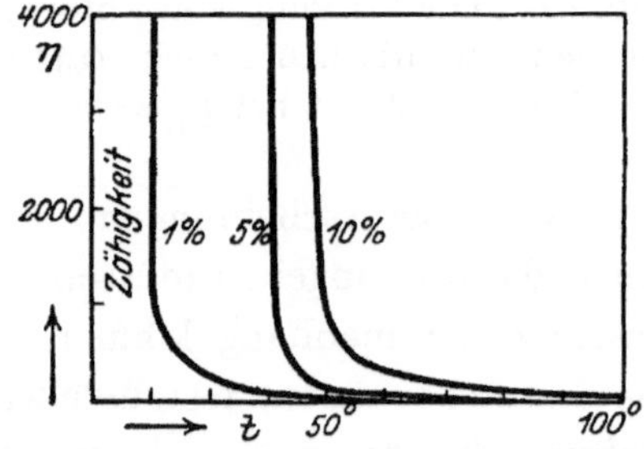

Abb. 275. Die Sol-Gel-Umwandlung. Die Zähigkeitsänderung von Gelatineglyzerosolen verschiedenen Gelatinegehaltes mit der Temperatur (t).

der Konstanten gefunden haben. Z. B. sehen wir dieselbe Erscheinung bei asymptotischer Annäherung an die y-Achse in Abb. 70 I und 72 I.

Charakteristisch ist der Einfluß des Erhitzens auf die innere Reibung von Gelatinelösungen, Abb. 274 gibt nach W. Ostwald die Abhängigkeit der inneren Reibung verschiedener Gelatinelösungen von der Dauer des Erhitzens, Abb. 275 die Abhängigkeit der Zähigkeit (η) von der Temperatur (t). In beiden Fällen erhalten wir unseren bekannten hyperbelartigen Typ, in Abb. 274 in seiner exponentialen, in Abb. 275 in seiner logarithmischen Form. Deutlich ist in beiden Abbildungen das „Hängen" zu erkennen. Wichtig ist, daß der verschiedene Gelatinegehalt sich vergleichsfähig durch die Größe m unserer Formeln ausdrücken läßt, die ja für die Lage der Asymptote verantwortlich zu machen ist. Abb. 276 zeigt den Einfluß von Zusätzen (HCl und NaOH) auf die innere Reibung von Gelatine und hat den Charakter unserer Abb. 101.

Ostwald sagt dazu S. 209:

„Vielleicht die auffälligste Tatsache, die das Studium des Einflusses speziell von Elektrolyten auf die innere Reibung weitgehend gereinigter Eiweißlösungen ergeben hat, ist die teilweise enorme Veränderung der Viskosität schon durch Spuren von Elektrolyten."

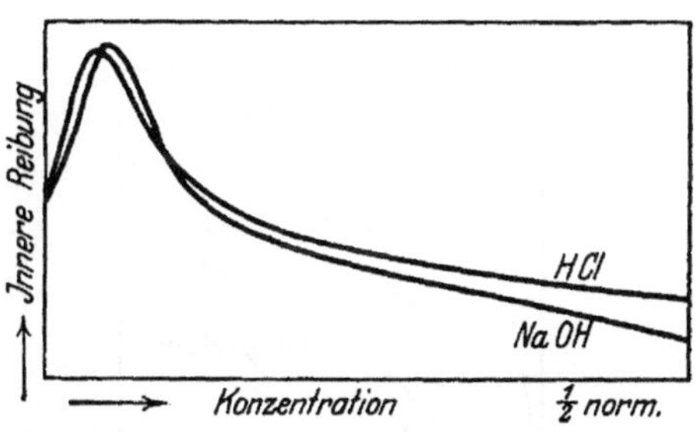

Abb. 276. Der Einfluß von HCl und NaOH auf die innere Reibung von Gelatine.

Für die Zusammenhänge im zellphysiologischen Geschehen spielen diese Dinge naturgemäß eine große Rolle.

Von der allergrößten Wichtigkeit für das biologische Geschehen sind die Adsorptionserscheinungen. Nach Freundlich gilt für verdünnte Gase und Lösungen in einer großen Mehrzahl der Fälle die sogenannte gewöhnliche Adsorptionsisotherme:

$$a = a\,p^{\frac{1}{n}} \text{ bzw. } a \cdot c^{\frac{1}{n}}.$$

Es ist hier a die pro Gramm Adsorbens adsorbierte Stoffmenge, p bzw. c sind Gleichgewichtsdrucke bzw. -konzentrationen, a und $\frac{1}{n}$ Konstanten, von denen a sehr verschieden sein kann, $\frac{1}{n}$ sich aber meist zwischen 0,2 und 0,8 bewegt. Abb. 277 zeigt nach Freundlich für verschiedene Fettsäuren als Ordinate die adsorbierten Mengen a in Millimol pro Gramm Kohle, als Abszisse die Gleichgewichtskonzentrationen c in der Lösung in Mol i. L. Die so entstehenden Adsorptionsisothermen sind nach den gegebenen Gleichungen als Parabeln aufzufassen, jedoch sagt Freundlich 1924 S. 16:

„Bei höheren Konzentrationen verliert die Gleichung ihre Gültigkeit, wenigstens weiß man das von der Adsorption in Lösungen. Die adsorbierte Menge strebt mit wachsender Konzentration der Lösung einem bestimmten Grenzwert, einer Adsorptionssättigung, zu und nimmt dann wohl wieder ab."

Damit ist der Tatbestand gegeben, der uns die Einordnung der Adsorptionsisotherme in das Exponentialgesetz gestattet, denn die Kurven laufen nicht, wie es Parabeln tun würden, dauernd weiter steigend bis in die Unendlichkeit, sondern nähern sich einem Höchstwert an, genau, wie es die von uns besprochenen Kurven in Abb. 66 bis 69 tun. (Wenn die Kurve wieder absinkt, würden wir Abb. 64 rechts oder 76 links negativ heranziehen.) Stellt man die Adsorptionsgeschwindigkeit dar (Abb. 278), so tritt diese Eigenschaft sehr deutlich in Erscheinung. Freundlich 1922, S. 148, sagt darüber:

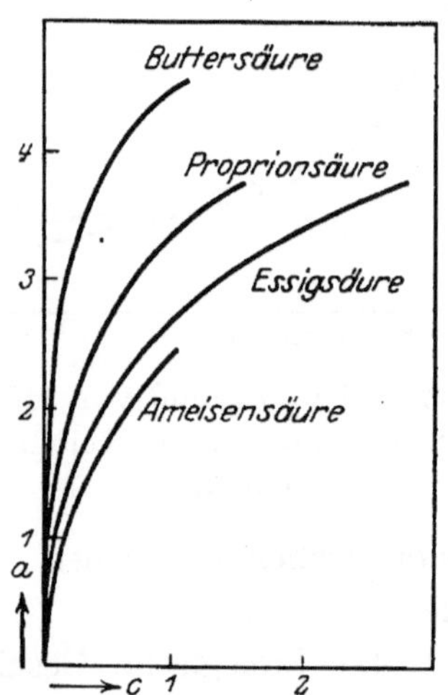

Abb. 277. Die Adsorption von Fettsäuren an Kohle.

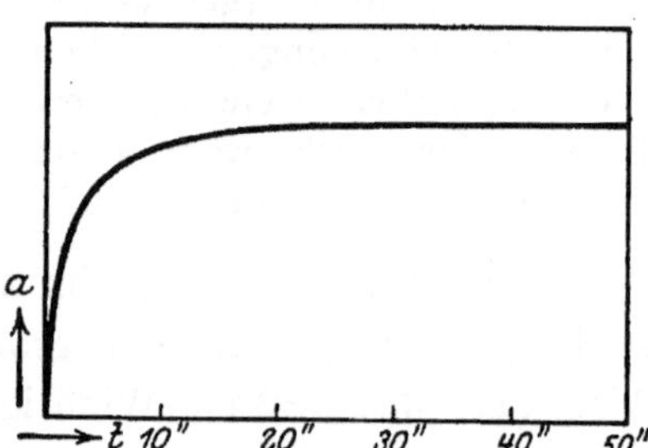

Abb. 278. Die Kurve der Adsorptionsgeschwindigkeit.

„Alle diese Messungen . . . . stimmen darin überein, daß sich . . . . das Adsorptionsgleichgewicht sehr schnell, meist in wenigen Minuten, einstellt. Die Adsorptionsgeschwindigkeitskurven lassen sich mathematisch nicht einfach darstellen. Sie steigen sehr schnell an und biegen dicht vor dem Erreichen des Gleichgewichtes scharf um. Bergter macht darauf aufmerksam, daß sich diese scharf geknickten Kurven mit Hilfe der Summe zweier e-Funktionen wiedergeben lassen."

Bergter hat für den Verlauf der Adsorption von Stickstoff durch Holzkohle folgende Gleichung gegeben:

$$m' = m_0 \left(1 - 0{,}95\, e^{-3{,}5\,t} - 0{,}05\, e^{-0{,}15\,t}\right),$$

eine Formel, welche auch nur die Modifikation der einfachen Exponentiallinie $y = m a^{-x}$ ist. Bergter sagt dazu:

„Trotz der aufgewandten großen Mühe ließ sich keine gleichmäßige Übereinstimmung von berechneten und beobachteten Werten erzielen, und man mußte sich unter Zulassung einer systematischen Abweichung von 1 bis 2 vH in den ersten drei Minuten mit einer Deckung in der übrigen Zeit begnügen."

Das Exponentialgesetz läßt, wie wir gesehen haben, andere Gleichungen zu und kommt mit wenigen Konstanten aus, die zugleich als Vergleichswerte dienen können. Damit ist gesagt, daß wir es vorziehen, die exponentialen Gleichungen in ihrer allgemeineren Form zu geben, also statt der Basis der natürlichen Logarithmen e die Zahl a zu wählen, trotzdem es selbstverständlich kein Unterschied ist, ob man a bestimmt oder eine Konstante k in $e^{k \cdot x}$. Es ist Sache der Vereinbarung, ob man als Grundformen unsere Gleichungen 1—8 z. B. $y = m a^x$ nimmt, oder an deren Stelle $y = m e^{k \cdot x}$.

Als Ergebnis wollen wir festhalten, daß die Adsorptionskurven durch das Exponentialgesetz sich formulieren lassen und daß auf Grund der in Kap. A III besprochenen Kurvenformen auch hier jede feine Variante erfaßt werden kann. Wie sich die äußeren Umstände einer Adsorption durch den Zahlenwert der Konstanten vergleichen lassen, zeigt Abb. 279 nach Ege, welcher bei seinen Untersuchungen über die Bestimmung von freiem und gebundenem Pepsin im Mageninhalt die Adsorption des Pepsins an Weißbrot bei verschiedenem Säuregehalt feststellte.

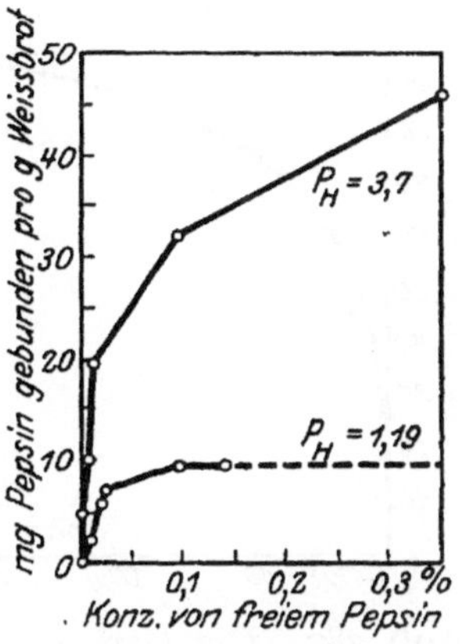

Abb. 279. Die Adsorption von Pepsin an Weißbrot.

Die Kurven zeigen denselben Charakter wie unsere Abb. 69.

Von Bedeutung sind die Adsorptionen besonders für unsere Vorstellungen von dem physiologischen Geschehen innerhalb der Zelle geworden. Freundlich sagt 1924 S. 20:

„Mit Hilfe der Adsorption hat man nachgewiesen, daß viele der wichtigsten Reaktionen, die sich im pflanzlichen und tierischen Organismus abspielen, an Oberflächen vor sich gehen. Zu diesen Reaktionen gehören die Kohlensäureassimilation, die Atmung, die Gärung und auch die gärungsähnliche Reaktion, durch die sich nach den neueren Untersuchungen O. Warburgs die Zellen einer Krebsgeschwulst von denen des gesunden Organismus unterscheiden. Alle diese Reaktionen lassen sich durch Stoffe hemmen, die stark adsorbierbar sind, also vor allem durch organische Stoffe wie die Alkohole, Urethane u. dgl. Die Hemmung ist um so stärker, je stärker adsorbierbar diese Stoffe sind."

Abb. 280 stellt nach Warburg (aus Höber) die Hemmung einer chlorophyllführenden Alge durch Phenylurethan dar, wenn auf der Abszisse die Narkotikumkonzentration abgetragen wird. Die Kurve ist eine Adsorptionsisotherme. Freundlich sagt dann weiter:

„Daraus kann man nur folgern, daß jene Reaktionen an Grenzflächen vor sich gehen, und daß sie durch die Anwesenheit der dort adsorbierbaren organischen Stoffe gestört werden. Man hat sich etwa vorzustellen, daß die reagierenden Stoffe — bei der Kohlensäureassimiliation die Kohlensäure, bei der Gärung der Traubenzucker — an Grenzflächen, die in den Zellen vorhanden sind, absorbiert sind und nur dort reagieren. Wenn dann jene organischen Stoffe gleichfalls adsorbiert werden, so verdrängen sie diese reagierenden Stoffe von der Grenzfläche und beeinträchtigen dadurch offenbar deren Reaktion. Hier ist es nun gelungen, sich eine noch verfeinerte Vorstellung vom Verlauf dieser Vorgänge zu bilden. Manche dieser Reaktionen, wie z. B. die Kohlensäureassimilation oder die Atmung, werden auch von Blausäure stark gehemmt. Deren starke Giftigkeit beruht ja auf dieser ihrer Einwirkung auf die Atmung. Nun ist Blausäure gar kein stark adsorbierbarer Stoff; er wird von Kohle viel schwächer adsorbiert als viele organische Stoffe, die in weit geringerem Grade die Reaktion hemmen. Dieser merkwürdige Widerspruch hat sich folgendermaßen aufklären lassen, wobei wir als Beispiel den Fall der Atmung betrachten wollen. Die Reaktion, um die es sich bei der Atmung handelt, vollzieht sich nicht an der ganzen Oberfläche der festen Zellbestandteile, sondern nur an bestimmten Stellen, an denen gewisse Eisenverbindungen sitzen. Vergleicht man die Oberfläche mit einem Schachbrett, so sind es etwa nur die schwarzen Felder, die von dieser Eisenverbindung bedeckt sind und an denen die Atmung — sie ist ja eine langsame Verbrennung — vor sich geht. Die Blausäure hat nun eine besondere Verwandschaft zu diesen Eisenverbindungen und wird von ihnen nach Art einer Adsorption aufgenommen. Dadurch werden diese eisenhaltigen Felder der Oberfläche mit Beschlag belegt, und es kann sich an ihnen die Atmung nicht weiter abspielen."

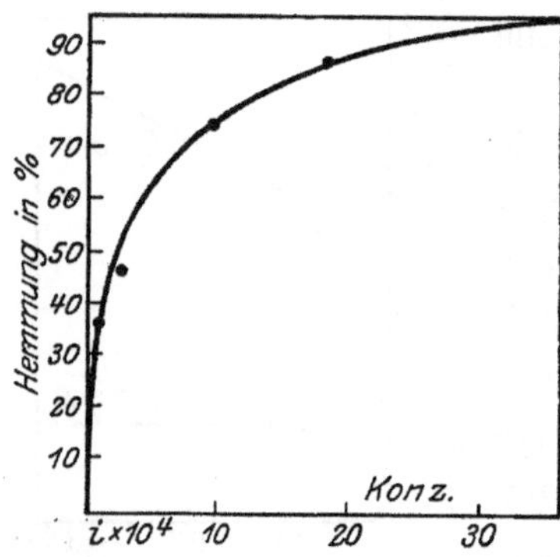

Abb. 280. Die Hemmung der Assimilation einer chlorophyllführenden Alge durch Phenylurethan.

Daß es gerade Adsorptionsvorgänge sind, welche im Organismus eine so bevorzugte Rolle spielen, ist in der Besonderheit der Lebensvorgänge begründet, daß sie Selbstregulation zeigen.

„Tritt irgendeine Störung auf, so erzeugt sie im Organismus eine Gegenwirkung, die sie rückgängig zu machen sucht. Eine grob chemische Reaktion, bei der gleich Stoffe entstehen, die sich nicht ohne weiteres in die Ausgangsstoffe zurückbilden lassen, sind für solche Selbstregulierung weniger geeignet als die lockeren Bindungen der Adsorption, bei denen das viel leichter möglich ist."

So ist das feine Zusammenspiel der Vorgänge in der lebendigen Zelle durch ihren kolloiden Zustand ermöglicht, dessen Erscheinungen wir im ganzen und an Teilvorgängen erkennen können. Die Wirkungsweise der Fermente und dann auch der Gifte sind Beispiele für diese Organisation. Wir werden im Zusammenhang auf diese Dinge noch zurückkommen.

Hier wollen wir noch die Erscheinungen an Oberflächen besprechen, welche in dem Adsorptionsgesetz von Gibbs und in der Traubeschen Regel ihren Niederschlag gefunden haben. Verknüpft man die Adsorption an der Oberfläche von Flüssigkeiten mit den Veränderungen, welche gelöste Stoffe auf die Oberfläche ausüben, so ergibt sich, „daß sie an der Oberfläche angereichert werden müssen, wenn sie die Oberflächenspannung der Flüssigkeiten erniedrigen". Die Oberflächenspannung des Wassers wird von einer Reihe organischer Stoffe (Alkohole, Aldehyde, Fettsäuren, Amine, Ester, Urethane usw.) erniedrigt. Diese sind um so stärker kapillaraktiv, je höher sie in der homologen Reihe stehen.

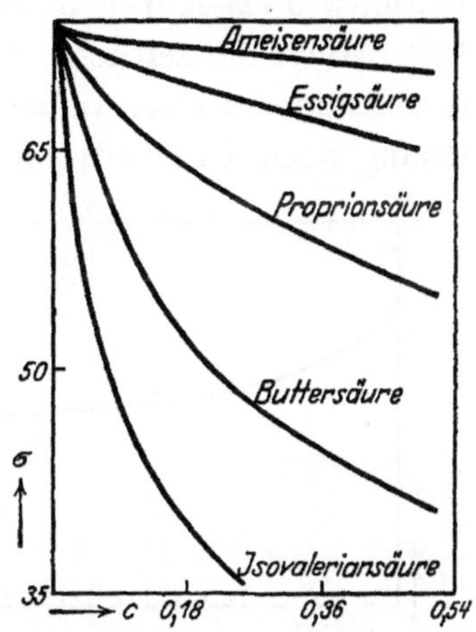

Abb. 281. Die Oberflächenspannung (σ) von Fettsäuren in verschiedenen Konzentrationen (c).

In Abb. 281 sind nach Freundlich 1924 als Ordinaten die Oberflächenspannungen σ in dyn/cm, als Abszisse die Konzentrationen c in der Lösung in Mol i. L. für verschiedene Fettsäuren abgetragen. Die Kurvenform hat den Charakter unserer Abb. 57 rechts, läßt sich also durch eine exponentiale Funktion dieser oder ähnlicher Art erfassen, d. h. die Oberflächenaktivität in den homologen Reihen muß sich ebenso wie die Adsorption (vgl. Abb. 277) durch den Zahlenwert der Konstanten zum Ausdruck bringen lassen. Wenn man die enge Beziehung der beiden Erscheinungen bedenkt, so wird man auch einen gesetzmäßigen Zusammenhang erwarten müssen.

Wie wir in Kap. A III abgeleitet haben, sind die Linien der Abb. 277 Modifikationen der S-förmigen Kurven, wie sie in Abb. 75 dargestellt sind, andererseits sind diejenigen der Abb. 281 mit der Kurvenform der Abb. 51 verwandt, d. h. aber, die eine ist die x-Reziproke der andern. Das Gesetz der homologen Reihen findet also ebenso wie das Gibbsche Adsorptionsgesetz seine Einordnung in das Exponentialgesetz, welches die verschiedenen Symptome zu formulieren und gesetzmäßig zu verknüpfen imstande ist. Daß hier tatsächlich Abhängigkeiten vorliegen, welche nach Art der besprochenen Kurven sich durch exponentiale Funktionen erfassen lassen, zeigt die Oberflächenspannungskonzentrations-$(\sigma \cdot c)$-Kurve in Abb. 11 bei Freundlich mit aller Deutlichkeit. Auch die zeitliche Änderung der Oberflächenspannung unterliegt dem Exponentialgesetz, wie Abb. 282 von einer wässerigen Amylalkohollösung nach Freundlich zeigt, welche einen flacheren Verlauf, aber

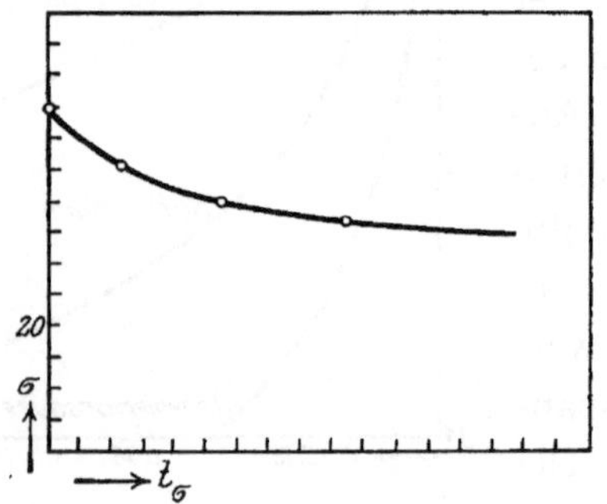

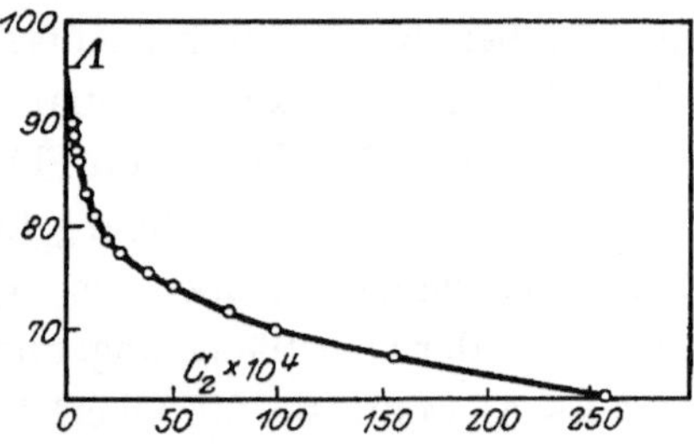

Abb. 282. Die zeitliche Änderung der Oberflächenspannung einer wässerigen Amylalkohollösung.

Abb. 283. Das Dissoziationsgleichgewicht für Di-Natriumguanylat. A = Äquivalentleitvermögen, c_2 = Grammäquivalente pro Liter.

sonst den gleichen Charakter hat wie Abb. 63 links. Welche Formeln im einzelnen vorliegen und wie die, wie wir sagten, reziproken Beziehungen zwischen Adsorption (a) und Oberflächenspannung (σ) beschaffen sind, muß erst die nähere Durcharbeitung lehren. Das Exponentialgesetz hat dafür mehrere Wege offen, wie aus den in Kap. A III entwickelten Kurvenformen hervorgeht.

Über den Zusammenhang der elektrischen Erscheinungen, insbesondere der elektrokinetischen (Strömungspotentiale, Elektroosmose, Kataphorese u. a.), in Solen und Gelen und dann natürlich auch in den Zellen und Geweben mit der Adsorption haben sich z. B. Freundlich und Höber ausführlich geäußert. Es würde zu weit führen, wollte ich den ganzen Fragenkomplex hier erneut wiedergeben. Es unterliegt mir keinem Zweifel, daß sich das Exponentialgesetz auch bei diesen

Erscheinungen als gültig erweisen wird. So zeigt z. B. Abb. 283 nach H. Hammarsten das Dissoziationsgleichgewicht für Dinatrium-guanylat eine Kurve wie die Funktion in Abb. 57 rechts. Als Ordinate ist das Äquivalentleitvermögen, als Abszisse sind die Grammäquivalente pro Liter aufgetragen. Für den inneren Zusammenhang des ganzen Erscheinungskomplexes sei angeführt, daß für die Anwendung des Exponentialgesetzes die reziproke Beziehung zwischen c_2, den Grammäquivalenten pro Liter, und $\frac{1}{c_2}$, der Anzahl Liter, worin 1 g-Äquivalent gelöst ist, von Wichtigkeit ist.

Die Widerstandswerte von Laminaria in Mischungen von NaCl und CaCl$_2$ von gleicher Leitfähigkeit wie Seewasser von 15° (in diesem

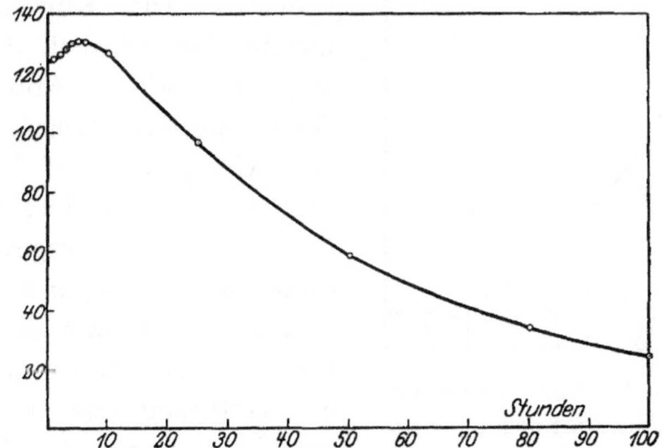

Abb. 284. Die Widerstandswerte von Laminaria in Mischungen von NaCl und CaCl$_2$ gleicher Leitfähigkeit wie Seewasser bei 18°.

Falle 85 NaCl + 15 CaCl$_2$) sind als Zeitfunktion in Abb. 284 dargestellt (Tab. biol. I, S. 481). Die Formel, welche hierfür angegeben wird, ist folgende:

$$S = R \left(\frac{K_R}{K_\varphi - K_R} \right) (e^{-K_R T} - e^{-K_\varphi T}) + S_0\, e^{-R_\varphi T}.$$

Wenn auch an sich eine exponentiale Funktion vorliegt, so handelt es sich doch eigentlich nicht um eine solche, wie sie das Exponentialgesetz durch das Additionsprinzip entwickelt, denn die drei Glieder mit exponentialem Charakter sind sämtlich vom Typus $y = e^{-x}$, welche addiert bzw. subtrahiert werden. Die Gleichung ist also nichts weiter als eine modifizierte Form einer einfachen Exponentiallinie. Wir würden eher versuchen, durch Funktionen nach Art der Abb. 120 oder 128 den inneren Zusammenhängen näher zu kommen, auf die es uns, wie ich immer wieder betone, mehr ankommt als darauf, irgendeine Gleichung für die experimentell gefundene Kurve niederzuschreiben. Trotzdem stehen natürlich auch solche Formeln, wie S. 144 ausgeführt wurde, nicht außerhalb des Exponentialgesetzes, jedoch muß vermerkt werden, daß die durch obige Formel berechneten Werte anfangs zu niedrig, später zu hoch sind.

Abb. 285 zeigt nach Hitchcock die Wirkung von Chloriden auf Membranpotentiale, beobachtet mit 0,45 vH Edestinchlorid bei $p_H = 3$.

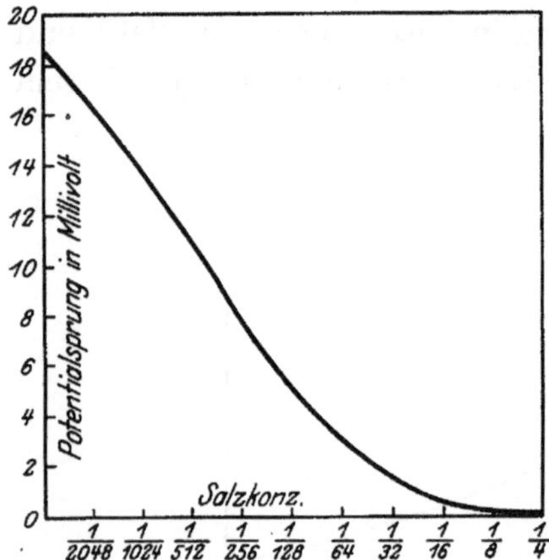

Abb. 285. Die Wirkung von Chloriden auf Membranpotentiale, beobachtet mit 0,45 vH Edestinchlorid bei $p_H = 3$.

Als Abszisse gilt die Salzkonzentration in Äquivalenten pro Liter, als Ordinate der Potentialsprung in Millivolt. Die Kurvenform entspricht der schwach S-förmig gebogenen Linie in Abb. 57 rechts. Wegen weiterer Beispiele verweise ich, wie gesagt, auf Freundlich und Höber. Die dort angeführten Kurven haben so ausgesprochen die Charaktere von exponentialen Funktionen, welche wir in Kap. A III kennen gelernt haben, daß ich mich der Hoffnung hingebe, daß auch auf diesem Gebiet das Exponentialgesetz in der Lage sein wird, den inneren gesetzmäßigen Zusammenhang zwischen den Einzelerscheinungen herzustellen und unser Verständnis für diese Vorgänge zu vertiefen.

Für den Ablauf zellphysiologischen Geschehens spielen weiter die Koagulationen eine große Rolle; besonders müssen diese herangezogen werden, wenn wir nach der Wirkungsweise der Gifte fragen. Da es sich hier um Dinge handelt, welche in der Biologie, besonders auch in der angewandten, von Bedeutung sind, sollen die Gifte in einem Sonderabschnitt später besprochen werden. Auf die allgemeinen Theorien der Koagulation können wir selbstverständlich nicht eingehen. Wir müssen uns mit Andeutungen begnügen und uns darauf beschränken, an einigen Beispielen zu zeigen, daß das Exponentialgesetz auch bei der Koagulation seine Gültigkeit hat. Wenn man bedenkt, wie alle Einzelheiten im Verhalten der Kolloide miteinander verknüpft sind, wie Hydratation, Adsorption, die elektrokinetischen Erscheinungen usw. zueinander in Beziehung stehen, so kann es nicht verwunderlich erscheinen, daß auch die Koagulationen gesetzmäßig mit dem ganzen Erscheinungskomplex verbunden sind. Und wenn wir bis jetzt das Exponentialgesetz als die Generalnennermethode für brauchbar erkennen konnten, so ist der Gedanke naheliegend, für das gesamte Verhalten des Protoplasten auf Grund seines kolloiden Zustandes exponentiale Gesetzmäßigkeiten verantwortlich zu machen.

Abb. 286 stellt nach H. H. Weber die Koagulationstemperatur einer Myosinlösung von *Rana esculenta* in m/100 Phosphat dar (Flockung

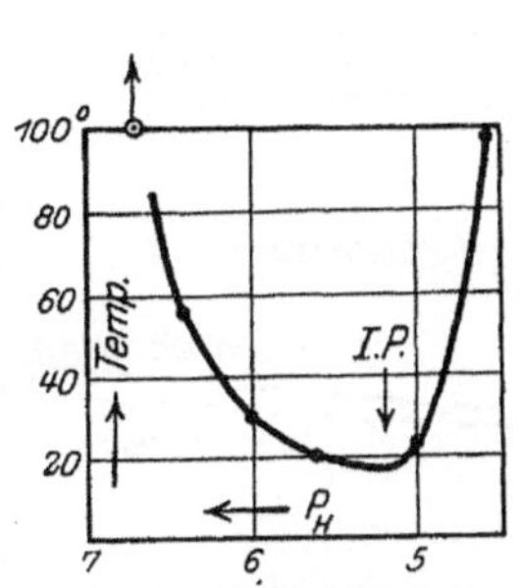

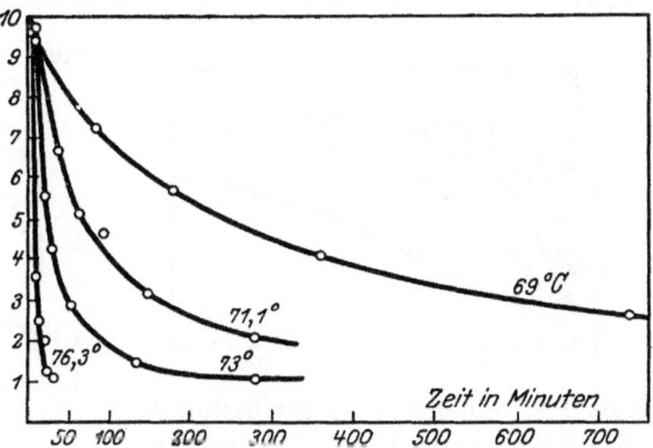

Abb. 286. Die Koagulationstemperatur einer Myosinlösung von *Rana esculenta* in m/100 Phosphat. *I. P.* = isoelektrischer Punkt.

Abb. 287. Der zeitliche Verlauf der Koagulation von Eieralbumin bei verschiedenen Temperaturen.

$1\,^1/_2$ Minuten nach Mischung von Puffer- und Stammlösung). Als Abszisse sind die p_H-Werte abgetragen. Die Kurve ähnelt einer asymmetrischen Kettenlinie, deren mathematischer Nullpunkt am isoelektrischen Punkt (*I. P.*) liegt. In anderer Form wirkt nach Chick und Martin die Temperatur auf die Koagulation von Eieralbumin ein. Abb. 287 gibt die Koagulation einer 1 proz. Lösung bei Temperaturen von 69° bis 76,3° als Zeitfunktion wieder, wenn als Ordinaten die Konzentrationen von Albumin in Milligramm pro Kubikzentimeter genommen werden. Die zeitliche Abhängigkeit entspricht der Kurvenform in Abb. 86 links, in welcher die Kurven bei Temperaturerniedrigung mehr und mehr verflachen. Denselben Typ fanden die Autoren, als sie die Koagulation bei konstanter Temperatur (69°), aber bei verschiedenem Alkaligehalt der Lösungen untersuchten. Die Kurven verflachen ebenso wie bei sinkender Temperatur, je mehr Alkali zugesetzt wurde. Von der größten Steilheit bis zu einem flacheren Verlauf zeigen die Kurven:

1. Originallösung, saure Reaktion, H·-Ionenkonzentration $>$ Aq. dest.
2. 1,6 ccm n/10 AmOH pro Gramm Protein, saure Reaktion $>$,, ,,
3. 2,4 ,, ,, ,, ,, ,, ,, ,, ,, $>$,, ,,
4. 3,2 ,, ,, ,, ,, ,, ,, ,, ,, $>$,, ,,
5. 3,53 ,, ,, ,, ,, ,, ,, ,, ,, $>$,, ,,
6. 4,01 ,, ,, ,, ,, ,, ,, alkalische ,, $<$,, ,,
7. 4,81 ,, ,, ,, ,, ,, ,, ,, ,, $<$,, ,,

Abb. 288 zeigt nach **Freundlich** die Koagulationsgeschwindigkeitskurven eines Al_2O_3-Sols bei verschiedenen Koagulatorkonzentrationen,

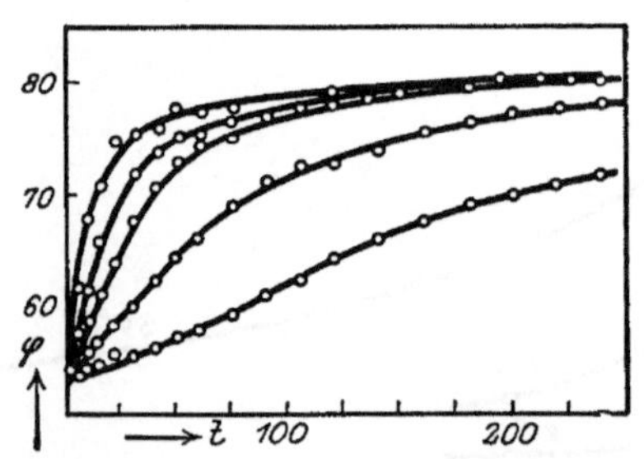

Abb. 288. Koagulationsgeschwindigkeitskurven eines Al_2O_3-Sols bei verschiedenen Koagulatorkonzentrationen.

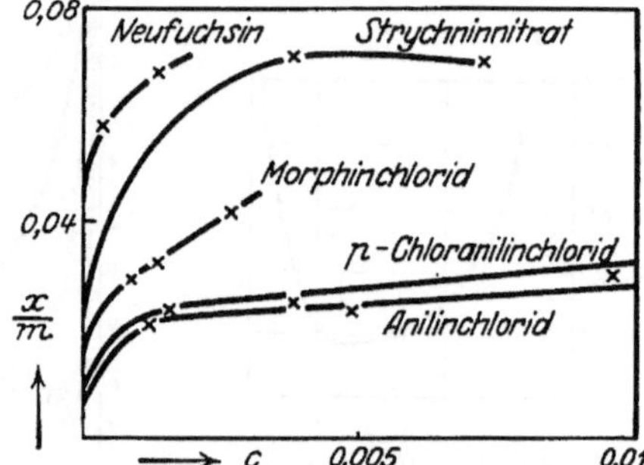

Abb. 289. Die Adsorptionsgrößen organischer Ionen, denen die Fällungswerte parallel gehen.

welche durch Funktionen vom Charakter unserer Abb. 64 links zu erfassen sind. Immer wieder ergibt sich, daß unsere Konstanten m und a vergleichbare Zahlen sind, welche den unterschiedlichen Verlauf der Kurven erklären. Den Zusammenhang mit der Adsorption vermitteln die Kurven in Abb. 289 nach **Höber**, welche die Adsorptionsgrößen bei verschiedener Konzentration angeben. Das starke Fällungsvermögen der organischen Ionen geht der Adsorbierbarkeit parallel, wie die folgenden von **Freundlich** gefundenen Zahlen beweisen:

Anilinchlorid	Fällungswert	4,1
p-Chloranilinchlorid	,,	2,2
Strychninnitrat	,,	0,39
Morphinchlorid	,,	0,36
Neufuchsin	,,	0,30

Höber sagt dazu (S. 232):

„Wir haben uns danach vorzustellen, daß die gut adsorbierbaren Ionen schon bei verhältnismäßig niedriger Konzentration sich genügend auf den zunächst entgegengesetzt geladenen Kolloidpartikeln ansammeln, um deren Ladung auf das kritische Potential zu erniedrigen und damit die Flockung einzuleiten."

Rona und Lipmann untersuchten die Wirkung der Verschiebung der Wasserstoffionenkonzentration auf den Flockungsvorgang beim positiven und negativen Eisenhydroxydsol und berechneten in einer Reihe von Überführungsversuchen bei verschiedenen Zitratkonzentrationen ($c =$ Zentimol p. L.) aus den erhaltenen Wanderungsgeschwindigkeiten die ζ-(Potential)-Werte. Die so entstehende ζ—c-Kurve (Abb. 290) ist auf der Basis der Funktion in Abb. 76, links, negativ ebenfalls durch das Exponentialgesetz zu erfassen.

Wenn man die angeführten Beispiele und die von Freundlich, Höber u. a. besprochenen Tatsachen und Zusammenhänge physikochemischer Erscheinungen überblickt, so muß das Exponentialgesetz zumindest als eine Gesetzmäßigkeit angesprochen werden, welche stark in diese Vorgänge hineinspielt, wenn es sie nicht überhaupt ganz beherrscht.

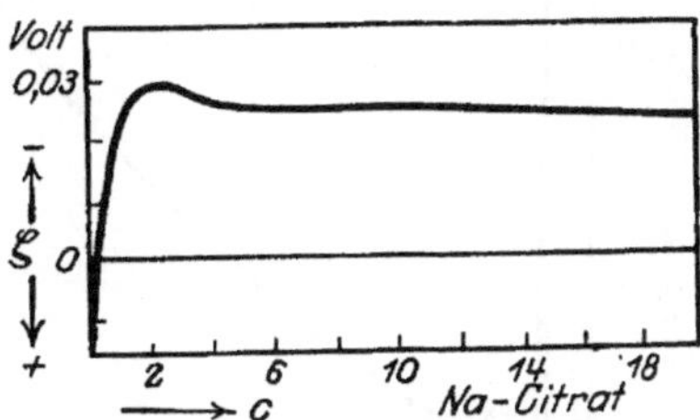

Abb. 290. Die Wanderungsgeschwindigkeit bei verschiedenen Zitratkonzentrationen.

Für die Biologie, welche die Lebenserscheinungen zum großen Teil als in zellphysiologischen Vorgängen begründet ansieht, ist diese Feststellung von außerordentlicher Wichtigkeit, denn der Protoplast ist ein ausgesprochen kolloides System, in welchem die Geschehnisse notwendig nach den Gesetzen kolloidchemischer Erscheinungen sich abspielen müssen. Wenn Symptome irgendwelcher Art, welche wir im lebendigen Ablauf bei den Organismen beobachten, zu dem kolloiden Zustand des Protoplasten in Beziehung gesetzt und aus diesem heraus begründet werden können, so muß eine Gesetzmäßigkeit, welche das physikochemische und das Lebensgeschehen als Ganzes umfaßt, für das Verständnis der großen Zusammenhänge im Naturgeschehen zweifellos von Bedeutung sein. Ich hoffe gezeigt zu haben, daß das Exponentialgesetz durch seine betonten Wesenseigentümlichkeiten, durch Kurvenanalyse mit Hilfe der Reziproken und Resultierenden

17*

durchaus in der Lage zu sein scheint, die Zusammenhänge im Naturgeschehen, die nach allem, was wir wissen, offenbar vorhanden sind, formelmäßig zu erfassen.

b) Die Fermente.

Aus der großen Fülle des bekannt gewordenen Tatsachenmaterials physikochemischer Vorgänge im lebendigen Organismus sei ein Teilgebiet, die Fermente, ausgewählt, um bei ihnen an einigen willkürlich herausgegriffenen Beispielen zu zeigen, wie das Exponentialgesetz in allen Einzelheiten sich auswirkt und alle Vorgänge im Organismus beherrscht, gleichgültig, ob es sich um spezifisch biologische oder um Erscheinungen natürlichen Geschehens handelt, die in der unbelebten Natur ebenso sich abspielen und welche der Organismus in seine Arbeit einbezieht und sich nutzbar macht.

Auf die Tatsache, daß es sich bei den Fermentreaktionen um Katalysen handelt, brauche ich nicht einzugehen, aber es interessiert uns, den Einfluß z. B. von OH'-Ionen auf eine Katalyse kennen zu lernen. Abb. 291 zeigt nach Freundlich diesen Einfluß auf die Zersetzung des

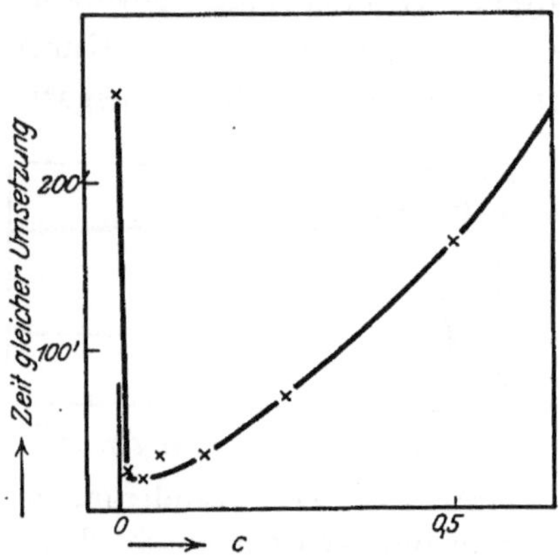

Abb. 291. Der Einfluß des OH-Ions auf die Katalyse des H_2O_2 durch *Pt*-Sol.

H_2O_2 durch Platinsol, wenn als Abszissen die NaOH-Konzentrationen (Mol i. L.) und als Ordinaten die Zeiten gleicher Umsetzung abgetragen werden. Es handelt sich hier um eine Kurve, welche wir in Kap. A III bei Abb. 52 rechts, 63 rechts, 79 rechts, 84 links und als dreifache Kombination bei Abb. 87 rechts, 92 links und 114 rechts besprochen haben. Auch bei der Elution von Fermenten, z. B. Saccharase und Maltase, aus ihren Adsorbaten zeigen sich Abhängigkeiten, die wir durch das Exponentialgesetz formulieren können. Abb. 292 gibt nach Willstätter und Kuhn die Menge abgelösten Enzyms in Prozenten als Funktion der Elutionsdauer in Minuten an, und zwar für verschiedene Elutionsmittel: $\times$ 1 vH NaH_2PO_4 (15,5°), $\triangle$ 1 vH NaH_2PO_4 + 1 vT Glyzerin (15,5°), $\bigcirc$ 1 vH NaH_2PO_4 + 1 vT Glyzerin (30°). Die Kurvenform entspricht unseren Abb. 66 und 67. Es läßt sich also sowohl der Einfluß der Elutionsmittel wie auch der Temperatur durch den Zahlenwert unserer Konstanten zum Ausdruck bringen. Daß die Adsorbierbarkeit, wie wir im allgemeinen Teil dieses Kapitels betont haben, bei den Fermentwirkungen von Wichtigkeit ist, geht aus Abb. 293 hervor, welche nach v. Euler und Myrbäck die Adsorption eines Enzyms (Co-Lipase) an $Al(OH)_3$ bei verschiedenen p_H-Werten zeigt. Wir haben hier wieder unsere bekannte S-förmige Kurve vor uns, jedoch wird sie vermutlich bei höheren p_H-Werten wieder fallen, wenn man die Darstellung von Hennichs damit vergleicht, denn seine Kurve (Abb. 1) hat, da es sich um Leberkatalase handelt, an anderer Stelle ein

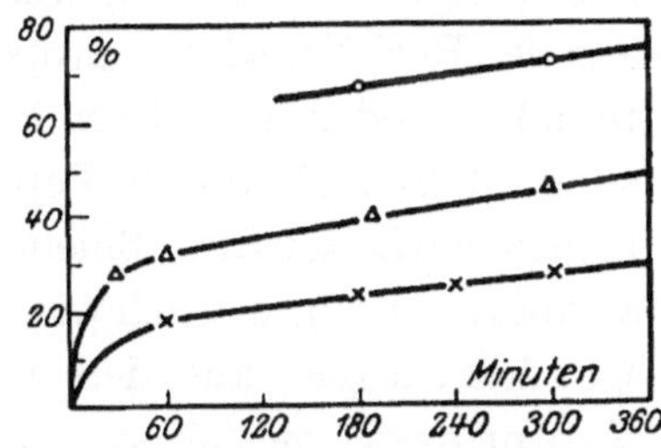

Abb. 292. Die Elution von Enzymen aus ihren Adsorbaten.

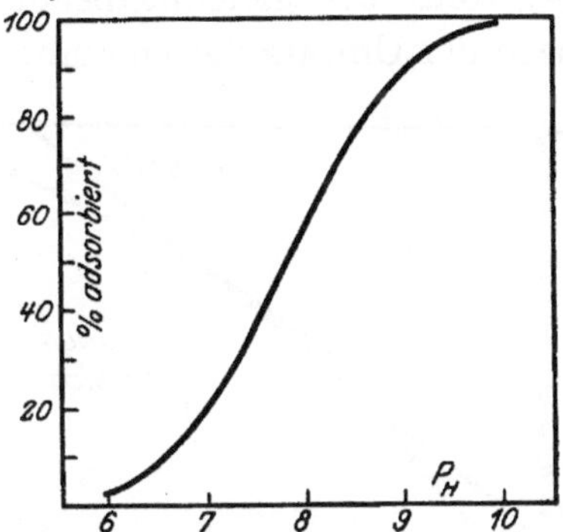

Abb. 293. Die Adsorption von Co-Lipase an $Al(OH)_3$ bei verschiedenen p_H-Werten.

Maximum, so daß die Kurvenform wohl unserer Abb. 64 rechts entsprechen wird.

Nach diesen Beispielen, welche mehr allgemeine Erscheinungen zeigen sollten, wollen wir uns der speziellen Wirkungsweise der Fermente zuwenden. Wenn wir gesagt haben, daß man immer wieder versucht hat, für biologische Prozesse und solche, die mit ihnen in Beziehung stehen, mathematisch zu formulierende Gesetzmäßigkeiten aufzufinden, so trifft das für die Fermentforschung in ganz besonderem Maße zu. Aber auch hier gilt die Tatsache, welche wir schon mehrfach erwähnten, daß die Probleme durch das Exponentialgesetz ein ganz anderes Gesicht bekommen, daß das Exponentialgesetz Kurvenformen zur Hand hat, welche die beobachteten Abhängigkeiten von einer viel breiteren Basis aus zu formulieren vermögen, als das bisher geschehen konnte. Durch das Exponentialgesetz werden die einzelnen Beobachtungen in einen großen Zusammenhang gestellt und durch die angewandten Methoden und Prinzipien untereinander vergleichbar. Wegen der mathematischen Formulierung der Fermentwirkungen muß ich auf die zusammenfassenden Darstellungen von Stern, Fodor, Freundlich, Höber, Eichwald-Fodor, auf die Tabula biologicae usw. verweisen, da die Betrachtung der Einzelheiten weit den Rahmen dieses Buches überschreiten würde. Uns kommt es lediglich darauf an, zu zeigen, daß das Exponentialgesetz auch auf diesem Gebiet gültig ist.

Wir können daher die Versuche zur mathematischen Formulierung der Fermentwirkungen generell betrachten. Abb. 294 stellt den zeitlichen Verlauf der Trypsinwirkung dar (Tab. biol. II, S. 80), welche beispielsweise durch die Schützsche Regel erfaßt werden soll. Diese besagt, daß bei gleichbleibender Fermentmenge innerhalb gewisser Grenzen der Umsatz der Quadratwurzel aus der Reaktionsdauer proportional ist, oder in anderer Fassung, daß z. B. durch Pepsin in gleichen Zeiten Eiweißmengen verdaut werden, die sich wie die Quadratwurzeln aus den Fermentmengen verhalten. Für unsere Abb. 294 fordert die Schützsche Regel gemäß ihrer Gleichung

$$x = \sqrt{T}$$

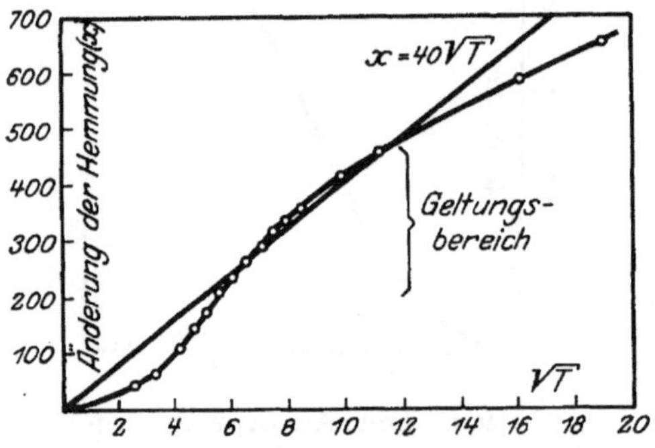

Abb. 294. Der Geltungsbereich der Schützschen Regel beim zeitlichen Verlauf der Trypsinwirkung.

eine gerade Linie, welche in Abb. 294 eingezeichnet ist. Da zeigt sich, daß sie einen verhältnismäßig kleinen Geltungsbereich hat. Die Abweichungen wurden oberhalb desselben durch Änderung der Substratkonzentration, unterhalb durch willkürliche Änderung der Enzymkonzentration zu erklären versucht. (Vgl. auch Northrop.) Im ganzen ist der Verlauf der Trypsinwirkung ein S-förmiger, den wir durch Kurvenformen des Exponentialgesetzes unschwer darstellen können, d. h. die Schützsche Regel liefert nur für kleine Bezirke einigermaßen richtige Annäherungswerte. Damit wird sie für diese Bezirke zu einem Recheninstrument, aber mehr ist sie auch nicht imstande zu leisten.

Auf keinen Fall — und das ist das Wesentliche, auf das es uns bei allen solchen Näherungsformeln ankommt — sagt eine derartige Gleichung etwas über die innere funktionale Beziehung des beobachteten Symptoms zu der gewählten Bedingung, hier also zum zeitlichen Verlauf, aus, denn dann müßte sie für den ganzen Bereich gültig sein. Da unsere exponentialen Formeln gerade das erreichen wollen, müssen wir ihnen mehr als anderen den geforderten funktionalen (gesetzmäßigen) Charakter zusprechen. In anderen Fällen wurden, wie bei früher besprochenen Abhängigkeiten, Formeln gewählt, welche zwar auch logarithmische bzw. Exponentialfunktionen als Basis hatten, diese aber lediglich durch Modifikation dem gegebenen Tatbestand anzupassen versuchten, z. B. für den Inaktivierungskoeffizienten:

$$k_c = \frac{1}{t} \log \frac{k_a}{k_t},$$

oder für die Reaktionskonstante:

$$k = \frac{1}{t} \log \frac{a}{a-x},$$

für autokatalytische Reaktionen:

$$t = \frac{1}{k_1 - k_2\, a} \ln \frac{a\,(k_1 + k_2\,x)}{k_1\,(a-x)}$$

für positive und

$$t = \frac{1}{k_1 - k_2\, a} \ln \frac{a\,(k_1 - k_2\,x)}{k_1\,(a-x)}$$

für negative Autokatalyse.

Sobald es sich um derartige Formeln handelt, ist an sich das Exponentialgesetz schon als gültig erwiesen, jedoch muß betont werden, daß auch bei den Fermentwirkungen seine breitere Basis ein weit tieferes Eindringen in das Wesen der Vorgänge ermöglicht, als es bisher angängig war. Wir müßten tief in die theoretische Chemie hineingreifen, wollten wir den Dingen, welche hier zur Rede stehen, auf den Grund kommen, jedoch würde das den Rahmen einer biologischen Arbeit weit überschreiten. Wir müssen uns beschränken und uns daran genug sein lassen, von unserem Standpunkt aus einmal einen Blick in ein weites Land zu tun, das der Biologie benachbart liegt und von dem uns keine natürlichen Grenzen trennen.

Über den zeitlichen Verlauf fermentativer Prozesse geben folgende Beispiele Aufschluß. In Abb. 295 ist die Abnahme des Zuckers mit der Zeit bei der Invertierung nach Duclaux dargestellt, und zwar ist t die Zeit seit Beginn des Experiments, S die Menge Saccharose, die noch in jedem Zeitmoment vorhanden ist. Die Kurve wurde auf Grund ihrer Gestalt als logarithmische Abhängigkeit aufgefaßt und entspricht auch nach unserer Auffassung einer solchen oder einer komplizierteren Funktion nach Art der Abb. 57 rechts, 62 rechts u. a. Abb. 296 gibt die Zeit t wieder, welche eine Menge d Diastase gebraucht, bis das Substrat umgewandelt ist. Nach Duclaux soll es sich hier um eine Hyperbel $a \cdot d \cdot t = c$ handeln, wenn a die Aktivität der Diastase und c eine

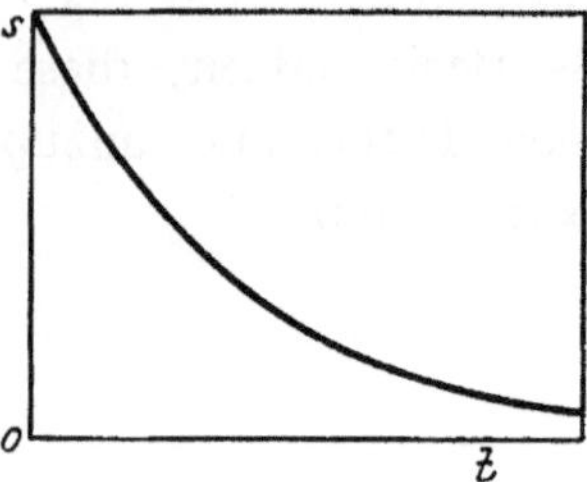

Abb. 295. Die Abnahme des Zuckers (S) mit der Zeit (t) bei der Invertierung durch Ferment.

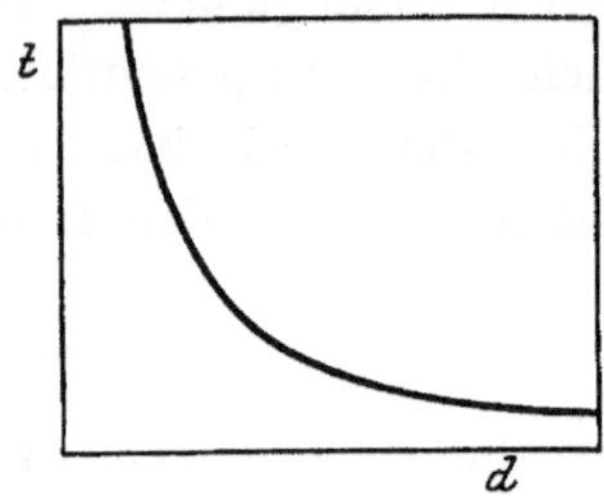

Abb. 296. Die Zeit (t), welche eine Menge (d) Diastase gebraucht, bis das Substrat umgewandelt ist.

Konstante ist. Wir wissen, daß hier die logarithmische Form einer unserer Funktionen des Exponentialgesetzes vorliegt, wie sie z. B. in Abb. 135 *III* gezeichnet ist, denn das „Hängen" der Kurve ist deutlich erkennbar.

Höber bringt als Beispiel einer monomolekularen Reaktion die Rohrzuckerinversion, welche wir in Abb. 297 reproduzieren. Wir ord-

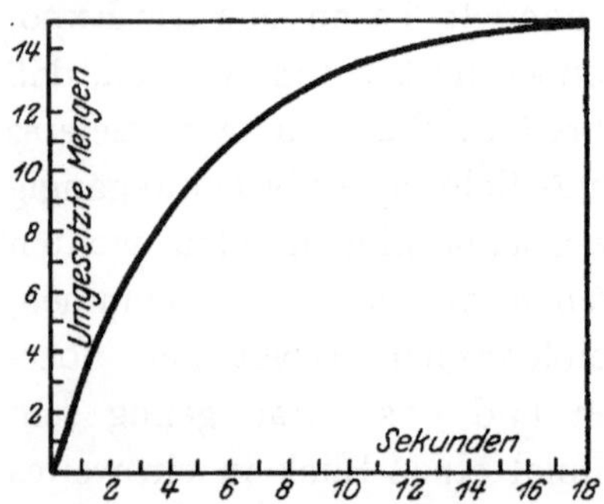

Abb. 297. Die Rohrzuckerinversion als Beispiel einer monomolekularen Reaktion.

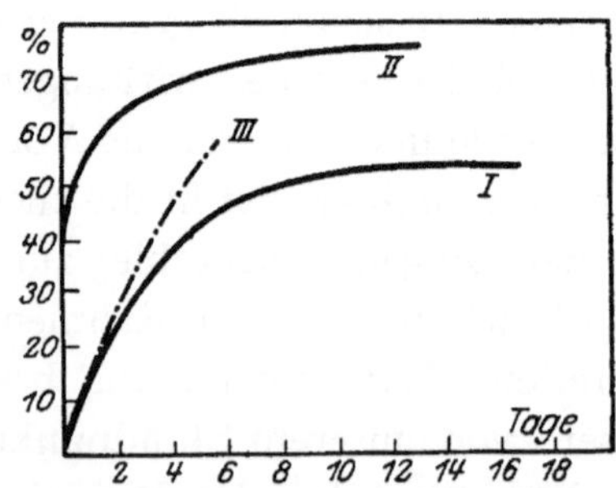

Abb. 298. Die hydrolytische Spaltung von Glyzinanhydrid durch n/5-HCl (*I*) und n/5-NaOH (*II*) bei 37°. *III* = monomolekulare Reaktion.

nen diese Abhängigkeit auf Grund unserer Abb. 66 und ähnlicher leicht in das Exponentialgesetz ein. Wie z. B. Aufspaltungen häufig von einer solchen Kurve abweichen, zeigt Abb. 298 nach Lüdtke, in welcher diese gestrichelt eingetragen ist. Die Kurve I wurde bei der Einwirkung von $n/5$ HCl, II von $n/5$ NaOH auf Glyzin-Anhydrid bei 37° C erhalten. III ist für eine monomolekulare Reaktion nach dem anfänglichen Differentialquotienten von I berechnet. Das Exponentialgesetz zeigt in einem solchen Falle auf Grund der Kurvenformen in Abb. 65—69 die Möglichkeit einer durch die Größe der Konstanten vergleichsfähigen Formulierung.

Noch klarer wird das Prinzip des Exponentialgesetzes durch die Kurven von Hatano in seiner Bedeutung demonstriert, welche unter den gewählten Versuchsbedingungen die abgespaltene Zuckermenge in Gramm und in Prozenten bei der Amygdalinspaltung durch Takadiastase wiedergeben. Hier tritt die Abflachung der exponentialen Kurve, die wir in Fig. 69 *I*, 70 ff. kennengelernt haben, in genau entsprechender Art deutlich in Erscheinung, d. h. das Exponentialgesetz umfaßt in dieser Richtung jede Variante des Geschehens.

Wird 5 proz. Maltose mit einem Neutralauszug aus Löwenbräuhefe bei $p_H = 6{,}8$ und bei 30° versetzt, so ver-

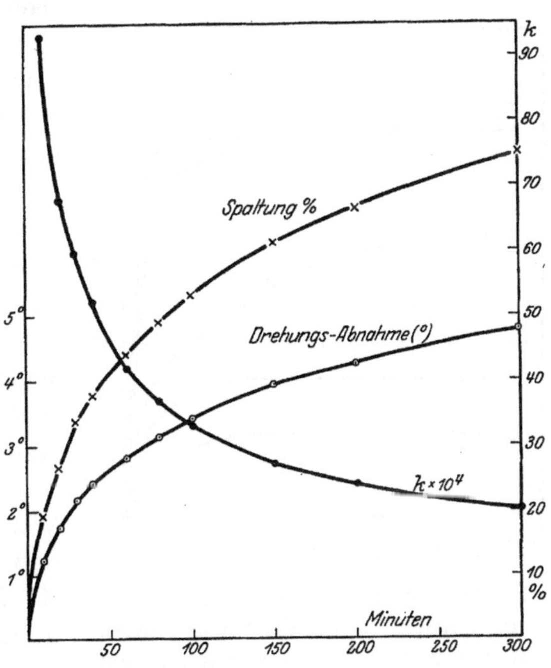

Abb. 299. Die Hydrolyse des Malzzuckers.

läuft die Hydrolyse des Malzzuckers, wie Abb. 299 es zeigt (Tab. biol. II, S. 63). Die obere Kurve, gibt die Spaltung in Prozenten, die untere die Drehungsabnahme in Grad an. Sie verlaufen beide nach Art der Kurven in Abb. 69 *II* oder 72 *II*, die Inversionskonstante k dagegen ändert sich mit der Zeit nach der zugehörigen reziproken Funktion. Wie die äußeren Umstände auf den zeitlichen Verlauf der Verzuckerung durch Diastase nach dem Exponentialgesetz einwirken, zeigt in sehr charakteristischer Weise Abb. 300 nach Duclaux. Wie aus den schon angeführten Beispielen zu entnehmen war, wird das Drehungsvermögen bei der Verzuckerung von Stärke geändert, und zwar entspricht Stärke dem Punkt

216°, Maltose 150°. Je nach der Behandlung des Extraktes geht nun die Umwandlung schneller oder langsamer vor sich. Bei etwa 55° C finden wir ein Maximum der Umsetzung, wird dann aber der Extrakt stärker erhitzt, so tritt eine Schädigung ein, die sich in den Kurven der Abb. 300 kundtut. Kurve *A* zeigt die Umsetzung eines normalen Extraktes, gemessen an der Drehung, in Kurve *B* wurde der Extrakt auf 60°, in *C* auf 66° erhitzt. Die Normalkurve, welche den Charakter der Abb. 69 *I*, allerdings in steiler Form, aufweist, verflacht ebenso wie die Abb. 70—73 mehr und mehr, je höher der Extrakt erhitzt wurde. Kurve *D* zeigt die Änderung des Verlaufs bei Erhitzung auf 66° und bei einem Zusatz von wenig Alkali, Kurve *E* bei 66° und viel Alkali.

Auch hier machen sich dieselben Erscheinungen kenntlich wie in unseren mathematischen Funktionen, d. h. der Einfluß der Behandlung auf den Kurvenverlauf läßt sich durch die Konstanten zahlenmäßig erfassen und damit quantitativ vergleichen. Wenn man auch meinen möchte, daß die Asymptoten der Kurven *A—E* in verschiedener Entfernung von der *x*-Achse liegen, so zeigt doch Abb. 69, in welcher die Asymptote für beide Kurven

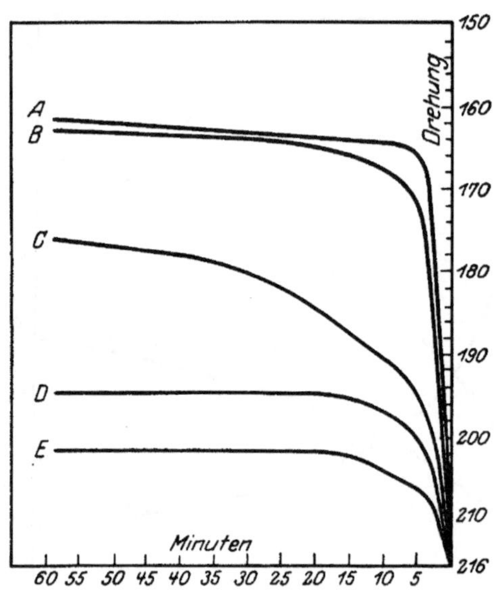

Abb. 300. Der Einfluß der Vorgeschichte eines Fermentes auf die Wirksamkeit. Die Verzuckerung durch verschieden behandelte Diastase.

durch $y = 1$ geht, daß in Abb. 300 dieselbe Asymptote genommen werden kann, nämlich die Parallele zur *x*-Achse, welche durch den Punkt mit einer Drehung von 150° geht, d. i. die völlige Verzuckerung der Stärke. Die Kurven von Duclaux lassen sich also sämtlich durch das Exponentialgesetz erfassen und in ein System einordnen, das chemisch vollständig definiert ist. Besonders die Tatsache, daß sich sämtliche Linien der einen Asymptote durch 150° nähern, ist für das Verständnis des Einflusses der äußeren Bedingungen auf den fermentativen Prozeß von besonderer Bedeutung, eine Auffassung, zu der wir durch das Exponentialgesetz auf Grund der Abb. 69 gelangen konnten.

Welche Symptome eines fermentativen Vorgangs wir auch herausgreifen mögen, immer ist der zeitliche Verlauf der Wirkung dem Exponentialgesetz unterworfen, immer sind wir in der Lage, die verschiedenen Kurvenformen als Funktionen zu erfassen und auf Grund der in Kap. A III besprochenen Beziehungen der exponentialen Funktionen untereinander zu vergleichen. Verfolgt man also z. B. den Abbau der Stärke durch Malzdiastase nach den verschiedensten Methoden, so erhält man immer wieder Kurven, welche dem Exponentialgesetz zugehören, wie Abb. 301 (Tab. biol. II, S. 74) mit aller Deutlichkeit zeigt. Bei der Darstellung des zeitlichen Ablaufs der Fermentwirkung haben wir gesehen, wie die Systembedingungen auf den Kurvenverlauf von Einfluß sind. Genau, wie wir das in früheren Kapiteln dieses Buches getan haben, können wir diese auch als unabhängige Veränderliche auf der x-Achse abtragen und werden dann noch klarer als bisher die inneren Beziehungen in der Geschehensfolge fermentativer Prozesse erkennen können. Auf diese Art stellen z. B. v. Euler

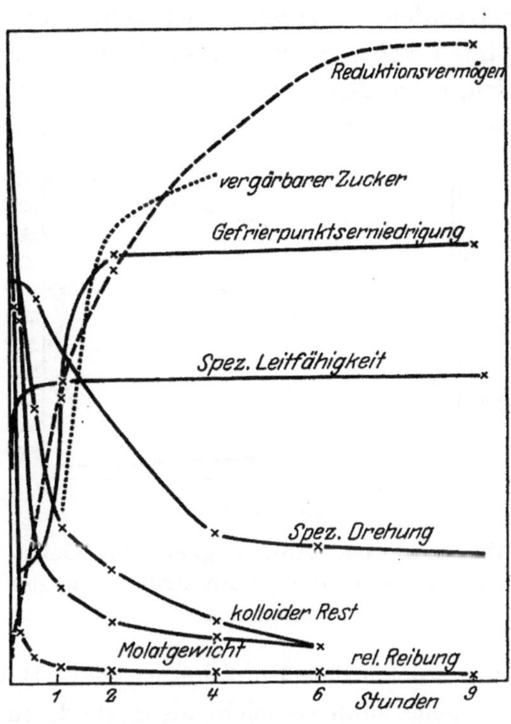

Abb. 301. Der Abbau der Stärke nach verschiedenen Methoden verfolgt.

und Myrbäck die Abhängigkeit der Reaktionskonstante k von der Konzentration des Rohrzuckers dar. Die Kurven verlaufen ähnlich unserer Abb. 304.

In Abb. 302 ist die Gerinnungszeit der Milch in Sekunden als Funktion der zugesetzten Labmenge in Milligramm wiedergegeben (Tab. biol. II, S. 566). Die Kurve 1 wurde entsprechend ihrer Gestalt als Hyperbel aufgefaßt, jedoch betont auch Grimmer (ebenda) die Ungültigkeit des Zeitgesetzes der Labung. Er führt die Produktzahlen an und sagt, daß diese nicht konstant sind, sondern für sich einer logarithmischen Linie folgen, für welche er folgende Gleichung angibt:

$$\log (A - y) = \log (A - y_{\mathrm{I}}) - c \, (l - l_{\mathrm{I}}),$$

wenn A die höchst erreichbare Produktzahl, y_{I} die Produktzahl aus Gerinnungszeit t und der kleinsten Labmenge l_{I} (z. B. 1 mg), also $l_{\mathrm{I}} \cdot t_{\mathrm{I}}$ ist und y die Produktzahl aus Gerinnungszeit t und Labmenge l. Die gesuchte Gerinnungszeit ist dann $\frac{y}{l}$. Wenn wir die Kurven in Abb. 302 betrachten, so ergeben sich sehr interessante Beziehungen. Daß die Linie 1 keine Hyperbel, sondern eine exponentiale Funktion ist, läßt sich, nach allem, was wir wissen, leicht erkennen, aber auch die Änderung der Produktzahlen mit der Labmenge (Linie 2) folgt mit Ausnahme eines Punktes bei 30 mg einer Kurve vom Charakter unserer Abb. 68 I und steht, ihrem Typ nach, in einem reziproken Verhältnis zu der Linie 1. Wir ersehen daraus, daß bei Unterstellung einer Gültigkeit von Hyperbelgesetzen aus der Nichtkonstanz des Produktes rückwärts auf exponentiale Gesetzmäßigkeiten geschlossen werden kann, wenn die Änderung der Produktzahl

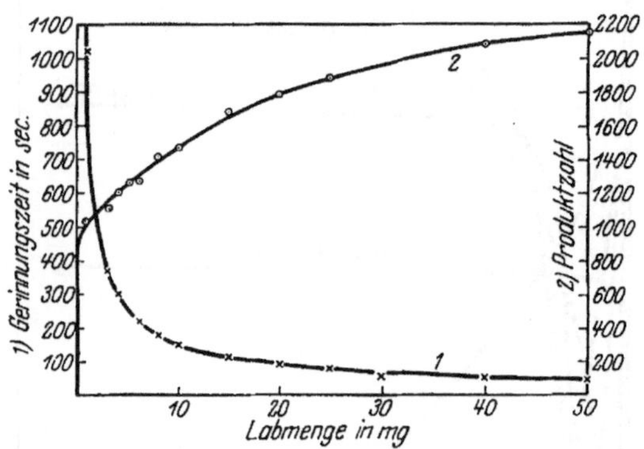

Abb. 302. Die Abhängigkeit der Gerinnungszeit und der Produktzahl von der Labmenge.

eine exponentiale Funktion ist wie z. B. die Linie 2 in Abb. 302. Diese Tatsache kann vielleicht als Methode zur Feststellung der vorliegenden Gesetzmäßigkeiten dienen, wenn die Grundkurve nicht mit Sicherheit Aufschluß zu geben imstande ist.

Die Hydrolysengeschwindigkeit konzentrierter Maltaselösungen ist von der Maltosemenge abhängig (Tab. biol. II, S. 63). Abb. 303 gibt die Spaltung in Prozenten nach 5,5 Tagen bei 0° wieder, welche einen Charakter aufweist, der unserer Abb. 56 rechts entspricht. Wiederum den Kurvenformen in Abb. 65 und 66 entspricht die Abhängigkeit der gebildeten Kohlensäure in Kubikzentimetern pro Stunde, d. h. der Gärgeschwindigkeit, von der Co-Fermentmenge (Tab. biol. II, S. 97) nach Abb. 304, und zwar gilt für den Wert $p_{\mathrm{H}} = 4{,}8$ die untere mehr S-förmige, für $p_{\mathrm{H}} = 6{,}3$ die obere Kurve, welche sich mehr der Abb. 66 annähert. Einen ähnlichen Typ, aber mit einem Maximum ähnlich Abb. 76 links, negativ zeigt Abb. 305, welche nach Ernström die relative Reaktionsgeschwindigkeit einer Ptyalinlösung $+ 0,29$ n Phosphatlösung bei verschiedenen Mengen Kochsalz darstellt. In zugeschmolzenen Röhrchen wurde 1 ccm einer Ptyalinlösung, 5 ccm 0,29 Normalphosphatlösung, verschiedene Mengen von Kochsalz und Wasser bis 11 ccm Mischung 60 Minuten lang bei optimalem $p_H = 6$ auf 55° gehalten. Die Lösungen wurden dann nach der Erhitzung zur

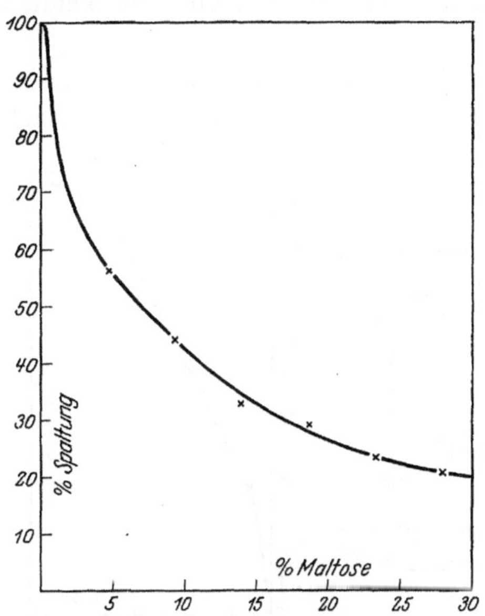

Abb. 303. Die Hydrolysengeschwindigkeit konzentrierter Maltaselösungen. Spaltung nach 5,5 Tagen bei 0° bei verschiedener Maltosemenge.

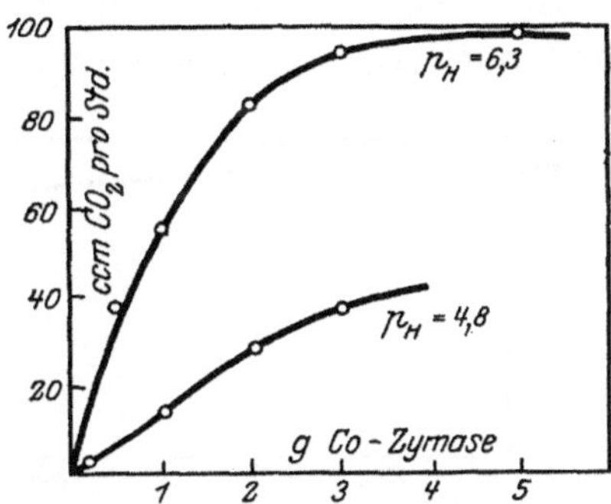

Abb. 304. Co-Ferment und Gärgeschwindigkeit.

Stärkeverzuckerung verwendet, welche bei optimalem $p_H = 6,5$ in Gegenwart von 2000 mg NaCl bei 37° ausgeführt wurde. Mit 100 ist die Reaktionsgeschwindigkeit bezeichnet, wenn die Verzuckerung von der erhitzten Lösung katalysiert wurde, in welcher 100 mg NaCl vorhanden war. Aus Abb. 305 geht hervor, daß der Kochsalzgehalt der erhitzten Enzymlösung einen sehr großen Einfluß auf die Stabilität hat, ferner aber auch — und das ist für uns das Wichtige —, daß diese Abhängigkeit dem Exponentialgesetz unterliegt.

In Abb. 306 ist nach Willstätter, Waldschmidt-Leitz und Memmen die Beziehung zwischen Enzymmenge und Spaltungsgrad wiedergegeben, welche mit einer guten Pankreasprobe (ungefähr 500 g eines Gemisches vorsichtig getrockneter Pankreasdrüsen vom Schwein) gemessen wurde. Als Abszisse wurden nach Willstätter Lipaseeinheiten (L.E.) gewählt. Als Lipaseeinheit wird die Menge Lipase bezeichnet, welche unter bestimmten Bedingungen (s. dort S. 115) bei 30° in einer Stunde 24 vH von 2,5 g Olivenöl (Verseifungszahl 185,5) spaltet. Die Kurve in Abb. 306 ist durch das Exponentialgesetz nach Abb. 70 *II* als Funktion darstellbar. Den Einfluß der Temperatur auf die Fermentreaktionen haben wir schon in Abb. 42 kennengelernt, welcher wir nunmehr den Charakter unserer Abb. 80 rechts zuerkennen müssen.

In derselben Weise beeinflußt, ebenso wie beim Wachstum, der p_H-Wert der Lösung den Wirkungsgrad der Enzyme, wie Abb. 307 nach Höber zeigt. Aus Abb. 308 ist zu ersehen, daß nach Ege das Optimum der Wirkung

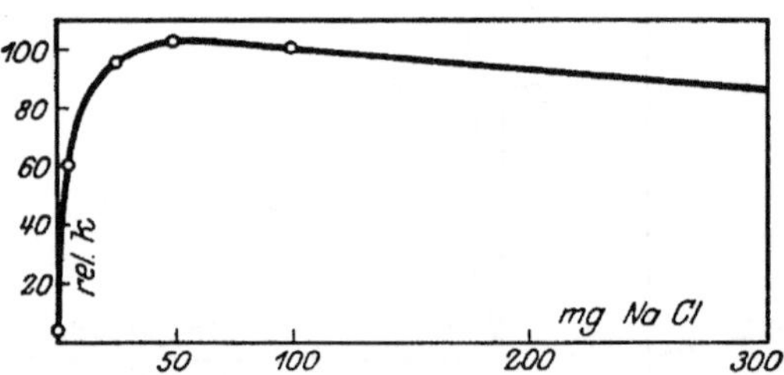

Abb. 305. Die relative Reaktionsgeschwindigkeit einer Ptyalinlösung + 0,29 n-Phosphatlösung bei verschiedenen Mengen NaCl.

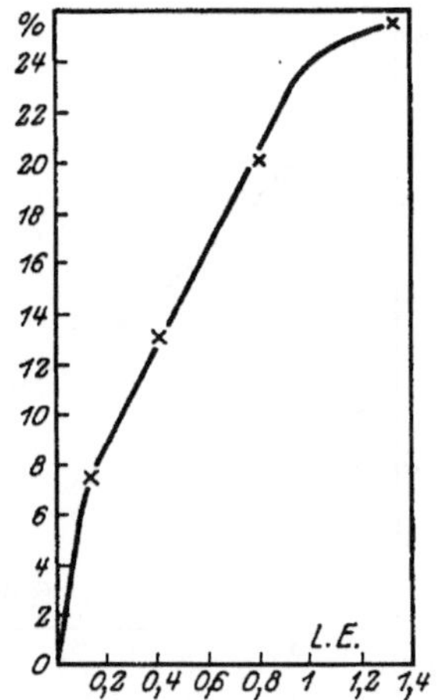

Abb. 306. Lipasemenge und Verseifungsgrad.

von Fermenten, hier das Temperaturoptimum für Pepsin, durch die Versuchsdauer verschoben werden kann, eine Tatsache, welche eine Folge der Unbeständigkeit des Pepsins bei hohen Temperaturen ist. Wie wir eben sagten, kommt als Kurvenform der Temperaturabhängigkeit fermentativer Prozesse dieser Art die Abb. 80 rechts in Betracht, wie aus Abb. 308 noch deutlicher als dort zu erkennen ist. Wie die Verschiebung des Optimums formelmäßig zu erfassen ist, gibt die Abb. 88 rechts, welche denselben Kurventyp darstellt, der Richtung nach an, so daß zu hoffen ist, daß auch diese Beobachtungen durch das Exponentialgesetz einer Analyse zugänglich werden.

Als Resultat der Betrachtung fermentativer Prozesse ergibt sich, daß ebenso wie bei den Stoffwechselvorgängen und der Reizbarkeit auch bei den Vorgängen im Protoplasten, welche auf seinem kolloiden Zustand beruhen, die inneren Zusammenhänge und Abhängigkeiten samt und sonders exponentialen Charakter tragen. Ob wir die Menge des gespaltenen Substrats in Abhängigkeit von der Zeit, der Temperatur, dem Säuregrad, der Menge des Enzyms oder von Beimengungen (z. B. Salzen oder Co-Enzymen), von der Vorbehandlung betrachten oder diese wiederum zueinander in Beziehung setzen, alles ist untereinander funktional verknüpft und immer wieder sind diese Funktionen solcher Art, wie sie durch das Exponentialgesetz gegeben sind, d. h. das Exponentialgesetz ist die Gesetzmäßigkeit, nach welcher die Vorgänge bei fermentativen Prozessen notwendig verlaufen müssen. Gerade bei ihnen ist die Plasti-

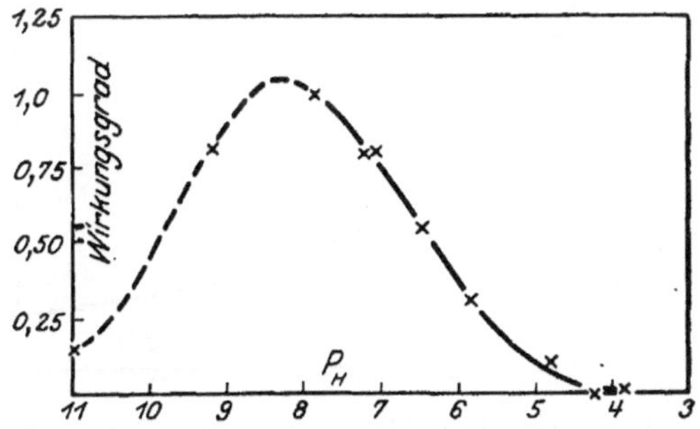

Abb. 307. Die Abhängigkeit des Wirkungsgrades eines Enzyms vom p_H Wert.

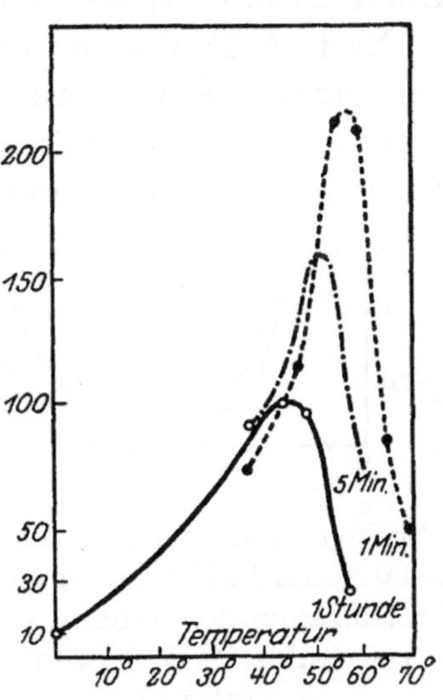

Abb. 308. Die Unbeständigkeit des Pepsins bei hohen Temperaturen. Die Verschiebung des Optimums durch Abänderung der Versuchsdauer.

zität der Kurvenformen des Exponentialgesetzes von außerordentlicher Bedeutung für die Deutung der Zusammenhänge der verschiedenen Symptome eines Geschehnisses. Praktisch bewährt sich das Exponentialgesetz dann noch besonders dadurch, daß es durch seine Konstanten einen zahlenmäßigen Vergleich der Beobachtungen ermöglicht.

Zum Schluß dieses Abschnittes seien noch einige Sonderverhältnisse angeführt, die nochmals an besonderen Einzelheiten dartun sollen, wie das Exponentialgesetz jede Reaktion als Gesetzmäßigkeit beherrscht. Abb. 309 zeigt die Schutzwirkung von Gelatine auf die Hitzeinaktivierung der Malzamylase nach Lüers und Lorinser. Bei einer Inaktivierungstemperatur von $55,5°$ C ist der Inaktivierungskoeffizient $k_c{}'$ für eine Inaktivierungszeit von 30 Minuten von dem Säuregrad (p_H) in Form einer Kettenlinie abhängig, und zwar ohne Gelatine nach der ausgezogenen, mit Gelatine nach der gestrichelten Kurve. Die Schutzwirkung drückt sich also nach dem Exponentialgesetz in dem höheren Zahlenwert der Konstanten (vgl. Abb. 50) aus. Auch in der folgenden Abb. 310, welche die Hemmung durch Abbauprodukte für Trypsin + 2 vH Gelatine darstellt (Tab. biol. II, S. 79), handelt es sich ebenfalls um exponentiale Funktionen. Als Abszisse sind die Kubikzentimeter Hemmungskörper, als Ordinate die Spaltungsgrade abgetragen. Die Kurvenform entspricht unserer Abb. 57 rechts.

Nach A. D. Waller geben Lorbeerblätter unter Einwirkung von Chloroform-, Äther-, Alkoholdämpfen Blausäure ab. Diese Entwicklung von HCN geht weiter von Tag zu Tag und wächst, während

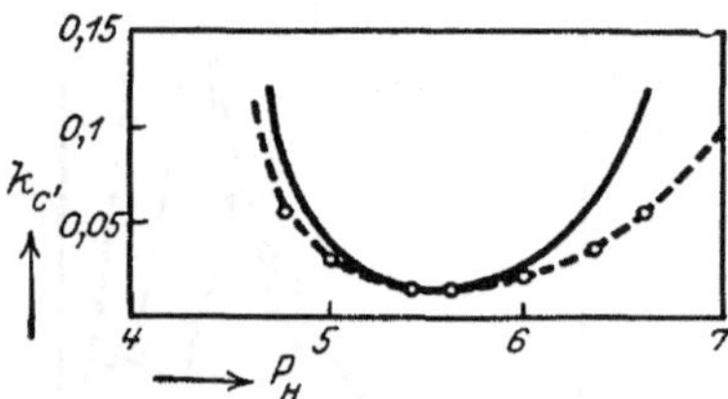

Abb. 309. Die Schutzwirkung der Gelatine auf die Hitzeinaktivierung der Malzamylase, —— ohne, - - - mit 1 vH Gelatine. Inaktivierungstemperatur 55,5°.

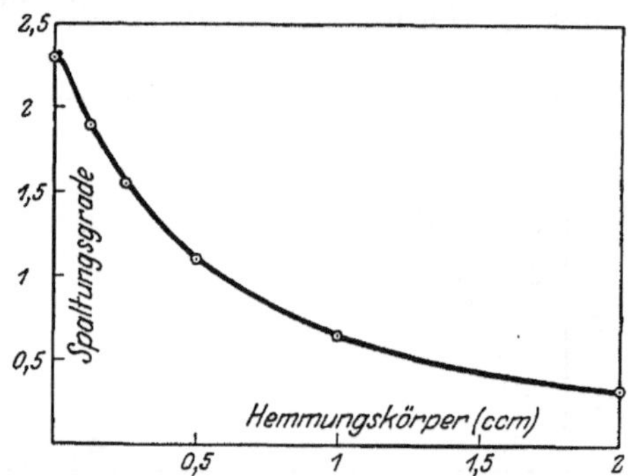

Abb. 310. Die Hemmung der Fermentwirkung durch Abbauprodukte, 2 vH Gelatine. Trypsin.

das Protoplasma durch das Chloroform in wenigen Minuten gelähmt ist („does not arrest the subsequent activity of the liberated enzyme"). Es besteht also ein Unterschied zwischen der „action of protoplasm and action of enzyme". Trotzdem die Enzymproduktion eine Eigenschaft des Protoplasmas ist, „protoplasm is an thing and enzyme another". Die HCN-Bildung unter Chloroform durch 10 g Lorbeerblätter während einer Zeitdauer von 8 Tagen bei einer Temperatur zwischen 14° und 18° zeigt eine Kurve vom Charakter der Abb. 72 II, während die HCN-Bildung von drei verschieden alten Lorbeerblättern (Abb. 311) von 1,1 g (jung), 2,3 g (mittel) und 2,1 g (alt) Gewicht eine Funktion nach Art der Abb. 64 rechts darstellt. Die Beobachtungen wurden bei 40° in Abständen von 5 Minuten gemacht.

Die Indophenolreaktion ist nach Vernon ein Mittel „to test the intra vitam reducing power of tissues". Sie hängt ab von der Oxydation eines Gemisches von α-Naphthol und Paraphenylendiamin zu Indophenol und geht schon an der Luft vor sich, aber die Hinzufügung kleiner animalischer Gewebe beschleunigt sie um ein Vielfaches. Abb. 312 gibt die Oxydationsgeschwindigkeit des Naphthol-Diamingemisches bei verschiedenen Geweben der Ratte, die zerkleinert zugefügt wurden, wieder, und zwar für 1. 5 g Herz, 2. 35 g Gehirn, 3. 4 g Niere und 4. 1 g Muskeln. Gemessen wurden die Prozente von gebildetem Indophenol nach verschiedener Zeit. Für 1

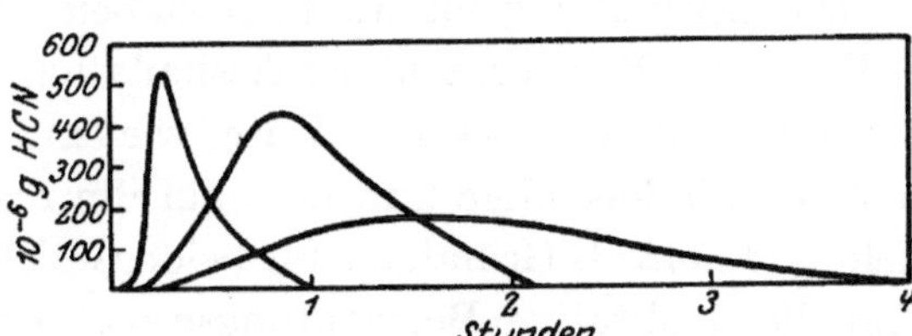

Abb. 311. Die HCN-Bildung verschieden alter Lorbeerblätter bei 40°.

und 2 könnte es sich um Funktionen der Abb. 65 und 66 handeln, bei 3 und 4 liegen aber Formen nach Abb. 88 rechts, vielleicht auch nach Abb. 76 links, negativ oder ähnliche vor. Jedenfalls scheint es aber sicher, daß es exponentiale Funktionen sind, nach denen der Einfluß tierischer Gewebe auf die Indophenolreaktion verläuft.

c) Die Giftwirkung.

Das Problem der Giftwirkung läßt sich von zwei Seiten betrachten. Der zweite Satz unseres Exponentialgesetzes sagt: „Treten durch äußere oder innere Störungen Verschiebungen des normalen

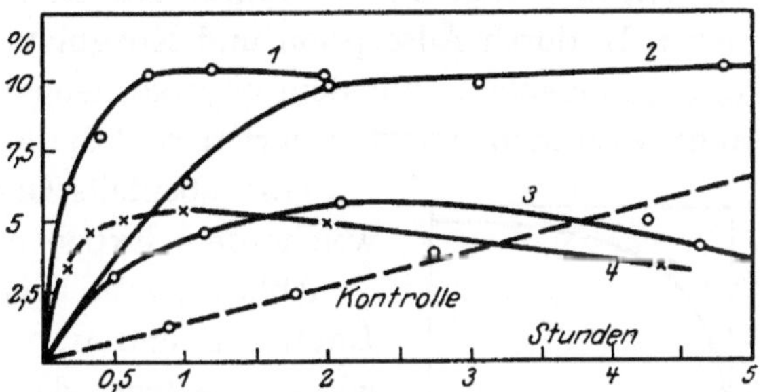

Abb. 312. Die Oxydationsgeschwindigkeit von Naphthol-Diamin-Gemisch bei verschiedenen Geweben der Ratte (zerkleinert). Ord. vH gebildetes Indophenol.

Ablaufs ein, so reagiert die lebendige Substanz auf diese Störung ebenfalls nach dem Exponentialgesetz." Messen wir die Änderung des Reaktionsverlaufs, so werden wir in vielen Fällen in der Lage sein, aus dem Grade der Abweichung von der normalen Reaktion auf diese selbst zu schließen. Die Giftwirkung ist dann also eine Methode, das Lebensgeschehen nach Art und Charakter kennenzulernen. In anderen Fällen ist aber die Vergiftung Selbstzweck, wenn es sich darum handelt, den tatsächlichen Verlauf eines biologischen Vorganges gewollt abzuändern, wie es in der Medizin und der Schädlingsbekämpfung der Fall ist.

Dieser zweite Gesichtspunkt ist eine Angelegenheit der angewandten Biologie und soll in einem Sonderabschnitt dieses Buches im Zusammenhang besprochen werden.

Die Giftwirkung als Methode haben wir schon mehrfach gestreift, z. B. bei der Besprechung der Assimilation und der Atmung als Adsorptionsvorgang. Die Art und Weise, wie ein Giftstoff im Organismus wirkt und wie die lebendige Substanz auf ihn reagiert, ist für sich zu behandeln und muß als Grundlage für beide Gesichtspunkte angesehen werden. Auf die qualitative Betrachtungsweise brauchen wir hier nicht näher einzugehen, da die Beziehungen der Giftwirkung zu dem kolloiden Zustand des Protoplasten in letzter Zeit wegen ihrer Bedeutung für die allgemeinen Probleme der Pharmakologie (einschließlich Narkose) und der Pflanzenschutzforschung oft Gegenstand der Untersuchung gewesen sind (Winterstein, Heubner, Handovsky, Bechhold, Schade, Janisch u. a.). Hier interessiert uns besonders die quantitative Seite des Problems und die Frage, wie die Wirkungsweise der Gifte sich in das Exponentialgesetz einordnet. Da die Art ihrer Wirkung sich vielfach z. B. durch Adsorption und Koagulation erklären läßt und damit im Zusammenhang mit dem physikochemischen Geschehen in der Zelle steht, wird man erwarten dürfen, daß die Reaktion des Organismus auf ein Gift ebenfalls Gesetzmäßigkeiten unterliegt, welche dem Exponentialgesetz eingeordnet sind.

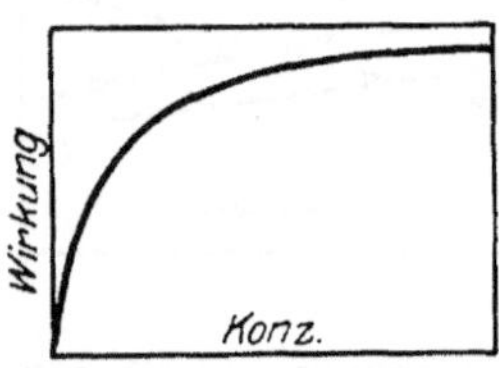

Abb. 313. Die Wirkung von Pilokarpin in Abhängigkeit von der Konzentration.

Abb. 313 gibt nach Le Heux, Storm van Leeuwen und van den Broeke eine Kurve wieder, welche das Verhältnis zwischen der Wirkung und der Konzentration von Pilokarpin demonstriert. Im Anfang haben kleine Unterschiede in der Konzentration große Verschiedenheit in der Wirkung zur Folge, während bei höheren Konzentrationen die Wirkung nur sehr wenig zunimmt. Die Kurve ist eine Funktion nach Art unserer Abb. 66.

Von besonderer Bedeutung ist die Beziehung zwischen der Konzentration eines Giftes und der Dauer seiner Einwirkung. In den Abb. 314 und 315 ist diese Abhängigkeit dargestellt, und wir sehen, daß es sich um unseren hyperbelartigen Typ handelt, der auch hier zu der Auffassung geführt hat, daß eine Hyperbel ($x \cdot y = $ const.) die funktionale Beziehung darstellen könnte. Bringt man Spirogyrazellen in Koffeinlösung verschiedener Konzentration

(Abb. 314 nach Tröndle aus Höber), so ist nach dieser Interpretation die Zeit (t) bis zur eben merklichen Niederschlagsbildung (Koffein-Gerbsäure im Zellsaftraum) der Außenkonzentration (c) an Koffein umgekehrt proportional, d. h. $c \cdot t = $ const. Betrachtet man die Kurve

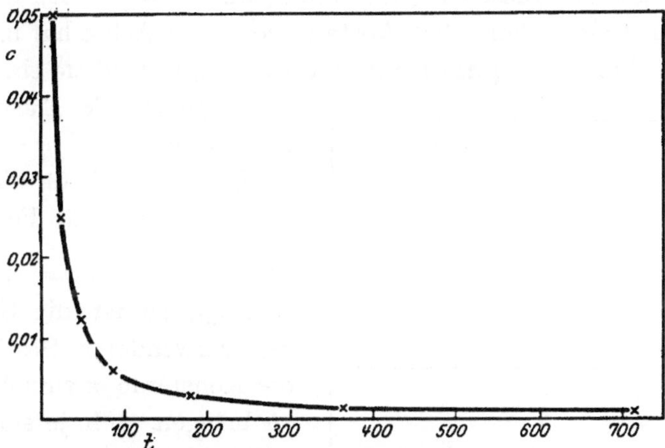

Abb. 314. Die Beziehung zwischen Fällungszeit und Konzentration, Spirogyrazellen in Koffeinlösung.

genauer, so ist das „Hängen" deutlich zu erkennen, ein Zeichen dafür, daß keine Hyperbel, sondern eine exponentiale Funktion vorliegt. Tatsächlich ist auch nach Höber $c \cdot t$ nicht konstant, wie aus folgender Tabelle hervorgeht:

c	t in Sekunden	$c \cdot t$
0,05	13,3	0,6650
0,025	24,6	0,6150
0,0125	47,0	0,5875
0,00625	86,2	0,5375
0,00312	179,6	0,5603
0,00156	363,5	0,5671
0,00078	715,5	0,6203

Es ergibt sich, daß im mittleren Teil der Kurve das Produkt absinkt, also gerade an der Stelle, wo wir das „Hängen" finden. Daß der Abstand des wagerechten Astes von der x-Achse hier sehr gering ist, spricht nicht gegen die Deutung der Kurve als exponentiale Funktion, denn in Abb. 85 rechts haben wir eine ähnliche Lage solcher Funktionen kennengelernt, welche außerdem das „Hängen" in noch weit weniger auffälliger Form zeigt. Daß die Hyperbelformel, das sogenannte Habersche $c \cdot t$-Produkt, nicht den tatsächlichen Verhältnissen voll genügt, ist noch deutlicher aus den Kurven in Abb. 315 zu erkennen, welche von Flury nach Versuchen an Säugetieren gezeichnet worden sind. Die Linie I gilt für Blausäure, die untere für Phosgen. Da der wagerechte Ast in I einen deutlichen Abstand von der x-Achse hat und beide noch besser als Abb. 314 das Hängen aufweisen, so sind sie einwandfrei als exponentiale Kurven charakterisiert.

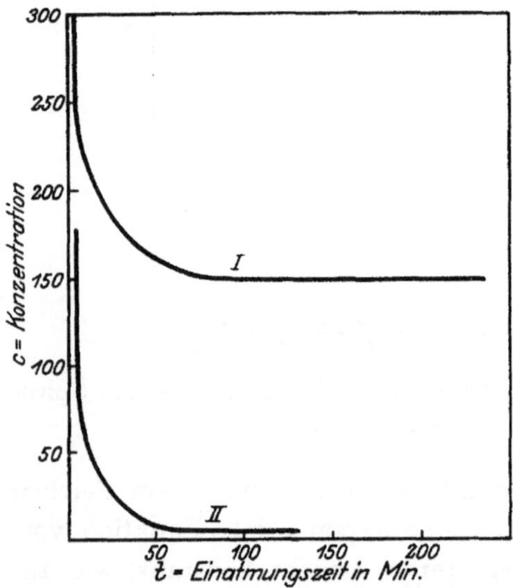

Abb. 315. Die Beziehung zwischen Konzentration des Giftes und Zeit der Einwirkung, Säugetiere, I Blausäure, II Phosgen.

Legt man die für diese Kurvenform einfachste Formel zugrunde, nämlich $y = m\,a^{\frac{1}{x}}$ nach Abb. 45, so ist die Giftigkeit der verwendeten Stoffe durch die Konstante m zum Ausdruck zu bringen, d. h. je stärker ein Gift, desto kleiner ist der m-Wert, also für Phosgen $<$ für Blausäure. So läßt sich auch das Habersche Wirkungsprodukt, das bei tötlicher Vergiftung auch als Tötungsprodukt bezeichnet wurde, dem Exponentialgesetz unterordnen. Der Wirkungswert eines Giftes ist dann durch die Konstanten m und a für jede Tierart zahlenmäßig festzulegen. Für die Hyperbelformel der Linie I in Abb. 315 gilt nach Flury die Gleichung

$$(c - e)\, t = W,$$

in welcher e einen konstanten Entgiftungsfaktor bedeutet. Flury sagt dazu:

„Diese Annahme genügt im allgemeinen für die Darstellung der Beobachtungen, obwohl sie sicherlich nicht genau ist, denn die Aussage dieser Formel, nach welcher bei der Blausäure und den verwandten Stoffen nur die Konzentration wirkt, die oberhalb eines Schwellenwertes e gelegen ist, während alle geringeren Gehalte im Körper entgiftet werden, ist theoretisch nicht befriedigend."

In unserer exponentialen Formel ist der Entgiftungsfaktor durch die Größe m gekennzeichnet, während a ein Ausdruck für die spezifische Reaktionsfähigkeit des Organismus ist. Da die Konstante a außer dem Krümmungsgrad auch die Lage der Kurve im Koordinatensystem bestimmt (vgl. Abb. 49), so ist durch m und a sowohl der Wirkungswert verschiedener Gifte wie auch die Reaktionsfähigkeit verschiedener Organismen zahlenmäßig festzulegen. Voraussetzung ist dabei, daß wir dasselbe Symptom der Reaktion registrieren, z. B. den sofortigen Tod oder den Tod nach einer bestimmten Zeit. Sicherlich werden nicht alle geringeren Gehalte Blausäure im Körper völlig vergiftet, wie Flury bemerkt, sondern auch Konzentrationen, welche kleiner sind als die Größe e der Hyperbel oder m der exponentialen Funktion, üben irgendwelche Wirkung auf das lebendige Geschehen aus. Welchen Einfluß diese unterschwelligen Giftmengen auf den lebendigen Ablauf im Organismus haben, wollen wir erst später besprechen, da ich sie den Nachwirkungserscheinungen zuordnen möchte, die ich erst im Zusammenhang mit den Alterungserscheinungen bei dem speziellen Fragenkomplex der angewandten Biologie behandeln will. Ich verweise deshalb an dieser Stelle auf das Kap. B II.

Über die Bedingungen für die Akkumulation indifferenter Narkotika haben Widmark und Tandberg eingehende theoretische Berechnungen angestellt, fußen jedoch durchweg auf einfachen Exponentialfunktionen. Es sei z. B. die Akkumulationskurve bei kontinuierlicher Zufuhr von Azeton (ihre Fig. 5) erwähnt, welche zwar eine gewisse Ähnlichkeit

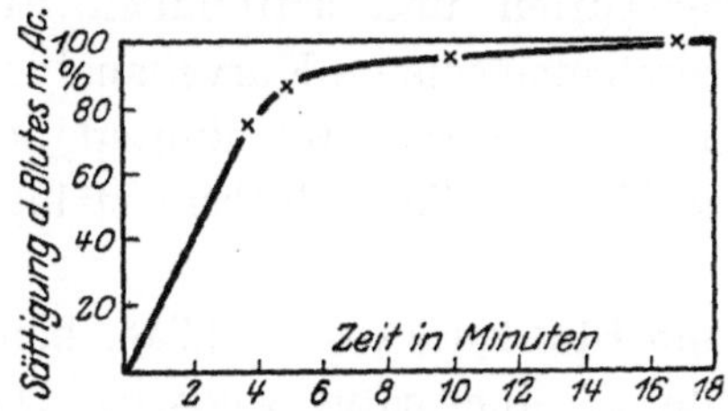

Abb. 316. Der Eintritt der Sättigung des Blutes mit Azetylen bei konstanter Zufuhr, Kaninchen.

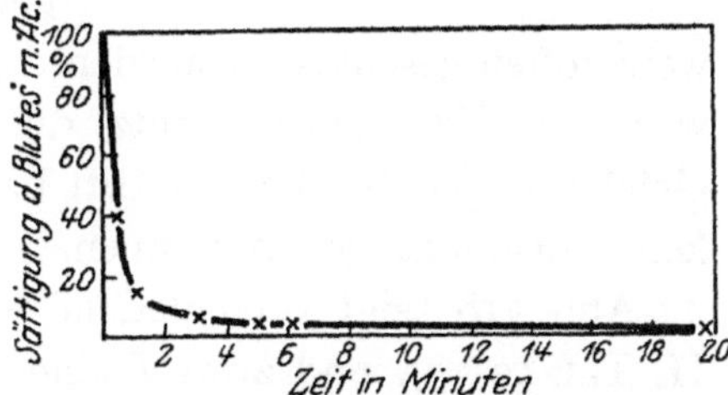

Abb. 317. Die Geschwindigkeit der Azetylenausscheidung nach Beendigung der Gaszufuhr.

mit einer einfachen Exponentialfunktion hat, aber nach dem Exponentialgesetz besser durch Funktionen der Abb. 57 rechts zu deuten sein wird. Über den Eintritt der Sättigung des Blutes mit Azetylen bei konstanter Zufuhr gibt nach Schön und Sliwka für das Kaninchen Abb. 316

Auskunft, welche eine Funktion darstellt, die nach dem Prinzip der Abb. 71 *II* gebaut ist. Die Geschwindigkeit der Azetylenausscheidung nach Beendigung der Gaszufuhr ist aus Abb. 317 zu ersehen, welche nach dem Typus der Abb. 86 links verläuft. Die Ausscheidung geht viel schneller vor sich als die Aufnahme. Da es sich in beiden Fällen um Formen handelt, deren allgemeine Typen reziproke Funktionen sind, ergibt sich hier die Möglichkeit, durch die Konstanten einen zahlenmäßigen Vergleich von Giftaufnahme und Giftausscheidung durchführen zu können.

Über das Verhalten des Organismus artfremden Stoffen gegenüber orientiert die Abbildung von Nogaki (S. 99), welcher verschiedene Mengen Hefesaccharase in die Blutbahn von Kaninchen injizierte. Auf der Ordinate sind die im Blute zur gegebenen Zeit enthaltenen Saccharasemengen, auf der Abszisse ist die Zeit in Minuten abgetragen. Der Konzentrationsabfall ist anfangs sehr steil, dann wird er allmählich flacher. Die Kurven sind durch Funktionen nach Art unserer Abb. 86 links zu erfassen, stellen also denselben Kurventyp dar, wie bei der Azetylenausscheidung in Abb. 317, so daß auf eine ähnliche Reaktion des Organismus gegenüber Giften und artfremden Eiweißstoffen geschlossen werden darf. Durch eine genaue Kurvenanalyse wird das Exponentialgesetz durch die Größe seiner Konstanten bei gleichwertiger Zufuhr von Gift bzw. Eiweiß über diese Reaktionsfähigkeit Aufschluß geben können.

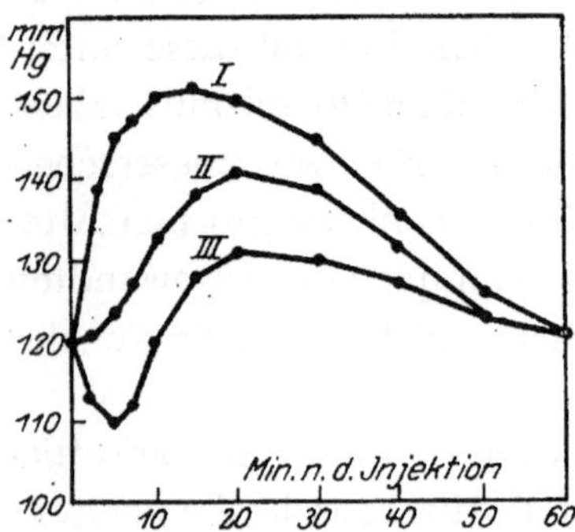

Abb. 318. *I* Normale, *II* mäßig vagische, *III* stark vagische Adrenalin-Blutdruckkurve.

Abb. 318 zeigt verschiedene Adrenalin-Blutdruckkurven (Tab. biol. II, Taf. 12/13), und zwar *I* eine normale, *II* eine mäßig vagische, *III* eine stark vagische Blutdruckkurve. *I* und *II* lassen sich nach dem Exponentialgesetz durch Funktionen vom Charakter der Abb. 100 erfassen, *III* dagegen nähert sich dem Typus der Abb. 119 an, stellt aber eine flachere Form desselben dar, welche zeichnerisch dann zustande kommt, wenn die Einheiten der x-Achse größer gewählt werden.

Ebenso wie bei anderen Reaktionen des Organismus ist auch bei der Giftwirkung der Temperatureinfluß von Wichtigkeit. Kanitz sagt:

„Seine praktische Bedeutung ist schon soweit anerkannt, daß der von der American Public Health Association für die Ausarbeitung von Standard· untersuchungsmethoden eingesetzte Ausschuß in seinem Bericht von 1918 den Temperaturquotienten als eine der drei zur Kennzeichnung eines Desinfektionsmittels notwendigen Konstanten vorgeschlagen hat."

Über den Temperaturquotienten haben wir uns früher schon eingehend geäußert und festgestellt, daß er nur dann etwas aussagt, wenn es sich bei der Temperaturabhängigkeit biologischer Vorgänge um eine echte Exponentiallinie handelt. Da das aber, wie wir gesehen haben, meist überhaupt nicht, in einigen Fällen nur sehr angenähert der Fall ist, lehnen wir den Temperaturquotienten Q_{10} als eine Zahl, welche das Wesen einer Temperaturabhängigkeit charakterisiert, ab. Daß bei der Giftwirkung ganz etwas Anderes als eine Exponentiallinie vorliegt, soll an einem Beispiel gezeigt werden. Zehl fand bei seinen Untersuchungen über die Wirkung verschiedener Gifte auf den Pilz *Aspergillus niger*, daß bei manchen (CuSO$_4$ und viele andere Salze, Alkohol, Aldehyd, Phenol, Resorzin usw.) bei Temperaturerhöhung eine Steigerung der Giftwirkung eintrat,

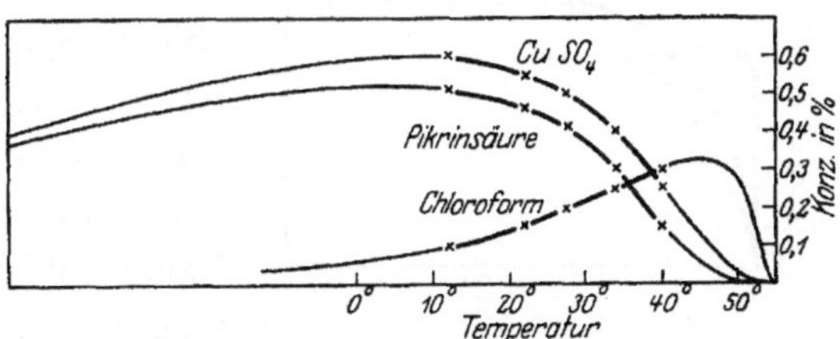

Abb. 319. Die Giftwirkung bei steigender Temperatur.

bei anderen (Chloroform, Äther, Benzamid, Äthylurethan) stellte er dagegen eine Verminderung der Giftwirkung fest. Abb. 319 zeigt durch die dick gezeichneten Linien, daß z. B. bei CuSO$_4$ und Pikrinsäure die zur Abtötung notwendige Konzentration bei höheren Temperaturen geringer, bei Chloroform aber größer ist als bei niederen. Es liegt durchaus kein Grund vor, anzunehmen, daß der Organismus auf verschiedene Gifte nach einer anderen Gesetzmäßigkeit reagiert.

Nun wissen wir aber, daß der Organismus z. B. in seiner Stoffwechselintensität auf Temperaturerhöhung nach Art einer Kurve reagiert, welche unseren exponentialen Funktionen in Abb. 53 rechts, 64 links oder 88 rechts gleicht. Als Nullpunkt mußten wir eine hohe Temperatur wählen, welche für den Organismus einen Todpunkt, den kritischen Wärmepunkt, bedeutet. Übertragen wir diese Erfahrungen auf die Beeinflussung der Giftwirkung durch die Temperatur, so müssen die dicken Linien in Abb. 319 so weitergeführt werden, wie es die dünnen Linien andeuten, wenn wir als kritischen Wärmepunkt eine Temperatur von 55° annehmen, d. h. es unterliegen alle drei gezeichneten Abhängigkeiten derselben Gesetzmäßigkeit. Da naturgemäß der Wirkungsgrad der Gifte nicht gleichartig ist, unterscheiden sich die Kurven durch die Größe der Konstanten, mit anderen Worten, die Kurve für Chloroform steigt vom kritischen Wärmepunkt sehr viel steiler hoch, als die für Pikrinsäure und Kupfersulfat. Dadurch kommt in dem untersuchten Temperaturbereich die zunächst so merkwürdig anmutende Tatsache zustande, daß die Kurven sich überkreuzen, welche aber nicht, um es noch einmal zu betonen, auf einer unterschiedlichen Gesetzmäßigkeit beruht, sondern lediglich in dem verschiedenen Wirkungsgrad der Gifte,

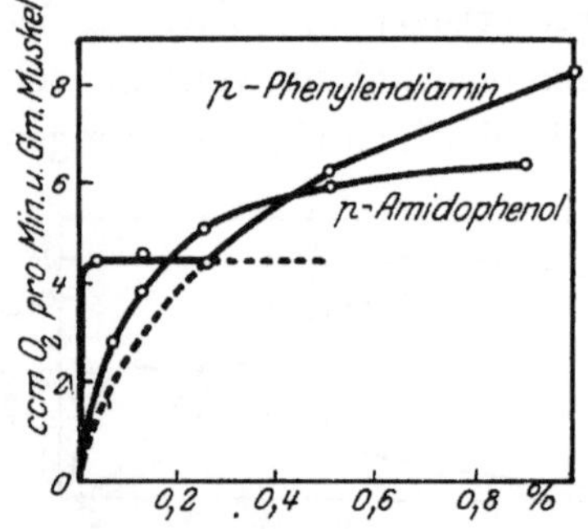

Abb. 320. Der Sauerstoffverbrauch zerriebener Muskeln in Giftlösungen.

den wir durch unsere Konstanten zahlenmäßig ausdrücken und vergleichen können.

Nach diesen mehr allgemeinen Erscheinungen bei der Vergiftung wollen wir die Beeinflussung einzelner Lebensvorgänge durch Gifte betrachten. Abb. 320 gibt nach v. Szent-Györgyi die Sauerstoffmenge wieder, welche der zerriebene Muskel in Giftlösungen verbraucht. Für p-Amidophenol zeigt die Kurve eine Form, „die wir als die typische Form jener Prozesse kennen, die wir unter dem Namen Adsorption zusammenfassen". Einen ganz anderen Verlauf hat die Atmung in p-Phenylendiamin. Die rechte Seite, etwa von 0,25 vH ab, ähnelt durchaus der Adsorptionskurve und wird vom Autor dementsprechend punktiert weitergeführt. Er sagt dann weiter:

„An einem Punkte kommt aber ein Knick in die Kurve, und die Linie wird mit der Abszisse parallel, um in der unmittelbaren Nähe der Ordinate sozusagen vertikal zum Nullpunkt abzufallen. Mit anderen Worten ist die Intensität der Oxydation — wenn wir von der Seite der hohen Konzentrationen absehen — unabhängig von der Konzentration des Diamins und ist, solange noch überhaupt etwas Diamin da ist, maximal." „Die Kurve wird eindeutig erklärt, wenn wir annehmen, daß das Plasma imstande ist, eine gewisse Menge des Diamins an seiner Oberfläche chemisch zu binden." „Neben dieser chemischen Bindung kann dann das Diamin, ähnlich wie das Amidophenol, durch eine diffusere Adsorption gebunden werden, die aber ... erst bei höheren Konzentrationen in Erscheinung tritt (rechte Seite der Kurve)."

Da wir wie immer darauf ausgehen, den Gesamtablauf durch eine funktionale Beziehung darzustellen, müssen wir auch hier versuchen, durch das Exponentialgesetz eine Deutung zu finden. In den Abb. 70 bis 73 haben wir die Abflachung von solchen Kurven kennengelernt, wie wir sie bei der Adsorption wiedergefunden haben und wie sie auch hier bei der Wirkung von Amidophenol vorliegt. An anderer Stelle haben wir dann gezeigt, daß diese Abflachung der erste Schritt zu der Einbuchtung ist, die wir bei Abb. 143 auch schon besprochen und in stärkster Ausprägung in Abb. 132 und 133 kennengelernt haben. Bei der Kurve des Phenylendiamins liegt nun genau dieselbe Erscheinung vor, so daß auch hier wieder durch die Gesichtspunkte, welche das Exponentialgesetz vermittelt, die verschiedenen Kurvenformen in Abb. 320 auf dieselbe Gesetzmäßigkeit im Reaktionsverlauf zurückgeführt werden können.

Die Atmung in CO_2-haltiger Atmosphäre ist durch v. Buddenbrock und v. Rohr an der Stabheuschrecke untersucht worden. Die CO_2 Produktion und der O_2-Verbrauch ist in Abb. 321 durch die Steighöhe des Manometers in Millimetern pro Stunde angegeben. Die Kurven fallen bei steigendem Prozentgehalt an CO_2 steil ab, um dann plötzlich rapide

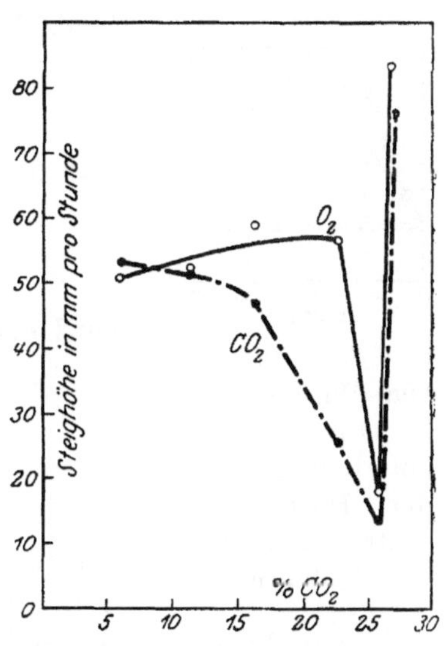

Abb. 321. Die Atmung der Stabheuschrecke in CO_2-haltiger Atmosphäre.

hochzuschnellen. Für die Kurvenform können wir unsere Abb. 124 oder 126 zugrunde legen, welche dann bei einem hohen Prozentgehalt CO_2 einen mathematischen Nullpunkt fordern würden. Biologisch entspräche dieser Punkt etwa dem Todpunkt, wie wir ihn bei hohen Temperaturen kennengelernt haben, und der hier bei etwa 27—28 vH CO_2 angenommen werden müßte und als Punkt der völligen Lähmung zu bezeichnen wäre. Auf diese Art und Weise läßt sich also auch die Atmung in CO_2-haltiger Atmosphäre durch das Exponentialgesetz formulieren.

In Kap. B I 1 b haben wir die Ausscheidungen von Bakterien besprochen, welche eine Änderung des p_H-Wertes des Mediums bewirken. Wird zu der Kultur Alkohol in steigenden Mengen zugefügt, so ver-

schieben sich nach Verzar und Zih die Kurven, wie es Abb. 322 wiedergibt. Je größer der Alkoholzusatz, desto mehr verflacht die Kurve, bis
sie bei 7 vH geradlinig verläuft. Wenn wir den mathematischen Nullpunkt bei $p_H = 7{,}07$ (dem Neutralpunkt) wählen, so können die Kurven
im einfachsten Falle durch die Formel

$$y = m\,a^{-\frac{1}{x}}$$

wiedergegeben werden (Abb. 49 links). Da die Funktion mit wachsendem a einen immer flacheren Verlauf hat, so wird für $a = \infty$ und für
jeden beliebigen x-Wert

$$y = \frac{m}{\infty} = 0.$$

Für die kompliziertere Formel (Abb. 75)

$$\frac{1}{y} = \frac{m}{2}\left(a^{\frac{1}{x}} + a^{-\frac{1}{x}}\right)$$

wird ebenso für $a = \infty$

$$y = \frac{1}{\dfrac{m}{2}\left(\infty + \dfrac{1}{\infty}\right)} = 0.$$

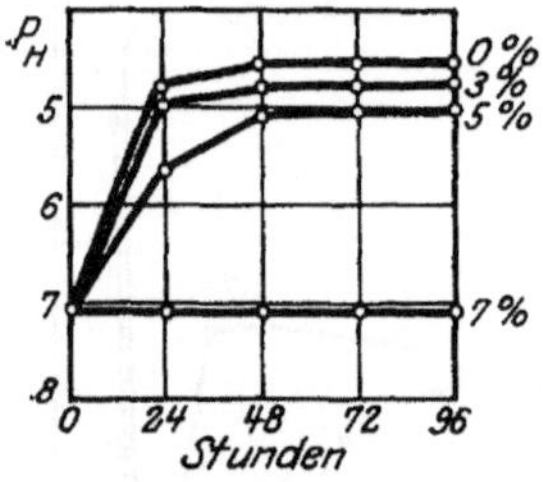

Abb. 322.
Die Wirkung von
Äthylalkohol
auf den Endwert
der H-Ionenkon-
zentration in Bak-
terienkulturen.

Es fällt die Kurve vollständig mit der x-Achse
zusammen. Das heißt aber nichts Anderes, als
daß auch die gerade Linie bei 7 vH Alkohol in
Abb. 322 durch exponentiale Funktionen darstellbar ist. Sie ist die
Grenzkurve, der sich die p_H-Änderung des Mediums mit steigenden
Alkoholmengen, d. i. mit wachsenden a-Werten, annähert. Aus der Tatsache, daß bei 7 vH Alkohol das Symptom der Lebenstätigkeit der Reaktion, nämlich die Stoffausscheidung, welche wir durch den p_H-Wert
messen, nicht mehr vorhanden ist, müssen wir schließen, daß diese
Lebenstätigkeit beendet ist.

Wenn wir nun, wie wir das schon mehrfach getan haben, an irgend-
einem Zeitpunkt, z. B. bei 24 Stunden, eine Senkrechte ziehen und die
Schnittpunkte der Kurven in ein neues Koordinatensystem eintragen,
dessen Abszissen die Prozente Alkohol sind, so erhalten wir eine neue
Kurve, welche wiederum dem Exponentialgesetz folgen muß. In
Abb. 322 haben wir bei einer Giftkonzentration einen mathematischen
Nullpunkt annehmen müssen, der einen Punkt völliger Lähmung dar-
stellt, ebenso wie der Todpunkt bei hohen Temperaturen. Ganz ähnlich

wird dann auch der Punkt 7 vH Alkohol ein solcher Nullpunkt sein, so daß wir dadurch, daß bei diesem Alkoholzusatz die Zeitkurve in die x-Achse fällt, eine Methode gewonnen haben, in derartigen Fällen den Nullpunkt zu bestimmen.

Nach Lipschitz und Gottschalk liegt der Giftwirkung der aromatischen Nitroverbindungen sowohl das Methämoglobinbildungsvermögen als ihre Zellgiftigkeit, ihre Reduktion zu β-Phenylhydroxylaminen zugrunde. Der mit dieser Reduktion kausal verknüpfte Dehydrierungsvorgang kann der physiologischen Zellatmung entsprechen, denn er ist wie diese an die Zellstruktur gebunden, narkotisierbar, HCN-empfind-

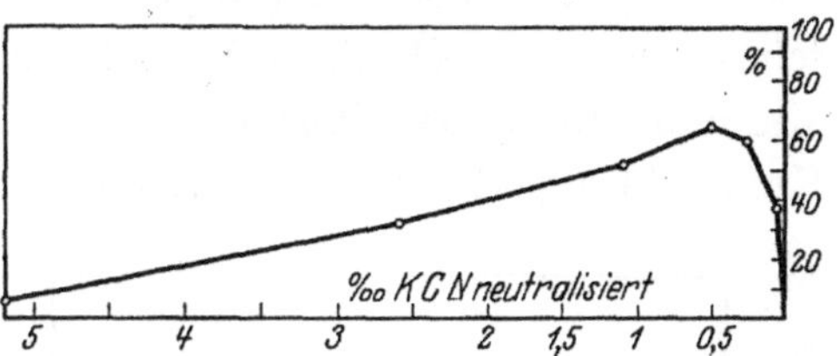

Abb. 323. Die hemmende Wirkung von Zyankali auf die Reduktion von Dinitrobenzol durch atmende Froschmuskelzellen.

lich usw. Abb. 323 stellt die Wirkung der Blausäure auf die Reduktion dar. Es wurde frisch bereitete 0,5, 1 oder 2 vH KCN-Stammlösung mit Salzsäure gegen Lackmus genau neutralisiert, verdünnt und mit $AgNO_3$ titriert. In je 10 ccm wurden 2 g zerschnittene Froschmuskeln (= atmende Muskelzellen) eingetragen, verkorkt, durchmischt und nach 15—20 Minuten mit je 0,2 g Dinitrobenzol versetzt. Weder die konzentrierten KCN- noch HCN-Lösungen reduzieren Dinitrobenzol bei mehrtägigem Stehen, noch verursachen sie irgendwelche Gelbfärbung. Abb. 323 gibt die Hemmung in Prozenten in

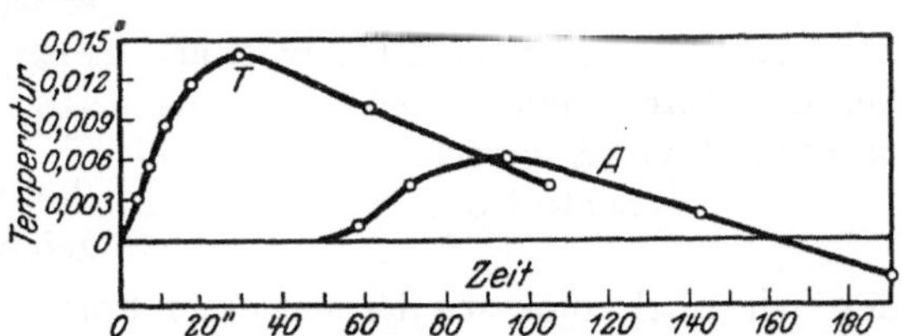

Abb. 324. Die Wärmebildung im Muskel bei Azetylcholinkontraktion (A) und bei Tetanisierung (T).

Abhängigkeit von der KCN-Konzentration wieder, welche einer Kurve folgt, die den Charakter der schon mehrfach erwähnten Abb. 53 rechts u. a. aufweist. Auch hier zeigt sich also eine Unterordnung der Beziehungen unter das Exponentialgesetz. Über die Wärmebildung im Muskel haben wir früher schon gesprochen. Abb. 324 zeigt, daß auch bei Azetylcholinkontraktion Wärme in Erscheinung tritt, wenn nach v. Neergaard der Gastrocnemius in situ mit azetylcholinhaltiger Ringerlösung durchströmt wird. Die Kurven zeigen die Wärmebildung als Zeitfunktion bei Azetylcholinverkürzung (*A*) und zum Vergleich die bei Tetanisierung (*T*). Sie folgen demselben Typ, welchen wir in Abb. 319 zugrunde gelegt haben.

Die Lähmungserscheinungen seien an einigen Beispielen aus der Reizphysiologie besprochen. Betrachten wir die Wirkungsstärke der Narkotika z. B. von Chloralhydrat am motorischen Ischiadicus des Frosches (Tab. biol. II, S. 419), so ist die Zeit bis zur Unerregbarkeit in Minuten durch die Konzentration des Giftes in Prozenten nach einer Kurve (Abb. 325) bedingt, in welcher wir die logarithmische Form unseres hyperbelartigen Typus erkennen (vgl. Abb. 135 *III*). Die Tatsache, daß eine bestimmte Giftmenge von der lebendigen Substanz „entgiftet" wird, welche wir bei dem Haberschen $c \cdot t$-Produkt besprachen, macht sich auch hier wieder bemerkbar. Wird der Nervus ischiadicus des Frosches in Stickstoff erstickt, so ist die Zeit, in welcher die Leitfähigkeit erlischt, von der Temperatur (Tab. biol. II, S. 417) nach einer Kurve abhängig, welche durch uneren S-förmigen Typ gekennzeichnet ist. Den Nullpunkt werden wir auch hier wieder bei einer hohen Temperatur suchen müssen, jedoch sind die Beobachtungen nicht über 29,5° ausgedehnt worden, so daß sich Genaueres über das Verhalten der Erstickung bei höheren Temperaturen noch nicht sagen läßt.

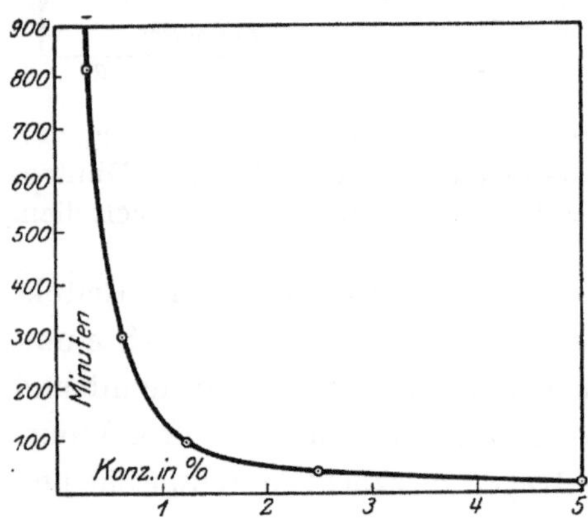

Abb. 325. Die Zeit bis zur Unerregbarkeit des motorischen Froschischiadicus in Chloralhydrat verschiedener Konzentration.

Auch die Erholung des motorischen N. ischiadicus folgt (Tab. biol. II, S. 422) einer exponentialen Gesetzmäßigkeit, wie Abb. 326 zeigt. Wird der Nerv durch Zyannatrium bestimmter Konzentration unerregbar gemacht, so ist die Zeit, nach der die Erholung in Ringerlösung eintritt, um so kürzer, je geringer die Giftmenge war. Die Kurvenform der Abhängigkeit der Zeit von der Konzentration an NaCN ist eine Modifikation unseres S-förmigen Typus in Abb. 65 und entspricht etwa Abb. 71 *II* mit dem Unterschiede, daß die Abflachung schon ein wenig in die Einbuchtung übergeht, welche wir in Abb. 143 kennenlernten. Die Entgiftung kleiner Zyankaliummengen macht sich hier in einer anderen Weise bemerkbar, als wir bis jetzt gesehen haben. Bei einer Konzentration von 0,01 vH wird der Nerv nicht unerregbar, mit anderen Worten, die Erholungszeit ist fast gleich Null, und bei 0,005 ist überhaupt keine Wirkung vorhanden. Kurvenmäßig kommt das in der Art des Heranbiegens an den Nullpunkt zum Ausdruck, wie es aus Abb. 326 und 71 *II* zu ersehen ist. Die Größe der Entgiftung ist hier durch den a_2-Wert gekennzeichnet, dessen Größe nach Abb. 71 *I* und *II* die Art bestimmt, wie die Kurve den Koordinatenanfangspunkt erreicht.

Wenn wir nach der eigentlichen Wirkungsweise der Gifte fragen, so werden wir den Angriffspunkt in der Zelle suchen müssen, d. h. der

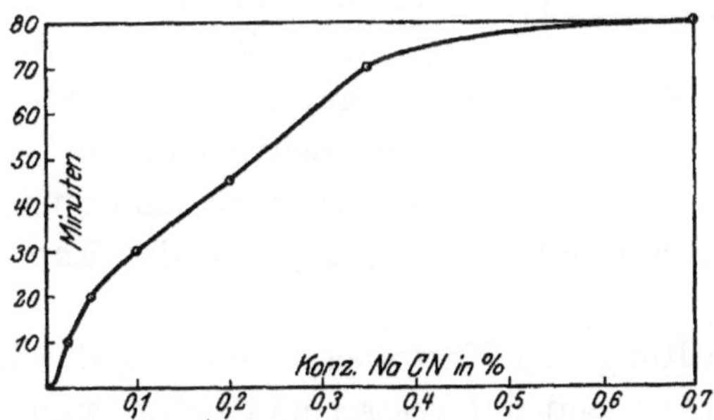

Abb. 326. Die Erholungszeit des N. ischiadicus vom Frosch nach der Vergiftung durch NaCN verschiedener Konzentration.

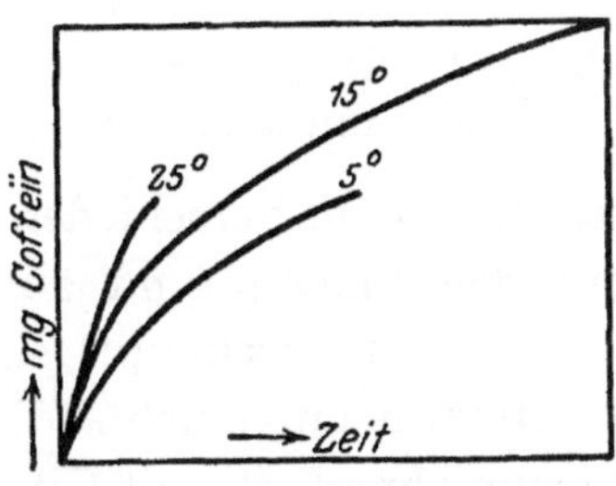

Abb. 327. Das Eindringen von Koffein in den Muskel bei verschiedenen Temperaturen.

Giftstoff trifft, sobald er an sie gelangt, auf ein kolloides System komplizierter Art. Die Gesichtspunkte, welche wir heranziehen müssen, werden also in der Hauptsache physikochemische sein. Da uns hier lediglich die quantitativen Verhältnisse und die Gesetzmäßigkeiten interessieren, nach denen ein Giftstoff in die Zelle aufgenommen wird, sich in dem kolloiden System verankert und zur Geltung kommt, so können wir von einer Beschreibung der tatsächlichen Geschehnisse absehen. Ich verweise auf die zusammenfassenden Arbeiten von Winterstein, Höber, Schade, Bechhold, Heubner, Handovsky u. a. Für die speziellen Bedürfnisse der Pflanzenschutzforschung habe ich selbst einmal die Gesichtspunkte zusammengefaßt, welche für die Wirkungsweise der Gifte in der Zelle maßgebend sind.

Über die Geschwindigkeit des Eindringens von Koffein in den Muskel gibt Abb. 327 nach Matsuoka Aufschluß, in welcher die bei

verschiedenen Temperaturen nach bestimmten Zeiten aufgenommenen
Milligramm Koffein aus einer 0,15 proz. Lösung eingezeichnet sind.
Für das weitere Verhalten der Gifte in dem kolloiden System der Zellen
müssen alle Vorstellungen herangezogen werden, welche wir im allgemeinen Teil dieses Kapitels schon gestreift haben. Von der Adsorption und der Fällung haben wir soweit gesprochen, als es notwendig schien zu zeigen, daß das Exponential-
gesetz auch auf diesem Gebiete die Reaktionen be-
herrscht. Wir wollen uns
darum hier darauf beschränken, die Wirkungen von
Giften auf Fermentreaktionen zu behandeln, um zu

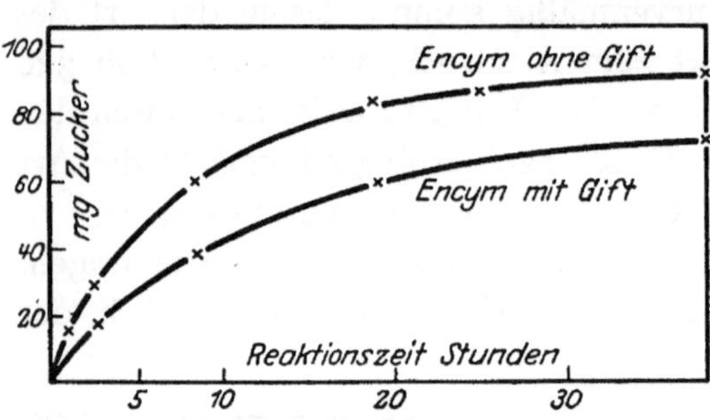

Abb. 328. Die Spaltung von Kartoffelstärkelösung mit und ohne Gift (CuSO₄).

zeigen, wie die verschiedenen Symptome der Vorgänge miteinander und
mit den inneren und äußeren Systembedingungen durch das Exponentialgesetz verknüpft sind.

Olsson untersuchte die Spaltung von Kartoffelstärkelösung durch
Enzym ohne Gift, mit Gift (CuSO₄) und mit Wasser und stellte einmal

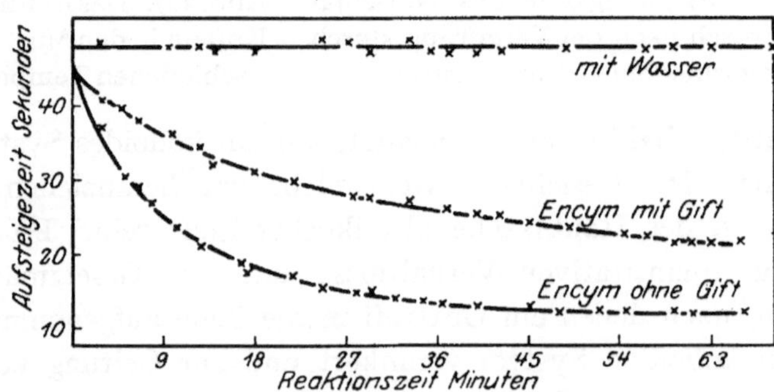

Abb. 329. Die Verflüssigungskurven bei der Spaltung von Kartoffelstärke.

die Milligramm Zucker, andermal die Viskositätsänderung bei zeit-
lichem Fortschreiten der Reaktion fest. Letzte wurde als Aufsteigezeit
von Glaskugeln gemessen. Abb. 328 zeigt die Zuckermengen in Milligramm bei der Stärkeverflüssigung durch Enzym mit und ohne Gift,
Abb. 329 die entsprechenden Aufsteigezeiten. Je mehr Zucker sich
bildet, desto kürzer wird die Zeit, welche die Kugeln zum Emporsteigen

gebrauchen, d. h. die Kurven der beiden Abbildungen stehen in dem Verhältnis von x-Reziproken zueinander. Vom Standpunkt des Exponentialgesetzes aus lassen sich die Kurven den ermittelten Daten durch Funktionen vom Typus der Abb. 14 und 16 anpassen, welche dann durch den a-Wert den Einfluß des Giftes zahlenmäßig zum Ausdruck bringen. In Abb. 329 müßten die Kurven im Gegensatz zu der Zeichnung so weitergeführt werden, daß sie den Schnittpunkt der Wasserlinie mit der y-Achse treffen. Diese Wasserlinie ist ebenso eine gerade Linie, wie die für 7 vH Alkohol in Abb. 322, d. h. mit steigenden Giftdosen oder bei Anwendung stärkerer Gifte nähern sich die Kurven der Wasserlinie an, welche

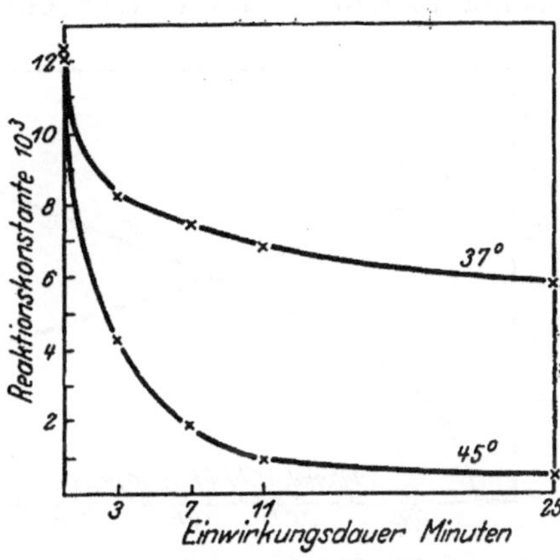

Abb. 330. Die Vergiftung der Speichelamylase durch $CuSO_4$ bei mehreren Temperaturen.

aussagt, daß überhaupt keine Verflüssigung der Stärke stattfindet.

Um diese Gerade dem Exponentialgesetz als Grenzlinie einzufügen, müssen wir umgekehrt verfahren, wie bei Abb. 322, wo $a = \infty$ wurde. Lassen wir in der Formel

$$\frac{1}{y} = \frac{m}{2}\,(a^x + a^{-x})$$

a immer kleiner werden (vgl. Abb. 51), so verflachen die Kurven mehr und mehr. Wenn dann $a = 1$ ist, erhalten wir

$$\frac{1}{y} = \frac{m}{2}\,(1 + 1),$$

also

$$y = \frac{1}{m},$$

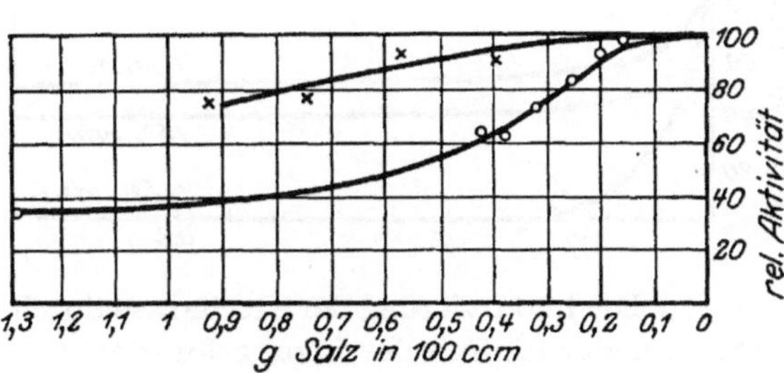

Abb. 331. Die Fällung der Saccharase durch Salze, ○ Zersulfat, × Bleinitrat.

d. h. für $a = 1$ wird die Kurve eine Parallele zur x-Achse durch den Punkt $\frac{1}{m}$. Für die Vergiftung von Fermenten bedeutet das, daß der a-Wert sich immer mehr der 1 nähert, je mehr Giftstoff oder ein je stärkeres Gift angewendet wird. Damit haben wir eine Methode gewonnen, die Größe der Giftwirkung verschiedener Gifte und Konzentrationen zahlenmäßig festzulegen und zu vergleichen.

Der zeitliche Verlauf der Inaktivierung von Saccharase durch Nitrophenol gleicht unserem Kurventyp in Abb. 66 (Tab. biol. II, S. 62), während Abb. 330 nach Olsson 1921 die Abhängigkeit der Reaktionskonstanten der Speichelamylase von der Einwirkungsdauer bei der Vergiftung durch Kupfersulfat wiedergibt. Sie hat den Charakter der Funktion in Abb. 86 links, in welcher der Einfluß der Temperatur sich durch die Größe der Konstanten zahlenmäßig zum Ausdruck

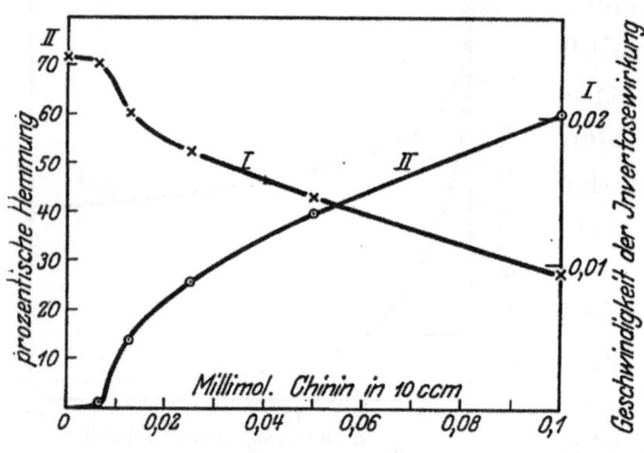

Abb. 332. Die Hemmung der Invertasewirkung durch Chinin.

bringen läßt. Die Fällung der Saccharase durch Salze zeigt Abb. 331 nach v. Euler und Svanberg für Cersulfat (Kreise) und Bleinitrat (Kreuze). Die relative Aktivität ist von der Giftkonzentration je nach der Stärke des Giftes abhängig, die sich auch hier durch den Zahlenwert der Konstanten vergleichen läßt. Denselben Kurventyp in steilerer Form, wie er durch Abb. 56 rechts oder 78 links gegeben ist, weist die Kurve der relativen Inversionsgeschwindigkeit der Saccharase nach v. Euler und Myrbäck auf, welche mit verschiedenen Mengen von $HgCl_2$ versetzt wurde, und das

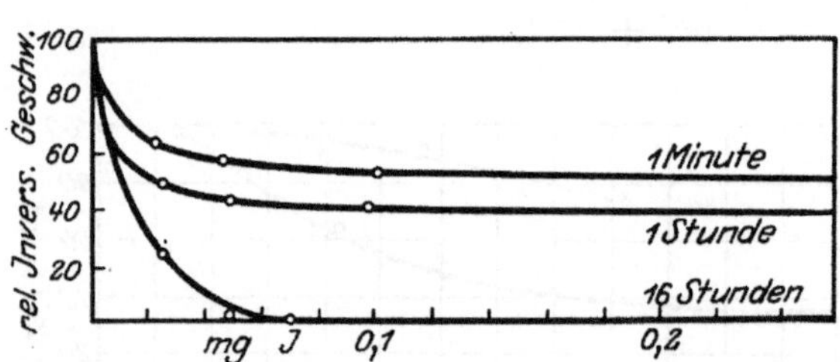

Abb. 333. Die Inaktivierung der Saccharase durch Jod und der Einfluß der Inkubationsdauer.

Gleiche finden wir bei der Hemmung der Invertasewirkung (nach Höber) durch Chinin, wie die Kurve *I* in Abb. 332 zeigt.

Zeichnen wir dagegen die prozentische Hemmung (Linie *II*), so erhalten wir eine reziproke Form. Wenn wir für die relative Inversionsgeschwindigkeit der durch Jod vergifteten Saccharase (Tab. biol. II, S. 62) die Kurvenform der Abb. 63 links zugrundelegen, so macht sich

der Einfluß der Inkubationsdauer dahin geltend, daß die Asymptote
(Abb. 333) um so größeren Abstand von der x-Achse hat, je geringer
die Inkubationsdauer ist. Abb. 334 stellt endlich nach Willstätter
und Grassmann die p_H-Abhängigkeit der Papainwirkung mit HCN-
Vorbehandlung und ohne Blausäure dar. Die erreichten Spaltungen
wurden durch Titration mit n/5-KOH ermittelt, welche in Kubikzentimetern als Maß der Spaltung auf der Ordinate aufgetragen wurde. Auch
hier zeigt sich wieder der Vergleichswert
der Konstanten durch die verschiedene
Lage der Kurven an.

II. Das Exponentialgesetz in der angewandten Biologie.

1. Lebensdauer, Altern und Tod.

Wenn ich an den Anfang des zweiten
Teiles unserer speziellen Ausführungen,
welcher die Bedeutung des Exponentialgesetzes für die angewandte Biologie schil-
dern soll, einen Abschnitt über Lebensdauer, Altern und Tod stelle, so hat das

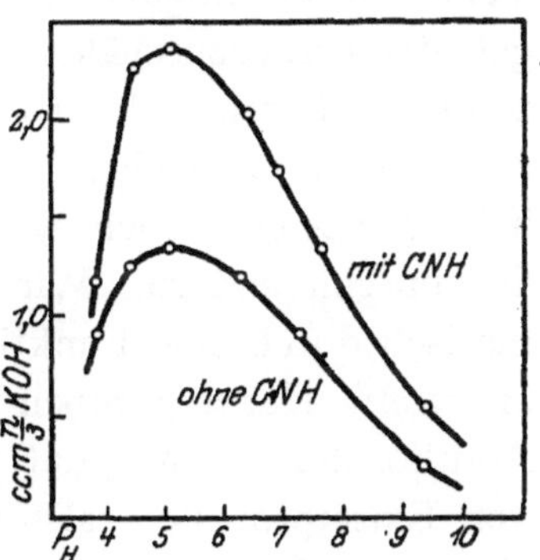

Abb. 334. Die p_H-Abhängig-
keit der Papainwirkung mit
HCN-Vorbehandlung und
ohne Blausäure.

seinen besonderen Grund. Alles lebendige
Geschehen spielt sich im Individuum ab, in der Zeitspanne von der
Eizelle bis zum Tode vollendet sich der Zyklus, den wir Leben nennen.
Das ist die Lebensdauer eines Organismus.

In den bisher besprochenen Kapiteln haben wir gesehen, daß das
lebendige Geschehen aus einer Unzahl von Einzelprozessen besteht,
welche auf die mannigfachste Art zueinander in Beziehung stehen oder
in Beziehung treten können. Was wir von den tatsächlichen Gescheh-
nissen erkennen, sind lediglich die Symptome des lebendigen Ablaufs,
deren Art und Charakter von den Methoden abhängt, welche wir gerade
benutzen. Je mannigfaltiger diese sind, desto größer ist die Wahrscheinlichkeit, daß wir das lebendige Geschehen in seiner Gesamtheit begreifen, ohne aber zunächst wissen zu können, ob die verschiedenartigen Symptome durch die gleichen Grundursachen miteinander verknüpft sind. Trotzdem dürfen wir vermuten, daß die Vielheit der Reaktionen in irgendeiner Abhängigkeit steht. Wir haben erkannt, daß
das lebendige Geschehen durch seine Symptome in den unterschied-

lichsten Kurvenformen sich kundtut, daß aber trotz dieser Mannig-
faltigkeit die einzelnen gesetzmäßigen Beziehungen doch nur Teile
einer einzigen großen Gesetzmäßigkeit sind, welche wir als Exponentialgesetz ableiten konnten.

Nach Schaxel ist es die Methode jeder Naturwissenschaft, durch
planmäßige Forschung sachlich zusammengehörige Erkenntnisse zu
sammeln und zu einem Begriffsgefüge zu vereinigen. Die allgemeine
Lehre hat die Aufgabe, das allen Gegenständen Gemeinsame des Wissens-
gebietes herauszuschälen und, von einem Gesamtbegriff ausgehend, zu
zeigen, daß seine Unterbegriffe in einem naturgesetzlich notwendigen
Zusammenhang stehen. Nach Dessauer wird jedes naturwissenschaftliche Einzelgeschehen wahrnehmbar durch die Dinge, die sich nach
Ordnungen ändern. Wir drücken diese geordnete Änderung mathematisch durch eine Funktion aus, deren Form durch die experimentell
ermittelte Kurve gegeben ist. Das Exponentialgesetz sagt durch seine
Additionsformeln aus, daß jedes biologische Geschehen die Resultierende
von Einzelprozessen, also nicht lediglich eine Summe ist, d. h. in der
Kurve, welche die geordnete Änderung eines Dinges zur Darstellung bringt,
drückt sich eine Totalität aus, das Geschehen ist ein Ganzes für sich.

Das Exponentialgesetz will nicht etwa das ganze lebendige Sein
oder Teile davon aus einem Prinzip herleiten, denn es handelt sich ja
gar nicht eigentlich um ein Prinzip. Es gibt nicht an, welche Ursachen
und Wirkungen vorliegen, sondern das Exponentialgesetz behandelt
die Abhängigkeiten in ihren Beziehungen zueinander. Es sagt also
nichts aus über das „Was" eines Geschehens, sondern lediglich über
das „Wie". In diesem Sinne beschreibt es die quantitative Änderung
von Qualitäten, ohne aber über die Qualitäten selbst etwas auszusagen.
Das Leben, wie es sich im Individuum kundtut, ist ein Werden, es läuft
von einem Anfang zu einem Ende. Der Grad der Wirklichkeit eines
solchen Geschehens ist durch die Systembedingungen gegeben. Jede
Art, vielleicht auch jede Rasse, hat ihre spezifischen Eigenheiten.
Unter denselben Bedingungen lebt ein Schmetterling drei Monate und
ein Mensch 70 Jahre, d. h. der Individualzyklus vollzieht sich in einem
bestimmten Zeitraum, den wir Lebensdauer nennen. Diese ist also
durch die Organisation des Tieres, durch seine Erbanlage, durch seine
Arteigenschaft bedingt.

Andererseits wissen wir, daß die Lebensdauer von den Umweltbedingungen, von Temperatur, Feuchtigkeit, Nahrung usw. abhängig

ist. Aber die Art, wie sich die Lebensdauer z. B. bei höherer Temperatur verkürzt, ist ebenfalls wieder als Arteigenschaft zu werten. So ist die Zeit zwischen Anfang und Ende des individuellen lebendigen Geschehens durch Artcharaktere und Umweltbedingungen bestimmt. Daß sie gesetzmäßig bestimmt ist, dürfte aus den bisherigen Ausführungen dieses Buches ohne weiteres hervorgehen.

Es ist die Aufgabe der theoretischen und allgemeinen Biologie, die Erscheinungen dieses lebendigen Seins in allen ihren Einzelheiten und in ihren Beziehungen zueinander zu erkennen. Auf diesem Wissen fußt die angewandte Biologie, deren Ziel es ist, unsere Kenntnis von diesen Dingen mit einem bestimmten Zweck anzuwenden. Der Mensch muß vor Krankheiten behütet oder von ihnen geheilt werden, um ihn möglichst lange am Leben zu erhalten. Ähnliches gilt für die Nutztiere, für manche wenigstens so lange, wie sie im Interesse des Menschen leben sollen, um den gewollten Nutzen zu bringen. Es handelt sich dabei durchaus nicht immer um einzelne Individuen, wie es bei Pferden, Kühen, Schweinen, Geflügel, Pelztieren usw. der Fall ist, denn z. B. für die Fischwirtschaft, für die Bienen- und Seidenraupenzucht müssen besonders die Gesamtbedingungen so gestaltet werden, daß der Mensch größtmöglichsten Nutzen von den Tieren durch Fang oder durch ihre Produkte ziehen kann. In der Land- und Forstwirtschaft sind es die Kulturpflanzen, welche Höchstertrag bringen sollen, der Vorratsschutz bezweckt die Unterbindung der Lebensmöglichkeit der Schädlinge zum Schutz der Lebensmittel und Gebrauchsgegenstände gegen Tierfraß und Fäulnis.

Die Anwendung biologischen Wissens geschieht einmal in der Richtung, die Nutzform zu schützen, dann aber auch dahin, die Schadform zu vernichten oder unschädlich zu machen. In allen Fällen werden sich aus den speziellen Bedürfnissen heraus besondere Fragestellungen ergeben, die so eng mit der allgemeinen Biologie verbunden sind, daß sich eine scharfe Trennung zwischen angewandter und theoretischer Biologie nicht durchführen läßt. Die angewandte Biologie muß das lebendige Geschehen in seiner Gesamtheit begreifen, sie muß eine Kenntnis von den Arteigenschaften und der Reaktionsfähigkeit der Organismen auf eine Veränderung der Umweltbedingungen haben, um in den Lebenszyklus eingreifen und den lebendigen Ablauf so gestalten zu können, wie es im Interesse des Einzelmenschen und der Wirtschaft notwendig ist. Sie muß aber auch ihre Grenzen kennen, muß wissen, wie weit sie überhaupt den Lebensgang des Organismus beeinflussen kann, wo der Organismus durch seine innere Organisation dem Abänderungsversuch einen Riegel vorschiebt (vgl. z. B. die Mindestentwicklungsdauer bei höherer Temperatur S. 25).

Den Werdegang einer Wissenschaft diktiert die Not. Wissenschaftliche Planarbeit und ein kritisches Vorgehen ist darum ein Haupterfordernis der Jetztzeit, wir müssen unterscheiden lernen zwischen dem, was prinzipiell wichtig ist, was verallgemeinert werden kann und dem, was von untergeordneter Bedeutung, was nur für Sonderfälle gültig ist. Allerdings sind solche Sonderfälle dann natürlich auch wichtig genug, wenn sie für spezielle Bedürfnisse nutzbringend sind.

Von grundlegender Bedeutung ist für die angewandte Biologie die Kenntnis von den Reaktionsgesetzen im Organismus. Gewiß ist die vollständige Darlegung eines naturgesetzlichen Ablaufs bei einem Prozeß ein erstrebenswertes Ziel, aber es sind in diesem Prozeß Dinge enthalten, die zwar auch naturgesetzlicher Art sind, welche aber den Gesamtablauf nur sehr wenig beeinflussen, welche, um in der Sprache des Exponentialgesetzes zu reden, die Konstanten nur wenig ändern. Auf den fallenden Stein wirken außer der Schwerkraft die Reibung an der Luft, nahe Gebirge, elektrische und magnetische Felder usw. Aber einzelne Einflüsse überwiegen bei einem Vorgang stark. Sobald wir praktisch, „angewandt" denken, dürfen wir die geringen Einflüsse vernachlässigen, vorausgesetzt, daß sie als gering erkannt sind.

Gerade, wenn es sich in der Biologie darum handelte, eine formulierte Gesetzmäßigkeit durch das Experiment zu beweisen, und wenn das Ergebnis mit der Formel nicht übereinstimmen wollte, suchte man den Grund für die Abweichung in irgendwelchen, oft geringfügigen Einflüssen, welche bei der Versuchsanstellung nicht mit berücksichtigt waren. Nach meiner Erfahrung beruhen die Abweichungen viel mehr auf dem Versagen der unterstellten Gesetzmäßigkeit als auf nicht ausgeschalteten, unter Umständen auch gar nicht zu vermeidenden Versuchsfehlern. Ich gebe mich der Hoffnung hin, daß das Exponentialgesetz erweisen wird, daß man trotz aller Versuchsfehler, die selbst bei größter Sorgfalt immer in das Versuchsergebnis eingehen werden, sehr wohl zu einer Formulierung der gesetzmäßigen Beziehungen gelangen kann.

Den anwendenden Biologen interessiert also das normale und pathologische Verhalten des Organismus einerseits nach der Richtung, daß er den kranken Körper wieder in einen normalen Zustand zurückbringen möchte, andererseits versucht er, die schädlichen Organismen in einen pathologischen Zustand zu versetzen, in dem sie nicht mehr schaden können, oder gar sie abzutöten. Die Kenntnis von dem gesetzmäßigen Verlauf der Symptome lebendigen Geschehens ist für jeden Zweig der angewandten Biologie von grundlegender Wichtigkeit, gleichgültig, ob es sich um Medizin, Landwirtschaft, Wasserbiologie, Schädlingsbekämpfung oder Desinfektion handelt.

Die Zeit, sagten wir, innerhalb welcher im Individuum die Gesamtheit des lebendigen Geschehens vor sich geht, nennen wir Lebensdauer. Nicht immer ist dieser Begriff gleichsinnig gebraucht worden, und es erscheint darum notwendig, ihn zunächst einmal fest zu umreißen, um Mißverständnissen vorzubeugen. Hier hat die Abhandlung Pütters (1921) sehr klärend gewirkt, der sich mit dem Begriff der Lebensdauer eingehend auseinandersetzt. Auf Grund der Sterbe- und Überlebenstafeln des Menschen sind für diesen die Begriffe festzulegen. Die Statistik arbeitet einmal mit der wahrscheinlichen Lebensdauer, d. h. der Lebensdauer, die ein Organismus durchschnittlich erreicht und mit der mittleren Lebensdauer, die angibt, wieviel Jahre z. B. ein Mensch von einem bestimmten Alter voraussichtlich noch zu leben hat, „d. h. die mittlere Lebensdauer stellt die Lebenserwartung dar". So beträgt diese Lebenserwartung oder mittlere Lebensdauer nach Pütter für Lebendgeborene 44,13 Jahre, während sie im vierten Lebensjahre ihren höchsten Wert von 53,33 Jahren erreicht.

Eine genaue Statistik zur Feststellung solcher Daten gibt es nur für den Menschen, vielleicht läßt sich aus den Fangzahlen der Heringe und Schollen etwas Ähnliches noch ableiten. In der Regel wird die wahrscheinliche Lebensdauer als Maß angesetzt und die Lebensdauer der Tiere danach angegeben. Die Schwierigkeiten, die hier bestehen, vergleichbare Zahlen zu bekommen, werden von Korschelt eingehend gewürdigt. Wir tappen eben in bezug auf die Lebensdauer der Tiere noch vollkommen im Dunkeln, da in der Mehrzahl der Fälle Einzelbeobachtungen gegeben werden, oder wenn wirklich Durchschnittswerte vorliegen, diese doch auch nur eine Norm darstellen, die durch eine einzige andersartige Beobachtung umgeworfen werden kann. Das Unbefriedigende, das in dieser Art der Feststellung der Lebensdauer liegt, ist bei Korschelt deutlich zu erkennen, aber Korschel sagt (S. 4):

„Will man sich überhaupt mit dem Gegenstand beschäftigen, und das sollte man doch, so bleibt leider zunächst nicht viel Anderes übrig, als diejenige Zahl für die Lebensdauer anzunehmen, welche man normalerweise in der Mehrzahl der Fälle von den Individuen der betreffenden Tierart erreicht werden sieht. Der wissenschaftlichen Kritik hält die Benützung dieser wahrscheinlichen Lebensdauer zwar nicht stand, doch wird sie sich leider einstweilen kaum anders vornehmen lassen."

Es ist hier zu bedenken, daß der Begriff der wahrscheinlichen Lebensdauer so aufgestellt ist, daß er alle Unregelmäßigkeiten des Klimas und der Witterung und alle Fährlichkeiten, denen ein Organismus ausgesetzt ist, einschließt. Temperatur, Feuchtigkeit, Ernährungsmöglichkeit, Krankheit, Feinde, alles ist als schädigende Außenbedingung mit eingefügt, ganz abgesehen davon, daß in vielen Fällen für die Feststellung solcher Daten die Einzwingerung kaum zu vermeiden ist und dadurch neue Schädigungen erzeugt und die Lebensdauer verändert werden kann. Pütter lehnt den Begriff der mittleren und wahrscheinlichen Lebensdauer (= tatsächlichen Lebensdauer) für die Physiologie ab und sagt (S. 16):

„Die Statistik beschäftigt sich nur mit der tatsächlichen Lebensdauer, auch dann, wenn sie die Wahrscheinlichkeitsbegriffe der mittleren Lebensdauer oder der Lebenserwartung benutzt. Für die Biologie ist dagegen die tatsächliche Lebensdauer von geringerer Bedeutung. Sie wird wichtig nur dann, wenn praktische Fragen der Verwertung bestimmter Tiere (z. B. Fischfang) in Betracht kommen, d. h. unter denselben Bedingungen, unter denen auch die Sterblichkeitsstatistik des Menschen bedeutungsvoll ist. Für die allgemeine Lehre vom Leben aber kommt als wissenwerte Größe nur die theoretische Lebensdauer in Frage, die Lebensdauer, soweit sie durch innere Bedingungen begrenzt ist."

Diese theoretische Lebensdauer ist also eine Größe, die ein Organismus auf Grund seiner Organisation überhaupt zu erreichen imstande ist.

„Von einem durch das Altern begrenzten Leben können wir nur da sprechen, wo die Sterblichkeit mit den Jahren zunimmt, denn das Altern, das zur Begrenzung des Lebens aus inneren Bedingungen führt, ist ja nichts anderes, als die Veränderung, die der Organismus als Funktion der Zeit erfährt und die in einer Abnahme der Widerstandsfähigkeit zum Ausdruck kommt" (Pütter S. 16), d. h. aber, „daß für das theoretisch physiologische Problem der Lebensdauer nur die Begrenzung des Lebens Gegenstand der Forschung ist, die bei konstanten äußeren Schädigungswahrscheinlichkeiten erfolgt."

Aus der Analyse der Absterbeordnung des Menschen ist dann zu folgern, daß das

„tatsächliche Hinsterben einer Menschengruppe so verläuft, als ob dauernd die Schädigungswahrscheinlichkeit dieselbe bliebe, während die Widerstandsfähigkeit gegen die Schädigungen als Funktion der Zeit abnimmt (Pütter S. 19).

Aus der Überlebenskurve folgt Pütter dann weiter, daß eine Beizahl (α) die Geschwindigkeit des Alterns aus inneren Gründen mißt. Er sagt (S. 19):

„Die Beizahl α können wir als den Alternsfaktor bezeichnen. Sie bezeichnet eine physiologische Eigenschaft des Menschen, nämlich die Geschwindigkeit, mit der sich die inneren Bedingungen so verschieben, daß das lebende System leichter durch äußere Schädlichkeiten zerstört werden kann, d. h. die Beizahl α mißt die Geschwindigkeit des Alterns aus inneren Gründen."

Diese Beizahl des Alterns wird also gefunden aus der verminderten Widerstandskraft gegen äußere Schädigungen, aber auch bei dieser Art der Betrachtung sind diese äußeren Schädigungen, wie oben schon angeführt, als konstante Schädigungswahrscheinlichkeit einzusetzen, ferner ist eine Klärung des Begriffes der Lebensdauer und des Einflusses des Alterns nur auf Grund von Überlebenskurven zu gewinnen, wie sie einigermaßen ausführlich genug nur beim Menschen vorliegen. Hier gibt die aus der Schädlingsbekämpfung zu entnehmende Methode den Weg an, das Problem der Lebensdauer experimentell zu fassen, und ich werde im folgenden ein Beispiel dafür geben.

Wichtig aber ist weiter, daß der Alternsfaktor keine konstante Zahl einer Organismenart ist, sondern sich mit den äußeren Schädigungen ändert, also abhängig ist vom Vernichtungsfaktor. Pütter gibt dafür Beispiele für den Menschen. Da zeigt sich, daß bei hohem Vernichtungsfaktor der Alternsfaktor, also die Geschwindigkeit des Alterns, kleiner wird und umgekehrt. Diese Beziehung ist auch für die allgemeine Bekämpfungslehre von Bedeutung, wenn nämlich eine Bekämpfung nicht alle Tiere vernichtet. Bei der oft empfohlenen Wiederholung der Bekämpfung ist diese Beziehung sehr wohl zu berücksichtigen, d. h. daß bei der zweiten Giftung die Konzentration erhöht werden muß. Wegen der weiteren Ausführungen solcher Gedankengänge über Lebensdauer und Alternsfaktor sei auf Pütter selbst verwiesen (vgl. auch E. Janisch, „Über die Lebensdauer der Tiere" 1924). Die Überlebenskurve des Menschen vom 20. Lebensjahr an, für welche Pütter die Formel

$$x = 61\,000\, e^{-0{,}005\,t}\, e^{0{,}037\,t}$$

aufstellte, ist in Abb. 335 wiedergegeben, die gestrichelte Linie zeigt die beobachteten, die ausgezogene die berechneten Werte. Es fällt nicht schwer, in der Kurve unsere Abb. 57 wieder zu erkennen. Ferner hat Kupfmüller sehr eingehende Berechnungen über die Absterbeordnung des Menschen veröffentlicht, welche aber auf Grund der durch das Exponentialgesetz gewonnenen Gesichtspunkte einer erneuten Durchrechnung unterzogen werden müßten.

Wenn wir kurz zusammenfassen, so ist die Lebensdauer eines Organismus eine physiologische, vergleichbare Größe, wenn sie als Ablauf des Lebensgeschehens verstanden und in ihrer Abhängigkeit von den obwaltenden äußeren Bedingungen als Funktion der Zeit definiert wird. Maßgebend für das Verständnis der Lebenserscheinungen ist nicht die tatsächliche, sondern die theoretische Lebensdauer. Treten äußere oder innere Schädigungen an den Organismus heran, so wird der normale Ablauf gestört, welcher dann nicht mit dem physiologischen Alterstod, sondern mit Tod durch Krankheit (im allgemeinsten Sinne) abschließt. Da aber mit fortschreitendem Alter die Widerstandskraft gegen Schäden nachläßt, so wird in den allerseltensten Fällen der Abschluß durch den reinen Alterstod erfolgen.

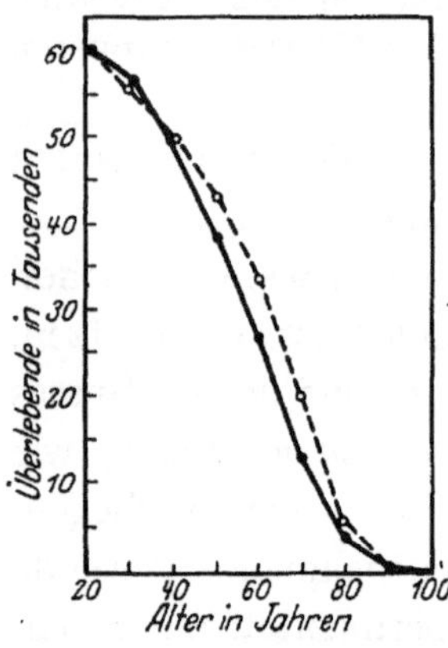

Abb. 335.
Die Überlebenskurve des Menschen, - - - beobachtet, ——— berechnet durch Pütter.

Und doch ist gerade die Veränderung, welche der Organismus als Funktion der Zeit erfährt, und welche wir als Altern bezeichnen, für das Verständnis der Geschehnisse während des lebendigen Ablaufs von grundlegender Bedeutung. Hirsch sagt: „Altern ist die Entwicklung des Individuums in der Zeit, Wachstum ist die Entwicklung des Individuums im Raume." Bei der Temperaturabhängigkeit der Entwicklungsvorgänge (für Feuchtigkeit, Nahrungsmangel usw. gilt das Gleiche) haben wir gesehen, daß die Zeit, welche ein Organismus gebraucht, um von einem Entwicklungs- oder Alterszustand zu einem anderen zu gelangen, in Form einer Kettenlinie oder richtiger nach Art unserer Funktion in Abb. 79 rechts von der Temperatur abhängig ist. Die Embryonalentwicklung der Mehlmotte dauert bei 13,61° 20—24 Tage, bei 29,6° aber nur 3,75 Tage. Innerhalb dieser Zeit durchläuft der Organismus einen bestimmten Teil seiner Entwicklung. Das Gleiche gilt für andere Entwicklungsperioden und für das ganze Leben.

Das bedeutet aber, daß die zeitliche Definition an sich nichts Charakteristisches hat, wenn die Lebensdauer nicht in Beziehung zu der Umwelt gesetzt wird. Auf jeden Fall kommt aber der Organismus in irgendeiner Zeit, welche, wie wir früher sagten, eine Arteigenschaft, also durch die Erbanlage bestimmt ist, von einem Zustand in einen andern. Der Zustand selbst ist durch seine Symptome gekennzeichnet, die z. B. bei den Insekten durch besonders markierte Punkte schon morphologisch charakterisiert sind. Die Embryonalentwicklung im Ei ist mit dem Schlüpfen der Räupchen beendet, diese häuten und verpuppen sich, und aus der Puppe schlüpft der Falter. Eine physiologische Charakterisierung ist schon schwieriger, weil sie einen zeitlichen Vergleich fordert.

Für das Leben des Brotkäfers (*Sitodrepa panicea*), den ich daraufhin näher untersucht habe, seien einige Beobachtungen angeführt. Die aus dem Ei schlüpfende Junglarve ist durch relativ flachen Körper, relativ lange Beine, die fast doppelt so lang sind im Verhältnis zur Größe, wie die der Larve *IV*, durch Tasthaare am Kopf und Stütz- und Schlepphaare am Abdomen und durch Besitz von Nachschiebern am After schon morphologisch als Wanderlarve charakterisiert und dadurch deutlich von den übrigen Larvenstadien unterschieden. Nach dem Schlüpfen begibt sich die Larve *I* auf eine chemotaktisch orientierte Suchwanderung und bohrt sich, am Nährmaterial (stärkehaltige Stoffe) angelangt, unter dem Einfluß thigmotaktischer Reizbarkeit in dasselbe ein, wo sie innerhalb eines Kokons bis zur Verpuppung verbleibt. Die Puppenwiege ist völlig geschlossen, so daß der Jungkäfer sich herausbohren muß. Den Anlaß dazu gibt ein rasch steigender Sauerstoffhunger des Jungkäfers, der nach dem Verlassen des Kokons schnell maximal befriedigt wird. Der nunmehr geschlechtsreife Käfer ist in seinem Verhalten während der Kopulationszeit und der Eiablage stark thigmotaktisch reizbar, d. h. an Räume gebunden, die seinem Anlehnungsbedürfnis Rechnung tragen.

Während dieser Zeit ist der Sauerstoffbedarf fast gleichbleibend stark, die Kohlensäureabgabe läuft mit diesem fast parallel. Phototaktisch sind die Tiere wenig reizbar. Für die zur Rede stehenden Alterserscheinungen ist wichtig, daß die Tiere während der ganzen Imaginalzeit keine Nahrung aufnehmen, d. h. daß sie ihren Gesamtnährstoffbedarf aus den von der Puppe her übernommenen Reserven (= Fettkörper) decken müssen. Da diese allmählich verbraucht werden, verkleinert sich das Abdomen mehr und mehr. Die daraus abzuleitende Alterstabelle haben wir beim Stoffwechsel (vgl. S. 146) dieses Buches) schon besprochen. Die Ausfärbungs-, d. i. die Reifezeit dauert bei Zimmertemperatur etwa 8—10 Tage. Das Verlassen des Kokons und die Kopulation findet gewöhnlich nach 10—14 Tagen statt, also wenn der Käfer dieses Alter erreicht hat.

Etwa drei Wochen nach dem Ausbohren, das heißt nach Beginn der Geschlechtsperiode, ist die Eiablage beendet, also in einem Alter von ungefähr 30 Tagen. Genaue von Voelkel ausgeführte Messungen des Sauerstoffbedarfs und der Kohlensäureabgabe zeigten, daß vom 30. Lebenstage ab, also zu derselben Zeit, wo der Fettkörper fast völlig verbraucht und das Abdomen voll gedeckt ist, ein erhöhter O_2-Verbrauch eintritt, gleichzeitig aber die produzierte CO_2-Menge und damit der respiratorische Quotient stark abfällt. Gleichzeitig mit der Änderung des Gaswechsels und damit der aerotaktischen Reizbarkeit, die stark positiv wird, ändern sich auch die übrigen Reizbedingungen. Nach der Eiablage ist die Thigmotaxis nicht mehr so unbedingt bindend, das Licht hat ferner eine größere Anziehungskraft, so daß das Verhalten der Altkäfer vom 30. Lebenstage an ein gänzlich anderes wird: Sie verlassen das Nährmaterial mit seinem Hohlraumsystem und werden von Luftspalten und Licht angelockt. Zusammenfassend läßt sich also folgendes sagen:

1. Jungkäfer in der Wiege: Ausfärben, Reifen, rasch steigender Sauerstoffhunger, Ausbohren.

2. Kopulierende Käfer: Fast konstanter O_2-Verbrauch, etwas steigende CO_2-Abgabe, starke Thigmotaxis, geringe Phototaxis, Fettkörper in Reduktion, Kopula, Eiablage.

3. Altkäfer: Steigender O_2-Verbrauch, stark verringerte CO_2-Abgabe, verminderte Thigmotaxis, erhöhte Phototaxis, Fettkörper reduziert, Verlassen des Nährmaterials, Vagabundieren bis zum Tode.

Um den 30. Lebenstag herum tritt bei Zimmertemperatur also beim Brotkäfer eine starke innere Umstellung ein, die sich im äußeren Verhalten der Tiere deutlich kennzeichnet. Ich habe diesen Zeitpunkt als kritisches Alter bezeichnet, das übrigens von Voelkel beim Khaprakäfer und von mir bei der Mehlmotte ebenfalls aufgefunden werden konnte. Beim Brotkäfer charakterisiert es sich wie folgt:

Morphologisch: Das Abdomen erreicht seine volle Deckung.

Anatomisch: Der Fettkörper ist bis auf Reste reduziert.

Biologisch: Die Eiablage ist beendet. Nach dem kritischen Alter sind Kopulationen ohne Erfolg.

Physiologisch: Steigender O_2-Verbrauch, verringerte CO_2-Abgabe = starker Abfall des R.Q., schwächere Thigmotaxis, stärkere Phototaxis.

Voelkel unterscheidet beim Khaprakäfer außerdem eine Periode der Begattungsfähigkeit und der Befruchtungsfähigkeit.

Wenn wir das zeitliche Geschehen, welches wir in früheren Kapiteln betrachtet haben, z. B. das Wachstum mit hinzunehmen, so erkennen wir, daß im Individuum ein Werden vor sich geht. Wenn wir dann bedenken, daß z. B. bei niederen Temperaturen dieses Werden langsamer vonstatten geht als bei höheren, daß also die Geschwindigkeit des Werdens sich bei verschiedenen Umweltbedingungen ändert, so gelangen wir zu der Auffassung, welche Ehrenberg in seiner theoretischen Biologie vom Standpunkt der Irreversibilität des elementaren Lebensvorganges zugrunde gelegt hat, nämlich dem biologischen Grundgesetz von der Notwendigkeit des Todes. Er sagt (S. 75):

„Die Entwicklungsgeschichte des Individuums ist die Geschichte der wachsenden Individualität in jeglicher Beziehung. Das Wort Karl Ernst v. Baers ist der prägnante Ausdruck nicht nur für die Lebensstrecke, die wir gewöhnlich unter Entwicklung begreifen, sondern für das ganze Leben des Individuums und vielleicht auch der Art." „Aber diese Geschichte der wachsenden Individualität, die wir in Entwicklung und Altern einteilen, ist begleitet oder besser ist aufgesetzt auf einen anderen kontinuierlichen Vorgang, das Wachstum. Ausdrücklich betont: kontinuierlichen Vorgang, denn es ist durchaus willkürlich, als Wachstum nur die zwischen Embryonalentwicklung und Abschluß der Längenzunahme eingeschaltete Lebensstrecke zu bezeichnen." „Wir wollen unter Wachstum allgemein alle Zunahme der geformten Masse eines lebendigen Systems verstehen, gleichgültig, ob dabei eine Volum- oder Massenzunahme des Systems stattfindet, gleichgültig also auch, ob die geformte Materie im Zusammenhang des Ganzen bleibt oder nicht."

In diesem Sinne haben wir mit Titschack früher (S. 147) die Eiproduktion bei der Stabheuschrecke dem Wachstum zugerechnet und gesehen, daß die Gesetzmäßigkeit der Wachstumszunahme, die dem Exponentialgesetz unterliegt, dieselbe bleibt.

Das zeitliche Geschehen ist, wie wir sagten, also nicht das wesentliche Kriterium für den Ablauf des Lebendigen im Individuum, sondern es kommt viel mehr auf den Zustand an. Bei den Insekten sind die

markierten Punkte im Individualzyklus Maßstäbe für bestimmte Zustände, die sich leicht durch das Schlüpfen aus dem Ei, die Häutungen,
die Verpuppung, das Auskriechen der Imago, die Geschlechtsreife, das
kritische Alter und schließlich durch den Tod charakterisieren lassen.
Von einem Punkte zum andern muß das Leben ablaufen, die Mehl-
mottenraupe, um ein früheres Beispiel heranzuziehen, schlüpft aus dem
Ei, wenn sie einen bestimmten Zustand erreicht hat, bei einer Temperatur von 29° um vieles früher als bei 13°, weil der Ablauf des Lebensgeschehens bis zu diesem Punkte dann beendet ist. Ebenso ist es mit
der Lebensdauer. Die physiologische Lebensdauer, welche mit dem
Alterstod abschließt, ist beendet, wenn der Ablauf zu Ende ist. Ehrenberg sagt: „Das Wasser muß fließen, weil ein Gefälle da ist, es fließt
wirklich, wie es fließen kann.“

Wenn wir dieses Bild zugrunde legen, so wird klar, was unter dem
Gesetz von der Notwendigkeit des Todes gemeint ist. Der Tod ist die
„ziehende Kraft“ (nach Ehrenberg), die das Altern an sich hervorruft, aber die Geschwindigkeit des Alterns ist durch die Systembedingungen, durch Erbanlage und Umweltfaktoren, bestimmt. Wenn
wir einen Querschnitt durch das individuelle lebendige Werden legen,
so müssen wir den Zustand charakterisieren, es als Sein betrachten.

Ehrenbergs Biorheusetheorie sieht die Individuen nicht von der
Geburt aus an, sondern vom Tode:

„sie fragt nicht, wie lange hat dieser Mensch schon gelebt?, sondern:
wie lange kann er jetzt noch leben? Ihr ist ein Individuum nicht noch so
und so lebendig, sondern schon so und so tot. Jeder Mensch hat seinen
individuellen physiologischen Tod, wenn auch keiner ihn wirklich stirbt,
und nicht der Abstand von der Geburt bestimmt sein wahres Alter, sondern
die Ferne jenes Todes.“ „Wohlgemerkt: es handelt sich stets um den physiologischen Tod, mit der Wahrscheinlichkeit des Sterbens oder Überlebens
zu einem bestimmten Zeitpunkt hat das gar nichts zu tun.“ „Nicht der
Tod, den er wirklich stirbt ist der individuelle Tod eines Menschen, sondern
der, den er sterben würde, wenn von diesem Zeitpunkt, dem jeweiligen Jetzt
ab, sein Leben schicksallos abliefe, nur als Auslauf über das jetzt noch
herrschende Gefälle. Das ist der individuelle Tod, denn er ist der vollkommene Ausdruck des Jetzt, des durch die Erbanlage und die bisherigen
Schicksale eindeutig bestimmten Lebensmomentes. Er ist der Ausdruck
des Individuellen, gerade weil er nichts Festes, Zuständliches ist, sondern
mit dem Lebensablauf dauernd seine Stelle verändert.“

Die Auffassung, daß der Tod das Ende eines Ablaufs ist und als
solcher ein Punkt niederen Potentials, zu dem sich das lebendige Ge-

schehen hinbewegt, hat sich bei unsern früheren Betrachtungen schon bewährt. Die Sattelkurven der Abb. 159 bis 161, welche wir zur Erklärung der Gewichtskurve der Stabheuschrecke in Abb. 141 konstruierten, fußen auf der Gegenwirkung zweier gesetzmäßiger Prozesse. Der eine folgt einer Kurve, welche ihren Nullpunkt am Beginn des Lebens hat, der andere einer gegenläufigen, welche am Tode beginnt und rückwärts in das Leben hinein sich erstreckt. Die Resultierende beider Prozesse ist das tatsächliche Geschehen. Für die Nahrungsaufnahme in Abb. 164 und die Kotabgabe in Abb. 204 lernten wir solche Kurven kennen, die ihren Nullpunkt am Tode haben. Einen von der Geburt ausgehenden, diesem gegenläufigen Prozeß fand z. B. Polimanti nach Fr. N. Schulz,

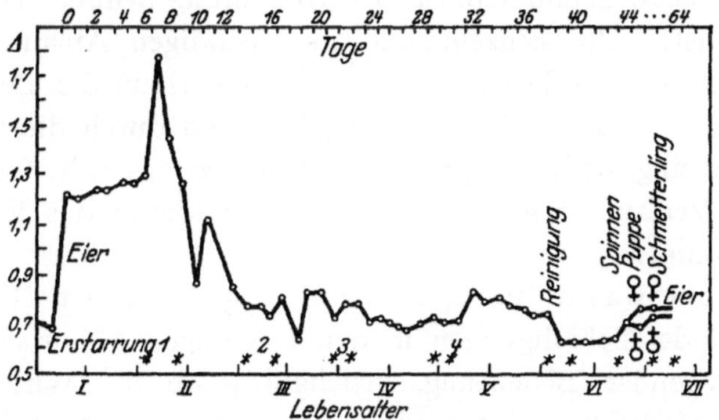

Abb. 336. Die Änderung des osmotischen Drucks, gemessen als Gefrierpunktserniedrigung Δ im Laufe der Entwicklung von *Bombyx mori*.

welcher das Verhalten des osmotischen Druckes bei *Bombyx mori* während des ganzen Verlaufs der Entwicklung untersuchte, also vom Ei über die verschiedenen Larvenzustände bis zur Puppe und zum Schmetterling. In Abb. 336 ist der osmotische Druck als Gefrierpunktserniedrigung Δ, gemessen im Körperbrei oder im Blut, dargestellt. Die Gesetzmäßigkeit des Gesamtverlaufs entspricht der Kurvenform, welche wir in Abb. 159 und 160 als Linie *II* zugrunde gelegt haben. Der aufsteigende Ast der Kurve in Abb. 204 kann von der Geburt bis zum 240. Lebenstage durch eine ganze Reihe verschiedener Kurvenformen dargestellt werden, wie die exponentialen Funktionen in Kap. A III lehren.

Solange wir einen Organismus bis zu diesem Zeitpunkt betrachten, sind wir nicht in der Lage, über die Gesetzmäßigkeit des Vorganges etwas auszusagen. Erst, wenn der Todpunkt erreicht ist, dann wird klar, welche funktionale Beziehung auf der Strecke bis zum 240. Tage vorgelegen hat. Verläuft die Kurve vom 240. Tage bis zum Tode etwa nach Abb. 59 links, 84 rechts oder 128, so hat auch von der Geburt bis zum 240. Tage eine andere, diesen Funktionen entsprechende Gesetzmäßigkeit den Lebensablauf bis dahin bestimmt. Auf der Grundlage der Abb. 159 und 160 müssen wir also Anfang und Ende eines biologischen Ablaufs als mathematische Nullpunkte werten. Zwischen ihnen vollzieht sich das lebendige Geschehen so, wie es gesetzmäßig sich vollziehen muß. Daß aber bei bestimmten Prozessen der mathematische Nullpunkt an das Ende einer Lebensperiode oder an den Tod gesetzt werden muß, liegt ganz im Sinne der Ehrenbergschen Volllauftheorie, deren Grundkriterium die Anhäufung hemmender Struktursubstanzen ist. Alle Einzelheiten des lebendigen Ablaufs wie auch dieser als Ganzes unterliegen in der Art ihres Verlaufs den Bedingungen, wie sie durch das lebendige System selbst und durch die Umwelt, in welche es hineingestellt ist, gegeben sind, und zwar ist die Gesetzmäßigkeit dieses Verlaufs, wie wir gesehen haben, durch das Exponentialgesetz bestimmt.

Für die angewandte Biologie ist die Frage nach dem Hineingreifen krankmachender Schädigungen in den lebendigen Ablauf naturgemäß von grundlegender Bedeutung, gleichgültig ob die Wirkung dieser Schädigung wieder beseitigt werden, wie z. B. in der Medizin oder der Land-, Forst- und Wasserwirtschaft, oder ob sie gewollt hervorgerufen werden soll, wie in der Schädlingsbekämpfung und Desinfektion. Ehrenberg sagt:

„an jeder Stelle des biorheutischen Ablaufs kann die Wirkung einsetzen, das Erste wird stets eine Änderung des biorheutischen Gefälles am Orte der Einwirkung sein. Ob aus der Einwirkung eine krankhafte Schädigung resultiert, darüber entscheidet neben der Intensität und Andauer der Einwirkung der allgemein und lokal herrschende Status, der charakterisiert ist durch das Ablaufgefälle in seiner Abhängigkeit von Zustrom, Hemmung und Oxydation sowie die Ablaufrichtung."

Da das Exponentialgesetz gerade die gesetzmäßigen Beziehungen und Reaktionen im Organismus einer Analyse zugänglich macht, ist es für die angewandte Biologie die Methode, welche den Erscheinungskomplex biologischen Geschehens begreiflich macht und dem Menschen Mittel und Wege in die Hand gibt, den lebendigen Ablauf so zu gestalten, wie es in seinem Interesse notwendig ist. Oder aber, wenn er nicht in der Lage ist, das Naturgeschehen zu bezwingen, ist das Exponentialgesetz ein Instrument für die Prognose. Wenn wir imstande sind, den wahrscheinlichen Ablauf eines Geschehens im voraus zu erkennen, so werden sich Mittel und Wege finden lassen, um zu retten, was zu retten ist.

Über die Individualzyklen als Grundlage für die Erforschung des biologischen Geschehens sagt Harms:

„Jedes Einzelwesen stellt nun während seines Daseins, soweit dieses individuell zu erfassen ist, ein System von Gleichgewichtskomponenten dar, die in jeder Phase verschieden untereinander sind. In jeder Lebensphase ist ein biologisches Gleichgewicht vorhanden, das sich durch die kontinuierlich sich verschiebenden korrelativen Verknüpfungen aller Lebensäußerungen stets ändert. Der Lebenslauf eines jeden Organismus geht kurvenmäßig vom Nullpunkt aus, erreicht eine ziemlich gleichbleibende Höhe und kehrt dann wieder zum Nullpunkt zurück."

Das Individuum ist die elementarste Einheit des Gesamtlebens, in dem wir drei Abschnitte unterscheiden: die Entwicklung bis zur Reife, das Reifestadium und das Altersstadium. Die Gesamtheit der dem Individuum eigenen in diesen drei Abschnitten ablaufenden Lebenserscheinungen wird der Individualzyklus genannt, dessen Studium die Grundlage für die Erforschung des biologischen Geschehens darstellen soll, denn

„Forschungen, die sich nur über eine Phase im Leben des Tieres erstrecken, können nie allgemeinere Bedeutung bekommen, wenn sie nicht auf den ganzen Zyklus bezogen werden."

Diese allgemeinen Betrachtungen mußten vorausgeschickt werden, um die Art des Bandes zu kennzeichnen, welches die allgemeine und die angewandte Biologie verknüpft. Die Kenntnis von den Reaktionsgesetzen im Organismus ist die Grundlage für ihre Beherrschung, und so ist das Exponentialgesetz für beide Zweige der Biologie gleich bedeutungsvoll. Es muß noch gesagt werden, daß sicherlich eine Reihe von Formeln (Hyperbel, Parabel, Gerade) an sich rechnerisch einfacher und leichter zu handhaben sind als die exponentialen Funktionen. Deshalb wird man in der Praxis damit arbeiten können und wollen. Aber es darf nicht vergessen werden, daß sie, wie das Exponentialgesetz lehrt, tatsächlich unrichtig sind und nur zu Überschlagsrechnungen in verhältnismäßig kleinen Bezirken benutzt werden dürfen. Es handelt sich für uns vielmehr darum, die Einheit der Gesetzmäßigkeiten, welche das Naturgeschehen im Organismus beherrschen, darzutun und festzustellen, daß es ein und dasselbe Gesetz ist, welches die Reaktionen bestimmt. An der Tatsache, daß die biologischen Abhängigkeiten als exponentiale Funktionen sich kundtun, kann auch die Praxis nicht vorbeigehen. Wir müssen uns aber zunächst mit der Feststellung als solcher begnügen und die Ausarbeitung spezieller Rechenmethoden Sonderuntersuchungen überlassen, die sich mit den einzelnen Problemen genauer beschäftigen müssen. Da es für denselben Kurventyp mehrere Gleichungen gibt, wird insbesondere experimentell festzustellen sein, welche Formel für die einzelne Beziehung in Betracht kommt.

Im folgenden seien einige Beispiele aus dem angeschnittenen Fragenkomplex angeführt, welche

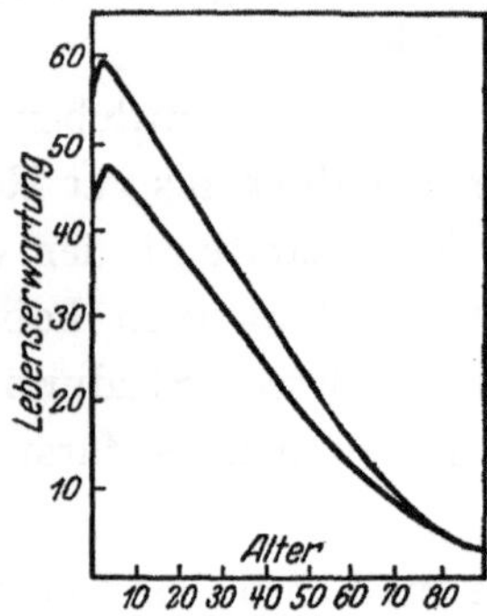

Abb. 337. Die Lebenserwartung von weißen (oben) und farbigen (unten) Frauen verschiedenen Alters in Nordamerika.

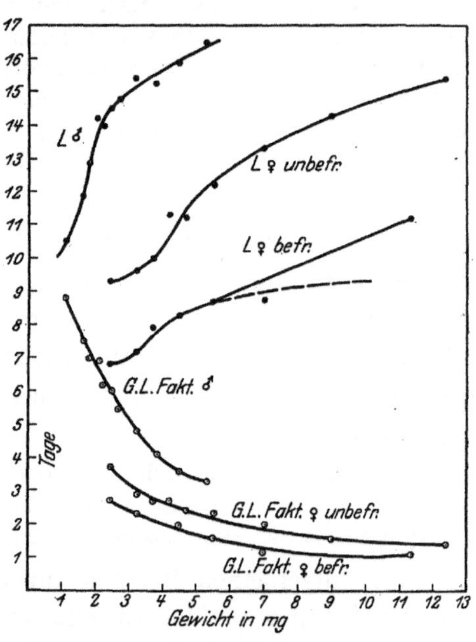

Abb. 338. Die Beziehungen zwischen Gewicht und imaginaler Lebensdauer der Kleidermotte. L = Lebensdauer, $G.L$-Faktor = Lebensdauer bei 1 mg Körpergewicht.

zeigen sollen, daß auch auf diesem Gebiet das Exponentialgesetz seine Gültigkeit hat. Abb. 337 zeigt die mittlere Lebensdauer (= Lebenserwartung) von Personen verschiedenen Alters, welche von Britten auf Grund der Statistik in Nordamerika angegeben wird. Die obere Linie gilt für weiße, die untere für farbige Frauen in den Jahren 1919—20. Die Kurvenform entspricht z. B. unserer Abb. 59 links oder 91 rechts. Für den Brotkäfer wurde beschrieben, daß die Imagines keine Nahrung mehr aufnehmen und ihren Bedarf aus den Reserven des Fettkörpers decken müssen. Für Motten gilt dasselbe, und es erhebt sich die Frage, welchen Einfluß das Gewicht auf die Lebensdauer hat. In Abb. 338 sind nach Zahlenangaben von Titschack über die Kleidermotte diese Beziehungen zwischen der tatsächlichen Lebensdauer und dem Gewicht eingetragen. Die L-Kurven geben die absoluten Zahlen für Männchen, befruchtete und unbefruchtete Weibchen an. Fragt man dagegen danach, ob die schweren oder leichten Tiere verhältnismäßig länger leben, so muß das Gewicht der Tiere auf das gleiche Gewicht (1 mg Körpergewicht) gebracht werden. Die unteren drei Kurven in Abb. 338 geben den Gewichts-Lebensdauer-Faktor (G.-L.-Faktor) für verschieden schwere Tiere wieder. Während die abso-luten Zahlen (L) für die Lebensdauer bei schwere-ren Tieren in S-förmigen Kurven steigen, sinkt der G.-L.-Faktor ab, d. h. es leben die leichten Tiere verhältnismäßig länger.

Titschak sagt über die Erklärungsmöglichkeit:

„Der Betriebsstoff kann prozentualiter 1. gleich sein, dann ergäbe sich für alle Gewichte eine gleiche Le-bensdauer, 2. größer sein, dann verlängert sich das Leben, 3. kleiner sein, dann verkürzt sich das Leben. Ebenso kann der Verbrauch prozentualiter a) gleich sein, dann muß das Imaginal-leben bei allen Tieren gleich schnell zu Ende sein, b) stär-

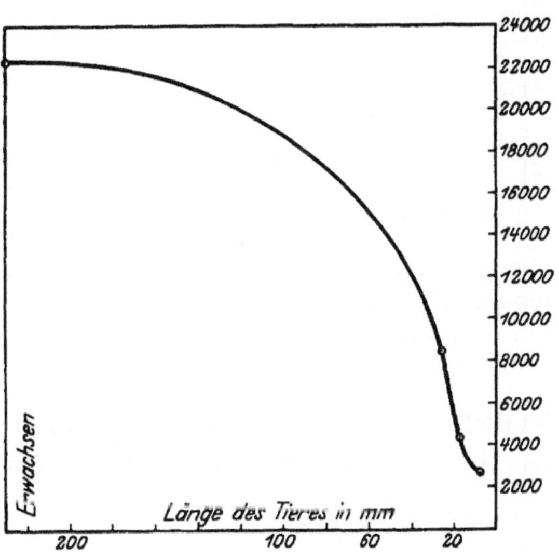

Abb. 339. Das Verhältnis $\dfrac{\text{Protoplasmamasse}}{\text{Kernmasse}}$ in den quergestreiften Muskelfasern in den ver-schiedenen Lebensabschnitten des Salamanders *Necturus*.

ker sein, dann verkürzt sich das Leben. Um die Tatsache, daß die leichteren Schmetterlinge verhältnismäßig länger leben, zu erklären, kommen folgende Kombinationen in Frage: 1. die Tiere haben einen prozentualiter größeren Betriebsstoff und gleich großen Verbrauch wie die schweren Stücke; 2. sie haben einen geringeren Verbrauch und prozentualiter gleich großen Betriebs-stoff, 3. sowohl der Betriebsstoff ist größer wie der Verbrauch geringer. In diesen drei Fällen ergibt sich zwangsweise ein prozentualiter längeres Leben der leichten Tiere. Dazu kommen noch folgende Fälle: 4. der Betriebsstoff ist zwar prozentualiter kleiner, der sehr sparsame Verbrauch verhindert aber ein Kleinerwerden des G.-L.-Faktors."

Soweit die verhältnismäßig kurzen Kurvenstücke eine Deutung zu-lassen, handelt es sich bei den L.- und G.-L.-Faktorlinien um reziproke

Kurven im Sinne des Exponentialgesetzes. Wir werden später auf dieses Beispiel nochmals zurückgreifen müssen, da das Gewicht ebenso wie die Körperlänge und Entwicklungsdauer von Umweltbedingungen abhängig sind, welche als Eingriffe in den Lebensablauf der Motte anzusehen sind.

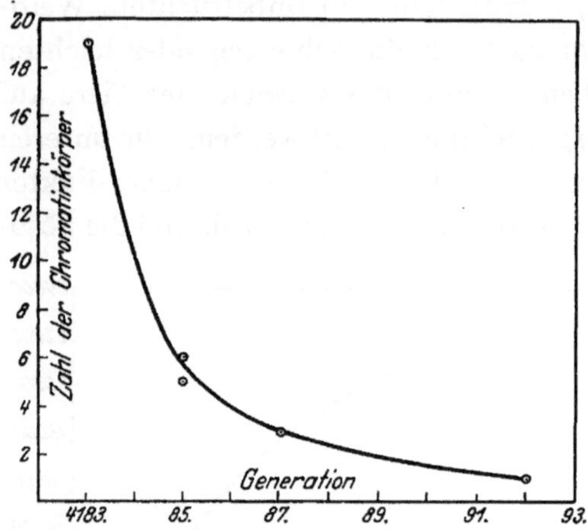

Abb. 340. Die Reorganisation des Kernapparates bei *Paramaecium aurelia*. Die Zahl der Chromatinkörper in den verschiedenen Generationen.

Mit fortschreitendem Altern ändert sich das Verhältnis Protoplasmamasse zu Kernmasse, welches nach Lipschütz für den Salamander *Necturus* in Abb. 339 als Ordinate aufgetragen ist. Als Abszisse wurde als Maß für den Alterszustand die Länge der Tiere in Millimetern gewählt. Die S-förmige Kurve zeigt deutlich an, daß sich auch diese rein zellmorphologischen Verhältnisse dem Exponentialgesetz unterordnen. Auch die Kurve in Abb. 340,

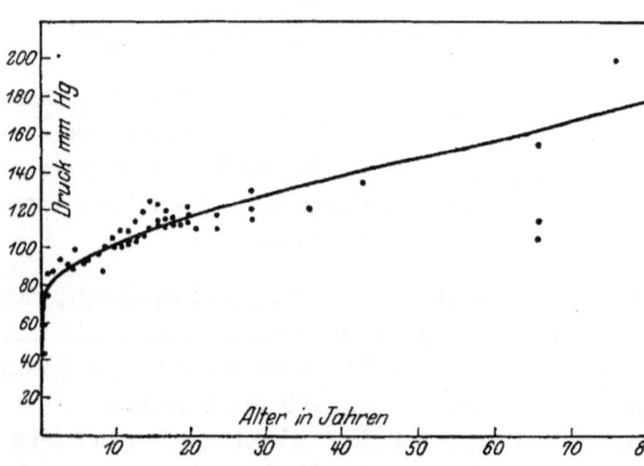

Abb. 341. Der systolische Blutdruck bei Menschen verschiedenen Alters.

welche sich auf die Reorganisation des Kernapparates bei *Paramaecium aurelia* bezieht (nach Lipschütz), hat einen Charakter, wie ihn unsere exponentialen Funktionen so oft aufweisen. Nach den Züchtungen von Woodruff und Erdmann beginnt die Reorganisation in der 4182. Generation (Klimax) und geht zeitlich mit einem Absinken der Teilungsgeschwindigkeit einher. Sie nimmt etwa 10 Generationen in Anspruch. Wenn das Exponentialgesetz auch auf die Reduktion der Zahl der Chromatinkörper seinen

Wirkungsbereich erstreckt, so ist das für die Diskussion des Alterungsproblems außerordentlich wichtig.

Für die Gültigkeit des Exponentialgesetzes bei den Erscheinungen
der fortschreitenden Alterung überhaupt sprechen ebenfalls eine Anzahl
von Beobachtungen. Abb. 341 gibt den systolischen Blutdruck des
Menschen (Tab. biol. I, S. 144/45) in Milligramm Quecksilber an,
welche als Funktion des Alters in Jahren einer Kurve nach Art unserer
Abb. 73 *II* zu folgen scheint, wenn auch die ermittelten Punkte besonders im Greisenalter sehr zerstreut liegen, wie es ja bei der Verschiedenheit des Gesundheitszustandes der Menschen über 60 Jahren
nicht Wunder nimmt. Die Abhängigkeit der Volumenzunahme bei Er

höhung des Innendrucks
der Aorta vom Lebens-
alter (Tab. biol. I, S. 119)
folgt nach Abb. 342 dem
S-förmigen Typ, wenn auf
der Ordinate die Erwei-
terung der Aorta in Pro-
zent bei einer Druck-
zunahme von 40 auf
240 mm Hg aufgetragen
wird. Abb. 343 zeigt
(Tab. biol. I, S. 57) die
Elastizität der Arteria
femoralis bei hochgradi-

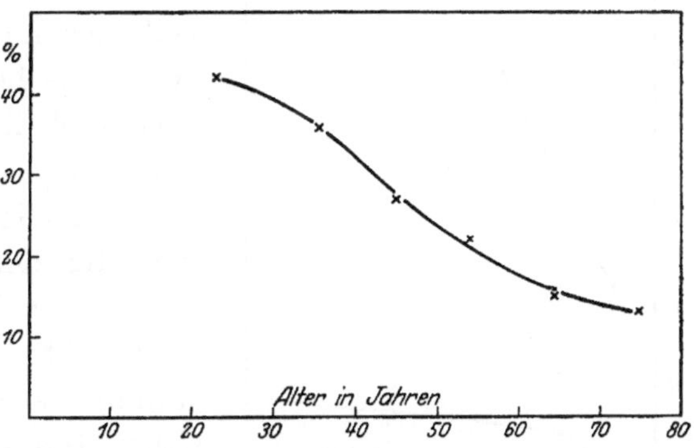

Abb. 342. Die Abhängigkeit der Volumzunahme
bei Erhöhung des Innendrucks in der Aorta
vom Lebensalter.

ger Arteriosklerose (*II*). Die Ordinate zeichnet die Verlängerung bei
Belastung ab Die nicht sklerosierte Arterie (*I*) hat eine ganz andere
Lage, folgt aber demselben Kurventyp (vgl. Abb. 71). Nach Schade
nimmt auch die Hautelastizität mit steigendem Alter ab, und zwar
sind die Kurven vom Charakter unserer Abb. 72. Schade berichtet
auch (S. 87) genauer über die kolloidchemischen Gewebsveränderungen
unter dem Einfluß des Alterns, auf die hier verwiesen sei.

Von den nach dem Tode vor sich gehenden Gewebsveränderungen
seien die Figuren bei Potonié erwähnt, der z. B. Kurven für die Starre-
verkürzung von Muskeln reproduziert, welche ebenfalls auf eine exponentiale Gesetzmäßigkeit schließen lassen. Aus den Untersuchungen
H. H. Webers über die Lösung der Muskelstarre sei auf die Quellungs-
kurven und Gewichtskurven von Froschmuskeln verwiesen, welche

ebenfalls anzeigen, daß die Veränderungen im Körper nach dem Tode nach exponentialen Funktionen verlaufen.

2. Der Lebensablauf.

Das größte Ereignis im Lebensablauf des Individuums ist der Tod. Mit ihm endet der Individualzyklus, gleichgültig, ob es sich um den physiologisch notwendigen oder den tatsächlichen Tod handelt, den ein Organismus wirklich stirbt. Aus der Erkenntnis heraus, daß für viele Geschehnisse der mathematische Nullpunkt an den Todpunkt zu setzen ist, mußte geschlossen werden, daß die Gesetzmäßigkeit des kurvenmäßigen Verlaufs sich vom Tode her orientiert. Das bedeutet aber, daß die Größe eines beobachteten Symptoms ein Merkzeichen für den augenblicklichen Zustand des Organismus, für den Grad seiner Lebendigkeit ist. Dieser ist aber nicht allein durch seinen Abstand von der Geburt bestimmt, sondern auch von der Ferne seines Todes, den er sterben muß als notwendige Folge seines Lebens, der vor ihm liegt als Punkt niedersten Potentials. Das Exponentialgesetz bestätigt somit das Ehrenbergsche Gesetz von der Notwendigkeit des Todes.

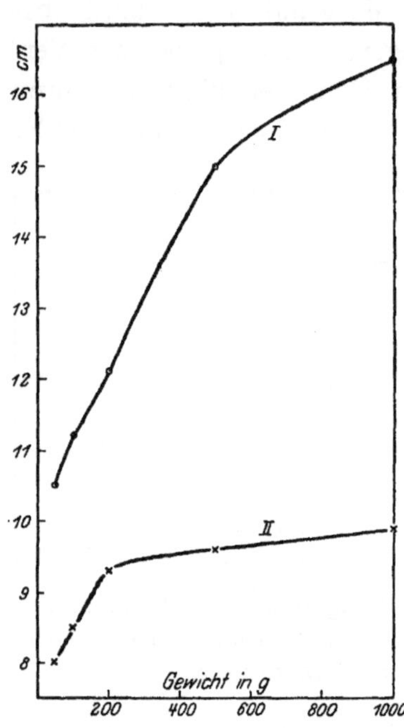

Abb. 343. Die Elastizität der Arteria femoralis bei hochgradiger Arteriosklerose (II). I: nicht sklerosierte Arterie.

Vom Standpunkt der angewandten Biologie aus müssen wir dann aber fragen, welche praktische Bedeutung denn dieser Todesbegriff hat, denn in Wirklichkeit stirbt der Organismus ja gar nicht diesen Tod, sondern irgendeinen anderen. Es ist also mehr ein virtueller Begriff. Die angewandte Biologie interessiert weit mehr der tatsächliche Tod, denn dieser ist es, den die Medizin hinauszuschieben trachtet oder die Schädlingsbekämpfung bewirken möchte.

Haben wir denn aber irgendeine Methode zur Hand, den physiologischen, ich möchte sagen, theoretischen Tod zu erfassen und ihn praktisch nutzbar zu machen? Wir sagten, daß die Ferne dieses Todes den Zustand, den Grad der Lebendigkeit an irgendeinem Zeitpunkt, dem jeweiligen Jetzt, wie Ehrenberg sich ausdrückt, bestimmt, und haben erörtert, daß die Widerstandsfähigkeit eines Organismus gegen Schädigungen irgendwelcher Art, die von außen an ihn herantreten, als Funktion des Älterwerdens abnimmt. Wir stellten dann fest, daß die Geschwindigkeit, mit welcher die Änderung der Widerstandskraft sich vollzieht, dem Exponentialgesetz unterworfen ist. Die Gesichtspunkte, welche Pütter am Menschen entwickelte, habe ich

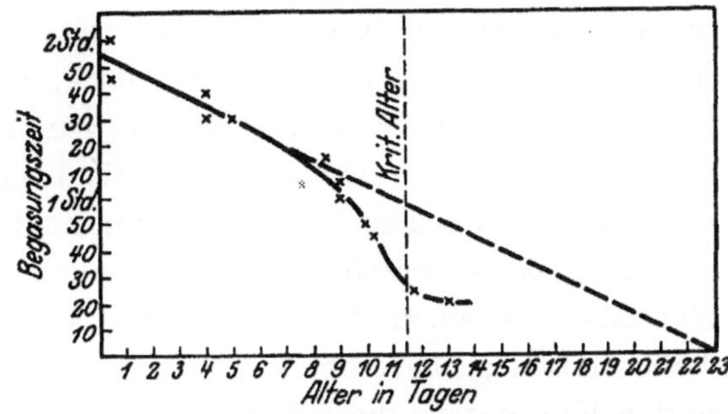

Abb. 344. Die Kurve der Heterovitalität begatteter Mehlmottenweibchen, gehalten bei 17—18°, begast mit CS_2 konz. bei 20°.

auf die Schädlingsbekämpfung übertragen und versucht, an Insekten verschiedenen Alters die Widerstandskraft gegen giftige Gase festzustellen. Da diese aber wieder ein Maß für den Lebendigkeitsgrad und damit für die Ferne des physiologischen Todes ist, haben wir in der Menge des verwendeten Giftstoffes ein Maß für den inneren Alterszustand des Organismus.

Die Untersuchungsmethoden habe ich 1924 beschrieben. Ich benutzte für die Versuche begattete Mehlmottenweibchen, welche bei 17 bis 18° gehalten wurden, und begattete Khaprakäferweibchen (bei 32,5°) und setzte Tiere verschiedenen

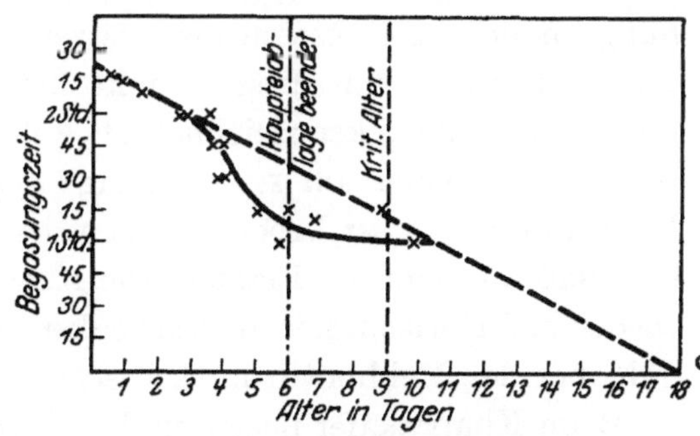

Abb. 345. Die Kurve der Heterovitalität begatteter Khaprakäferweibchen, gehalten bei 32,5°, begast mit CS_2 konz. bei 20°.

Alters nach halben Tagen berechnet in eine Prüfkammer mit 24 Einzelkammern, welche durch Drahtgaze verschlossen waren. Die Kammer brachte ich dann in eine mit Schwefelkohlenstoff gesättigte Atmosphäre und stellte die Zeit fest, welche notwendig ist, um die Tiere eines bestimmten Alterszustandes eben abzutöten. Die Tatsache, daß die Tiere verschiedenen Alters eine andere Widerstandskraft gegen Gifte haben, bezeichnete ich im Anschluß an H a n d o v s k y als Heterovitalität. Abb. 344 gibt die ermittelten Werte für Mehlmotten, Abb. 345 für Khaprakäfer wieder, und man sieht, daß die Kurven einen S-förmigen Typus aufweisen, dessen Analyse durch das Exponentialgesetz ermöglicht ist, jedoch sind weitere Experimente nötig, um die Kurvenform genauer, besonders an den Punkten, welche zur Berechnung der Konstanten dienen müssen, festzulegen, denn die bisherigen Untersuchungen sind durchgeführt worden, bevor das Exponentialgesetz aufgefunden wurde.

Ich habe seinerzeit gesagt, daß auch kurvenmäßig bestimmte Beziehungen zwischen den Heterovitalitätskurven und der theoretischen Lebensdauer zu bestehen scheinen, weil die geradlinige Fortsetzung des ersten Kurventeils die x-Achse gerade in der theoretischen Lebensdauer trifft, welche bei Mehlmotten 23, bei Khaprakäfern 18 Tage in den betreffenden Temperaturen beträgt. Mathematisch muß es sich natürlich hierbei um eine Tangente an irgendeinen Kurvenpunkt handeln. Weitere Versuche, welche den genauen Kurvenverlauf in den ersten Lebenstagen der Imagines festlegen, müssen zeigen, an welchen Punkt die Tangente anzulegen wäre, welche durch die theoretische Lebensdauer geht. Wenn dieser Punkt ein biologisch ausgezeichneter ist, so wäre damit die Möglichkeit gegeben, die theoretische Lebensdauer in Beziehung zu dem Zeitabschnitt ·zu setzen, welcher durch ihn gegeben ist. Es ist möglich, daß dieser Punkt biologisch durch den Eintritt der Geschlechtsreife gekennzeichnet ist, welcher bei der Mehlmotte am 0,5., beim Khaprakäfer am 1. Lebenstage liegt. Die Beziehungen zwischen Kurvenform und der Lebenstätigkeit der Insekten sind dadurch erkenntlich, daß während der Eiablage die Kurven schnell fallen und erst dann wieder zur Horizontalen umschwenken, wenn die Eiablage beendet ist, d. h. bei der Mehlmotte im kritischen Alter.

Beim Khaprakäfer liegen die Verhältnisse, wenigstens bei der untersuchten Temperatur von 32,5°, komplizierter, weil die Hauptmenge der Eier schon am 6. Tage abgelegt ist und bis zum kritischen Alter nur wenig Eier gelegt werden. Bei dem großen Einfluß, welchen nach V o e l k e l die Temperatur auf die Lebensverhältnisse des Khaprakäfers hat, müßten die Beziehungen zwischen Sterblichkeit, Vergiftung und Alterszustand bei verschiedenen Temperaturen genauer untersucht werden. Einen kleinen Einblick in diese Verhältnisse gewährt die früher besprochene Abb. 163, welche über den Zustand und die Entwicklungsfähigkeit der Khaprakäfereier bei verschiedenen Temperaturen Aufschluß gibt.

Der verschiedenartige Einfluß giftiger Gase macht sich auch bei kleinen Altersunterschieden bemerkbar. Khaprakäfer, die bei 33° höchstens $^1/_2$ Tag alt waren, habe ich morgens mit subletalen Mengen Schwefelkohlenstoff begast. Das Erwachen erfolgt dann je nach dem Grad der Ausfärbung verschieden schnell, und auch die weitere Ausfärbung geht bei den etwas älteren Tieren viel langsamer vor sich als bei den jüngeren. Es waren vier Tage nach der Begasung die älteren Käfer nur wenig dunkler als ursprünglich, während die jüngeren voll ausgefärbt waren, d. h., daß die älteren Tiere durch das Gift verhältnismäßig viel stärker geschädigt worden sind als die jüngeren.

Aus den erwähnten Heterovitalitätskurven geht soviel hervor, daß es möglich ist, aus der Vergiftungszeit, welche den tatsächlichen Tod hervorruft, auf den theoretischen Tod Rückschlüsse zu ziehen, d. h. den Alterszustand zu messen. Ich habe bei meinen Untersuchungen aus Bequemlichkeitsgründen die Zeit bei konstanter (maximaler) Giftkonzentration variiert, dasselbe gilt aber auch, wenn die Konzentration bei einer bestimmten Einwirkungszeit variiert wird. Welche Beziehungen dann wieder zwischen Konzentration und Zeit bestehen, um ein bestimmtes Symptom, hier den Tod, hervorzurufen, haben wir an Hand unserer Abb. 314 und 315 besprochen.

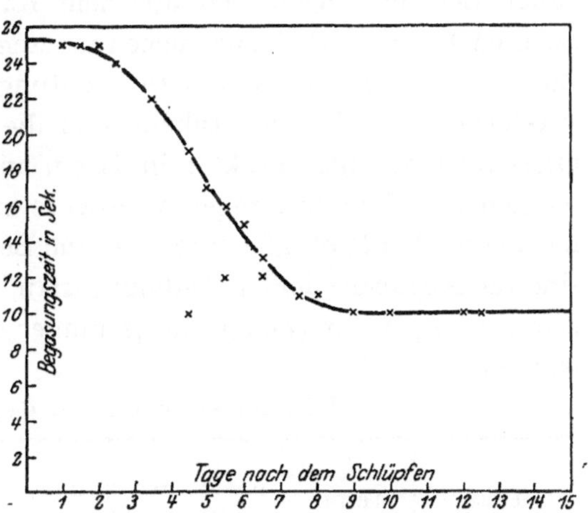

Abb. 346. Die Zeiten bis zur Lähmung unbegatteter Mehlmottenweibchen verschiedenen Alters, CO_2 konz., 18°.

Außer dem Tod können wir auch andere Symptome noch für den inneren Alterszustand eines Organismus heranziehen, z. B. die Lähmung. Im Zusammenhang mit meinen später zu besprechenden Versuchen über die experimentelle Beeinflussung des Alterszustandes der Mehlmotte durch CO_2, habe ich beobachtet, welche Begasungszeit mit reiner Kohlensäure nötig ist, bis die Tiere gelähmt werden. Aus meinen Protokollen habe ich die bis jetzt vorliegenden Daten herausgezogen und bringe sie in Abb. 346 erstmalig zur Darstellung. Die Begasungszeit in Sekunden zeigt in ihrer Abhängigkeit von dem Alter in Tagen eine ganz ähnliche Kurvenform, wie wir sie bei der Heterovitalität kennengelernt haben; allerdings handelt es sich hier um unbegattete Mehlmottenweibchen, deren Eiablage (natürlich werden nur unbefruchtete und nicht entwicklungsfähige Eier abgelegt) sich über die Lebenszeit ganz anders verteilt als bei den begatteten Tieren, welche außerdem sehr viel mehr Eier legen. Bei einer Begasungszeit zwischen 10 und 12 Sekunden fallen einige Beobachtungen weit aus dem Rahmen heraus, für welche wir auch nach einer Erklärung suchen müssen, um das Versuchsergebnis im Zusammenhang mit unseren Betrachtungen über den Lebensablauf zu verstehen. In folgender Tabelle sind die biologischen Daten der Imagines verschiedener Insekten in Tagen angeführt, für den Khaprakäfer wurden die Untersuchungen Voelkels zugrunde gelegt, für die Mehlmotte und den Brotkäfer sind es eigene Beobachtungen. Für den letzten sind die Angaben nicht unbedingt genau, da die Versuche seinerzeit bei Zimmertemperatur (Zi.T.), die ja immer etwas schwankt, durchgeführt wurden.

Biologische Daten der Imagines.

Tier	Temp.	Reifezeit	Kritisches Alter	Theoretische Lebensdauer		Tatsächliche Lebensdauer
				berechnet	beobachtet	
[Brotkäfer	Zimmertemp.	10—14	30	60	56—77	42—56]
Mehlmotte	17—18°	0,5	11,5	23	23	13—14
Khaprakäfer	32,5°	1	9	18	17	14
„	28,5°	2	13	26	24	17
„	27,9°	2	15	30	29	20
„	26,8°	2	19	38	37	24
„	25,0°	3	24	48	47	36
„	20,0°	4	36	72	70	48

Die Angaben über die berechnete theoretische Lebensdauer fußen auf der Beobachtung, daß das kritische Alter ungefähr die Halbzeit der beobachteten maximalen Lebensdauer (= theoretische Lebensdauer beobachtet) ist. In diesem Zusammenhang interessiert besonders, daß die durchschnittliche tatsächliche Lebensdauer in allen Fällen kleiner ist als die theoretische, d. h. daß der Lebensablauf schon viel früher beendet ist, als auf Grund der Lebensmöglichkeit an sich notwendig wäre. Bei der Abtötung durch Gift in den Sterblichkeitskurven (Abb. 344, 345) handelt es sich um einen Eingriff in den Lebensablauf, der katastrophalen Charakter trägt. Solche Ereignisse liegen aber im normalen Lebensgang nicht vor, wenn auch anzunehmen ist, daß die Geschlechtstätigkeit als solche das Tier sehr mitnimmt. Jedenfalls sprechen meine Beobachtungen, daß die theoretische Lebensdauer viel eher von unbegatteten Tieren erreicht wird, die ihr ganzes imaginales Leben isoliert gehalten wurden und nie mit dem andern Geschlecht in irgendwelche Berührung kamen, sehr stark dafür.

Aber auch dann ist der Einfluß der Geschlechtstätigkeit nicht mit dem katastrophalen Ereignis, wie es eine Vergiftung darstellt, zu vergleichen, wenn man vielleicht von Einzelerscheinungen, z. B. dem Schocktod der Drohnen, absieht. Bei meinen Vergiftungsversuchen zeigte sich, daß die Reaktion der unbefruchteten Weibchen und der isolierten Männchen, die nicht begatten konnten, gegen die Giftkonzentrationen etwas andere sind als bei den befruchteten Tieren. Die Kurve ist für diese Tiere etwas nach rechts verlagert, so daß man annehmen muß, daß tatsächlich die Alterungsgeschwindigkeit bei befruchteten und unbefruchteten Tieren eine andere ist.

Durch die Unterschiede, welche man in der tatsächlichen Lebensdauer findet, ist man dann gezwungen anzunehmen, daß der Lebensablauf bei den zum Versuch verwendeten Tieren nicht so gleichmäßig vor sich geht, wie man zunächst anzunehmen geneigt ist, wenn man in Rücksicht zieht, daß die Aufzucht unter denselben äußeren Bedingungen geschah. Das heißt, daß die verschiedenen Individuen einer Kultur nicht gleichmäßig altern, daß also der innere Zustand bei Tieren, welche zeitlich gleichaltrig sind, doch verschieden ist. In der Ehrenbergschen Ausdrucksweise würde man also sagen müssen, daß die Ferne ihres physiologischen Todes unterschiedlich ist. Für unsere Versuchsanstellung bedeutet diese Auffassung, daß auch die Tiere, welche zeitlich (von der Geburt an gerechnet) gleichalterig sind, doch einen verschiedenen Alterszustand haben. In Abb. 346 würden z. B. dann die Tiere, welche bei einem Alter von $4^1/_2$ Tagen schon bei einer Begasungszeit von 10 Sekunden gelähmt werden, in Wirklichkeit ihrem inneren Zustand nach älter sein, nämlich innerlich so alt wie die Imagines, die schon 8 oder 9 Tage lebten.

Wenn aber ein Mehlmottenfalter beim Schlüpfen aus der Puppe bei

18° und einer bestimmten Luftfeuchtigkeit (Laboratorium) eine theoretische Lebenserwartung von 23 Tagen hat, wie es tatsächlich beobachtet werden kann, so muß das schnellere Altern der Tiere, von denen wir eben sprachen, irgendeine Ursache haben. Da wir andererseits eine verschiedene Widerstandskraft als Funktion des Älterwerdens finden, wie durch die Heterovitalitätskurven bewiesen wird, so wird man geneigt sein, den verschiedenen Alterszustand zeitlich gleichaltriger Tiere auf irgendein Geschehnis im bisherigen Leben zurückzuführen, wie man ja auch bei einem Menschen davon spricht, daß er durch ein Erlebnis oder durch eine Krankheit schnell gealtert ist.

Ich habe versucht, diese Dinge experimentell anzufassen und ging von der Frage aus, wie denn die Tiere, welche bei der Schwefelkohlenstoffbegasung überlebten, sich weiter verhielten, d. h. wie sie auf subletale Giftmengen reagierten. Für Schwefelkohlenstoff und auch für Blausäure ergab sich, daß die Schädigungen durch diese Gifte zu schwer sind, so daß aus den Überresten der bei Abb. 344 beschriebenen Versuche allgemeinere Schlüsse nicht zu ziehen waren. Ich ging deshalb zu einem Gas über, das überhaupt zur Abtötung nicht ausreicht, sondern nur Lähmungserscheinungen hervorruft, der Kohlensäure. Für die Anwendung der Kohlensäure sprachen auch noch andere Gründe mit, über die ich 1924 berichtet habe. Auch der Tod als Symptom für die Klärung der Alterungsgeschwindigkeit war nicht brauchbar, da es sich ja um den physiologischen Alterstod, nicht um den tatsächlich eingetretenen hätte handeln müssen. Den gewünschten Erfolg hatten dann Versuche, deren Ergebnis ich in Abb. 347 abbilde. Als Symptom für den Alterszustand wurde das Auftreten des kritischen Alters gewählt, das sich, wie früher ausführlich besprochen wurde, besonders durch das Aufhören der geschlechtlichen Funktionen auszeichnet. Genau wie der tatsächliche Tod zu einem Zeitpunkt eintritt, an dem der Organismus theoretisch noch hätte leben können, so kann auch das kritische Alter früher als normal auftreten. Von einer Norm, welche ja nur ein empi-

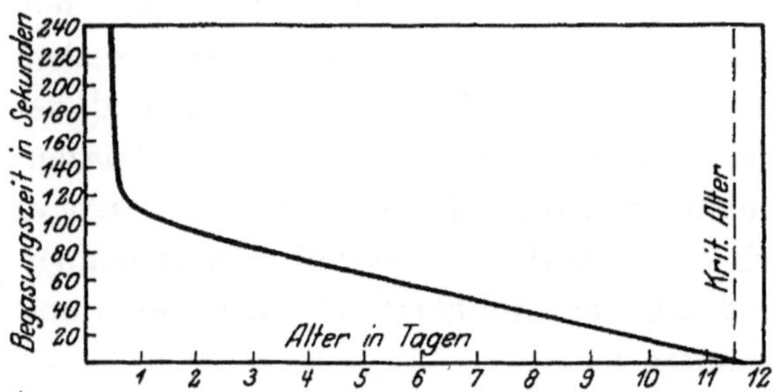

Abb. 347. Die Verschiebung des kritischen Alters durch Begasung mit CO_2, Mehlmottenweibchen bei 17—18°.

rischer Begriff ist, kann hier leichter gesprochen werden, weil die Mehrzahl der Tiere diesen Zustand ja wirklich erreicht, während bei der
theoretischen Lebensdauer der Lebensablauf durch den tatsächlichen
Tod beendet wird und sich dadurch der weiteren Beobachtung entzieht.

Aus einer Reihe von Anzeichen, über die ich 1924 berichtete, war
zu entnehmen, daß das kritische Alter zwar im normalen Ablauf des
Lebens feststeht, aber durch ungünstige äußere Einflüsse, wie hier durch
Begasung mit Giften, verschiebbar ist. Um festzustellen, durch welche
Begasungszeiten eine Verschiebung des kritischen Alters möglich war,
begaste ich jungfräuliche Mehlmottenweibchen verschiedenen Alters
verschiedene Zeiten lang mit CO_2. Die Temperatur betrug durchweg
17—18°. Die begasten Weibchen wurden nach dem Versuch mit gesunden kopulationsfähigen Männchen in Petrischalen gehalten und nach
ihrem Tode geöffnet, um den Zustand der Bursa copulatrix auf die eventuell erfolgte Begattung hin zu untersuchen. Außerdem wurden die
abgelegten Eier auf ihre Entwicklungsfähigkeit hin beobachtet. So ergaben sich bestimmte Grenzkonzentrationen, welche eine Verschiebung
des kritischen Alters zum Geburtstag hin bewirken. Die Kurve in
Abb. 347 gibt an, welche Begasungszeit gerade notwendig ist, um ein
Weibchen von einem bestimmten Alter physiologisch so zu verändern,
daß es Eigenschaften des kritischen Alters zeigt. Wird z. B. ein jung-
fräuliches Weibchen von 6 Tagen Alter 54 Sekunden mit CO_2 begast,
so steht es in bezug auf seine Geschlechtsfunktionen auf demselben
Punkt, als wenn es bereits $11^1/_2$ Tage alt wäre. Der zugehörige Kurvenpunkt gibt die Grenzkonzentration an, d. h. eine längere Begasungszeit ruft diese Veränderung des physiologischen Zustandes unter allen
Umständen hervor, während eine kürzere Begasung auch nach der Behandlung noch begattungsfähige Weibchen ergibt.

Zwar genügen manchmal auch schon kürzere Behandlungszeiten,
um diese Änderung des Verhaltens hervorzurufen, der Maßstab ist
jedoch die noch vorhandene Möglichkeit der Begattung; es handelt sich
also um eine Grenzlinie. Werden aber Eigenschaften des kritischen
Alters durch Giftung mit CO_2 auf der Kurve entlang verschoben, so
kann man sagen, daß die begasten Tiere künstlich gealtert sind, denn
sie sind in ihrem geschlechtsphysiologischen Verhalten älteren Tieren
gleichwertig. Ob hier nach jeder Richtung hin eine tatsächliche Gleichwertigkeit des künstlich und natürlich gealterten Tieres vorliegt, muß
selbstverständlich noch nach anderen Gesichtspunkten geprüft werden.

als bis jetzt geschehen konnte; vor allem wird die Stoffwechselintensität genauer zu untersuchen sein.

Die Kurvenform, nach welcher die Verschiebung des kritischen Alters vor sich geht, unterliegt wieder dem Exponentialgesetz, denn sie ist die logarithmische Form einer exponentialen Funktion vom Typus der Reziproken unserer Abb. 110 links. Aus der Kurve ergibt sich, daß die Verschiebung des kritischen Alters durch CO_2 während der ganzen Geschlechtsperiode des Falters vom 0,5.—11,5. Tage durchführbar ist. Der Schnittpunkt mit der Altersachse liegt bei 11,5 Tagen, während die Asymptote, welcher sich die Kurve annähert, durch den 0,5. Lebenstag geht, d. h. daß eine Beeinflussung der Mottenweibchen während der Reifezeit überhaupt nicht möglich ist. So bewirkt z. B. eine Begasung von $1^1/_2$ Stunden keine Änderung der Geschlechtsfunktion. Die Reifezeit zeigt also ein grundsätzlich anderes Verhalten. Während der zweiten Hälfte des 1. Lebenstages des Falters sinkt die Kurve rasch ab, und gleich zu Beginn der Kopulations- und Legezeit ist eine Alterung bis zum kritischen Alter, also von 11 Tagen, schon durch 140 Sekunden CO_2 möglich, während kurz vorher eine stundenlange Begasung ohne Einfluß bleibt.

Aus den beschriebenen Versuchen ergibt sich also die recht eigenartige Tatsache, daß ein bestimmter Abschnitt aus dem Leben der Motte einfach gestrichen werden kann. In dem vorher angezogenen Beispiel beträgt die Alterung durch Einwirkung von 54 Sekunden CO_2 5,5 Tage, nämlich 11,5 weniger 6. Diese 5,5 Tage vom 6. Tage bis zum kritischen Alter bei 11,5 Tagen sind demnach durch die Begasung aus dem Leben des Tieres ausgeschaltet. Wir haben damit in den Individualzyklus mit einem Ereignis eingegriffen, das auf den weiteren Lebensablauf von weitreichendem Einfluß ist, denn wenn hier, wie wir sagten, tatsächlich eine „künstliche Alterung" vorliegt, so muß sich der innere Alterszustand wesentlich geändert haben und die Ferne des physiologischen Todes näher gerückt sein.

Wenn z. B. ein Weibchen von 3 Tagen Alter 34,5 Sekunden mit CO_2 begast wird, so bedeutet das nach dem, was ich eben sagte, eine Alterung von 3,5 Tagen, denn ein Tier von 8 Tagen Alter, 34,5 Sekunden begast, erreicht dadurch das kritische Alter von 11,5 Tagen. Das 3 Tage alte Tier würde demnach durch die Begasung in einen Alterszustand von 6,5 Tagen versetzt. Lasse ich es nun noch weitere 5 Tage normal weiter altern, so muß es das kritische Alter erreicht haben, kann also nicht mehr begattet werden. Die in dieser Richtung angestellten Versuche haben die Richtigkeit dieser Folgerung ergeben. Wenn weiter eine bestimmte Begasung eine Anzahl von Tagen aus dem Leben des Tieres ausstreicht, so muß auch die Gesamtlebensdauer, die theoretische natürlich, um denselben Betrag verkürzt werden, und es zeigte sich dann auch, daß die tatsächliche Lebensdauer unterhalb der durch die Begasung verkürzten theoretischen liegt. Ausführliche Tabellen darüber habe ich 1924 veröffentlicht.

Ferner hatten wir in der Widerstandskraft der Motten gegen giftige Gase ein Maß gefunden, den Alterszustand festzustellen. Eine durch CO_2-Begasung um einen bestimmten Betrag gealterte Motte muß, wenn tatsächlich der innere Zustand geändert ist, dann auch nur die Widerstandsfähigkeit haben, welche dem entsprechenden, zeitlich älteren Tier zukommt. Sie muß also schon durch eine weit geringere Giftdosis abzutöten sein. Spezielle in dieser Richtung angestellte Versuche zeigten, daß das tatsächlich der Fall ist. Die Untersuchungen werden jedoch noch mit einer Fragestellung, welche aus dem Exponentialgesetz fließt, fortgeführt, vor allem im Hinblick auf die veränderte Widerstandsfähigkeit schädlicher Organismen, bei denen ein früher appliziertes Gift die Prädisposition für ein zweites schafft. In einem Vortrage über das Problem der Giftwirkung in der Pflanzenschutzforschung habe ich 1924 schon kurz auf diese Versuchsreihen hingewiesen. Sie sollen dann später im Zusammenhang mit meinen weiteren Untersuchungen über die experimentelle Beeinflussung der Lebensdauer und des Alterns schädlicher Insekten veröffentlicht werden.

Für eine wirkliche, durch CO_2-Giftung vor sich gehende Zustandsänderung, welche sich in der Ausschaltung eines bestimmten Abschnitts aus dem Leben des Vollinsektes auswirkt und die als „künstliche Alterung" bezeichnet werden könnte, sprechen demnach folgende Punkte: 1. entsprechend frühes Auftreten von Eigenschaften des kritischen Alters, z. B. das Aufhören der Geschlechtsfunktionen, 2. durch abwechselnd künstliches und natürliches Altern wird das kritische Alter entsprechend früher erreicht, 3. Verkürzung der theoretischen Lebensdauer und 4. Änderung der Widerstandskraft gegen giftige Gase entsprechend dem Grade der künstlichen Alterung. Es kommt aber noch etwas Weiteres hinzu. Die letzte Frage des Alterungsproblems ist die nach den Ursachen des Alterns, zu deren Lösung eine ganze Fülle von Einzelbeobachtungen herangezogen worden ist. Die Theorien, die auf Grund der verschiedenartigen Grundlagen aufgestellt wurden, haben in den meisten Fällen nicht voll befriedigen können.

Eingehend hat darüber in neuerer Zeit z. B. Korschelt zusammenfassend berichtet. Durchgehend ist man natürlich geneigt, die letzten Ursachen in der Zelle zu suchen. Schon Mohl hat 1846 festgestellt, daß das Zytoplasma alter Zellen visköser ist als das von jüngeren, eine Tatsache, die später von vielen Autoren immer wieder aufgefunden wurde. Der naheliegende Gedanke, daß das Altern des Zytoplasmas mit dem Altern kolloider Lösungen gleichzusetzen ist, wurde dann mehrfach ausgesprochen, nach Rössle schon durch Marinesco (1904), dann z. B. auch von Ruzicke, Heubner, Pütter (Literatur s. bei Janisch 1924). Ruzicka ist besonders für die Auffassung des Alterns der Zellkolloide als Protoplasmahisteresis eingetreten und hat Methoden ausfindig gemacht, diese zu messen und damit Grundlagen geschaffen, das Alter von Tieren und Pflanzen mit dieser Methode vergleichbar zu bestimmen. Die Histeresis der Zellkolloide, die nach Ruzicka in einer Kondensation der lebenden Substanz im zeitlichen Ablauf der Lebensprozesse begründet ist, äußert sich durch erhöhte Ausflockbarkeit alter Zellen, Verminderung der Quellbarkeit und Steigerung der Dehydratation im Alter.

An der Tatsache der Änderung des kolloiden Zustandes mit dem Alter ist nach den vorliegenden Literaturnachrichten nicht zu zweifeln und auch ihre Meßbarkeit nach Ruzicka scheint sichergestellt. Mit welcher Geschwindigkeit eine solche Histerese vor sich gehen kann und welcher Gesetzmäßigkeit sie folgt, dafür gibt unsere Abb. 272 einen Begriff, welche die Zunahme der inneren Reibung bei Gelatinelösungen als Zeitfunktion beim Übergang von flüssig in fest darstellt. Wenn nun der Histeresegrad auch ein Symptom des Alterszustandes und bei unseren Mehlmotten meßbar ist, so muß sich, wenn unsere Voraussetzung von einer durch CO_2-Begasung bewirkten Änderung des Alterszustandes zutrifft, der Histeresegrad der künstlich und natürlich gealterten Tiere gleichartig verhalten.

Um diese Frage zu klären, habe ich folgende Reaktionen angestellt: Je 15 Mehlmottenweibchen wurden mit Meersand im Mörser fein zerrieben, mit 5 ccm destilliertem Wasser aufgenommen und im Vakuum filtriert. Von dem Filtrat nahm ich 0,5 ccm, verdünnte nochmals mit 0,5 ccm Aq. dest. und überschichtete mit 0,5 ccm Alkohol 96 vH. Als Maß für den Histeresegrad diente die Ausfällungszeit bei 18° bis zu dem Augenblick, wo an der Grenze Alkohol—Filtrat die erste Trübung als weißer Ring erschien. Für die verschiedenen Tiere ergab sich folgendes:

1. Alter 2 Tage . . . . Ausfällungszeit: 30 Minuten
2. Alter 12 Tage . . . . Ausfällungszeit: 5 Minuten
3. Alter 2 Tage, durch 100 Sek. CO_2
   um 10 Tage „gealtert" . . . . . Ausfällungszeit: 5 Minuten.

Die Ausfällungszeit nimmt also mit fortschreitendem Alter ab und die künstlich gealterten zeigen dieselbe Reaktion wie die natürlich gealterten Tiere. Auch diese Versuche sollen fortgesetzt werden, um der Gesetzmäßigkeit in der Änderung der Protoplasmahisteresis und ihrer Beeinflußbarkeit durch Gifte auf die Spur zu kommen. Soviel ist aber schon zu sagen, daß die Reaktionen durchaus dafür sprechen, daß der innere Alterszustand der Mehlmotten durch die Kohlensäurebegasung in dem oben besprochenen Sinne geändert worden ist. Auch andere Gase wie Schwefelkohlenstoff und Blausäure, mit denen ich entsprechende Versuchsreihen begonnen habe, scheinen eine ähnliche Wirkung zu haben.

Wenn wir die Ergebnisse dieser Untersuchungen überblicken, so stellen wir fest, daß ein im Leben der Mehlmotte auftretendes Ereignis wie die Kohlensäurebegasung den weiteren Lebensablauf weitgehend verändert. Wie wir sehen werden, haben auch andere Umweltfaktoren eine ähnliche Wirkung, vor allem auch solche, denen ein Organismus auch im gewöhnlichen Leben ausgesetzt ist. Wir müssen dann alle Ereignisse im Leben eines Organismus, welche den durch die Erbanlage in seiner Potenz gegebenen Ablauf des lebendigen Geschehens irgendwie nachhaltig zu beeinflussen vermögen, unter einem einheitlichen Gesichtspunkt zusammenfassen. Im Anschluß an die Ehrenbergschen Ausführungen würde man sie als „Schicksale" zu bezeichnen haben. Dabei ist natürlich zu bedenken, daß dieser Lebensablauf außerdem in seiner Geschwindigkeit von den ständig vorhandenen Umweltbedingungen abhängig ist und dementsprechend für sich definiert werden muß. Da der Organismus aber auch im gewöhnlichen Leben von einer ganzen Anzahl derartiger „Schicksale" betroffen wird, die den Beobachter oft nicht faßbar und erkennbar sind, ergibt sich die Schwierigkeit zu einer Anschauung über den typischen Verlauf zu gelangen.

Wie wir schon einmal sagten, ist die Norm ein rein empirischer Begriff, und wir werden, wenn wir die Individuen betrachten, damit nicht auskommen können und uns mehr an den Typus halten und darunter denjenigen Ablauf verstehen müssen, der unter den für den Organismus denkbar günstigsten Bedingungen vor sich geht. Dann bedeutet jede Abweichung von den optimalen Verhältnissen für den Organismus einen Eingriff in den typischen Lebensablauf, auf den der Organismus irgendwie reagieren muß, selbst wenn er an sich geringfügig ist oder nur sehr kurze Zeit wirkt. Ob sich dabei irgendein Symptom, das wir vielleicht gerade beobachten, meßbar ändert oder nicht, spielt für die grundsätzliche Auffassung keine Rolle. Wir haben z. B. bei Abb. 315 die Giftwirkung von Blausäure auf Säugetiere kennengelernt und gesehen, daß eine bestimmte Giftmenge, die wir durch die Größe m unserer exponentialen Formeln kennzeichnen konnten, im Körper entgiftet wird. Als Symptom der Giftwirkung war das baldige Absterben der Tiere gewählt. Die tödliche Dosis in der Atemluft führt zum Tode, es liegt hier also ein Eingriff stärkster Art vor. Wählt man Giftmengen, die wenig unterhalb der tödlichen Dosis liegen, so treten schwere Krankheitserscheinungen auf, noch geringere Dosen wirken weniger stark. Das bedeutet aber, daß in jedem Falle, auch bei allergeringsten Giftmengen, der Organismus auf das Gift reagiert, sei es auch nur dadurch, daß die geringen Giftspuren im Blut oder in den Zellen adsorbiert und entgiftet werden.

Wir haben aber weiterhin gesehen, daß die Kohlensäure, selbst in verhältnismäßig geringen Mengen, auf den inneren Alterszustand von einem Einfluß ist, der eine Veränderung der unter den gewählten Versuchsbedingungen zu erwartenden Lebensdauer bewirkt. Auch da, wo es sich z. B. um die Entgiftung durch Adsorption oder chemische Bindung von Giftspuren handelt, wird schon dadurch der kolloide Zustand im Organismus geändert. Auf geringe und starke Dosen eines Giftes reagiert also der Organismus nicht qualitativ anders, sondern lediglich dem Grade nach. Es wird ganz auf die beobachteten Symptome ankommen, ob die Beeinflussung des Lebensablaufs dem Beobachter sich bemerkbar macht oder nicht. Bei der „künstlichen Alterung" der Mehlmotte haben wir den Einfluß der CO_2-Begasung messend verfolgen können, auch dann, wenn es sich um eine eingeatmete Menge handelte, die das Symptom (Eintritt des kritischen Alters) nicht hervorrief. Denn sowohl die Änderung der Protoplasmahisteresis wie auch die Tatsache, daß durch abwechselnd künstliches und natürliches Altern das kritische Alter entsprechend früher erreicht wird, wie auch die Verkürzung der theoretischen Lebensdauer sagen ja nichts Anderes aus, als daß tatsächlich der Organismus in seinem Zustand geändert ist, also nicht mehr die Lebensfähigkeit, die Potenz des Lebensablaufs hat, die ihm vorher eigen war. Durch dieses Ereignis ist also das lebendige Geschehen im Organismus nachhaltig beeinflußt worden. Von besonderer Wichtigkeit ist für uns, daß bei diesen Nachwirkungen, wie man sie nennen kann, das Exponentialgesetz gültig ist. Wir werden noch eine Anzahl von Beispielen kennenlernen, aus denen das mit aller Deutlichkeit hervorgeht.

Wir hatten bei Abb. 338 gesehen, daß die Lebensdauer der Kleidermotten (hier ist die tatsächliche gemeint) von dem Anfangsgewicht der Tiere abhängig ist. Je größer es ist, desto länger leben die Falter. Berechnet man aber den Gewicht-Lebensdauerfaktor, so sinkt dieser mit steigendem Körpergewicht ab. Jedesmal handelt es sich um exponentiale Funktionen. Für die Körperlänge hat Titschack ähnliche Messungen durchgeführt, jedoch haben sich noch nicht so klare Verhältnisse ergeben wie hier. Stellt man eine Beziehung zwischen der Entwicklungsdauer in Tagen und der imaginalen Lebensdauer her, so findet sich bei den Männchen eine Abhängigkeit der Lebensdauer bei eintägiger Entwicklungsdauer (E.-L.-Faktor) von der Entwicklungsdauer in Tagen, wie sie Abb. 348 darstellt.

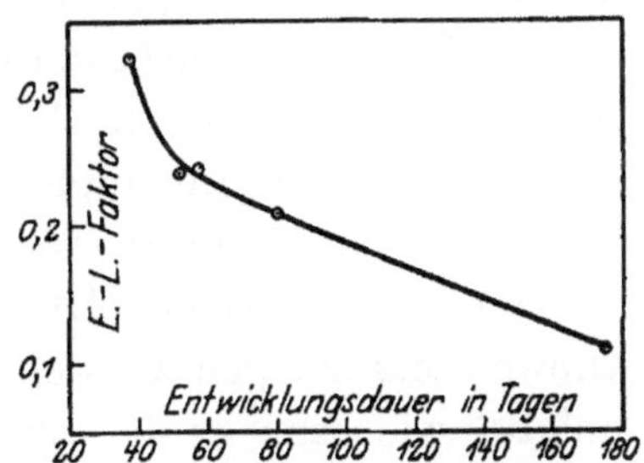

Abb. 348. Die Beziehung zwischen der Dauer der Entwicklung und des Imaginallebens der Kleidermotte. *E.L.*-Faktor = Lebensdauer bei eintägiger Entwicklungsdauer.

Genau wie bei dem G.-L.-Faktor in Abb. 338, sinkt auch der E.-L.-Faktor in Abb. 348 mit verlängerter Entwicklungsdauer ab. Titschack sagt:

„Diese Übereinstimmung mit dem Gewicht ist nicht zu verwundern, da für gewöhnlich schwerere und größere Tiere auch eine längere Entwicklungsdauer haben.‟

Die Gründe für die Verschiedenheit in Gewicht und Entwicklungsdauer, welche ja die imaginale Lebensdauer wiederum beeinflussen, müssen im Larvenleben gesucht werden.

Wer sich längere Zeit mit der Aufzucht großer Mengen von Insekten beschäftigt, wird häufig die Erfahrung machen, daß innerhalb eines Kulturgefäßes die Entwicklungsdauer sehr verschieden sein kann. Nach meinen Erfahrungen an Mehlmotten- und Brotkäferzuchten bin ich geneigt, diese Unterschiede in der Hauptsache auf zwei Ursachen zurückzuführen. Das schließt natürlich nicht aus, daß auch andere, noch nicht genügend bekannte außerdem vorhanden sein können. Den Hauptgrund sehe ich in der Übervölkerung der Kultur, die bewirkt, daß die Tiere sehr dicht beieinander sitzen, sich gegenseitig beunruhigen und so die Nahrungsaufnahme stören. Es braucht das gar nicht so weit zu gehen, daß eigentlicher Nahrungsmangel herrscht. Weiter reichert sich durch die Atmungstätigkeit Kohlensäure und Wasser in den Gefäßen, besonders aber wohl in der Nahrung (Haferflocken, Mehl, Brot usw.) an, wie ich 1923 an einer stark bevölkerten Brotkäferkultur ausführlich beschrieben habe. Es gelang mir, das ungewöhnliche Verhalten der Tiere durch entsprechend angesetzte Experimente auf solche Anreicherung an CO_2 zurückzuführen. Gerade diese Beobachtungen waren es besonders, welche mich veranlaßten, den ganzen sich daran anschließenden Fragenkomplex einer genaueren Untersuchung zu unterziehen, welche dann zu den oben geschilderten Ergebnissen führte.

Durch die aus der Übervölkerung sich ergebende Änderung der Umweltbedingungen werden häufig die Tiere zur Auswanderung veranlaßt, wie man es bei jüngeren Mehlmottenraupen oft beobachten kann. Alte, verpuppungsreife Raupen wandern regelmäßig aus dem Nährsubstrat aus, jedoch ist das eine Erscheinung, welche nicht als abnorm bezeichnet werden kann. Solche Übervölkerung braucht sich durchaus nicht auf das ganze Kulturgefäß zu erstrecken, sondern kann auch örtlich beschränkt sein. Ich habe bei Brotkäferlarven und Mehlmottenraupen öfter beobachtet, daß eine ganze Anzahl in einem Klumpen dicht beieinander saß, während das übrige, reichlich vorhandene Nährsubstrat ganz unbefallen war. Wahrscheinlich hängt diese Tatsache damit zusammen, daß die Eiablage hier erfolgte, daß die winzig kleinen Larven dann auch in der ersten Zeit einen genügenden Lebensraum zur Verfügung hatten, der aber durch das Wachstum dann immer mehr sich verengte. In einzelnen Fällen beobachtete ich ferner in einer Schale mit Haferflocken zwei oder drei zeitlich gleichalterige Mehlmottenraupen dicht beieinander eingesponnen, welche bei 18° mit einer Differenz von etwa 14 Tagen Falter ergaben und außerdem in der Größe stark variierten. Auch hier sind Beunruhigung, Nahrungsbeschränkung, Stoffwechselprodukte als Gründe für verschiedene Entwicklungsdauer und Größe anzusehen. Hingewiesen sei in diesem Zusammenhang auch auf die Abhängigkeit des Volumens beim Karpfen

und der Schalenlänge der Schnecken vom Wasservolum, welche wir in
Abb. 205 dargestellt haben und als exponentiale Funktion auffassen.
Als zweiten Hauptgrund möchte ich den Hunger gesondert betrachtet
wissen, wenn er auch bei der Übervölkerung schon eine große Rolle
spielt, und zwar aus Gründen, welche aus noch zu besprechenden Beispielen hervorgehen werden.

Wir müssen aber alle solche Ereignisse als Eingriffe in den Lebensablauf werten und werden dann auch verstehen, warum ein Tiermaterial,
das wir zu irgendwelchen Versuchen verwenden, sehr selten ganz gleichartig sein kann. Die, wenn auch oft geringe Verschiedenheit in der
Reaktionsfähigkeit der Organismen findet dadurch ihre Erklärung, daß
in den Individuen noch die Nachwirkungen von Ereignissen vorhanden
sind, welche den inneren Zustand, die Konstitution des Individuums
unterschiedlich gestalten. Wie wir noch sehen werden, wirken sich solche
Erlebnisse unter Umständen auch noch in der nächsten Generation aus.
Was man gewöhnlich Variationsbreite oder individuelle Unterschiede
nennt, wird zum großen Teil darauf zurückzuführen sein.

Daß der Hunger eine große Rolle spielt, zeigt sehr deutlich das in
Abb. 212 besprochene Beispiel des Ringelspinners, in dessen Raupen-
zeit Hungerperioden verschiedener Länge eingeschaltet wurden. Die
Zahl der von dem Weibchen weniger abgelegten Eier steigt mit der
Anzahl der Hungertage nach Art einer exponentialen Funktion beträchtlich. Das während der Entwicklungszeit verhältnismäßig kurz
dauernde Erlebnis wirkt sich also erst nach Abschluß der Entwicklung im Imaginalleben aus. Sehr wesentlich für uns ist die Tatsache,
daß die Größe der eintretenden Wirkung von dem Umfang des Ereignisses nach dem Exponentialgesetz abhängig ist. Auch Kopeć stellt
auf Grund eines reichen Materials von *Limantria dispar* fest, daß
unterbrochenes Hungern junger Raupen eine beträchtliche Verlängerung des Larvenlebens und eine gewisse Abkürzung der Puppenzeit
bewirkt. Auf die Lebensdauer der Imagines konnte dagegen kein Einfluß des Hungers gefunden werden. Die durchschnittliche Grenze
des Larvenwachstums, ausgedrückt im Durchschnittsgewicht der Puppen, ist nach Kopeć direkt von der verarbeiteten Futtermenge
und umgekehrt abhängig von der Verlängerung des Larvenlebens und
der Verkürzung der Puppenzeit. Der Wachstumsbetrag von Raupen,
die jeden zweiten Tag ihres Lebens hungerten, ist mit der Zeit beträchtlich größer als der von Tieren, die seit der letzten Häutung nur einmal

hungerten. Über die beschleunigende Einwirkung des Hungerns auf die Metamorphose berichtet ferner Krizenecky.

Bei den Abb. 162 und 163 haben wir gesehen, daß die Änderung der Umweltbedingungen von großem Einfluß auf die Zahl und die Eigenschaften der abgelegten Eier ist. Abb. 212 zeigte dann auch den nachhaltigen Einfluß des Hungerns auf die Eiproduktion. Es kann dann auch nicht wundernehmen, daß derartige Eingriffe nicht nur den Lebensablauf des Individuums beeinflussen, sondern auch noch in der nächsten und vielleicht auch in den weiteren Generationen sich bemerkbar machen. Kopeć fand bei *Limantria dispar*, daß Weibchen von Hungerraupen mit gesunden Männchen begattet zwar weniger Eier legen, aber die Eigröße und das Gewicht der gezogenen Puppen sind normal. Die Entwicklungsfähigkeit der Eier und die Sterblichkeit der Raupen und Puppen werden durch die Hungerung nicht beeinflußt. Die morphologische Struktur der Spermatozoen von Männchen der Hungerraupen und ihre normale Befruchtungsfähigkeit werden nicht geändert, aber die Sterblichkeit der daraus entstehenden Raupen und Puppen ist größer. Durch Entkräftung der Männchen werden im Gegensatz zu den Weibchen verschiedentliche schädliche Wirkungen in der Nachkommenschaft konsequent hervorgebracht.

Die Ursache für das verschiedene Verhalten der beiden Geschlechter sucht Kopeć in der Verwandlung, die wahrscheinlich bei beiden Geschlechtern verschieden ist. Die Veränderungen, die in der Struktur der Spermatozoen durch Hungerung der Männchen hervorgerufen werden, sind sehr wahrscheinlich qualitative. Die Verlängerung des Larvenlebens, welche bei hungernden Raupen bemerkt wurde, kann in deren Nachkommenschaft nicht beobachtet werden. Das Puppenstadium dagegen, das bei Hungertieren sehr stark verkürzt wird, erfährt bei der Nachkommenschaft eine gleiche Veränderung, welche zu einer Beschleunigung der Metamorphose führt. Ebenfalls an Raupen des Schwammspinners hat Kosminsky Züchtungen bei erhöhter Temperatur (30—35°) und unnormaler Nahrung (Aprikosenblätter anstatt Pappelblätter) durchgeführt. Er sagt:

„Das Ergebnis bildeten kleine Schmetterlinge (Länge der Vorderflügel bei Männchen 16 mm, bei Weibchen 22 mm), von denen nur zwei Weibchen sich als fruchtbar erwiesen. Die aus den von diesen Weibchen gelegten Eiern hervorgegangenen Raupen wurden bei Zimmertemperatur und bei normaler Ernährung (Pappelblätter) gezüchtet. Ein Gelege ergab

11 Schmetterlinge, von ihnen nur ein normales Weibchen, fünf normale Männchen und fünf gynandromorphe Männchen."

Von Interesse sind auch in diesem Zusammenhang die Ernährungsverhältnisse des blauen Schinkenkäfers (*Necrobia rufipes*), über den ich nach den Untersuchungen von Simmons und Ellington kürzlich berichtet habe. Zwar kann die gesamte Entwicklung auch in einem sonst unbefallenen Schinken vor sich gehen, aber sowohl die Larven wie auch die Käfer zeigen eine besondere Vorliebe für die eigenen Artgenossen und ihre eigenen Eier und werden kannibalisch. Obschon die Eier hauptsächlich in tiefe Ritzen und Spalten abgelegt werden und dadurch meist den Nachstellungen entzogen sind, fällt doch ein Teil der Nachkommenschaft der eigenen Art zum Opfer. Besonders werden die Larven anderer Insekten, die auch an Schinken leben, z. B. der Käsefliege gefressen. Simmons und Ellington stellten aber einen großen Einfluß der Ernährungsart auf die Lebensdauer und Vermehrungsziffer der Käfer fest und belegen ihre Beobachtungen durch ausführliche Zahlentabellen. Bei reiner Schinkennahrung leben die Käfer bei etwa 20° rund 4—4,5 Monate, die Weibchen legen während dieser Zeit mit Ausnahme der letzten Wochen im Durchschnitt 137, im Höchstfalle etwas über 300 Eier ab, die Larvenentwicklung dauert bei dieser Ernährung bei etwa 25° rund 3 Monate. Werden aber die Tiere mit Larven von Käsefliegen ernährt, so verkürzt sich die Entwicklungszeit auf etwa 5 Wochen, die Käfer können über ein Jahr leben und die Weibchen legen im Höchstfalle über 2000 Eier ab. Bei reiner Schinkenernährung kann eine Verringerung der Plage von selbst eintreten, da durch zahlreich vorhandene Tiere eine Dezimierung der eigenen Art vorkommt, bei gleichzeitigem Befall mit anderen Organismen aber, z. B. mit Käsefliegen, sind die Lebensbedingungen für den blauen Schinkenkäfer viel günstiger, sie leben länger und vermehren sich stärker, ihr Bedürfnis nach Insektenfleisch wird durch die vorhandenen Fliegenmaden reichlich befriedigt, so daß eine äußerst starke Plage an den Räucherwaren die Folge ist.

Die hier herangezogenen Gesichtspunkte gelten nicht nur für Insekten, sondern auch für andere Gruppen von Organismen. Abb. 349 zeigt nach Pütter die Verschiedenheit der Widerstandsfähigkeit von *Rana esculenta* je nach dem Alter gegen O_2-Entziehung und hohe Temperatur. Die Erstickungsdauer nimmt mit dem Alter ab, die Wärmelähmung bei gleicher Temperatur (40°) dagegen zu. Nach dem Exponentialgesetz liegen hier reziproke Funktionen ähnlich wie in Abb. 14 und 16 vor.

Als nachwirkende Beeinflussung eines lebendigen Geschehens muß auch die Vorbehandlung eines Objektes angesehen werden. In Abb. 35 haben wir die Temperaturabhängigkeit der Reizschwelle für die phototropische Krümmung von Koleoptilen von *Avena sativa* kennen gelernt, der wir nunmehr nach dem Exponentialgesetz den Charakter einer Kurve vom Typus der Abb. 52 rechts zusprechen müssen. Wir sahen, daß der rechte Ast immer steiler verläuft, je länger vorgewärmt wurde. Etwas Ähnliches gilt für die geotropische Präsentationszeit nach Kanitz, in

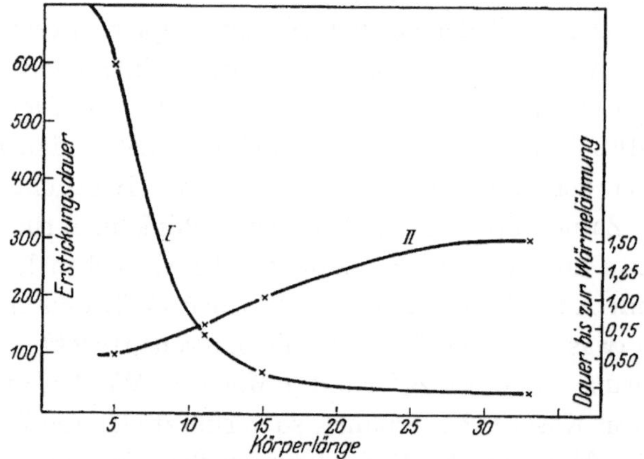

Abb. 349. Die Abhängigkeit der Erstickungsdauer (*I*) und der Dauer bis zur Wärmelähmung von dem Alterszustand der Entwicklungsstadien des Frosches.

welcher der rechte Ast der Kurve ebenso um so steiler wird, je größer die Zeit der Vorwärmung gewählt wird. Die Wirkung der Beeinflussung macht sich entsprechend den Prinzipien des Exponentialgesetzes in der Größe der Konstanten geltend. Ferner haben wir bei Abb. 300 besprochen, wie die Vorbehandlung des Fermentes auf die Stärkespaltung einwirkt und die Kurven verändert.

In allem und jedem kommt zum Ausdruck, daß die Reaktionen im Organismus, sei es als zeitlicher Verlauf oder in Abhängigkeit von irgendwelchen äußeren oder inneren Systembedingungen, von dem Exponentialgesetz beherrscht werden. Jedes Ereignis im Leben, ob klein oder groß, übt seine Wirkung auf den lebendigen Ablauf aus. In vielen Fällen können wir diese Einflüsse messen, in wenigen wurde das allerdings bis jetzt systematisch durchgeführt. Aber schon nach dem, was wir wissen, kann gesagt werden, daß der Eindruck, den irgendein „schicksalhaftes" Ereignis hinterläßt, in seiner Größe von der Stärke dieses Ereignisses gesetzmäßig nach dem Exponentialgesetz abhängig sein muß, auch dann noch, wenn die Wirkung des Eingriffs erst nach längerer Zeit sich bemerkbar macht, wie wir an dem Beispiel in Abb. 212 gesehen haben. Auch dann muß die Gültigkeit des Exponentialgesetzes angenommen werden, wenn wir überhaupt keine Reaktion feststellen können, denn man wird eher an die Mangelhaftigkeit unserer Methoden glauben müssen als daran, daß auf irgendein Ereignis, sei es auch noch so geringfügig, der Organismus überhaupt nicht reagiert.

Die Summe des Erlebten, die Vorgeschichte oder die Vorbehandlung macht sich im Organismus in dem Augenblick geltend, wo wir ihn auf irgendein Symptom hin untersuchen. Die Variationsbreite und die individuellen Unterschiede sucht man durch eine große Individuenzahl auf ein Mittelmaß zu bringen, doch ist das im Grunde genommen nur ein Notbehelf, bei dem das Problem der Individualität, vielleicht eins der größten

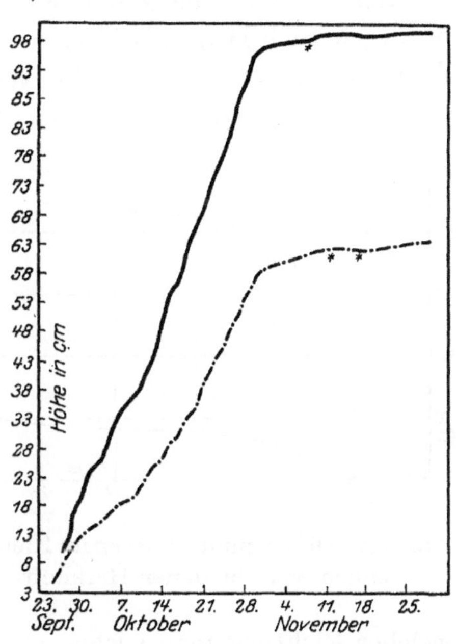

Abb. 350. Die Abhängigkeit des Wachstums der Erbse von dem Gewicht des Saatgutes, —— schwer, - · - · - · leicht.

biologischen Probleme, in seiner ganzen Schwere uns entgegen tritt. Die Reaktionsfähigkeit müßte streng genommen an jedem Individuum unter genauester Beachtung und Analyse seiner Vorgeschichte untersucht werden.

In der Vererbungslehre spielen z. B. diese individuellen Unterschiede eine ganz bedeutende Rolle, aber auch in praktischen Fällen machen sie sich oft geltend. Abb. 350 zeigt z. B. nach Kidd und West die Entwicklung von „Extra Early Alaska Peas" von schwerem (oben) und leichtem (unten) Saatgut. Als Ordinate wurde die Höhe der Pflanzen in Zentimetern zu verschiedenen Zeiten eingetragen. Die Sterne zeigen an, wann die Erbsen tischreif wurden. Nicht nur, daß die Höhe der Pflanzen unterschiedlich ist, sondern auch, daß die Reifezeit etwas hinausgezögert wurde, ist für die Wirtschaft von nicht zu unterschätzender Bedeutung. Die unterschiedliche Reaktionsfähigkeit ist dem Saatgut durch das Gewicht schon äußerlich anzumerken, häufig ist das jedoch nicht der Fall. Da sehen wir die Unterschiede nur im Resultat.

Abb. 351 gibt die Keimungskurven für Kiefernsamen von Nordnorwegen nach Hagen wieder, welche leicht in das Kurvensystem des Exponentialgesetzes eingereiht werden können. Linie I stammt von Samen von Skjomen in Ofoten, 68° 15 n. Br., Linie II ist das Mittel von sechs Samenproben von Bado und vom Maalselv, 69° n. Br. Vorgeschichte und Wachstumsort des Samens macht sich in einer stark unterschiedlichen Lage der Kurven kenntlich. Es wird in vielen Fällen nicht leicht sein, aus den verschiedenen Resultaten auf die vorhergegangenen Geschehnisse zu schließen. Es bleibt jedoch wichtig genug zu wissen, in welcher Richtung man suchen muß, um den Tatsachenkomplex, dem man im biologischen Geschehen, besonders auch bei angewandt-biologischer Betrachtung auf Schritt und Tritt begegnet, in seinen Zusammenhängen zu verstehen. Daß diese Fragen dann auch in ausgedehntem Maße in der Vererbungslehre neben den Erbfaktoren ihre Berücksichtigung finden müssen, scheint nach allem, was wir über die Beeinflußbarkeit des biologischen Geschehens im Lebensablauf der Individuen gesagt haben, selbstverständlich.

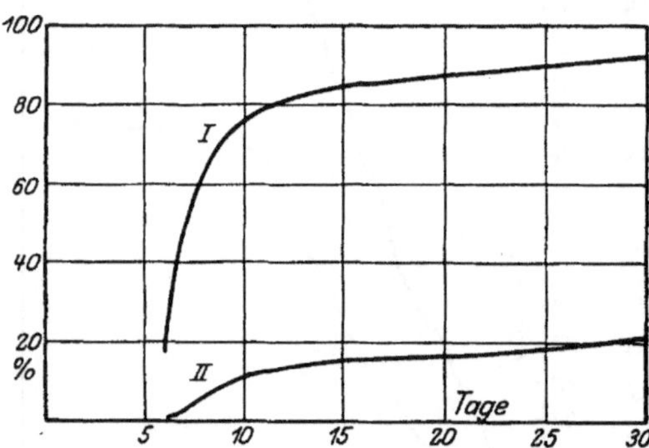

Abb. 351. Die Keimungskurven für Kiefernsamen verschiedener Herkunft.

3. Die Lebensbedingungen.

Zweck und Ziel jeder angewandten Wissenschaft ist, den lebendigen Ablauf in ihren Objekten so zu gestalten, wie es im Interesse des Menschen liegt. Das Exponentialgesetz lehrt uns, den gesetzmäßigen Reaktionsverlauf in seinem Zusammenhang mit Umwelt und Innenwelt der Organismen zu erkennen und soll uns dazu helfen, hineinzugreifen in den Ablauf des Lebendigen und ihn gewollt abzuändern, denn wir wissen, daß jeder Eingriff in das biologische Geschehen im Organismus nach dem Exponentialgesetz nachwirkt. Erreichen müssen wir die Änderung dadurch, daß entweder ungünstige Lebensbedingungen in günstige oder umgekehrt günstige in ungünstige umgestaltet werden, je nachdem wir eine Heilung oder Schädigung erstreben. Wie das im einzelnen erreicht werden kann, werden wir noch sehen.

Zunächst ist notwendig zu wissen, wie ein Organismus mit seinen ererbten Faktoren in die Umwelt hineingestellt ist und wie er auf sie reagiert. Es ist das eine Grundfrage der Biologie überhaupt, und wir sind ihr ja in diesem Buch in der Hauptsache nachgegangen und haben erkannt, daß jede Reaktion des Organismus gesetzmäßig ablaufen muß und daß das Naturgesetz, welches diesen Ablauf bestimmt, in dem Exponentialgesetz seinen mathematischen Ausdruck findet, gleichgültig, ob es sich um Stoffwechselvorgänge oder Reizbarkeit handelt, ob wir das chemische Geschehen oder die Ausprägung morphologischer Charaktere in ihren quantitativen Abhängigkeiten betrachten, ob wir spezielle Vorgänge wie die fermentativen Prozesse oder die Giftwirkungen herauslösen oder ob wir die Einwirkung äußerer Faktoren, Temperatur, Licht, Feuchtigkeit, Nahrung oder chemische Einflüsse untersuchen.

In diesem Abschnitt wollen wir die Lebensbedingungen vom Standpunkt der angewandten Biologie aus ansehen, um den Weg zu finden, der uns die möglichen Angriffspunkte vermittelt. In der angewandten Biologie ist das Studium der Lebensweise der Organismen die Basis, auf der alles andere aufruht, weil eine Maßnahme nur dann Aussicht auf Erfolg hat, wenn sie an den „schwachen Punkten" ansetzt. Dabei dürfen die großen Zusammenhänge im Naturgeschehen nicht außer Acht gelassen werden, weil durch die Umweltbedingungen häufig die Angriffspunkte verlagert werden. Wenn wir immer im Auge behalten, daß der Organismus an dem großen kosmischen Geschehen teil hat, von ihm abhängig und durch dasselbe in der Art, wie sein Ablauf vor sich geht, bedingt ist, so werden sich auch Mittel und Wege finden lassen, umzugestalten und einzugreifen, wenn wir das Naturgesetz kennen, nach dem jedes Geschehen naturnotwendig sich abspielen muß.

Wenn es irgend möglich ist, wird ein Organismus die Örtlichkeiten aufsuchen, an denen er sein Optimum findet. Herter beobachtete, wie sich das Temperaturoptimum bei der roten Waldameise bei wechselnder Umgebungstemperatur verschiebt. Abb. 352 gibt an, bei welcher Temperatur sich die Ameisen bei diffusem Tageslicht ansammeln und zeigt eine Kurve, welche den S-förmigen Charakter unserer exponentialen Funktionen trägt. Von weitreichender Bedeutung für die angewandte Biologie ist die schon mehrfach erwähnte Tatsache, daß die verschiedenen Organismen auf die Umweltbedingungen unterschiedlich reagieren, z. B. andere Optima haben. Nutzformen und Schadformen haben dann auch eine andere Vermehrungsziffer, so daß sich das Verhältnis von Nutzform zu Schadform verschieben kann. Ich erinnere z. B. an die Beziehungen zwischen Schlupfwespen oder Tachinenfliegen und Schadinsekten.

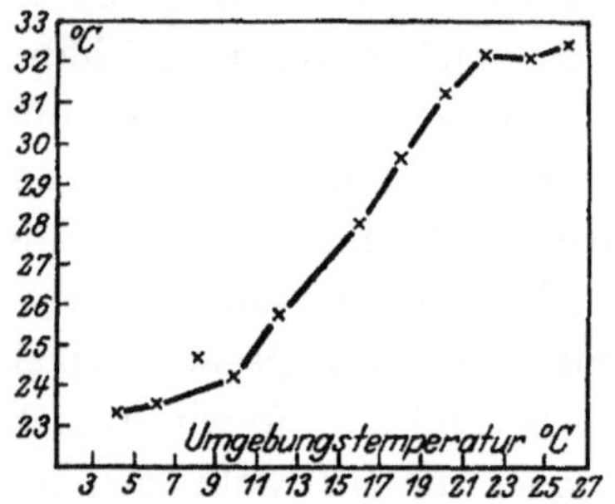

Abb. 352. Die Verschiebung des Temperaturoptimums bei *Formica rufa* durch Änderung der Umgebungstemperatur.

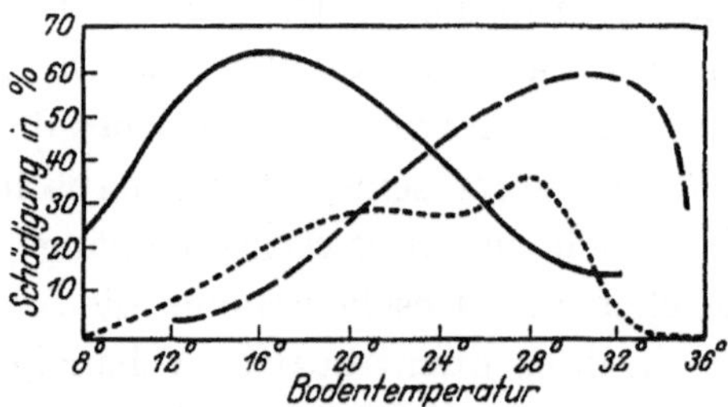

Abb. 353. Der Einfluß der Bodentemperatur auf die Schädigung von Weizensaat durch verschiedene Fußkrankheiten. —— *Ophiobolus graminis*, - - - *Helminthosporium sativum*, . . . *Gibberella saubinetii*.

Eine Kulturpflanze ist dann oft auch bei der einen Bedingung mehr dem einen Schädling, bei einer andern mehr dem andern ausgesetzt. Abb. 353 zeigt z. B. den Einfluß der Bodentemperatur auf die Infektion und Schädigung von Winterweizen durch Fußkrankheiten nach Mc Kinney in Amerika. Er infizierte Böden mit Reinkulturen von *Ophiobolus graminis*, dem Weizenhalmtöter (ausgezogene Kurve), *Helminthosporium sativum* (gestrichelt) und *Gibberella saubinetii* (punktiert), einer Fusariose. Es handelt sich hier um Kurven, dessen Grundtyp unsere Abb. 88 rechts ist, und man sieht, daß das Maximum der Schädigung in Prozent bei den drei Schädlingen bei verschiedenen Bodentemperaturen liegt. Noch unveröffentlichte Versuche des Autors mit *Ophiobolus graminis* zeigen auch, daß er besonders schädlich auftritt, wenn der Boden zu trocken oder zu naß für die beste Entwicklung des Weizens ist, bei nassen Böden noch mehr als bei trockenen.

Da die Feuchtigkeitsverhältnisse der Böden überhaupt für das Wachstum der Pflanzen von allergrößter Bedeutung sind, ist es interessant, daß die Austrocknung bzw. die Wasserbindung ebenfalls Kurven gibt, welche nach dem Exponentialgesetz verlaufen. Abb. 354 gibt nach Veihmeyer, Israelsen und Conrad die Feuchtigkeitsmenge in Prozenten vom Trockengewicht wieder, welche von Bodenproben von „Yolo clay loam" von verschiedenem Gewicht beim Zentrifugieren zurückgehalten wird.

In Abb. 355 haben wir wieder eine Sattelkurve vor uns, die hier das Steigen und Fallen der Bakterienzahl (in Millionen) in künstlich mit

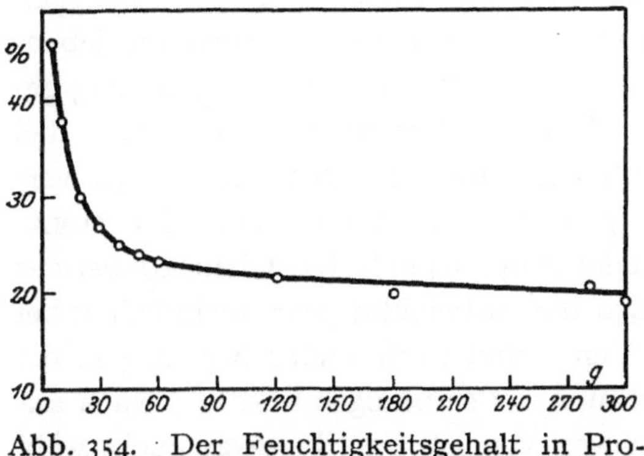

Abb. 354. Der Feuchtigkeitsgehalt in Prozenten von zentrifugierten Bodenproben verschiedenen Gewichts.

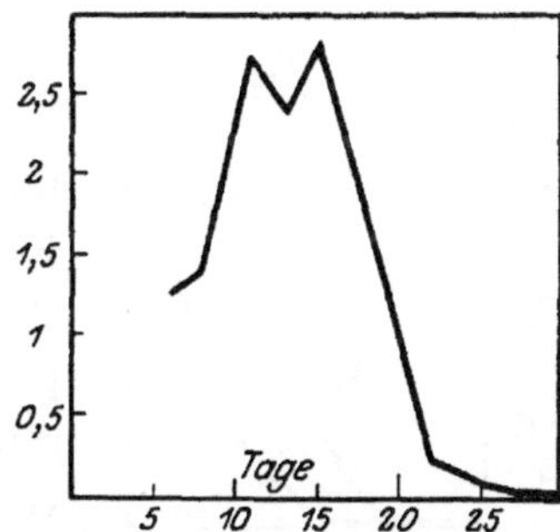

Abb. 355. Die Anzahl der Bakterien (in Millionen) in künstlich mit *Pseudomonas proteamaculatus* infizierten Blättern an den Tagen nach der Infektion.

Pseudomonas proteamaculatus infizierten Blättern wiedergibt (Paine u. Berridge).

Über die Beziehungen des Wachstums und des Pflanzenertrages zu Nahrung und Düngung haben wir schon gesprochen und gesehen, daß die Ertragssteigerung dem Exponentialgesetz unterworfen ist. Die Kenntnis dieser Beziehung ermöglicht es, genau zu sagen, wieviel Prozent Mehrertrag von dem ersten, zweiten, dritten usw. Zentner Dünger zu erwarten ist, und wie hoch die Gabe genommen werden darf, damit keine Schädigungen eintreten.

Auch für tierische Schädlinge ist das Wachstum von der Menge und der Art der Nahrung abhängig. In Kap. B I 1 b haben wir den Einfluß des Hungerns schon kennen gelernt und auch gesehen, daß beim Schwammspinner eine veränderte Nahrung den Entwicklungsgang und die inneren Zustände weitgehend beeinflußt. Abb. 356 gibt die Unterschiede des Wachstums bei verschiedener Nahrung der Raupen von der

Tomatenmotte *Hadena oleracea* nach Lloyd wieder, die an Tomaten und an *Chenopodium* fressen. Es handelt sich um den Anfangsteil der normalen Wachstumskurve, wie wir sie früher kennen gelernt haben, deren Verlagerung durch die Nahrung hervorgerufen ist. Für die angewandte Entomologie ist die Kenntnis dieser Art Abhängigkeit von der zur Verfügung stehenden Nahrung, die wir zahlenmäßig durch unsere Konstanten festlegen können, von großer Bedeutung, wenn es sich darum handelt, das zeitliche Auftreten von Schädlingen festzulegen. Denn entsprechend der Länge der Larvenzeit verschiebt sich auch das Erscheinen der Imagines und die Eiablage. Hinzu kommt

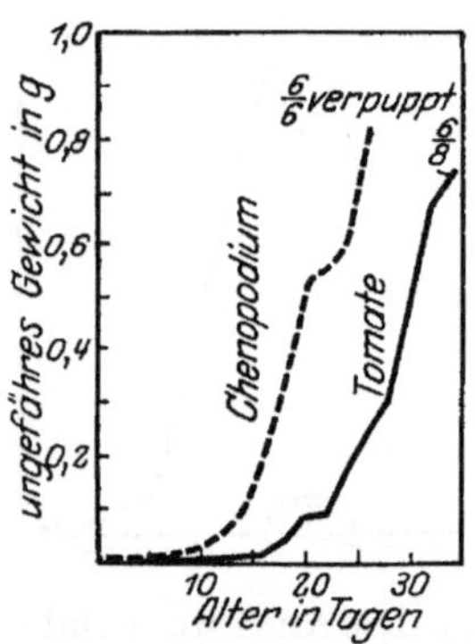

Abb. 356. Der zeitliche Verlauf des Wachstums von Raupen der Tomatenmotte bei verschiedener Nahrung.

noch, daß sich auf Tomate nur $^6/_8$ verpuppen im Gegensatz zu den auf *Chenopodium* lebenden Raupen, von denen $^6/_6$ zur Verpuppung gelangen. Um die Beziehungen zwischen den Kulturpflanzen und den Schädlingen zu verstehen, genügt es durchaus nicht, eine Monophagie oder Polyphagie festzustellen, sondern es muß auch die Entwicklungsgeschwindigkeit bei verschiedener und wechselnder Nahrung in die Beobachtung mit einbezogen werden. Nach andern Kurven von Lloyd, die zwar auch, wohl wegen der Ungenauigkeit der Gewichtsbestimmung, noch sehr unregelmäßig verlaufen, aber denselben Charakter aufweisen, wie unsere Abb. 356, entwickeln sich die Raupen auf Tomate nur bis zu einer bestimmten Stufe und sehr verlangsamt, sterben dann aber ab. Auf *Polygonum* geht die Entwicklung normal vor sich. Wird nun erst Tomate und dann wieder *Polygonum* gegeben, so entsteht eine Kurve, welche in der Mitte zwischen beiden liegt. In Abb. 356 durchlaufen die Raupen ihre Entwicklung schneller auf *Chenopodium* als auf Tomate, so daß damit gerechnet werden muß, daß ein Schädling, der (zufällig?) auf Unkräutern lebt, unter Umständen eine schnellere Generationenfolge hat, als der, welcher an Kulturpflanzen frißt. Hier eröffnet sich der angewandten Entomologie noch ein weites Gebiet, das erst wenig bearbeitet und für die Beziehung der Schadformen zu den Nutzformen von großer Wichtigkeit ist.

Mindestens ebenso wichtig ist der Einfluß, den die tierischen Schädlinge durch ihren Fraß auf die Ertragsminderung der Kulturpflanzen ausüben. Diese ist von der Stärke der Schädigung wiederum nach dem Exponentialgesetz abhängig, so daß der Verlust zahlenmäßig festgelegt werden kann. Daraus kann dann errechnet werden, ob die Kosten einer Bekämpfung in einem gesunden Verhältnis zum Ertragsverlust stehen, denn letzten Endes ist Pflanzenschutz ja eine Sache der Rentabilität. Wie man sich die Abhängigkeit des Pflanzenwachstums von den fressenden Schädlingen vorzustellen hat, zeigen die von Kidd und West angeführten Beispiele über das Wachstum von *Helianthus annuus*.

Das Abschneiden von Pflanzenteilen entspricht ja im Effekt durchaus den Folgen des Tierfraßes und

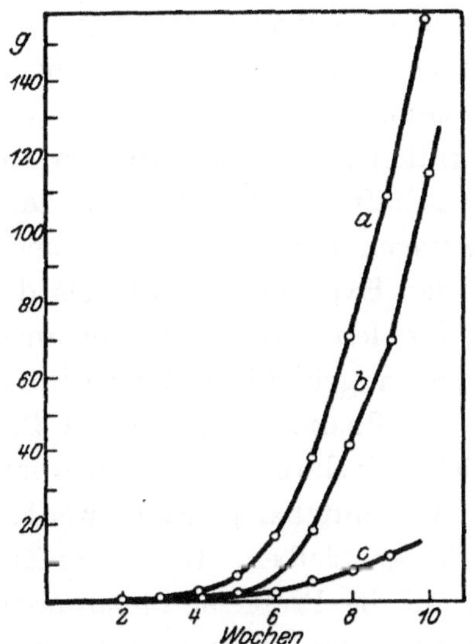

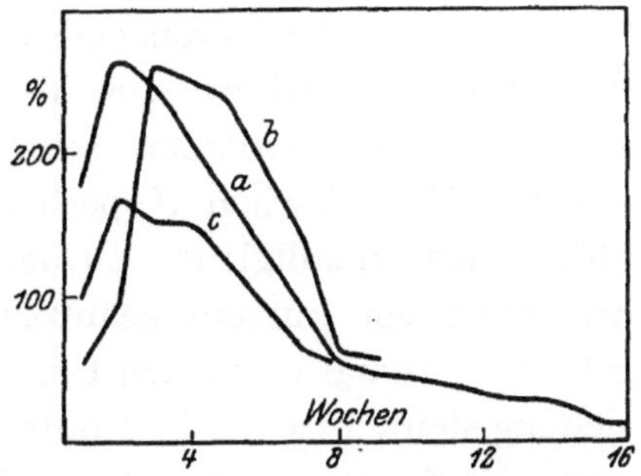

Abb. 358. Die prozentuale Gewichtszunahme bei der Sonnenblume, Bezeichnung wie in Abb. 357.

Abb. 357. Die Zunahme des Trockengewichts der Sonnenblume, *a* normale Pflanzen, *b* ein Kotyledon und ein Blatt entfernt, *c* beide Kotyledonen entfernt.

ist in unserem Sinne dann natürlich auch als bedeutender Eingriff in den Lebensablauf der Pflanze zu werten. Abb. 357 stellt die Zunahme an Gesamttrockengewicht als Zeitfunktion dar, wenn in *a* die Pflanze normal wächst, in *b* ein Kotyledon und ein Laubblatt und in *c* beide Kotyledonen entfernt wurden. Abb. 358 zeigt die Veränderung des prozentualen Wachstums (als Trockengewicht) von Woche zu Woche. Daß es sich hier um exponentiale Funktionen handelt, steht nach allem, was wir wissen, außer Zweifel.

Von der Art, wie die Organismen von den Umweltbedingungen im einzelnen beeinflußt werden, haben wir in den früheren Kapiteln schon eingehend gesprochen. Es braucht nicht besonders betont zu werden, daß diese Dinge, Temperatur, Feuchtigkeit, atmosphärische Strahlung usw., überhaupt alles, was wir als Klima und Witterung bezeichnen, ebenso wie die Ernährungsverhältnisse von allergrößter Bedeutung für die angewandte Biologie sind. Das geht schon daraus hervor, daß sich die medizinische (siehe z. B. Handb. d. norm. und pathol. Physiol. Bd. 17) und wirtschaftliche Biologie immer wieder mit diesen Fragen beschäftigt.

Aus dem großen Tatsachenkomplex heraus werden wir ohne weiteres schließen können, daß das Exponentialgesetz hier gesetzmäßige Abhängigkeiten aufdeckt, dessen Wert für die Praxis noch gar nicht zu übersehen ist. Über den Einfluß klimatischer Zustände auf das Wachstum der Gerste hat sich in jüngster Zeit Gregory geäußert. Eingehend behandelt ferner Bodenheimer im Zusammenhang mit seinen Darlegungen über die Voraussage der Generationenzahl von Insekten die Bedeutung des Klimas für die landwirtschaftliche Entomologie und anerkennt auch, trotzdem seine Ausführungen noch fast vollkommen auf der Blunckschen Hyperbel ruhen, das Exponentialgesetz als die höhere Gesetzmäßigkeit. Zu demselben Problem hat sich weiter auch Shelford vor kurzem geäußert und dessen gründliche Bearbeitung gefordert, zumal es zu den Grundfragen der Phänologie in engster Beziehung steht. Wie die Erkenntnisse, welche wir durch das Exponentialgesetz gewinnen, im einzelnen für die Praxis nutzbar gemacht werden können, muß zukünftigen Arbeiten überlassen bleiben. In diesem Zusammenhang muß es vorläufig genügen, auf die Probleme hinzuweisen und die Möglichkeit ins Auge zu fassen, sie einer Lösung zuzuführen.

In Abb. 359 ist nach Stellwaag unter *a* das zeitliche Auftreten des Traubenwicklers im Jahre 1917 dargestellt, und zwar ausgezogen für die bekreuzte, gestrichelt für die einbindige Art. Der Falterflug der verschiedenen Generationen ist zeitlich gut getrennt, im Jahre 1920 dagegen (*b*) hat eine starke Aufsplitterung des Fluges stattgefunden. Da nach der Vorschrift gegen den Heu- und Sauerwurm kurz nach der Flugzeit der Falter gespritzt werden soll, erschwert eine solche Aufsplitterung des Fluges die Bekämpfung außerordentlich, daher ist es eine der brennendsten Fragen der angewandten Entomologie, die gesetzmäßigen Beziehungen zwischen dem zeitlichen Auftreten der Schädlinge und ihrer Zerstörungsarbeit und den Außenfaktoren herauszufinden, um Vorbeugung und Bekämpfung entsprechend einstellen zu können. Auch die Ausbreitung und Verteilung der Schädlinge läßt sich durch das Exponentialgesetz kurvenmäßig erfassen, wie Abb. 360

nach Dry zeigt. Er beobachtete den prozentualen Befall von spät
gesäten schwedischen Steckrüben (*Brassica rutabaga*), welche nicht von
der ersten Brut der Gallmücke *Contarinia (Diplosis) nasturtii* Kieff. befallen waren. Das Feld lag in der Nähe von einem früher gesäten Feld,
das von der ersten Brut besetzt war. Abb. 360 gibt an, wieviel Prozent
Pflanzen in den verschiedenen Reihen, numeriert von der Seite nahe
dem infizierten Feld, von der zweiten Brut befallen werden, und man
sieht, daß es sich um eine exponentiale Funktion handelt, welche die
Verteilung der zweiten Brut auf dem Nachbarfeld darstellt. Um Kulturpflanzen vor Schädlingsbefall zu schützen, wird vom Pflanzenschutz
in manchen Fällen empfohlen, die Aussaat
solange hinauszuzögern, bis die Gefahr vorüber ist, denn die Entwicklung, also auch

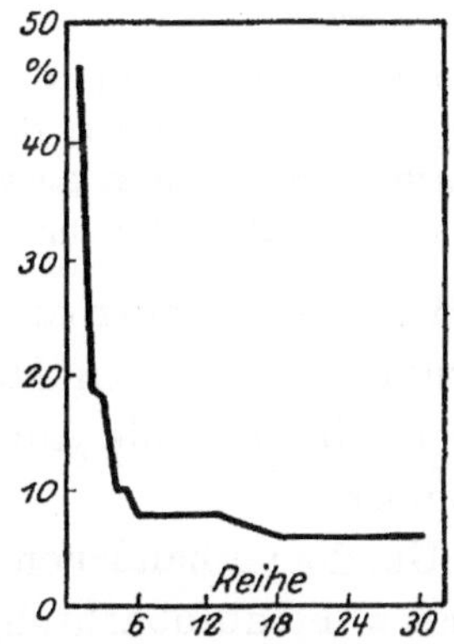

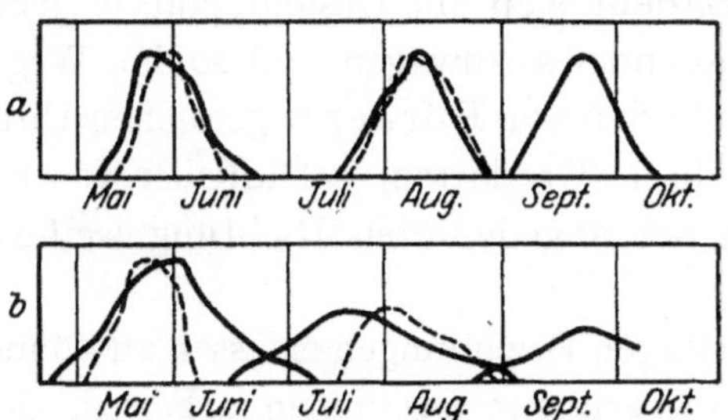

Abb. 359. Das zeitliche Auftreten der Falter
des Heu- und Sauerwurms, --- einbindiger,
—— bekreuzter Wickler, *a*: 1917, *b*: 1920.

Abb. 360. Die örtliche Ausbreitung der Steckrüben-
gallmücke von einem Infek-
tionsherd aus.

Fraßperiode, Flugzeit und Eiablage des Schädlings sind von den klimatischen und Witterungseinflüssen direkt abhängig.

Hier handelt es sich darum, die Reaktionsgeschwindigkeit von
Schadform und Nutzform in ihrer gesetzmäßigen Beziehung zu den
Umwelt- und Lebensbedingungen kennen zu lernen, um entsprechende
Maßnahmen durchführen zu können, welche den möglichsten Schutz
der Kulturpflanzen gewährleisten. Daß das Exponentialgesetz die
Grundlage darstellt, auf der eine planmäßige Durchforschung derartiger
Probleme des Pflanzenschutzes einsetzen kann, soll an einem Beispiel
gezeigt werden. Cunliffe, Fryer und Gibson reproduzieren eine
Anzahl Abbildungen, welche den prozentualen Befall der Hauptstengel
von Hafer mit Fritfliegen darstellen, wenn die Pflanzen zu verschiedenen Zeiten gesät waren. Abb. 361 gibt mehrere Versuchsserien

wieder. Die Zeit, in welcher ein maximaler Befall vorhanden ist, wird bestimmt durch die Zeit, in welcher die Fliegen am häufigsten sind. Man sieht, daß auch hier exponentiale Beziehungen vorliegen, die durch das Exponentialgesetz einer Analyse zugänglich sind. Die Aussaat muß sich nach der Flugzeit richten, gleichzeitig ist aber zu berücksichtigen, daß die Kulturpflanze aus Gründen der Reifung auch nicht zu spät gesät wird. Da, wie gesagt, auch die Flugzeit des Schädlings von klimatischen und Witterungsfaktoren abhängig ist, so muß es gelingen, auf Grund der gesetzmäßigen Beziehungen alle Gesichtspunkte gegeneinander abzuwägen und so den Weg zu

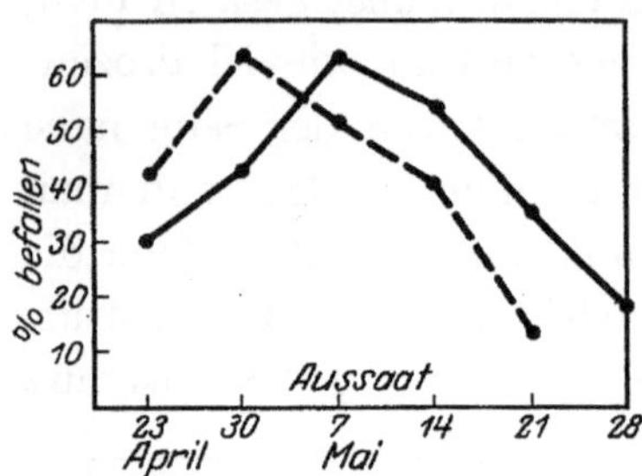

Abb. 361. Der prozentuale Fritfliegenbefall an Hafer, der zu verschiedenen Zeiten ausgesät wurde. Zwei Versuche.

finden, der am gangbarsten ist. In den von Börner begonnenen Untersuchungen über den Massenwechsel (Gradation) schädlicher Insekten sehen wir wertvolle Anfänge, in der angedeuteten Richtung weiterzukommen.

Um die vorhandenen gesetzmäßigen Beziehungen erfassen zu können, müssen Feldbeobachtung und Experiment zusammen arbeiten, denn die Struktur der Gesetzmäßigkeiten wird hauptsächlich durch Einzelversuche im Laboratorium erkannt werden müssen, weil sie in vieler Hinsicht kontrollierbar und abänderungsfähig sind, was beim Feldversuch oft nicht der Fall ist. Die Meinung, daß die Pflanzenschutzforschung alles aufs Feld setzen müßte und das Laboratoriumsexperiment nur Richtlinien untergeordneter Art geben könnte, scheint mir eine völlige Verkennung der Sachlage, denn die gesetzmäßigen Beziehungen lassen sich nur durch die Trennung der wirkenden Faktoren in ihrer reinen Form erkennen. Man wird erst dann das Ergebnis eines Feldversuches voll und ganz verstehen können, wenn man die Bedeutung und den Einfluß der Einzelfaktoren kennt und weiß, auf welche Einflüsse des Klimas, der Witterung, der Bodenverhältnisse usw. man besonders zu achten hat.

Aber nicht nur, daß die Organismen in ihrer Reaktionsgeschwindigkeit völlig in Abhängigkeit von der Umwelt stehen, sondern auch die Ereignisse früherer Zeiten wirken sehr nachhaltig im lebendigen Ablauf der Individuen fort. Wir sagten oben (S. 320), daß der Begriff der Norm nicht ausreicht, um den Fragenkomplex zu durchdringen, der sich speziell dem anwendenden Biologen darbietet. Wenn wir ausführten, daß wir unter dem typischen Geschehen diejenigen Abläufe verstehen wollen, die bei optimalen Bedingungen vor sich gehen, so müssen wir in diesem Zusammenhang feststellen, daß das in der Natur meist nicht der Fall ist. Immer werden irgendwelche schädigende Außenbedingungen vorhanden sein, die wir entweder, wenn es überhaupt möglich ist, beseitigen bzw. einschränken oder aber gerade hervorrufen und fördern wollen, je nachdem es sich um Nutzformen bzw. den Menschen selbst oder um Schadformen handelt, auf welche die Schädigungen wirken.

Wir sprechen von einem regulatorischen Prinzip in der Natur, auf das wir das organische Gleichgewicht zurückführen und das auf dem Zusammenwirken einer ganzen Reihe von regulatorischen Faktoren beruht. Über die Entstehung von Insektenkalamitäten sagt z. B. Escherich:

„Fallen nun einige von diesen Faktoren (oder auch nur einer) weg, oder werden sie an ihrer vollen Wirkung gehemmt, so wird eine Störung des Gleichgewichtes die Folge sein, indem die durch jene niedergehaltenen Organismen ihre Vermehrungsenergie nunmehr stärker entfalten, und eine größere Zahl von Nachkommen zu fortpflanzungsfähigen Imagines sich entwickeln können. Welchen Umfang die Gleichgewichtsstörung annimmt, hängt einmal von der Art und Dauer der in Wegfall gekommenen regulatorischen Faktoren und sodann von der Vermehrungsgröße und der Ausdehnungsmöglichkeit (vorhandene Nahrungsmenge, Brutgelegenheit) der von ihnen in Schach gehaltenen Schädlinge ab."

Aus den wenigen Andeutungen mag hervorgehen, wie weitreichend und von welcher Bedeutung die Fragen sind, die mit der Beeinflussung der Organismen durch die Lebensbedingungen zusammenhängen und an denen sowohl die allgemeine, wie auch die angewandte Biologie gleich interessiert ist. Ein Arbeiten Hand in Hand wäre dankbar zu begrüßen, weil beide Teile davon Vorteil haben können und schließlich auch die Fragen, welche etwas abseits von der speziellen angewandten Biologie liegen, aber doch für das Fortschreiten ihrer Arbeit von unendlichem Wert sind, ihre Auswirkung in einer praktischen Förderung der deutschen Wirtschaft und Volkswohlfahrt finden werden. Dabei gibt das Exponentialgesetz die Basis ab, auf der, wie ich hoffe, die zukünftige Forschung beider Richtungen stehen kann.

4. Heilung und Schädigung.

Die angewandte Biologie orientiert sich, wie schon mehrfach betont, nach zwei Seiten hin. In ihr wird der Mensch zum Maß der Dinge. Im

Vordergrund steht naturgemäß der Mensch selbst, sein Gesundheitszustand, seine Arbeitsfähigkeit, sein Wohlbefinden und Behagen. So ist es natürlich, daß die Medizin den größten und selbständigsten Zweig der angewandten Biologie bildet, gleichzeitig aber richtet sich das Augenmerk auf die täglichen Bedürfnisse seines Lebens, auf Nahrung, Kleidung, Wohnung, welche Land-, Forst- und Wasserwirtschaft und der Handel zu befriedigen haben. Hierher gehören der Anbau von Kulturpflanzen, die Wald- und Wiesenpflege, die Haustier-, Fisch- und Bienenzucht, der Schutz der Vorräte, der Kleider, des Hausrates und der Wohnung gegen Tierfraß und Fäulnis und manches Andere mehr. Diejenigen Organismen, deren Gedeihen im Interesse der Menschen liegt, einschließlich des Menschen selbst, müssen behütet und gefördert, diejenigen aber, welche Krankheiten erregen oder übertragen oder sonst irgendwie als Schadformen zu werten sind, müssen bekämpft oder ihre Wirkung muß ausgeschaltet werden.

Es ist selbstverständlich, daß sich die verschiedenen Teilgebiete der angewandten Biologie überschneiden. Krankheitserregende Bakterien fallen sowohl den Menschen und die Haustiere wie die Kulturpflanzen an. Die Entomologie umfaßt die medizinische, landwirtschaftliche und forstliche Entomologie. Tierische Parasiten, z. B. Nematoden, fallen in das Gebiet der Medizin wie des Pflanzenschutzes, nichtparasitäre Krankheiten, wie sie z. B. durch klimatische und Witterungsfaktoren oder falsche Ernährung hervorgerufen werden, kennen wir ferner bei Menschen, Tieren und Pflanzen. Die Düngungsfrage spielt dann auch weitgehend in die Chemie hinein. In den verschiedenen Disziplinen haben wir Schadformen und Nutzformen nebeneinander. Bienen, Seidenspinner sind nützlich, viele Käfer und Schmetterlinge, Wanzen, Fliegen usw. schädlich. Über die verschiedenen Teilgebiete der angewandten Zoologie hat in jüngster Zeit Voelkel zusammenfassend berichtet.

Es scheint ausgeschlossen, daß man etwa versuchen wollte, sämtliche Schadformen zu vernichten, es kann lediglich das Streben sein, ein Gleichgewicht herzustellen, das den größtmöglichen Nutzen und den geringsten Schaden gewährleistet. Soll dieses Ziel erreicht werden, so ist die erste Notwendigkeit die Kenntnis der Gesetzmäßigkeiten, welche das Lebensgeschehen beherrschen. Immer wieder ist ja auch versucht worden, im kleinen wie im großen, diese Gesetzmäßigkeiten herauszufinden. Ich hoffe, in diesem Buche gezeigt zu haben, daß das Exponentialgesetz ein Schritt auf dem Wege ist, das Naturgeschehen zu begreifen und die Teilerscheinungen im Zusammenhang mit anderen und dem kosmischen Geschehen überhaupt zu verstehen. Die angewandte Biologie muß dann versuchen, durch irgendwelche Maßnahmen in den Krankheitsverlauf bei den Nutzformen und beim Menschen zum Zweck der Heilung einzugreifen oder Krankheit (im weitesten Sinne) und Schädigung der Schadformen hervorzurufen und zu verstärken.

An einigen Beispielen sei gezeigt, wie das Exponentialgesetz bei den Eingriffen in den lebendigen Ablauf eine Rolle spielt. Nach Abb. 362 nimmt die Senkungsgeschwindigkeit der Blutkörperchen im Laufe der Zeit nach Unterbindung des Pankreasganges erst erheblich zu und sinkt dann wieder zur Norm ab. Nach Seki tritt eine Verschiedenheit der Senkungsgeschwindigkeit z. B. bei entzündlichen Prozessen, bei Lungentuberkulose, ein. Bei Lues geht die Beschleunigung mit dem Grade der allgemeinen Durchseuchung parallel, ebenso bei verschiedenen Infektionskrankheiten, bei Geisteskrankheiten, bei bösartigen Tumoren und anderen mehr. Man ist der Meinung, daß mit erhöhtem Fibringehalt des Blutes die Senkungsgeschwindigkeit

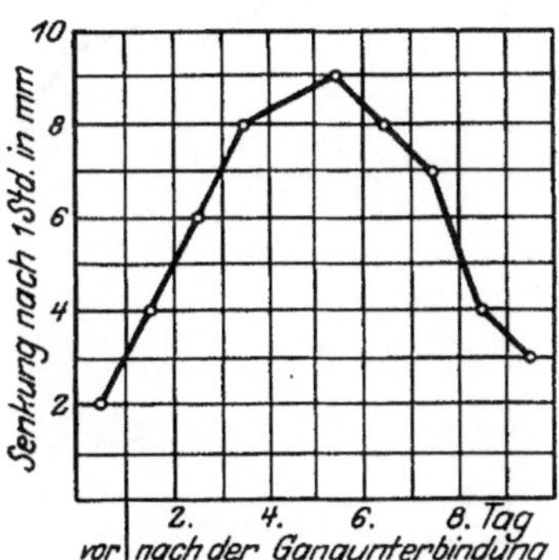

Abb. 362. Die Änderung der Senkungsgeschwindigkeit der Blutkörperchen nach Unterbindung des Pankreasganges beim Hund.

zunimmt. Folglich müssen Organe, welche direkt oder indirekt, wie z. B. die Leber, an der Fibrinogenbildung beteiligt sind, auch von Einfluß auf die Senkungsgeschwindigkeit sein, und Abb. 362 zeigt, daß nach der Unterbindung des Pankreasganges die Senkungsgeschwindigkeit nach einer exponentialen Funktion sich ändert.

Oppler sagt in seiner Arbeit über die Mikrobestimmung des Traubenzuckers, daß nach Bang und Hatlehoel zur Berechnung des Blutzuckers die verbrauchte $^1/_{100}$ n Jodsäure mit dem Faktor $f = \dfrac{1}{2,8}$ zu multiplizieren ist. Oppler berechnete nun bei Bestimmung wechselnder Glukosemengen die für die Gewichtseinheit Glukose erforderliche Jodatmenge in Kubikzentimetern (= Faktor f) und fand, daß dieser nur bei Verwendung von etwa 0,5 mg Glukose mit dem von Bang gefundenen Werte genügend übereinstimmt. Trägt man als Abszisse die Kubikzentimeter $^1/_{100}$ n Jodat und als Ordinate den gefundenen Wert $f = \mathrm{I}$: auf, so erhält man die Kurve in Abb. 363, welche auf der Grundlage des Exponentialgesetzes mit den Typen in Abb. 53 links, 107 links oder mit den Reziproken von Abb. 84 rechts, 119 in Parallele zu setzen ist.

Okuneff beobachtete bei seinen Studien über parenterale Resorption die Konzentrationsabnahme von in die Bauchhöhle eingeführten Farbstofflösungen. In Abb. 364 folgt die Abnahme des Prozentgehaltes an Farbe in der intraperitonealen Flüssigkeit mit der Zeit einer Kurve, welche wir durch die Funktion in Abb. 57 formulieren können. Wenn man nach Höber ein Serum mit Natriumurat bis

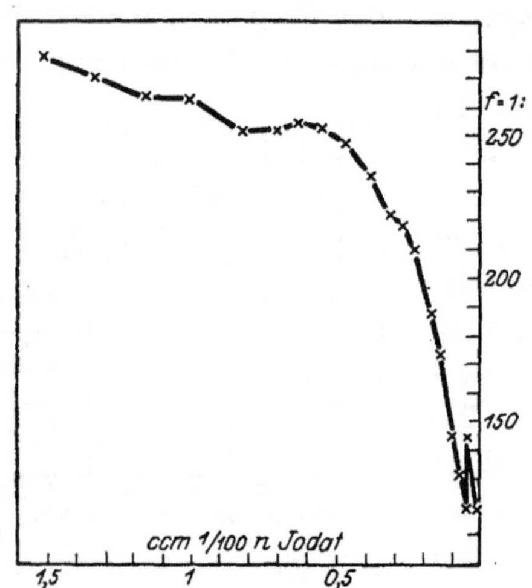

Abb. 363. Der Bangsche Faktor bei der Mikrobestimmung des Traubenzuckers im Blut in Abhängigkeit von der verbrauchten Menge Jodat.

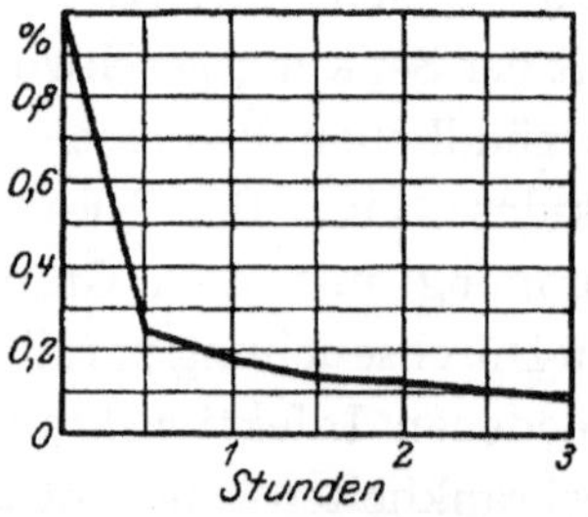

Abb. 364. Die Konzentrationsabnahme der in die Bauchhöhle eingeführten Farbstofflösung. Parenterale Resorption.

zur Sättigung schüttelt, so löst sich annähernd die theoretische Menge. Wird aber das Serum mit freier Harnsäure geschüttelt, dann tritt die Harnsäure in Konkurrenz mit den an Alkali gebundenen schwächeren Säuren (H_3PO_4, CO_2) und verdrängt diese mehr oder weniger aus ihrer Bindung. Es bildet sich so das Natriumurat erst im Serum, und der theoretische Sättigungspunkt wird überschritten, d. h. es bildet sich eine übersättigte Lösung. Solange kein festes Körnchen des gelösten Stoffes mit dieser in Berührung steht, kann sie sich ziemlich lange halten, geschieht das aber, so fällt der Überschuß aus, bis das gewöhnliche Lösungsgleichgewicht zwischen Lösung und Bodenkörper hergestellt ist. Abb. 365 zeigt die Änderung der Löslichkeit von Natriumurat in Gegenwart von Bodenkörper, aus der zu schließen ist, daß die Geschwindigkeit des Ausfallens von Natriumurat sehr klein ist und das Gleichgewicht auch bei Gegenwart von viel Bodenkörper erst nach Tagen erreicht wird. So erklärt sich der hohe Uratgehalt in den Körperflüssigkeiten. In Abb. 365 liegen Kurvenformen vor, welche wir z. B. in Abb. 63 links kennen gelernt haben. Die Parallele zur x-Achse, welche die Änderung der Löslichkeit ohne Bodenkörper darstellt, ist dann durch die Formel

$$y = \frac{1}{2}\left(m\,a^x + \frac{1}{m\,a^{-\frac{1}{x}}}\right)$$

für $a = 1$ gegeben. Sie geht durch den Punkt

$$y = \frac{1}{2}\left(m + \frac{1}{m}\right).$$

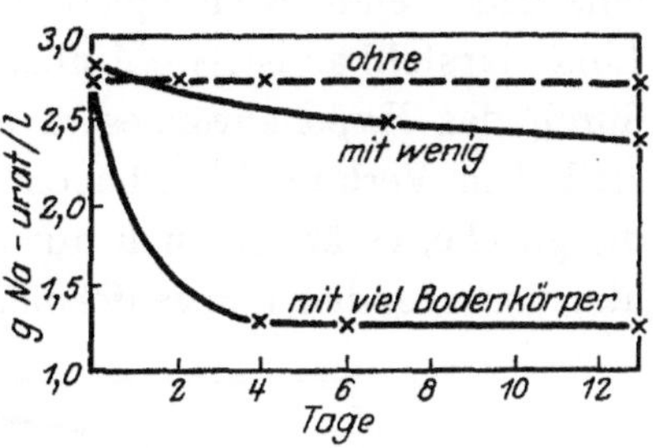

Abb. 365. Die Änderung der Löslichkeit von Na-urat in Gegenwert von Bodenkörper.

Die Phagozytose wurde von Fenn nach Schiff als monomolekulare Reaktion aufgefaßt, „deren Geschwindigkeit von der Wahrscheinlichkeit der Kollision zwischen Zellen und phagozytierten Teilchen abhängt". Für Quarzsuspensionen ermittelte Fenn für die Intensität K der Phagozytose die Formel

$$K = \frac{1}{t} \log \frac{A - x}{A},$$

die einen Typ darstellt, dem wir schon oft begegnet sind. Hierbei ist A die Zahl der ursprünglich vorhandenen Quarzteilchen, x sind die in der Zeit t von Leukozyten gefressenen Partikel. Für die Phagozytose von Bakterien fand jedoch Fenn die Gesetze der monomolekularen Reaktionen nicht bestätigt und vermutet, daß die Leukozyten durch Extraktstoffe der Bakterien vergiftet werden. Abb. 366 zeigt den zeitlichen Verlauf der Phagozytose bei verschiedenen Temperaturen (nach Madsen aus Schiff), und zwar die Aufnahme von Staphylokokken in Gegenwart von Kaninchenimmunserum. (Ordinate: phagozytischer Index, Abszisse: Zeit in Minuten.) Die Kurven haben bei niedriger Temperatur eine flache S-förmige Form und werden mit steigender Temperatur immer steiler, ebenso wie es Abb. 75 rechts für fallende a-Werte zeigt. Daß dieser Typus einer exponentialen Funktion hier vorliegt, geht aus der Lage der ermittelten Punkte klar und deutlich hervor. Aus dem Kurvenverlauf selbst, der an einigen Linien Andeutungen für eine Abflachung zeigt, ist jedoch zu entnehmen, daß nicht die ideale symmetrische Form der Abb. 75 gilt, sondern eher asymmetrische Formen, wie wir sie in den Abb. 65 bis 69 besprochen haben.

Jedenfalls geht aber aus unserer Abb. 366 soviel hervor, daß der Verlauf der Phagozytose, welche im Kampf gegen die Mikroorganismen eine bedeutende Rolle spielt, nicht durch eine einfache logarithmische Linie darstellbar ist, wohl aber durch eine der Kombinationen, wie sie durch das Exponentialgesetz gegeben sind. Die Formel, welche den zeitlichen Verlauf der Phagozytose erfaßt, ist bei allen Temperaturen die gleiche, es ändert sich nur die Größenordnung der Konstanten. Die hier vorliegenden Kurvenformen könnten auch in der Art als logarith-

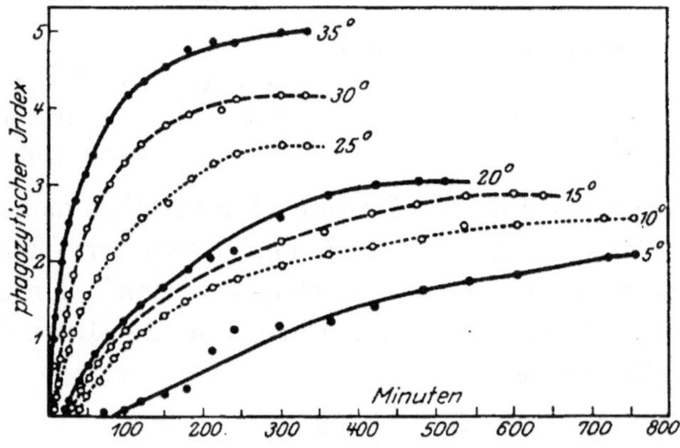

Abb. 366. Der zeitliche Verlauf der Phagozytose (Aufnahme von Staphylokokken) bei verschiedenen Temperaturen.

mische Linien gedeutet werden, daß man annimmt, sie verliefen so wie die Kurve in Abb. 135 *I*. Dann würden sie die x-Achse schneiden, aber es muß hier die biologische Bedeutung des mathematischen Nullpunktes herangezogen, überhaupt der biologische Inhalt des Koordinatensystems beachtet werden, wie wir das früher ausführlich besprochen haben. Dann ist es gar nicht anders möglich, als daß die Kurven an der x-Achse so verlaufen, wie es Abb. 75 zeigt, und wie es auch die experimentell ermittelten Punkte, besonders deutlich für die 5°-Linie fordern. Weiter muß herangezogen werden, daß die Kurven sich einem bestimmten Wert des phagozytischen Index asymptotisch nähern, was bei der logarithmischen Linie der Abb. 135 *I* nicht der Fall wäre.

Nach Widmark und Carlens ist das Einblasen von Luft in das Euter ein fast unfehlbares Heilmittel gegen die Geburtsparese bei Kühen. Sie sagen dazu:

„Schon wenige Stunden nach dieser Behandlung erwachen die Tiere aus dem Koma und können sich bald wieder erheben. Nach dem Verlauf einiger weiterer Stunden sind sie vollkommen wieder hergestellt. Wir haben gefunden, daß diesem Einblasen von Luft in das Euter milchgebender Tiere unmittelbar eine kurz andauernde, aber kräftige Hyperglykämie folgt. Dieses Phänomen scheint uns in nahem Zusammenhang mit dem zu stehen, was frühere Forscher bei der operativen Entfernung der Milchdrüsen beobachtet haben."

In Abb. 367 ist die Blutzuckerkonzentration, festgestellt nach der Mikromethode von Bang an Blut aus der Vena jugularis, als Zeitfunktion wiedergegeben. Nach anderen Versuchen sinkt die Kurve im weiteren Verlauf noch mehr ab und erhält dann den Charakter unserer Abb. 100 oder 134 I.

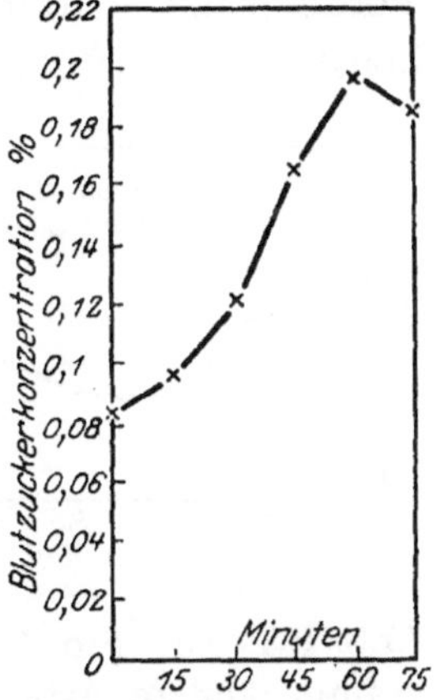

Abb. 367. Die Änderung der Blutzuckerkonzentration mit der Zeit nach dem Einblasen von Luft in das Kuheuter.

Bei dem engen Zusammenhang, welchen der Krankheitsverlauf und die Heilung mit den physiologischen Reaktionen überhaupt haben, ließen sich aus diesem medizinisch orientierten Teilgebiet der angewandten Biologie noch eine ganze Anzahl von Beispielen anführen, welche zeigen, was das Exponentialgesetz zum Verständnis und zur Handhabung des Reaktionsverlaufs beizutragen hat. An mehreren Stellen dieses Buches habe ich bereits auf diese Zusammenhänge hingewiesen. Ich muß mich jedoch beschränken und kann nur bemerken, daß das, was man zu sehen bekommt, immer wieder zeigt, daß das Exponentialgesetz auch hier noch viele Türen zu öffnen hat.

Erwähnt seien noch die arbeitsphysiologischen Studien von Atzler, Herbst und Lehmann, welche das Taylorsystem vom Standpunkt des Physiologen beleuchten und zu erläutern versuchen,

„in welcher Weise der Physiologe an der Verbesserung des Systems im speziellen und an dem Ausbau der Arbeitswissenschaft im allgemeinen mitwirken kann".

Die von den Autoren ermittelten Zahlen sollen eine Grundlage für die Rationalisierung der Arbeitsprozesse bilden.

„Ermüdungsstudien gestatten es dann, die pro Tag zulässige Arbeitssumme objektiv zu ermitteln."

Untersucht wird mit dem Benedictschen Respirationsapparat das Kurbeldrehen, wobei Belastung, Höhe und Radius der Kurbel variiert werden. Die Versuche haben für das praktische Leben eine große Bedeutung, weil es gelingt, durch relativ geringe Änderungen an der Versuchsanordnung den Wirkungsgrad auf das Dreifache zu steigern. In Abb. 368 ist auf der Abszissenachse die pro Umdrehung der Kurbel geleistete äußere Arbeit und auf der Ordinate sind die pro Meterkilogramm äußere Arbeit aufgewandten kleinen Kalorien aufgetragen.

Im Verlaufe unserer Betrachtungen haben wir immer wieder darauf hingewiesen, welche Bedeutung die Umweltbedingungen für das lebendige Geschehen haben. Daß wir von diesen die Temperatur in den Vordergrund stellten, lag einmal daran, daß sie leicht zu variieren und konstant zu halten ist, andermal aber war dabei der Gesichtspunkt

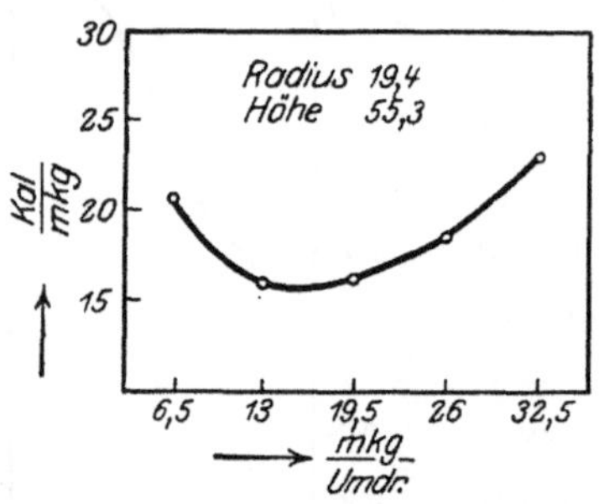

Abb. 368. Die pro Meterkilogramm äußere Arbeit aufgewandten kleinen Kalorien in Abhängigkeit von der pro Umdrehung einer Kurbel geleisteten äußeren Arbeit.

maßgebend, daß die Temperatur zu den Hauptfaktoren der Umwelt gehört. Selbstverständlich dürfen aber andere wichtige Faktoren z. B. Feuchtigkeit und Ernährung deshalb nicht vernachlässigt werden. Die Reaktion des Organismus auf Temperaturänderung haben wir schon eingehend behandelt und besonderen Wert auf die höheren Temperaturen legen müssen, bei denen Schädigungen des Organismus stark in den Vordergrund traten. Wir müssen im Rahmen der Gedankengänge einer angewandten Biologie auf diese Schädigungen durch Hitze nochmals eingehen, da sie z. B. für die Sterilisation die Grundlage bilden.

Ganz ähnlich wie bei der Giftwirkung eine Beziehung zwischen der Giftkonzentration und der Zeit der Einwirkung besteht, haben wir auch ein Verhältnis zwischen Hitzegrad und Expositionszeit. Abb. 369 zeigt eine Kurve, welche angibt (A. R. Moore nach Kanitz 1915), wieviel Stunden Stengel des Hydroids *Tubularia crocea* verschiedenen Temperaturen in Seewasser ausgesetzt werden mußten, damit in Zimmertemperatur keine Regeneration mehr erfolgt. Die Ordinate zeigt die kürzeste Einwirkungsdauer, nach der keine Regeneration mehr stattfand. Die Kurve ist die logarithmische Form unseres hyperbelartigen Typus, der auch für die $c \cdot t$-Beziehung in Abb. 315 herangezogen werden mußte. Auch hier ist das Hängen der Kurve typisch. Für Bakterien gilt nach Kanitz (1925) dasselbe, wie Abb. 370 für thermophile Bak-

terien darstellt. Das Kurvenband wird durch den letzten positiven
Wert (links) und den ersten negativen Wert (rechts) erhalten. Wir
sehen hier ebenfalls eine unterschiedliche Variationsbreite an den verschiedenen Stellen, die bei exponentialen Funktionen in einer charakteristischen Weise auftritt, wie wir S. 34 besprochen haben. Es muß
zu den Abbildungen bemerkt werden, daß die eigentliche y-Achse
natürlich nicht bei den Temperaturen liegt, in denen die Senkrechte
gezeichnet ist, sondern daß der mathematische Nullpunkt in das Optimum gelegt werden muß. Kanitz (1915) gibt dann noch die Zahlen
von Ballner über die Einwirkungsdauer von Wasserdampf verschie-

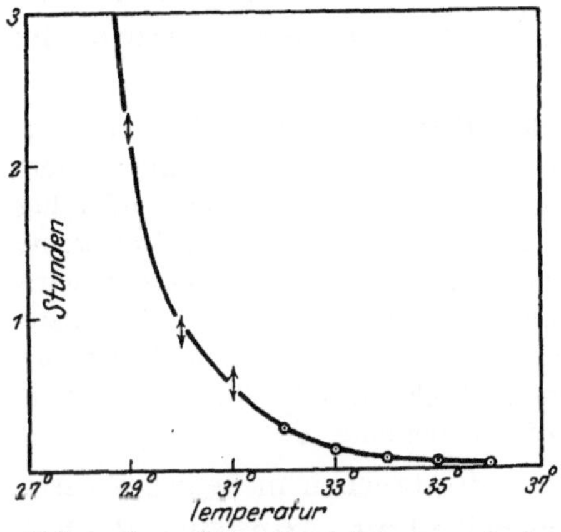

Abb. 369. Die Beziehung zwischen
Hitzegrad und Expositionszeit. Stengel
von *Tubularia crocea*.

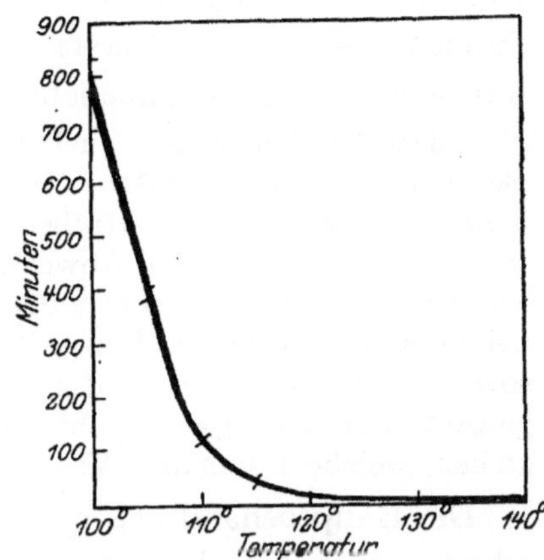

Abb. 370. Die Temperaturabhängigkeit der Absterbezeit thermophiler
Bakterien.

dener Temperatur auf Milzbrandsporen wieder, welche eine ganz ähnliche Kurve ergeben wie Abb. 369.

Die Bedeutung dieser Beziehungen für die Sterilisation liegt auf der
Hand. Ich möchte hier besonders darauf hinweisen, daß es sich auch
in dieser Frage, wie in so vielen anderen auch, um grundsätzliche biologische Probleme handelt, an denen alle Zweige der angewandten
Biologie, Medizin und Pflanzenschutz, Desinfektion und Schädlingsbekämpfung in gleicher Weise interessiert sind. Es wäre zwecklos,
nach einer Abgrenzung der Arbeitsgebiete suchen zu wollen, denn es
muß an sich als gleichgültig angesehen werden, in welcher Disziplin
z. B. die grundsätzliche Beziehung zwischen Temperatur und Expositionszeit aufgefunden wird, aus deren Kenntnis alle ihren Nutzen
ziehen können. Es ist viel wichtiger, an das Allgemeine und Gemein-

same zu denken als die Gegensätze zu betonen, wie es leider auch heute noch zu geschehen scheint.

An einem Beispiel, der Bekämpfung des Flugbrandes von Gerste und Hafer durch Hitzebehandlung nach Appel und Riehm, sei dargestellt, wie das Exponentialgesetz in einem komplizierten Fragenkomplex die Beziehungen der Einzelerscheinungen zu klären vermag. Eine auf wissenschaftlicher Basis ruhende Bekämpfung dieser Pflanzenkrankheit konnte erst in Angriff genommen werden, als es gelang, mit voller Sicherheit die Blüteninfektion und das Vorhandensein des Myzels im Inneren des Kornes nachzuweisen. Eine einfache Erhitzung der Körner führte nicht zum Ziel, es mußte erst das ruhende Pilzmyzel durch Einquellen der Gerste bzw. des Weizens „erweckt" werden. Es war von vornherein anzunehmen,

„daß die Dauer des Quellens auf den Erfolg von Einfluß sein wird. Bei sehr kurzer Vorquelldauer wird das ruhende Pilzmyzel noch unverändert bleiben, es wird gegen Hitzebehandlung verhältnismäßig widerstandsfähig sein; man wird daher bei Anwendung von sehr kurzen Vorquellzeiten keine Verminderung des Flugbrandbefalles erwarten dürfen. Andererseits wird bei zu langer Dauer des Vorquellens auch die Keimung des Getreidesamens soweit vorgeschritten sein, daß der Keimling durch die folgende Erhitzung getötet oder doch geschwächt wird. Es galt also durch Versuche festzustellen, welche Dauer des Vorquellens die geeignetste ist".

Die Hauptbehandlung geschah durch Eintauchen in heißes Wasser oder in einem besonderen Apparat durch heiße Luft. Appel und Riehm sagen dann weiter:

„Bei den Versuchen stellte sich heraus, daß die Vorquellzeit und die Temperatur des zum Vorquellen benutzten Wassers von Einfluß auf den Erfolg ist. Die Einwirkung auf das ruhende Myzel erfolgt am schnellsten, nämlich in vier Stunden, in Wasser von 25—30° C. Muß aus besonderen Gründen kälteres Wasser verwendet werden, so ist die Vorquellzeit länger auszudehnen, damit das Flugbrandmyzel empfindlich genug wird. Für die Fälle, bei denen heiße Luft zur Hauptbehandlung angewandt wird, ist es empfehlenswert, die beim Vorquellen aufgenommenen Wassermengen so gering wie möglich zu bemessen. Nach den bisher vorliegenden Versuchen beträgt die zum Erfolg notwendige Minimalmenge für Weizen etwa 17 vH, für Gerste liegt sie wahrscheinlich etwas höher. Verwendet man zum Quellen Wasser von höherer Temperatur (40°), so wird das Flugbrandmyzel ohne Nachbehandlung abgetötet, wenn die Quellzeit lange genug (8 Stunden) gewählt wird; schon bei sechsstündigem Quellen in Wasser von 40° C tritt eine starke Verminderung des Brandes ein. Die Hauptbehandlung ist verschieden, je nachdem sie mit heißem Wasser oder heißer Luft ausgeführt wird, wendet man heißes Wasser an, so muß eine Temperatur von

50—52° C 7—10 Minuten lang einwirken. Bei der Heißluftbekämpfung muß die Temperatur des benutzten Apparates so eingestellt werden, daß das Getreide etwa 5 Minuten auf 50° erhitzt wird; dies wird bei dem erwähnten Laboratoriumsapparat dadurch erreicht, daß man auf das vorgequellte Getreide 20 Minuten lang eine Temperatur von 55—60° C einwirken läßt. In allen Fällen ist nach der Behandlung eine sofortige Abkühlung notwendig."

In diese rein praktische Frage der Flugbrandbekämpfung spielen eine ganze Reihe biologischer Fragen hinein, welche wir nun vom Standpunkt des Exponentialgesetzes aus betrachten wollen. Die Beziehung zwischen Temperatur und Einwirkungszeit haben wir schon an mehreren Beispielen besprochen. Hier muß es sich darum handeln,

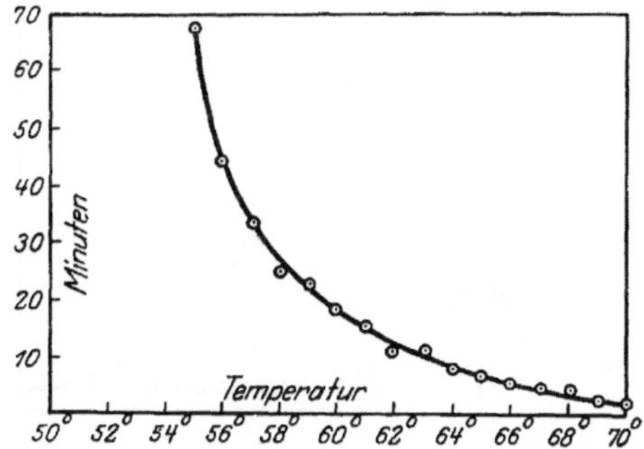

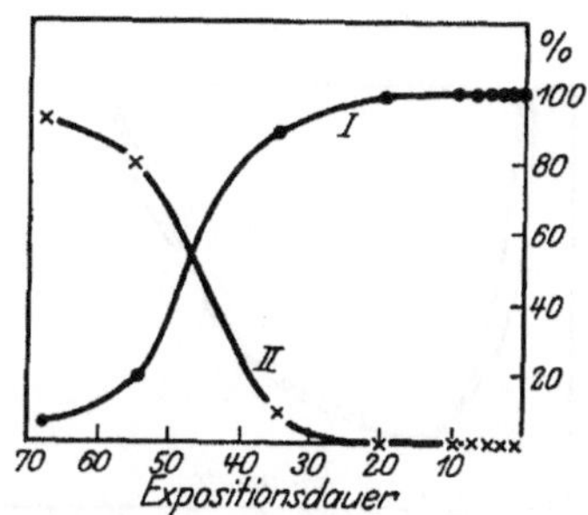

Abb. 371. Die Schädigung von Gerstekörnern durch hohe Temperaturen. Die Beziehung zwischen Hitzegrad und Expositionszeit.

Abb. 372. Die Lebensfähigkeit von Seeigel-Spermatozoen bei verschieden langer Wärmebehandlung (30°). I Überlebende, II Geschädigte.

eine Temperatur zu finden, welche das Pilzmyzel tötet, aber die Getreidekörner nicht schädigt. Die Beziehung ist in Abb. 371 für die Schädigung der Gerste nach Goodspeed dargestellt und zeigt dieselbe Gestalt wie Abb. 369 und 370. Aus diesen drei Abbildungen ist zu erkennen, wie zwar jeder Organismus verschieden, aber doch nach derselben Gesetzmäßigkeit reagiert. Die Hydrozoen sind verhältnismäßig temperaturempfindlich, die thermophilen Bakterien dagegen vertragen naturgemäß sehr hohe Temperaturgrade. Zahlenmäßig läßt sich die Reaktion verschiedener Organismen durch unsere Konstanten ausdrücken, ein Gesichtspunkt, der auch beim Getreidekorn und dem Pilzmyzel berücksichtigt werden muß. Eine andere Art der Darstellung ist in Abb. 372 gewählt, in welcher, um diese Dinge als allgemein-biologische Fragen zu charakterisieren, nach Loeb aus Demoll und Strohl die

Lebensfähigkeit von Seeigelspermatozoen nach verschieden langer Wärmebehandlung (30°) wiedergegeben ist. Linie *I* zeigt die Prozent Überlebenden, *II* die Prozent Geschädigten. Hier finden wir unsere reziproken S-Formen wieder.

Wie früher schon einmal betont, kommt es also ganz darauf an, was man zeigen will, je nachdem wird man diese oder jene Kurvenform erhalten. Immer aber handelt es sich um exponentiale Funktionen, wie sie das Exponentialgesetz vermittelt. Weiter ist für die Flugbrandbekämpfung wichtig zu wissen, bei welchen Temperaturen die Krankheitserreger, *Ustilago nuda* und *U. tritici*, keimen. Abb. 373 gibt die Keimungskurven nach Appel und Riehm wieder, und zwar die aus-

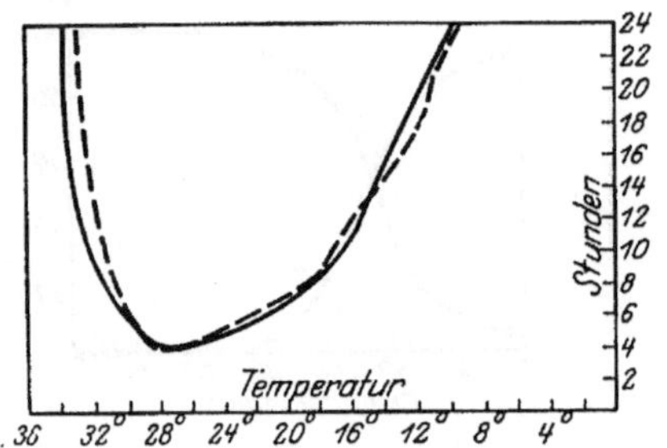

Abb. 373. Der Beginn der Sporenkeimung von *Ustilago nuda* (——) und *U. tritici* (- - -) bei verschiedenen Temperaturen.

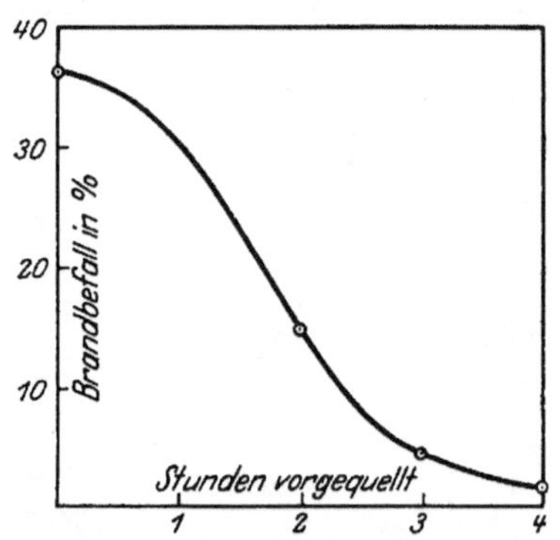

Abb. 374. Der Einfluß der Vorquellzeit bei 10° auf den Brandbefall der Gerste nach der Hitzebehandlung.

gezogene für die erste, die gestrichelte für die zweite Art. Von der Kurvenform, welche die Abhängigkeit der Entwicklungsdauer von der Temperatur darstellt, sind wir am Anfang dieses Buches ausgegangen, und wir sehen, daß auch für diese Pilze eine exponentiale Funktion vom Charakter unserer Abb. 52 rechts u. a. gültig ist, zu welcher wir durch unsere früheren Betrachtungen, von der einfachen Kettenlinie herkommend, gelangten.

Wie aus den zitierten Ausführungen von Appel und Riehm hervorgeht, spielt die Vorquellung der Körner bei der praktischen Flugbrandbekämpfung eine ausschlaggebende Rolle. Abb. 374 zeigt den Brandbefall in Prozenten von Svalöffs Hannchengerste, welche bei etwa 10° verschieden lange Zeit vorgequellt und dann einer Hauptbehandlung mit heißem Wasser von 48—50° unterzogen wurde. Da die Temperatur des zur Vorquellung benutzten Wassers und die Wasseraufnahme der Körner von großem Einfluß auf den Erfolg ist, haben Appel und Riehm entsprechende Versuchsreihen durchgeführt. Abb. 375 gibt in den oberen Kurven für Bordeauxweizen die Wasseraufnahme in Prozenten bei verschiedenen Temperaturen und bei einer Vorbehandlung von 4 bzw. 6 Stunden, die unteren den entsprechenden prozentualen Brandbefall nach der Hitzebehandlung wieder. Die Wasserkurven haben einen ganz ähnlichen Charakter, wie wir ihn in Abb. 143 kennen gelernt haben, die sechsstündige zeigt die Einbuchtung weit deutlicher als die vierstündige. Wenn man dann noch hinzunimmt, daß bei der Hitzebehandlung selbst die Körner die hohe Temperatur erst allmählich annehmen, wie wir es schon bei Abb. 195 besprochen haben, also die Dauer der Erhitzung entsprechend auszudehnen ist, so zeigt sich bei allen diesen ineinander spielenden Beziehungen, daß das Exponentialgesetz, welches die verschiedenen Abhängigkeiten beherrscht, es uns ermöglicht, in den ganzen Fragenkomplex einzudringen und die vorliegenden Gesetz

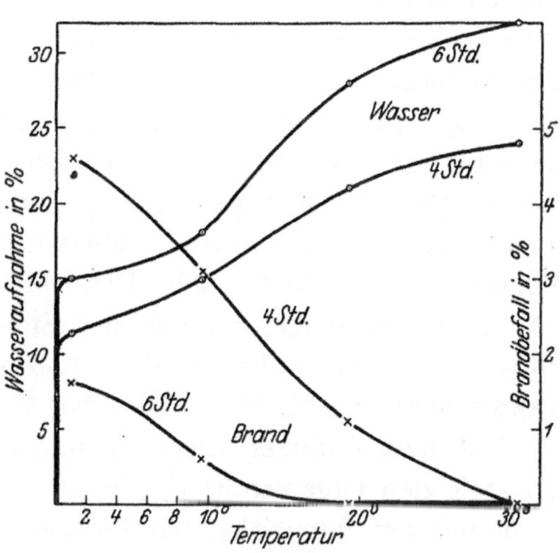

Abb. 375. Der Einfluß der Temperatur auf die Wasseraufnahme des Weizens bei der Vorquellung und auf den Brandbefall nach der Hitzebehandlung.

mäßigkeiten zu verstehen. Für die praktischen Bedürfnisse der angewandten Biologie kann dann je nach dem vorliegenden Zweck die günstigste Konstellation ausgewählt werden.

Über den Einfluß intermittierender hoher und niederer Temperatur hat Bachmetjew eine Reihe von Beobachtungen anderer Autoren zusammengestellt, die zwar zu wenig zahlenreich sind, um eine Kurvenanalyse zu ermöglichen, welche aber doch anzeigen, daß es sich um exponentiale Gesetzmäßigkeiten handeln muß. So folgt z. B. die Sterblichkeit von Schmetterlingspuppen verschiedener Arten in Prozenten nach x-tägiger Exposition bei 6—8°, welche nachher in gewöhnliche Temperatur gebracht wurden, dem Kurventyp unserer Abb. 23 *II*.

Auch die Länge der Puppenruhe in Tagen ist bei der Sommergeneration von *Arachnia levana* vielleicht einer ähnlichen Gesetzmäßigkeit unterworfen, wenn sie verschiedene Tage einer Temperatur von 2° ausgesetzt werden. Die Anzahl der entwickelten Räupchen scheint ebenfalls nach Art exponentialer Funktionen von der Dauer der Winterruhe bei 0° und von der Einwirkung tieferer Temperaturen abhängig zu sein. Genauere in dieser Richtung zielende Untersuchungen müssen zur Klärung der Frage über die durch klimatische und Witterungsfaktoren herbeigeführten Schädigungen Aufschluß geben, und zwar wird man das Exponentialgesetz weitgehend zum Verständnis der Zusammenhänge heranziehen müssen, sind doch z. B. für die Frage nach den Ursachen von Insektenkalamitäten derartige Beziehungen von grundlegender Bedeutung (vgl. S. 337 dieses Buches). Auch von einem andern Gesichtspunkt aus ist der Einfluß hoher Temperaturen wichtig. Die Kurven bei Bachmetjew zeigen, daß, je längere Zeit eine hohe Temperatur von z. B. 87° auf die nicht überwinternden Eier des Seidenspinners eingewirkt hat, desto mehr Eier zur Entwicklung angeregt werden. Da jedoch bei längerer Dauer der Einwirkung Schädigungen auftreten müssen, werden wahrscheinlich Kurven vorliegen, welche den Charakter unserer Abb. 88 rechts oder ähnlicher Funktionen haben.

Wir haben immer wieder betonen müssen, daß eine angewandte Biologie den Organismus in seinem Gesamtzusammenhang mit den in ihm und auf ihn wirkenden Faktoren betrachten muß, um ein Verständnis für den Reaktionsablauf zu gewinnen. In den eben angedeuteten Abhängigkeiten, welche zwischen den Erlebnissen der Individuen und ihren Lebenserscheinungen bestehen, muß uns mit aller Deutlichkeit zum Bewußtsein kommen, daß wir noch recht wenig über die gesetzmäßigen Beziehungen der Naturerscheinungen zueinander wissen. Ich gebe mich der Hoffnung hin, daß das Exponentialgesetz hier helfend eingreifen kann. Schon allein dadurch, daß es neue Fragestellungen vermittelt und so zu einer wissenschaftlichen Planarbeit führt, hat es seinen heuristischen Wert bewiesen, wenn ich auch glaube, daß es von den Versuchen, das Naturgeschehen zu begreifen, die größte Wahrscheinlichkeit hat und den ermittelten Tatsachen am nächsten kommt.

Das lebendige Geschehen läuft also so ab, wie es auf Grund der vorhandenen inneren und äußeren Systembedingungen ablaufen muß. Hinzu kommt aber noch, daß durch den Lebensablauf selbst die Umweltbedingungen geändert werden können, wie wir es bei den Ausscheidungen von Stoffwechselprodukten in einem örtlich beschränkten Lebensraume kennen gelernt haben. Die angewandte Biologie interessiert diese Tatsache natürlich dann besonders, wenn es sich um schädliche Organismen handelt, die entweder sich selbst durch ihre eigenen Produkte dezimieren oder aber zur Abwanderung gezwungen werden und dann Infektionsherde bilden, wie z. B. bei den früher (S. 322) besprochenen Übervölkerungskulturen von Vorratsschädlingen. Abb. 376 soll dann weiter zeigen, daß der Mensch oft auch an dem Zustand des Lebensraumes und seiner Änderung durch die vorhandenen Organismen

erheblich interessiert ist. Der Reismehlkäfer (*Tribolium*) lebt in Mehl, Kleie und ähnlichen Produkten und ist in Mühlen, Bäckereien, Mehl- und Futterhandlungen ein häufiger Gast. Der durch Fraß hervorgerufene Verlust ist nur selten sehr bedeutend und die Tiere selbst können durch Absieben aus dem zu verbackenden Mehl verhältnismäßig leicht entfernt werden. Aber dieser Schädling ändert auch die Beschaffenheit des Mehles, die sich in einer erheblichen Herabsetzung der Viskosität des daraus hergestellten Teiges kenntlich macht. Da der Zähigkeitsgrad ein Kriterium für die Backfähigkeit und damit für die Güte

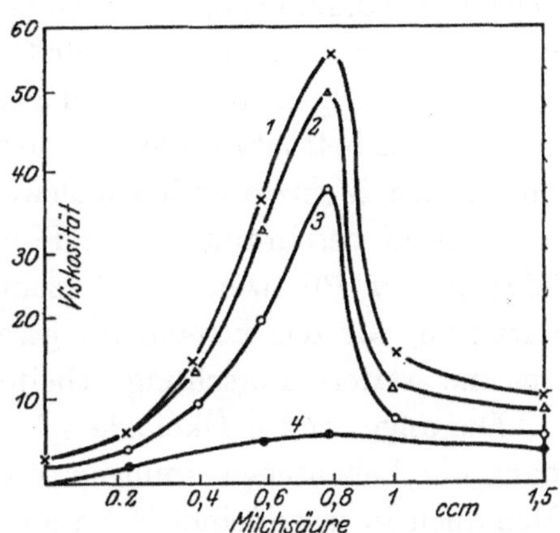

Abb. 376. Die Einwirkung des Schädlingsbefalls (Tribolium) auf den Zähigkeitsgrad des Mehles. × unbefallenes, △ von Larven und ○ von Imagines befallenes, ● blaßrot gewordenes Mehl.

des Gebäckes ist, liegt hier die Hauptschädlichkeit des Tieres. Payne hat die Viskosität verschiedener Mehle in Mc Michael-Einheiten gemessen und in Abhängigkeit von den zugesetzten Mengen Milchsäure graphisch dargestellt. Die Linie 1 in Abb. 376 gibt den Zähigkeitsgrad normalen Mehles an, in 2 sind Larven, in 3 Imagines von *Tribolium* vorhanden und 4 ist durch starken Schädlingsbefall blaßrot gewordenes Mehl.

Wenn in dem besprochenen Sinne wissenschaftliche Planarbeit, z. B. in der Pflanzenschutzforschung, betrieben werden soll, so treten, abgesehen von speziellen Bedürfnissen, die sich auf die verschiedenen Kulturpflanzen, ihre Krankheitserscheinungen und deren Ursachen und Erreger selbst beziehen, insbesondere drei Teilgebiete der Forschung hervor, die sich dann in einer allgemeinen Bekämpfungslehre auswirken müssen: 1. die Schaffung von Sorten, die sich gegen Krankheiten als widerstandsfähig erweisen, d. h. den Erregern nicht die zum Leben notwendigen Bedingungen bieten (= angewandte Vererbungslehre); 2. die Erforschung der gesetzmäßigen Beziehungen zwischen Pflanzen und Tieren untereinander und zu Klima, Witterung, Bodenverhältnissen, überhaupt zu ihrer Umwelt (= angewandte Ökologie); 3. die Erforschung der Wirkung von Giften auf die Organismen (= angewandte Toxikologie). Von den ersten beiden Punkten haben wir schon gesprochen und auch für das dritte Teilgebiet in einem besonderen Abschnitt die allgemeinen Grundlagen vom Standpunkt des Exponentialgesetzes aus betrachtet. Da wir dort auch schon die besonderen Gesichtspunkte der Medizin andeutungsweise behandelt haben, wollen wir uns hier darauf beschränken, den Fragen einer allgemeinen Bekämpfungslehre in der Pflanzenschutzforschung näher zu treten und versuchen, darzutun, wie das Exponentialgesetz die Basis abgeben kann, von der aus die weitere Forschung arbeiten muß.

Die angewandte Ökologie soll uns dazu verhelfen, den Zusammenhang der Lebenserscheinungen, die sich zum Nutzen oder Schaden des Menschen in irgendeiner Form auswirken, zu verstehen, so daß wir auf Grund der ökologischen Beziehungen die Lebensbedingungen so gestalten können, wie es den speziellen Bedürfnissen des Menschen entspricht. Die angewandte Vererbungslehre soll uns in den Stand setzen, solche Kulturpflanzen in die gegebene Umwelt hineinzustellen, die gegen ihre Schädigungen immun sind, z. B. widerstandsfähige Kartoffelsorten in einem mit Erregern des Kartoffelkrebses verseuchten Feld.

Wir wissen, daß jedes Ereignis im Individualzyklus eines Organismus von nachhaltiger Wirkung auf den Lebensablauf ist. Eine allgemeine Bekämpfungslehre wird dann ferner danach streben müssen, die Art der Nachwirkung von Ereignissen, die der Mensch absichtlich in das individuelle biologische Geschehen einfügt, in ihrer gesetzmäßigen Abhängigkeit von der Größe des Ereignisses herauszufinden. Es gilt dabei, eine ganze Reihe von Teilfragen zu untersuchen, zu deren Beantwortung es noch eingehender experimenteller Arbeit bedarf. Wir stehen mit unseren Kenntnissen noch ganz am Anfang. Da es nicht meine Absicht sein kann, schon in diesem Buche eine allgemeine Bekämpfungslehre zu entwickeln, soll an einigen Beispielen lediglich gezeigt werden, wie

das Exponentialgesetz z. B. für eine angewandte Toxikologie nutzbar
gemacht werden kann.

Wenn wir einen Schädling vergiftete Pflanzen fressen lassen oder
in eine mit giftigen Gasen angefüllte Atmosphäre versetzen oder mit
Hautgiften verätzen, so muß der Organismus auf diesen Eingriff irgendwie reagieren, z. B. durch seinen Tod. Ob er aber abstirbt, kommt
ganz auf die Konzentration des Giftes und die Art seiner Einwirkung,
ferner aber auch auf die Widerstandsfähigkeit des Organismus an.
Wir haben ausführlich von der Heterovitalität gesprochen und z. B.
verschiedene Alterszustände für die unterschiedliche Widerstandskraft
verantwortlich machen können. Für die Wirkungsweise der Gifte hat
man oft nach Gesetzmäßigkeiten gesucht
und in der logarithmischen Linie ebenso
wie bei vielen anderen Abhängigkeiten auch
die funktionale Beziehung zu sehen gemeint.
Wir haben in Kap. B I 3 c erkannt, daß das
Exponentialgesetz auf ganz andere Art die
Gesetzmäßigkeiten zum Ausdruck bringen
kann, als diese oder jene Modifikationen
einer einfachen logarithmischen Linie.

Da auch die Bestrahlung z. B. mit
Röntgenstrahlen eine ähnliche Wirkung
zeigt wie Gifte, seien die Untersuchungen
von Holthusen über Strahlenwirkung auf

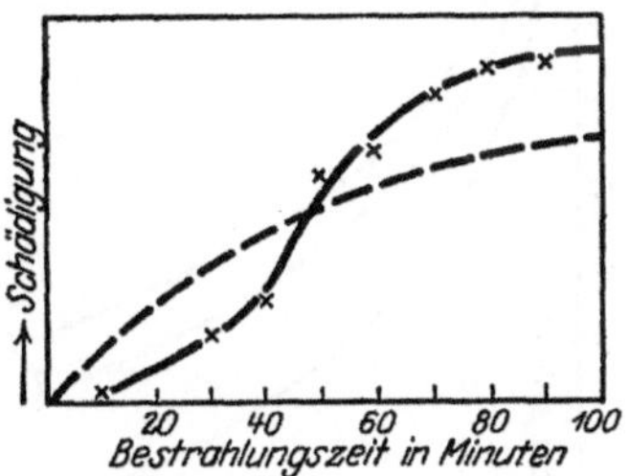

Abb. 377. Der Einfluß der
Bestrahlung auf Ascarideneier. —— experimentell gefundene Kurve, - - - logarithmische Linie.

Ascarideneier erwähnt. Abb. 377 gibt die Schädigung in Abhängigkeit
von der Bestrahlungszeit wieder und zeigt den zu den Hauptformen des
Exponentialgesetzes gehörigen S-förmigen Typus, um den sich in allen
solchen Fällen die Diskussion so oft dreht. Die gestrichelt eingezeichnete Kurve ist die fragliche logarithmische Linie, welche hier die Beziehung mathematisch zum Ausdruck bringen müßte. Es ist deutlich,
wie weit die experimentell ermittelten Punkte von ihr abweichen. In
ähnlicher Art machen die Untersuchungen über die Giftwirkung Schwierigkeiten, wenn man die einfache logarithmische Linie zugrunde legt.
Hingewiesen sei z. B. auf die Untersuchungen von Chick über die Gesetzmäßigkeiten bei der Desinfektion, denen er die Gleichungen

$$K = \frac{1}{t_2 - t_1} \log \frac{n_1}{n_2} \quad \text{und} \quad A = \frac{T_0 T_n}{T_0 - T_n} \log \frac{K_0}{K_n}$$

zugrunde legt, in der n_1 und n_2 die Anzahl der überlebenden Bakterien nach den Zeiten t_1 und t_2 ist. Die zweite Gleichung entsteht aus der auf S. 7 erwähnten Formel von Arrhenius.

Wir brauchen hier auf die Frage der Gültigkeit derartiger Gleichungen nicht näher einzugehen, da wir sie bei anderen Gelegenheiten schon ausführlich genug diskutiert haben. Ebenso konnten wir die Hyperbel, welche für die Beziehung Konzentration/Zeit herangezogen wurde, nicht als zu Recht bestehend anerkennen. Abb. 378 stellt nach Voelkel die Abtötungskurven für die Imagines und Larven des Khaprakäfers bei 25° dar, und zwar Ch für Chlorpikrin, T für Tetrachloräthan, Z für Zyklon (Blausäure). Wir haben hier den mittleren Teil unseres hyperbelartigen Typus vor uns, den wir bei Abb. 314 und 315 als mathematische Funktion dieser Beziehung erkannt haben. Gerade dieser Kurventeil zeigt eine auffällige Nichtkonstanz des $c \cdot t$-Produktes, wie aus der Tabelle S. 275 abgelesen werden kann. Wohl aber geben die Konstanten m und a unserer Formeln, wenn man die Abb. 378 z. B. mit Abb. 74 vergleicht, den Wirkungswert eines Giftes an, indem etwa a für $Z < T < Ch$ ist.

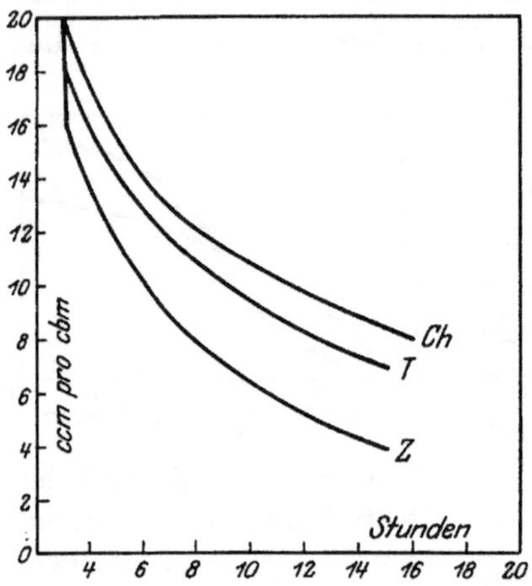

Abb. 378. Die Beziehung zwischen Giftkonzentration und Einwirkungszeit bei Khaprakäfern und -larven. Ch Chlorpikrin, T Tetrachloräthan, Z Zyklon.

Im Pflanzenschutz sind die Eigenschaften der Bekämpfungsmittel für ihren Wert von ausschlaggebender Bedeutung, und es müssen verschiedene Kriterien für ihre Beurteilung herangezogen werden, denn neben der insektiziden und fungiziden Wirkung kommen auch noch andere Gesichtspunkte wie Haltbarkeit, Schwebe-, Benetzungs- und Haftfähigkeit in Betracht. Es sind also nicht allein biologische Momente, welche in diesem Falle die angewandte Biologie interessieren. Es ist dann eine Feststellung, welche wir früher machen konnten, von grundsätzlicher Wichtigkeit, nämlich die, daß das Exponentialgesetz auch einen Gültigkeitsbereich in anderen naturwissenschaftlichen Disziplinen hat.

Bevor wir auf das Vergiftungsproblem in der Pflanzenschutzforschung eingehen, wollen wir an verschiedenen Beispielen einige Eigenschaften der Bekämpfungsmittel betrachten. Letzten Endes

kommt es ja in einer angewandten Toxikologie darauf hinaus, Maßstäbe für den Wert von Bekämpfungsmitteln zu finden, da die Anwendungsmöglichkeit in der Praxis letztes Ziel ist. Wir müssen also
nach Methoden suchen, welche eine Beurteilung des Mittels gestatten.
Diese werden natürlich je nach dem Zweck, dem es dienen soll, verschieden sein. Für giftige Gase sollte das Wirkungsprodukt $c \cdot t$ nach
der Haberschen Formel eine vergleichbare Zahl sein, wir haben jedoch gesehen, daß diese nur Näherungswerte geben kann, da die Abweichungen gerade in dem für die Praxis wichtigsten Kurvenabschnitt,
der in Abb. 378 dargestellt ist, vorhanden sind.

Auf S. 348 haben wir schon von der Bedeutung des Quellens für
manche Bekämpfungsmaßnahmen gesprochen. Da die Wasseraufnahme

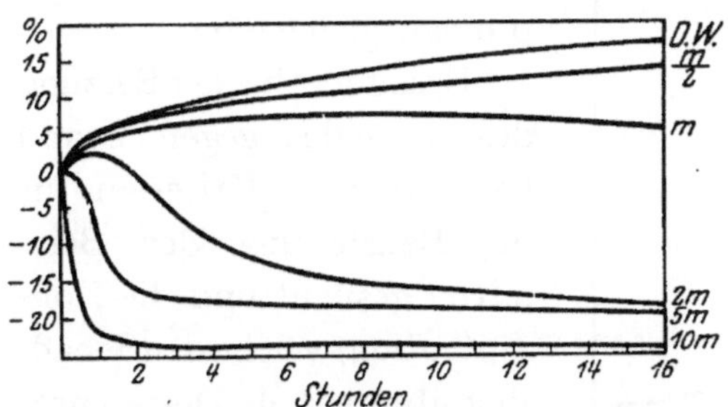

Abb. 379. Der zeitliche Verlauf der Wasseraufnahme und -abgabe bei Kartoffelscheiben in Äthylalkohol verschiedener
Konzentration.

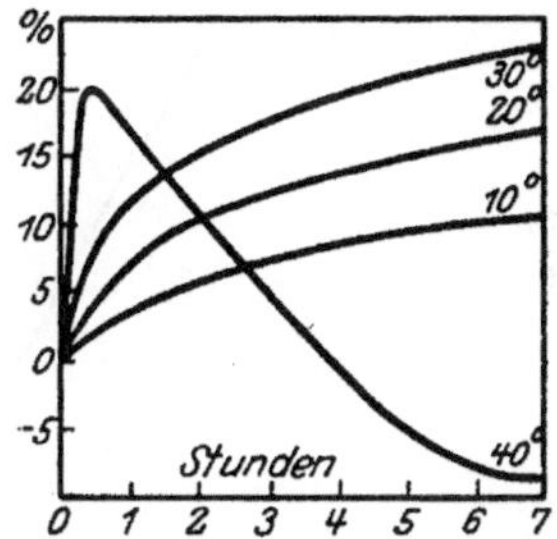

Abb. 380. Der Einfluß der Temperatur auf die Quellung von
Kartoffelscheiben in destilliertem Wasser.

pflanzlicher Gewebe auch sonst von Bedeutung ist, seien in Abb. 379
bis 380 die Verhältnisse an Kartoffelscheiben wiedergegeben. Abb. 379
zeigt nach Stiles und Jorgensen die Aufnahme und Abgabe von
Wasser (in Prozenten des Anfangsgewichtes) in Alkohollösungen verschiedener Konzentration und in destilliertem Wasser (D.W.) nach
verschiedenen Stunden. Es sieht auf den ersten Blick so aus, als ob
hier mehrere Kurventypen vorlägen, es ist das jedoch nicht der Fall.
Als deutlichen Typus müssen wir die Kurve $2\,m$ ansehen, welche leicht
als exponentiale Funktion zu erkennen ist. Aus ihr lassen sich unschwer
die Kurven für $5\,m$ und $10\,m$ ableiten, indem die anfängliche Gewichtszunahme mit steigender Giftwirkung des Alkohols immer geringer wird.
Für geringere Giftdosen ziehen sich die Kurven sehr in die Breite und
werden flacher und flacher. Der Abfall ist bei der Konzentration m

23*

erst nach 10 Stunden schwach zu erkennen, bei den oberen Kurven wird er noch später in Erscheinung treten. Dieselben Autoren bringen auch Kurven für die Wirkung von Schwefelsäure, bei denen der spätere Abfall der Kurven noch deutlicher hervortritt. In Abb. 380 ist die Quellung in destilliertem Wasser verschiedener Temperatur ebenfalls nach Stiles und Jorgensen dargestellt, welche für 10°, 20° und 30° ähnliche Kurven zeigt wie Abb. 379 D.W. Für höhere Temperaturen (40°) treten ganz bedeutende Schädigungen in Erscheinung, die sich in einem raschen Abfall nach einem sehr steilen Anstieg kenntlich machen. Die Reaktion des lebenden Gewebes ist also bei der Einwirkung von Giften und hohen Temperaturen in seinen Symptomen gleichartig.

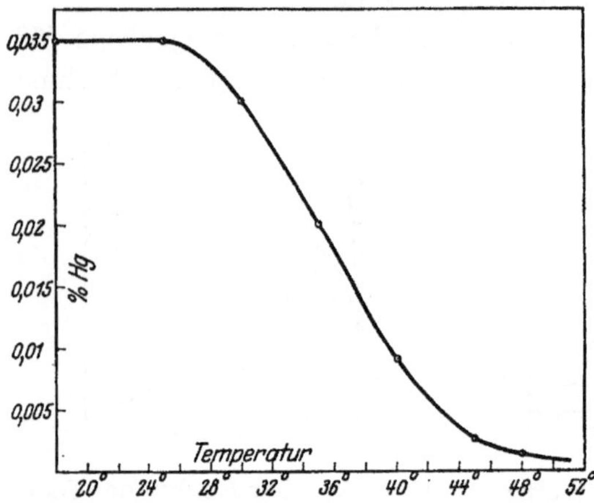

Abb. 381. Die Beziehung zwischen dem Prozentgehalt an Quecksilber der Dosis curativa und der Temperatur bei der Getreidebeizung.

Besonders bei der Beizung des Getreides gegen Brand hat man nach Kriterien für die Beurteilung der Beizmittel gesucht und die Konzentration, welche den Schädling abtötet, als Dosis curativa derjenigen, welche das Getreide schädigt (Dosis toxica) gegenübergestellt und glaubte (Gassner und Esdorn) in dem chemotherapeutischen Index c/t einen Wertfaktor gefunden zu haben. Auf die Bedeutung dieses Quotienten in der Medizin wollen wir hier nicht eingehen. Über die Schwierigkeiten, welche sich für den Wirkungswert der Beizmittel bei Berücksichtigung der Beiztemperatur und Beizdauer ergeben, haben in jüngster Zeit Gassner und Rabien ausführlich berichtet. Da aber die Bewertung von Bekämpfungsmitteln zu den Hauptaufgaben des Pflanzenschutzes gehört, ist die eingehende Bearbeitung der vorliegenden Probleme ein dringendes Erfordernis.

Aus allem, was wir gesagt haben, dürfte hervorgehen, daß eine allgemeine Bekämpfungslehre durch die Grundsätze des Exponentialgesetzes eine weitgehende Förderung erfahren kann. Daß es sich bei der Abhängigkeit der Beizwirkung von der Beiztemperatur um ex-

ponentiale Funktionen handelt, zeigt Abb. 381 nach N agel über die
Einwirkung der für die Sporenabtötung (Tilletia tritici) notwendigen
Hg-Menge (Dosis curativa) von
Azetonquecksilberchloridlösungen
bei verschiedenen Temperaturen
auf Weizen bei einer Beizdauer
von 1 Stunde. Wie in früheren
Fällen müssen wir den mathematischen Nullpunkt der Funktion bei der tödlichen Temperatur
wählen und kommen dann zu der
Kurvenform der Abb. 49 links
oder 75.

Aus vielerlei Gründen werden
zu Bekämpfungsmitteln häufig
mancherlei Stoffe zugesetzt, welche die Wirkung in irgendeiner
Form beeinflussen. Es enthalten
z. B. die offizinellen Sublimat-

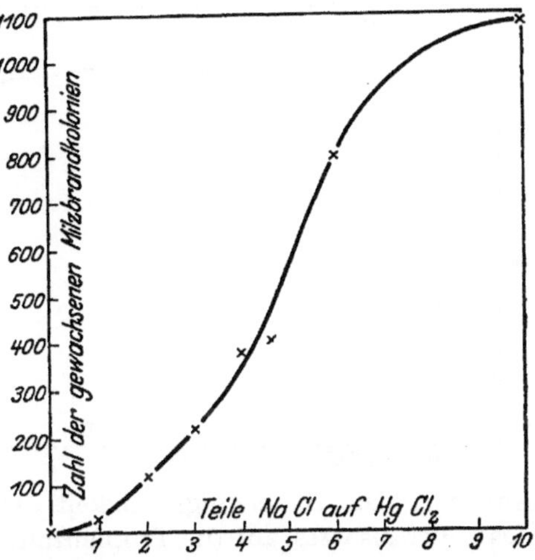

Abb. 382. Die Abnahme der desinfi-
zierenden Kraft des Sublimats durch
NaCl-Zusatz.

pastillen 4,6 NaCl. Löst man nach Schade in 16 l Wasser Sublimat
mit verschiedenen Mengen von Kochsalz auf, so findet man infolge der
„Zurückdrängung" der Hg-
Ionen durch den NaCl-Zu-
satz eine Abnahme der des-
infizierenden Kraft des
Sublimats. In Abb. 382 ist
die Zahl der gewachsenen
Milzbrandkolonien in Ab-
hängigkeit von den zuge-
setzten Teilen NaCl dargestellt. Die fungizide Wirkung der im Pflanzenschutz
gebrauchten Kupferkalk
(Bordeaux-)Brühe ist weitgehend vom Kalkzusatz ab-
hängig. Abb. 383 zeigt nach

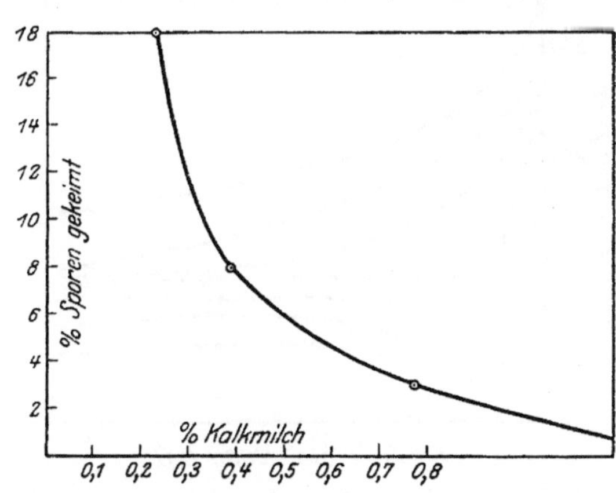

Abb. 383. Der Einfluß von Kalkmilch verschiedener Konzentration auf die Sporenkeimung.

den wenigen von Istvanffi angegebenen Zahlen den Abfall der gekeimten Sporen von *Botrytis cinerea* nach 24 Stunden in Kalkmilch

verschiedener Konzentration ($^0/_0$). Es ergeben sich durch derartige Kurven interessante und praktisch ungemein wichtige Beziehungen zwi-

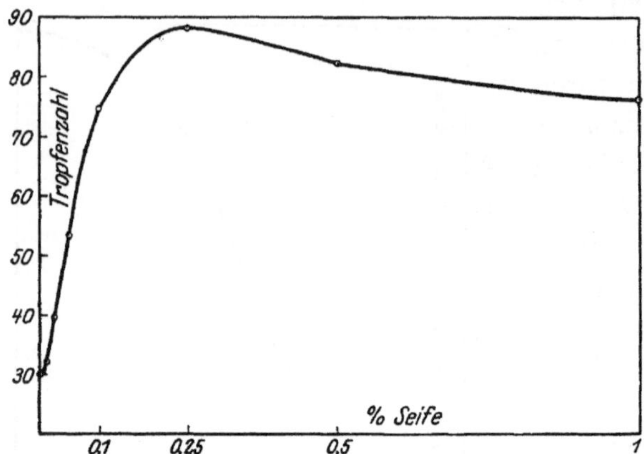

Abb. 384. Die Benetzungsfähigkeit. Der Einfluß des Seifenzusatzes auf die Tropfenzahl des destillierten Wassers.

schen der Giftwirkung und der chemischen Zusammensetzung von Bekämpfungsmitteln, auf die näher einzugehen ich mir aber hier versagen muß.

Die Benetzungsfähigkeit von Spritzbrühen sucht man durch Zusatz von Seife zu erhöhen. Um ein Maß für die Benetzungsfähigkeit zu gewinnen, hat Trappmann die Tropfenzahl von Wasser mit Seifenzusatz bestimmt. Für destilliertes Wasser sind in Abb. 384 seine Angaben kurvenmäßig dargestellt, und man sieht, daß hier eine exponentiale Funktion nach Art unserer

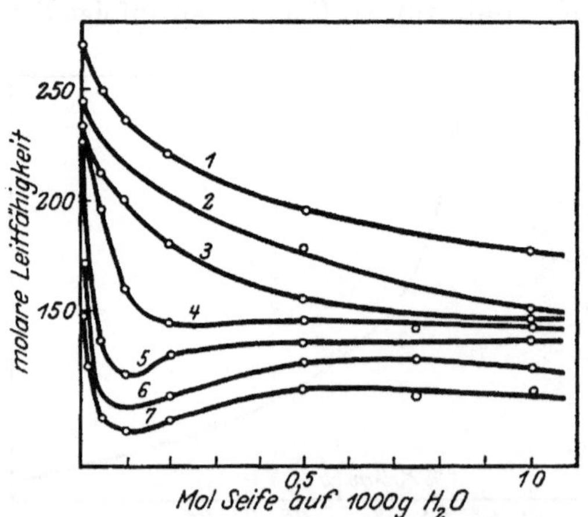

Abb. 385. Die molare Leitfähigkeit der Lösungen fettsaurer Kaliumsalze.

Abb. 76 links, negativ, vorliegt, wenn man als Nullpunkt die Tropfenzahl von Aq. dest. wählt. Es handelt sich hier um rein physikochemische Abhängigkeiten, welche also ebenfalls dem Exponentialgesetz unterliegen. Da der Zustand der Bekämpfungsmittel die angewandte Biologie weitgehend interessieren muß, seien in Abb. 385 die Kurven der molaren Leitfähigkeit von Lösungen fettsaurer Kalium-

salze in Abhängigkeit von der Seifenkonzentration wiedergegeben, die ebenfalls als exponentiale Funktionen anzusehen und durch die Konstanten unserer Formeln vergleichbar sind. Die Kurve 1 bezieht sich nach Freundlich auf K-Azetat, 2 auf K-Capronat (C_6), 3 auf K-Caprinat (C_{10}), 4 auf K-Laurinat (C_{12}), 5 auf K-Myristat (C_{14}), 6 auf K-Palmitat (C_{16}) und 7 auf K-Stereat (C_{18}). Trappmann hat dann auch vergleichende Messungen über die Schwebefähigkeit von Arsenmitteln durchgeführt, von denen zwei Zahlenreihen für Uraniagrün und Fruktusgrün in Abb. 386 dargestellt sind. Alle 2 Minuten wurde an einem Zweischenkelflockungsmesser der Unterschied der beiden Menisken abgelesen, welcher als Ordinate abgetragen wurde. Die Kurvenform entspricht

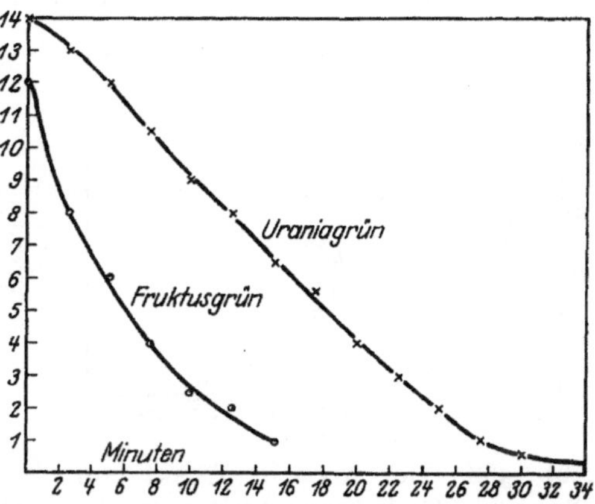

Abb. 386. Die Schwebefähigkeit verschiedener Arsenmittel. Der zeitliche Verlauf des Absetzens im Zweischenkelapparat.

unserem S-förmigen Typus und zeigt also dadurch an, daß das Exponentialgesetz auch hier durch seine Konstanten vergleichbare Zahlen liefert, welche zur Charakterisierung der Schwebefähigkeit dienen können.

Wenn auch die bisher besprochenen Eigenschaften der Bekämpfungsmittel für ihre Anwendbarkeit in der Praxis von großer Bedeutung sind, so muß aber selbstverständlich das Hauptgewicht auf die Giftwirkung gelegt werden. An einigen Beispielen sollen zunächst die tatsächlichen Vorgänge beschrieben werden. Nach den mit großer Sorgfalt mit *Botrytis*-Sporen angestellten Versuchen von Smith geben die S-förmigen Kurven in Abb. 387, welche nach dem Typ unserer Abb. 51 verlaufen, die Prozentzahl der überlebenden

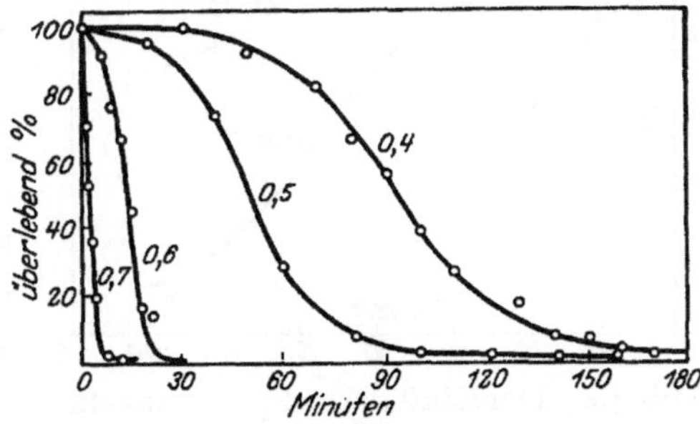

Abb. 387. Die überlebenden *Botrytis*-Sporen bei verschiedener Behandlungszeit mit Phenol verschiedener Konzentration. 25°.

Sporen bei verschiedener Behandlungszeit und bei mehreren Phenolkonzentrationen (0,4—0,7 vH) wieder. Alter und Zahl der Sporen und die Temperatur sind ziemlich gleichartig. Das Absterben erfolgt also um so schneller, je höher die Giftkonzentration ist. Werden nun andere Faktoren variiert, so erhalten wir Abhängigkeiten, welche demselben Kurventyp folgen. Abb. 388 stellt die Sterblichkeitskurven bei 1 vH

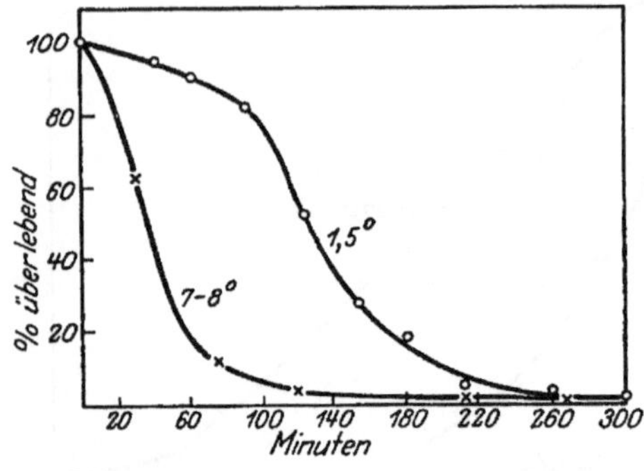

Abb. 388. Der toxische Effekt von Phenol (1 vH) bei verschieden langer Einwirkungszeit und zwei verschiedenen (niederen) Temperaturen. *Botrytis*-Sporen.

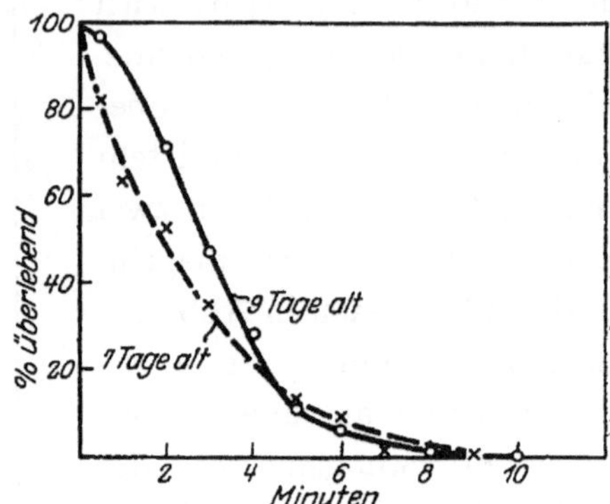

Abb. 389. Der Einfluß des Alters der Sporen auf den toxischen Effekt von Phenol (0,7 vH).

Phenol und verschiedenen Temperaturen, Abb. 389 bei 0,7 vH Phenol und verschiedenem Alter der Sporen dar. In Abb. 390 wurden verschiedene Mengen Sporen pro Kubikzentimeter einer Phenolkonzentration von 0,4 vH ausgesetzt. Es ergibt sich, daß die Kurven um so steiler verlaufen, d. h. daß der a-Wert unserer Formeln steigt, je höher die Giftkonzentration und die Temperatur ist, je jünger die Sporen sind und je weniger Individuen einer bestimmten Giftkonzentration ausgesetzt werden. Bei seinen Untersuchungen verfolgte Smith

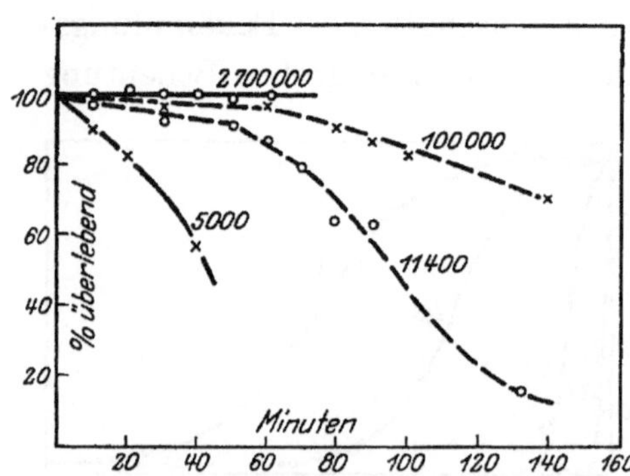

Abb. 390. Der Einfluß der Sporenanzahl auf den toxischen Effekt von Phenol (0,4 vH).

die Absicht, die Bedingungen herauszufinden, unter denen die Sterblichkeitskurven einer logarithmischen Linie folgen, indem er die Gültigkeit der Formel

$$k = \frac{1}{t} \log \frac{a}{a-x}$$

unterstellte, wenn z. B. a die Zahl der Sporen und x die Zahl der Toten zur Zeit t ist. Trotzdem immer wieder die S-Form aufgefunden wurde, meint er, daß die logarithmische Kurve die wahre sei und die Abweichungen durch „factors independent of the disinfection process itself" bewirkt würden. In Abb. 391 wurden für zwei Versuche verschiedene Einheiten der x-Achse gewählt, und da zeigt sich, daß die Kurve für 0,7 vH Phenol sich tatsächlich dem Typus einer reinen Exponentiallinie annähert (vgl. Abb. 43 links). Im einzelnen brauchen wir nicht weiter auf den Lösungsversuch von Smith einzugehen, da das Exponentialgesetz von einer ganz anderen Seite her an das Problem herankommt und die 0,7 vH-Kurve aus der S-förmigen ableitet.

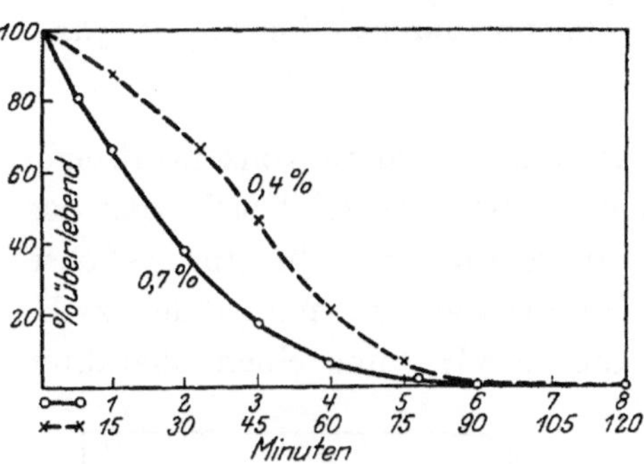

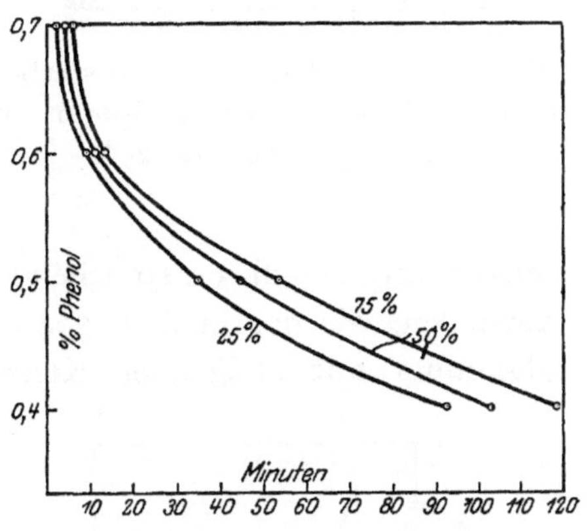

Abb. 391. Die überlebenden *Botrytis*-Sporen bei verschiedener Behandlungszeit mit Phenol (0,4 und 0,7 vH).

Abb. 392. Die Beziehung zwischen Phenolkonzentration und Einwirkungszeit, die nötig ist, um 25, 50 und 75 vH der Sporen abzutöten.

Smith hat dann weiter festgestellt, welche Zeit nötig ist, um 25, 50 und 75 vH der Sporen durch Phenol verschiedener Konzentration abzutöten. Die Kurven sind in Abb. 392 wiedergegeben, und wir sehen, daß wir hier unseren hyperbelartigen Typus wiederfinden, der das „Hängen" in aller Deutlichkeit zeigt. Wenn man in Abb. 387 die pro Zeiteinheit absterbenden Sporen verfolgt, so sieht man, daß es zunächst sehr wenige sind. Dann aber steigt die Zahl im Steilabfall der Kurve bedeutend bis zu einem Maximum, in dem die prozentische Schädigung am größten ist, und wird dann wieder geringer, bis am Ende nur noch sehr wenige in der Zeiteinheit absterben. Zeichnet man die so erhaltenen Werte für 0,4 vH Phenol in ein Koordinatensystem ein, so erhält man die gestrichelte Linie in Abb. 393, welche also die Kurve der Absterbegeschwindigkeit darstellt. Die ausgezogene Linie ist die bekannte

Häufigkeitskurve, mit dem der Gaußschen Fehlerkurve eigentümlichen Charakter, welche in der Variationsstatistik eine so große Rolle spielt. Um diese Abhängigkeit in das Exponentialgesetz einzuordnen,

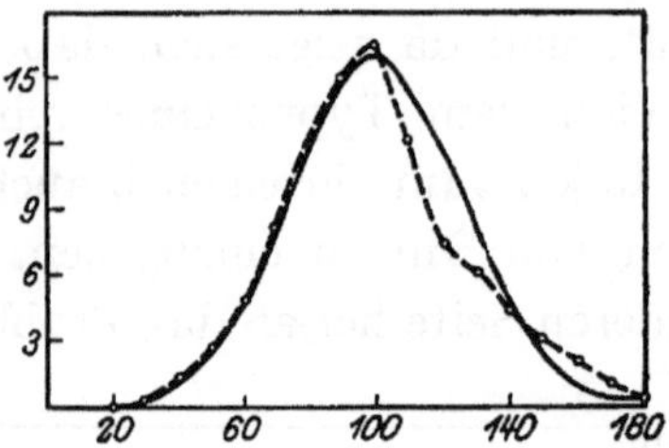

Abb. 393. Die Kurve der Absterbegeschwindigkeit, *Botrytis*-Sporen in 0,4 vH Phenol bei 25°.

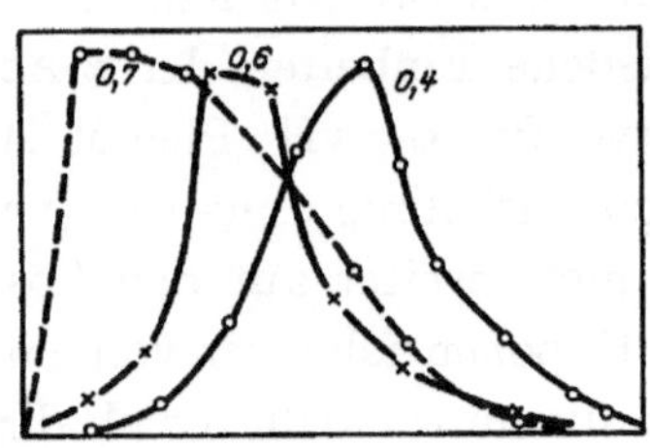

Abb. 394. Die Kurven der Absterbegeschwindigkeiten bei verschiedenen Phenolkonzentrationen. *Botrytis*-Sporen.

müssen wir auch die entsprechenden Kurven für andere Konzentrationen aufstellen, wie das in Abb. 394 geschehen ist. Da zeigt sich, daß das Maximum mit steigender Konzentration immer mehr zur y-Achse hinüberwandert und dann z. B. die 0,7 vH-Linie einen Charakter

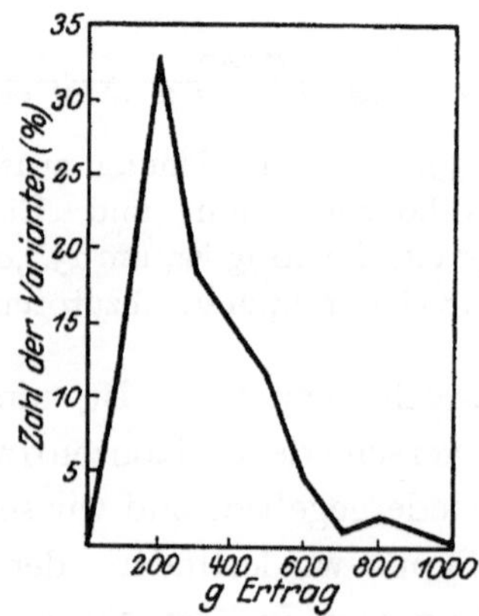

Abb. 395. Die Variabilität eines Sämlingsstammes der Kartoffel. Ernteertrag in Gramm.

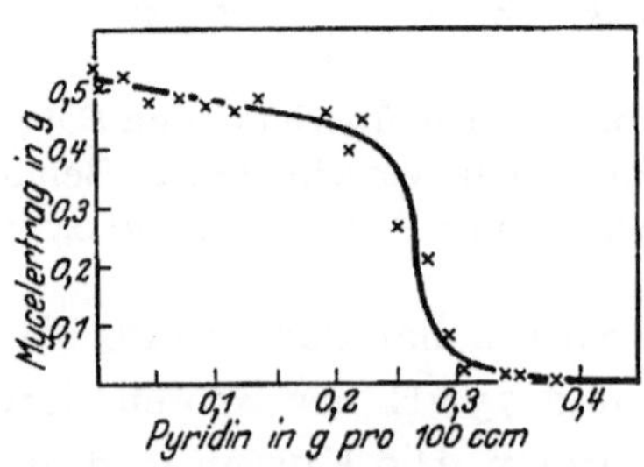

Abb. 396. Die Giftigkeit von Pyridin für *Aspergillus niger*.

annimmt, den wir aus unseren Abb. 88 rechts und 93 links kennen, so daß wir vermuten dürfen, daß bei diesen, wie bei den Variationskurven überhaupt, diese Kurvenform als Grundlage für ihre Analyse gewählt werden muß.

Auf S. 328 habe ich schon kurz auf die Bedeutung von Gedankengängen hingewiesen, die aus der Anwendung des Exponentialgesetzes für die Vererbungslehre sich ergeben. In diesem Zusammenhang sei darum in Abb. 395 eine Variationskurve nach K. O. Müller reproduziert, welche die Zahl der Varianten eines Sämlingsstammes von der Kartoffel für die verschiedenen Erträge angibt. Auch diese Kurve läßt die Vermutung aufkommen, daß das Exponentialgesetz ebenso in der Variationsstatistik und damit in der Vererbungslehre nutzbar gemacht werden kann wie auf anderen biologischen Forschungsgebieten.

Eine ähnliche Kurve, wie wir sie beim Absterben der Sporen von *Botrytis* kennen gelernt haben, zeigt Abb. 396 nach Jewson und Tattersfield für die Giftigkeit von Pyridin für *Aspergillus niger*, in welcher als Ordinate der Ertrag an Pilzmyzel in Gramm, als Abszisse die Gramm Pyridin pro 10 occm aufgetragen sind. Auch für tierische Organismen gelten die gleichen Grundsätze wie bei den Pilzen, so daß wir auf diesem Wege zu Gesetzmäßigkeiten gelangen, welche der lebendigen Substanz überhaupt zu eigen sein müssen. Abb. 397 zeigt nach Zahlen von Lloyd für die Tomatenmotte *Hadena oleracea* dieselben Verhältnisse wie Abb. 387, wenn die Prozente über-

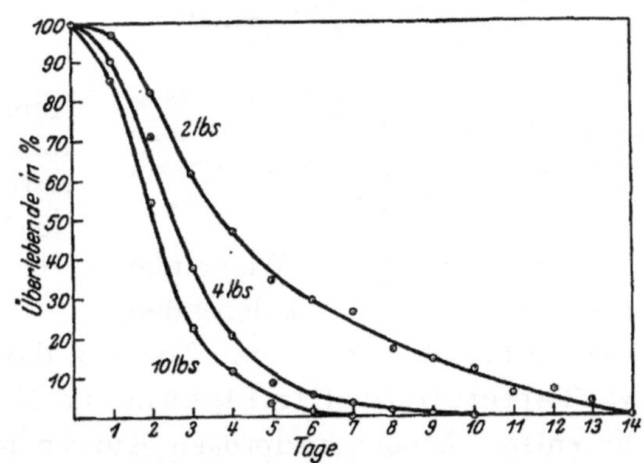

Abb. 397. Die überlebenden *Hadena*-Raupen an den verschiedenen Tagen nach der Spritzung der Tomatenblätter mit Bleiarsenat in verschiedener Konzentration.

lebender Raupen an den aufeinander folgenden Tagen nach einer Spritzung mit Bleiarsenat (20 vH As_2O_3) eingetragen werden, und zwar für verschiedene Konzentrationen (lbs. pro 100 gals.). Auch hier erfolgt das Absterben um so schneller, je mehr Gift den Tieren auf den Tomatenblättern zum Fraß geboten wird.

Denselben Einfluß auf den Kurvenverlauf hat es, wenn nicht größere Konzentrationen eines Giftes, sondern Gifte verschiedener Stärke auf den Organismus wirken. In Abb. 398 ist nach Jewson und Tattersfield der toxische Effekt auf Milben bei wachsenden Konzentrationen von Dämpfen von Pyridin (Kreuze) und Anilin (Kreise) dargestellt. Die Konzentration ist in Millionen Grammolekül pro 1000 ccm angegeben, die Überlebenden in Prozenten der Überlebenden des Kontrollversuchs. Den zeitlichen Verlauf des Absterbens der Milben zeigt Abb. 399, und

zwar die Kreuze für Anilin bei sofortiger Kontrolle der Tiere, die Punkte
für Pyridin bei sofortiger Kontrolle, die Kreise für Pyridin bei einer Kontrolle nach 12 Stunden, die Dreiecke für Ammoniak bei einer Kontrolle

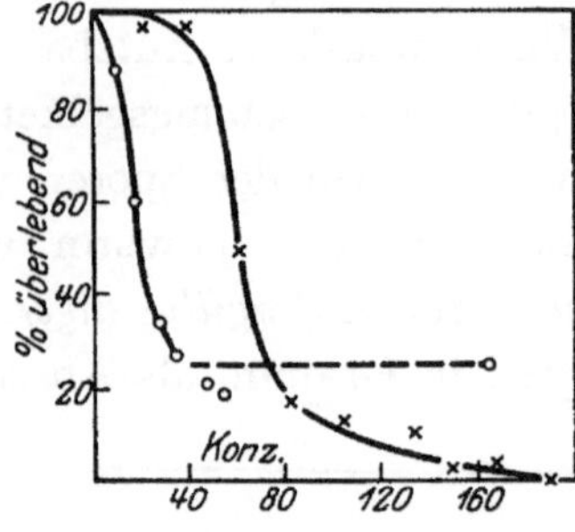

Abb. 398. Der toxische Effekt wachsender Konzentration von Dämpfen
von Pyridin (×) und Anilin (○) auf
Milben.

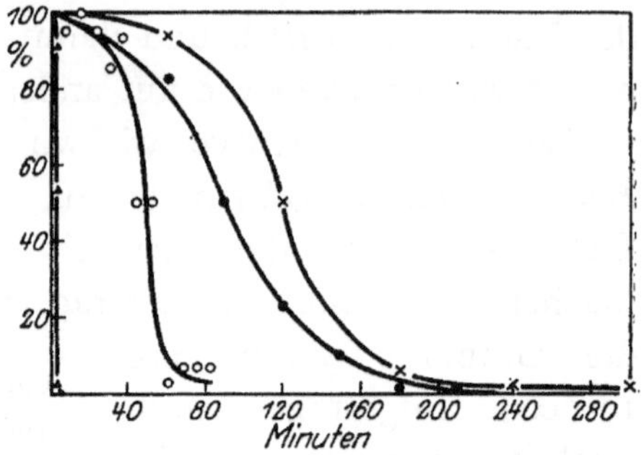

Abb. 399. Die Wirkung von giftigen
Dämpfen auf Milben, × Anilin (sofortige Kontrolle), ● Pyridin (sofortige Kontrolle), ○ Pyridin (Kontrolle
nach 12 Stunden), △ Ammoniak (Kontrolle nach 1—2 Stunden).

nach 1—2 Stunden. Wenn man
nicht die Zahl der Überlebenden,
sondern die Sterbenden und Toten in das Koordinatensystem einträgt,
wie Tattersfield, Gimingham und Morris es taten, so erhält man
die entsprechenden reziproken Kurven in der Form unserer Abb. 75,
ähnlich wie wir es bei Abb. 372 besprochen haben. Abb. 400 gibt die
Verhältnisse für die Giftwirkung von o-Cresol (1) und o- und p-Nitroanisol (2) auf die Blattlaus
Aphis rumicis wieder.

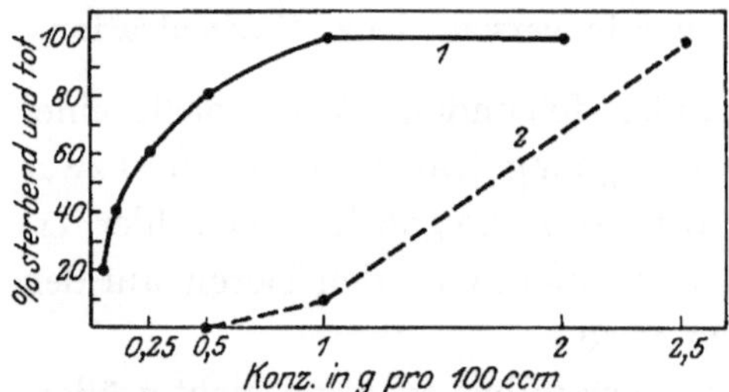

Abb. 400. Die Giftwirkung von o-Kre-
sol (*1*) und o- und p-Nitroanisol (*2*) auf
Aphis rumicis.

Wenn wir aus diesem Tat-
sachenmaterial die Gesichtspunkte herauszustellen versuchen, welche die Grundlage
einer allgemeinen Bekämpfungslehre abgeben müssen, so tritt
der Tod des Schädlings als Ziel
der angewandten Biologie zunächst in den Vordergrund. Die

Bekämpfung wird in der Hauptsache eine örtliche sein und sich gegen
diejenigen Schädlinge richten, welche an dieser Örtlichkeit vergesell-
schaftet sind. Wir haben aber gesehen, daß der innere Zustand der
Individuen und damit ihre Widerstandskraft unterschiedlich ist. Darum

ist die Kenntnis von der Lebensgeschichte ein unbedingtes Erfordernis für die richtige Anwendung einer Bekämpfungsmaßnahme.

Durch den Tod des Schädlings soll die Gesundung des geschädigten Organismus (Mensch, Nutztier, Kulturpflanze) oder der Schutz des gefährdeten Materials (Nahrung, Kleidung, Wohnung) gewährleistet werden, darum müssen die Bekämpfungsmittel so abgestimmt sein, daß sie nicht auch das zu Heilende schädigen. Hinzu kommt noch, daß je nach den vorliegenden Verhältnissen Rücksicht auf die Art der Applikation zu nehmen ist. Im Pflanzenschutz sind, wie wir sahen, z. B. die Haft-, Benetzungs- und Schwebefähigkeit der Mittel für die praktische Anwendbarkeit wichtig. Wir haben ferner gesehen, daß die Durcharbeitung der Probleme mit den durch das Exponentialgesetz gegebenen Methoden eine vergleichbare Charakterisierung der verschiedenen Mittel erwarten läßt.

Eine allgemeine Bekämpfungslehre muß vornehmlich die beiden Gesichtspunkte Heilung und Schädigung gegeneinander abwägen und die Kriterien für die Bewertung der benutzten Maßnahmen ausfindig zu machen suchen. Aus den bisherigen Betrachtungen dürfte deutlich hervorgehen, daß dazu die Kenntnis der bei den ablaufenden Vorgängen gültigen Gesetzmäßigkeiten von grundlegender Bedeutung ist. Da das Exponentialgesetz die offenbar vorliegenden funktionalen Beziehungen mathematisch zu formulieren bestrebt ist, läßt sich ein Vergleich zahlenmäßig ermöglichen. Die tatsächliche, biologisch begründete Bedeutung des chemotherapeutischen Index, welcher ja das Verhältnis Heilung zu Schädigung zum Ausdruck bringen soll, muß durch die Kurvenanalyse im Rahmen des Exponentialgesetzes ebenso ermittelt werden wie z. B. die des respiratorischen Quotienten und Temperaturkoeffizienten.

Wenn wir den Tod des Schädlings und die Gesundung des Nützlings als Ziel hinstellen, so wird es nicht immer leicht sein, ein Bekämpfungsmittel zu finden, dessen Wirkungskurven für beide Organismengruppen sehr weit auseinander liegen, trotzdem natürlich die Auffindung solcher Stoffe anzustreben ist. Eine amerikanische Methode, auf tausend Versuchsparzellen Hunderte von Bekämpfungsmethoden und -mitteln auszuprobieren, führt bei genügender Breite der Versuche sicherlich zu brauchbaren Ergebnissen, jedoch werden wir in Deutschland in absehbarer Zeit die Kosten dafür nicht aufbringen können. Ich betrachte es für uns als ein Haupterfordernis in der Pflanzenschutzforschung, für die speziellen Bedürfnisse die allgemeinen Grundlagen einer Schädlingsbekämpfung zu schaffen. Daß das Exponentialgesetz in der Lage ist, die Basis abzugeben, auf der wir unsere Kenntnisse von den Gesetzmäßigkeiten des Lebensgeschehens und besonders auch von den Reaktionsgesetzen z. B. bei der Vergiftung erweitern können, hoffe ich in den Ausführungen dieses Buches gezeigt zu haben.

Aber damit, daß wir den Tod der Schädlinge hervorrufen, ist die Bekämpfungsmöglichkeit noch nicht erschöpft. Wir haben ausführlich begründet, daß jedes Ereignis im Individualzyklus in irgendeiner Form im Organismus nachwirkt. Bei der Mehlmotte genügten verhältnismäßig geringe CO_2-Gaben, um die Fortpflanzung auszuschalten und auch das Absterben erfolgt in den besprochenen Fällen bei Sporen und Raupen im Laufe bestimmter Zeiten ganz gesetzmäßig. Wenn es sich nicht darum handelt, einen Bestand von Kulturpflanzen durch schnell wirkende Maßnahmen zu schützen, sondern wenn man Schädlingsbekämpfung gewissermaßen auf längere Sicht treibt, wird man auf die Schädlinge durch verhältnismäßig geringe Giftdosen so einwirken können, daß sie langsam dezimiert werden.

So berichtet z. B. Speyer:

„Aus einer großen Zahl von Arsenvergiftungsversuchen des Jahres 1922, die mit *Lymantria dispar* durchgeführt waren, wurden alle bei Schluß der stets eine Woche dauernden Versuche noch lebenden Raupen wieder mit normalem Futter ernährt. Obwohl diese Raupen in der Folge eine höhere Sterblichkeit zeigten als die nicht vorbehandelten Kontrolltiere, vollendeten doch mehrere ihre Verwandlung bis zum Falter. Diese kopulierten und die Weibchen legten in normaler Weise ihre Eierschwämme ab. Während aber später aus den Eiern der Kontrolltiere Hunderte von Räupchen schlüpften, erhielt ich aus denen der Versuchstiere nicht 1 Stück. Ob bereits die Eier nicht befruchtet waren, oder ob die Embryonen nicht genügende Lebenskraft besaßen, blieb hier ungeklärt. Jedenfalls hatte eine Arsenvergiftung, die zu schwach war, die Raupen selbst zu töten, nachgewirkt.“

Wenn wir die oben besprochene Einwirkung des Hungerns oder sonstiger Ereignisse, die vielfach in Unbilden der Witterung und des Klimas bestehen, hinzunehmen, so haben wir in allen Fällen, auch bei der Vergiftung mit subletalen Giftdosen und bei der durch CO_2-Beigasung bewirkten Zustandsänderung, ein und dasselbe Problem vor uns, dessen Lösung den Pflanzenschutz in ganz neue Bahnen zu lenken vermag, denn es handelt sich dann nicht mehr darum, den Tod des Schädlings hervorzurufen, sondern lediglich um die bewußt geleitete Änderung des lebendigen Ablaufs. Der wirtschaftliche Vorteil würde in einer wesentlichen Verbilligung der Bekämpfungsmethoden bestehen.

Mir scheint es aber zwecklos, hier mit einfachen, gelegentlich durchgeführten Orientierungsversuchen auskommen zu wollen, es bedarf vielmehr diese Frage einer ganz spezifizierten Sonderbearbeitung. Da die Nachwirkungserscheinungen, wie wir mehrfach betonen konnten, gesetzmäßig von der Größe des stattgehabten Ereignisses, hier also der Giftzufuhr, abhängig sind, wird das Exponentialgesetz das Leitmotiv der Untersuchung bilden müssen.

Die Nachwirkungserscheinungen faßte Heubner unter dem Begriff der Pathobiose zusammen, die ihrer Wesensart nach in einer Erkrankung von Zellen besteht, die daran nicht sterben, aber sich auch nicht rasch erholen. Herr Professor Heubner hatte seinerzeit die Liebenswürdigkeit mir mitzuteilen, daß er dafür lieber den Ausdruck Allobiose setzen und ihn für biologische Zustände gebrauchen möchte, die nach einem bestimmt zu formulierenden Eingriff zurückbleiben, nachdem der Eingriff und seine unmittelbarsten Folgen (z. B. die Lähmung bei der CO_2-Begasung der Mehlmotten) vorüber sind und die eine deutliche Differenz gegenüber dem Zustand vor dem Eingriff aufweisen; dabei speziell toxische Allobiose, wenn nach Entfernung des Giftes für längere Zeit solche Differenzen bestehen bleiben, Pathobiose bei Veränderungen degenerativer Art, Eubiose bei gesteigertem Wachstum und dergleichen. Letzteres ist z. B. der Fall bei den durch Popoff in den letzten Jahren bearbeiteten Stimulationen. Über die Bedeutung solcher allobiotischer Zustände für die Pharmakologie hat Heubner in seinem Aufsatz über Pathobiose ausführlich berichtet, so daß ich hier darauf verweisen kann. Für den Pflanzenschutz, den wir bei diesen Betrachtungen in den Vordergrund gestellt haben, würde also eine Gesunderhaltung der Pflanzenkulturen durch die planmäßige Durchführung von Maßnahmen möglich sein, die darauf abzielen, allobiotische Zustände bei den schädlichen Organismen hervorzurufen und eventuell gesteigerte Widerstandsfähigkeit (Eubiose) bei den Kulturpflanzen zu erwecken.

Es kommt also bei der Bewertung eines Bekämpfungsmittels nicht allein darauf an, daß es die Schädlinge sämtlich abtötet, sondern es muß auch seine allobiotische Wirkung mit einbezogen werden. Es sind diese Gesichtspunkte nicht nur für die Rentabilität der Bekämpfung, sondern auch vor allem deswegen von Bedeutung, weil durch geringere Giftdosen oder schwächere Gifte auch die Schädigungsgefahr (Verbrennungen) der Pflanzen bedeutend herabgesetzt wird. Weil man auch schwächere Gifte verwenden kann, wird naturgemäß auch die

Auswahl unter den Giftstoffen erleichtert. Die Herbeiführung des baldigen Todes scheint auch insofern in manchen Fällen nicht notwendig, als man sich vielfach damit begnügen kann, daß die Tiere innerhalb einer bestimmten Zeit absterben. Man wird unter Umständen z. B. bei Käfern einen verhältnismäßig wenig schädigenden Reifungsfraß mit in Kauf nehmen, während dieser Zeit den Tieren aber nur soviel Gift applizieren, daß sie gerade absterben, bevor die Eiablage beginnt.

In Abb. 399 haben wir gesehen, daß die Kurven steiler verlaufen, wenn man die Tiere nicht sofort, sondern erst nach einer bestimmten Zeit kontrolliert. Es ist klar, daß diese Änderung des Kurvenverlaufs, die vermutlich von sich aus ebenfalls nach einer exponentialen Gesetzmäßigkeit vor sich geht, bei der Beurteilung von Bekämpfungsversuchen voll berücksichtigt werden muß. Andererseits aber zeigt sie auch, daß durch die Giftzufuhr krankmachende Schädigungen erzeugt werden, die erst allmählich zum Tode führen. Gerade die Art und den Charakter dieses durch applizierte Gifte hervorgerufenen Zustandes näher zu untersuchen, wird zu den nächstliegenden Hauptaufgaben einer angewandten Toxikologie gehören, und ich habe in dieser Richtung umfassende Versuchsreihen begonnen, welche den gesetzmäßigen Verlauf derartiger Krankheiten erweisen sollen.

Es ergibt sich, nach allem, was wir gesagt haben, eine große Fülle von Problemen, die einer Lösung harren, die um so dringlicher versucht werden muß, je mehr wir bestrebt sein müssen, in der Erkenntnis der Naturgesetze weiterzukommen, um sie im Dienste der Menschheit nutzbar machen zu können. Die reine Empirie kann nur dann Erfolg versprechen, wenn sie großzügig durchgeführt wird, und das wird in einem armen Staate wie Deutschland vorläufig nicht in der nötigen Breite möglich sein. So müssen wir mehr in die Tiefe gehen und den grundsätzlichen Fragen größten Wert beimessen, um auf diesem Wege trotz aller Geldnot das zu erreichen, was die Praxis von uns fordert. Daß aber auch die bestens ausgebaute, großzügige Organisation der angewandten Entomologie in den Vereinigten Staaten von Nordamerika ohne solche grundlegenden Untersuchungen nicht mehr weiterkommt, zeigen die jüngsten Auslassungen L. O. Howards, des langjährigen Direktors des Bureau of Entomology of the U. S. Department of Agriculture. Er sagt u. a. folgendes:

Es liegt ein dringendes Bedürfnis nach Geldmitteln vor, die ausreichen, langfristige und vertiefte Untersuchungen über viele Fragen zu sichern, die zu den Insekten in Beziehung stehen. Diese Lebewesen weichen in den meisten Dingen wesentlich von allen anderen Lebensformen ab, von denen wir einigermaßen genaue Kenntnisse haben. Wir besitzen z. B. noch keine genügende Aufklärung über so einfache Fragen wie Gesicht, Gehör, Geruchs- und Tastsinn; wir wissen nichts Bestimmtes, was es mit gewissen Pflanzen oder Nährstoffen auf sich hat, welche die Insekten anziehen, wir wissen praktisch nichts über das Ernährungsproblem und die Krankheiten der Insekten oder über den Einfluß von Temperatur und Feuchtigkeit. Der Kampf gegen die Insekten darf nicht halbblindlings geführt werden wie bisher, sondern wir müssen ein völliges Verständnis für alle mit ihnen zusammenhängenden Umstände haben. Mit dieser Kenntnis wird die Insektenbekämpfung sich möglicherweise als eine verhältnismäßig einfache Sache herausstellen. Ohne sie arbeiten wir mehr oder weniger im Dunkeln.

Das Gleiche gilt auch für die Pilze und Bakterien. Ich hoffe gezeigt zu haben, daß das Exponentialgesetz die Basis abgeben kann, auf welcher eine planmäßig durchgeführte Arbeit geleistet werden kann, wie Howard sie fordert. In einem anderen Aufsatz sagt Howard:

„Die mathematische Richtung für biologische Arbeit ist bisher von vielen Entomologen noch nicht genügend beachtet worden. Wir dürfen diese Bewegung nicht vernachlässigen. Wenn wir das tun, würden wir sehr viel von der Bedeutung der biologischen Forschungsliteratur einbüßen und unseren eigenen Arbeiten würde das Wertvolle, das aus diesen mathematischen Methoden gewonnen werden kann, fehlen."

Schluß.

Wenn wir in den vorangegangenen Abschnitten versucht haben, einen Einblick in den gesetzmäßigen Zusammenhang der Lebenserscheinungen zu gewinnen, so tritt vor allem in den Vordergrund, daß die Abhängigkeiten und Beziehungen immer einen Charakter aufweisen, wie ihn die entwickelten exponentialen Funktionen zeigen. Es ergibt sich ein äußerst variables System von Kurventypen, das dann noch eigenartiger wird, wenn wir z. B. Quotienten, wie den respiratorischen Quotienten, den Temperaturkoeffizienten oder den chemotherapeutischen Index betrachten, die sich dann auch in Abhängigkeit von den Systembedingungen gesetzmäßig ändern.

Wir waren in der Lage, durch die Addition und die Heranziehung reziproker Funktionen sämtliche besprochenen Kurven, auch solche mit sehr verwickeltem Verlauf, aus einer einzigen Funktion, der Exponentialfunktion bzw. der logarithmischen Linie, zu entwickeln. Da sich diese Funktion aus dem Massenwirkungsgesetz ableiten läßt und damit für das Naturgeschehen überhaupt zur Grundlage wird, ist das biologische Geschehen durch das Exponentialgesetz mit jenem innerlich verbunden. Wenn man dann noch hinzuzieht, daß man z. B. für Abklingungserscheinungen die Exponentialfunktion mit trigonometrischen Funktionen verknüpft hat, indem man ihnen die Formel $e^{-x}\cos \pi x$ gab, so müssen wir in dem Exponentialgesetz notwendig eine höhere Naturgesetzlichkeit sehen. Mit Bestimmtheit läßt sich das aber erst sagen, wenn sich auch in anderen naturwissenschaftlichen Disziplinen die Gesichtspunkte des Exponentialgesetzes als richtig erweisen.

In der Biologie konnten wir mit Gleichungen z. B. vom Typus

$$y = m\,a^x,$$

$$y = 1 - e^{-x},$$

$$y = \log \frac{a}{a-x}$$

oder $\qquad x \cdot y = c$

meist nicht auskommen, und das scheint auch, soweit ich sehen kann, in der Chemie und Physik vielfach der Fall zu sein. Denn man findet auch hier in vielen Fällen Abweichungen von den unterstellten funktionalen Beziehungen, welche sich allem Anschein nach durch das Kurvensystem des Exponentialgesetzes erfassen lassen. Jedenfalls scheint überall da, wo man Gerade, Hyperbeln oder Parabeln zur Grundlage nahm oder mit einer einfachen logarithmischen Linie zurecht zu kommen suchte, eine Prüfung mit den Methoden des Exponentialgesetzes durchaus nicht unangebracht. Es muß aber betont werden, daß Abhängigkeiten, die sich durch exponentiale oder logarithmische Funktionen irgendwelcher Art wiedergeben lassen, damit schon als dem Exponentialgesetz unterworfen anzusehen sind.

In der Biologie finden sich Ansätze dazu, durch Addition exponentialer Funktionen den Tatsachen (Pulsfrequenz, Zahl der Atemzüge) näher zu kommen, bei Araky z. B. $y = e^{-at}(c_1 e^{kt} + c_2 e^{-kt})$, im allgemeinen jedoch blieb man bei den erwähnten einfachen Funktionen stehen. Wenn diese auch als Recheninstrumente für Überschlagsrechnungen eine gewisse Bedeutung behalten werden, so müssen wir doch versuchen, den tatsächlich vorliegenden inneren Gesetzmäßigkeiten näher zu kommen, selbst dann, wenn ihr mathematischer Ausdruck kompliziertere Formen annimmt, denn wir legen Gewicht darauf, daß sich die biologischen Gesetzmäßigkeiten sämtlich aus einem einzigen Gesetz herleiten. In anderen Fällen stellen jedoch unsere exponentialen Funktionen die ermittelten Tatsachen einfacher dar als die bisher dafür aufgestellten, manchmal sehr langen Formeln.

Es ist selbstverständlich, daß die Methoden des Exponentialgesetzes noch der genauesten Durcharbeitung bedürfen, vor allem werden die mathematischen Methoden zur Darstellung von Vorgängen, die von mehreren Komponenten abhängen, weitgehend herangezogen werden müssen, z. B. bei der Abhängigkeit der Lebenserscheinungen der Insekten von Klima und Witterung, insbesondere von Temperatur und Feuchtigkeit. Jedoch wird das nur an einzelnen genau durchzuarbeitenden Beispielen geschehen können.

Aus den vorhergehenden Darlegungen geht aber soviel hervor, daß es durchaus nicht unmöglich erscheint, trotz der Kompliziertheit des lebendigen Geschehens die Gesetzmäßigkeiten der Lebenserscheinungen unter einem einheitlichen, mathematisch zu formulierenden Gesichtspunkt zu erfassen und den Zusammenhang des Lebensgeschehens mit dem Naturgeschehen zu begreifen.

Ich habe mich bewußt auf die Biologie beschränkt und versucht, hier die Gültigkeit des Exponentialgesetzes zu erweisen und halte mit dem Urteil, wie weit seine Kurvenformen auch in Physik und Chemie realisiert sind, zurück, trotzdem ich den Eindruck habe, daß das Exponentialgesetz auch da weitgehend die Naturvorgänge beherrscht. Wenn es z. B. gelingen würde, die Gültigkeit des Exponentialgesetzes bei atomaren und molekularen Prozessen nachzuweisen, was nach den mir zu Gesicht gekommenen Kurven durchaus wahrscheinlich ist, so würde es den Charakter eines Naturgesetzes erhalten, dem sowohl das chemische und physikalische wie das biologische Geschehen unterworfen ist.

Vorläufig jedoch müssen wir uns bescheiden und an Einzelerscheinungen nachzuweisen versuchen, wie der Ablauf gesetzmäßig vor sich geht. Das Objekt des Biologen ist der lebendige Organismus, dessen Lebensäußerungen er in Beziehung zueinander und zu seiner Umwelt setzt. Wenn es gelingt, die Gesetzmäßigkeiten des Reaktionsverlaufs zu formulieren — und dazu zeigt, wie wir gesehen haben, das Exponentialgesetz den Weg —, so liegt darin die Grundlage einer wahrhaft vergleichenden Biologie.

Schriftenverzeichnis.

Abderhalden, E.: Studien über das Wachstum von Raupen, Hoppe-Seylers Zeitschr. f. physiol. Chem. **127**, 93. 1923. — Derselbe und Paffrath, H., Beitrag zur Frage der Inkret-(Hormon-)Wirkung des Cholins auf die motorischen Funktionen des Verdauungskanals I. Pflügers Arch. f. d. ges. Physiol. **207**, 228. 1925. — Derselbe und Wertheimer, H.: Weitere Beiträge zur Kenntnis von organischen Nahrungsstoffen mit spezifischer Wirkung VII. Pflügers Arch. f. d. ges. Physiol. **191**, 258. 1921.

Appel, O. und Riehm, E.: Die Bekämpfung des Flugbrandes von Weizen und Gerste, Arb. a. d. biol. Reichsanst. f. Land- u. Forstwirtschaft **8**, 343. 1911.

Araky, S.: Beiträge zur harmonischen Kurvenanalyse. Zeitschr. vergl. Physiol. **8**, 405. 1908.

Atzler, E., Herbst, R. und Lehmann, G., Arbeitsphysiologische Studien mit dem Respirationsapparat. Biochem. Zeitschr. **143**, 10. 1923.

Babak, E.: Die Mechanik und Innervation der Atmung, in: Winterstein, Handb. d. vergl. Physiol. **1**, II, 456. 1921.

Bachmetjew, P.: Experimentelle entomologische Studien. II. Sophia, 1907.

Bailey, I. W.: The cambium and its derivation tissues IV. Americ. journ. of botany, **10**, 499. 1923.

Basler, A.: Hautsinne, Handwörterb. d. Naturwiss. **5**, 245. 1914.

Bechhold, H.: Die Kolloide in Biologie und Medizin, Dresden 1912.

Bergter, F.: Der zeitliche Verlauf der Adsorption von Gasen durch Holzkohle. Ann. d. Physik (4), **37**, 472, 1912.

Berridge, E. M.: The influence of hydrogen-jon concentration on the growth of certain bacterial plant parasites and saprophytes. Ann. of appl. biol. **11**, 73. 1924.

Bethe, A., v. Bergmann, G., Embden, G., Ellinger, A.: Handb. der norm. u. pathol. Physiol. 1925.

Bliss, C. J.: Temperature characteristics for prepupal development in Drosophila melanogaster. Journ. of gen. physiol. **9**, 467. 1926.

Blunck, H.: Die Entwicklung des Dytiscus marginalis L. vom Ei bis zur Imago. 2. Teil. Die Metamorphose (B. Das Larven- und das Puppenleben). Zeitschr. wiss. Zool. **121**, 171. 1923. — Derselbe und Janisch, Rud.: Bericht über Versuche zur Bekämpfung der Rübenaaskäfer im Jahre 1923. Arb. a. d. biol. Reichsanst. f. Land- u. Forstwirtschaft **13**, 433. 1925.

Bodenheimer, F. S.: Über die Voraussage der Generationenzahl von Insekten II. Die Temperaturentwicklungskurve bei medizinisch wichtigen Insekten. Zentralbl. f. Bakteriol. Parasitenk. u. Infektionskrankh., Abt. I, 93, 474. 1924. — Derselbe: On predicting the development cycles of insects, I. Ceratitis capitata Wied. Bull. Soc. royale entomol. d'Egypte, Année 1924, Cairo 1925, S. 149. — Derselbe: Die Bedeutung des Klimas für die landwirtschaftliche Entomologie. Zeitschr. f. angew. Entom. 12, 91. 1926.

Börner, C.: Beiträge zur Kenntnis vom Massenwechsel (Gradation) schädlicher Insekten. Arb. a. d. biol. Reichanst. f. Land- u. Forstwirtschaft 10, 405. 1921.

Boysen Jensen, P.: Studien über die Kinetik der Zymasegärung. Biochem. Zeitschr. 154, 235. 1924.

Britten, R. H.: Some tendencies indicated by the new life tables. Treas. Dep. U. S. Public Health Service, Nr. 912, Washington 1924.

v. Buddenbrock, W. und v. Rohr, G.: Einige Beobachtungen über den Einfluß der Temperatur auf den Gasstoffwechsel der Insekten. Pflügers Arch. f. d. ges. Physiol. 194, 468. 1922. — Derselbe: Die Atmung von Dixippus morosus. Zeitschr. f. allgem. Physiol. 20, 111, 1923. — Derselbe: Grundriß der vergleichenden Physiologie I, II, Berlin 1924.

Caspari, W. und Schilling, E.: Der Eiweißstoffwechsel, in: C. Oppenheimer, Handb. d. Biochemie 8, 636. 1925.

Chick, H.: An investigation of the laws of disinfection. Journ. of hygiene 8, 92. 1908. — Derselbe and Martin, J.: On the „heat coagulation" of proteins. Journ.. of physiol. 40, 404. 1910.

Clayton, E.: The relation of temperature to the fusarium wilt of the tomato. Americ. journ. of botany 10, 71. 1923.

Cunliffe, N., Fryer, J. C. F. and Gibson, G. W.: Studies on Oscinella frit L., the correlation between stage of growth of stem and susceptibility to infection. Ann. of appl. biol. 12, 516. 1925.

Demoll, R. und Strohl, J.: Temperatur, Entwicklung und Lebensdauer. Biol. Zentralbl. 29, 427. 1909.

Dessauer, F.: Natur, Leben, Religion. Bonn 1924.

Detmer, W.: Das kleine pflanzenphysiologische Praktikum, Jena 1903.

van Dillewijn, C. und Jacob, J. C.: Temperatur und Erregbarkeit bei Helix pomatia. Pflügers Arch. f. d. ges. Physiol. 205, 188. 1924.

Dry, F. W.: An attempt to measure the local and seasonal abundance of the swede midge in parts of Yorkshire over the years 1912 to 1914. Ann. of. appl. biol. 2, 81. 1915/16.

Duclaux, E.: Traité de microbiologie I, II. Paris. 1898/99.

Ege, R.: Zur Bestimmung von freiem und gebundenem Pepsin im Mageninhalt. Biochem. Zeitschr. 145, 66. 1924. — Derselbe: Einfluß der Temperatur und der Reaktion auf Pepsindestruktion und -aktivität. Hoppe-Seylers Zeitschr. f. physiol. Chem. 143, 159. 1925.

Ehrenberg, R.: Theoretische Biologie vom Standpunkt der Irreversibilität des elementaren Lebensvorganges. Berlin 1923.

Eichholtz, F.: Über das Refraktärstadium im Reflexbogen. Zeitschr. f. allgem. Physiol. 16, 535. 1914.

Eichwald, E. und Fodor, A.: Die physikalisch-chemischen Grundlagen der Biologie. Berlin 1919.

Einthoven, W. und Hoogerwerf, S.: Der Saitenphonograph. Pflügers Arch. f. d. ges. Physiol. 204, 274. 1924.

Ernström, E.: Über den Temperaturkoeffizienten der Stärkespaltung und die Thermostabilität der Malzamylase und des Ptyalins. Hoppe-Seylers Zeitschr. f. physiol. Chemie 119, 190. 1922.

Escherich, K.: Die Forstinsekten Mitteleuropas 1. Berlin 1914.

v. Euler, H. und Myrbäck, K.: Zur Kenntnis der Trockenhefe. Hoppe-Seylers Zeitschr. f. physiol. Chem. 117, 28. 1921. — Dieselben: Über die Inaktivierung der Sacharase durch kleine Mengen von Silbersalzen. Ebenda. 121, 177. 1922. — Dieselben: Kinetische Untersuchungen an Saccharase. Ebenda 124, 159. 1923. — Dieselben: Gärungs-Co-Enzym (Co-Zymase) der Hefe I, Ebenda 131, 179. 1923. III: 136, 107. 1924. Derselbe: Beschleunigung der Gärtätigkeit frischer Hefe durch den Biokatalysator Z. Ebenda 141, 297. 1924. — Derselbe und Svanberg, O.: Über die Regeneration inaktivierter Saccharase durch Dialyse. Ebenda 114, 137. 1921.

Flury, F.: Über Kampfgasvergiftungen I. Über Reizgase. Zeitschr. f. d. ges. exper. Med. 13, 1. 1921.

Fodor, A.: Das Fermentproblem. Dresden-Leipzig 1922.

Freundlich, H.: Kapillarchemie, Leipzig 1922. — Derselbe: Kolloidchemie und Biologie. Dresden-Leipzig 1924.

Frey, E.: Ein Versuch, den Verlauf der Kontraktion am Herzen und Muskel auf Stoffwechselvorgänge zurückzuführen. Pflügers Arch. f. d. ges. Physiol. 184, 156. 1920.

Fröschel, P.: Über allgemeine, im Tier- und Pflanzenreich geltende Gesetze der Reizphysiologie. Zeitschr. f. allgem. Physiol. 11, 371. 1910.

Galeotti, G.: Ricerche de elettrofisiologia secondo i criteri dell' elettrochimica. Ebenda 8, 191. 1908.

Gassner, G. und Esdorn, J.: Beiträge zur Frage der chemotherapeutischen Bewertung von Quecksilberverbindungen als Beizmittel gegen Weizensteinbrand. Arb. a. d. biol. Reichsanst. f. Land- u. Forstwirtschaft 11, 373. 1923. — Derselbe und Rabien, H.: Untersuchungen über die Bedeutung von Beiztemperatur und Beizdauer für die Wirkung verschiedener Beizmittel. Ebenda 14, 367. 1926.

Gebbing, J.: Seidenraupenzucht. Leipzig 1925.

Goodspeed, T. H.: The temperature coeffizient of the duration of life of barley grains. Botan. gaz. 51, 220. 1911.

Hagen, O.: Furuens og granens frøsaetning i Norge. Medd. Nr. 2 fra vestlandets forstlige førsøksstation. Bergen 1917.

Hammarsten, E.: Zur Kenntnis der biologischen Bedeutung der Nuklein-
säureverbindungen. Biochem. Zeitschr. **144**, 383. 1924.

Hammarsten, H.: Untersuchungen einiger hochmolekularer Elektrolyte
mit Hinsicht auf ihre Bedeutung in der Zelle. Ebenda **147**, 481. 1924.

Handovsky, H.: Untersuchungen über partielle Hämolyse. Arch. f. exp.
Path. u. Pharmak. **69**, 412. 1912. — Derselbe: Leitfaden der Kolloidchemie für Biologie und Medizin. Dresden 1922. — Derselbe: Arznei-
wirkung und Giftempfindlichkeit der Zellen und der Gewebe. Klin.
Wochenschr. 1. Jg., Nr. 31, 1541, 1922.

Harms, J. W.: Individualzyklen als Grundlage für die Erforschung des
biologischen Geschehens. Schriften d. Königsberger Gelehrten Gesellsch.,
Naturwiss. Kl. 1, 1, 1. 1924.

Hase, A.: Beiträge zu einer Biologie der Kleiderlaus. Flugschr. Dtsch.
Gesellsch. f. angew. Entomol., Nr. 1. Berlin 1915.

Hatano, J.: Über Amygdalinspaltung durch Takadiastase. Biochem.
Zeitschr. **151**, 498. 1924.

Hennichs, S.: Studien über Leberkatalase. Ebenda **145**, 286. 1924.

Herter, K.: Untersuchungen über den Temperatursinn der Hausgrille
(*Acheta domestica* L.) und der roten Waldameise (*Formica rufa* L.).
Biol. Zentralbl. **43**, 282. 1923.

Heubner, W.: Über Pathobiose. Nachr. v. d K. Ges. d. Wiss., Göttingen,
Math.-physik. Klasse, 1922, S. 96. — Derselbe: Probleme der allgemeinen Pharmakologie. Klin. Wochenschr. Jg. 1, Nr. 26, 1289, 1922.

Le Heux, J. W., Storm van Leeuwen, W. und van den Broeke,
C.: Quantitative Untersuchungen über den Antagonismus von Giften II.
Pflügers Arch. f. d. ges. Physiol. **184**, 215. 1920.

Hill, A. V.: The position occupied by the production of heat, in the chain
of progresses constituting a muscular contraction. Journ. of physiol. **42**,
1, 1911.

Hirsch, S.: Das Altern und Sterben des Menschen, in: Bethe und Bergmann
usw. Handb. d. norm. u. path. Physiol, Korrelationen III. **17**, 752. 1926.

Hitchcock, D. J.: Eiweißkörper und Donnan-Gleichgewicht. Ergebn. d.
Physiol. **23**, 1, 274. 1924.

Höber, R.: Lehrbuch der Physiologie des Menschen. Berlin 1920. — Derselbe: Physikalische Chemie der Zelle und der Gewebe. Leipzig 1922.

Holthusen, H.: Beiträge zur Biologie der Strahlenwirkung, Untersuchungen an Ascarideneiern. Pflügers Arch. f. d. ges. Physiol. **187**, 1. 1921.

Homann, H.: Zum Problem der Ozellenfunktion bei den Insekten. Zeitschr.
f. wiss. Biol. Abt. C, **1**, 541. 1924.

Howard, L. O.: A great economic waste, what we are doing and what we
must do if we would check the ravages of insects. Natural history,
Bd. 26, Nr. 2, S. 124, 1926 (deutsch in: Anz. f. Schädlingskunde, 2. Jg.
H. 9, 112, 1926). — Derselbe: Die Bedeutung der Entomologie für die
Welt (Ann. of the Ent. Soc. Am. Vol. 18). Zeitschr. f. angew. Entom.
12, 169. 1926.

Huber, G. und Nipkow, F.: Experimentelle Untersuchungen über Entwicklung und Formbildung von *Ceratium hirundella* O. F. Müller. Flora 116, 114. 1923.

Janisch, E.: Zur Bekämpfungsbiologie des Brotkäfers, *Sitodrepa panicea* L. Arb. a. d. biol. Reichsanst. f. Land- u. Forstwirtsch. 12, 243. 1923. — Derselbe: Über Alterserscheinungen bei Insekten und ihre bekämpfungsphysiologische Bedeutung. Naturwissenschaften 1923. S. 929. — Derselbe: Das Problem der Giftwirkung in der Pflanzenschutzforschung. Zentralbl. f. Bakteriol., Parasitenk. u. Infektionskrankh., Abt. II. 61, 10. 1924. — Derselbe: Über die experimentelle Beeinflussung der Lebensdauer und des Alterns schädlicher Insekten. I. Mitt. Arb. a. d. biol. Reichsanst. f. Land- u. Forstwirtschaft 13, 173. 1924. — Derselbe: Über die Lebensdauer der Tiere. Naturwiss. Monatshefte 5, 83. 1924. — Derselbe: Über die Temperaturabhängigkeit biologischer Vorgänge und ihre kurvenmäßige Analyse. Pflügers Arch. f. d. ges. Physiol. 209, 414. 1925. — Derselbe: Über das Exponentialgesetz und seine Bedeutung für die Pflanzenschutzforschung. Verh. Dtsch. Gesellsch. f. angew. Entomol. (1925) S. 55, 1926. — Derselbe: Der blaue Schinkenkäfer (*Necrobia rufipes de Geer*). Mitt. der Gesellsch. f. Vorratsschutz, 2. Jg. S. 21. 1926.

Jewson, S. T. and Tattersfield, F.: The infestation of fungus cultures by mites. Ann. of appl. biol. 9, 213. 1922.

Joel, A.: Über den Einfluß der Temperatur auf den Sauerstoffverbrauch wechselwarmer Tiere. Hoppe-Seylers Zeitschr. f. physiol. Chem. 107, 231. 1919.

de Istvanffi, Gy: Etudes microbiologiques et mycologiques sur le rot gris de la vigne (Botrytis cinerea — Sklerotinia Fuckeliana). Ann. de l'inst. centr. ampélologique royal hongrois 3, 183. 1905.

Kanitz, A.: Temperatur und Lebensvorgänge. Borntraeger, Berlin 1915. — Derselbe: Temperaturabhängigkeit der Lebensvorgänge, R.G.T.-Regel, in: C. Oppenheimer, Handb. d. Biochemie Bd. 2, 200, Jena 1925.

Kestner, O. und Plaut, R.: Physiologie des Stoffwechsels, in: H. Winterstein, Handb. d. vergl. Physiol. II, 2, 901. 1924.

Kidd, F. and West, C.: Physiological pre-determination: the influence of the physiological condition of the seed upon the course of subsequent growth and upon the yield. Ann. of. appl. biol. 5, 1, 112, 220. 1919.

McKinney, H. H.: Foot-rot diseases of wheat on America. U. S. Dept. Agric. Bull. 1347, 1925.

Koch, E.: Der Kontraktionsablauf an der Kammer des Froschherzens und die Form der entsprechenden Suspensionskurve mit besonderen Ausführungen über das Alles- oder Nichts-Gesetz, die Extrasystole und den Herzalternans. Pflügers Arch. f. d. ges. Physiol. 181, 106. 1920. — Derselbe: Der Längsquerschnittstrom des menschlichen Nerven. Ebenda 206, 81. 1924.

Kopéc, St.: On the heterogeneous influence of starvation of male and of female insects on their offspring. Biol. Bull. **46**, 1, 22, 1924. — Derselbe: Studies on the influence of inanition on the development and the duration of life in insects. Ebenda **46**, 1, 1, 1924.

Korschelt, E.: Lebensdauer, Altern und Tod, Jena 1924.

Kosminsky, P.: Der Gynandromorphismus bei *Lymantria dispar* L. unter der Einwirkung äußerer Einflüsse. Biol. Zentralbl. **44**, 66. 1924.

Kravkov, S. W.: Über das quantitative Gesetz des Abklingens der Nachbilder von weißen und farbigen Lichtreizen. Pflügers Arch. f. d. ges. Physiol. **202**, 112. 1924.

Krizenecki, J.: Über die beschleunigende Einwirkung des Hungerns auf die Metamorphose. Biol. Zentralbl. **34**, 46. 1914.

Krogh, A.: On the rate of development and CO_2-production of chrysalides of Tenebrio molitor at different temperatures. Zeitschr. f. allgem. Physiol. **16**, 178. 1914. — Derselbe: On the influence of the temperature on the rate of embryonic development. Ebenda **16**, 163. 1914.

Kupfmüller, K.: Zur Analyse der Absterbeordnung. Naturwissenschaften **9**, 25. 1921.

Lehmann, E. und Lakshmana, R.: Über die Gültigkeit des Produktgesetzes bei der Lichtkeimung von *Lythrum Salicaria*. Dtsch. bot. Gesellsch. **42**, 65. 1924.

Lipschitz, W. und Gottschalk, A.: Die Reduktion der aromatischen Nitrogruppe als Indikator von Teilvorgängen der Atmung und der Gärung. Eine Methode zur vergleichend-quantitativen Bestimmung biologischer Oxydo-Reduktionen I. Versuch an atmenden Zellen. Pflügers Arch. f. d. ges. Physiol. **191**, 1. 1921. — Derselbe und Rosenthal, B.: Die Oxydationen, in: C. Oppenheimer, Handb. d. Biochem. **2**, 654. 1925.

Lipschütz, A.: Allgemeine Physiologie des Todes. Braunschweig 1915.

Lloyd, Ll: The habits of the glasshouse tomato moth Hadena (Polia) oleracea and its control. Ann. of appl. biol. **7**, 66. 1921.

Loeb, J. und Moore, A. R.: Die künstliche Parthenogenese, in: C. Oppenheimer. Handb. d. Biochem. **2**, 701. 1925.

Lüdtke, M.: Proteinstudien IV, Über die hydrolytische Spaltung von 2,5-Diketopiperazinen und Dipeptiden. Hoppe-Seylers Zeitschr. f. physiol. Chem. **141**, 100. 1924.

Lüers, H. und Lorinser, P.: Über die Hitze und Strahlungsinaktivierung der Malzamylase. Biochem. Zeitschr. **144**, 212. 1924.

Lundegardh, H.: Der Temperaturfaktor bei Kohlensäureassimilation und Atmung. Biochem. Zeitschr. **154**, 194. 1924.

Maier, M. und Lion, H.: Experimenteller Nachweis der Endolymphbewegung im Bogengangsapparat des Ohrlabyrinths bei adäquater und kalorischer Reizung usw. Pflügers Arch. f. d. ges. Physiol. **187**, 47. 1921.

Martini, E.: Über die Wärmesummenregel, Zeitschr. angew. Entomol. **11**, 301. 1925.

Matsuoka, K.: Über die Milchsäurebildung bei der chemischen Kontraktur des Muskels. Pflügers Arch. f. d. ges. Physiol. **204**, 51. 1924.

Matthaei, R.: Reflexerregbarkeit. Zeitschr. f. allgem. Physiol. **20**,35. 1923.

Mason, T. G.: Growth and abscission in Sea Island Cotton. Ann. of botany **36**, 457. 1922.

Meyerhof, O.: Die Energieumwandlungen im Muskel V. Milchsäurebildung und mechanische Arbeit. Pflügers Arch. f. d. ges. Physiol. **191**,128. 1921. — Derselbe: Atmung und Anaerobiose des Muskels. Thermodynamik des Muskels. Theorie der Muskelarbeit, in: Bethe, v. Bergmann usw. Handb. d. norm. u. path. Physiol. **8**, 1, 476. 1925.

Mitscherlich, G. A.: Das Gesetz des Pflanzenwachstums. Landwirtschaftl. Jahrb. **53**, 167. 1919. — Derselbe: Über allgemeine Naturgesetze. Schr. Königsberger Gel. Ges. Naturwiss. Kl. **1**, 119. 1924. — Derselbe: Ein Beitrag zur „Kohlensäuredüngung". Angewandte Botanik **7**, 24. 1924.

Mond, R.: Hämolysestudien I. Über den Mechanismus der Hämolyse durch H· und OH′. Pflügers Arch. f. d. ges. Physiol. **208**, 574. 1925.

Müller, K. O.: Neue Wege und Ziele in der Kartoffelzüchtung. Beiträge zur Pflanzenzucht. 8. Heft, 1925, S. 45.

Nagel, W.: Über die Einwirkung höherer Temperaturen während und nach einer Beize mit verschiedenen Beizmitteln. Angew. Botanik **7**, 304. 1925.

Necheles, H.: Über Wärmeregulation bei wechselwarmen Tieren. Pflügers Arch. f. d. ges. Physiol. **204**, 72. 1924.

v. Neergaard, K.: Untersuchungen über die Wärmebildung bei Azetylcholinverkürzung des Froschmuskels. Ebenda **204**, 515. 1924.

Nogaki, S.: Über das Schicksal der Hefesaccharase im tierischen Organismus. Hoppe-Seylers Zeitschr. f. physiol. Chem. **142**, 97. 1925.

Northrop, J. H.: Ist die Hydrolyse der Eiweißkörper Pepsin und Trypsin als homogene Reaktion aufzufassen? Naturwissenschaften **11**,713. 1923.

Okuneff, N.: Studien über parenterale Resorption II. Biochem. Zeitschr. **149**, 534. 1924.

Olsson, U.: Über Vergiftungserscheinungen an Amylasen II. Hoppe-Seylers Zeitschr. f. physiol. Chem. **117**, 91. 1921. — Derselbe: Vergiftungserscheinungen an Malzamylase und Beiträge zur Kenntnis der Stärkeverflüssigung. Ebenda **126**, 29. 1923. — Derselbe: Nachtrag zu der vorausgegangenen Mitteilung über „Vergiftungserscheinungen an Amylasen". Ebenda **119**, 1. 1922.

Oppenheimer, C.: Die Fermente und ihre Wirkungen. Leipzig 1913. Derselbe: Handbuch der Biochemie des Menschen und der Tiere. Jena 1925.

Oppler, B.: Die Mikrobestimmung des Traubenzuckers nach dem Verfahren von J. Bang. Hoppe-Seylers Zeitschr. f. physiol. Chem. **109**, 57. 1920.

Ostwald, Wo.: Grundriß der Kolloidchemie 1. Hälfte, Dresden-Leipzig. 1921.

Paine, S. G. and Berridge, E. M.: Studies in bacteriosis V. Ann. of appl. biol. **8**, 20. 1921.

Palladin, A.: Stickstoffwechsel (insbesondere Kreatinstoffwechsel) bei experimentellem Skorbut. Biochem. Zeitschr. **152**, 373. 1924.

Parnas, J. K. und Heller, J.: Über den Ammoniakgehalt und über die Ammoniakbildung im Blute I. Ebenda **152**, 1. 1924.

Pauli, R.: Über psychische Gesetzmäßigkeit insbesondere über das Webersche Gesetz. Jena 1920. — Derselbe und Wenzl, A.: Experimentelle und theoretische Untersuchungen zum Weber-Fechnerschen Gesetz. Arch. f. d. ges. Psychol. **51**, 399. 1925.

Payne, N. W.: Some effects of Tribolium on flour. Journ. of econ. Entom. **18**, 737. 1925.

Peairs, L. M.: The relation of temperature to insect development. Journ. of econ. Entom. **7**, 174. 1914.

Pfeiffer, Th.: Der Vegetationsversuch. Berlin 1918.

Popoff, M.: Die Stimulierung (Hebung) der Zellfunktionen und ihre landwirtschaftliche Bedeutung. Naturwissenschaften **10**, 1128. 1922. — Derselbe: Zellstimulantien, Theorie und Praxis. Naturwiss. Korresp. Leipzig, 1. Jg., H. 1. 1923.

Potonié, H.: Neues über die Totenstarre glatter Muskulatur, Pflügers Arch. f. d. ges. Physiol. **209**, 1925.

Prescott, J. A.: The flowering of the Egypten cotton-plant. Ann. of botany **36**, 121. 1922.

Priestley, J. H. and Pearsall, W. H.: Growth studies II. Ebenda **36**, 239. 1922.

Przibram, H.: Temperatur und Temperatoren im Tierreiche, Leipzig-Wien 1923. — Derselbe: Form und Formel im Tierreiche. Leipzig-Wien 1922.

Pütter, A.: Vergleichende Physiologie. Jena 1911. — Derselbe: Allgemeine Physiologie des Stoffwechsels. Handwörterb. d. Naturwiss. **9**, 680. 1913. — Derselbe: Temperaturkoeffizienten. Zeitschr. f. allgem. Physiol. **16**, 574. 1914. — Derselbe: Studien über physiologische Ähnlichkeit. Pflügers Arch. f. d. ges. Physiol. **168**, 209. 1917; **172**, 367. 1918; **180**, 298. 1920. — Derselbe: Lebensdauer und Alternsfaktor. Zeitschr. f. allgem. Physiol. **19**, 9. 1921. — Derselbe: Studien zur Theorie der Reizvorgänge I—IV. Pflügers Arch. f. d. ges. Physiol. **171**, 201. 1918. V. **175**, 371. 1919; VI. **176**, 39. 1919; VII. **180**, 260. 1920.

Rehorn, E.: Das Dekrement der Erregungswelle in dem erstickenden Nerven. Zeitschr. f. allgem. Physiol. **17**, 49. 1918.

Reiger, R.: Die Kinetik der Gelatinierung und ihre allgemeine Bedeutung. Kolloidchem. Beih. **19**, 381. 1924.

Reinau, E.: Kritische Bemerkungen zum Wirkungsgesetz der Wachstumsfaktoren bei Kohlensäuredüngung. Angew. Botanik **6**, 361. 1924.

Rippel, A.: Wachstumsgesetze bei höheren und niederen Pflanzen. Naturwissenschaft und Landwirtschaft, Heft 3, Freising-München 1925.

Robertson, T. B.: On the normal rate of growth of an individual and its biochemical significance. Arch. f. Entwicklungsmech. d. Organismen 25, 581. 1908.

Rona, P. und Lipmann, Fr.: Über die Wirkung der Verschiebung der Wasserstoffionenkonzentration auf den Flockungsvorgang beim positiven und negativen Eisenhydroxydsol. Biochem. Zeitschr. 147, 163. 1924.

Ruzicka, V.: Über Protoplasmahisteresis und eine Methode zur direkten Bestimmung derselben. Pflügers Arch. f. d. ges. Physiol. 194, 135. 1922.
— Derselbe und Mitarbeiter: Beiträge zum Studium der Protoplasmahisteresis und der histeretischen Vorgänge (Zur Kausalität des Alterns I—VIII. Arch. f. mikr. Anat. u. Entwicklungsmech. 101, 1924.

Sanderson, E. D.: The relation of temperature to the hibernation of insects. Journ. of econ. Entom. 1, 56. 1908.

Schade, H.: Die physikalische Chemie in der inneren Medizin. Dresden-Leipzig 1923.

Schaefer, I. G.: Studien über den Geotropismus von *Paramaecium aurelia*. Pflügers Arch. f. d. ges. Physiol. 195, 227. 1922.

Schaxel, J.: Grundzüge der Theorienbildung in der Biologie. Jena 1919.

Scheunert, A.: Verdauung der Wirbeltiere, in: C. Oppenheimer, Handb. d. Biochemie 5, 56. 1925.

Schiff, F.: Immunität gegen Bakterien und Protozoen, in: C. Oppenheimer. Ebenda 3, 521. 1925.

Schlumberger, O.: Untersuchungen über den Einfluß von Blattverlust und Blattverletzungen auf die Ausbildung der Ähren und Körner beim Roggen. Arb. a. d. biol. Reichsanst. f. Land- u. Forstwirtschaft 8, 515. 1913.

Schön, R. und Sliwka, G.: Zur Kenntnis der Azetylenwirkung III. Hoppe-Seylers Zeitschr. f. physiol. Chem. 131, 131. 1923.

Schriever, H.: Über die Gültigkeit des Weberschen Gesetzes im Gebiete des Drucksinns bei möglichst verminderter Reizausbreitung. Arch. f. d. ges. Psychol. 51, 136. 1925.

Schulz, F. N.: Die Körpersäfte (Tracheaten), in: Winterstein, Handb. d. vergl. Physiol. 1, 1. 747. 1925.

Schulze, H.: Über die Fruchtbarkeit von *Trichogramma evanescens* Westw. Zeitschr. f. wiss. Biol. Abt. A, 6, 553. 1926.

Seki, T.: Experimentelle Untersuchungen zur Frage von dem Wesen der Senkungsgeschwindigkeit der Blutkörperchen. Biochem. Zeitschr. 143, 365. 1923.

Shelford, V. E.: Methods for the experimental study of the relations of insects to weather. Journ. of ecomomic entomol. 19, 251. 1926. — Derselbe: The relation of abundance of parasites to weather conditions. Ebenda 19, 283. 1926.

Sierp, H.: Die Wachstumsbewegungen bei Pflanzen, in: Bethe, v. Bergmann usw. Handb. d. norm. u. path. Physiol. 8, 1, 72. 1925.

Simmons, P. and Ellington, G. W. The ham beetle (Necrobia rufipes De Geer) Journ. of agricult. res. **30**, 845. 1925.

Smith, J. H.: The killing of Botrytis spores by Phenol. Ann. of appl. biol. **8**, 27. 1921.

Snyder, C. D.: Is the rate of the surviving mammalian heart a linear or an exponential function of the temperature? Zeitschr. f. allgem. Physiol. **15**, 72. 1913.

Sörensen, S. P. L.: Proteinstudien V. Über den osmotischen Druck der Eieralbuminlösungen. Hoppe-Seylers Zeitschr. f. physiol. Chem. **106**, 1. 1919.

Speyer, W.: Beitrag zur Wirkung von Arsenverbindungen auf Lepidopteren. Zeitschr. f. angew. Entom. **11**, 395. 1925.

Steinhausen, W.: Über die Latenzzeit des Sartorius in Abhängigkeit von der Stromstärke bei Reizung mit konstantem Strom. Pflügers Arch. f. d. ges. Physiol. **187**, 26. 1921.

Stellwaag, F.: Arsenmittel, Weinbau und Pflanzenschutz. Zeitschr. f. angew. Entom. **8**, 427. 1922.

Stern, E.: Physikalische Chemie der Fermente, Reaktionsgeschwindigkeit, Katalyse, in: C. Oppenheimer, Handb. d. Biochemie **2**, 111. 1925.

Stiles, W. and Jorgensen, J.: Studies in permeability IV. The action of various organic substances on the permeability of the plant cell and its bearing on Czapeks theory of the plasma membrane. Ann. of botany **31**, 47. 1917. V ebenda S. 415.

Stscherbinovsky, N. S.: Zur Frage des Einflusses des Hungerns der Larven auf die Eiproduktion der Imagines. La défense des plantes, Leningrad, **1**, 124. 1924 (russisch) Ref. Zool. Ber. 1925, Nr. 1345.

Svanberg, O.: Über die Wachstumsgeschwindigkeit der Milchsäurebakterien bei verschiedenen H·-konzentrationen. Hoppe-Seylers Zeitschr. f. physiol. Chem. **108**, 120. 1919/20.

v. Szent-Györgyi, A.: Zellatmung III, Biochem. Zeitschr. **157**, 67. 1925.

Tabulae biologicae I, II. Herausgegeb. von C. Oppenheimer und L. Pincussen, Berlin 1925.

Tammann, G. und Svanberg, O.: Über die quantitative Wirkung der Enzyme. Hoppe-Seylers Zeitschr. f. physiol. Chem. **111**, 49. 1920.

Tangl, Fr.: Über die Gültigkeit des Rubnerschen Wachstumsgesetzes in verschiedenen Tierklassen. Arb. a. d. Gebiete d. chem. Physiol. **11**, (N. F. 6), 87. 1919.

Tattersfield, F., Gimingham, C. T. and Morris. H. M.: Studies on contact insecticides, Part III. Ann. of appl. biol. **12**, 218. 1925.

Thornton, H. G.: On the development of a standardised agar medium for counting soil bacteria with especial regard to the repression of spreading colonies. Ebenda **9**, 241. 1922.

Titschack, E.: Untersuchungen über das Wachstum, den Nahrungsverbrauch und die Eierzeugung. I. *Carausius (Dixippus) morosus.* Zeitschr. f. wiss. Zool. **123**, 431. 1924. — Derselbe: Untersuchungen über den

Temperatureinfluß auf die Kleidermotte (*Tineola biselliella* Hum.). Ebenda **124**, 213. 1925. — Derselbe: Über die imaginale Lebensdauer der Kleidermotte. Verh. d. Naturhist. Vereins preuß. Rheinl. u. Westf. **82**, 330. 1926.

Trappmann, W.: Methoden zur Prüfung von Pflanzenschutzmitteln I. Benetzungsfähigkeit. Arb. a. d. biol. Reichsanst. f. Land- u. Forstwirtschaft **14**, 259. 1925. — Derselbe: Vergleichende Messung der Schwebefähigkeit von Arsenmitteln. Nachr. bl. Deutsch, Pflanzenschutzdienst Nr. 8, 1925. — Derselbe: Vergleichende Messung der Benetzungsfähigkeit von Spritzlösungen. Ebenda Nr. 12, 1925.

Tröndle, A.: Der Einfluß des Lichtes auf die Permeabilität der Plasmahaut. Pringsheims Jahrb. **48**, 171. 1910.

Veihmeyer, F. J., Israelsen, O. W. and Conrad, J. P.: The moisture equivalent as influenced by the amount of soil used in its determination. Univ. of California, Coll. of Agric., Techn. paper Nr. 16, 1924.

Vernon, H. M.: The quantitative estimation of the indophenol oxydase of animal tissues. Journ. of Physiol. **42**, 44. 1911.

Verworn, M.: Allgemeine Physiologie. Jena 1909.

Verzar, F. und Zih, A.: Weitere Untersuchungen über die Stoffwechselregulierung bei *B. coli comm*. III. Biochem. Zeitschr. **151**, 254. 1924.

Veszi, J.: Irritabilität. Handb. d. Naturwiss. **5**, 542. 1914.

Voelkel, H.: Zur Biologie und Bekämpfung des Khaprakäfers, *Trogoderma granarium* Everts. Arb. a. d. biol. Reichsanst. f. Land- u. Forstwirtschaft **13**, 129. 1924. — Derselbe: Angewandte Zoologie, in: Schmidt, Natur und Mensch, **4**, 1927. Berlin (Manuskript zugänglich).

Waller, A. D.: Anaesthetics and laurel leaves. Journ. of physiol. **40**, IL. 1910.

Walter, H.: Plasmaquellung und Wachstum. Zeitschr. f. Botanik **16**, 351. 1924.

Warburg, O., Posener, K. und Negelein, E.: Über den Stoffwechsel der Karzinomzelle. Biochem. Zeitschr. **152**, 309. 1924.

Weber, H. H.: Die Lösung der Muskelstarre und die Beziehungen zwischen Quellung und Gerinnung des Muskeleiweiß. Pflügers Arch. f. d. ges. Physiol. **191**, 184. 1921. — Derselbe: Das kolloidale Verhalten der Muskeleiweißkörper I. Biochem. Zeitschr. **158**, 443, 1925. II, ebenda S. 473.

Widmark, E. M. P. und Carlens, O.: Durch Lufteinblasen in das Euter milchgebender Tiere hervorgerufene Hyperglykämie. Ebenda **158**, 3. 1925. — Derselbe und Tandberg, J.: Über die Bedingungen für die Akkumulation indifferenter Narkotika. Theoretische Berechnungen. Ebenda **147**, 358. 1924.

Willstätter, R. und Grassmann, W.: Über die Aktivierung des Papains durch Blausäure. Hoppe-Seylers Zeitschr. f. physiol. Chemie **138**, 184. 1924. — Derselbe und Kuhn, R.: Bemerkungen über die Elution von Saccharase und Maltase aus ihren Adsorbaten. Ebenda **116**, 53. 1921. — Derselbe und Pollinger, H.: Über die peroxydatische Wirkung der

Oxyhämoglobine. Ebenda **130**, 281. 1923. — Derselbe und Steibelt, W.: Über die Gärwirkung maltasearmer Hefen (IV. Mitt. über Maltasen). Ebenda **115**, 211. 1921. — Derselbe, Waldschmidt-Leitz, E. und Memmen, Fr.: Bestimmung der pankreatischen Fettspaltung. Ebenda **125**, 93. 1923.

Winterstein, H: Die Narkose. Berlin 1919.

Wolff, B. (und Zuntz, L.): Fruchtwasser, in: C. Oppenheimer, Handb. d. Biochemie **5**, 592, 1925.

Zehl, B.: Die Beeinflussung der Giftwirkung durch die Temperatur, sowie durch das Zusammengreifen von zwei Giften. Zeitschr. f. allgem. Physiol. **8**, 173. 1908.

Zeller, S. M.: Humidity in relation to moisture inbibition by wood and to spore germination on wood. Ann. of the Missouri Botanical Garden **7**, 51. 1920.

Zuntz, N. und Loewy, A.: Physiologie des Menschen. Leipzig 1909.